机械制造技术基础

（第2版）

曾志新　李勇　刘旺玉　林颖　主编

国防工业出版社

·北京·

内容简介

“机械制造技术基础”是现代机械制造业高级专业技术人才和管理人才必修的一门专业主干技术基础课程。它包含了机械制造技术的基本知识、基本理论和基本技能。本书以“重基础、低重心、广知识、少学时、精内容、宽适应”作为编写指导思想，全书以切削理论为基础，以制造工艺为主线，兼顾工艺装备知识的掌握，较系统地介绍了金属切削原理与刀具、金属切削机床、机械制造工艺知识、机床夹具设计原理、机械加工精度、机械加工表面质量、机械装配工艺等理论知识，最后简要介绍了其他机械制造技术和现代加工技术。

本书可作为普通高等学校机械设计制造及其自动化、机械工程及自动化，以及其他机械类和近机械类专业教材，也可供从事机械制造的工程技术人员、管理人员参考。

图书在版编目(CIP)数据

机械制造技术基础/曾志新等主编. —2版. —北京:国防工业出版社,2014.8

ISBN 978-7-118-09345-2

Ⅰ. ①机...　Ⅱ. ①曾...　Ⅲ. ①机械制造工艺
Ⅳ. ①TH16

中国版本图书馆CIP数据核字(2014)第185747号

※

国防工业出版社出版发行
(北京市海淀区紫竹院南路23号　邮政编码100048)
北京奥鑫印刷厂印刷
新华书店经售

*

开本 787×1092　1/16　**印张** 23　**字数** 571千字
2014年8月第2版第1次印刷　**印数** 1—4000册　**定价** 45.00元

国防书店:(010)88540777　发行邮购:(010)88540776
发行传真:(010)88540755　发行业务:(010)88540717

第2版前言

为适应高等教育改革形势与宽口径的机械工程专业人才培养模式及建立新的课程体系的需求，经普通高等学校机械设计制造及其自动化专业新编系列教材编审委员会统一规划，由华南理工大学等四所高校的教师，在总结了多年教学改革与实践经验的基础上，编著了教育部高等教育面向21世纪课程教材《机械制造技术基础》。全书贯穿“重基础，低重心，广知识，少学时，精内容，宽适应”的指导思想，以切削理论为基础，以制造工艺为主线，兼顾工艺装备知识的掌握，简要介绍了非传统加工技术与现代制造技术等内容。该书自2001年7月出版发行以来，国内先后有30余所本科院校选用作为教材，经12次印刷，发行量达50000余册，受到师生和读者的好评及肯定，曾获广东省第五届省级教学成果一等奖并推荐参评国家级教学成果奖。

近年来，在教育部推进“质量工程”建设的背景下，我国高等教育的改革创新正在不断深入，我们在国家级精品课程、国家级双语教学示范课程——“机械制造基础”的进一步建设中，正在探索适应拔尖创新型工程人才培养需要的教改方向。为适应新的教育教学改革创新形势需要，我们修订重编了《机械制造技术基础》(第2版)。本书在保持第1版内容体系及特色的前提下，根据读者的意见和建议对原教材部分内容进行了修改和优化，淘汰了相对陈旧的内容，增加了新工艺、新技术的发展等内容；采用了新的国家标准；更新了部分图表；增加了中英文专业术语对照表等。为便于教学和知识点的掌握，在每章开头均有提要，末尾则附有习题及教学讨论题。

本教材建议课堂教学总时数为62学时，另有8学时的选用章节(目录中标注“ * ”的章节)可由各校根据教学需要进行取舍，或供学生自学、参考之用。各章教学时数分配建议如下：绪论，1学时；第一章，5学时；第二章，10学时；第三章，14学时；第四章，2学时；第五章，14学时；第六章，10学时；第七章，4学时；第八章，第九章，4学时；第十章，2学时；第十一章，4学时。

本书由华南理工大学广州学院曾志新、林颖，华南理工大学机械与汽车工程学院李勇、刘旺玉主编，具体编写分工如下：曾志新编写绪论及第一、二章；刘旺玉、全燕鸣编写第三、四章；华南理工大学广州学院林颖、陈秉均编写第九、十章；李勇编写其余各章。参加统稿的工作人员有曾志新、李勇、刘旺玉、林颖、陈秉均等。

本书是在第1版的基础上编写的，在此首先对第1版的编、审、统的老师们和出版社的同志们表示诚挚的敬意和谢意！本书在编审出版过程中，得到了国防工业出版社、华南理工大学广州学院、华南理工大学教务处、华南理工大学机械与汽车工程学院的领导和教职工的帮助与支持；参加编审及统稿的各位老师为本书的编写付出了大量卓有成效的劳动；此外有不少教师学生和读者多年来对本书提出了很多宝贵的意见和建议,谨此表示诚挚的谢意！本书引用了大量的国内外文献资料及教材,在此对原作者一并表示衷心的感谢！

限于编者的水平,书中仍可能存在错漏或不足之处,恳请广大读者批评指正。

(E－mail:zxzeng@gcu.edu.cn)

编　者

2014 年元月

第1版前言

为了适应新世纪科技、经济与社会的飞速发展和日趋激烈的竞争，适应高等教育改革形势和宽口径机械专业人才培养模式及建立新的课程体系的需求，按普通高等学校机械设计制造及其自动化专业新编系列教材编审委员会的统一规划，我们在总结了近年来教学改革的探索与实践经验的基础上编写了这本教材。

《机械制造技术基础》是现代机械制造业高级专业技术人才和高级管理人才必修的一门主干专业基础课。它包含了机械制造技术的基本知识、基本理论和基本技能。本书以"重基础、低重心、广知识、少学时、精内容、宽适应"作为编写的指导思想，对原金属切削原理与刀具、金属切削机床设计、机械制造工艺与夹具设计等课程内容进行整合、优化。全书以切削理论为基础，以制造工艺为主线，兼顾工艺装备知识的掌握，增加了非传统加工技术与现代制造技术等内容并注意反映本学科理论与技术的新发展。

为便于教学，本书编写时力求做到内容深入浅出，文字准确简洁。为便于知识点的掌握，在每章开头均有提要，末尾则附有习题或思考题。

本教材建议课堂教学时数为62学时。另有8学时的选用章节(目录中标注"*"的章节)可由各校根据教学需要进行取舍，或供学生自学、参考之用。各章教学时数分配建议如下：绪论，1学时；第一章，3学时；第二章，12学时；第三章，14学时；第四章，2学时；第五章，12学时；第六章，8学时；第七章，4学时；第八章，4学时；第九章，4学时；第十章，2学时；第十一章，4学时。本书除可用作高等学校本科机械设计制造及其自动化专业或机械工程及其自动化专业和近机类专业教材外，也可供从事机械制造的工程技术人员、管理人员学习参考。

按照编审委员会的规划与安排，本书由华南理工大学曾志新、太原理工大学吕明主编，华中科技大学张福润主审。具体编写分工如下：华南理工大学曾志新，绪论、第五章；陈秉均，第一、二章；刘旺玉，第六、九章；太原理工大学轧钢、吕明，第三、四章；湛江海洋大学韩荣德，第七章；梁榕辉，第八章；西南工学院尹显明，第十、十一章。参加统稿的工作人员是华南理工大学陈秉均、傅加礼、许纪、刘旺玉、李伟光、李勇等。

在本书的编审及出版过程中，得到编审委员会，武汉理工大学出版社、华南理工大学教务处、华南理工大学机电工程系的领导和同志们的指导与支持；参加编审及统稿的各位老师为本书的编写付出了大量卓有成效的劳动，谨此表示诚挚的敬意和谢意！各位编者在编写过程中，参阅引用了大量的文献资料及教材，无法在此一一列出，谨此一并向原作者表示衷心的感谢！

限于编者的水平和时间，本书难免存在错漏及不当之处，诚恳希望各位读者给予批评指正。

(E-mail：mezxzeng@scut.edu.cn)

编 者

2001年2月

目　录

绪论 …………………………………………… 1

第一章　金属切削过程的基础知识 …… 5

1.1　基本定义 …………………………… 5

1.1.1　切削运动与切削用量 …… 5

1.1.2　刀具切削部分的基本定义 …………………… 8

1.1.3　刀具角度的换算………… 12

1.1.4　刀具工作角度…………… 14

1.1.5　切削层参数与切削形式 ……………………… 17

1.2　刀具材料…………………………… 18

1.2.1　刀具材料应具备的性能 ………………………… 19

1.2.2　常用的刀具材料………… 19

1.2.3　其他刀具材料…………… 22

第二章　金属切削过程的基本规律及其应用 ………………… 25

2.1　金属切削过程的基本规律……… 25

2.1.1　切削变形 ……………… 25

2.1.2　切削力 ………………… 36

2.1.3　切削热与切削温度……… 47

2.1.4　刀具磨损与刀具使用寿命 ……………………… 51

2.2　金属切削过程基本规律的应用……………………………… 59

2.2.1　工件材料的切削加工性 ……………………… 59

2.2.2　切削液 ………………… 61

2.2.3　刀具几何参数的合理选择 ……………………… 63

2.2.4　切削用量的合理选择…… 67

2.3　目前金属切削发展的几个前沿方向………………………… 70

2.3.1　高速高效切削…………… 70

2.3.2　绿色切削 ……………… 71

2.3.3　微细切削 ……………… 72

第三章　金属切削机床与刀具 ……… 75

3.1　金属切削机床的分类、型号与主要技术参数…………… 75

3.1.1　机床的分类 …………… 75

3.1.2　机床的型号编制………… 76

3.1.3　机床的主要技术参数…… 79

3.2　工件表面成形方法与机床运动分析………………………… 82

3.2.1　工件表面形状与成形方法 ……………… 82

3.2.2　机床运动分析…………… 84

3.3　车床与车刀………………………… 86

3.3.1　车床 …………………… 86

3.3.2　车刀 …………………… 103

3.4　孔加工机床与刀具 ……………… 107

3.4.1　钻床 …………………… 107

3.4.2　镗床 …………………… 108

3.4.3　孔加工刀具 …………… 111

3.5　刨床与插床 ……………………… 117

3.5.1　刨床 …………………… 117

3.5.2　插床 …………………… 118

3.6　铣床与铣刀 ……………………… 119

3.6.1　铣床 …………………… 119

3.6.2　铣刀 …………………… 120

3.7　磨床与砂轮 ……………………… 122

3.7.1　磨床 …………………… 122

3.7.2 砂轮 …………………… 126
3.8 齿轮加工机床与齿轮刀具 …… 129
3.8.1 齿轮加工机床 ………… 129
3.8.2 齿轮刀具 ……………… 141

*第四章 组合机床与自动线简介 … 146

4.1 组合机床的组成及工艺特点 … 146
4.1.1 组合机床的组成 ……… 146
4.1.2 组合机床的特点 ……… 146
4.2 组合机床的工艺范围及配置形式 ……………………… 147
4.2.1 组合机床的工艺范围 … 147
4.2.2 组合机床的配置形式 … 147
4.3 组合机床的通用部件 ………… 150
4.3.1 通用部件的分类 ……… 150
4.3.2 通用部件的型号、规格及其配套关系 …… 150
4.3.3 组合机床的主要通用部件 ……………… 152
4.4 组合机床自动线 ……………… 156
4.4.1 直接输送的组合机床自动线 ………………… 156
4.4.2 间接输送的组合机床自动线 ………………… 157

第五章 机械加工工艺规程的制定 … 160

5.1 零件制造的工艺过程 ………… 160
5.1.1 生产过程 ……………… 160
5.1.2 工艺过程 ……………… 160
5.2 工艺规程的作用及设计步骤 … 163
5.2.1 工艺规程的格式 ……… 163
5.2.2 工艺规程的作用 ……… 166
5.2.3 工艺规程设计的步骤 … 166
5.3 定位基准的选择 ……………… 168
5.3.1 基准的分类 …………… 168
5.3.2 工件的装夹与获得加工精度的方法 …………… 169
5.3.3 定位基准的选择 ……… 171
5.4 工艺路线的拟定 ……………… 173
5.4.1 零件各表面的加工方法及使用设备的选择 …… 173
5.4.2 加工阶段的划分 ……… 177
5.4.3 工序的划分 …………… 178
5.4.4 工序的安排 …………… 179
5.5 加工余量的确定 ……………… 179
5.5.1 加工余量的概念 ……… 179
5.5.2 影响加工余量的因素 … 180
5.5.3 确定加工余量的方法 … 182
5.6 尺寸链 ………………………… 182
5.6.1 尺寸链概念 …………… 182
5.6.2 尺寸链的分类 ………… 183
5.6.3 尺寸链计算的基本公式 ……………… 184
5.7 工序尺寸的确定 ……………… 193
5.7.1 用计算法确定工序尺寸 ……………… 193
5.7.2 用图表法综合确定工序尺寸 ……………… 197
5.8 时间定额及经济分析 ………… 197
5.8.1 时间定额 ……………… 197
5.8.2 工艺过程的经济分析 … 198

第六章 机床夹具设计原理 ………… 205

6.1 机床夹具概述 ………………… 205
6.1.1 机床夹具的分类 ……… 205
6.1.2 夹具的作用和组成 …… 206
6.2 工件的定位 …………………… 208
6.2.1 六点定位原理 ………… 208
6.2.2 定位元件 ……………… 212
6.2.3 定位误差 ……………… 216
6.2.4 定位误差计算实例 …… 222
6.3 工件的夹紧 …………………… 224
6.3.1 夹紧力三要素设计原则 ……………………… 224
6.3.2 常用的夹紧装置 ……… 226
6.4 机床夹具的基本要求和设计步骤 ……………………… 236
6.4.1 对机床夹具的基本要求 ……………… 236
6.4.2 夹具设计的工具步骤 … 237

第七章　机械加工精度 …………………… 243
7.1　机械加工精度的基本概念 …… 243
7.1.1　加工精度与加工误差 … 243
7.1.2　研究加工精度的方法 … 243
7.2　影响加工精度的因素 ………… 244
7.2.1　加工原理误差 ………… 245
7.2.2　机床误差 ……………… 245
7.2.3　工艺系统受力变形 …… 250
7.2.4　工艺系统的热变形 …… 257
7.2.5　工件残余应力引起的变形 ………………… 259
7.3　加工误差的统计分析 ………… 260
7.3.1　加工误差的分类 ……… 261
7.3.2　分布曲线法 …………… 261
7.3.3　点图法 ………………… 266
7.4　提高加工精度的途径 ………… 268
7.4.1　减少误差法 …………… 268
7.4.2　误差补偿法 …………… 268
7.4.3　误差分组法 …………… 269
7.4.4　误差转移法 …………… 270
7.4.5　“就地加工”法 ………… 270
7.4.6　误差平均法 …………… 271
7.4.7　控制误差法 …………… 271
第八章　机械加工表面质量 ………… 275
8.1　机械加工后的表面质量 ……… 275
8.1.1　表面质量的含义 ……… 275
8.1.2　表面质量对零件使用性能的影响 …………… 276
8.2　机械加工后的表面粗糙度 …… 278
8.2.1　切削加工后的表面粗糙度 ………………… 278
8.2.2　磨削加工后的表面粗糙度 ………………… 279
8.3　机械加工后的表面层物理力学性能 ……………………… 280
8.3.1　机械加工后表面层的冷作硬化 ……………… 280
8.3.2　机械加工后表面层金相组织的变化 ………………… 281
8.3.3　机械加工后表面层的残余应力 ……………… 282
8.4　控制加工表面质量的工艺途径 ……………………… 284
8.4.1　减小残余拉应力、防止磨削烧伤和磨削裂纹的工艺途径 ……………… 284
8.4.2　采用冷压强化工艺 …… 285
8.4.3　采用精密和光整加工工艺 …………………… 286
8.5　机械加工过程中的振动问题 … 289
8.5.1　振动的概念与类型 …… 289
8.5.2　机械加工中的强迫振动 ………………… 290
8.5.3　机械加工中的自激振动 ………………… 294
8.5.4　减少工艺系统振动的途径 ………………… 296
第九章　机器装配工艺 ………………… 298
9.1　机器装配基本问题概述 ……… 298
9.1.1　各种生产类型的装配特点 ……………… 298
9.1.2　零件精度与装配精度的关系 …………… 299
9.1.3　装配中的连接方式 …… 300
9.2　保证装配精度的方法 ………… 300
9.2.1　互换法 ………………… 300
9.2.2　选配法 ………………… 305
9.2.3　修配法 ………………… 308
9.2.4　调整法 ………………… 311
9.3　装配工艺规程的制定 ………… 314
9.3.1　装配工艺规程的内容 … 314
9.3.2　装配工艺规程的制定步骤和方法 …………… 315
*第十章　非传统加工方法简介 …… 320
10.1　概述 ……………………………… 320
10.2　电解加工 ………………………… 320

10.3 激光加工……………………… 321
10.4 电子束与离子束加工………… 322
10.4.1 电子束加工 ………… 322
10.4.2 离子束加工 ………… 323
10.5 快速成形制造技术…………… 324
10.5.1 快速成形制造原理 … 324
10.5.2 快速成形制造的主要方法 …………… 325
***第十一章 现代制造技术简介 …… 326**
11.1 概述…………………………… 326
11.2 现代制造系统物流技术……………………………… 327
11.2.1 加工自动化及设备 … 328
11.2.2 精密、超精密及纳米加工技术 …………… 331
11.2.3 物流系统及辅助过程自动化…………… 332
11.3 现代制造生产管理技术……… 334
11.3.1 现代制造系统管理技术的研究内容和技术特点 …………… 334
11.3.2 CIMS 管理技术 ……… 335
11.3.3 精良生产的管理技术 ………………… 338
11.3.4 敏捷制造 …………… 340
11.3.5 MRPⅡ的管理模式 … 342
11.3.6 并行工程 …………… 343
附录 中英文专业术语对照………… 346
参考文献…………………………… 357

绪　论

科学技术知识浩如烟海，科类繁多。机械制造技术是机械工程学科的重要技术基础，"机械制造技术基础"是机械工程类本科专业的主干专业基础课。在学习本课程之前，有必要了解一下机械制造技术的发展历史及未来的趋势，了解本课程的主要学习任务。

1. 制造业和机械制造技术在国民经济中的重要性

制造是人类最主要的生产活动之一。它是指人类根据所需目的，运用主观掌握的知识和技能，通过手工或可以利用的客观的物质工具与设备，采用有效的方法，将原材料转化为有使用价值的物质产品并投放市场的全过程。

制造业是所有与制造有关的行业的总体。它是国民经济的支柱产业之一。据统计，工业化国家中以各种形式从事制造活动的人员约占全国就业人数的四分之一。美国约68%的财富来源于制造业，日本国民生产总值的约50%由制造业创造，我国的制造业在工业总产值中约占40%。另一方面，制造业为国民经济各部门和科技、国防提供技术装备，是整个工业、经济与科技、国防的基础。事实证明，制造业的兴旺与发展事关一国国力的兴衰。以美国为例，第二次世界大战后，由于其拥有当时最先进的制造技术，工业产品大量出口，成为工业霸主。但在20世纪70年代开始后，由于受到美国已进入"后工业化社会"观点的误导，认为应将发展重心由制造业转向纯高科技产业及第三产业，把制造业看作"夕阳工业"，忽视制造技术的提高与发展，致使制造业急剧滑坡，竞争实力下降，出口锐减。到1986年其贸易赤字达1610亿美元，且主要来自工业产品。为此，政府与企业界花费数百万美元，进行了大量的调查研究。美国关于工业竞争的总统委员会的报告指出："美国在重要而又调整增长的技术市场中失利的一个重要因素是没有把自己的技术应用到制造业上"。麻省理工学院(MIT)对工业衰退的问题进行了多年的系统研究，经过对汽车、民用飞机、半导体和计算机、家用电器、机床等8个主要部门，200多家公司的调研，提出《美国制造业的衰退及对策——夺回生产优势》。结论是："振兴美国经济的出路在于振兴美国的制造业"，"经济的竞争归根到底是制造技术与制造能力的竞争"。美国朝野都已重新认识到制造业的重要性。1991年白宫科技政策办公室发表的《美国国家关键技术》报告中，提出"对于国家繁荣与国家安全至关重要的"22项技术中就有4项属于制造技术(材料加工、计算机一体化制造技术、智能加工设备、微型和纳米制造技术)。克林顿上台不久，于1993年2月在硅谷发表的《促进美国经济增长的技术——增强经济实力的新方向》报告中指出，"制造业仍是美国的经济基础"，"要促进先进制造技术的发展"。近年来，日本、美国、德国等工业发达国家都把先进制造技术列入工业与科技的重点发展计划。美国总统巴拉克·奥巴马上台伊始，就在2009年4月启动"教育创新计划"，提出"为了迎接本世纪的挑战，重新确认和加强美国作为科学发现和技术发明的世界发动机的作用绝对必要……这就是为什么我提出在未来10年中提高科学、技术、工程学和数学教育水平是国家的当务之急。"

机械制造业是制造业最主要的组成部分。它是为用户创造和提供机械产品的行业，包括了机械产品的开发、设计、制造生产、流通和售后服务全过程。目前，机械制造业肩负着双重任务:一是直接为最终用户提供消费品;二是为国民经济各行业提供生产技术装备。因此,机械制造业是国家工业体系的重要基础和国民经济的重要组成部分,机械制造技术水平的提高与进步将对整个国民经济的发展和科技、国防实力产生直接的作用和影响,是衡量一个国家科技水平的重要标志之一,在综合国力竞争中具有重要的地位。

我国的机械制造业已具有相当规模和一定的技术基础,成为我国工业体系中最大的产业之一。现在中国制造业占世界制造业的份额超过9%,2007年,中国出口达到12180.2亿美元。据联合国工业发展组织估算,2007年中国制造业增加值(MVA)占世界的11.44%。2006年中国制造业有172类产品产量居世界第一。世界70%的DVD和玩具,50%的电话、鞋,超过1/3的彩电、箱包等产自中国。进入新的世纪,我国的制造业抓住机遇,得到了快速的发展,到2010年,我国机械工业规模以上企业达10.5万家,从业人员1752万人;资产总额达到10.4万亿元,比2000年增长了4.3倍;机械工业增加值在全国工业中的比重达19.3%,居各行业之首;全年完成总产值达14.38万亿元,是2000年的12倍;实现利润超过9000亿元。"中国制造"风靡全球,为我国在国际金融危机背景下保持稳定增长,成为全球出口第一大国及世界第二经济强国做出了重要贡献。

随着科技、经济、社会的日益进步和快速发展,日趋激烈的国际竞争及不断提高的人民生活水平对机械产品在性能、价格、质量、服务、低碳、安全、环保及多样性、可靠性、准时性等方面提出的要求越来越高,对先进的生产技术装备、科技与国防装备的需求越来越大,机械制造业面临着新的发展机遇和挑战。

2. 机械制造技术发展简史

机械制造技术的历史源远流长,发展到今天,是世界各国人民的聪明才智和发明创造的共同积累,我国人民也为此做出了堪以称道的贡献。据考古科学证实,距今3万年前,广西柳江人、内蒙古河套人、北京周口店山顶洞人已经发明了琢钻和磨制技术。从秦始皇陵出土的2200多年前的铜车马上,带锥度的铜轴与轴承的配合相当紧密,极有可能是磨削而成的。河北满城一号汉墓出土的五铢钱,其外圆有均匀的车削刀痕,上面的切削振动波纹清晰,椭圆度很小,估计是将其中心方孔穿在方轴上,再装夹于木制车床上旋转,手持刀具车削出来的。同墓出土的还有铁锉、三棱形青铜钻,经过渗碳处理的铁剑和书刀、青铜弩机和箭头。其中青铜弩机结构复杂,而且加工精度高,说明当时(公元前206—220年)的机械制造技术已达到了一定的水平。1668年我国已有了马拉铣床和脚踏砂轮机。1775年英国的约翰·威尔金森(J. Wilkinson)为加工瓦特蒸汽机的汽缸,研制成功镗床,此后至1860年期间,先后出现了车、铣、刨、插、齿轮、螺纹加工等各种机床。

1860年后,由于冶金技术的发展,钢铁材料成为主要的结构材料。由于其加工难度增大,迫切需要使用新的刀具材料,1898年出现了高速钢,1907年德国首先研制出硬质合金,使切削速度分别提高4~20倍。这又促进了机床的速度、功率、刚性和精度等性能的改进与提高及加工工艺系统的进步。此后,新型工程材料的出现等相关技术的发展,对机械加工在生产率、加工精度、生产成本、生产过程自动化等方面不断提出了新的要求,促使了整个机械制造的理论与技术的不断进步与发展。时至今日,切削刀具材料已从碳素工具钢、高速钢、硬质合金发展到陶瓷、人造金刚石、立方氮化硼、涂层刀具等;机床已由皮带传动、齿轮传动发展到电磁直接驱动,其主轴转速已从每分钟数十转、数百转发展到数千转、数万转;加工精度由当年瓦特蒸汽机汽缸的1mm级提高到现代制造技术的0.01μm甚至达到原子尺度(0.1nm)的加工水平。在自动化加工技术方面,随着计算机技术的发展和应用,从20世纪60年代起,数控机床、加工中心、柔性加工系统等高效、高精度、高自动化的现代制造技术等得到了飞速的发展和应用。

中华人民共和国成立之前，我国的机械工业处在以修配为主的水平，全国只有9万台简陋的机床，技术水平生产率低下。新中国建立之后，我国的机械制造工业和制造技术得到了迅速的发展。经过60多年的努力，已形成了具有相当规模、较高的技术水平和较完善的机械工业体系。全国现在拥有机床超过400万台，具有较强的成套设备制造能力。大型的水电、火电机组和核电设备，钻探、采矿设备，造船、高速列车技术等已达到世界先进水平。2009年，我国汽车产销达1400万辆，首次超过美国成为全球第一汽车产销大国，2010年我国汽车产销均超过1800万辆，数控机床产量超过22万台，而运载火箭、人造卫星技术、载人航天工程等更反映了我国机械工业的技术水平。但是，与发达工业国家相比，我们在不少方面仍存在着较大差距。例如，我国机械工业人均生产率仅为发达国家的1/10左右；材料利用率约为60%，而国外先进水平为80%；机电产品交货期我国为1~2年，而国外仅为3~6个月；我国机电产品的出口比例尤其是高新技术机电产品、成套设备出口比例及出口竞争力还需进一步提高。随着经济的全球化，尤其在我国加入WTO以后，国际经济竞争已进入短兵相接的阶段。前所未有的全球金融危机，不但深刻影响了国际政治经济秩序和世界格局的变革，也影响着科技教育的发展乃至生产生活方式的改变。例如，世界各国在规划新的经济增长方式，将物联网作为新的发展战略，物联网技术的发展将给全球的生产生活方式带来新的革命性的变化，机械制造产业和制造技术也莫能例外。在新的形势下，我国的机械制造业要有强烈的危机感、紧迫感，以只争朝夕的精神，全力提高机械制造技术水平、降低生产成本，发展先进制造技术，掌握核心高新技术，实施“创新驱动、强化基础、主攻高端、两化（信息化与工业化）融合、绿色为先”的五大战略，提高整体竞争能力，迎接新的机遇和挑战。

3. 现代制造技术发展趋势

现代制造技术发展的总的趋势是机械制造科技与材料科技、电子科技、信息科技、环保科技、管理科技等的交叉、融合。具体将主要集中在如下几个方面：

（1）机械制造基础技术。切削（含磨削）加工仍然是机械制造的主导加工方法，提高生产率和质量是今后的发展方向。强化切削用量（如超高速切削），高精度、高效切削机床与刀具，最佳切削参数的自动优选，自动快速换刀技术，刀具的高可靠性和在线监控技术，成组技术（GT），自动装配技术等将得到进一步的发展和应用。

（2）超精密及超细微加工技术。各种精密、超细微加工技术，超精密与纳米加工技术在微电子芯片、光子芯片制造，超精密微型机器及仪器，微机电系统（MEMS）等尖端技术及国防尖端装备领域中将大显身手。精密加工可以稳定地达到亚微米级精度，而扫描隧道显微（STM）加工和原子力显微（AFM）加工甚至可实现原子级的加工。微机电系统技术将应用于生物医学、航空航天、信息科学、军事国防以至于工业、农业、家庭等广泛的领域。

（3）自动化制造技术。自动化制造技术将进一步向柔性化、智能化、集成化、网络化发展。计算机辅助设计（CAD）、计算机辅助工艺设计（CAPP）、计算机辅助装配工艺设计（CAAP）、快速成型（RP）等技术将在新产品设计方面得到更全面的应用和完善。高性能的计算机数控（CNC）机床、加工中心（MC）、柔性制造单元（FMC）等将更好地适应多品种、小批量产品的高质、高效加工制造。精益生产（LP）、准时生产（JIT）、并行工程（CE）、敏捷制造（AM）等先进制造生产管理模式将主导新世纪的制造业。

（4）绿色制造技术。在机械制造业综合考虑社会、环境、资源等可持续发展因素的绿色制造（无浪费制造）技术，将朝着能源与原材料消耗最小，所产生的废弃物最少并尽可能回收利用，在产品的整个生命周期中对环境无害等方面发展。

4. 本课程的性质、目的与基本要求

"机械制造技术基础"是机械类各专业的主干专业技术基础课程。通过本课程的教学，应使学生了解和掌握机械制造技术的有关基本理论、基本知识和基本技能，为后续课程学习打下良好的基础。

对本课程学习的要求是：

(1) 以金属切削理论为基础，要求掌握金属切削的基本原理和基本知识，并根据具体情况合理选择加工方法（机床、刀具、切削用量、切削液等）的初步能力。

(2) 以制造工艺为主线，要求了解和掌握机械加工工艺过程和装配工艺过程的基本原理和基本知识，具有设计工艺规程的初步能力。

(3) 要了解常用工艺装备（主要指通用机床、刀具、夹具等），懂得选用，并具有初步设计（主要指夹具）能力。

(4) 初步树立质量观念，了解加工精度与表面质量的形成及变化的基本知识和规律。

(5) 对机械制造技术的发展趋势有一定了解。

第一章　金属切削过程的基础知识

本 章 提 要

目前，绝大多数零件的机械加工都要通过金属切削过程来完成。金属切削过程就是刀具从工件上切除多余的金属，使工件获得规定的加工精度与表面质量。因此，要进行优质、高效与低成本的生产，必须重视金属切削过程的研究。本章主要介绍金属切削过程的基础知识，分为两大部分：第一部分基本定义，介绍金属切削过程方面的一些基本概念，包括切削运动、切削用量、参考系（基面、切削平面、主剖面）、刀具标注角度、切削层参数等；第二部分刀具材料，介绍刀具材料应具备的性能（硬度、耐磨性、强度、韧性、耐热性、工艺性、经济性），两种常用的刀具材料（高速钢、硬质合金）和其他刀具材料（涂层、陶瓷、人造金刚石、立方氮化硼）。

1.1　基 本 定 义

金属切削过程是工件和刀具相互作用的过程。图 1.1 分别为其中的车削与铣削，刀具从工件上切除多余的金属，并在高生产率和低成本的前提下，使工件得到符合技术要求的形状、位置、尺寸精度和表面质量。为实现这一过程，工件与刀具之间要有相对运动，即切削运动，它由金属切削机床来完成。机床、夹具、刀具和工件，构成一个机械加工工艺系统，切削过程的各种现象和规律都在这个系统的运动状态中去研究。综合比较各种切削方式的刀具，它们都有类似车刀的部分，而正是这个部分实现了金属的切削。下面就以普通的外圆车刀为例，介绍车刀的切削部分的基本定义。

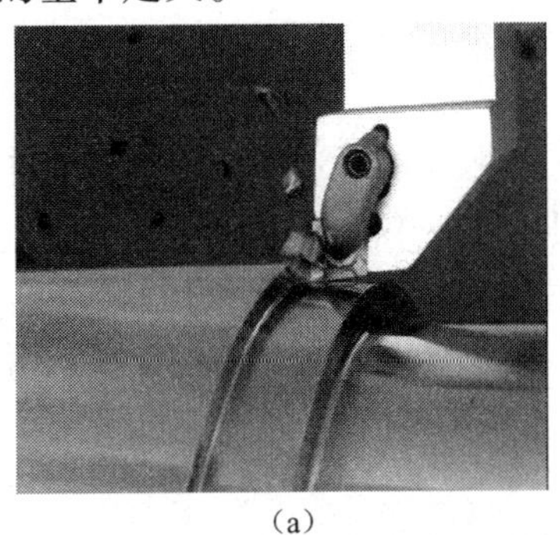

(a)

(b)

图 1.1　车削和铣削

1.1.1　切削运动与切削用量

在金属切削中，为了要从工件中切去一部分金属，刀具与工件之间必须完成一定的切削运动。如外圆车削时，工件作旋转运动，刀具作连续纵向直线运动，形成了工件的外圆柱表面。在新的表面的形成过程中，工件上有三个依次变化的表面（图 1.2）。

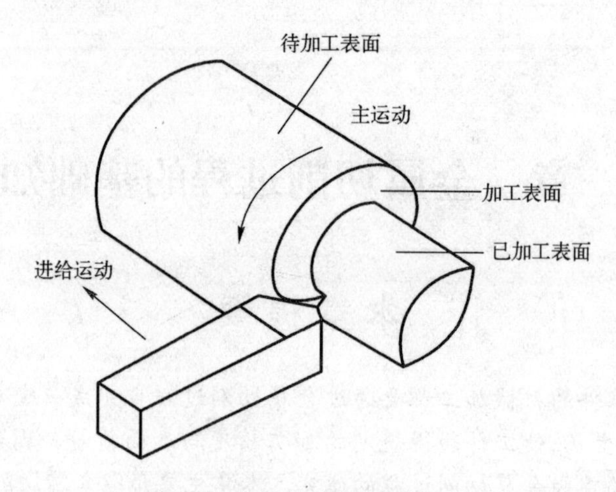

图 1.2 外圆车削时的切削运动

待加工表面:即将被切去金属层的表面;

加工表面:切削刃正在切削着的表面;

已加工表面:已经切去一部分金属形成的新表面。

这些定义也适用于其他切削。图 1.3(a)、(b)、(c)分别示出了刨削、钻削、铣削时的切削运动。

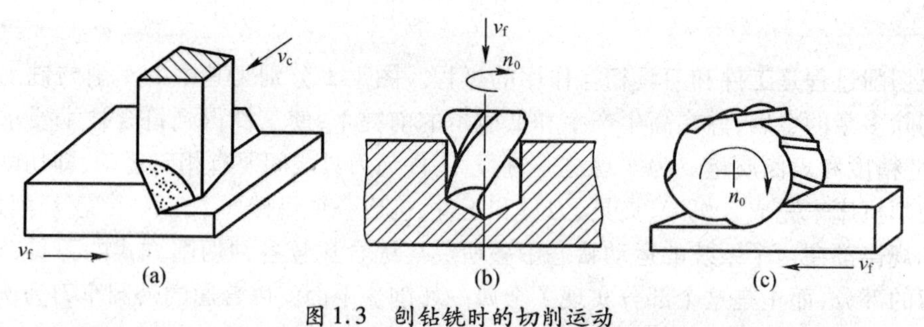

图 1.3 刨钻铣时的切削运动

1.1.1.1 切削运动

金属切削机床的基本运动有直线运动和回转运动。但是,按切削时工件与刀具相对运动所起的作用来分,可分为主运动和进给运动,如图 1.2 所示。

1) 主运动

主运动是切下金属所必需的最主要的运动。通常它的速度最高,消耗机床功率最多。机床的主运动只有一个。车、镗削的主运动是工件与刀具的相对旋转运动。

2) 进给运动

使新的金属不断投入切削的运动。它保证切削工作连续或反复进行,从而切除切削层形成已加工表面。机床的进给运动可由一个、两个或多个组成,通常消耗功率较小。进给运动可以是连续运动,也可以是间歇运动。

3) 合成运动与合成切削速度

当主运动与进给运动同时进行时,刀具切削刃上某一点相对工件的运动称为合成切削运动,其大小与方向用合成速度向量 $\boldsymbol{v}_e$ 表示。如图 1.4 所示,合成速度向量等于主运动速度与进给运动速度的向量和,即

$$\boldsymbol{v}_e = \boldsymbol{v}_c + \boldsymbol{v}_f \tag{1.1}$$

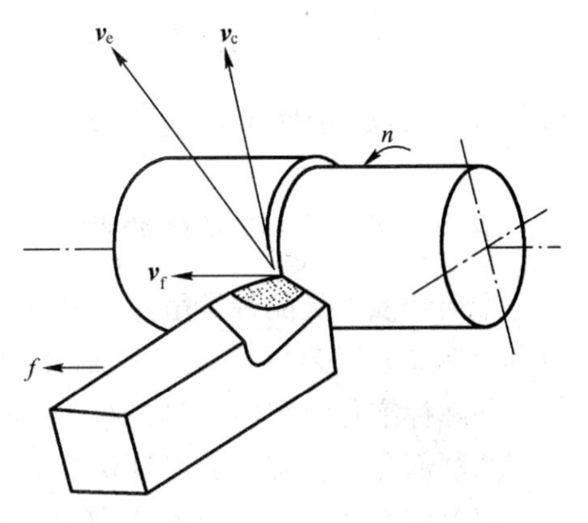

图 1.4　切削时合成切削速度

1.1.1.2　切削用量三要素

在切削加工过程中,需要针对不同的工件材料、刀具材料和其他技术经济要求来选定适宜的切削速度 v_c、进给量 f 或进给速度 v_f 值,还要选定适宜的背吃刀量 a_p 值 v_c、f、a_p 称为切削用量三要素。

1）切削速度

大多数切削加工的主运动采用回转运动。回旋体(刀具或工件)上外圆或内孔某一点的切削速度计算公式如下:

$$v_c = \frac{\pi dn}{1000}(\text{m/s 或 m/min}) \tag{1.2}$$

式中　d——工件或刀具上某一点的回转直径(mm);

n——工件或刀具的转速(r/s 或 r/min)。

当前生产中,磨削速度单位用米/秒(m/s),其他加工的切削速度单位习惯用米/分(m/min)。

在转速 n 值一定时,切削刃上各点的切削速度不同。考虑到刀具的磨损和已加工表面质量等因素,计算时,应取最大的切削速度。如外圆车削时计算待加工表面上的速度(用 d_w 代入式(1.2)),钻削时计算转头外径处的速度。

2）进给速度、进给量和每齿进给量

进给速度 v_f 是单位时间的进给量,单位是 mm/s(mm/min)。

进给量 f 是工件或刀具每回转一周时两者沿进给运动方向的相对位移,单位是 mm/r(毫米/转)。

对于刨削、插削等主运动为往复直线运动的加工,虽然可以不规定进给速度,却需要规定间歇进给的进给量,其单位为 mm/d · st(毫米/双行程)。

对于铣刀、铰刀、拉刀、齿轮滚刀等多刃切削工具,在它们进行工作时,还应规定每一个刀齿的进给量 f_Z,即后一个刀齿相对于前一个刀齿的进给量,单位是 mm/Z(毫米/齿)。

显而易见

$$v_f = f \cdot n = f_Z \cdot Z \cdot n(\text{mm/s 或 mm/min}) \tag{1.3}$$

3）背吃刀量

对于车削和刨削加工来说,背吃刀量 a_p 为工件上已加工表面和待加工表面间的垂直距离,单位为 mm。外圆柱表面车削的背吃刀量可用下式计算:

$$a_p = \frac{d_w - d_m}{2}(\text{mm}) \tag{1.4}$$

对于钻孔工作

$$a_p = \frac{d_m}{2}(\text{mm}) \tag{1.5}$$

式中　d_m——已加工表面直径(mm);

d_w——待加工表面直径(mm)。

1.1.2 刀具切削部分的基本定义

1.1.2.1 刀具切削部分的构造要素

金属切削刀具的种类虽然很多,但它们的切削部分的几何形状与参数都有着共性,即不论刀具构造如何复杂,它们的切削部分总是近似地以外圆车刀的切削部分为基本形态。

国际标准化组织(ISO)在确定金属切削刀具的工作部分几何形状的一般术语时,就是以车刀切削部分为基础的。刀具切削部分的构造要素(图1.5)及其定义和说明如下。

(1) 前刀面。前刀面 A_r 是切屑流过的表面。根据前刀面与主、副切削刃相毗邻的情况区分,与主切削刃毗邻的称为主前刀面;与副切削刃毗邻的称为副前刀面。

(2) 后刀面。后刀面分为主后刀面与副后刀面。主后刀面 A_a 是指与工件加工表面相面对的刀具表面。副后刀面是与工件已加工表面相面对的刀具表面。

(3) 切削刃。切削刃是前刀面上直接进行切削的锋边,有主切削刃和副切削刃之分。主切削刃指前刀面与主后刀面相交的锋边;副切削刃指前刀面与副后刀面相交的锋边。

(4) 刀尖。刀尖可以是主、副切削刃的实际交点(图1.6),也可以是把主、副两条切削刃连接起来的一小段切削刃,它可以是圆弧,也可以是直线,通常都称为过渡刃。

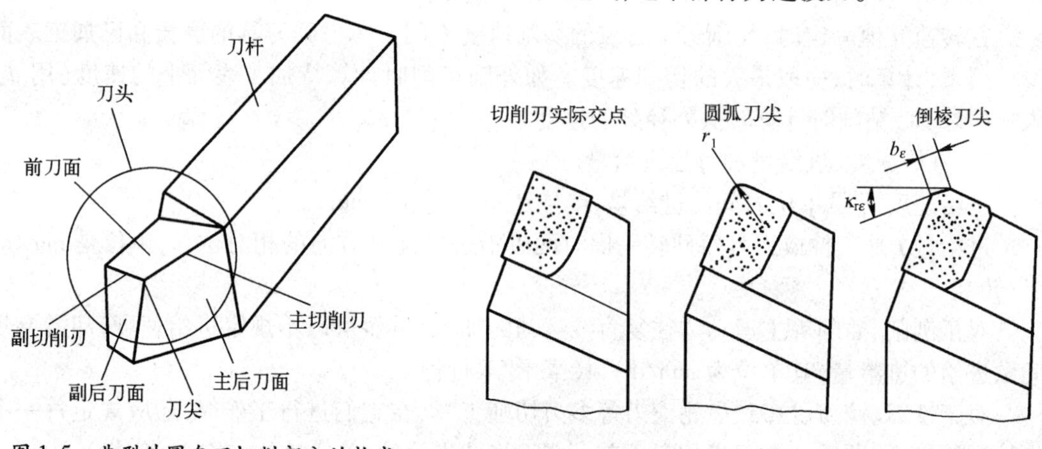

图1.5 典型外圆车刀切削部分的构成

图1.6 刀尖形状

1.1.2.2 刀具标注角度的参考系

把刀具同工件和切削运动联系起来确定的刀具角度,称为刀具的工作角度,也就是刀具在使用状态下(in use)的角度。但是,在设计、绘制和制造刀具时,刀具尚未处于使用状态下,如同把刀具拿在手里(in hand),刀具同工件和切削运动的关系尚不确定,这时怎样标注它的几何角度呢?

ISO为此制订了一套便于制造、刃磨和测量的刀具标注角度参考系。任何一把刀具,在使用之前,总可以知道它将要安装在什么机床上,将有怎样的切削运动,因此也可以预先给出假定的工作条件,并据以确定刀具标注角度的参考系。

假定运动条件:首先给出刀具的假定主运动方向和假定进给运动方向;其次假定进给速度值很小,可以用主运动向量 $\boldsymbol{v}_c$ 近似代替合成速度向量 $\boldsymbol{v}_e$;然后再用平行和垂直于主运动方向的坐标平面构成参考系。

假定安装条件:假定标注角度参考系的诸平面平行或垂直于刀具上便于制造、刃磨和测量时定位与调整的平面或轴线(如车刀底面、车刀刀杆轴线、铣刀、转头的轴线等)。反之也可以说,假定刀具的安装位置恰好使其底面或轴线与参考系的平面平行或垂直。

这样一来,刀具位置是标准的,切削运动是简化的,参考系便很容易确定。而所谓的"静止系"本质上并不是静止的,它仍然是把刀具同工件和运动联系起来的一种特定的参考系。

刀具标注角度的参考系由下列诸平面构成:

1) 基面 p_r

通过切削刃选定点,垂直于假定主运动方向的平面。通常,基面应平行或垂直于刀具上,便于制造、刃磨和测量的某一安装定位平面或轴线、例如,图 1.7 所示为普通车刀、刨刀的基面 p_r,它平行于刀具底面。

钻头、铣刀和丝锥等旋转类刀具,其切削刃各点的旋转运动(即主运动)方向,都垂直于通过该点并包含刀具旋转轴线的平面,故其基面 p_r 就是刀具的轴向剖面。图 1.8 所示为钻头切削刃上选定点的基面。

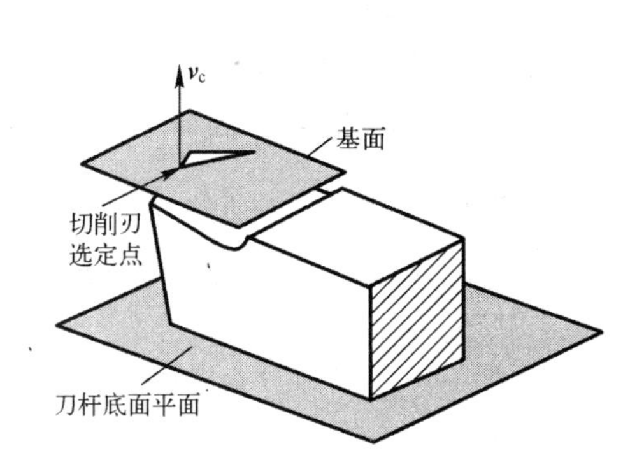

图 1.7 普通车刀的基面 p_r

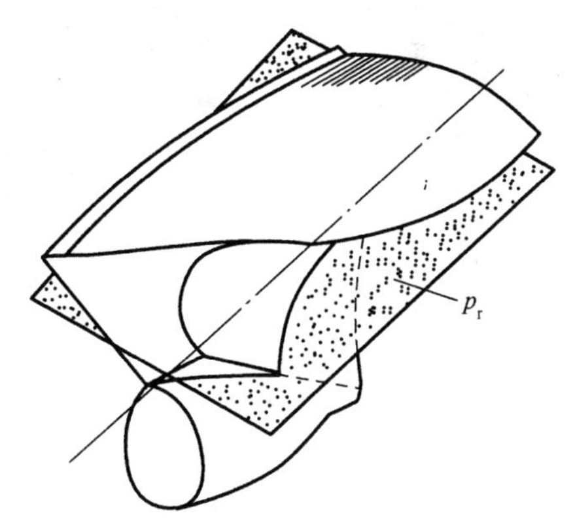

图 1.8 钻头的基面

2) 切削平面 p_s

通过切削刃选定点,与主切削刃相切,并垂直于基面 p_r 的平面。也就是主切削刃与切削速度方向构成的平面,如图 1.9 所示。

基面和切削平面十分重要。这两个平面加上以下所述的任一剖面,便构成各种不同的刀具标注角度参考系。可以说,不懂得基面和切削平面就不懂得刀具。

3) 正交平面 p_o 和正交平面参考系

正交平面是通过切削刃选定点,同时垂直于基面 p_r 和切削平面 p_s 的平面。由此可知,正交平面垂直于主切削刃在基面上的投影。图 1.9 表示由 $p_r-p_o-p_s$ 组成的一个正交平面参考系。由该图可知,两个参考系的基面和切削平面相同,这是生产中最常用的刀具标注角度参考系。

4) 法平面 p_n 和法平面参考系

法平面 p_n 是通过切削刃选定点,垂直于切削刃的平面。图 1.9 所示为由 $p_r-p_s-p_n$ 组成的一个法平面参考系。该图把两个参考系画在一起,在实际使用时一般是分别使用一个参考系。由该图可知,两个参考系的基面和切削平面相同,再加上不同的平面就构成不同的参考系。

5）进给平面 p_f 和背平面 p_p 及其组成的进给、背平面参考系

进给平面 p_f 是通过切削刃选定点，平行于进给运动方向并垂直于基面 p_r 的平面。通常，它也平行或垂直于刀具上便于制造、刃磨和测量的某一安装定位平面或轴线。例如，普通车刀和刨刀的 p_f 垂直于刀杆轴线；钻头、拉刀、端面车刀、切断刀等的 p_f 平行于刀具轴线；铣刀的 p_f 则垂直于铣刀轴线。背平面 p_p 是通过切削刃选定点，同时垂直于 p_r 和 p_f 的平面。$p_r - p_f - p_p$ 组成一个进给、背平面参考系，如图 1.10 所示。

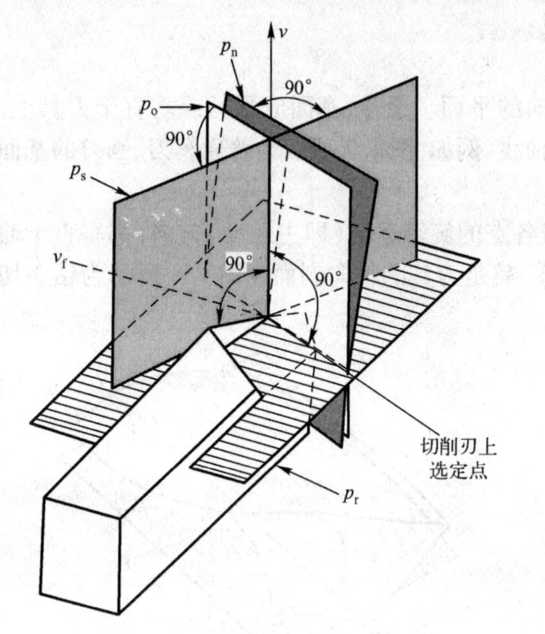

图 1.9　正交平面与法平面的参考系

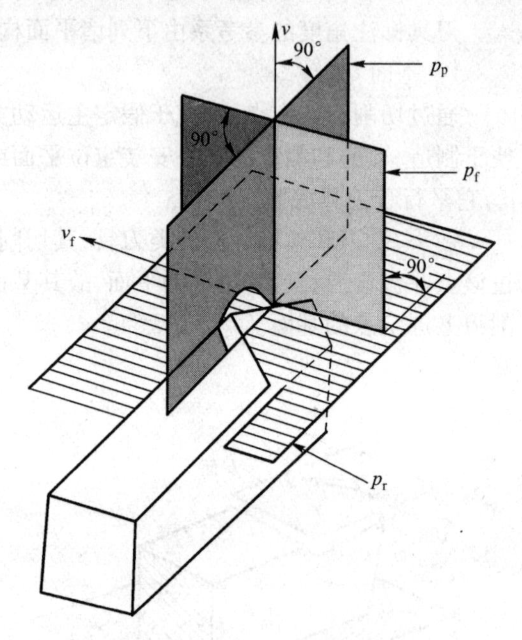

图 1.10　进给、背平面参考系

1.1.2.3　刀具工作角度的参考系

上述刀具标注角度参考系，在定义基面时，都只考虑主运动，不考虑进给运动，即在假定运动条件下确定的参考系。但刀具在实际使用时，这样的参考系所确定的刀具角度，往往不能确切地反映切削加工的真实情形。只有用合成切削运动 $\boldsymbol{v}_e$ 来确定参考系，才符合切削加工的实际。例如，图 1.11 所示的三把刀具的标注角度完全相同，但是由于合成切削运动 $\boldsymbol{v}_e$ 方向不同，后刀面与加工表面之间的接触和摩擦的实际情形有很大的不同，图(a)刀具后刀面同工件已加工表面之间有适宜的间隙，切削情况正常；图(b)该两个表面全面接触，摩擦严重；图(c)刀具的背棱顶在已加工表面上，切削刃无法切入，切削条件被破坏。可见，在这种场合下，只考虑主运动的假定条件是不合适的，还必须考虑进给运动速度的影响，也就是必须考虑合成切削运动方向来确定刀具工作角度的参考系。

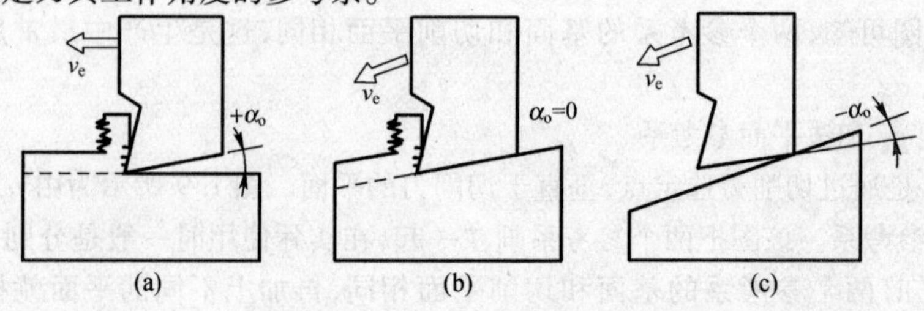

图 1.11　刀具工作角度示意图

同样，刀具实际安装位置也影响工作角度的大小。只有采用刀具工作角度的参考系，才能反映切削加工的实际。

刀具工作角度参考系同标注角度参考系的唯一区别是用 $\boldsymbol{v}_e$ 取代 $\boldsymbol{v}_c$，用实际进给运动方向取代假定进给运动方向。

1.1.2.4 刀具的标注角度

在刀具的标注角度参考系中确定的切削刃与刀面的方位角度，称为刀具标注角度。

由于刀具角度的参考系沿切削刃各点可能是变化的，故所定义的刀具角度应指明是切削刃选定点处的角度；凡未特殊注明者，则指切削刃上与刀尖毗邻的那一点的角度。

在切削刃是曲线或者前、后刀面是曲面的情况下，定义刀具的角度时，应该用通过切削刃选定点的切线或切平面代替曲刃或曲面。

正交平面参考系里的标注角度的名称、符号与定义如下（图 1.12）：

前角 γ_o：前刀面与基面间的夹角（在正交平面中测量）。

后角 α_o：后刀面与切削平面间的夹角（在正交平面中测量）。

主偏角 κ_r：基面中测量的主切削刃与进给运动方向的夹角。

刃倾角 λ_s 切削平面中测量的主切削刃与基面间的夹角。

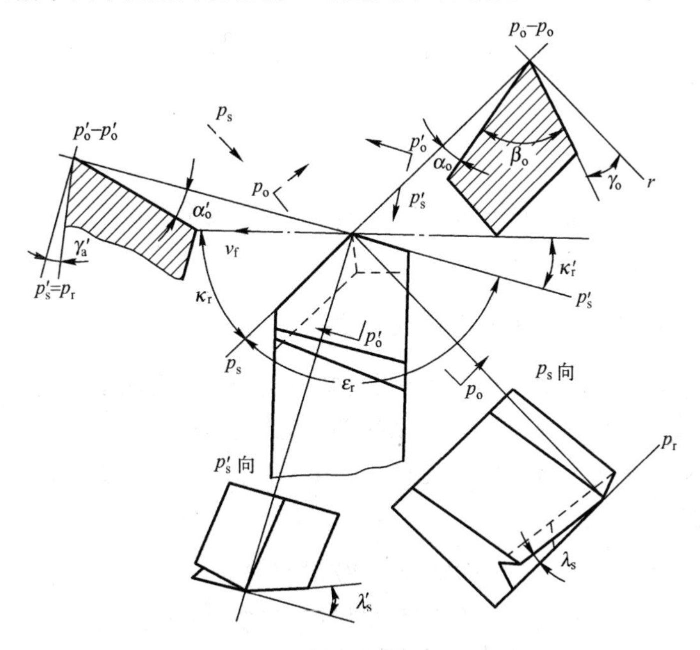

图 1.12 正交平面系标注的刀具角度

上述四个角度就可以确定车刀主切削刃及其前后刀面的方位。其中 γ_o、λ_s 两角确定了前刀面的方位，κ_r、α_o 确定了后刀面的方位，κ_r、λ_s 确定了主切削刃的方位。

同理，副切削刃及其相关的前刀面、后刀面在空间的定位也需用四个角度，即副偏角 κ'_r，副刃倾角 λ'_s，副前角 γ'_o，副后角 α'_o。它们的定义与主切削刃上的四种角度类似。

由于图 1.12 所示车刀副切削刃与主切削刃共处在同一前刀面上，因此，当 γ_o、λ_s 两者确定后，前刀面的方位已经确定，γ'_o、λ'_s 两个角度可由 γ_o、λ_s、κ_r、κ'_r 等角度换算出来，称为派生角度，图 1.12 中外圆车刀有三个刀面，两个切削刃，所需标注的独立角度只有六个。

此外,根据分析刀具的需要还要给定几个派生角度(图1.12中用括号括起来的角度),它们的名称与定义如下:

楔角β_o:正交平面中测量的前、后刀面间夹角。

$$\beta_o = 90° - (\gamma_o + \alpha_o) \tag{1.6}$$

刀尖角ε_r:基面中测量的主、副切削刃间夹角。

$$\varepsilon_r = 180° - (\kappa_r + \kappa'_r) \tag{1.7}$$

前角、后角、刃倾角正负的规定如图1.12所示,在正交平面中,前刀面与基面平行时前角为零,前刀面与切削平面间的夹角小于90°时前角为正、大于90°时前角为负.后刀面与基面夹角小于90°时后角为正,大于90°时后角为负,刃倾角的正负如图1.13所示。

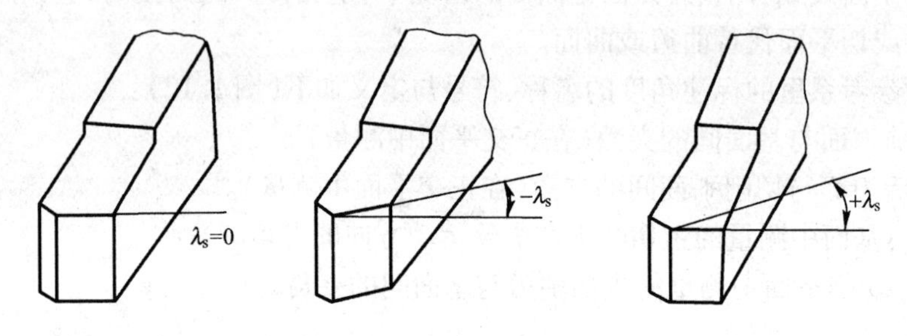

图1.13 刃倾角λ_s的符号

1.1.3 刀具角度的换算

在设计和制造刀具时,需要对不同参考系内的标注角度进行换算,也就是正交平面、法平面、背平面、进给平面之间的角度换算。

1.1.3.1 正交平面与法平面内的角度换算

在刀具设计、制造、刃磨和检验中,常常需要知道主切削刃在法平面内的角度。许多斜角切削刀具,特别是大刃倾角刀具,必须标注法平面角度。法平面参考系将是一种应用越来越广的刀具参考系。图1.14所示为刃倾角λ_s的车刀主切削刃在正交平面和法平面内的角度。它们的计算公式如下:

$$\tan\gamma_n = \tan\gamma_o \cdot \cos\lambda_s \tag{1.8}$$

$$\cot\alpha_n = \cot\alpha_o \cdot \cos\lambda_s \tag{1.9}$$

以前角计算公式为例,公式推导如下(图1.14):

$$\tan\gamma_n = \frac{\overline{ac}}{\overline{Ma}}$$

$$\tan\gamma_o = \frac{\overline{ab}}{\overline{Ma}}$$

$$\frac{\tan\gamma_n}{\tan\gamma_o} = \frac{\overline{ac}}{\overline{Ma}} \cdot \frac{\overline{Ma}}{\overline{ab}} = \frac{\overline{ac}}{\overline{ab}} = \cos\lambda_s$$

$$\tan\gamma_n = \tan\gamma_o \cdot \cos\lambda_s$$

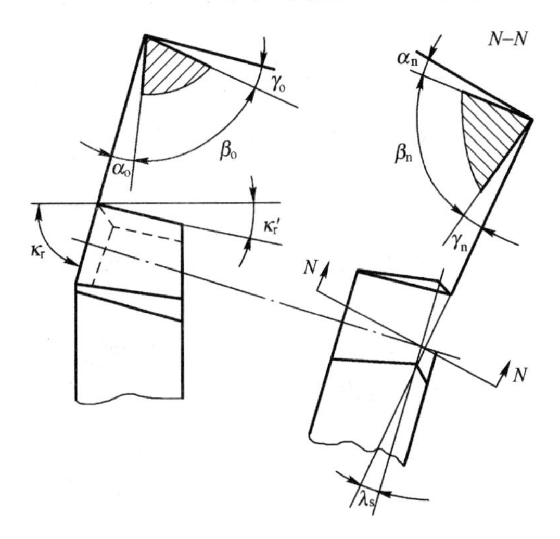

图 1.14　正交平面与法平面的角度换算

1.1.3.2　正交平面与任意平面的角度换算

如图 1.15 所示，平面 $AGBE$ 为通过主切削刃上 A 点的基面；$p_o(AEF)$ 为正交平面；p_p 和 p_f 为切深、进给平面；$p_\theta(ABC)$ 为垂直于基面的任意平面，它与主切削刃 AH 在基面上投影 AG 间的夹角为 θ；平面 $AHCF$ 为前刀面。

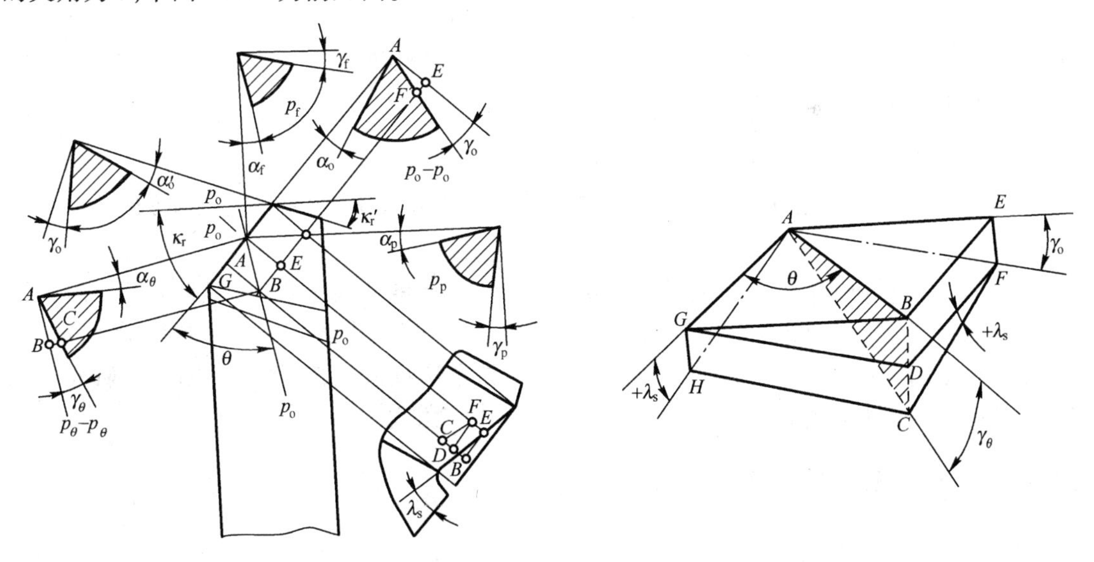

图 1.15　正交平面与任意平面的角度换算

求解任意平面 p_θ 内的前角 γ_θ：

$$\tan\gamma_\theta = \frac{\overline{BC}}{\overline{AB}} = \frac{\overline{BD} + \overline{DC}}{\overline{AB}} = \frac{\overline{EF} + \overline{DC}}{\overline{AB}}$$

$$\frac{\overline{AE} \cdot \tan\gamma_o + \overline{DF} \cdot \tan\lambda_s}{\overline{AB}} = \frac{\overline{AE}}{\overline{AB}} \cdot \tan\gamma_o + \frac{\overline{DF}}{\overline{AB}} \cdot \tan\lambda_s$$

得

$$\tan\gamma_\theta = \tan\gamma_o \cdot \sin\theta + \tan\lambda_s \cdot \cos\theta \tag{1.10}$$

当 $\theta=0$ 时：

$$\tan\gamma_\theta = \tan\lambda_s$$

$$\therefore \quad \gamma_\theta = \lambda_s$$

当 $\theta=90°-\kappa_r$ 时，可得切深前角 γ_p：

$$\tan\gamma_p = \tan\gamma_o\cos\kappa_r + \tan\lambda_s \cdot \sin\kappa_r \tag{1.11}$$

当 $\theta=180°-\kappa_r$ 时，可得进给前角 γ_f：

$$\tan\gamma_f = \tan\gamma_o \cdot \sin\kappa_r + \tan\lambda_s \cdot \cos\kappa_r \tag{1.12}$$

对式(1.10)利用微商求极值，可得最大前角 γ_g：

$$\tan\gamma_g = \sqrt{\tan^2\gamma_o + \tan^2\lambda_s} \tag{1.13}$$

或

$$\tan\gamma_g = \sqrt{\tan^2\gamma_f + \tan^2\gamma_p} \tag{1.14}$$

最大前角所在平面同主切削刃在基面上投影之间夹角 θ_{max} 为

$$\tan\theta_{max} = \frac{\tan\gamma_o}{\tan\lambda_s} \tag{1.15}$$

同理，可求出任意平面内的后角 α_θ：

$$\cot\alpha_\theta = \cot\alpha_o \cdot \sin\theta + \tan\lambda_s \cdot \cos\theta \tag{1.16}$$

当 $\theta=90°-\kappa_r$ 时： $\cot\alpha_p = \cot\alpha_o \cdot \cos\kappa_r + \tan\lambda_s \cdot \sin\kappa_r$ (1.17)

当 $\theta=180°-\kappa_r$ 时： $\cot\alpha_f = \cot\alpha_o \cdot \sin\kappa_r - \tan\lambda_s \cdot \cos\kappa_r$ (1.18)

1.1.4 刀具工作角度

以上所讲的都是在假定运动条件下和安装条件下的标注角度，如果考虑合成运动和实际安装情况，刀具的参考系将发生变化。按照切削工作的实际情况，在刀具工作角度的参考系中所确定的角度，称为工作角度。

由于通常的进给速度远小于主运动速度，因此，在一般的安装条件下，刀具的工作角度近似等于标注角度（误差不超过1%），这样，在大多数场合下（如普通车、镗孔、端铣、周铣）不必进行工作角度的计算。只有在角度变化值较大时（如车螺纹或丝杠、铲背和钻孔时研究钻孔附近的切削条件或刀具的特殊安装时），才需要计算工作角度。

1.1.4.1 进给运动对工作角度的影响

1）横车

以切断车刀为例（图1.16），在不考虑进给运动时，车刀主切削刃选定点相对于工件的运动轨迹为一圆周，切削平面 p_s 为通过切削刃上该点切于圆周的平面，基面 p_r 为平行于刀杆底面同时垂直于 p_s 的平面，γ_o、α_o 为标注前角和后角。当考虑横向进给运动之后，切削刃选定点相对于工件的运动轨迹为一平面阿基米德螺旋线，切削平面变为通过切削刃切于螺旋面的平面 p_{se}，基面也相应倾斜为 p_{re}，角度变化值为 η。工作正交平面 p_{oe} 仍为平面 p_o，此时在工作参考系（p_{re}、p_{se}、p_{oe}）内的工作角度 γ_{oe} 和 α_{oe} 为

$$\gamma_{oe} = \gamma_o + \eta$$

$$\alpha_{oe} = \alpha_o - \eta$$

η 角称为合成切削速度角，它是主运动方向与合成切削速度方向之间的夹角。

由 η 角定义可知：

$$\tan\eta = \frac{v_f}{v_c} = \frac{f}{\pi d} \tag{1.19}$$

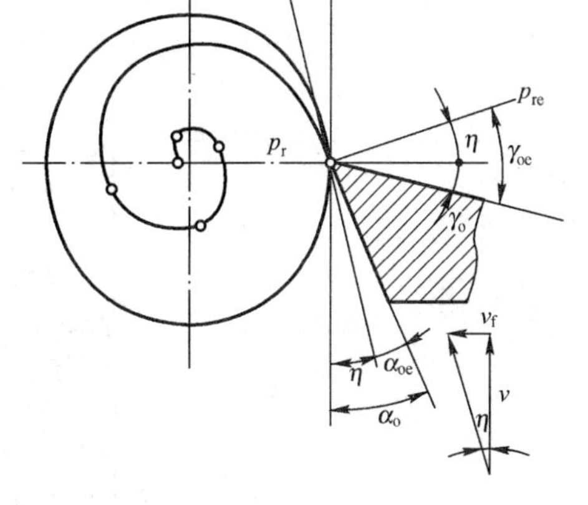

图 1.16　横向进给运动对工作角度的影响

式中，d 为随着车刀进给而不断变化着的切削刃选定点处工件的旋转直径；η 值是随着切削刃趋近工作中心而增大的，在常用进给量下，当切削刃距离工件中心 1mm 时，$\eta = 1°40'$ 再靠近中心，η 值急剧增大，工作后角变为负值。

在铲背加工时，η 值很大，是不可忽略的。

2）纵车

同理，也是由于工作中基面和切削平面发生了变化，形成了一个合成切削速度角 η，引起工作角度的变化。如图 1.17 所示，假定车刀 $\lambda_s = 0$，在不考虑进给运动时，切削平面 p_s 垂直于刀杆底面，基面 p_r 平行于刀杆底面，标注角度为 γ_o、α_o；考虑进给运动后，工作切削平面为切于螺旋面的平面，刀具工作角度的参考系（p_{se}、p_{re}）倾斜了一个角度 η，则工作进给平面（仍为原进给平面）内的工作角度为

$$\gamma_{fe} = \gamma_f + \eta$$
$$\alpha_{fe} = \alpha_f - \eta$$

由合成切削速度角 η 的定义可知：

$$\tan\eta = \frac{f}{\pi d_w} \tag{1.20}$$

式中　f——进给量；

d_w——切削刃选定点在 A 点时的工件待加工表面直径。

上述角度变化可以换算至正交平面内：

$$\tan\eta_0 = \tan\eta \cdot \sin\kappa_r$$
$$\gamma_{oe} = \gamma_o + \eta_o$$

由上式可知，η 值不仅与进给量 f 有关，也同工件直径 d_w 有关；d_w 越小，角度变化值越大。实际上，一般外圆车削的 η 值不超过 $30' \sim 40'$，因此可以忽略不计。但在车螺纹，尤其是多头螺纹时，η 的数值很大，必须进行工作角度计算。

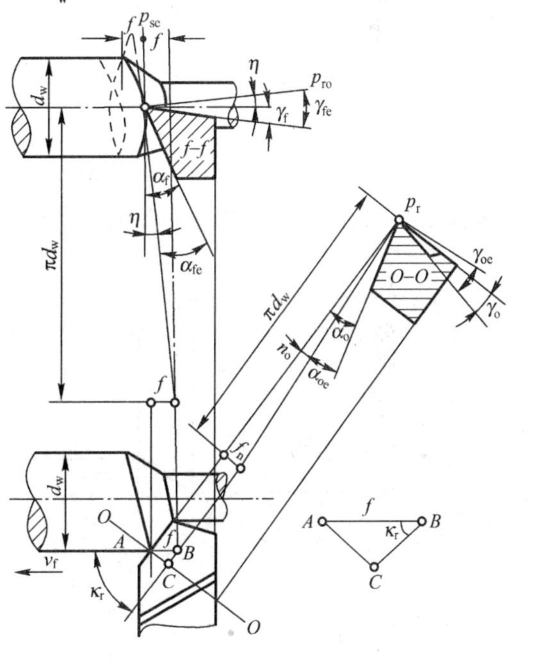

图 1.17　外圆车刀的工作角度

1.1.4.2　刀具安装对工作角度的影响

1）刀尖安装高低对工作角度的影响

如图 1.18 所示，当刀尖安装得高于工件中心线时，工作切削平面将变为 p_{se}，工作基

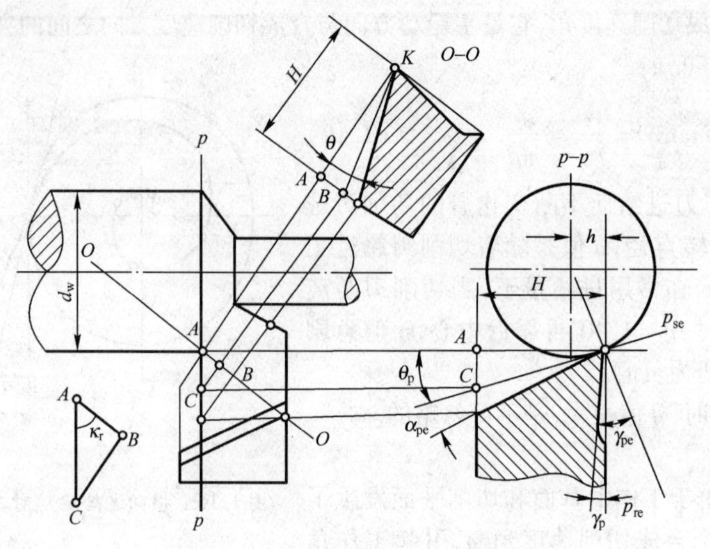

图 1.18　刀尖安装高低对工作角度的影响

面变为 p_{re}，工作角度 γ_{pe} 增大，α_{pe} 减小。在背平面（$p-p$ 仍为标注背平面）内角度变化值为 θ_p：

$$\tan\theta_p = \frac{h}{\sqrt{(d_w/2)^2 - h^2}} \tag{1.21}$$

式中　h——刀尖高于工件中心线的数值（mm）；

　　d_w——工件直径（mm）。

则工作角度为

$$\gamma_{pe} = \gamma_p + \theta_p \text{ 或 } \alpha_{pe} = \alpha_p - \theta_p \tag{1.22}$$

当刀尖低于工件中心时，上述计算公式符号相反；镗孔时计算公式同外圆车削相反。

上述都是在刀具的背平面（p—p）内的角度变化，还需换算到工作主剖面内：

$$\tan\theta_0 = \frac{h}{\sqrt{(d_w/2)^2 - h^2}}\cos\kappa_r \tag{1.23}$$

$$\gamma_{oe} = \gamma_o \pm \theta_0;\alpha_{oe} = \alpha_o \mp \theta_0 \tag{1.24}$$

2）刀杆安装倾斜对工作角度的影响

如图 1.19 所示，车刀刀杆与进给方向不垂直时，工作主偏角 κ_{re} 和工作副偏角 κ'_{re} 将发生变化：

$$\kappa_{re} = \kappa_r \pm G;\kappa'_{re} = \kappa'_r \mp G \tag{1.25}$$

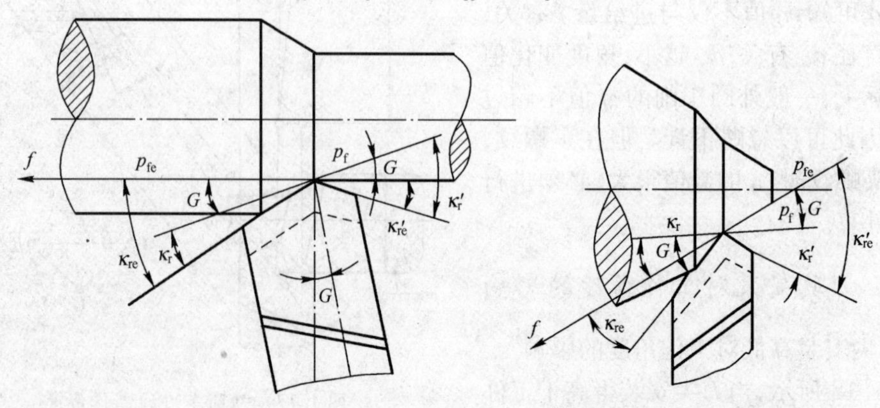

图 1.19　刀杆中心线不垂直于进给方向

式中　G——假定进给剖面与工作进给剖面之间的夹角,在基面内测量,也就是进给运动方向的垂线和刀杆中心线间的夹角。

1.1.5　切削层参数与切削形式

1.1.5.1　切削层

各种切削加工的切削层参数,可用典型的外圆纵车来说明。如图 1.20 所示,车刀主切削刃上任意一点相对于工件的运动轨迹是一条空间螺旋线。当 $\lambda_s=0$ 时,主切削刃所切出的加工表面为阿基米德螺旋面。工件每转一转,车刀沿工件轴线移动一段距离,即进给量 f(mm/r)。这时,切削刃从加工表面Ⅱ的位置移到相邻加工表面Ⅰ的位置上。于是Ⅰ、Ⅱ之间的金属变为切屑。由车刀正在切削的这一层金属,称为切削层。切削层的大小和形状直接决定了车刀切削部分所受的负荷大小及切下的切屑的形状和尺寸。在外圆纵车时,当 $\kappa'_r=0$、$\lambda_s=0$ 时,切削层的表面形状为一平行四边形;在特殊情况下($\kappa_r=90°$)为矩形,其宽为 f,高为 a_p,不论何种加工,能够说明切削机理的,乃是切削层截形的力学性质所决定的真实厚度和宽度。

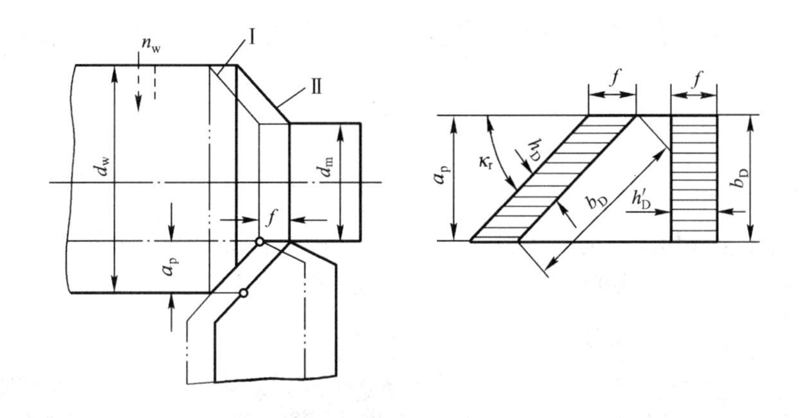

图 1.20　外圆纵车时切削层的参数

为了简化计算工作,切削层的表面形状和尺寸,通常都在垂直于切削速度的基面 p_r 内观察和度量。

切削层参数如下:

(1) 切削厚度。垂直于加工表面来度量的切削层尺寸(图 1.20),称为切削厚度,以 h_D 表示。在外圆纵车($\lambda_s=0$)时:

$$h_D=f\cdot\sin\kappa_r \tag{1.26}$$

(2) 切削宽度。沿加工表面度量的切削层尺寸(图 1.20),称为切削宽度,以 b_D 表示。外圆纵车($\lambda_s=0$)时:

$$b_D=a_p/\sin\kappa_r \tag{1.27}$$

可见,在 f 与 a_p 一定的条件下,主偏角 κ_r 越大,切削厚度 h_D 也就越大(图 1.21),但切削宽度 b_D 越小;κ_r 越小时,h_D 越小,b_D 越大;当 $\kappa_r=90°$时,$h_D=f$,$b_D=a_p$。

曲线形主切削刃,切削层各点的切削厚度互不相等(图 1.22)。

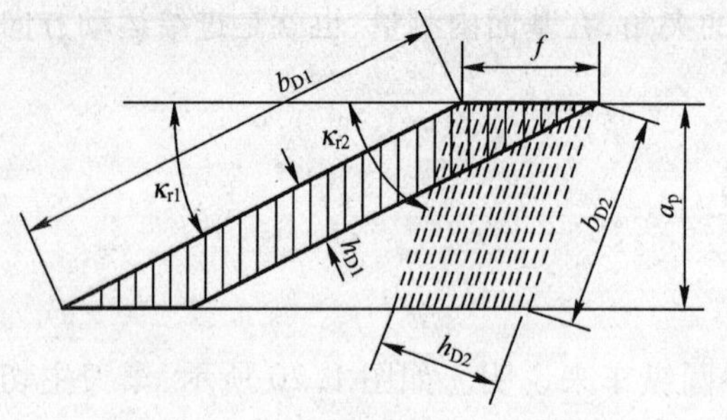
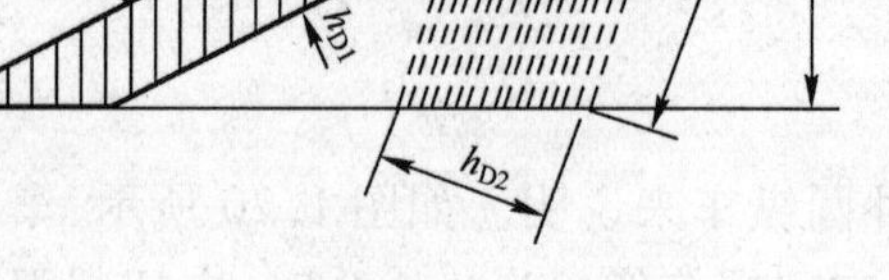

图 1.21　κ_r 不同时 h_D、b_D 的变化

图 1.22　曲线切削刃工作时 h_D 及 b_D

(3) 切削面积。切削层在基面 p_r 的面积,称为切削面积,以 A_D 表示。其计算公式为

$$A_D = h_D \cdot b_D(\mathrm{mm}^2) \tag{1.28}$$

对于车削来说,不论切削刃形状如何,切削面积均为

$$A_D = h_D \cdot b_D = f \cdot a_p \tag{1.29}$$

上面所计算的均为名义切削面积。实际切削面积等于名义切削面积减去残留面积(图 1.23)。

残留面积是指刀具副偏角 $\kappa'_r \neq 0$ 时,刀具经过切削后,残留在已加工表面上的不平部分($\triangle ABE$)的剖面面积。

1.1.5.2　切削形式

1) 正切削与斜切削

切削刃垂直于合成切削方向的切削方式称为正切削或直角切削。如果切削刃不垂直于切削方向则称为斜切削或斜角切削。图 1.24 所示为刨削时的正切削和斜切削。

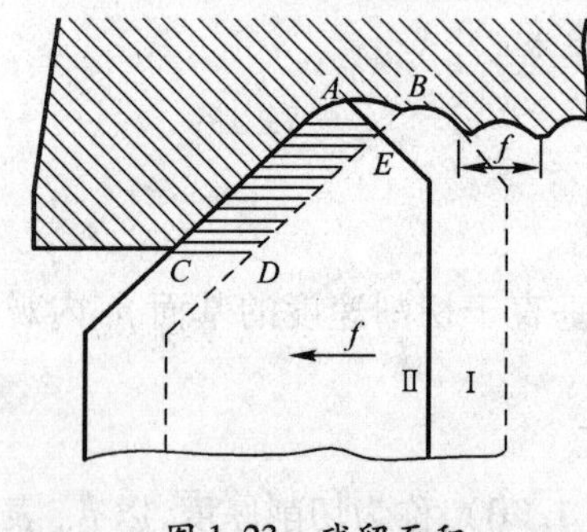

图 1.23　残留面积

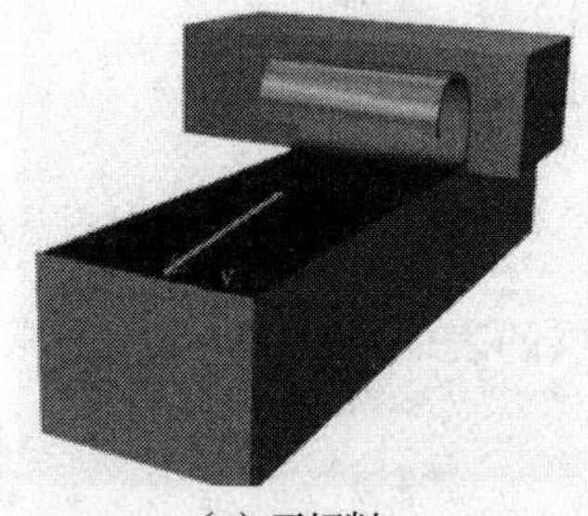

(a) 正切削

(b) 斜切削

图 1.24　正切削与斜切削

2) 自由切削与非自由切削

只有直线形主切削刃参加切削工作,而副切削刃不参加切削工作,称为自由切削。曲线主切削刃或主、副切削刃都参加切削者,称为非自由切削。这是根据切削变形是二维或三维问题进行区分的。为了简化研究工作,通常采用自由切削进行切削变形区的观察和研究。

1.2　刀具材料

在切削过程中,刀具直接切除工件上的余量并形成已加工表面,刀具材料对金属切削的生产率、成本、质量有很大的影响,因此要重视刀具材料的正确选择与合理使用。

1.2.1 刀具材料应具备的性能

切削加工时,由于变形与摩擦,刀具承受了很大的压力与很高的温度。作为刀具材料应满足以下基本要求:

(1) 高的硬度和耐磨性。刀具材料要比工件材料硬度高,常温硬度在62HRC以上。耐磨性表示抵抗磨损的能力,它取决于组织中硬质点的硬度、数量、大小和分布。

(2) 足够的强度和韧性。为了承受切削中的压力冲击和振动,避免崩刃和折断,刀具材料应该具有足够的强度和韧性。一般强度用抗弯强度表示,韧性用冲击值表示。

(3) 高的耐热性。刀具材料在高温下保持硬度、耐磨性、强度和韧性的能力。

(4) 良好的工艺性。为了便于制造,要求刀具材料有较好的可加工性,如切削加工性、铸造性、锻造性、热处理性等。

(5) 良好的经济性。

1.2.2 常用的刀具材料

目前,生产中所用的刀具材料以高速钢和硬质合金居多。碳素工具钢(如T10A、T12A)、工具钢(如9SiCr、CrWMn)因耐热性差,仅用于一些手工或切削速度较低的刀具。

1.2.2.1 高速钢

高速钢是一种加入较多的钨、钼、铬、钒等合金元素的高合金工具钢。它具有较高的热稳定性,切削温度达500~650℃时仍能进行切削;有较高的强度、韧性、硬度和耐磨性;其制造工艺简单,容易磨成锋利的切削刃,可锻造,这对于一些形状复杂的工具,如钻头、成形刀具、拉刀、齿轮刀具等尤为重要,是制造这些刀具的主要材料。

高速钢按用途分为通用型高速钢和高性能高速钢;按制造工艺不同分为熔炼高速钢和粉末冶金高速钢。

1) 通用型高速钢

(1) 钨钢。典型牌号为W18Cr4V(简称W18),w_W18%、w_{Cr}4%、w_V1%。它具有良好的综合性能,在600℃时其高温硬度为48.5HRC,可以制造各种复杂刀具;淬火时过热倾向小;含钒量小,磨加工性好;碳化物含量高,塑性变形抗力大,但碳化物分布不均匀,影响薄刃刀具或小截面刀具的耐用度;强度和韧性显得不够;热塑性差,很难用作热成形方法制造的刀具(如热轧钻头)。

(2) 钨钼钢。将钨钢中的一部分钨以钼代替而得。典型牌号为W6Mo5Cr4V2(简称M2),w_W6%、w_{Mo}5%、w_{Cr}4%、w_V2%。碳化物分布细小均匀,具有良好的力学性能,抗弯强度比W18高10%~15%,韧性高50%~60%。可做尺寸较小、承受冲击力较大的刀具;热塑性特别好,更适用于制造热轧钻头等;磨加工性也好,目前各国广为应用。

2) 高性能高速钢

高性能高速钢是在通用高速钢的基础上再增加一些含碳量、含钒量及添加钴、铝等元素。按其耐热性,又称高热稳定性高速钢。在630~650℃时仍可保持60HRC的硬度,具有更好的切削性能,耐用度较通用型高速钢高1.3~3倍。适合于加工高温合金、钛合金、超高强度钢等难加工材料。

典型牌号有高碳高速钢9W18Cr4V、高钒高速钢$W_6MoCr_4V_3$、钴高速钢$W_6MoCr_4V_2Co_8$、超

硬高速钢 $W_2Mo_9Cr4VCo_8$等。

3）粉末冶金高速钢

粉末冶金高速钢是用高压氩气或氮气雾化熔融的高速钢水，直接得到细小的高速钢粉末，高温下压制成致密的钢坯，而后锻压成材或刀具形状。这有效地解决了一般熔炼高速钢时铸锭产生粗大碳化物共晶偏析的问题，得到细小、均匀的结晶组织，使之具有良好的力学性能。其强度和韧性分别是熔炼高速钢的2倍和2.5～3倍；磨削加工性能好；物理、力学性能高度各向同性，热处理变形小；耐磨性能提高20%～30%，适合制造切削难加工材料的刀具、大尺寸刀具（如滚刀、插齿刀）、精密刀具、磨加工量大的复杂刀具、高压动载荷下使用的刀具等。

1.2.2.2 硬质合金

硬质合金是由难熔金属化合物（如WC、TiC）和金属粘结剂（Co）经粉末冶金法而制成的。因含有大量熔点高、硬度高、化学稳定性好、热稳定性好的金属碳化物，硬质合金的硬度、耐磨性和耐热性都很高，硬度可达89～93HRA，在800～1000℃还能承担切削，耐用度较高速钢高几十倍。当耐用度相同时，切削速度可提高4～10倍。

硬质合金唯抗弯强度较高速钢低，仅为0.9～1.5GPa，冲击韧性差，切削时不能承受大的振动和冲击负荷。

硬质合金的碳化物含量较高时，硬度高，但抗弯强度低；粘结剂含量较高时，抗弯强度高，但硬度低。

硬质合金以其切削性能优良被广泛用作刀具材料（约占50%）。如大多数的车刀、端铣刀以至深孔钻、铰刀、拉刀、齿轮刀具等。它还可用于加工高速钢刀具不能切削的淬硬钢等硬材料。

ISO将切削用的硬质合金分为三类：

1）YG(K)类，即WC－Co类硬质合金

由WC和Co组成。牌号有YG6、YG8、YG3X、YG6X，w_{Co}分别为6%、8%、3%、6%，硬度为89～91.5HRA，抗弯强度为1.1～1.5GPa。组织结构有粗晶粒、中晶粒、细晶粒之分。一般（如YG6、YG8）为中晶粒组织，细晶粒硬质合金（如YG3X、YG6X）在含钴量相同时比中晶粒的硬度、耐磨性要高些，但抗弯强度要低些。

此类合金韧性、磨削性、导热性较好，较适于加工产生崩碎切屑、有冲击切削力作用在刃口附近的脆性材料，如铸铁、有色金属及其合金以及导热系数低的不锈钢和对刃口韧性要求高（如端铣）的钢料等。

2）YT(P)类，即WC－TiC－Co类硬质合金

硬质点相除WC外，还含有5%～30%的TiC。牌号有YT5、YT14、YT15、YT30，w_{TiC}分别为5%、14%、15%、30%，相应的w_{Co}为10%、8%、6%、4%，硬度为91.5～92.5 HRA，抗弯强度为0.9～1.4GPa。TiC含量提高，Co含量降低，硬度和耐磨性提高，但是冲击韧性显著降低。

此类合金有较高的硬度和耐磨性，切削时抗粘结扩散能力和抗氧化能力好；但抗弯强度、磨削性能和导热系数下降，低温脆性大，韧性差。适于高速切削钢料。

含钴量增加，抗弯强度和冲击韧性提高，适于粗加工；含钴量减少，硬度、耐磨性及耐热性增加，适于精加工。

应注意，此类合金不适于加工不锈钢和钛合金。因YT中的钛元素和工件中的钛元素之间的亲和力会产生严重的粘刀现象，在高温切削及摩擦系数大的情况下会加剧刀具磨损。

3）YW (M)类，即WC－TiC－TaC－Co类硬质合金

在YT类中加入TaC (Nbc)可提高其抗弯强度、疲劳强度、冲击韧性、高温硬度、强度和抗

氧化能力、耐磨性等。既可用于加工铸铁,也可加工钢,因而又有通用硬质合金之称。常用的牌号为 YW1 和 YW2。

以上三类的主要成分均为 WC,所以又称 WC 基硬质合金。

尚有以 TiC 为主要成分的 TiC 基硬质合金,即 Ti - Ni - Mo 合金。因 TiC 在所有碳化物中硬度最高,所以此类合金硬度很高,达 90 ~ 94HRA,有较高耐磨性、抗月牙洼磨损能力,耐热性、抗氧化能力以及化学稳定性好、与工件材料的亲和性小、磨损系数小、抗粘结能力强,刀具耐用度比 WC 提高好几倍,可加工钢,也可加工铸铁。牌号 YN10 与 YT30 相比较,硬度较接近,焊接性及刃磨性较好,基本上可代替 YT30 使用。唯抗弯强度还赶不上 WC,当前主要用于精加工及半精加工。因其抗塑性变形、抗崩刃性能差,所以不适用重切削及断续切削。

表 1.1 列出了各种硬质合金牌号刀具的应用范围。

表 1.1 各种硬质合金牌号的应用范围

牌号	合金性能	使用范围
YG3X	YG 类合金中耐磨性最好的一种,但抗冲击性能差	适用于铸铁、有色金属及其合金的精镗,精车等,亦可用于合金钢、淬火钢及钨、钼材料的精加工
YG6X	属细晶粒合金,其耐磨度较 YG6 高,而使用强度接近于 YG6	适用于冷硬铸铁、合金铸铁、耐热钢及合金钢的加工,亦适用于普通铸铁的精加工,并可用于制造仪器仪表工业用的小型刀具和小模数滚刀
YG6	耐磨性较高,但低于 YG6X、YG3X,韧性高于 YG6X、YG3X,可使用较 YG8 高的速度	适用于铸铁、有色金属及合金与非金属材料连续切削的粗车,间断切削的半精车、精车、小端面精车、粗车螺纹、旋风车丝,连续断面的半精铣与精铣,孔的粗扩与精扩
YG8	使用强度较高,抗冲击和抗振动性能较 YG6 好,耐磨性及允许的切削速度较低	适用于铸铁、有色金属及其合金与非金属材料加工中不平整断面和间断切削时的粗车、粗刨、粗铣,一般孔和深孔的钻孔、扩孔
YG10H	属超细晶粒合金,耐磨性较好,抗冲击和抗振动性能高	适用于低速粗车,铣削耐热合金,作切断刀及丝锥等
YT5	在 YT 类合金中,强度最高,抗冲击和抗振动性能好,不易崩刃,但耐磨性较差	适用于碳钢及合金钢,包括钢锻件、冲压件及铸铁的表面加工,以及不平整端面和间断切削时的粗车、粗刨、半精刨、粗铣、钻孔
YT14	使用强度高,抗冲击性能和抗振动性能好,但较 YT5 稍差,耐磨性及允许的切削速度较 YT5 高	适于碳钢及合金钢连续切削时的粗车,不平端面和间断切削时的半精车和精车,连续面的粗铣,铸孔的扩钻等
YT15	耐磨性优于 YT14,但抗冲击性韧性较 YT4 差	适于碳钢及合金钢加工中连续切削时的半精车及精车,间断切削时的小端面精车,旋风车丝,连续面的半精铣及精铣,孔的精扩及粗扩
YT30	耐磨性及允许的切削速度较 YT15 高,但使用强度及抗冲击韧性较 YT14 差,焊接及刃磨时极易产生裂纹	适于碳钢及合金钢的精加工,如小端面精车、精镗、精扩等
YG6A	属细晶粒合金,耐磨性及使用强度与 YG6X 相似	适于硬铸铁、球墨铸铁、白口铁、有色金属及其合金的半精加工,亦可用于高锰钢、淬火钢及合金钢的半精加工及精加工
YG8A	属中颗粒合金,其抗弯强度与 YG8 相同,而硬度和 YG6 相同,高温切削时热硬性较好	适于硬铸铁、球墨铸铁、白口铁及有色金属的精加工,亦适于不锈钢的粗加工和半精加工
YW1	热硬性较好,能承受一定的冲击负荷,通用性较好	适于耐热钢、高锰钢、不锈钢等难加工材料的精加工,也适于一般钢材以及普通铸铁及有色金属的精加工

1.2.3 其他刀具材料

1.2.3.1 涂层刀具

涂层刀具是在韧性较好刀体上涂敷一层或多层耐磨性好的难熔化合物，它将刀具基体与硬质涂层相结合，从而使刀具性能大大提高。涂层硬质合金一般采用化学气相沉积法(CVD法)，图1.25就是采用CVD法制成的金刚石镀层的照片，沉积温度1000℃左右；涂层高速钢刀具一般采用物理气相沉积法(PVD法)，沉积温度500℃左右。根据涂层刀具基体材料的不同，涂层刀具可分为硬质合金涂层刀具、高速钢涂层刀具，以及在陶瓷和超硬材料(金刚石和立方氮化硼)上的涂层刀具等。常用的刀具涂层方法有化学气相沉积(CVD)、物理气相沉积(PVD)、等离子体化学气相沉积(PCVD)、盐浴浸镀法、等离子喷涂法、热解沉积涂层以及化学涂覆法等。常用的涂层材料有碳化物、氮化物、氧化物、硼化物、碳氮化物等，近年来还发展了聚晶金刚石和立方氮化硼涂层。

涂层刀具具有较高的抗氧化性能，因而有较高的耐磨性和抗月牙洼磨损能力；有低的摩擦系数，可降低切削时的切削力及切削温度，可提高刀具的耐用度(提高硬质合金刀具耐用度1～3倍，高速钢刀具耐用度2～10倍)。但也存在着锋利性、韧性、抗剥落性、抗崩刃性及成本昂贵之弊。

1.2.3.2 陶瓷

陶瓷刀具材料按化学成分可分为氧化铝基陶瓷、氮化硅基陶瓷和复合氮化硅—氧化铝基陶瓷三大类。图1.26表示的就是新型陶瓷刀具的图片。

图1.25 “薄膜”CVD金刚石镀层的照片

图1.26 新型陶瓷刀具

陶瓷刀具与硬质合金刀具相比，它的硬度高、耐磨性好，刀具耐用度可比硬质合金高几倍以至十几倍。陶瓷刀具在1200℃以上的高温下仍能进行切削，这时陶瓷的硬度与200～600 ℃时硬质合金的硬度相当。陶瓷刀具优良的高温性能使其能够以比硬质合金刀具高3～10倍的切削速度进行加工。它与钢铁金属的亲和力小、摩擦因数低、抗粘结和抗扩散能力强，加工表面质量好。另外，它的化学稳定性好，陶瓷刀具的切削刃即使处于炽热状态也能长时间连续使用，这对金属高速切削有着重要的意义。当前,陶瓷刀具材料的进展集中在提高传统刀具陶瓷材料的性能、细化晶粒、组分复合化、采用涂层、改进烧结工艺和开发新产品等方面,以期获得耐高温性能、耐磨损性能和抗崩刃性能,且能适应高速精密切削加工的要求。

1.2.3.3 金刚石

金刚石是目前人工制造出的最硬的物质,是在高温、高压和其他条件配合下由石墨转化而成的。硬度高达10000HV,耐磨性好,可用于加工硬质合金、陶瓷、高硅铝合金及耐磨塑料等高硬度、高耐磨的材料,刀具耐用度比硬质合金可提高几倍到几百倍。其切削刃锋利,能切下极薄的切屑,加工冷硬现象较少;有较低的摩擦系数,切屑与刀具不易产生粘结,不产生积屑瘤,很适于精密加工。

但其热稳定性差,切削温度不宜超过700~800℃;强度低、脆性大、对振动敏感,只宜微量切削;与铁有极强的化学亲和力,不适于加工黑色金属。图1.27为利用天然金刚石制成的刀具。

目前,金刚石主要用于磨具和磨料,对有色金属及非金属材料进行高速精细车削及镗孔;加工铝合金、铜合金时、切削速度可达800~3800m/min。

1.2.3.4 立方氮化硼

立方氮化硼是由软的立方氮化硼在高温高压下加入催化剂转变而成的。有很高的硬度(8000~9000HV)及耐磨性;有比金刚石高得多的热稳定性(1400℃),可用来加工高温合金;化学惰性大,与铁族元素直至1300℃时也不易起化学反应,可用于加工淬硬钢及冷硬铸铁;有良好的导热性、较低的摩擦系数。图1.28为使用CBN材料制成的刀具。

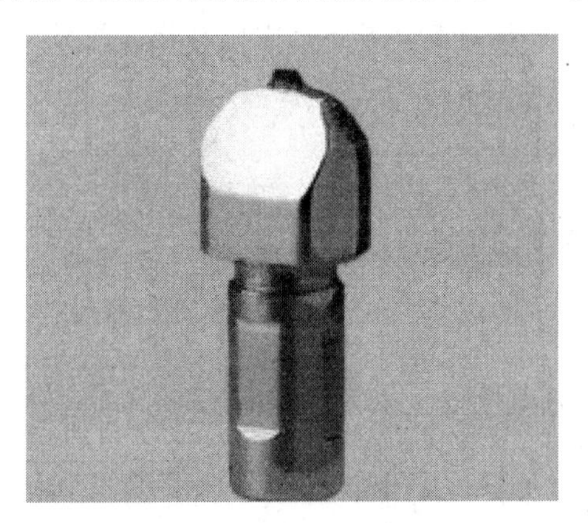

图1.27 天然金刚石刀具

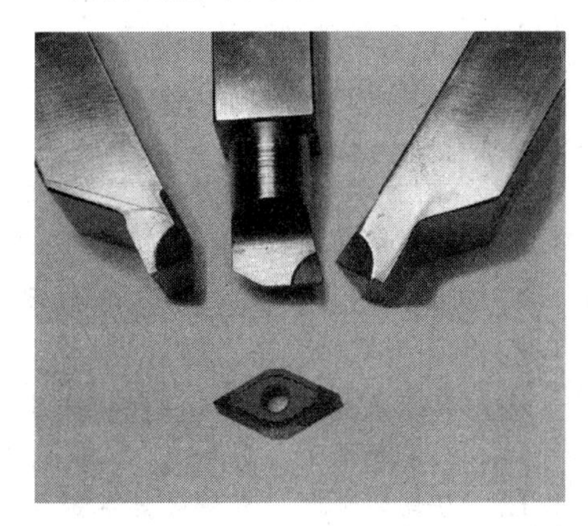

图1.28 CBN刀具

它目前不仅用于磨具,也逐渐用于车、镗、铣、铰。

它有两种类型:整体聚晶立方氮化硼,能像硬质合金一样焊接,并可多次重磨;立方氮化硼复合片,即在硬质合金基体上烧结一层厚度为0.5mm的立方氮化硼。

本章小结

本章主要学习了金属切削过程的基础知识。它包括基本定义与刀具材料两方面的内容。

1. 基本定义

(1) 切削运动方面:切削运动,切削用量三要素(切削速度、进给量、背吃刀量),切削形式等。

(2) 刀具切削部分：车刀构造，参考系与参考平面（基面、切削平面、主剖面等），刀具标注角度（前角、后角、主偏角、刃倾角、副偏角、副后角等）与工作角度。

(3) 工件方面：三个加工表面，工件切削层参数（切削厚度、切削宽度与切削面积）。

2. 刀具材料

(1) 刀具材料的性能：高的硬度与耐磨性，足够的强度与韧性，高的耐热性，良好的工艺性，良好的经济性。

(2) 常用的刀具材料：①高速钢，具有较好的综合性能，热处理变形小，适宜制造复杂刀具；②硬质合金，硬度高，但抗冲击能力差，适用于高速切削。

(3) 其他刀具材料：包括涂层刀具、陶瓷、人造金刚石与立方氮化硼。

本章的难点是刀具标注角度方面的基本定义，因此我们要理解建立参考系（平面）的必要性，清晰了解三个参考平面（基面、切削平面、主剖面）的概念。只有这样，我们才容易掌握刀具角度的基本定义。

教学讨论题与练习题

1.1 外圆车削加工时，工件上出现了哪些表面？试绘图说明，并对这些表面下定义。

1.2 何谓切削用量三要素，怎样定义？如何计算？

1.3 刀具切削部分有哪些结构要素？试给这些要素下定义。

1.4 为什么要建立刀具角度参考系？有哪两类刀具角度参考系？它们有什么差别？

1.5 刀具标注角度参考系有哪几种？它们是由哪些参考平面构成的？试给这些参考平面下定义。

1.6 绘图表示切断车刀和端车面刀的 κ_r、κ'_r、γ_o、α_o、λ_s、α'_o、h_D、b_D 和 A_D。

1.7 确定一把单刃刀具切削部分的几何形状最少需要哪几个基本角度？

1.8 切断车削时，进给运动怎样影响工作角度？

1.9 纵车时进给运动怎样影响工作角度？

1.10 为什么要对主剖面、切深、进给剖面之间的角度进行换算，有何实用意义？

1.11 试述判定车刀前角 γ_o、后角 α_o 和刃倾角 λ_s 正负号的规则。

1.12 刀具切削部分材料应具备哪些性能？为什么？

1.13 普通高速钢有哪几种牌号，它们主要的物理、力学性能如何，适合于作什么刀具？

1.14 常用的硬质合金有哪些牌号，它们的用途如何，如何选用？

1.15 刀具材料与被加工材料应如何匹配？怎样根据工件材料的性质和切削条件正确选择刀具材料？

1.16 涂层刀具、陶瓷刀具、人造金刚石和立方氮化硼各有什么特点？适用场合如何？

第二章　金属切削过程的基本规律及其应用

本 章 提 要

金属切削过程是机械制造过程的一个重要组成部分。金属切削过程的优劣，直接影响机械加工的质量、生产率与生产成本。因此，必须进行深入的研究。本章主要介绍了金属切削过程四个方面的基本规律及其生产上五个方面的应用。

在切削过程中，产生了切削变形、切削力、切削热与切削温度、刀具磨损与耐用度变化等各种现象，严重影响了生产的进行。针对上述现象，本章分析了产生诸现象的原因及对切削过程的影响，并在此基础上总结出切削变形、切削力、切削热与切削温度、刀具磨损与刀具耐用度变化四大规律。应用这些规律，很好地解决了生产上出现的各种问题，如改善工件材料的切削加工性，合理选择切削液，合理选择刀具几何参数与切削用量等，并对促进机械加工技术的发展起着很重要的作用。

金属切削过程是指通过切削运动，使刀具从工件上切下多余的金属层，形成切屑和已加工表面的过程。在这个过程中产生了一系列现象，如切削变形、切削热与切削温度、刀具磨损等。本章主要研究诸现象的成因、作用和变化规律。掌握这些规律，对于合理使用与设计刀具、夹角和机床，保证切削加工质量，减少能量消耗，提高生产率和促进生产技术发展等方面起着重要的作用。

2.1　金属切削过程的基本规律

2.1.1　切削变形

金属切削过程是指通过切削运动，使刀具从工件上切下多余的金属层，形成切屑和已加工表面的过程。这样，我们可以尝试用黏土做成切削材料，用木头做成刀具，模拟上一章介绍的前角、后角等参数，如图 2.1(b)所示。图 2.1(a)为金属切削过程的显微照片，可以看出，金属在被切削的过程中，发生了一系列的变化，例如被切削的金属层发生明显的滑移变形，金属层的厚度也发生了变化，等等。那么，切削的本质到底是什么呢?

金属切削过程与金属受压缩(拉伸)过程比较：如图 2.2(a)所示，塑性金属受压缩时，随着外力的增加，金属先后产生弹性变形、塑性变形，并使金属晶格产生滑移，而后断裂；如图 2.2(b)所示，以直角自由切削为例，如果忽略了摩擦、温度和应变速度的影响，金属切削过程如同压缩过程，切削层受刀具挤压后也产生塑性变形。

为了便于进一步分析切削层变形的特殊规律，通常把切削刃作用部位的金属层划分为三个变形区，如图 2.2(c)所示：

第Ⅰ变形区，近切削刃处切削层内产生的塑性变形区；

第Ⅱ变形区，与前刀面接触的切屑层内产生的变形区；

(a)

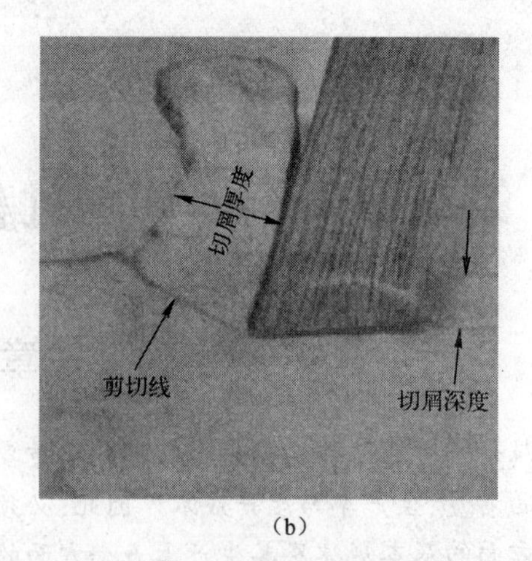

(b)

图 2.1　金属的切削变形与用黏土材料和木制刀具模拟金属切削变形

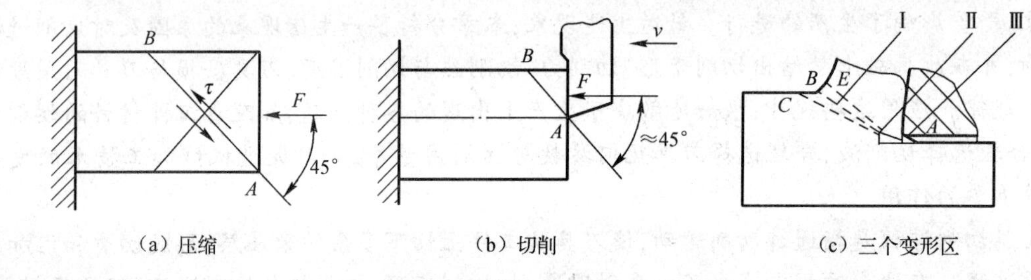

(a) 压缩　　(b) 切削　　(c) 三个变形区

图 2.2　金属的压缩与切削

第Ⅲ变形区,近切削刃处已加工表层内产生的变形区。

三个变形区各具特点,又相互联系、相互影响。切削过程中产生的诸现象均与金属层变形密切相关。

2.1.1.1　切屑的形成及变形特点

1) 第Ⅰ变形区金属的剪切滑移变形

切削层受刀具的作用,经过第Ⅰ变形区的塑性变形后形成了切屑。下面以直角自由切削为例,分析较典型的连续切屑的形成过程。

切削层受到刀具前刀面与切削刃的挤压作用,使近切削刃处的金属先产生弹性变形,继而塑性变形,在这同时金属晶格产生滑移。图 2.3(a)是取金属内部质点 P 来分析滑移过程:P 点移到 1 位置时,产生了塑性变形。即在该处剪应力达到材料的屈服极限,在 1 处继续移动到 1′处的过程中,P 点沿最大剪应力方向的剪切面上滑移至 2 处,之后同理继续滑移至 3、4 处,离开 4 处后,就沿着前刀面方向流出而成为切屑上的一个质点。在切削层上其余各点,移动至 AC 线均开始滑移、离开 AE 线终止滑移,在沿切削宽度范围内,称 AC 是始滑移面,AE 是终滑移面。AC、AE 之间为第Ⅰ变形区。由于切屑形成时应变速度很快、时间极短,故 AC、AE 面相距很近,一般约为 0.02 ~ 0.2mm,所以常用 AB 滑移面来表示第Ⅰ变形区,AB 面亦称为剪切面。

如图 2.3(b)所示,对于切削层$\overline{mn}$来说,$\overline{mn}$线移至剪切面 AB 时,产生滑移后形成切屑上$\overline{m''n''}$线。这个过程连续地进行,切削层便连续地通过前刀面转变为切屑。图 2.3(b)与形成切屑时的实际变形较接近，故称之为切屑形成模型。剪切面 AB 与切削速度 v_c 之间的夹角 φ 称为剪切角。作用力 F_r 与切削速度 v_c 之间的夹角 ω 称为作用角。

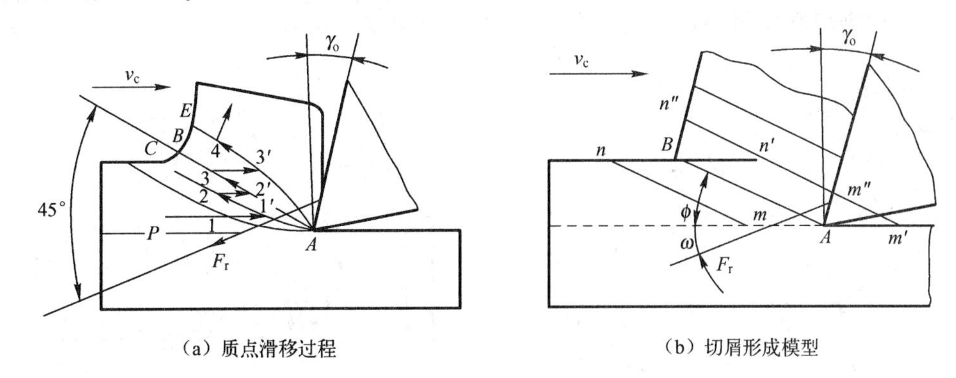

（a）质点滑移过程

（b）切屑形成模型

图 2.3 切屑形成过程

由此可知，变形区就是形成切屑的变形区，其变形特点是切削层产生剪切滑移变形。

2）第Ⅱ变形区内金属的挤压摩擦变形

经过第Ⅰ变形区后，形成的切屑要沿前刀面方向排出，还必须克服刀具前刀面对切屑挤压而产生的摩擦力。切屑在受前刀面挤压摩擦过程中进一步发生变形（第Ⅱ变形区的变形），这种作用主要集中在与前刀面摩擦的切屑底面一薄层金属里，表现为该处晶粒纤维化的方向和前刀面平行。这种作用离前刀面愈远影响愈小。

图 2.3(b) 只考虑剪切面的滑移，实际上由于第Ⅱ变形区的挤压，这些单元底面被挤压伸长，从平行四边形变成梯形，造成了切屑的弯曲。应该指出，第Ⅰ变形区和第Ⅱ变形区是相互关联的。前刀面上的摩擦力大时，切屑排出不顺，挤压变形加剧，以致第Ⅰ变形区的剪切滑移变形增大。

3）第Ⅲ变形区内金属的挤压摩擦变形

已加工表面受到切削刃钝圆部分和后刀面的挤压摩擦，造成纤维化与加工硬化。

2.1.1.2 变形程度的量度方法

1）相对滑移 ε

相对滑移 ε 是用来量度第Ⅰ变形区滑移变形的程度。如图 2.4 所示，设切削层中 $A'B'$ 线沿剪切面滑移至 $A''B''$ 时的距离为 Δy，事实上 Δy 很小，故可认为滑移是在剪切面上进行的，其滑移量为 Δs 。相对滑移 ε 表示为

$$\varepsilon = \frac{\Delta s}{\Delta y} = \frac{\overline{B'C} + \overline{CB''}}{\Delta y} = \cot\varphi + \tan(\varphi - \gamma_o) \tag{2.1}$$

显然，用相对滑移 ε 的大小能比较真实地反映切削变形的程度。

2）变形系数 Λ_h

变形系数是衡量变形的另一个参数，用它来表示切屑的外形尺寸变化大小。如图 2.5 所示，切屑经过剪切变形、又受到前刀面摩擦后，与切削层比较，它的长度缩短 $l_{ch} < l_c$，厚度增加即 $h_{ch} > h_D$（宽度不变），这种切屑外形尺寸变化的变形现象称为切屑的收缩。

变形系数 Λ_h 表示切屑收缩的程度，即

$$\Lambda_h = \frac{l_c}{l_{ch}} = \frac{h_{ch}}{h_D} > 1 \tag{2.2}$$

式中 l_c、h_D——切削层长度和厚度；

l_{ch}、h_{ch}——切屑长度和厚度。

测量出切削层和切屑的长度和厚度，能方便地求出变形系数 Λ_h。

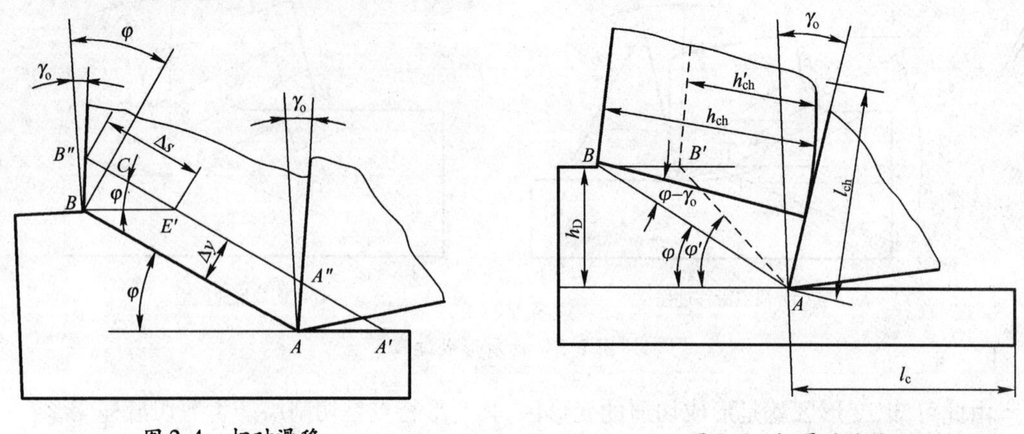

图 2.4 相对滑移

图 2.5 切屑的收缩

由图 2.5 可知剪切角 φ 变化对切屑收缩的影响，φ 增大剪切面 AB 减短，切屑厚度 h_D 减小，故 Λ_h 变小，它们之间的关系如下：

$$\Lambda_h = \frac{h_{ch}}{h_D} = \frac{\overline{AB}\cos(\varphi - \gamma_o)}{\overline{AB}\sin\varphi} = \cot\varphi\cos\gamma_o + \sin\gamma_o \tag{2.3}$$

式(2.1)、式(2.3)表明，剪切角 φ 与前角 γ_o 是影响切削变形的两个主要因素。例如当 $\gamma_o = 5°$、$\varphi = 15° \sim 20°$范围内变化时，由计算得 $\varepsilon = 2.2 \sim 3.9$、$\Lambda_h = 1.6 \sim 3.6$，因此，切削时塑性变形是很大的。如果增大前角 γ_o 和剪切角 φ，使 ε、Λ_h 减小，则切削变形减小。

通过计算可知，在 $\gamma_o = 0 \sim 30°$、$\Lambda_h > 1.5$ 时，Λ_h 的 ε 值比较接近，此时用 Λ_h 值来表示变形程度既方便又较直观。在 γ_o 为负值时，此时 ε 值很大、Λ_h 值变小，或者在 $\Lambda_h = 1$ 时都不能用 Λ_h 值来反映切削变形的规律，这是由于切削过程是一个非常复杂的物理过程，切削变形除了产生滑移变形外，还有挤压、摩擦等作用。Λ_h 主要从塑形压缩方面分析；而 ε 值主要从剪切变形方面考虑。所以，ε 与 Λ_h 都只能近似地表示切削变形程度。

2.1.1.3 前刀面的挤压摩擦与积屑瘤

1) 作用力分析

为了深入了解切削变形的实质，掌握切削变形的规律，下面进一步在形成带状切屑的过程中考虑第Ⅱ变形区的变形及其对剪切角的影响。

如图 2.6 所示，以切屑作为研究对象，设刀具作用的正压力为 F_n，与摩擦力 F_f 组成的合力 F_r 与剪切面上反作用力 F'_f 共线，并处于平衡。将合力 F'_r 分解成二组分力：在运动方向的水平分力 F_z、垂直分力 F_y；在剪切面上的剪切力 F_s、法向力 F_{ns}。分力 F_z、F_y 可利用测力仪测得。由于 F_s 的作用，使切削层在剪切面上产生剪切变形。F_s 按下列公式计算：

$$\begin{aligned} F_s &= F'_r\cos[\varphi + (\beta - \gamma_o)] \\ &= F'_r\cos(\beta - \gamma_o)\cos\varphi - F'_r\sin(\beta - \gamma_o)\sin\varphi \end{aligned}$$

所以

$$F'_r = F_z\cos\varphi - F_y\sin\varphi \tag{2.4}$$

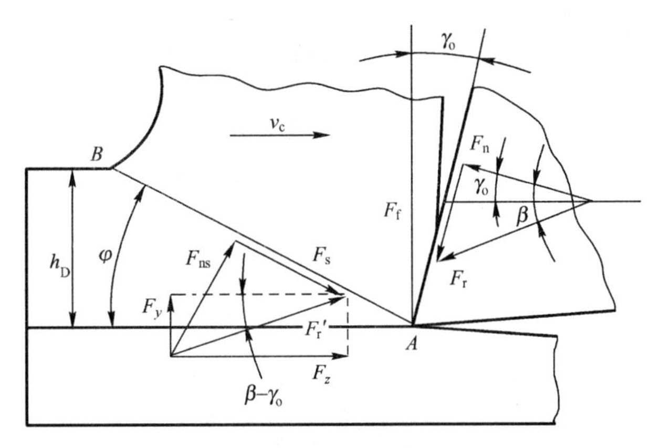

图 2.6　切屑上受力分析

剪切面上产生的剪应力 τ 应为

$$\tau = \frac{F_s}{A_D} = \frac{F_z\cos\varphi - F_y\sin\varphi}{h_D \cdot b_D}\sin\varphi \tag{2.5}$$

式中　β——摩擦角；

A_D——切削层面积。

当剪应力 τ 超过材料的剪切强度极限时，切削层产生剪切破坏而断裂成切屑。上式表明，减小水平分力 F_z、增大切削层面积或减小剪切角 φ 均可减小剪应力 τ。

前刀面上摩擦力 F_f 与正压力 F_n 之比，即为前刀面与切屑接触面间摩擦因数 μ：

$$\mu = \tan\beta = \frac{F_f}{F_n} \tag{2.6}$$

摩擦因数 μ 或摩擦角 β 亦可根据已测得的分力 F_z、F_y 值求得：

$$\tan(\beta - \gamma_o) = \frac{F_y}{F_z} \tag{2.7}$$

由于前刀面与切屑间产生塑性变形，其间接接触面积远大于普通滑动摩擦条件的局部接触，因此摩擦因数 μ 不能运用库仑定理来计算。

2）剪切角 φ 的确定

剪切角是影响切削变形的一个重要因素。若能预测剪切角 φ 的值，则对了解与控制切削变形具有重要意义。为此，许多学者进行了大量研究，并推荐了若干剪切角 φ 的计算式。下面简要介绍 M. E. Merchant 提出的按最少能量原则来确定剪切角 φ 的原理。

开始切削时，刀具对切削层的作用力逐渐增大，在刀具前方切削层内不同平面上的剪应力也随着增大，当切削力继续增加时，其中有一个平面上剪应力达到材料的屈服强度，出现了塑性变形。显然，该剪应力即为最大剪应力，并由实验证明，前述 AB 面就是最早产生剪切变形的平面，此时所需的切削力就是形成切屑所需要的至小切削力，由它做的功或消耗的能量就是形成切屑所需要的至少能量。

由图 2.6 可知，切削力 F_z 为

$$F_z = F'_r\cos(\beta - \gamma_o) = \frac{F_s\cos(\beta - \gamma_o)}{\cos(\varphi + \beta - \gamma_o)} = \frac{\tau A_D\cos(\beta - \gamma_o)}{\sin\varphi\cos(\varphi + \beta - \gamma_o)} \tag{2.8}$$

欲求最小切削力或耗能最少时的剪切角 φ，则取 $\frac{\partial F_z}{\partial \varphi}=0$，然后求解出 φ 为

$$\varphi = 45^\circ + \frac{\gamma_o}{2} - \frac{\beta}{2} \tag{2.9}$$

此外，也可按最大剪应力的理论，求出剪切角 φ 为

$$\varphi = \frac{\pi}{4} + \gamma_o - \beta_z$$

通常剪切角 φ 的计算结果与实验结果并不一致。就以式(2.9)为例，它是忽略了剪切面上正应力、温度、应变速度及材质不均匀等因素的影响所致。

从式(2.9)或其他剪切角 φ 计算式表明，φ 与 γ_o、β 有关。增大前角 γ_o、减小摩擦角 β，使剪切角 φ 增大，切削变形减小，这一规律已被普遍用于生产实践中。

从式(2.9)中也可看出变形区产生的摩擦对变形区剪切变形的影响规律。

3）切屑与前刀面间的摩擦

切屑与前刀面间的摩擦与一般金属接触面间的摩擦不同。切屑与前刀面接触部分划分为两个摩擦区域，如图2.7所示有粘结区和滑动区。

粘结区：近切削刃长度 l_{fi} 内，由于高温（可达900℃）、高压（可达 $3.5\times10^9\mathrm{N/m^2}$）的作用使切屑底层材料产生软化，切屑底层的金属材料粘嵌在前刀面上的高低不平凹坑中而形成粘结区。粘结面间相对滑动产生的摩擦称为内摩擦，内摩擦力等于剪切其中较软材料金属层所需的力。

滑动区：切屑即将脱离前刀面时在 l_{fo} 长度内的接触区。在该区内切屑与前刀面间只是凸出的金属点接触，因此实际的接触面积 A_{ro} 远小于名义接触面积 A_{ao}。滑动区的摩擦称为外摩擦，其外摩擦力可应用库仑定律计算。

切屑与前刀面接触总长度 l_f 根据加工条件不同而改变。例如对中碳钢实验可知，采用高的切削速度 v_c、减小切削厚度 h_D、增大前角 γ_o 或加工抗拉强度 σ_b 高的材料，均可减短接触长度 l_{fo}。

由此可见，切屑与前刀面间的摩擦是由内摩擦和外摩擦组成的，通常以内摩擦为主，内摩擦力约占总摩擦力的85%，但在切削温度低、压力小时，应考虑外摩擦的影响。

经测定切屑与前刀面间摩擦区的内应力分布如图2.7所示。

(1) 剪应力 τ 的分布。在粘结区内，τ 基本上是不变的，它等于较软金属的剪切屈服极限 τ_s，在滑动区内，剪应力 τ 是变化的，离切削刃越远，τ 越小。

(2) 正应力 σ 分布。在接触区内正应力 σ 是变化的，离切削刃越远，前刀面上正压力越小，故正应力 σ 越小。近切削刃处正应力 σ 为最大值。

粘结区内的摩擦因数 μ 计算方法如下：

$$\mu = \tan\beta = \frac{F_{fi}}{F_{ni}} = \frac{A_{ri}\tau_s}{A_{ri}\sigma_{av}} = \frac{\tau_s}{\sigma_{av}} \tag{2.10}$$

式中 F_{fi}、F_{ni}——粘结区内的摩擦力和正压力；

A_{ri}——粘结面积；

σ_{av}——粘结区内平均正应力。

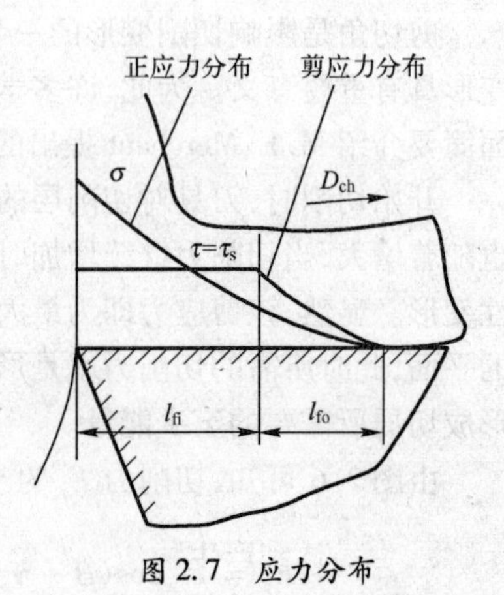

图2.7　应力分布

由于粘结区内正应力 σ 是变化的，因此摩擦因数 μ 按平均正应力计算，故称为平均摩擦系数，β 称为平均摩擦角。通常分析时所提及的切屑与前刀面间摩擦因数就是指该平均摩擦因数，显然，它与一般为常数值的外摩擦系数不同。

由式(2.10)可知，减短接触长度、降低材料屈服强度 τ_s 等，都能使摩擦因数 μ 下降和减小切削变形。

4）积屑瘤

积屑瘤的形成有许多解释，通常认为是由于切屑在前刀面上粘结造成的。当在一定的加工条件下，随着切屑与前刀面间温度和压力的增加，摩擦力也增大，使近前刀面处切屑中塑性变形层流速减慢，产生"滞流"现象。越贴近前刀面处的金属层，流速越低。当温度和压力增加到一定程度时，滞流层中底层与前刀面产生了粘结。该粘结层经过剧烈的塑性变形使硬度提高，再继续切削时，硬的粘结层又剪断软的金属层。这样层层堆积，高度逐渐增加，形成了积屑瘤。长高了的积屑瘤，受外力或振动的作用，可能发生局部断裂或者脱落。有些资料表明，积屑瘤的产生、成长和脱落是在瞬间内进行的，它们的频率很高，是个周期性的动态过程。

形成积屑瘤的条件主要取决于切削温度。在切削温度很低时，切屑与前刀面间呈点接触，摩擦系数 μ 较小，故不易形成粘结；在温度很高时，接触面间切屑底层金属呈微熔状态，起润滑作用，摩擦系数也较小，积屑瘤同样不易形成。在中温区，例如切削中碳钢的温度在300～380℃时，切屑底层材料软化，粘结严重，摩擦因数 μ 最大，产生的积屑瘤高度达到很大值。

此外，接触面间压力、粗糙程度、粘结强度等因素都与形成积屑瘤的条件有关。

合理控制切削条件，调节切削参数，尽量不形成中温区域，就能较有效地抑制或避免积屑瘤的产生。以切削中碳钢为例，从图2.8曲线可知，低速($v_c \leq 3$m/min 左右)切屑时，产生的切削温度很低；较高速($v_c > 60$m/min)切削时，产生的切削温度较高，这两种情况的摩擦因数均较小，故不易形成积屑瘤。在中速($v_c \approx 20$m/min)时，积屑瘤的高度可达到最大值。所以许多中速加工程序，如攻螺纹、拉孔、铰孔等经常由于积屑瘤作用而影响加工表面粗糙度。如同其他精加工工序，为了提高加工表面质量，应尽量不采用中速加工，否则应配合其他改善措施。

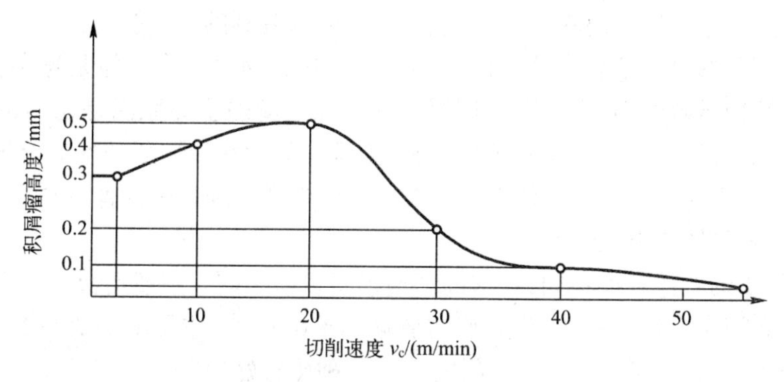

图2.8　切削速度对积屑瘤的影响

在切削硬度和强度高的材料时，由于剪切屈服强度 τ_s 高，不易切除切屑，即使采用较低切削速度，也易达到产生积屑瘤的中温区域，为了抑制积屑瘤，通常选用中等以上切削速度加工。同时，切削塑性高的材料，需选用高的切削速度才能消除积屑瘤。

2.1.1.4 切屑的类型及卷屑、断屑机理

由于工件材料不同,切削条件不同,切削过程的变形也不同,所形成的切屑多种多样。通常将切屑分为四类:

(1) 带状切屑。如图 2.9(a)所示,它是经过上述塑性变形过程形成的切屑,外形呈带状。切削塑性较高的金属材料,例如碳素钢、合金钢、铜和铝合金时,常出现这类切屑。

(2) 挤裂切屑。如图 2.9(b)所示,在形成切屑的过程中,剪切面上局部位置处的剪应力 τ 达到材料的强度极限,使切屑上与前刀面接触的一面较光洁,其背面局部开裂成节状。切削黄铜或用低速切削钢,较易得到这类切屑。

(3) 单元切屑。如图 2.9 (c)所示,当剪切面上的剪应力超过材料的强度极限时产生了剪切破坏,使切屑沿厚度断裂成均匀的颗粒状。切削铅或用很低的速度切削钢时可得到这类切屑。

(4) 崩碎切屑。如图 2.9(d)所示,在切削脆性金属时,例如铸铁、黄铜等材料,切削层几乎不经过塑性变形就产生脆性崩裂,得到的切屑呈不规则的细粒状。

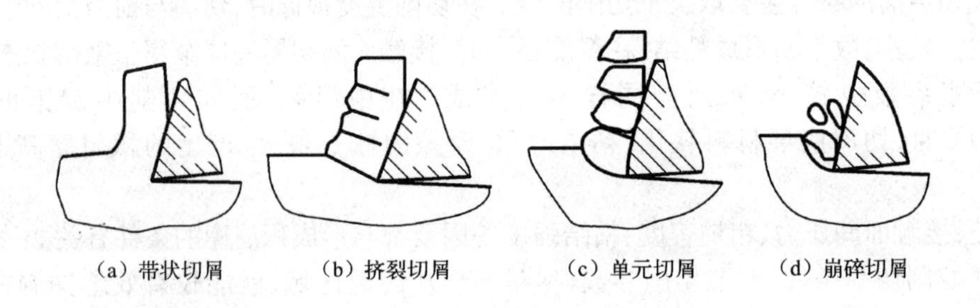

图 2.9 切屑的类型

切屑的类型是由材料的应力—应变特性和塑性变形程度决定的。如加工条件相同,塑性高的材料不易断裂,易形成带状切屑;改变加工条件,使材料产生的塑性变形程度随之变化,切屑的类型便会相互转化,当塑性变形尚未达到断裂点就被切离时出现了带状切屑,变形后达到断裂就形成挤裂切屑或单元切屑。

因此,在生产中常利用切屑转化条件,使之得到较为有利的切屑类型。

按照形成机理的差异,把切屑分成带状、节状、粒状和崩碎四类。但是这种分类方法还不能满足切屑的处理和运输的要求。影响切屑的处理和运输的主要原因是切屑的形状,因此还需按照切屑的形状进行分类。根据其工件材料、刀具几何形状和切削条件的差异,所形成的切屑的形状也会不同。切屑的形状大体有带状屑、C 形屑、崩碎屑、螺旋屑、长紧卷屑、发条状卷屑、宝塔状卷屑等,如图 2.10 所示。

由于切削加工的具体条件不同,要求的切屑形状也就不同。一般情况下,不希望得到带状切屑,只有在立式镗床上镗盲孔时,为了使切屑顺利排出孔外,才要求形成带状切屑或者长螺卷屑。C 形屑不缠绕工件和刀具,也不易伤人,是一种比较好的屑型。但 C 形屑高频率的碰撞和折断会影响切削过程的平稳性,对已加工表面粗糙度有影响,所以精车时一般希望形成长螺卷屑。在重型机床上用大的被吃刀量、大的进给量车削钢件时,C 形屑易损坏切削刃和飞崩伤人。车削铸铁、黄铜等脆性材料时,为避免切屑飞溅伤人或损坏滑动表面,应设法使切屑连成卷状。

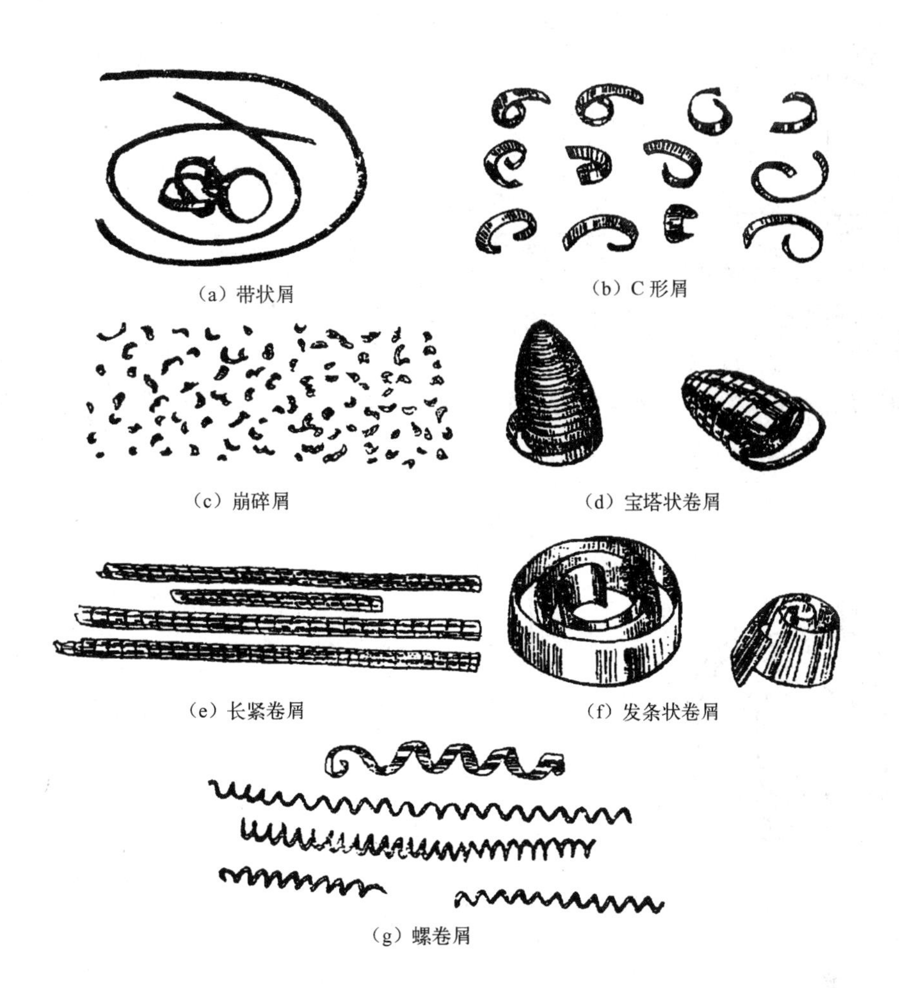

图 2.10　切屑的各种形状

为了得到要求的切屑形状，均需要使切屑卷曲。卷屑的基本原理是：设法使切屑沿着刀具流出时，受到一个额外的作用力，在该力的作用下，使切屑产生一个附加的变形而弯曲。具体方法有：

1）自然卷屑机理

利用前刀面上的积屑瘤使切屑自然弯曲，如图 2.11 所示。

2）卷屑槽与卷屑台的卷屑机理

在生产中常用强迫卷屑法，即前刀面上磨出适当的卷屑槽或安装附加的卷屑台，当切屑流经前刀面时，与卷屑槽与卷屑台相碰使它弯曲，如图 2.12、图 2.13 所示。

3）断屑机理

为了避免过长的切屑，对卷曲的切屑需进一步施加力（变形）使之折断。常用的方法有：

(1) 使卷曲后的切屑与工件相碰，使切屑根部的拉应力越来越大，最终导致切屑完全折断。这种断屑方法一般得到 C 形屑、发条状或宝塔状屑，如图 2.14、图 2.15 所示。

(2) 使卷屑后的切屑与后刀面相碰，使切屑根部的拉应力越来越大，最终导致切屑完全断裂，形成 C 形屑，如图 2.16 所示。

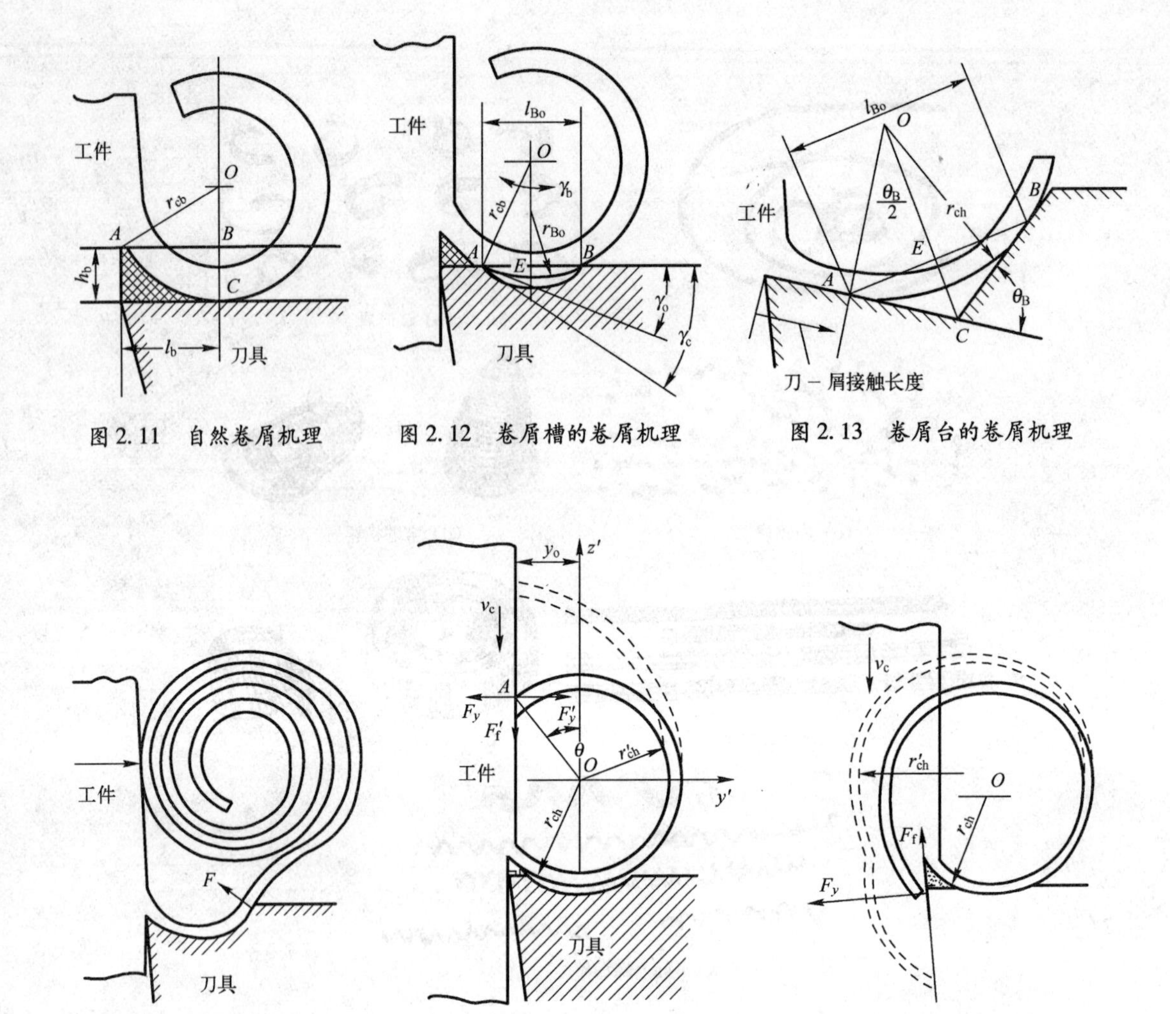

图 2.11　自然卷屑机理

图 2.12　卷屑槽的卷屑机理

图 2.13　卷屑台的卷屑机理

图 2.14　发条状屑碰到工件上折断的机理

图 2.15　C 形屑在工件上折断的机理

图 2.16　切屑碰到后刀面上折断的机理

2.1.1.5　切削变形的变化规律

切削变形是个复杂的过程，通常利用先进的测试仪器和手段，才能描绘出变形过程。目前，研究切削变形的方法较多，例如通过试件侧面网格来观察变形，分析切屑根部试样中金相组织，高速拍摄变形过程，用扫描电镜观察切屑形成过程以及用 X 射线测定变形程度等。

从相对滑移 ε、变形系数 Λ_h 计算式中可知，切屑变形的程度主要取决于剪切角 φ 和摩擦因数 μ 的大小。改变加工条件，促使 φ 增大、μ 减小，就能减小切屑变形。

影响切屑变形的因素很多，下面介绍的是其中最主要的、起决定作用的几个因素。

1）前角

增大前角 γ_o，使剪切角 φ 增大，变形系数 Λ_h 减小，因此，切屑变形减小。

如图 2.17 所示，γ_o 增大，改变了正压力 F_n 的大小和方向，使合力 F_r 减小、作用角 ω 减小，故剪切角 φ 增大。由于增大了 φ，切屑厚度 h_{ch} 减小，使变形系数 Λ_h 减小。

生产实践表明，采用大前角刀具切削，刀刃锋利、切入金属容易，切屑与前刀面接触长度 l_f 减短，流屑阻力小，因此，切屑变形小、切削省力。

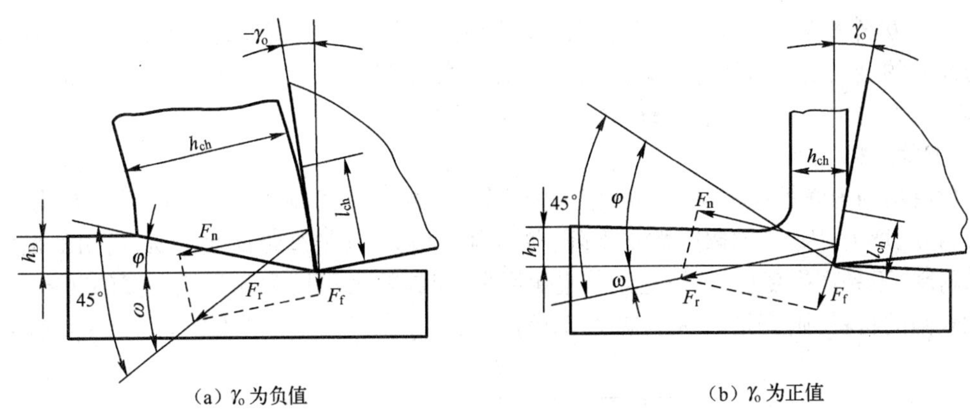

(a) γ_o 为负值　　(b) γ_o 为正值

图 2.17　前角 γ_0 对剪切角 φ 的影响

2）切削速度

切削速度 v_c 是通过积屑瘤使剪切角 φ 改变和通过切削温度使摩擦因数 μ 变化而影响切削变形的。

如图 2.18 所示，以中碳钢为例，v_c 在 3～20m/min 范围内提高，积屑瘤高度随着增加，刀具实际前角增大，使剪切角 φ 增大，故变形系数 Λ_h 减小；v_c = 20m/min 左右时，Λ_h 值最小；v_c 在 20～40m/min 范围内提高，积屑瘤逐渐消失，刀具实际前角减小，使 φ 减小，Λ_h 增大；v_c 超过 40m/min 继续增高，由于切削温度逐渐升高，致使摩擦因数 μ 下降，故变形系数 Λ_h 减小。此外，在高速时，也由于切削层受力小，切削速度又快，切削变形不充分，使切屑变形减小。

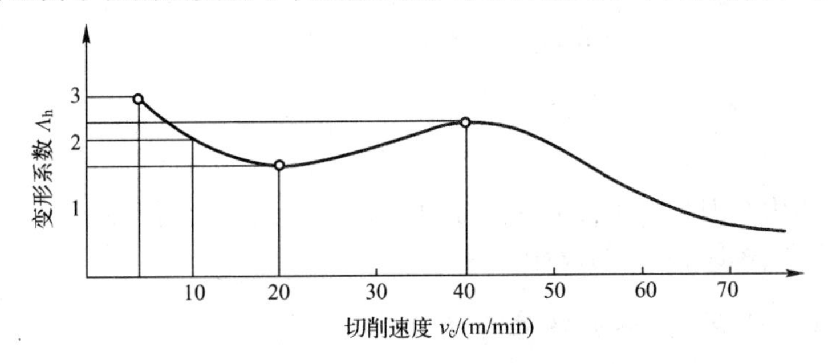

图 2.18　切削速度 v_c 对 Λ_h 的影响

3）进给量

进给量 f 对切屑变形的影响规律如图 2.19 所示，即进给量 f 增大，使变形系数 Λ_h 减小。这是由于进给量 f 增大后，使切削厚度 h_D 增加，正压力 F_n 增大，平均正应力 σ_{av} 增大，因此摩擦因数下降，剪切角增大所致。

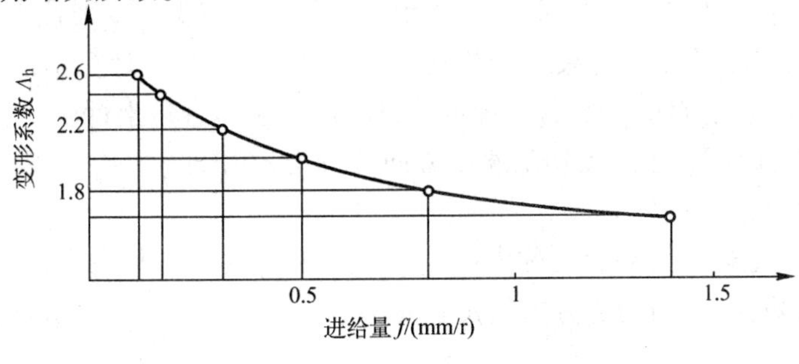

图 2.19　进给量 f

从另一方面来说，在一定切削厚度 h_D 的切屑中，各切削层的变形的应力分布是不均匀的。近前刀面处的金属层变形和应力大，离前刀面越远的金属层，变形和应力越小。因此，切削厚度 h_D 增加，切屑中平均变形减小；反之，薄切屑的变形量大。

4）工件材料

工件材料的力学性能不同，切屑变形也不同。材料的强度、硬度提高，正压力 F_n 增大，平均正应力 σ_{av} 增大，因此，摩擦因数 μ 下降，剪切角 φ 增大，切屑变形减小。所以，切削强度、硬度高的材料，不易产生变形，若需达到一定变形量，应施较大作用力和消耗较多的功率。而切削塑性较高的材料，则变形较大。图 2.20 为采用不同前角 γ_o 切削不同材料时的变形系数 Λ_h 值。

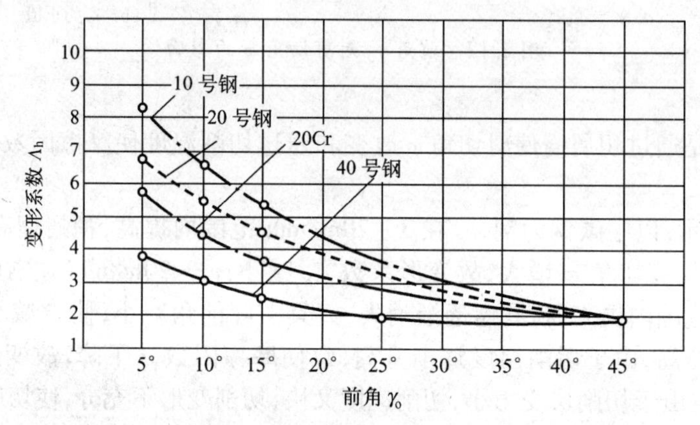

图 2.20　材料对变形系数 Λ_h 的影响

2.1.2　切削力

切削过程中作用在刀具与工件上的力称为切削力。这里主要研究切削力的计算及变化规律，它直接影响刀具、机床、夹具的设计与使用。

2.1.2.1　切削力的来源、合力及其分力

切削时作用在刀具上的力，由两个方面组成：①变形区内产生的弹性变形抗力和塑性变形抗力；②切屑、工件与刀具间的摩擦力。

图 2.21(a)为直角自由切削时，作用在前刀面上的弹、塑性变形抗力 F_{ny} 和摩擦力 F_{fy}；作用在后刀面上的弹、塑性变形抗力 F_{na} 和摩擦力 F_{fa}。它们的合力 F_r 作用在前刀面上近切削刀处，其反作用力 F'_r 作用在工件上。

图 2.21(b)为直角非自由切削时，由于受到副切削刃上刀尖处变形抗力和摩擦力的影响，改变了合力 F_r 的作用方向。为了便于分析切削力的作用和测量、计算切削力的大小，通常将合力 F_r 在按主运动速度方向、切深方向和进给方向作的空间直角坐标轴 z、y、x 上分解成三个分力，它们是：主切削力 F_z，主运动切削速度方向的分力；切深抗力 F_y，切深方向的分力；进给抗力 F_x，进给方向的分力。

在铣削平面时，上述分力被分别称为：F_c——切向力、F_p——径向力、F_f——轴向力。

由图 2.21(b)可知，合力与各分力间关系为

$$F_r = \sqrt{F_z{}^2 + F_{xy}^2} = \sqrt{F_z{}^2 + F_y^2 + F_x^2} = \sqrt{F_c^2 + F_p^2 + F_f^2} \tag{2.11}$$

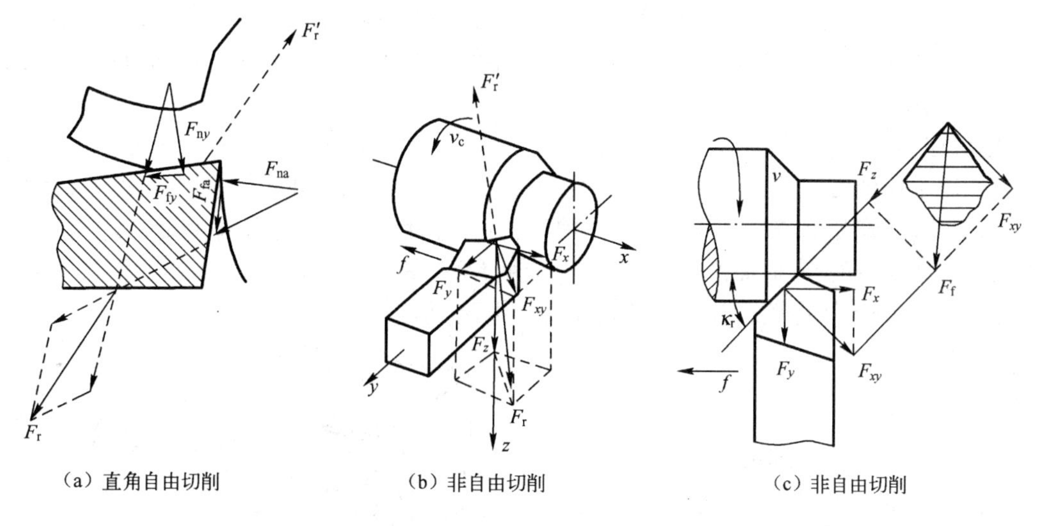

(a) 直角自由切削　　(b) 非自由切削　　(c) 非自由切削

图 2.21　合力及其分力

其中　　$F_y = F_{xy}\cos\kappa_r$；$F_x = F_{xy}\sin\kappa_r$

式中　F_{xy}——合力在 F_r 基面上的分力。

主切削力 F_z 是最大的一个分力，它消耗了切削总功率的95%左右，是设计与使用刀具的主要依据，并用于验算机床、夹具主要零部件的强度和刚度以及机床电动机功率。

切深抗力 F_y 不消耗功率，但在机床—工件—夹具—刀具所组成的工艺系统刚性不足时，是造成振动的主要因素。

进给抗力 F_x 消耗了总功率5%左右，它是验算机床进给系统主要零、部件强度和刚性的依据。

2.1.2.2　切削力测定和切削力实验公式

生产、实验中经常遇到切削力的计算。目前切削力的理论计算公式只能供定性分析用。因为，切削力 F_z 计算公式是在忽略了温度、正应力、第Ⅲ变形区与摩擦力等条件下推导出来的，故不能用于计算。而求切削力较简单又实用的方法是利用测力仪直接测出或通过实验后整理成的实验公式求得。现将切削力实验公式的来源简述如下：

1) 测力仪的工作原理

测力仪的类型很多，目前较普遍使用的是电阻应变片式测力仪。

如图2.22所示，电阻应变片式测力仪由传感器1、电桥电路2、应变仪(放大器)3和记录仪4组成。

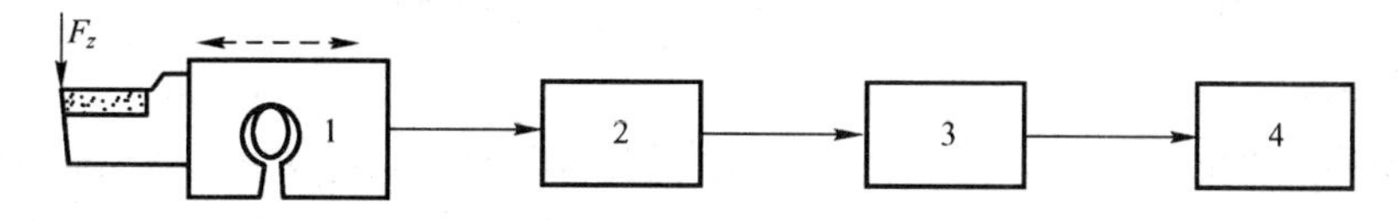

图 2.22　测力系统方框示意图

1—传感器；2—电桥电路；3—应变仪；4—记录仪。

传感器是一个在弹性体上粘贴着电阻应变片的转换元件，通过它使切削力的变化转换成电量的变化。将电阻应变片连接上电桥电路，当应变片的电阻值变化时，则电桥不平衡，产生了电流或电压信号输出,该讯号经应变仪放大,并由记录仪显示出来。

通过标定就能作出电量与切削力之间的关系图表。在测力时根据记录的电量,可以从标定图表上查出对应的切削力数值。

电阻应变片式测力仪的传感器有很多结构形式,在车削测力仪中较常用的如图 2.23 所示,有能测主切削力 F_z 的直杆式和能测 F_z、F_y、F_x 三方向的八角环式。它们的测力原理相同。以图 2.24 直杆式为例,在主切削力 F_z 作用下,直杆弹性体顶面产生拉伸变形,其上应变片 R_1 伸长、阻值增大 ΔR_1;其底面产生压缩变形,应变片 R_2 缩短、阻值减小 ΔR_2。如果将应变片与外接应变片组成半桥电路,就产生了输出电压(电流)信号。

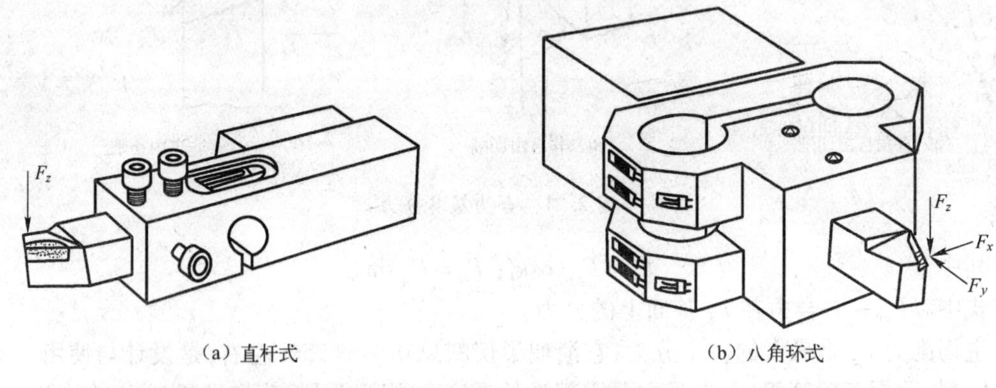

(a) 直杆式 (b) 八角环式

图 2.23 车削测力传感器

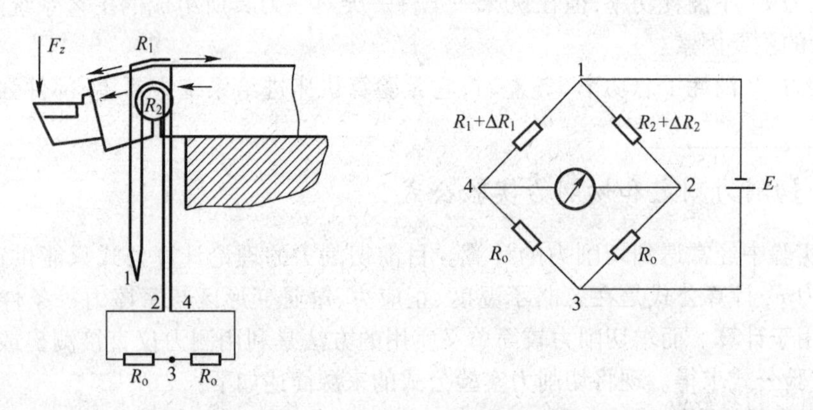

图 2.24 直杆式测力原理

该电压(电流)值与切削力 F_z 大小成正比。通过标定,从外加已知的载荷(相当于 F_z 值),可找出相应的电压(电流)值。同理,在八角环式传感器上,也是通过三处分力的作用,使粘贴在相应表面上的应变片产生拉压变形,然后由应变片分别组成的三个电桥电路产生电压(电流)变化讯号。

传感器是测力仪的主要组成部分。合理确定弹性体的结构、形状和参数,提高弹性体的制造精度,保证应变片的合理布局和粘贴质量,是提高测力仪的测量精度、刚性和灵敏度以及减小各分力间相互干涉的主要途径。

2)车削力实验公式的建立

测力实验的方法有单因素法和多因素法,通常采用单因素法。即固定其他实验条件,在切削时分别改变背吃刀量 a_p 和进给量 f,并从测力仪上读出对应切削力数值,然后经过数据整理求出它们之间的函数关系式。

通过切削力实验建立的车削力实验公式,其一般形式为

$$F_z = C_{F_z} a_p^{x_{F_z}} f^{y_{F_z}} K_{F_z} \quad (\mathrm{N}) \tag{2.12}$$

$$F_y = C_{F_y} a_p^{x_{F_y}} f^{y_{F_y}} K_{F_y} \quad (\mathrm{N}) \tag{2.13}$$

$$F_x = C_{F_x} a_p^{x_{F_x}} f^{y_{F_x}} K_{F_x} \quad (\mathrm{N}) \tag{2.14}$$

式中 C_{F_x}、C_{F_y}、C_{F_z}——影响系数,它的大小与实验条件有关;

x_{F_x}、x_{F_y}、x_{F_z}——背吃刀量 a_p 对切削力影响指数;

y_{F_x}、y_{F_y}、y_{F_z}——进给量 f 对切削力影响指数;

K_{F_x}、K_{F_y}、K_{F_z}——计算条件与实验条件不同时对切削力的修正系数。

下面简要说明建立主切削力 F_z 实验公式的基本原理。

根据实验得到的 $a_p - F_z$、$f - F_z$ 许多对应值,就可在双对数坐标中连成如图 2.25 所示两条直线图形。

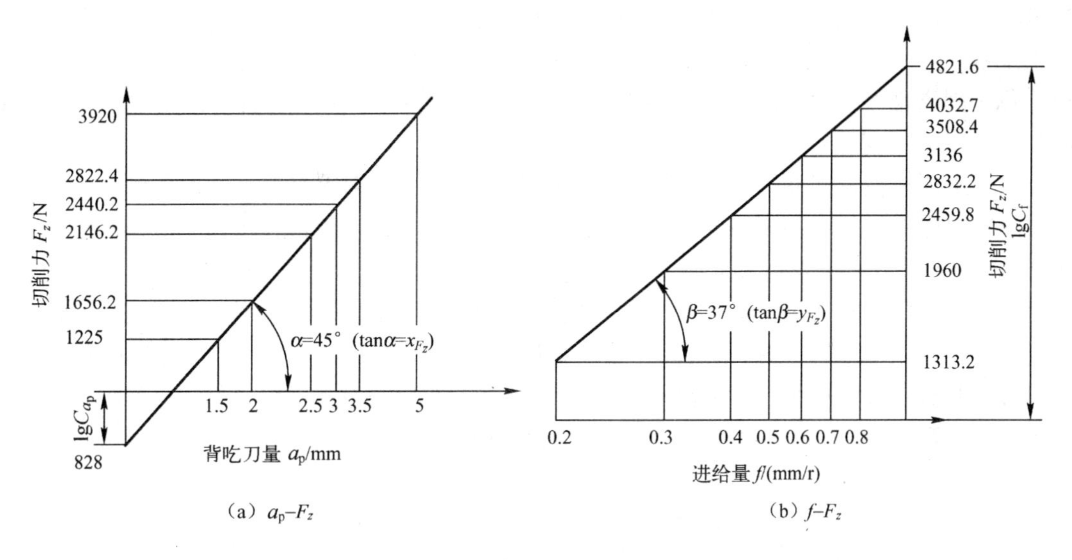

图 2.25 双对数坐标中直线图形

直线图形的对数方程为

$$\lg F_z = \lg C_{a_p} + x_{F_z} \lg a_p$$

$$\lg F_z = \lg C_f + y_{F_z} \lg f$$

上式可改写为

$$F_z = C_{a_p} a_p^{x_{F_z}} \tag{a}$$

$$F_z = C_f f^{y_{F_z}} \tag{b}$$

综合式(a)、式(b),得实验公式:

$$F_z = C_{F_z} a_p^{x_{F_z}} f^{y_{F_z}} \tag{c}$$

式中 x_{F_z}、y_{F_z}——$a_p - F_z$、$f - F_z$ 直线图形中的斜率,通常 $x_{F_z}=1$、$y_{F_z}=0.75 \sim 0.9$;

C_{a_p}、C_f——$a_p - F_z$、$f - F_z$ 直线图形中的截距;

C_{F_z}——由式(a)、式(b)、式(c)联立求得的系数值。

例如：图 2.25 中 a_p-F_z、$f-F_z$ 的直线图形，是在下列实验条件下得到的：刀具几何参数 $\gamma_o=15°$、$\kappa_r=45°$、$\alpha_o=8°$、$\gamma_{o1}=-6°$、$b_{r1}=0.2\sim0.3$mm、断屑槽宽度 $L_{Bo}=4$mm。焊接硬质合金车刀 YT15。在 C620 车床上用三向电阻应变片式测力仪，车削 45 钢，切削速度 $v=105$ m/min，不加切削液。则 F_z 的实验公式为

$$F_z = 1627a_pf^{0.75} \quad (\text{N})$$

同理，经实验可求出 F_y 与 F_x 的实验公式。

在科学研究中，为了获得精确的实验结果，应该是根据正交设计原理确定实验方案，并将实验数据进行一元回归分析，利用最小二乘法求出各系数和指数，具体进行方法可参阅有关资料。

另外，切削力实验公式是在特定的实验条件下求出来的。在计算切削力时，如果切削条件与实验条件不符，不必另求实验公式，只需借用原有实验公式再乘一个系数 K_F 即可，K_F 称为修正系数，它是包括了许多因素的修正系数乘积。修正系数也是用实验方法求出。例如以前角 γ_o 为例，在其他条件相同情况下，用不同 γ_o 的车刀进行切削实验，测出它们的 F_z 值，然后与求 F_z 实验公式时的 γ_o 所得到的 F_z 进行比较，它们的比值 $K_{\gamma_oF_z}$ 即为 γ_o 改变对切削力 F_z 的修正系数。

每一因素都可求出它对 F_z、F_y 和 F_x 影响的修正系数值。修正系数的大小，表示该因素对切削力的影响程度。

除了电阻应变片式测力方法，还有压电式测力方法，主要利用石英晶体的压电特性。

压电效应（Piezo - eletricEffest）指晶体由于机械力作用，而激起晶体表面电荷的现象。电介质晶体在外力作用下发生形变时，在它的某些表面上出现异号极化电荷，示意图如图2.26 中(a)所示。利用这种正压电效应可以制成压电式力、速度或加速度传感器等。当在压电晶体上加一电场时，晶体不仅要产生极化，还要产生应变和应力，如图 2.26(b)所示。当电场不是很强时，应变与外电场成线性关系。利用逆压电效应可以制成压电式位移或力输出器。通常把正压电效应和逆压电效应都简称为压电效应。在切削力测量中一般采用石英晶体作为压电材料。

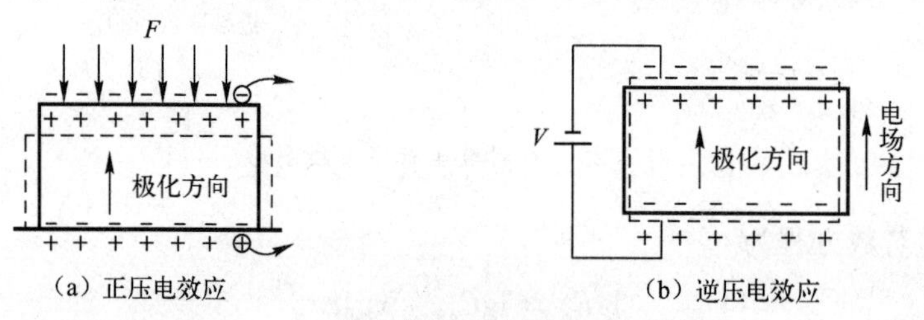

(a) 正压电效应　　(b) 逆压电效应

图 2.26　压电效应

切削力测量系统一般由测力仪、数据采集系统和 PC 机三部分组成，如图 2.27 所示。测力仪（测力传感器）通常安装在刀架（车削）或机床工作台上（铣削），负责拾取切削力信号，将力信号转换为弱电信号；数据采集系统对此弱电信号进行调理和采集，使其变为可用的数字信号；PC 机通过一定的软件平台，将切削力信号显示出来，并对其进行数据处理和分析。图2.28 就是瑞士 kistler 公司开发的新型 4 分量钻削切削力测量仪。

图 2.27　切削力测量系统的组成

现代切削加工正在向高速强力切削、精密超精密加工方向发展，机床的振动频率也会远远高于系统的固有频率，这对切削力测量系统提出了新的要求：①测量范围大、高精度和高分辨率；②实时性好，能够在线实时测量；③数据处理和分析能力强，能够对复杂多变的切削力信号进行各种处理和分析。

图 2.28　瑞士 kistler 公司开发的 4 分量钻削切削力测量仪

针对这些方面的要求，切削力测量技术将朝着以下几方面发展：

（1）开发新型弹性元件，优化弹性元件结构及应变片布片方案，提高应变式测力仪固有频率，有效解决应变式测力仪刚度和灵敏度之间的矛盾问题，降低各向力之间的耦合程度；

（2）应用集成电路和微电子技术，使数据采集系统集成化，提高数据采集的速度与精度；

（3）完善数据处理分析软件的功能，例如通过解耦运算进一步减小测力仪各向力之间的耦合程度，以提高测量精度；将虚拟仪器技术引入切削力测试系统，以便对测量数据进行多种操作和数据库管理；建立专家系统，通过对测试数据的分析处理，对刀具磨损、切削颤振等情况做出预报并提出相应的治理措施。

2.1.2.3　单位切削力、切削功率和单位切削功率

1）单位切削力

单位切削力 p 是指切除单位切削层面积所产生的主切削力，可用下式表示：

$$p = \frac{F_z}{A_D} = \frac{C_{F_z} a_p^{x_{F_z}} f^{y_{F_z}}}{a_p f} = \frac{C_{F_z}}{f^{1-y_{F_z}}} \quad (\mathrm{N/mm^2}) \tag{2.15}$$

式(2.15)表明，单位切削力 p 与进给量 f 有关，它随着进给量 f 增大而减小；单位切削力 p 不受背吃刀量 a_p 的影响，这是因为背吃刀量改变后，切削力 F_z 与切削层面积 A_D 以相同的比例随着变化。而进给量 f 增大，切削层面积 A_D 随之增大，而切削力 F_z 增大不多。

利用单位切削力 p 来计算主切削力 F_z 较为简易直观。

2）切削功率

切削功率 P_m 是指车削时在切削区域内消耗的功率，通常计算的是主运动所消耗的功率。

$$P_m = \frac{F_z v_z \times 10^{-3}}{60} \quad (\mathrm{kW}) \tag{2.16}$$

式中　F_z——主切削力(N)；

　　v_c——主运动切削速度。

机床电动机所需功率 P_E 应为

$$P_E = \frac{P_m}{\eta} \quad (\mathrm{kW}) \tag{2.17}$$

式中　η——机床传动效率。

3）单位切削功率

单位切削功率 P_s 是指单位时间内切除单位体积金属 Z_w 所消耗的功率。

$$P_s = \frac{P_m}{Z_w} \quad (\mathrm{kW/(mm^3 \cdot s^{-1})}) \tag{2.18}$$

另外可导出 P_m、P_s 之间的关系式：

$$P_s = \frac{P_m}{Z_w} = \frac{p a_p f v_c}{1000 a_p f v_c} \times 10^{-3} = p \times 10^{-6} \quad (\mathrm{kW/(mm^3 \cdot s^{-1})}) \tag{2.19}$$

表 2.1 为使用硬质合金车刀对部分常用金属材料进行切削实验求得的单位切削力 p 和单位切削功率 P_s 值。实验是在固定进给量 $f = 0.3\mathrm{mm/r}$ 和其余条件下进行的。当进给量 f 改变时，应将 p 和 P_s 值乘以表 2.2 中修正系数 K_{fp}、K_{fP_s}。

表 2.1　硬质合金外圆车刀切削常用金属时单位切削力和单位切削功率（$f = 0.3\mathrm{mm/r}$）

加工材料				实验条件		单位切削力	单位切削功率
名称	牌号	制造热处理状态	硬度(HBW)	车刀几何参数	切削用量范围	$p/(\mathrm{N/mm^2})$	$P_s/(\mathrm{kW/(mm^3 \cdot s^{-1})})$
碳素结构钢与合金结构钢	Q235	热轧或正火	134～137	$\gamma_o = 15°$ $\kappa_r = 75°$ $\lambda_s = 0°$ $b_{r1} = 0$ 前刀面带卷屑槽	$a_p = 1 \sim 5\mathrm{mm}$ $f = 0.1 \sim 0.5\mathrm{mm/r}$ $v_c = 90 - 105\mathrm{m/min}$	1884	1884×10^{-6}
	45 钢		187			1962	1962×10^{-6}
	40Cr	调质	212			1962	1962×10^{-6}
	45 钢		229			2305	2305×10^{-6}
	40Cr		285			2305	2305×10^{-6}
不锈钢	1Cr18Ni9Ti	淬火回火	170～179	$\gamma_o = 20°$ 其余同上		2453	2453×10^{-6}
灰铸铁	HT200	退火	170	前刀面无卷屑槽，其余同上	$a_p = 2 \sim 10\mathrm{mm}$ $f = 0.1 \sim 0.5\mathrm{mm}$ $v_c = 70 \sim 80\mathrm{m/min}$	1118	1118×10^{-6}
可锻铸铁	KT30－6	退火	170	前刀面无卷屑槽，其余同上		1344	1344×10^{-6}

表 2.2　进给量 f 对单位切削力或单位切削功率的修正系数 K_{fp}、K_{fP_s}

f	0.1	0.15	0.2	0.25	0.3	0.35	0.4	0.45	0.5	0.6
$K_{fp}K_{fP_s}$	1.18	1.11	1.06	1.03	1.0	0.97	0.96	0.94	0.925	0.9

【例】 用硬质合金车刀车削热轧 45 钢外圆，车刀主要角度 $\gamma_o = 15°$、$\kappa_r = 75°$、$\lambda_s = 0°$，选用切削用量 $a_p = 2\mathrm{mm}$、$f = 0.3\mathrm{mm/r}$、$v_c = 100\mathrm{m/min}$。求：单位切削力 p、主切削力 F_z、单位切削

功率 P_s、切削功率 P_m。

解

查表2.1得 $p = 1962\text{N/mm}^2$

$$\therefore \quad F_z = p \times A_D = 1962 \times 2 \times 0.3\text{N} = 1177.2\text{N}$$

$$P_s = 1962 \times 10^{-6}\text{kW}(\text{mm}^3 \cdot \text{s}^{-1})$$

$$P_m = \frac{F_z v_c \times 10^{-3}}{60} = 1177.2 \times \frac{100}{60} \times 10^{-3}\text{kW} = 1.96\text{kW}$$

2.1.2.4 切削力的变化规律

影响切削力的因素主要有工件材料、切削用量、刀具几何参数及其他方面的因素。

1）工件材料的影响

工件材料是通过材料的剪切屈服强度 τ_s、塑性变形、切屑与刀具间摩擦系数 μ 等条件影响切削力的。

工件材料的硬度或强度越高，材料的剪切屈服强度 τ_s 越高，切削力越大。材料的制造热处理状态不同，得到的硬度也不同，切削力随着硬度提高而增大。

工件材料的塑性或韧性越高，切屑越不易折断，使切屑与前刀面间摩擦增加，故切削力增大。例如不锈钢1Cr18Ni9Ti的硬度接近45钢(229HBW)，但延伸率是45钢的4倍，所以同样条件下产生的切削力较45钢增大25%。

在切削铸铁时，由于塑性变形小，崩碎切屑与前刀面摩擦小，故切削力小。例如灰铸铁(HT200)与热轧45钢，两者硬度接近，但前者切削力小40%。

从表2.1中可以反映出不同材料对切削力的影响程度。

2）切削用量的影响

(1) 背吃刀量和进给量。背吃刀量 a_p 和进给量 f 增大，分别使切削宽度 b_D、切削厚度 h_D 增大，因而切削层面积 A_D 增大，故变形抗力和摩擦力增加，而引起切削力增大。

但是 a_p 和 f 增大后，它们分别使变形和摩擦增加的程度不同。如图2.29所示，当 f 不变，a_p 增大一倍时，b_D、A_D 也都增大一倍，使变形和摩擦成倍增加，故主切削力 F_z 也成倍增大，如图2.29(a)所示；当 a_p 不变、f 增大一倍时，A_D 增大一倍，虽然 h_D 也成倍增大，但由于切削变形小，故使主切削力 F_z 增大不到一倍，约增大70%~80%，如图2.30(b)所示。实验的结果也表明了 a_p 与 f 对切削力影响程度不同，即在 F_z 实验公式中，通常 a_p 的影响指数 $x_{F_z}=1$、f 的影响指数 $y_{F_z}=0.75\sim0.9$。

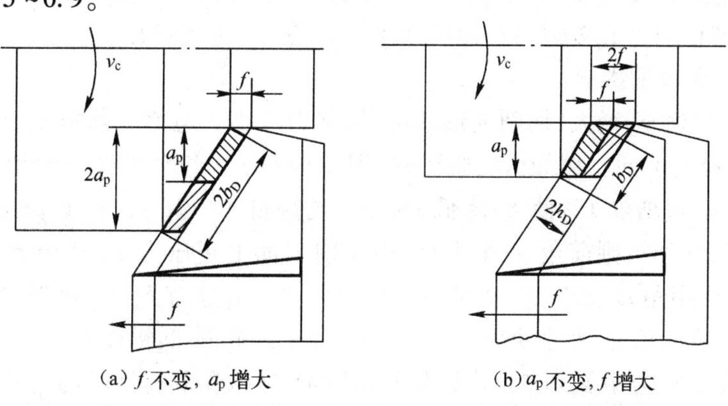

(a) f 不变，a_p 增大　　(b) a_p 不变，f 增大

图2.29 背吃刀量 a_p 和进给量 f 对切削面积的影响

上述 a_p 和 f 对 F_z 的影响规律对于指导生产实际具有重要作用。例如,需切除一定量的金属层,为了提高生产效率,采用大进给切削比大切深切削既省力又省功率。或者说,在同样切削力和切削功率条件下,允许采用更大的进给量切削,能达到切除更多的金属层的目的。

(2) 切削速度。加工塑性金属时,切削速度 v_c 对切削力的影响规律如同对切削变形影响一样,它们都是通过积屑瘤与摩擦的作用造成的。以车削 45 钢为例,由图 2.30 可知:

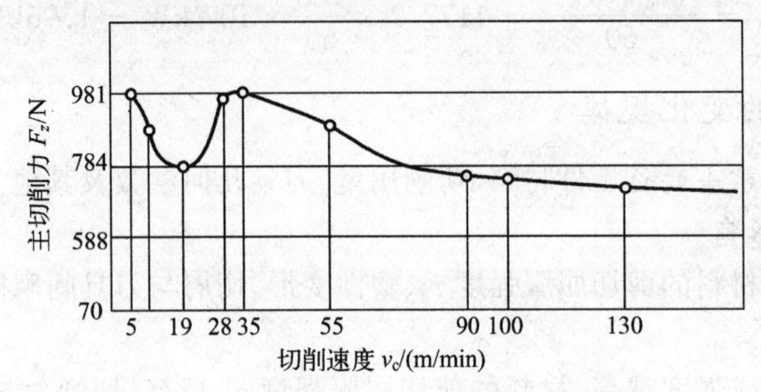

图 2.30 切削速度 v_c 对切削力 F_z 影响

在低速到中速范围内(5~20m/min),随着速度 v_c 的提高,切削变形减小,故主切削力 F_z 逐渐减小;中速时(20m/min 左右),变形值最小,F_z 减至最小值;超过中速,随着速度 v_c 的提高,切削变形增大,故 F_z 逐渐增大。

在更高速度范围内(v_c >35m/min),切削变形随着切削速度增加而减小,故切削力 F_z 逐渐减小而后达到稳定。

切削脆性金属,因为变形和摩擦均较小,故切削速度 v_c 改变时切削力变化不大。

表 2.3 为车削钢时切削速度 v_c 对切削力 F_z 影响的修正系数。

表 2.3 切削速度 v_c 改变时主切削力 F_z 的修正系数 K_{vF_z}

工件材料 \ v_c(m/min)	50	75	100	125	150	175	200
45 钢 40Cr 钢	1.05	1.02	1.00	0.98	0.96	0.95	0.94

由表 2.3 可知,在硬质合金刀具常用的切削速度范围内,采用高的速度切削,不仅能提高生产效率,而且使切削力 F_z 减小 4%,但功率消耗增多,可达 40% 以上。

3) 刀具几何角度的影响

(1) 前角。前角 γ_o 增大,切削变形减小,切削力减小。但增大前角 γ_o,使三个分力 F_x、F_y 和 F_z 减小的程度不同。例如由实验可知,用主偏角 κ_r =75°外圆车刀切削 45 号钢和灰铸铁 HT200 时,γ_o 每增加 1°,使 F_z 降低 1%、F_y 约降低 1.5%~2%、F_x 约降低 4%~5%。如果主偏角 κ_r <45°时,则前角 γ_o 增大后,由于前刀面上正压力 F_n 作用方向改变,使合力 F_r 减小的同时,作用角 ω 变小,F_r 在基面上分力 F_{xy} 减小,分力 F_x、F_y 也随之减小。F_y 与 F_x 减小的幅度是由主偏角 κ_r 大小决定的:当 κ_r >45°时,F_x 降低幅度较大;κ_r <45°时,F_y 降低幅度较大。表 2.4 为用 κ_r =75°外圆车刀车削 45 号钢和灰铸铁时前角 γ_o 对切削力的修正系数。

表 2.4　前角改变时切削力的修正系数 $K_{\gamma_o F}$

工件材料	前角 γ_o / 修正系数	-10°	0°	10°	15°	20°	30°
45 钢	$K_{\gamma_o F_z}$	1.28	1.18	1.05	1.00	0.89	0.85
	$K_{\gamma_o F_y}$	1.41	1.23	1.08	1.00	0.79	0.73
	$K_{\gamma_o F_x}$	2.15	1.70	1.24	1.00	0.50	0.30
灰铸铁	$K_{\gamma_o F_z}$	1.37	1.21	1.24	1.00	0.95	0.84
	$K_{\gamma_o F_y}$	1.47	1.30	1.09	1.00	0.95	0.85
	$K_{\gamma_o F_x}$	2.44	1.83	1.22	1.00	0.73	0.37

(2) 主偏角。主偏角 κ_r 改变使切削面积的形状和切削分力 F_{xy} 的作用方向改变,因而使切削力也随之变化。

如图 2.31 所示,当主偏角 κ_r 增大时,切削厚度 h_D 增加,切削变形减小,故主切削力 F_z 减小;但 κ_r 增大后,圆弧刀尖在切削刃上占的切削工作比例增大,使切屑变形和排屑时切屑相互挤压加剧。此外,副前角 γ'_o 又随主偏角 κ_r 增大而减小,上述影响又使主切削力 F_z 增大。

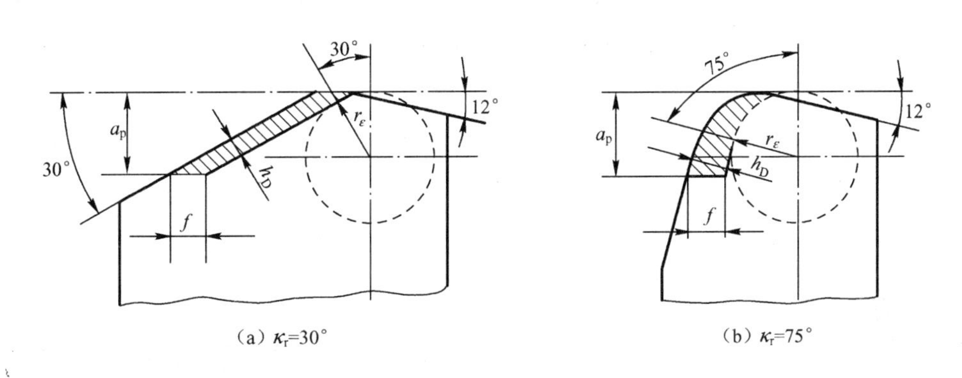

图 2.31　主偏角 κ_r 对切削面积形状影响

由实验得到的图 2.32 中曲线表明,主偏角 κ_r 在30°~60°范围内增大,切削厚度 h_D 的影响起主要作用,促使主切削力 F_z 减小;主偏角约在60°~90°范围内增大,刀尖处圆弧和副前角的影响更为突出,故主切削力 F_z 增大。

一般情况主偏角 κ_r =60°~75°,故主切削力 F_z 增大。

主偏角变化对切削力 F_y 和 F_x 的影响,是由于切削分力 F_{xy} 的作用方向改变而造成的。由式(2.11)可知,κ_r 增大,使 F_y 减小、F_x 增大。当 κ_r =90°时,F_y 甚小,而当 κ_r =93°时,改变了 F_y 对工件的作用方向,可使工件受到轻微的径向拉力的作用,从而减小了工件的变形和振动。

由此可见,车削轴类零件,尤其是细长轴,为了减小切深抗力 F_y 的作用,往往采用较大主偏角(κ_r >60°)的车刀切削。

对于切断或切槽刀来说,由于切屑在槽中挤压、摩擦以及后刀面上摩擦的影响,主切削力 F_z 较外圆车削增大 20%~30%。进给抗力 F_x 很大,约为(0.4~0.55) F_z。

表 2.5 为主偏角 κ_r 对切削力的修正系数。

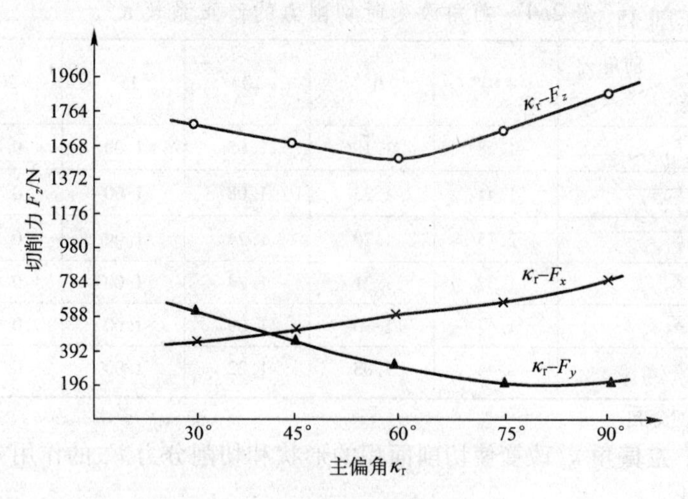

图 2.32 主偏角 κ_r 对切削力影响

表 2.5 主偏角 κ_r 对切削力的修正系数 $K_{\kappa_r F}$

工作材料	主偏角 κ_r / 修正系数	30°	45°	60°	75°	90°
45 钢	$K_{\kappa_r F_z}$	1.10	1.05	1.00	1.00	1.05
	$K_{\kappa_r F_y}$	2.00	1.60	1.25	1.00	0.85
	$K_{\kappa_r F_x}$	0.65	0.80	0.90	1.00	1.15
灰铸铁 HT200	$K_{\kappa_r F_z}$	1.10	1.00	1.00	1.00	1.00
	$K_{\kappa_r F_y}$	2.80	1.80	1.17	1.00	0.70
	$K_{\kappa_r F_x}$	2.80	1.80	1.17	1.00	0.70

(3) 刃倾角 λ_s。由实验可知,刃倾角 λ_s 对主切削力 F_z 影响很小,但对切深抗力 F_y、进给抗力 F_x 影响较显著。

刃倾角 λ_s 的绝对值增大时,使主切削刃参加工作长度增加,摩擦加剧;但在法剖面中刃口圆弧半径 r_β 减小,刀刃锋利,切削变形减小。上述作用的结果是使 F_z 变化很小。

刃倾角 λ_s 对 F_y、F_x 的作用如图 2.33 所示,当刃倾角 λ_s 由正值向负值变化时,使正压力 F_n 倾斜了刃倾角 λ_s,从而改变了合力 F_r 及其分力 F_{xy} 的作用方向,F_{xy} 的切深分力 F_p 增大、进给分力 F_x 减小。通常刃倾角 λ_s 每增减 1°,使切深分力 F_y 增减2% ~3%。

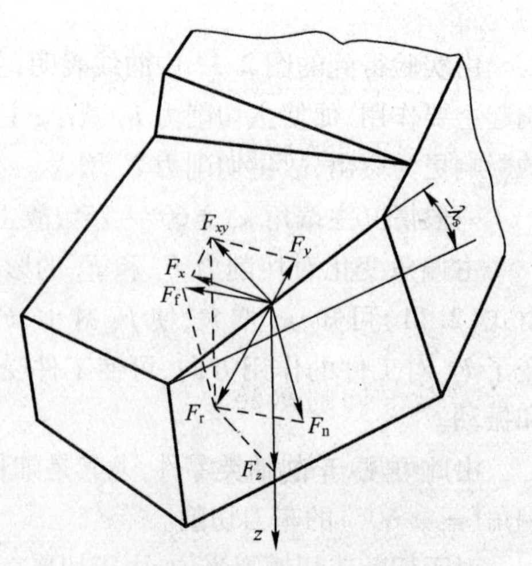

图 2.33 刃倾角 λ_s 对切削力 F_y、F_x 影响

由此可见,从切削力观点分析,切削时不宜选用过大的负刃倾角。尤其在加工的工艺系统刚性较差情况下,往往因负的 λ_s 增大了 F_y 的作用而产生振动。

表 2.6 为车削 45 钢时刃倾角 λ_s 改变对切削力修正系数。

表 2.6　车削 45 钢时刃倾角 λ_s 对切削力修正系数 $K_{\lambda_s F}$

工作材料	刃倾角 λ_s / 修正系数	+10°	+5°	0°	-5°	-10°	-30°	-45°
焊接车刀（平前面）	$K_{\lambda_s F_z}$	1.0	1.0	1.0	1.0	1.0	1.0	1.0
	$K_{\lambda_s F_y}$	0.8	0.9	1.0	1.0	1.2	1.7	2.0
	$K_{\lambda_s F_x}$	1.6	1.3	1.0	0.95	0.9	0.7	0.5

4）其他因素的影响

（1）刀具的棱面。如图 2.34（a）所示，刀具的棱面参数有第一前刀面上宽度 $b_{\gamma 1}$ 和前角 γ_{o1}。棱面提高了刀具强度，但也增大了挤压和摩擦的作用，如图 2.34（b）所示，由于棱面上正压力和摩擦力的影响，使合力 F_r 的大小和方向变化，因此剪切角 φ 减小和摩擦增大，切削变形增大。所以，为了减小 F_y 的作用，应选用较小宽度 $b_{\gamma 1}$，并使得 $b_{\gamma 1}/f$ 的比值小于 0.5 较适宜。

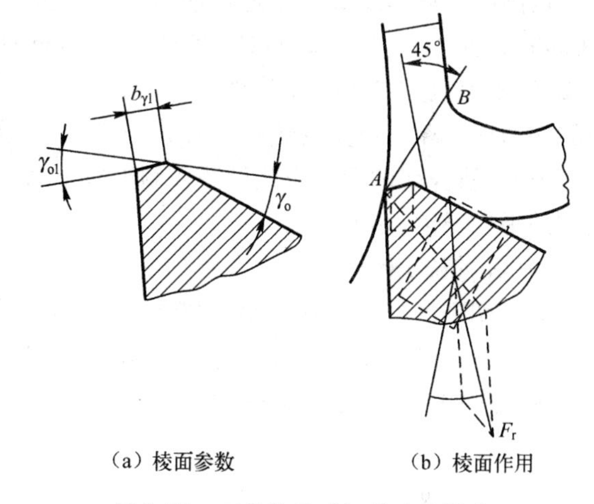

（a）棱面参数　（b）棱面作用

图 2.34　刀具棱面对切削刀的影响

（2）刀尖圆弧半径。刀尖圆弧半径 r_ε 越大，圆弧刀刃参加工作比例越多，切削变形和摩擦越大，切削力越大。此外，由于圆弧刀刃上主偏角是变化的，使参加工作刀刃上主偏角的平均值减小，因此使 F_y 增大。所以当刀尖圆弧 r_ε 由 0.25mm 增大到 1mm 时，F_y 力可增大 20% 左右，并较易引起振动。

（3）刀具磨损。在切削过程中刀具会产生磨损，如果在刀具后刀面上磨损量（用高度 V_B 表示）增大时，使刀刃变钝、后刀面与加工表面间挤压和摩擦加剧，切削力增大。当磨损量很大时，例如磨损量由 0.6mm 增大到 1.2mm，使切削力 F_y 成倍增大，会产生振动，甚至无法工作。

2.1.3　切削热与切削温度

切削热与切削温度是切削过程中产生的又一重要物理现象。切削时做的功，可转化为等量的热。切削热除少量散逸在周围介质中外，其余均传入刀具、切屑和工件中，并使它们温度升高，引起工件变形、加速刀具磨损。因此，研究切削热与切削温度具有重要的实用意义。

2.1.3.1　切削热的来源与传导

切削热是由切削功转变而来的。如图 2.35 所示，其中包括：剪切区变形功形成的热 Q_p、切屑与前刀面摩擦功形成的热 $Q_{\gamma f}$、已加工表面与后刀面摩擦功形成的热 $Q_{\alpha f}$。产生总的切削热分别传入切屑 Q_{ch}，刀具 Q_c、工件 Q_w 和周围介质 Q_f。切削热的形成及传导关系为

$$Q_p + Q_{\gamma f} + Q_{\alpha f} = Q_{ch} + Q_w + Q_c + Q_f$$

切削塑性金属时切削热主要由剪切区变形热和前刀面摩擦热形成；切削脆性金属时则后

刀面摩擦热占的比例较多。

切削热传至各部分的比例，一般情况是切屑带走的热量多。由于第Ⅰ、Ⅲ变形区塑性变形、摩擦产生热及其传导的影响，致使工件中热量次之，刀具中热量最少。例如切削钢不加切削液时，它们之间传热比例为：Q_{ch}50% ~86%；Q_w40% ~10%；Q_c9% ~3%；Q_f1%。

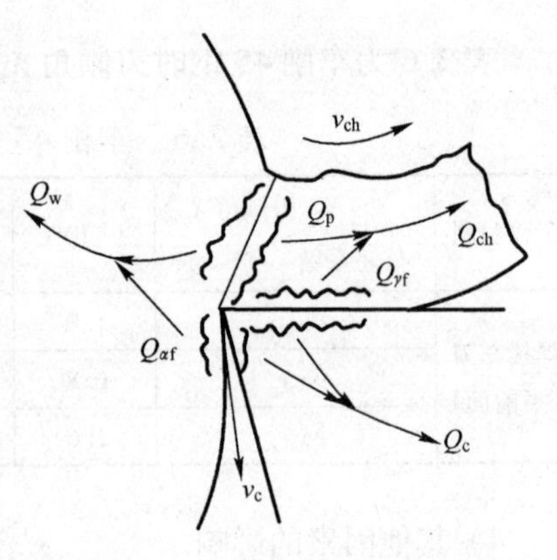

图2.35 切削热的来源和传导

2.1.3.2 切削温度

切削热是通过切削温度而对工件与刀具产生作用的。切削区域处温度的高低，取决于该处切削热的多少和散热的快慢。通过推算和测定，在切屑中平均温度最高。切削区域内温度最高点是在前刀面上近刀刃处，例如在切削低碳钢时，若切削速度 v_c = 200m/min、进给量 f = 0.25mm/r，离切削刃1mm处，温度可达1000℃，它比切屑中平均温度高2 ~2.5倍，比工件中平均温度约高20倍。该点最高温度形成的原因，一方面与受剪切区变形热的切屑连续摩擦产生的热影响有关；另一方面因热量集中不易散走所致。

因此，研究切削温度应该设法控制刀具上最高温度。通常所说的切削温度一般是指切削区域的平均温度，用 θ 表示。

1）切削温度计算

通过切削区域产生的变形功、摩擦功和热传导，可以近似推算出切削温度值。

以计算切削区域平均温度为例，切削温度是由切削时消耗总功形成的热量引起的。单位时间内产生的热 q 等于消耗的切削功率 P_m，即

$$q = \frac{F_z v_c}{60}\ (\mathrm{W})$$

式中 F_z——主切削力(N)；

v_c——切削速度(m/min)。

由热量 q 引起的温度升高量 $\Delta\theta$ 与材料的密度 ρ、比热容 c 有关，其关系式：

$$\Delta\theta = \frac{F_z v_c}{C\cdot\rho\cdot v_c\cdot h_D\cdot b_D} = \frac{p}{c\cdot\rho}(℃)$$

式中 p——单位切削力(N/m^2)；

c——比热容(J/kg·K)；

ρ——密度(kg/m^3)。

在切削时，可根据单位切削力 p、密度 ρ 和比热容 c 按上式计算出切削温度的升高量 $\Delta\theta$，它的单位可用℃表示。当已知单位切削力 p 时，计算得到加工不同材料的切削温度值如表2.7所列。

表2.7 切削温度计算值

加工材料	单位切削力 $p/(N/mm^2)$	比热容 $C/(N\cdot m/g\cdot K)$	密度 $\rho/(g/cm^2)$	切削温度升高量 $\Delta\theta$/℃
钢	1962	0.46	7.8	546
铅黄铜	735	0.39	8.4	224
铝	814	0.92	2.7	327

2）切削温度的测定

通过理论计算或利用测量的方法可确定切削温度在切屑、刀具和工件中的分布。测量切削温度的方法有热电偶法、热辐射法、涂色法和红外线法等。其中热电偶测温装置简单、测量方便，是较为常用的测温方法。

（1）自然热电偶法。自然热电偶法主要是用于测定切削区域的平均温度。图2.36为测温装置示意图。它是利用刀具在切削工件时组成闭合电路测温的。刀具引出端用导线接入毫伏计一极上；工件引出端用导线再通过起电刷作用的顶尖接入毫伏计另一极上。应使刀具与工件引出端处于室温，并使刀具、工件引出分别与机床绝缘。切削时，刀具与工件接触区产生高温（热端），与刀具、工件各自引出端的室温（冷端）差别而形成温差电势；此外，还由于接触区刀具与工件材料不同而形成接触电势。上述电势值的和可用接入的毫伏计测出。切削温度越高，电势值越大。它们之间的对应关系，可通过切削温度标定得到。

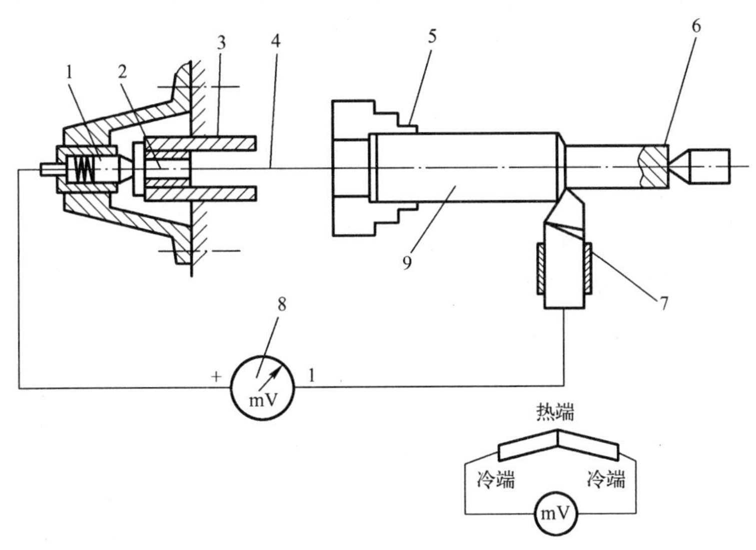

图2.36　自然热电偶测温装置

1—顶尖；2—铜轴；3—主轴；4—切屑或细丝；5、6、7—绝缘层；8—测量仪表；9—工件。

（2）人工热电偶法。人工热电偶法是用于测量刀具、切屑和工件上指定点的温度，用它可求得温度分布场和最高温度的位置。

如图2.37(a)所示，在刀具被测点位置处作出一个小孔（$\phi<0.5$mm），孔中插入一对标准热电偶，它们与孔壁之间相互保持绝缘。在切削时热电偶接点感受到被测点产生的温度，该温度可以通过串接热电偶丝读出。

2.1.3.3　影响切削温度的因素

切削温度与变形功、摩擦功和热传导有关。也就是说，切削温度的高低是由产生的热和传走的热两方面综合影响的结果。做功越多、生热越多、散热越少时，切削温度越高。影响生热和散热的因素有切削用量、刀具几何参数、工件材料和切削液等。

1）切削用量的影响

切削用量是影响切削温度的主要因素。通过测温实验可以找出切削用量对切削温度的影响规律。通常在车床上利用测温装置求出切削用量 a_p、f 和 v_c 对切削温度的影响关系，并可

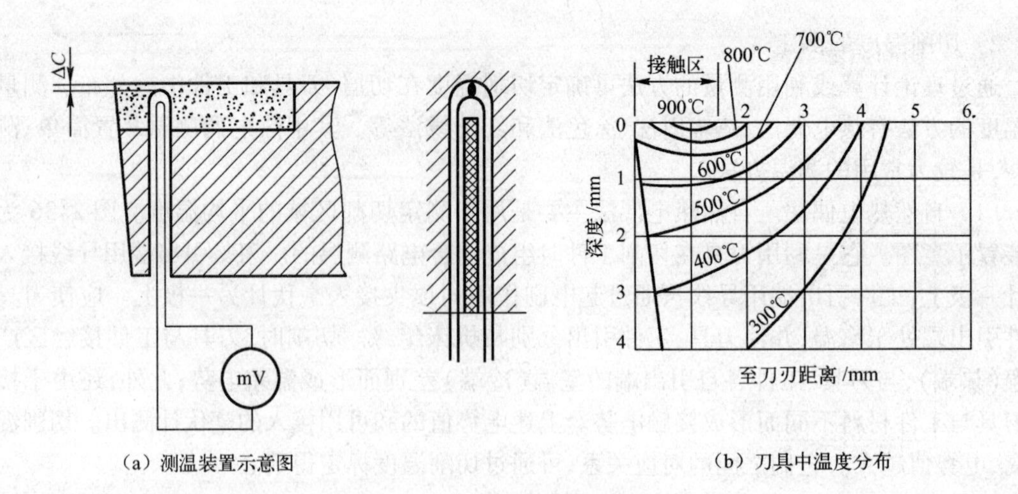

图 2.37 人工热电偶测温

整理成下列一般公式：

$$\theta = C_\theta a_p^{x_\theta} f^{y_\theta} v_c^{z_\theta} k_\theta (℃) \tag{2.20}$$

式中 x_θ、y_θ、z_θ——切削用量 a_p、f 和 v_c 对切削温度影响程度的指数；

C_θ——与实验条件有关的影响系数；

K_θ——切削条件改变后的修正系数。

当用高速钢和硬质合金刀具车削中碳钢时，公式中系数、指数如下：

参数 / 材质	C_θ	x_θ	y_θ	z_θ
高速钢刀具	140 ~ 170	0.08 ~ 1	0.2 ~ 0.3	0.35 ~ 0.45
硬质合金刀具	320	0.05	0.15	0.26 ~ 0.41

切削用量对切削温度的影响规律是，切削用量 a_p、f 和 v_c 增大，切削温度增加，其中切削速度 v_c 对切削温度影响最大，进给量 f 次之，切削深度 a_p 影响最小，从影响指数 $z_\theta > y_\theta > x_\theta$ 中也可反映出该规律。当切削用量 a_p、f 和 v_c 增大时，变形和摩擦加剧，切削功增大，故切削温度升高。但背吃刀量 a_p 增大后，切屑与刀具接触面积以相同比例增大，散热条件显著改善；进给量 f 增大，切屑与前刀面接触长度增加，散热条件有所改善；切削速度增高，虽使切削力减少，但切屑与前刀面接触长度减短，故散热较差。

切削用量对切削温度的影响，就是由生热与散热两方面作用的结果。由此可见，在金属切除率相同的条件下，为了减少切削温度影响，防止刀具迅速磨损，保持刀具耐用度，增大切削深度 a_p 或进给量 f 比增大切削速度 v_c 更有利。

2）刀具几何参数影响

(1) 前角。前角 γ_o 增大，切削变形和摩擦减少，因此产生的热量少，切削温度下降。但前角 γ_o 继续增大至 15°左右，由于楔角减少使刀具散热变差，切削温度略上升。

图 2.38 为前角 γ_o 对切削温度 θ 的影响曲线。从图中可知，在一定的加工条件下，能够找出对切削温度影响最少的合理前角 γ_o。

(2) 主偏角。主偏角 κ_r 减少，使切削宽度 b_D 增大，切削厚度 h_D 减少，因此，切削变形和摩擦增大,切削温度升高。但当切削宽度 b_D 增大后,散热条件改善。由于散热起主要作用,故随着主偏角 κ_r 减少,切削温度下降。图 2.39 为主偏角 κ_r 对切削温度 θ 的影响曲线。

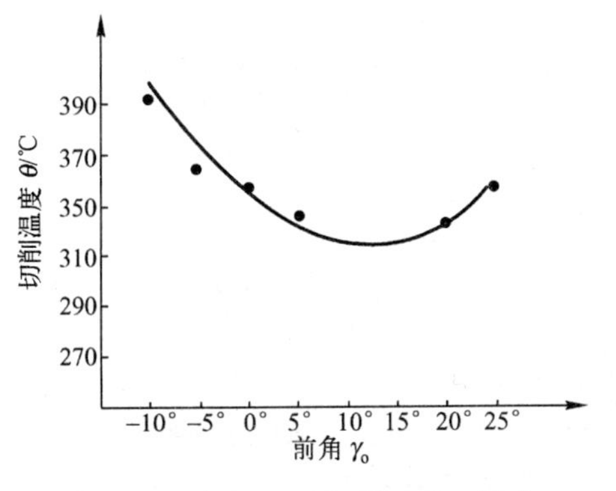

图 2.38 前角 γ_o 对切削温度 θ 影响

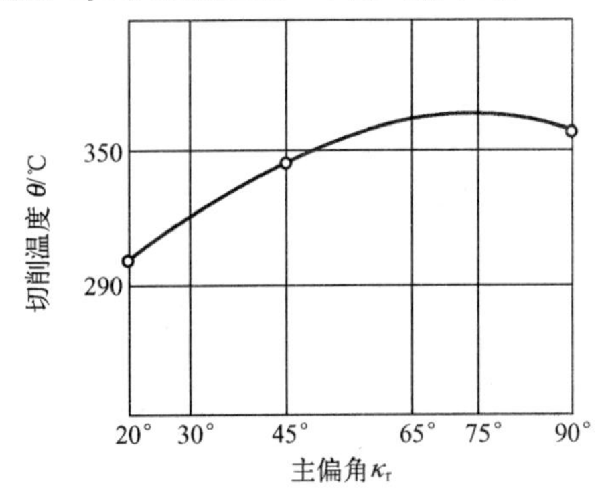

图 2.39 主偏角 κ_r 对切削温度 θ 的影响

由此可见,当工艺系统刚性足够时,用小的主偏角切削,对于降低切削温度、提高刀具耐用度能起到一定作用,尤其是在切削难加工材料时效果更明显。

在刀具几何参数中,除前角 γ_o 和主偏角 κ_r 外,其余参数对切削温度影响较少。对于前角 γ_o 来说,γ_o 增大,虽能使切削温度降低,但考虑到刀具强度和散热效果,γ_o 不能太大。主偏角 κ_r 减少后,既能使切削温度降低的幅度较大,又能提高刀具强度,因此,在加工刚性允许条件下,减少主偏角是提高刀具耐用度的一个重要措施。

3）工件材料影响

工件材料是通过强度、硬度和导热系数等性能不同对切削温度产生影响的。例如:低碳钢的强度、硬度低,导热系数大,因此产生热量少、热量传散快,故切削温度低;高碳钢的强度、硬度高,但导热系数接近中碳钢,因此,生热多,切削温度高;40Cr 钢的硬度接近中碳钢,但强度略高,且导热系数小,故切削温度高。对于加工导热性差的合金钢,产生的切削温度可高于 45 钢 30%;不锈钢(1Cr18Ni9Ti)的强度、硬度虽较低,但它的导热系数比 45 钢低 3 倍,因此切削温度很高,比 45 钢约高 40%;脆性材料切削变形和摩擦小,生热少,故切削温度低,比 45 钢约低 25%。

4）其他因素的影响

除上述因素外,刀具产生磨损后,会引起切削温度增加。干切削也会引起切削温度剧增,浇注切削液是降低切削温度的一个有效措施。

2.1.4 刀具磨损与刀具使用寿命

在切削过程中,刀具切除工件上的金属层,同时工件与切屑对刀具作用,使刀具磨损。刀具严重磨损,会缩短刀具使用时间,恶化加工表面质量,增加刀具材料损耗。因此,刀具磨损是影响生产效率、加工质量和成本的一个重要因素。

2.1.4.1 刀具磨损形式

刀具磨损形式分为正常磨损和非正常磨损两大类。

1）正常磨损

正常磨损是指在刀具设计与使用合理、制造与刃磨质量符合要求的情况下,刀具在切削过程中逐渐产生的磨损。正常磨损主要包括下述三种形式(图 2.40)。

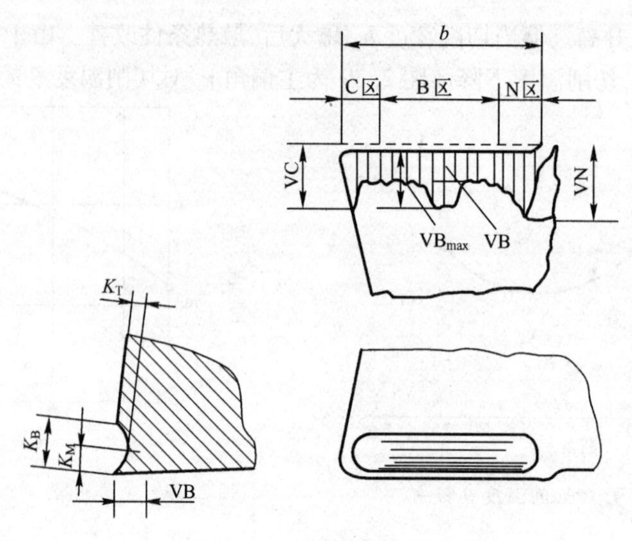

图 2.40 正常磨损形式

(1) 后刀面磨损。在与切削刃连接的后刀面上,磨出长度为 b、后角等于或小于零的棱面。根据棱面上各部位磨损特点,可分为三个区域。

C 区:在近刀尖处磨损较大的区域,这是由于温度高、散热条件差而造成的。其磨损量用高度 VC 表示。

N 区:近待加工表面,约占全长 1/4 的区域。在它的边界处磨出较长沟痕,这是由于表面氧化皮或上道工序留下的硬化层等原因造成的。它亦称边界磨损,磨损量用 VN 表示。

B 区:在 C、N 区间较均匀的磨损区。磨损量用 VB 表示。其中局部出现的划痕深沟的高度用 VB_{max} 表示。

(2) 前刀面磨损。切屑在前刀面上流出时,由于摩擦高温和高压作用,使前刀面上近切削刃处磨出月牙洼。前刀面的磨损量用月牙洼深度 K_T 表示。月牙洼的宽度为 K_B。

(3) 前后刀面同时磨损。经切削后刀具上同时出现前刀面和后刀面磨损。这是在切削塑性金属时,采用中等切削速度和中等进给量较常出现的磨损形式。

在生产中,较常见到的是后刀面磨损,尤其是在切削脆性金属和切削厚度 h_D 较小情况下。月牙洼磨损通常是在高速、大进给($f>0.5$mm)切削塑性金属时产生的。

2) 非正常磨损

非正常磨损是指刀具在切削过程中突然或过早产生损坏现象。其中有:

(1) 破损。在切削刃或刀面上产生裂纹、崩刃或碎裂。

(2) 卷刃。切削时在高温作用下,使切削刃或刀面产生塌陷或隆起的塑性变形现象。

2.1.4.2 磨损过程和磨钝标准

正常磨损情况下,刀具磨损量随切削时间增加而逐渐扩大。若以后刀面磨损为例,它的典型磨损过程如图 2.41 所示,图中大致分三个阶段。

初期磨损阶段(Ⅰ段):在开始切削的短时间内,磨损较快。这是由于刀具表面粗糙不平或表层组织不耐磨引起的。

正常磨损阶段(Ⅱ段):随着切削时间增加,磨损量以较均匀的速度加大。这是由于刀具表面磨平后,接触面增大,压强减少所致。AB 线段基本上呈直线,单位时间内磨损量称为磨损强度，该磨损强度近似为常数。

急剧磨损阶段（Ⅲ段）：磨损量达到一定数值后，磨损急剧加速继而刀具损坏。这是由于切削时间过长，磨损严重，切削温度剧增，刀具强度、硬度降低所致。

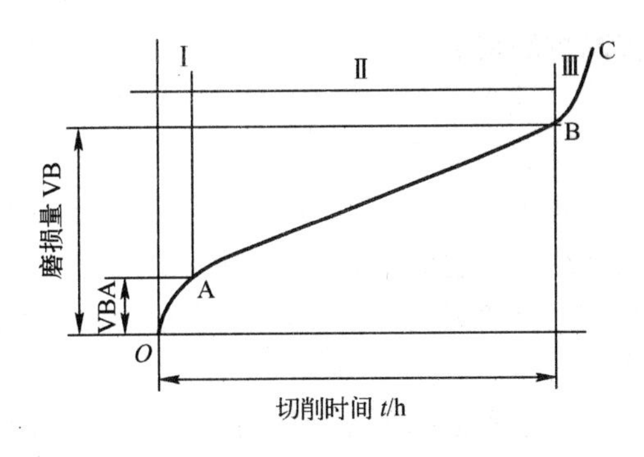

图 2.41　刀具磨损过程曲线

显然，刀具一次磨刀后的切削时间应控制在达到急剧磨损阶段以前完成。如果超过急剧磨损阶段继续切削，就可能产生冒火花、振动、噪声等现象，甚至产生崩刃造成刀具严重破损。

所以，应该规定刀具用到产生急剧磨损前必须重磨或更换新刀刃。这时刀具的磨损量称为磨损限度或磨钝标准。由于后刀面磨损是常见的，且易于控制和测量，因此，规定后刀面上均匀磨损区的高度 VB 值作为刀具的磨钝标准。

在 ISO 标准中，供作研究用推荐的高速钢和硬质合金刀具磨钝标准为：

在后刀面 B 区内均匀磨损 VB =0.3mm；

在后刀面 B 区内非均匀磨损 VB_{max} =0.6mm；

月牙洼深度标准 $K_T = 0.06 + 0.3f$（f——进给量（mm/r））。

精加工根据达到表面粗糙度等级要求确定。

生产中磨钝标准应根据加工要求制订：粗加工磨钝标准是能使刀具切削时间与可磨或可用次数的乘积最长为原则确定的，从而能充分发挥刀具的切削性能，该标准亦称为经济磨钝标准；精加工磨钝标准是在保证零件加工精度和表面粗糙度条件下制订的，因此 VB 值较小。该标准亦称工艺磨钝标准。

表 2.8 为车刀的磨钝标准，供选用时参考。

表 2.8　车刀的磨钝标准 VB 值（mm）

加工条件 / 加工方式	刚性差	钢件	铸铁件	钢、铸铁大件
精车	0.1 ~0.3			
粗车	0.4 ~0.5	0.6 ~0.8	0.8 ~1.2	1.0 ~1.5

2.1.4.3　刀具磨损原因

切削时刀具的磨损是在高温高压条件下产生的。因此，形成刀具磨损的原因就非常复杂，它涉及到机械、物理、化学和相变等的作用。现将其中主要的原因简述如下：

1）磨粒磨损

在切削过程中，刀具上经常被一些硬质点刻出深浅不一的沟痕。这主要是由于“磨粒”的切削作用造成的。构成这些“磨粒”硬质点的来源，是切屑底层和切削表面材料中含有氧化物（SiO、Al_2O_3 等）、碳化物（Fe_3C、TiC 等）和氮化物（Si_2N_4、AlN 等）硬颗粒。此外，还有粘附着积屑瘤的碎片、锻造表皮和铸件上残留的夹砂。磨粒磨损对高速钢作用较明显。因为高速钢在高温时的硬度较有些硬质点（SiO、Al_2O_3、TiC、Si_2N_4）低，耐磨性差。此外，硬质合金中粘结相的钴也易被硬质点磨损。为此，在生产中常采用细晶粒碳化物的硬质合金或减小钴的含量来提高抗磨损能力。

2）粘结磨损

切屑与前刀面、加工表面与后刀面之间在压力和温度作用下，接触面吸附膜被挤破，形成了新鲜表面接触，当接触面间达到原子间距离时就产生粘结。粘结磨损就是由于接触面滑动在粘结处产生剪切破坏造成的，通常剪切破坏在较软金属一方，但刀面受到摩擦压力和温度连续作用下使强度降低。此外，当前刀面上粘结的积屑瘤脱落时，带走了刀具材料，也形成粘结磨损。

粘结磨损的程度与压力、温度和材料间亲和程度有关。例如在低速切削时，由于切削温度低，故粘结是在压力作用下接触点处产生塑性变形所致，亦称为冷焊；在中速时由于切削温度较高，促使材料软化和分子间运动，更易造成粘结。用 YT 硬质合金加工钛合金或含钛不锈钢，在高温作用下钛元素之间的亲和作用，也会产生粘结磨损。所以，低、中速切削时，粘结磨损是硬质合金刀具的主要磨损原因。

3）扩散磨损

切削时在高温作用下，接触面间分子活动能量大，造成了合金元素相互扩散置换，使刀具材料力学性能降低，若再经摩擦作用，刀具容易被磨损。扩散磨损是一种化学性质的磨损。

如图 2.42(a)、(b)所示，为钨钴硬质合金与钢之间的扩散过程：图 2.42(a)为切屑与前刀面上元素分布情况。由于温度的作用，如图 2.42(b)所示，使硬质合金中 W、Co 和 C 原子向钢中扩散，然后被切屑和加工表面带走。硬质合金中失去 W 后，在结晶组织中出现空穴。此外，失去了 Co 后削弱了粘结强度。与此同时，材料中 Fe 原子向刀具中扩散，使刀面表层形成了新的材质。经相互扩散的结果，降低了刀具表面的强度和硬度。

图 2.42(c)为钨钴钛硬质合金与钢的扩散情况，由于 W 原子的扩散速度较 Ti 和 Ta 快，所以，失去 W 后留下了硬度高的 TiC、TaC 晶粒，提高了硬质合金的耐磨性。

通常钨钴钛类硬质合金的扩散温度为 850～900℃，因此，后者在高温时耐磨性较高。

在生产中若采用细颗粒硬质合金或添加稀有金属硬质合金，采用 TiC、TiN 涂层刀片，对于提高刀具耐磨性和化学稳定性，减少扩散磨损均可起重要作用。

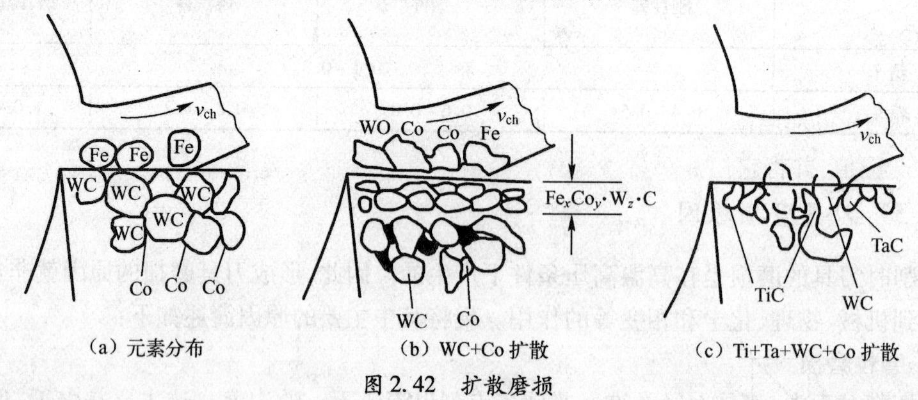

(a) 元素分布　　(b) WC+Co 扩散　　(c) Ti+Ta+WC+Co 扩散

图 2.42　扩散磨损

4）相变磨损

当刀具上最高温度超过材料相变温度时，刀具表面金相组织发生变化。如马氏体组织转变为奥氏体，使硬度下降，磨损加剧。因此，工具钢刀具在高温时均属此类磨损，它们的相变温度为：合金工具钢 300～350℃，高速钢 550～600℃，相变磨损造成了刀面塌陷和刀刃卷曲。

5）氧化磨损

氧化磨损是一种化学性质的磨损。在主、副切削刃与切削层金属表面接触处，硬质合金中 WC、Co 与空气介质中厂 O_2 化合成脆性、低强度的氧化膜 WO_2，该膜受到了工件表面中氧化皮、硬化层等摩擦和冲击作用，形成了边界磨损。

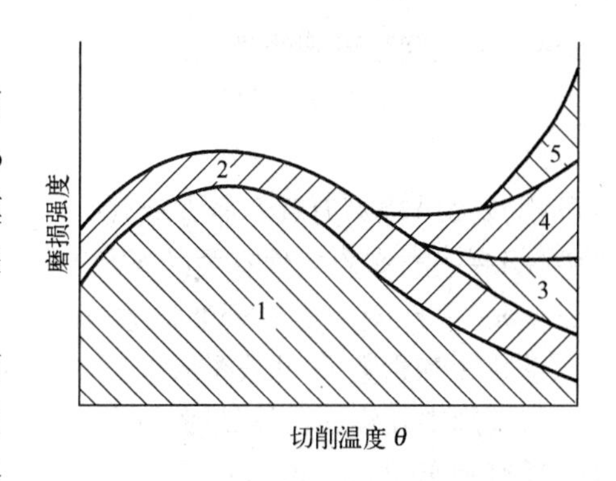

图 2.43　温度对磨损的影响

1—粘结磨损；2—磨粒磨损；3—扩散磨损；4—相变磨损；5—氧化磨损。

综上所述，刀具磨损是由机械摩擦和热效应两方面因素作用造成的。在不同加工条件形成的刀具磨损必有一个原因起主要作用，同时也存在着各种原因的综合作用。如图 2.43 所示，在低、中速范围内，磨粒磨损和粘结磨损是刀具磨损的主要原因。通常拉削、铰孔和攻丝加工时的刀具磨损主要属于这类磨损。在中等以上切削速度加工时，热效应使高速钢刀具产生相变磨损，使硬质合金刀具产生粘结、扩散和氧化磨损。

2.1.4.4　刀具寿命

1）刀具寿命概念

刀具寿命是指刃磨后的刀具从开始切削至磨损量达到磨钝标准为止所用的切削时间，用 T(min)表示。刀具寿命还可以用达到磨钝标准所经过的切削路程 l_m 或加工出的零件数 N 表示。

刀具寿命高低是衡量刀具切削性能好坏的重要标志。利用刀具寿命来控制磨损量 VB 值，比用测量 VB 来判别是否达到磨钝标准要简便。

2）刀具寿命实验

刀具寿命实验的目的是为了确定在一定加工条件下达到磨钝标准所需的切削时间或研究一个或多个因素对寿命的影响规律。切削速度 v_c 是影响寿命 T 的重要因素。切削速度 v_c 是通过切削温度 θ 影响寿命 T 的。

通过实验先确定 5 种以上不同切削速度的刀具磨损过程曲线，如图 2.44(a)所示。曲线中磨损量 VB 可利用读数显微镜测得。然后在磨损曲线上取出达到磨钝标准时的各速度 v_c 与寿命 T 对应值，并将它们标示在双对数坐标中，可得图 2.44(b)所示的刀具寿命曲线。

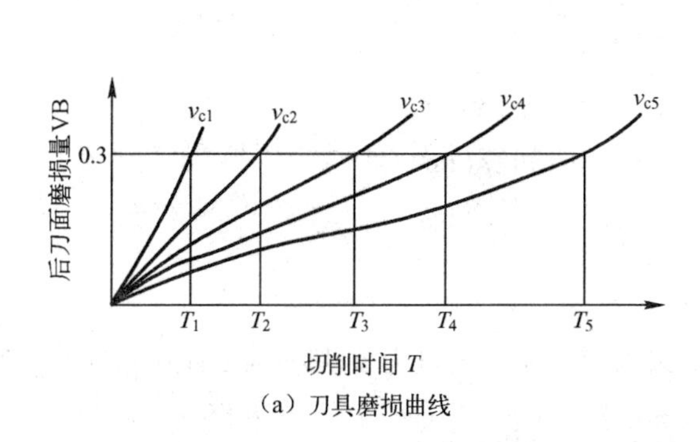

（a）刀具磨损曲线

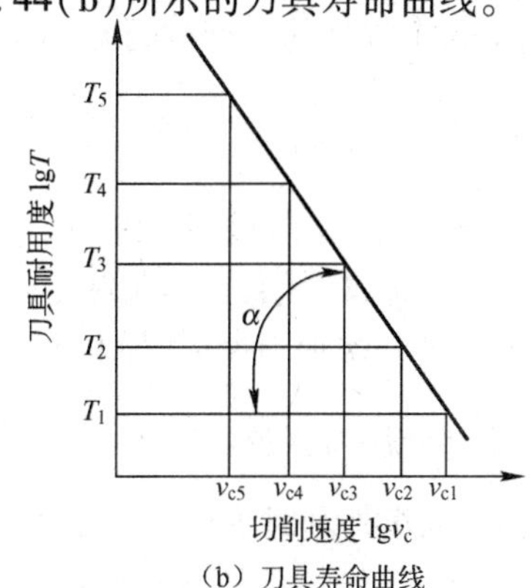

（b）刀具寿命曲线

图 2.44　刀具寿命实验

$v_c - T$ 之间呈下列线性关系：

$$v_c = \frac{A}{T^m} \tag{2.21}$$

式(2.21)称为刀具寿命方程式。

式中 A——与实验条件有关的系数，是曲线中的截距，它相当于 $T = 1\text{min}$ 时的切削速度值；

m——v_c 对 T 影响程度指数，在曲线中表示斜率。

系数 A 和指数 m 可从图形求出，精确的可用回归法计算。

当车削中碳钢和灰铸铁时，m 值大致如下：

高速钢车刀：$m = 0.11$；

硬质合金可焊接车刀：$m = 0.2$；

硬质合金可转位车刀：$m = 0.25 \sim 0.3$；

陶瓷车刀：$m = 0.4$。

m 值越小，表示 v_c 对 T 的影响越大。总的说来，切削速度对寿命的影响是很大的。例如用硬质合金可转位车刀切削，当切削速度为 80m/min 时，刀具寿命为 60min，而切削速度提高为 120m/min 时，则按式(2.24)计算得刀具寿命为 3.75min。因此，切削速度增加 1 倍，使刀具寿命下降 16 倍。这是由于随着切削速度 v_c 的提高，切削温度 θ 升高较快、摩擦加剧，使刀具迅速磨损所致。

同样也可以求出进给量与切削深度对刀具寿命的影响关系式：

$$f = \frac{B}{T^n}, a_p = \frac{c}{T^\rho}$$

3）刀具寿命合理数值的确定

要达到规定磨钝标准的寿命数值可长也可短，因寿命随加工条件特别是切削速度不同而变化着。究竟寿命长好，还是短好？这应根据寿命对切削加工的作用而定。例如，规定寿命值大，则切削用量应选得小，尤其是切削速度 v_c 要低，但这会使生产效率降低，成本高；反之，规定 T 值小，虽然可允许高的切削速度 v_c，提高生产效率，但加速刀具磨损，增加了装卸刀具的辅助时间。

所以，刀具寿命合理数值应根据生产率和加工成本确定。刀具寿命合理数值有两种：

(1) 最高生产率寿命 T_p。所确定的 T_p 能达到最高生产率。或者说，加工一个零件所花的时间最少。

加工一个零件的生产时间 t_{pr} 由下列几部分组成：

$$t_{pr} = t_m + t_l + t_c \frac{t_m}{T} \tag{2.22}$$

式中 t_m——切削时间(min/件)；

t_l——辅助时间，包括装卸零件、刀具空行程时间等(min/件)；

t_c——一次换刀所需时间(min/件)；

$\frac{t_m}{T}$——换刀次数。

例如，纵车外圆时零件的切削长度为 L、外径 d_w，加工余量为 Δ，则所需的切削时间 t_m 为

$$t_m = \frac{L\pi d_w \Delta}{1000 v_c f a_p} \text{ (min)}$$

又
$$v_c = \frac{A}{T_m}$$

上面二式代入式(2.25)得

$$t_{pr} = \frac{L\pi d_w \Delta T^m}{1000a_p fA} + t_c \frac{L\pi d_w \Delta T^{m-1}}{1000a_p fA} + t_l = KT^m + Kt_c T^{m-1} + t_l$$

式中设:
$$K = \frac{L\pi d_w \Delta}{1000a_p fA}$$

对上式微分后,并令$\frac{dt_{pr}}{dT}=0$,即可求出最大生产率寿命 T_p 为

$$T_p = \left(\frac{1-m}{m}\right)t_c(\min)$$

若刀具寿命超过最高生产率寿命,则由于切削用量降低,使生产率下降;小于该寿命,会增加刀具磨刀和装卸时间,亦会使生产率下降。

(2) 最低生产成本寿命 T_c。所确定的寿命能保证加工成本最低,亦即使加工每一个零件的成本最低。

每个零件平均加工成本 C_{pr}为

$$C_{pr} = Mt_m + Mt_t + Mt_0 \frac{t_m}{T} + C_t \frac{t_m}{T}$$

式中 M——全厂每分钟开支分摊到本零件的加工费用,包括工作人员开支和机床损耗等;
C_t——换刀一次所需费用,包括刀具砂轮消耗和工人工资等。

上式改写为

$$C_{pr} = KMT^m + KMt_c T^{m-1} + KC_t T^{m-1} + Mt_l$$

对上式微分,并令$\frac{dC_{pr}}{dT}=0$,求出最低成本寿命 T_c 为

$$T_c = \frac{1-m}{m}\left(t_c + \frac{C_t}{M}\right) \tag{2.23}$$

如果刀具寿命高于最低成本寿命 T_c 值,则机床消耗费增多,成本提高;反之,刀具寿命低于 T_c 值,刀具损耗费和磨刀费增多,成本也高。因此,寿命 T_c 值是最经济的。

比较最高生产率寿命 T_p 与最低生产成本寿命 T_c 可知:$T_c > T_p$。显然低成本允许的切削速度低于高生产率允许的切削速度。生产中常根据最低成本来确定寿命,但有时要完成紧急任务或提高生产率且对成本影响不大的情况下,也选用最高生产率寿命。

刀具寿命的具体数值,可参考有关资料或手册选用。

2.1.4.5 影响刀具寿命的因素

分析刀具寿命影响因素的目的是调节各因素的相互关系,以保持刀具寿命的合理数值。各因素变化对刀具寿命的影响,主要是通过它们对切削温度的影响而起作用的。

1) 切削用量的影响

切削用量 v_c、f 和 a_p 对刀具寿命的影响规律如同对切削温度的影响规律。即 v_c、f 和 a_p 增大,使切削温度提高、刀具寿命下降,其中 v_c 影响最大,其次f、a_p 最小。通过单因素实验,固

定其余条件，分别改变 v_c、f 和 a_p 求出对应的 T 值，并在 v_c—T、f—T、a_p—T 的双对数坐标中画出它们的直线图形，经过数据整理后可得到下列的刀具寿命实验公式：

$$T^m = \frac{C_V}{v_c a_p^{x_V} \cdot f^{y_V}} (\text{min}) \tag{2.24}$$

上式主要用作在保证刀具寿命 T 合理数值且已知 a_p 和 f 时计算切削速度 v_c 的依据。根据刀具寿命合理数值 T 计算的切削速度称为刀具寿命允许的切削速度，用 v_T 表示，v_T 计算式为

$$v_T = \frac{C_V}{T^m a_p^{x_V} \cdot f^{y_V}} \cdot K_V \quad (\text{m/min}) \tag{2.25}$$

式中 C_V——与寿命实验条件有关的系数；

m、x_V、y_V——对 T、a_p 和 f 影响程度的指数；

K_V——切削条件与实验条件不同的修正系数。

上述系数 C_V 和指数 m、x_V、y_V 可参考有关手册资料。

根据 v_c、f 和 a_p 对 T 的影响程度可知，当确定刀具寿命合理数值后，应首先考虑增大 a_p、其次增大 f，然后根据 T、a_p 和 f 的值计算出 v_T，这样既能保持刀具寿命又能发挥刀具切削性能，提高切削效率。

2）刀具几何参数的影响

刀具几何参数对刀具寿命有较显著的影响。选择合理的刀具几何参数，是确保刀具寿命的重要途径；改进刀具几何参数可使刀具寿命有较大幅度提高。因此，刀具寿命是衡量刀具几何参数合理和先进与否的重要标志之一。

前角 γ_o 增大，切削温度降低，寿命提高；前角 γ_o 太大，刀刃强度低、散热差且易磨损，故寿命反而下降。因此，前角 γ_o 对刀具寿命影响呈“驼峰形”。它的峰顶前角 γ_o 值能使寿命最高，亦即一定的刀具寿命值所允许的切削速度 v_T 最高。

主偏角 κ_r 减小，可增加刀具强度和改善散热条件，故一定的刀具寿命值所允许的切削速度 v_T 增高。

此外，适当减少副偏角 κ'_r 和增大刀尖圆弧半径 r_ε 都能提高刀具强度，改善散热条件，使一定的刀具寿命值所允许的切削速度 v_T 提高。

3）加工材料的影响

加工材料的强度、硬度越高，产生的切削温度越高，故刀具磨损越快，刀具寿命 T 越低。此外，加工材料的延伸率越大或导热系数越小，均能使切削温度升高，因而使刀具寿命 T 降低。因此，加工钛合金和不锈钢时，一定的刀具寿命值所允许的切削速度 v_T 较 45 钢的低。

4）刀具材料的影响

刀具切削部分材料是影响寿命的主要因素，改善刀具材料的切削性能，使用新型材料，能促进刀具寿命成倍提高。一般情况下，刀具材料的高温硬度越高、越耐磨，寿命也越高。

但在带冲击切削、重型切削和对难加工材料切削时，决定刀具抗破损能力的主要指标是冲击韧性。普通陶瓷材料的抗弯强度约为硬质合金的 1/3，因此，切削时受到轻微冲击也易破损。为了增强刀具的韧性、提高刀具抗弯强度，目前研制了新型陶瓷，并在刀具几何参数方面，选用较小的前角、负刃倾角和倒棱等参数。

2.2 金属切削过程基本规律的应用

本节运用金属切削过程基本规律的理论,从解决控制切屑、改善材料加工性能,合理选用切削液、刀具几何参数和切削用量等方面问题,来达到保证加工质量、降低生产成本、提高生产效率的目的。介绍这些知识,也是为使用与设计刀具以及分析解决生产中有关的工艺技术问题打下必要的基础。

2.2.1 工件材料的切削加工性

工件材料的切削加工性是指工件材料被切削成合格零件的难易程度。难切削的材料,加工性差。研究材料加工性的目的,是为了寻找改善材料加工性的途径。

2.2.1.1 评定工件材料加工性的主要指标

1）刀具寿命指标

在切削普通金属材料时,用刀具寿命达到60min时允许的切削速度v_{60}的高低来评定材料的加工性。难加工材料用v_{20}来评定。在相同加工条件下,v_{60}或v_{20}越高,加工性越好,反之,加工性差。v_{60}或v_{20}可由刀具寿命实验求出。

此外,经常使用相对加工性指标,即以45钢(170～229HBW,$\sigma_b = 0.637\text{GPa}$)的$v_{60}$为基准,记作$v_{o60}$。其他材料的$v_{60}$和$v_{o60}$之比值称为相对加工性,即

$$K_V = \frac{v_{60}}{v_{o60}} \tag{2.26}$$

当$K_V > 1$时,该材料比45钢易切削;当$K_V < 1$时,该材料较45钢难切削,例如一般有色金属$K_V > 3$。若$K_V \leqslant 0.5$的材料,可称为难加工材料,例如高锰钢、不锈钢、钛合金、耐热合金和淬硬钢等。

2）加工表面粗糙度指标

在相同加工条件下,比较加工后表面粗糙度等级。粗糙度值小,加工性好;反之,加工性差。

还有用刀屑形状是否容易控制、切削温度高低和切削力大小(或消耗功率多少)来评定材料加工性的好坏。

材料加工性是上述指标综合衡量的结果。但在不同的加工情况下,评定用的指标也有主次之分。例如粗加工时,通常用刀具寿命和切削力指标;在精加工时,用加工表面粗糙度指标;自动生产线时用切削形状指标等。

此外,材料加工的难易程度主要取决于材料的物理和力学性能,其中包括材料的硬度、抗拉强度σ_b、伸长率δ、冲击值a_k和导热系数k,故通常还可按它们数值的大小来划分加工性等级,见表2.9。

确定了材料加工性能,可以为改善材料加工性,合理选择刀具材料刀具几何参数和切削用量提供重要的依据。

例如:正火45钢的硬度为229HBW、$\sigma_b = 0.598\text{GPa}$、$\delta = 16\%$、$a_k = 588\text{J/m}^2$、$K = 50.24$ W/m·℃,按表2.9查出加工性等级“4、3、2、2、4”。切削45钢时,允许较高的切削速度($v_c \leqslant$ 150m/min),能达到较小的表面粗糙度值,粘屑少,切屑也易于控制,所以说45钢的加工性较好。

表 2.9　工件材料加工性分级表

切削加工性		易切削			较易切削		较难切削			难切削			
等级代号		0	1	2	3	4	5	6	7	8	9	9*a*	9*b*
硬度	HBW	≤50	>50 ~100	>100 ~150	>150 ~200	>200 ~250	>300 ~350	>350 ~400	>350 ~400	>400 ~480	>480 ~635	>635	
	HRC					>14 ~24.8	>24.8 ~32.3	>32.3 ~38.1	>38.1 ~43	>43 ~50	>50 ~60	>60	
抗拉强度 σ_b/GPa		≤0.196	>0.196 ~0.441	>0.441 ~0.588	>0.588 ~0.784	>0.784 ~0.98	>0.98 ~1.176	>1.176 ~1.372	>1.372 ~1.586	>1.586 ~1.764	>1.764 ~1.96	>1.96 ~2.45	>2.45
伸长率 δ/%		≤10	>10 ~15	>10 ~20	>20 ~25	>25 ~30	>30 ~35	>35 ~40	>40 ~50	>50 ~60	>60 ~100	>100	
冲击值 a_k/(J/m^2)		≤196	>196 ~392	>398 ~588	>588 ~784	>784 ~980	>980 ~1372	>1372 ~1764	>1764 ~1962	>1962 ~2450	>2450 ~2940	>2940 ~3920	
导热系数 *K*/(W/m·℃)		>481.68 ~293.08	<293.08 ~167.27	<167.27 ~83.74	<83.74 ~62.80	<62.80 ~41.87	<41.87 ~33.5	<33.5 ~25.12	<25.12 ~16.75	<16.75 ~8.37	<8.37		

2.2.1.2　改善材料切削加工性的措施

1）调整化学成分

工件材料来自冶金部门,必要时工艺人员也可提出改善加工性的积极建议,如在不影响工件材料性能的条件下,适当调整化学成分,以改善其加工性。如在钢中加入少量的硫、硒、铅、铋、磷等,虽略降低钢的强度,但也同时降低钢的塑性,对加工性有利。硫能引起钢的红脆性,但若适当提高锰的含量,则可避免;硫与锰形成的硫化锰,与铁形成硫化铁等,质地很软,可成为切削时塑性变形区中的应力集中源,能降低切削力,使切屑易折断,减小积屑瘤的形成,减少刀具磨损;硒、铅、铋也有类似作用;磷能降低铁素体的塑性,使切屑易于折断。

2）材料加工前进行合适的热处理

同样成分的材料,金相组织不同,加工性也不同。低碳钢通过正火处理后,细化晶粒,硬度提高,塑性降低,有利于减小刀具的粘结磨损,减小积屑瘤,改善工件表面粗糙度;高碳钢球化退火后,硬度下降,可减小刀具磨损;不锈钢以调质到28HRC为宜,硬度过低,塑性大,工件表面粗糙度差,硬度高则刀具易磨损;白口铸铁可在950～1000℃范围内长时间退火而成可锻铸铁,切削较容易。

3）选择加工性好的材料状态

低碳钢经冷拉后,塑性大为下降,加工性好;锻造的坯件余量不均,且有硬皮,加工性很差,改为热轧后加工性得以改善。

4）其他

如采用合适的刀具材料,选择合理的刀具几何参数,合理地制订切削用量与选用切削液等。等离子焰加热工件切削(图2.45),就是改善加工性的一种积极措施。切削时等离子焰装置安放在工件上方,与刀具同步移动,火

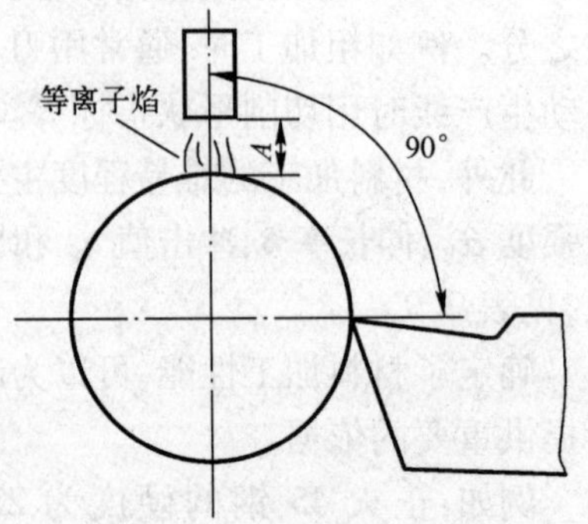

图 2.45　等离子焰加热工件切削

焰的温度达 1500℃，可根据切削深度 a_p 适当调整 A 值（约 5～12mm），使工件表面温度达到 1000℃左右，当 a_p 切深层熔化后就被刀具切去，所以工件并不热，即不影响工件的材质。

2.2.2 切削液

切削液主要用来减少切削过程中的摩擦和降低切削温度。合理使用切削液，对提高刀具寿命和加工表面质量、加工精度将起到重要的作用。

2.2.2.1 切削液的作用

1）冷却作用

切削液浇注在切削区域后，通过切削热的传导、对流和汽化，使切屑、刀具和工件上的热量散逸而起到冷却作用。冷却的主要目的是使切削区切削温度降低，尤为重要的是降低前刀面上最高温度。实验表明，通常采用的从前刀面上方往下浇注切削液的方法，由于受切屑排出的影响，冷却效果并不是最好。有效的冷却方法应该使切削液从刀具主后刀面处往上喷射。也可采用喷雾冷却方法，使高速喷射的液体细化成雾状，然后在切削区域吸收大量热量而产生汽化现象。加工精密细长零件时，为减少切削热影响而造成尺寸误差，除了保证均匀充分冷却外，应在零件全长浇注切削液以扩大冷却范围。

2）润滑作用——边界润滑原理

切削液的润滑作用是通过切削液渗透到刀具与切屑、工件表面之间形成润滑膜而达到的。由于切削时各接触面间具有高速、高温、高压和粘结等特点，故切削液的渗透作用是较困难的。有些资料介绍，渗透是由于接触面间毛细管作用和刀具、工件、切屑间振动形成空隙后产生泵吸作用造成的。也有人认为，是与切削液分子的渗透作用有关。

润滑性能的好坏与形成的润滑油膜性质有关。切削液渗入至接触面间形成边界润滑状态。边界润滑原理可用图 2.46 说明。

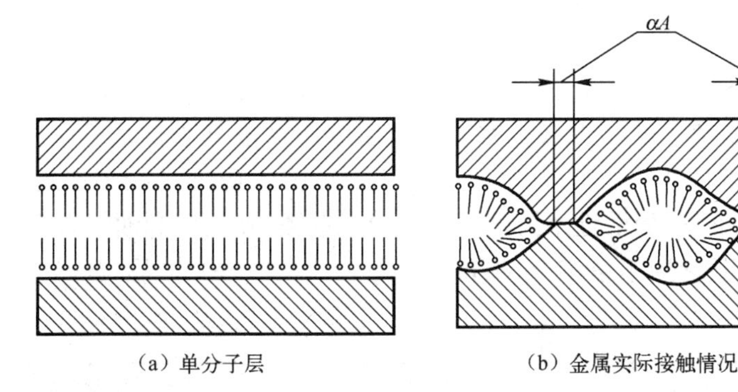

图 2.46 边界润滑模型

切削液中的极性分子吸附在金属表面上形成一层单分子膜（甚至达到数个分子层程度），如图 2.46(a)所示，分子的极性端吸附在金属表面上，接触面间的相对运动是在分子尾部非极性端之间进行，在外力作用下，接触面产生塑性变形，润滑油膜局部破裂出现了如图 2.46(b)所示接触点的粘结，形成边界润滑状态。边界润滑的摩擦力 F_f 是由粘结点摩擦力和润滑膜间摩擦力组成，即

$$F_f = A[\alpha\tau_1 + (1-\alpha)\tau_2]$$

式中 A——支承负荷面积；

α——实际接触面积所占比例；

$1-\alpha$——润滑膜面积所占比例；

τ_1、τ_2——粘结点和润滑膜的剪切强度。

由上式可知，具有润滑膜的作用面间摩擦力与润滑膜的剪切强度 τ_2 有关。剪切强度 τ_2 小，阻力小，摩擦力 F_f 小。如果极性分子具有牢固的吸附能力，适当的链长、低的剪切强度，则可获得良好的润滑效果。

边界润滑形成的油膜具有物理吸附和化学吸附两种结合性质。形成物理吸附的有动植物油、油酸、胺类和脂类等。切削液与金属接触生成化合物就形成化学吸附，例如切削液中加入极性高的硫、氯和磷添加剂称为"极压添加剂"，由它们形成的化学吸附在高温高压条件下不破裂，仍能有效地产生润滑作用。含氯极压添加剂在200～300℃时与金属表面生成氯化物，它的剪切强度低、摩擦力小；含硫极压添加剂能形成牢固的吸附膜，虽然摩擦系数较大，但可耐750℃高温。

3）洗涤与防锈作用

浇注切削液能冲走在切削过程中留下的细屑或磨粒，从而能起到清洗、防止刮伤加工表面和机床导轨面的作用。例如在磨削、自动生产线和深孔加工时，浇注切削液能起到清除切屑的作用。

如果在切削液中加入防锈添加剂，如亚硝酸钠、磷酸三钠、三乙醇胺和石油磺酸钡等，可使金属表面生成保护膜，防止机床和工件受空气、水分和酸等介质的腐蚀，起到防锈作用。

此外，切削液应满足对人体无害、资源丰富、不变质和便于保存等要求。

2.2.2.2 常用切削液及其选用

常用切削液有水溶液、切削油、乳化液与极压切削液等。

1）水溶液

水溶液主要起冷却作用。由于水的导热系数、比热和汽化热均较大，故水溶液就是以水为主要成分并加入防锈添加剂的切削液。常用的有电解水溶液和表面活性水溶液（表2.10）。电解水溶液是在水中加入各种电解质，能渗透至表面油薄膜内部起冷却作用，它主要用在磨削、钻孔和粗车等情况下；表面活性水溶液是水中加入皂类、硫化蓖麻油等表面活性物质，用以增强水溶液的润滑作用，常用于精车、精铣和铰孔等。

表2.10 水溶液配方

电解水溶液			表面活性水溶液		
水	碳酸钠	亚硝酸钠	水	肥皂	无水碳酸钠
99	0.7～0.8	0.25	94.5	4	1.5

2）切削油

切削油主要起润滑作用。它们中有10号和20号机油、轻柴油、煤油、豆油、菜油和蓖麻油等矿物油和动、植物油。但由于动、植物油用于食用，且易变质，故较少使用。

普通车削、攻丝可选用机油。在精加工有色金属和铸铁时，为了保证加工表面质量，常选用黏度小、浸润性好的煤油或煤油与矿物油的混合物。普通孔或深孔精加工可使用煤油或煤油与机油的混合油。在螺纹加工时，为了减少刀具磨损，也有采用润滑性良好的蓖麻油或豆油等。轻柴油具有冷却和润滑作用，它黏度小、流动性好，在自动机上兼作自身润滑液和切削液用。

3）乳化液

乳化液是在切削加工中使用较广的切削液，它是由水和油混合而成的液体，常用它代替动植物油。由于油不能溶于水，为使二者混合，须添加乳化剂。乳化剂主要成分为蓖麻油、油酸或松脂，它呈液体或油膏状。利用乳化剂分子的两个头中一头亲水、另一头亲油的特点使水和油均匀地混合。

生产中使用的乳化液是由乳化剂加水配制而成的。浓度低的乳化液含水比例多，主要起冷却作用，适用于粗加工和磨削；浓度高的乳化液，主要起润滑作用，适用于精加工。

4）极压切削油和极压乳化液

在切削油或乳化液中加入了硫、氯和磷极压添加剂后，能在高温条件下显著提高冷却和润滑效果，特别在精加工、关键工序和难加工材料切削时尤为需要。例如钻削50Mn19Cr4无磁耐热合金钢，它的硬度高（38～42HRC）、强度高（$\sigma_b = 0.88$GPa）、韧性大和导热性差，由于钻削力大，切削温度高，积屑瘤和冷硬严重，故钻头磨损很大。若选用20%氯化石蜡、1%二烷基二硫代磷酸锌、79% 5号高速机油配成的极压切削油与用5号高速机油相比，钻头寿命提高5～7倍。铰孔时选用极压切削油能获得较低表面粗糙度值，并且能提高刀具寿命。其中含有二烷基二硫代磷酸锌的极压切削油效果更显著。

硫化油是一种被广泛应用的极压切削油。它是在矿物油中加入硫化动、植物油或硫化棉籽油等，硫在高温时与铁化合成硫化铁，它形成的化学吸附膜很牢固，常用于拉孔、齿轮加工中。此外，对不锈钢的车、铣、钻和螺纹加工，选用了硫化油也能提高刀具寿命和降低表面粗糙度。

2.2.3 刀具几何参数的合理选择

刀具几何参数主要包括刀具角度、刀刃的刃形、刃口形状、前刀面与后刀面型式等。当刀具材料和刀具结构确定后，合理选择和改进刀具几何参数是保证加工质量、提高效率、降低成本的有效途径。在总结刀具几何参数原理的基础上，下面主要介绍刀具几何参数选择的原则和方法。

2.2.3.1 前角、前刀面型式的功用和选择

前角是刀具上的一个重要参数。前角和前刀面各具有不同作用，相互之间又有密切联系。

如图2.47所示，前刀面有平面型、曲面型和带倒棱型三种。其中根据前角正负可分为正前角平面型、负前角平面型和负前角双面型；根据曲面的形状不同有圆弧曲面、波形曲面和其他形状的曲面型；倒棱型分为平面带倒棱型和曲面带倒棱型。

平面型前刀面制造容易，重磨方便，刀具廓形精度高。其中正前角前刀面的切削刃强度较低，切削力小，它主要用在精加工刀具、加工有色金属刀具和具有复杂刃形刀具上；负前角前刀面的切削刃强度高，切削时切削刃产生挤压作用，切削力大，易产生振动，故它常用于受冲击载荷刀具，加工高硬度、高强度材料的刀具和挤压切削刀具上；负前角双面型适用于前、后刀面同时磨损的刀具上，重磨沿前、后刀面进行时能减少刀具材料的磨耗量。

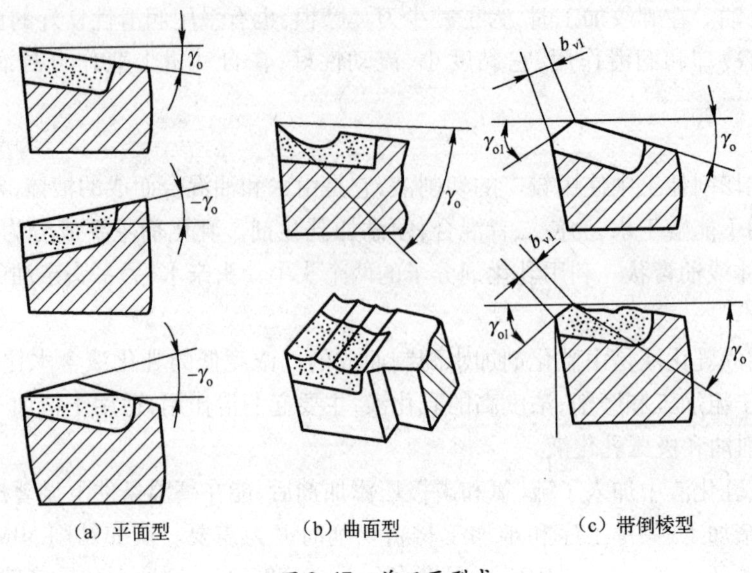

(a) 平面型　　(b) 曲面型　　(c) 带倒棱型

图 2.47　前刀面型式

曲面前刀面起卷屑作用,并有助于断屑和排屑,故主要用于粗加工塑性金属刀具和孔加工刀具上。有些刀具的曲面前刀面由刀具结构形成,如丝锥、钻头等。波形前刀面(或后刀面)是由许多弧形槽连接而成的,由于弧形切削刃具有可变的刃倾角,使切屑挤向弧形槽底,改变材料应力状态,促使脆性材料形成的崩碎切屑转变成棱形切屑。目前在加工铸铁和铅黄铜用的车刀和刨刀上有做成波形前刀面的。

前角影响切削过程中的变形和摩擦,同时又影响刀具的强度。增大前角,使切削变形和摩擦减小,由此而引起切削力小、切削热少,故加工表面质量高,但刀具强度低,热传导差。过大的前角不仅不能发挥优点,反而使刀具寿命降低而影响切削。

前角选择原则:在刀具强度许可条件下,尽量选用大的前角。对于成形刀具来说(车刀、铣刀和齿轮刀具等),减少前角,可减少刀具截形误差,提高零件的加工精度。

因此,前角的数值应由工件材料、刀具材料和加工工艺要求决定。一般情况下,加工有色金属前角较大,可达 $\gamma_o = 30°$;加工铸铁和钢时,硬度和强度越高,前角越小;加工高锰钢、钛合金时,为提高刀具的强度和导热性能,选用较小前角 $\gamma_o < 10°$;加工淬硬钢选用负前角 $0° > \gamma_o > -10°$。工件材料不同时前角的数值参考表 2.11 选取,刀具材料不同时前角的数值参考表 2.12 选取。

高速钢刀具的韧性和抗弯强度都较硬质合金和陶瓷刀具高,因此它的前角也较大。

表 2.11　硬质合金刀前角值

工件材料	碳钢 σ_b/GPa				40Cr	调质 40Cr	不锈钢	高锰钢	钛和钛合金
	≤0.445	≤0.558	≤0.784	≤0.98					
前角	20°~30°	15°~20°	12°~15°	20°	13°~18°	10°~15°	15°~30°	−3°~3°	5°~10°

工件材料	淬硬钢					灰铸铁		铜			
	38~41 HRC	44~47 HRC	50~52 HRC	54~58 HRC	60~65 HRC	≤220 HBW	>220 HBW	纯铜	黄铜	青铜	铝合金
前角	0°	−3°	−5°	−7°	−10°	12°	8°	25°~30°	15°~25°	5°~15°	5°~30°

表 2.12　不同刀具材料加工的前角值

刀具材料 / 碳钢 σ_b/GPa	高速钢	硬质合金	陶瓷
≤0.784	25°	12°～15°	10°
>0.784	20°	12°～15°	10°

在硬质合金或陶瓷刀具的刃口上磨出倒棱面($\gamma_{o1} \times b_{\gamma1}$)是提高刀具强度和刀具寿命的有效措施,尤其是在选用大前角时效果更为显著。由于倒棱的宽度 $b_{\gamma1}$ 较小($b_{\gamma1} < f$),因此,它不改变前角 γ_o 的作用,而可使楔角增大。生产中许多先进车刀,经常是利用增大前角来减小切削力、提高切削效率,而配合倒棱来保持刀具寿命。

倒棱宽度 $b_{\gamma1}$、负前角 γ_{o1} 不宜过大。一般在工件材料强度、硬度越高,刀具材料抗弯强度越低,进给量越大情况下,倒棱的宽度和负后角应越大。例如加工钢时,选用背吃刀量 $a_p <$ 2mm、进给量 $f < 0.3$mm/r,取 $b_{\gamma1} = (0.3 \sim 0.8) f$、$\gamma_{o1} = -5° \sim -10°$;当背吃刀量 $a_p \geq 2$mm、进给量 $f \leq 0.7$mm/r 时,取 $b_{\gamma1} = (0.3 \sim 0.9) f$、$\gamma_{o1} = -25°$。

2.2.3.2　后角和后刀面型式的功用和选择

后角影响切削中的摩擦和刀具强度。如图 2.48 所示,减小后角,会加剧后刀面与加工表面间摩擦,使刀具磨损加大,加工表面冷硬程度增加、质量变差,尤其在切削厚度 h_D 较小时更为突出。但减小后角的优点是刀具强度高,散热性能好。此外,在磨损量 V_B 相同条件下,小后角刀具经重磨后,刀具材料损耗小,如图 2.48(a)和(b)所示。

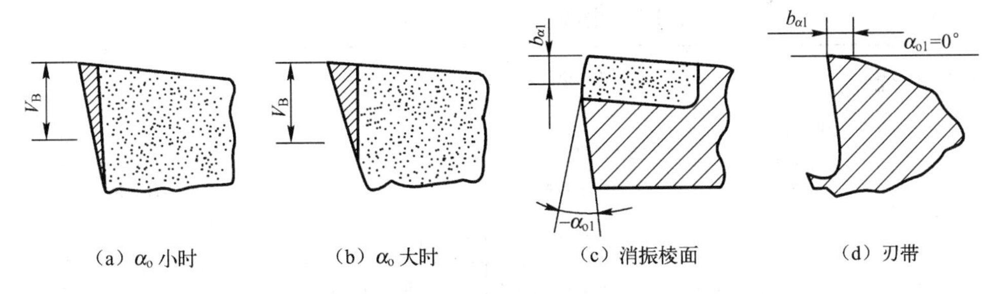

图 2.48　后角与后刀面作用

后角选择原则:在粗加工时以确保刀具强度为主,可在 4°～6°范围内选取;在精加工时以保证加工表面质量为主,一般取 $\alpha_o = 8° \sim 12°$。

根据实验研究资料表明,后角 α_o 应随切削厚度 h_D 变化而改变,切削厚度增加,后角 α_o 应减小;h_D 减小、α_o 应增大。例如进给量 $f < 0.3$mm/r,取 $\alpha_o = 10°$左右;进给量 $f \geq 0.3$mm 取 $\alpha_o =$ 6°左右。

如图 2.49(c)所示,若在后刀面上磨出倒棱面 $b_{\alpha1} = 0.1 \sim 0.3$mm、负后角 $\alpha'_{o1} = -5° \sim -10°$,切削时产生支承作用,增加系统刚性并起到消振阻尼作用,这是在车削细长轴时经常采取的消振措施。对有些定尺寸刀具来说,如铰刀、拉刀、钻头等,在后刀面上磨出了宽度较小、后角为 0°的刃带,如图 2.49(d)所示。它除了起支承定位作用外,主要在磨前后刀面时,保持直径尺寸不变。

普通车刀的副后角 α'_o 做成与主后角 α_o 相等。有些刀具(切断刀、铣刀、拉刀等)的副后

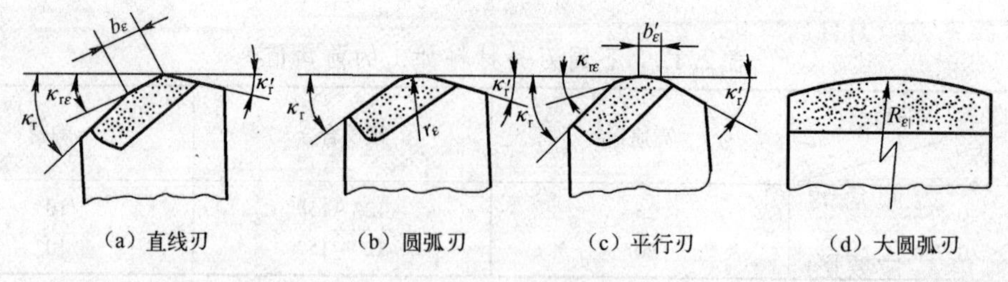

图 2.49　过渡刃形式

角较小,主要用以提高刀具强度。

2.2.3.3　主偏角、副偏角的功用与选择

主偏角 $κ_r$ 主要影响切削宽度 b_D 和切削厚度 h_D 的比例并影响刀具强度。主偏角 $κ_r$ 减小,使切削宽度 b_D 增大、刀尖角 $ε_r$ 增大、刀具强度高、散热性能好,故刀具寿命高,但会增大切深抗力,引起振动和加工变形。

此外,增大主偏角 $κ_r$ 是控制断屑的一个重要措施。

主偏角 $κ_r$ 选择的原则:在工艺系统刚性不足的情况下,为减小切削力,选取较大的主偏角;在加工强度高、硬度高的材料时,为提高刀具寿命,选取较小的主偏角;根据加工表面形状要求选取,如车削台阶轴取 $κ_r \leq 90°$,车外圆又车端面取 $κ_r = 45°$、镗盲孔取 $κ_r > 90°$等。

副偏角 $κ'_r$ 影响加工表面粗糙度和刀具强度。通常在不产生摩擦和振动条件下,应选取较小的副偏角。

表 2.13 为不同加工条件时的主、副偏角值,供选择参考。

表 2.13　主偏角 $κ_r$、副偏角 $κ'_r$ 选用值

加工条件 \ 适用范围	加工系统刚性足够,淬硬钢,冷硬铸铁	加工系统刚性较好,可中间切入,加工外圆、端面、倒角	加工系统刚性较差,粗车,强力车削	加工系统刚性差,台阶轴,细长轴,多刀车,仿形车	切断、切槽
主偏角 $κ_r$	10° ~ 30°	45°	60° ~ 70°	75° ~ 93°	90°
副偏角 $κ'_r$	5° ~ 10°	45°	10° ~ 15°	6° ~ 10°	1° ~ 2°

在主切削刃与副切削刃之间有一条过渡刃,如图 2.49 所示。过渡刃有直线过渡刃和圆弧过渡刃两种。过渡刃是起调节主、副偏角作用的一个结构参数。许多刀具例如车刀、刨刀、钻头和面铣刀等,都可能产生由于减小主、副偏角而使切削力增大,加大主、副偏角而使加工表面粗糙的弊病。但若选用合适的过渡刃尺寸参数,能改善上述不利因素,起到粗加工时提高刀具强度、延长刀具寿命,精加工时减小表面粗糙度值的作用。

过渡刃的选择原则是,普通切削刀具常磨出较小圆弧过渡刃,以增加刀尖强度和提高寿命。随着工件强度和硬度提高,切削用量增大,则过渡刃尺寸可相应加大,一般可取过渡刃偏角 $κ_{rε} = \frac{1}{2}κ_r$,宽度 $b_ε = 0.5 \sim 2\text{mm}$ 或取圆弧半径 $r_ε = 0.5 \sim 3\text{mm}$。

在精加工时,可根据要求的 Ra 值,由计算或试验确定过渡刃偏角或圆弧半径。当过渡刃与进给方向平行,即偏角 $κ_{rε} = 0°$时,该过渡刃亦称为修光刃,它的长度一般为 $b_ε = (1.2 \sim 1.5)$

f。具有修光刃的刀具如果刀刃平直,装刀精确,工艺系统刚性足够,那么即使用在大进给切削条件下,仍能达到很小的表面粗糙度。生产中也常在宽刃精车刀和宽刃精刨刀上磨出大圆弧(半径为300~500mm)过渡刃,它既能修光残留面积,又便于对刀具的使用。

2.2.3.4 刃倾角的功用与选择

刃倾角 λ_s 主要影响切屑的流向和刀具强度。

刃倾角 λ_s 的选择原则:主要根据刀具强度、流屑方向和加工条件而定。如图2.50所示,在带间断或冲击振动切削时,选 $-\lambda_s$ 能提高刀头强度、保护刀尖;许多大前角刀具常配合选用负的刃倾角来增加刀具强度。

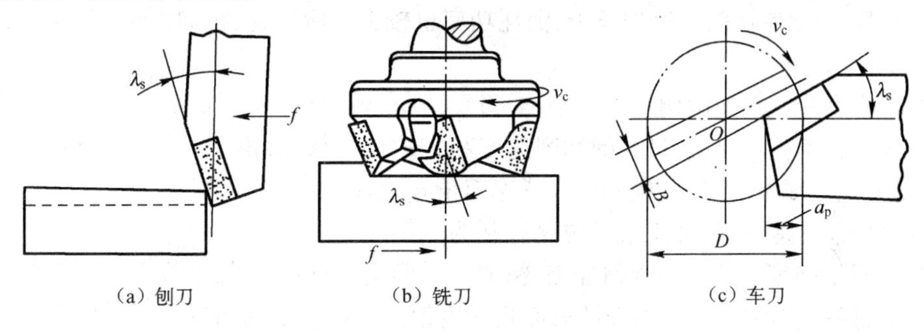

图2.50 间断切削时的 λ_s

有些刀具如车刀、镗刀、铰刀和丝锥等,常利用改变刃倾角 λ_s 来获得所需的切屑流向;对于多齿刀具如铣刀、铰刀和拉刀等,增大刃倾角 λ_s,可增多同时工作齿数,提高切削平稳性。刃倾角的具体数值可参考表2.14选择。

表2.14 刃倾角 λ_s 数值的选用表

λ_s 值	0°~5°	5°~10°	-5°~0°	-10°~-5°	-15°~-10°	-45°~-10°	-45°~75°
应用范围	精车钢、车细长轴	精车有色金属	粗车钢和灰铸铁	粗车余量不均匀钢	断续车削钢、灰铸铁	带冲击切削淬硬钢	大刃倾角刀具薄切削

2.2.4 切削用量的合理选择

当确定了刀具几何参数后,还需要选择切削用量参数 a_p、f 和 v_c,才能进行加工。目前许多工厂是通过切实可行的切削用量手册、实践资料或工艺实验来确定切削用量的。相同的加工条件,选用不同的切削用量,会产生不同的切削效果。切削用量选低了,会降低生产效率,增加生产成本;切削用量选高了,会加速刀具磨损,降低加工质量,增加磨刀时间和磨刀费用,也会影响生产效率和生产成本。因此,要求选出一组合理的切削用量,在满足经济性和高效率情况下,加工出符合质量要求的零件。

2.2.4.1 切削用量选择原则

要提高生产效率,应尽量增大切削用量 a_p、f 和 v_c。事实上,在提高切削用量时会受到切削力、切削功率、刀具寿命和加工表面粗糙度等许多因素的限制。因此,确定切削用量的原则应该是能达到零件的质量要求(主要指表面粗糙度和加工精度),并在工艺系统强度和刚性允许条件下及充分利用机床功率和发挥刀具切削性能的前提下选取一组最大切削用量。

根据不同的加工条件和加工要求，又考虑到切削用量各参数对切削过程规律的不同影响，故切削用量参数 a_p、f 和 v_c 增大的次序和程度应有所区别。这可从以下几个主要方面进行分析：

(1) 生产效率。切削用量 a_p、f 和 v_c 增大，切削时间减小。当加工余量一定时，减小背吃刀量 a_p 后，使走刀次数增多，切削时间成倍增加，生产效率成倍降低，所以，一般情况下尽量优先增大 a_p，以求一次进刀全部切除加工余量。

(2) 机床功率。切削用量对功率的影响是由于使切削力与切削速度变化造成的。当背吃刀量 a_p 和切削速度 v_c 增大时，均使切削功率成正比增加。此外，增大背吃刀量 a_p 使切削力增大，而增大进给量 f 使切削力增加较少、消耗功率也较少。所以，在粗加工时，应尽量增大进给量 f 是合理的。

(3) 刀具寿命。在切削用量参数中，对刀具寿命影响最大的是切削速度 v_c，其次是进给量 f，影响最小的是背吃刀量 a_p，过高的切削速度和大的进给量，会由于经常磨刀、装卸刀具而增加费用、提高加工成本。可见，优先增大背吃刀量 a_p 不只是达到高的生产率，相对 v_c 与 f 来说对发挥刀具切削性能、降低加工成本也是有利的。

(4) 表面粗糙度。这是在半精加工、精加工时确定切削用量应考虑的主要原则。在较理想的条件下，提高切削速度 v_c 能降低表面粗糙度值。而在一般的条件下，提高背吃刀量 a_p 对切削过程产生的积屑瘤、鳞刺、冷硬和残余应力的影响并不显著，故提高背吃刀量对表面粗糙度影响较小。所以，加工表面粗糙度主要限制的是进给量 f 的提高。

综上所述，合理选择切削用量，应该首先选择一个尽量大的背吃刀量 a_p，其次选择一个大的进给量 f，最后根据已确定的 a_p 和 f，并在刀具寿命和机床功率允许条件下选择一个合理的切削速度 v_c。

2.2.4.2 切削用量选择方法

粗加工的切削用量，一般以提高生产效率为主，但也应考虑经济性和加工成本；半精加工和精加工的切削用量，应以保证加工质量为前提，并兼顾切削效率、经济性和加工成本。粗车、半精车和精车切削用量的具体选择方法介绍如下。

1) 粗车时切削用量的选择

(1) 背吃刀量 a_p。根据加工余量多少而定。除留给下道工序的余量外，其余的粗车余量尽可能一次切除，以使走刀次数最少。例如在纵车外圆时：

$$a_p = \Delta = \frac{d_w - d_m}{2} \quad (\text{mm})$$

当粗车余量 Δ 太大或加工的工艺系统刚性较差时，则加工余量 Δ 分两次或数次走刀后切除。通常使：

第一次走刀的背吃刀量 a_{p1} 为

$$a_{p1} = \left(\frac{2}{3} \sim \frac{3}{4}\right)\Delta$$

第二次走刀的背吃刀量 a_{p2} 为

$$a_{p2} = \left(\frac{1}{3} \sim \frac{1}{4}\right)\Delta$$

(2) 进给量f。当背吃刀量 a_p 确定后,再选出进给量f就能计算切削力。该力作用在工件、机床和刀具上,也就是说,应该在不损坏刀具的刀片和刀杆,不超出机床进给机构强度,不顶弯工件和不产生振动等条件下,选取一个最大的进给量f值。或者利用确定的 a_p 和f求出主切削力 F_z 来校验刀片和刀杆的强度;根据计算出的切深抗力 F_y 来校验工件的刚性;根据计算的进给抗力 F_x 来校验机床进给机构薄弱环节的强度等。

按上述原则可利用计算的方法或查手册资料来确定进给量f的值。表2.15为硬质合金车刀和高速钢车刀粗车外圆和端面时的进给量f值。

表2.15 硬质合金车刀及高速钢车刀粗车外圆和端面时的进给量

工件材料	车刀刀杆尺寸 $B\times H$ /(mm×mm)	工件直径 d_w /mm	背吃刀量 a_p/mm				
			≤3	>3~5	>5~8	>8~12	12以上
			进给量f/mm				
碳素结构钢和合金结构钢	16×25	20	0.3~0.4	—	—	—	—
		40	0.4~0.5	0.4~0.5	—	—	—
		60	0.5~0.6	0.5~0.7	0.3~0.5	—	—
		100	0.6~0.9	0.6~0.9	0.5~0.6	0.4~0.5	—
		400	0.8~1.2	0.8~1.2	0.6~0.8	0.5~0.6	—
	20~30 25×25	20	0.3~0.4	—	—	—	—
		40	0.4~0.5	0.3~0.4	—	—	—
		60	0.6~0.7	0.5~0.7	0.4~0.6	—	—
		100	0.8~1.0	0.7~0.9	0.5~0.7	0.4~0.7	—
		600	1.2~1.4	1.0~1.2	0.8~1.0	0.6~0.9	0.4~0.6
注:有冲击时,进给量应减少20%							

(3) 在背吃刀量 a_p 和进给量f选定后,再根据规定达到的合理寿命值,就可确定切削速度 v_c。刀具寿命 T 所允许的切削速度 v_T 应为

$$v_T = \frac{C_V}{T^m a_p^{x_V} f^{y_V}} \cdot K_V \quad (\text{m/min})$$

除了用计算方法外,生产中经常按实践经验和有关手册资料选取切削速度。

(4) 校验机床功率。在粗车时切削用量还受到机床功率的限制。因此,选定了切削用量后,尚需校验机床功率是否足够,应满足:

$$F_z \cdot v_c \leqslant P_E \cdot \eta \times 10^{-3}$$

机床功率允许的切削速度为

$$v_c \leqslant \frac{P_E \cdot \eta \times 10^{-3}}{F_z} \quad (\text{m/s})$$

式中 P_E——机床电动机功率;

F_z——主切削力;

η——机床传动效率。

2) 半精车、精车切削用量选择

(1) 背吃刀量 a_p。半精车的余量较小,约在1~2mm左右。精车余量更小。半精车、精车

背吃刀量的选择,原则上取一次切除的余量数。但当使用硬质合金时,考虑到刀尖圆弧半径与刃口圆弧半径的挤压和摩擦作用,背吃刀量不宜过小,一般大于0.5mm。

(2) 进给量f。半精车和精车的背吃刀量较小,产生的切削力不大,故增大进给量对加工工艺系统的强度和刚性影响较小,所以,增大进给量主要受到表面粗糙度的限制。在已知的切削速度(预先假设)和刀尖圆弧半径条件下,根据加工要求达到的表面粗糙度可以利用计算的方法或手册资料确定进给量。

从资料中选用进给量时,应预选一个切削速度。通常切削速度高时的进给量较速度低时的进给量大些。

(3) 切削速度v_c。半精车、精车的背吃刀量和进给量较小,切削力对工艺系统强度和刚性影响较小,消耗功率较少,故切削速度主要受刀具寿命限制。切削速度可利用公式或资料确定。

2.3 目前金属切削发展的几个前沿方向

2.3.1 高速高效切削

高速高效加工的主要目的是提高生产效率、加工质量和降低成本,它包括高速切削加工、高进给切削加工、大余量切削和高效复合切削加工等。它的研究范围主要包括高速高效切削机理、高速高性能主轴单元及进给系统设计制造控制技术、加工过程检测与监控技术、高速加工控制系统、高速高效加工装备设计制造技术、高速高效加工工艺等。

高速切削加工技术中的高速是一个相对概念,随着时代的发展其切削速度范畴发生着变化,根据目前的实际情况和发展,不同工件材料的大致切削速度范围如图2.51所示。

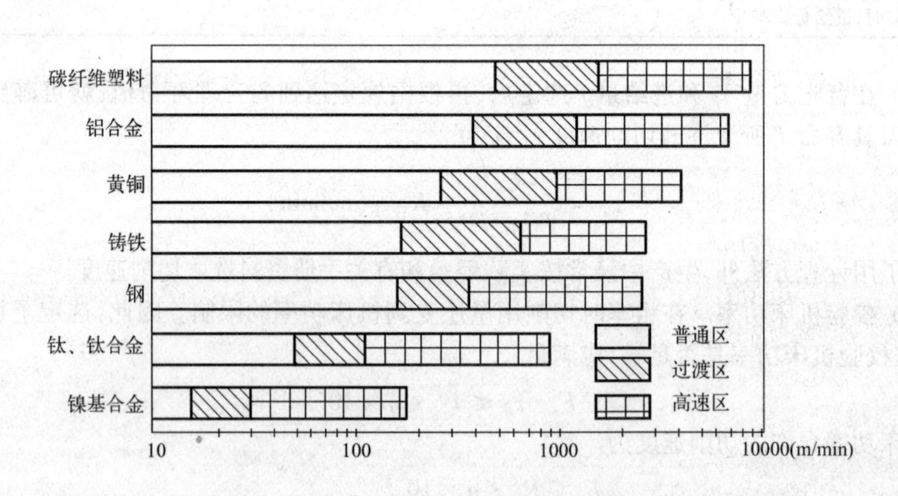

图2.51 不同工件材料大致的切削速度范围

从切削速度方面,一般以高于5~10倍的普通切削速度的切削加工定义为高速切削加工。从切削机理上,高速切削加工可以定义为:切削过程通过能量转换,高硬刀具对工件材料的作用,导致其表面层产生高应变速率的高速切削变形和刀具与工件之间的高速切削摩擦学行为,形成的热、力耦合不均匀强应力场制造工艺。高速切削过程具有非线性、时变、大应变、高应变率、高温、高压、多场耦合等特点。所以,揭示工件材料在高速高效加工条件的加工过程本质,取得高速高效加工理论的突破，研究开发高转速大功率主轴，高加速度进给系统等功能部件和高速高效机床结构的精确创新设计，大幅提升高速高效装备设计制造应用技术水平是摆在科研人员面前亟待解决的科学问题和技术问题。

2.3.2 绿色切削

所谓绿色切削，是指基于资源节约和环境友好的绿色可持续性的切削方式。

金属切削液在金属切削、磨削加工过程中具有相当重要的作用。选用合适的金属切削液，能降低切削温度 60 ~ 150℃，提高表面质量 1 ~ 2 级，减少切削阻力 15% ~ 30%，成倍地提高刀具和砂轮的使用寿命。并能把切屑和灰末从切削区冲走，因而提高了生产效率和产品质量。故它在机械加工中应用极为广泛。

随着全球环境意识的增强以及环保法规要求越来越严格，切削液对环境的负面影响也越来越明显。对环境无污染的绿色制造被认为是可持续发展的现代制造业模式。而在加工过程中不用任何切削液的干切削正是控制环境污染源头的一项绿色制造工艺，它可获得洁净、无污染的切屑，省去了切削液及其处理等大量费用，可进一步降低生产成本。因此，未来切削加工的方向是不用或用尽量少的切削液。随着耐高温刀具材料和涂层技术的发展，使得干加工在机械制造领域变为可能。

在这样的历史背景下，干切削技术应运而生，并从 20 世纪 90 年代中期开始迅速发展起来的，其发展历史尽管不长，它是当今先进制造技术的一个前沿研究课题。首先，要了解切削液在传统切削过程中的作用，一般切削液有四个主要作用：冷却作用，润滑作用，排屑作用，防锈功能。但从环境保护方面考虑，切削液的负面效应也愈加明显，主要表现在以下几个方面：①加工过程中产生的高温使切削液形成雾状挥发，污染环境并威胁操作者的健康。②某些切削液及粘带该切削液的切屑必须作为有毒有害材料处理，处理费用非常高。③切削液的渗漏、溢出对安全生产有很大影响。④切削液的添加剂（如氯、硫等）会给操作者的健康造成危害并影响加工质量。⑤切削液经过一定周期（半年至两年左右）的使用后，会发生变质，导致切削液原有的良好切削性能丧失，同时，对机床设备产生腐蚀，对环境产生污染。这些变质的切削液必须用新切削液更换。更换下来的变质的旧切削液即“废矿物油”与“废乳化液”，它是机电行业最主要的有害废物之一。

当今解决绿色切削的方法主要有两种：使用绿色切削液和采用高速干式切削。

（1）绿色切削液。用生物降解性好的植物油、合成酯代替矿物油。针对切削液毒性主要是由于添加剂的成分，极压润滑剂用无毒无害的硼酸盐（酯）类添加剂取代含硫、磷、氯类化合物的添加剂；防锈剂用无毒的有机胺、硼酸盐、苯丙三氮唑复配剂或钼酸盐取代亚硝酸钠、铬酸盐、重铬酸盐、磷酸盐；防腐剂用硼酸酯、表面活性剂和整合剂复配或用柠檬酸单铜（美国）、油酸、硬脂酸、月桂酸等羟酸配成的铜盐（日本）取代酚类化合物、甲醛类、含氯和含苯化合物。上述切削液，因其油基可降解或者不用矿物油、添加剂对人体无害和对环境无污染，被称为“绿色切削液”。

（2）高速干式切削法。高速干式切削技术就是在高速切削加工过程中不用（或微量使用）切削液。这是一种对环境污染从源头进行控制的清洁制造工艺，是一项新兴先进制造技术。高速干式切削的方法是采用硬质合金涂层刀片，机床主轴高转速（20000 ~ 60000r/min；切削速度：钢达 600 ~ 800r/min，铸铁达 750 ~ 4500r/min，铝合金达 20000 ~ 5500r/min），小吃刀深度，高进给速度（20 ~ 40r/min），实现高效率切削。高速干式切削的技术关键是刀具技术与机床技术。首先,性能优良的高速机床是实现高速干式切削的前提条件和关键因素。而刀具的性能是高速干式切削成功实施的关键——刀具材料不仅要红硬性高、高温稳定性好,还必须有良好的耐磨性、耐热冲击和抗黏结性。刀具涂层可起到润滑减摩作用,90%以上的切削热可被切屑带走。高速半干式切削法是用气体加微量无害油剂的高速切削法,如MQL(微量润滑)切削、氮气流切削、超低温冷却切削、低温冷风切削等。有关高速切削的理论请参阅2.3.1节的高速切削理论。

2.3.3 微细切削

随着航空航天、国防工业、现代医学以及生物工程技术的发展,对微小装置的功能、结构复杂程度、可靠性的要求越来越高,从而使得对特征尺寸在微米级到毫米级、采用多种材料,且具有一定形状精度和表面质量要求的精密三维微小零件的需求日益迫切。然而,目前用于微小型化制造的主要是MEMS(Micro - Electro - Mechanical Systems)技术,它集中于由半导体制造工艺发展而来的工艺方法和相关材料,加工材料单一。同时MEMS技术趋向于制作平面微机械零件和MEMS器件,对任意三维微小零件的加工限制很大。采用微细切削技术可以实现多种材料任意形状微型三维零件的加工,弥补了MEMS技术的不足,所制作出的各种微型机械有着日益广阔的应用前景,因此国内外的一些高等院校和研究机构对此进行了不断的探索。

在微细切削中,切屑的形成是一个非线性的动态过程,当切削深度比最小切屑厚度小的时候不会形成切屑,因此为了能精确地预测切削力,就要深入理解微小切屑的形成过程。最小切屑厚度的概念是切削深度必须要比某个临界切屑厚度大,只有这样切屑才会形成,如图2.52所示。如果切削深度小于最小切削厚度,则不会形成切屑,此时工件表面发生了弹性变形,刀刃会咬不住工件而打滑,只能起到挤压的作用,失去了微细切削的意义,且此时还会增加切削力和切削热,从而影响加工精度。当切削深度接近最小切削厚度时,刀具剪切工件形成了切屑,此时仍有部分弹性变形发生,实际的切削深度比名义上的要小。当切削深度大于最小切削厚度时,工件弹性变形现象明显减少,整个刀具切过的工件材料全部形成了切屑。

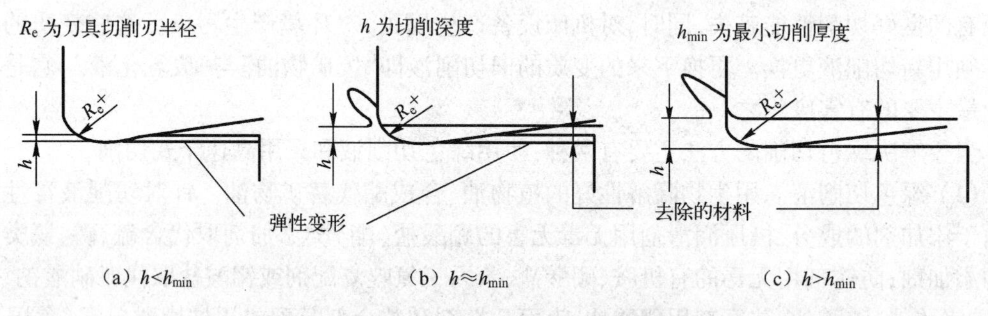

图2.52 最小切削厚度对切削变形的影响

切削力与切削变形直接相关,如图2.53所示,它决定了刀具的偏斜。切削力名义上可以分为剪切力和犁切力,在宏观加工过程中因为每齿进给量一般比刀具刃口圆弧半径大,此时的犁切力很小,可以忽略不计。但是在微细切削中,每齿进给量和切削深度都非常小,犁切力在总切削力中所占的比重增大了,此时犁切力明显地影响了切削变形,而且切削深度越小,犁切效应就越显著。

在传统加工过程中,切屑沿剪切面发生剪切变形,然而在微细切削中,在切削刃周围的剪切应力却显著地增加,通过正交微切削力分析模型还可以看出,沿着刀具后刀面有弹性回复现

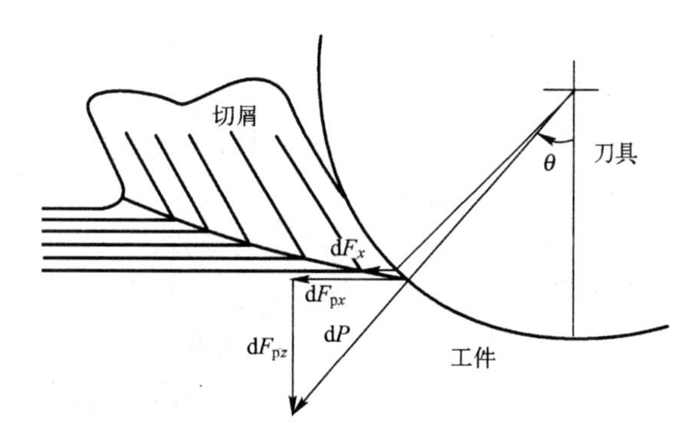

图 2.53　切削力与切削变形

象。由于刀具刃口圆弧半径的存在,使得切削变形明显增大,切削深度很小时,刀具刃口圆弧半径造成的附加变形(犁切效应)占总切削变形的比例很大。微细切削加工的切削力特征为切削力微小,单位切削力大,在切削深度很小时,切削力会急剧增大,这就是微细切削的尺寸效应。微细切削加工技术不仅以微小尺寸和工作空间为特征,更重要的是,微细切削具有自身独特的理论基础,微构件的物理量和机械量等在微观状态下呈现出异于传统机械的特有规律,这种现象就是微细切削加工的尺寸效应。在微细切削过程中,由于切削层厚度已经十分薄,其尺寸与微观尺度相近,尺寸效应对加工精度的影响就变得十分明显,传统的制造精度理论和分析方法将不再适用。在微观领域,与特征尺寸的高次方成比例的惯性力、电磁力等的作用相对减小,而与特征尺寸的低次方成比例的弹性力、表面力和静电力的作用愈来愈显著,表面积与体积之比增大,因而微机械中常常采用静电力作为驱动力。在加工过程中,尺寸效应的作用并非仅仅是将传统加工在尺寸上的简单缩小,其主要特征为:

(1) 微构件本身材料物理特性的变化;

(2) 在传统理论中常常被忽略了的表面力此时将起主导作用;

(3) 某些微观尺度短程力所具有的长程作用及其所引起的表面效应将在微构件尺度起重要作用;

(4) 微摩擦与微润滑机制对微机械尺度的依赖性以及传热与燃烧对微机械尺度的制约。

尺寸效应的存在严重制约了微细切削加工技术向前发展,目前对尺寸效应的研究还很不充分,有待进一步的深入探讨。

本章小结

本章主要讨论了金属切削过程的四大规律及在生产上五个方面的应用。

1. 金属切削过程的四大规律

(1) 切削变形规律:工件材料硬度、强度提高,切削变形减少;刀具前角增大,切削变形减小;切削速度增加,切削变形减小;进给量增大,切削变形减小。

(2) 切削力变化规律:工件材料强度、硬度提高,切削力增大;切削温度提高,切削力增大;刀具前角增大,切削力减小;刀具磨损增大,切削力增大。

(3) 切削热与切削温度变化规律:工件材料强度、硬度增加,切削温度提高;切削用量增加,切削温度提高;刀具前角增加,切削温度降低;刀具磨损增加,会引起切削温度上升。

(4) 刀具磨损与寿命变化规律:工件材料强度、硬度增加,刀具磨损增大,寿命下降;切削用量增加,寿命下降。

2. 金属切削过程规律的应用

(1) 通过调整化学成分、进行热处理等措施改善材料切削加工性。

(2) 根据切削液所起的作用,合理选择切削液。

(3) 根据刀具各角度的功用,合理选择刀具的几何参数。

(4) 了解切削用量的选择原则,在生产中合理地选择切削用量。

本章难点是如何将金属切削过程的四大规律有机地联系在一起学习。在四大规律中,切削变形是最基本的一条规律,可以这样说,如果切削变形小,则切削力减小,切削热与切削温度降低,刀具磨损减少,刀具寿命提高。

教学讨论题与练习题

2.1 阐明金属切削形成过程的实质。哪些指标用来衡量切削层金属的变形程度?它们之间的相互关系如何?它们是否真实地反映了切屑形成过程的物理本质?为什么?

2.2 切屑有哪些类型?各种类型有什么特征?各种类型切屑在什么情况下形成?

2.3 试论述影响切削变形的各种因素。

2.4 第Ⅰ变形区和第Ⅱ变形区的变形特点是什么?

2.5 试描述积屑瘤现象及成因。积屑瘤对切削过程有哪些影响?

2.6 为什么说背吃刀量对切削力的影响比进给量对切削力的影响大?

2.7 切削合力为什么要分解成三个分力?试分析各分力的作用。

2.8 分别说明切削速度、进给量及背吃刀量的改变对切削温度的影响。

2.9 刀具磨损的原因有多少种?刀具的磨损过程分几个阶段?

2.10 何谓刀具磨钝标准?试述制订刀具磨钝标准的原则。

2.11 刀具磨钝标准与刀具寿命之间有何关系?确定刀具寿命有哪几种方法?

2.12 说明高速钢刀具在低速、中速产生磨损的原因,硬质合金刀具在中速、高速时产生磨损的原因。

2.13 什么叫工件材料的切削加工性?评定材料切削加工性有哪些指标?如何改善材料的切削加工性?

2.14 切削液有什么作用?有哪些种类?如何选用?

2.15 试述切削液的作用机理。

2.16 什么叫刀具的合理几何参数?它包含哪些基本内容?

2.17 前角有什么功用?如何进行合理选择?

2.18 后角有什么功用?如何进行合理选择?

2.19 主偏角与副偏角有什么功用?如何进行合理选择?

2.20 刃倾角有什么功用?如何进行合理选择?

2.21 什么叫合理的切削用量?它和刀具使用寿命、生产率和加工成本有什么关系?

2.22 为什么说选择切削用量的次序是先选背吃刀量,再选进给量,最后选切削速度?

第三章　金属切削机床与刀具

本章提要

本章着重介绍了金属切削机床型号的编制方法;CA6140 型普通车床的传动系统和主要结构,以及常用的车刀;M1432A 型万能外圆磨床的传动系统,无心外圆磨床和平面磨床的工作原理,以及砂轮的特性与选择;齿轮加工的方法和 Y31505E 型滚齿机的传动系统,以及常用的齿轮加工刀具。同时,对孔加工机床与刀具、刨床与插床、铣床与铣刀等也作了简单介绍。

金属切削机床是用刀具切削的方法将金属毛坯加工成机器零件的机器,它是制造机器的机器,所以又称为“工作母机”,习惯上简称为机床。机床是机械制造的基础机械,其技术水平的高低、质量的好坏,对机械产品的生产率和经济效益都有重要影响。金属切削机床诞生到现在已经一百多年了,随着工业化的发展,机床品种越来越多,技术也越来越复杂。

3.1　金属切削机床的分类、型号与主要技术参数

机床的品种规格繁多,为了便于区别、使用、管理,必须对机床加以分类,并编制型号。

3.1.1　机床的分类

机床主要是按加工方法和所用刀具进行分类,根据国家制订的机床型号编制方法,机床共分为 11 大类:车床、钻床、镗床、磨床、齿轮加工机床、螺纹加工机床、铣床、刨插床、拉床、锯床和其他机床。在每一类机床中,又按工艺范围、布局型式和结构性能分为若干组,每一组又分为若干个系(系列)。

除了上述基本分类方法外,还有其他分类方法。

按照万能性程度,机床可分为:

(1) 通用机床。这类机床的工艺范围很宽,可以加工一定尺寸范围内的多种类型零件,完成多种多样的工序。例如,卧式车床、万能升降台铣床、万能外圆磨床等。

(2) 专门化机床。这类机床的工艺范围较窄,只能用于加工不同尺寸的一类或几类零件的一种(或几种)特定工序。例如,丝杠车床、凸轮轴车床等。

(3) 专用机床。这类机床的工艺范围最窄,通常只能完成某一特定零件的特定工序。例如,加工机床主轴箱体孔的专用镗床,加工机床导轨的专用导轨磨床等。它是根据特定的工艺要求专门设计、制造的,生产率和自动化程度较高,适用于大批量生产。组合机床也属于专用机床。

按照机床的工作精度,可分为普通精度机床、精密机床和高精度机床。

按照重量和尺寸,可分为仪表机床、中型机床(一般机床)、大型机床(质量大于 10t)、重型机床(质量在 30t 以上)和超重型机床(质量在 100t 以上)。

按照机床主要器官的数目,可分为单轴、多轴、单刀、多刀机床等。

按照自动化程度不同,可分为普通、半自动和自动机床。自动机床具有完整的自动工作循环,包括自动装卸工件,能够连续地自动加工出工件。半自动机床也有完整的自动工作循环,但装卸工件还需人工完成,因此不能连续地加工。

3.1.2 机床的型号编制

机床的型号是机床产品的代号,用以表明机床的类型、通用和结构特性、主要技术参数等。GB/T 15375—1994《金属切削机床型号编制方法》规定,我国的机床型号由汉语拼音字母和阿拉伯数字按一定规律组合而成。

3.1.2.1 通用机床的型号编制

通用机床型号的表示方法为:

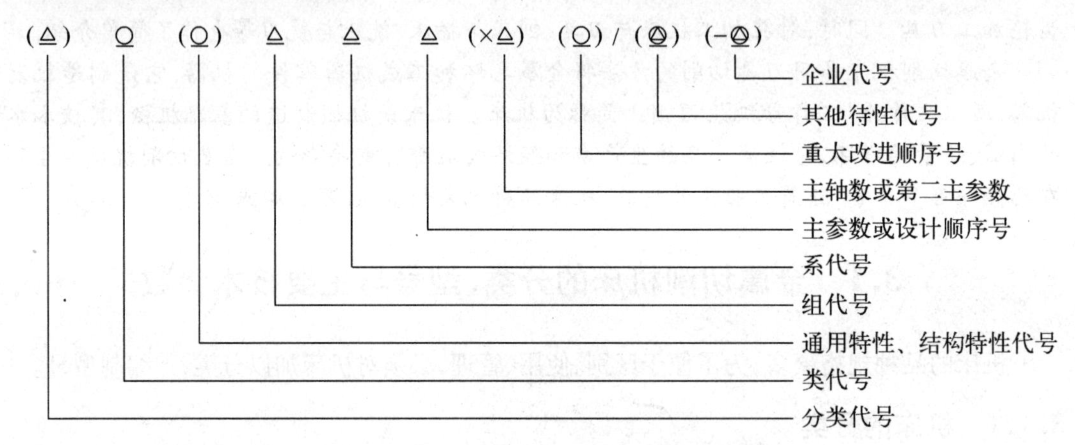

注:① 有“( )”的代号或数字,当无内容时,则不表示,若有内容则不带括号;
② 有“○”符号者,为大写的汉语拼音字母;
③ 有“△”符号者,为阿拉伯数字;
④ 有“◎”符号者,为大写汉语拼音字母,或阿拉伯数字,或两者兼有之。

1)机床的类别代号

用该类机床名称汉语拼音的第一个字母(大写)表示。例如,“车床”的汉语拼音是“Che Chuang”,所以用“C”来表示。需要时,类以下还可有若干分类,分类代号用阿拉伯数字表示,放在类代号之前,但第一分类不予表示。例如,磨床类分为 M、2M、3M 三个分类。机床的类别代号及其读音如表 3.1 所列。

表 3.1 机床的类别代号

类别	车床	钻床	镗床	磨床			齿轮加工机床	螺纹加工机床	铣床	刨插床	拉床	锯床	其他机床
代号	C	Z	T	M	2M	3M	Y	S	X	B	L	G	Q
读音	车	钻	镗	磨	二磨	三磨	牙	丝	铣	刨	拉	割	其

2)机床的特性代号

用汉语拼音字母表示。

(1)通用特性代号。当某类机床除有普通型外,还具有如表 3.2 中所列的各种通用特性时,则在类别代号之后加上相应的特性代号。例如,CM6132 型精密普通车床型号中的“M”表示“精密”,“XK”表示数控铣床。如果同时具有两种通用特性,则可用两个代号同时表示,如“MBG”表示半自动高精度磨床。如某类型机床仅有某种通用特性,而无普通型式时,则通用特性不必表示。如C1312型单轴六角自动车床,由于这类自动车床中没有“非自动”型,所以不必表示出“Z”的通用特性。

表3.2 通用特性代号

通用特性	高精度	精密	自动	半自动	数控	加工中心(自动换刀)	仿型	轻型	加重型	简式或经济型	柔性加工单元	数显	高速
代号	G	M	Z	B	K	H	F	Q	C	J	R	X	S
读音	高	密	自	半	控	换	仿	轻	重	简	柔	显	速

(2)结构特性代号。为了区别主参数相同而结构不同的机床,在型号中用汉语拼音字母区分。例如,CA6410型普通车床型号中的“A”,可理解为:CA6140型普通车床在结构上区别于C6140型普通车床。当机床有通用特性代号时,结构特性代号应排在通用特性代号之后。为了避免混淆,通用特性代号已用的字母及“I”、“O”都不能作为结构特性代号。

3)机床的组别、系别代号

用两位阿拉伯数字表示,前一位表示组别,后一位表示系别。每类机床按其结构性能及使用范围划分为10个组,用数字0~9表示。每一组又分为若干个系(系列)。凡主参数相同,并按一定公比排列,工件和刀具本身的和相对的运动特点基本相同,且基本结构及布局型式也相同的机床,即为同一系。机床的类、组划分见表3.3(系的划分可参阅有关文献)。

表3.3 通用机床类、组划分表

类别\组别		0	1	2	3	4	5	6	7	8	9
车床C		仪表车床	单轴自动、半自动车床	多轴自动、半自动车床	回轮、转塔车床	曲轴及凸轮轴车床	立式车床	落地及卧式车床	仿形及多刀车床	轮、轴、辊、锭及铲齿车床	其他车床
钻床Z			坐标镗钻床	深孔钻床	摇臂钻床	台式钻床	立式钻床	卧式钻床	铣钻床	中心孔钻床	
镗床T				深孔镗床		坐标镗床	立式镗床	卧式镗床	精镗床	汽车、拖拉机修理用镗床	
磨床	M	仪表磨床		内圆磨床	砂轮机	坐标磨床	导轨磨床	刀具刃磨床	平面及端面磨床	曲轴、凸轮轴、花键轴及轧辊磨床	工具磨床
磨床	2M		超精机	内圆珩磨机	外圆及其他珩磨机	抛光机	砂带抛光及磨削机床	刀具刃磨及研磨机床	可转位刀片磨削机床	研磨机	其他磨床
磨床	3M		球轴承套圈沟磨床	滚子轴承套圈滚道磨床	轴承套圈超精机床		叶片磨削机床	滚子加工机床	钢球加工机床	气门、活塞及活塞环磨削机床	汽车、拖拉机修磨机床

（续）

类别＼组别	0	1	2	3	4	5	6	7	8	9
齿轮加工机床 Y	仪表齿轮加工机		锥齿轮加工机	滚齿及铣齿机	剃齿及珩齿机	插齿机	花键轴铣床	齿轮磨齿机	其他齿轮加工机	齿轮倒角及检查机
螺纹加工机床 S				套丝机	攻丝机		螺纹铣床	螺纹磨床	螺纹车床	
铣床 X	仪表铣床	悬臂及滑枕铣床	龙门铣床	平面铣床	仿形铣床	立式升降台铣床	卧式升降台铣床	床身铣床	工具铣床	其他铣床
刨插床 B		悬臂刨床	龙门刨床			插床	牛头刨床		边缘及模具刨床	其他刨床
拉床 L			侧拉床	卧式外拉床	连续拉床	立式内拉床	卧式内拉床	立式外拉床	键槽及螺纹拉床	其他拉床
锯床 G			砂轮片锯床		卧式带锯床	立式带锯床	圆锯床	弓锯床	锉锯床	
其他机床 Q	其他仪表机床	管子加工机床	木螺钉加工机		刻线机	切断机				

4）机床主参数、设计顺序号和第二主参数

机床主参数代表机床规格的大小，在机床型号中，用阿拉伯数字给出主参数的折算值(1/10 或 1/100)。各类主要机床的主参数及折算系数见表 3.4。某些通用机床，当无法用一个主参数表示时，则在型号中用设计顺序号表示。第二主参数一般是指主轴数、最大跨距、最大工件长度、工作台工作面长度等。第二主参数也用折算值表示。

表 3.4　各类主要机床的主参数和折算系数

机床	主参数名称	折算系数	机床	主参数名称	折算系数
卧式车床	床身上最大回转直径	1/10	矩台平面磨床	工作台面宽度	1/10
立式车床	最大车削直径	1/100	齿轮加工机床	最大工件直径	1/10
摇臂钻床	最大钻孔直径	1/1	龙门铣床	工作台面宽度	1/100
卧式镗床	镗轴直径	1/10	升降台铣床	工作台面宽度	1/10
坐标镗床	工作台面宽度	1/10	龙门刨床	最大刨削宽度	1/100
外圆磨床	最大磨削直径	1/10	插床及牛头刨床	最大插削及刨削长度	1/10
内圆磨床	最大磨削孔径	1/10	拉床	额定拉力(t)	1/1

5）机床的重大改进顺序号

当机床的性能和结构布局有重大改进，并按新产品重新设计、试制和鉴定时，在原机床型号的尾部,加重大改进顺序号。序号按 A、B、C…等字母的顺序选用。

6）其他特性代号

主要用以反映各类机床的特性,如对数控机床,可用来反映不同的数控系统;对于一般机床,可用以反映同一型号机床的变形等。其他特性代号用汉语拼音字母或阿拉伯数字或两者的组合来表示。

7）企业代号

生产单位为机床厂时,由机床厂所在城市名称的大写汉语拼音字母及该厂在该城市建立的先后顺序号,或机床厂名称的大写汉语拼音字母表示。生产单位为机床研究所时,由该所名称的大写汉语拼音字母表示。

【例 3.1】 CA6140 型卧式车床。

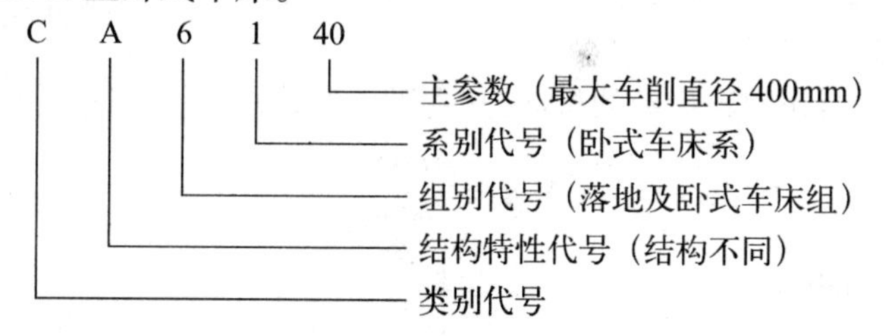

【例 3.2】 MG1432A 型高精度万能外圆磨床。

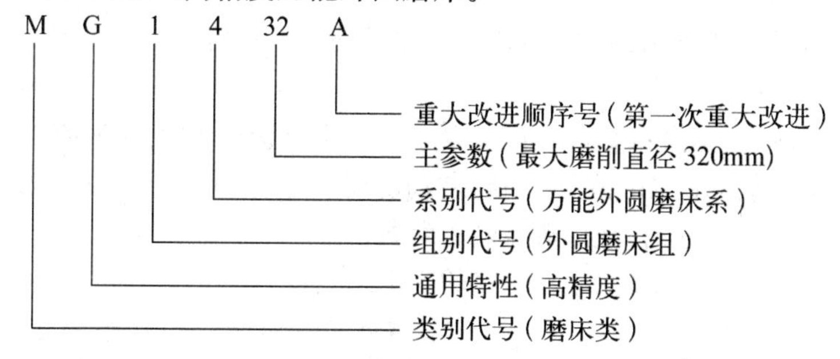

3.1.2.2 专用机床的型号编制

专用机床型号表示方法为：

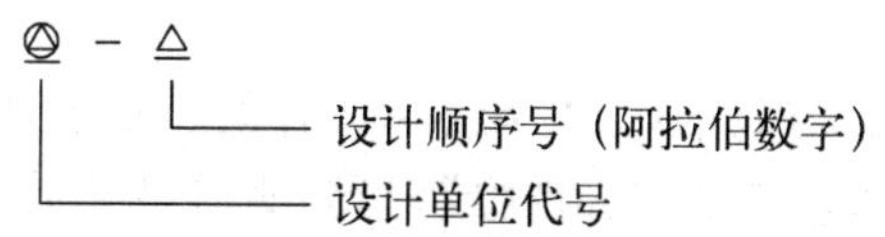

设计单位代号同通用机床型号中的企业代号。专用机床的设计顺序,按各机床厂和机床研究所的设计顺序(“001”起始)排列。例如,北京第一机床厂设计制造的第 15 种专用机床为专用铣床,其型号为 B1—015。

3.1.3 机床的主要技术参数

机床的主要技术参数包括主参数和基本参数。主参数已在前面型号编制方法中作了说明。基本参数包括尺寸参数、运动参数和动力参数。

3.1.3.1 尺寸参数

机床的尺寸参数是指机床的主要结构尺寸。多数机床的主参数也是一种尺寸参数,但尺寸参数除了主参数外还包括一些其他尺寸。例如，对于卧式车床，除了主参数（床身上工件最大回转直径）和第二主参数（最大工件长度）外，有时还要确定在刀架上的工件最大回转直径和主轴孔内允许通过的最大棒料直径等；对于立轴平面磨床，除了主参数外，有时还要确定主轴端面到台面的最大和最小距离及工件台的行程等。

尺寸参数确定后，机床上所能加工（或安装）的最大工件尺寸就已确定。所以，它与所设计机床能加工工件的尺寸有关。

3.1.3.2 运动参数

机床的运动参数是指机床执行件的运动速度，包括主运动的速度范围、速度数列和进给运动的进给量范围、进给量数列，以及空行程的速度等。

1）主运动参数

（1）主轴转速。对作回转运动的机床，其主运动参数是主轴转速，计算公式为

$$n = \frac{1000v}{\pi d} \tag{3.1}$$

式中 n——转速（r/min）；

v——切削速度（m/min）；

d——工件或刀具直径（mm）。

主运动是直线运动的机床，如插床或刨床，主运动参数是机床工作台或滑枕的每分钟往复次数。

对于不同的机床，主运动参数有不同的要求。专用机床用于完成特定的工艺，主轴只需一种固定的转速。通用机床的加工范围较宽，主轴需要变速，因此需确定它的变速范围，即最低和最高转速。采用分级变速时，还应确定转速级数。

（2）主轴最低（n_{min}）和最高（n_{max}）转速的确定。

$$\begin{cases} n_{min} = \dfrac{1000v_{min}}{\pi d_{max}} \\ n_{max} = \dfrac{1000v_{max}}{\pi d_{min}} \end{cases} \tag{3.2}$$

从式（3.2）可知，n_{min}、n_{max}与v_{min}、v_{max}及d_{max}、d_{min}有关。对于通用机床，由于要完成多种零件和不同工序的加工，故其切削速度和工件（或刀具）直径的变化是多种多样的。在确定切削速度时应考虑不同的工艺要求。切削速度主要与刀具、工件材料和工件尺寸有关。在通常情况下，以几种典型工序的切削速度和刀具（工件）直径为基础，经过分析、计算后确定n_{min}和n_{max}。

变速范围为n_{max}和n_{min}的比值，即

$$R_n = \frac{n_{max}}{n_{min}} \tag{3.3}$$

（3）有级变速时主轴转速序列。无级变速时，n_{max}与n_{min}之间的转速是连续变化的，加工时可以选到任何所需的转速，这是比较理想的情况。采用有级变速时，在确定n_{min}、n_{max}之后还应进行转速分级，确定各中间级转速。主运动的有级变速的转速数列一般采用等比数列。如某机床的分级变速机构共有Z级，其中$n_1 = n_{min}$、$n_Z = n_{max}$，Z级转速分别为

$$n_1, n_2, \cdots, n_j, n_{j+1}, \cdots, n_Z$$

各级之间满足等比数列关系,即

$$\begin{cases} n_{j+1} = n_j\varphi \\ n_Z = n_1\varphi^{Z-1} \end{cases} \tag{3.4}$$

(4) 标准公比。为了便于机床设计与使用,规定了标准公比值 1.06、1.12、1.26、1.41、1.58、1.78、2。它的特性是:所采用的公比 φ 为 $\sqrt[E_1]{10}$ 时,就会使其等比数列中每隔 E_1 级后的数值恰好是前面数值的 10 倍。所采用的公比 φ 为 $\sqrt[E_2]{10}$ 时,若主轴的转速中有一转速为 n,则每隔 E_2 级就会出现一个转速 $2n$。$\varphi=1.06$ 是公比 φ 数列的基本公比,其他六个公比都可以由基本公比派生出来,如表 3.5 所示。

表 3.5　公比关系

1.06	1.12	1.26	1.41	1.58	1.78	2
	1.06^2	1.06^4	1.06^6	1.06^8	1.06^{10}	1.06^{12}
		1.12^2	1.12^3	1.12^4	1.12^5	1.12^6
			—	1.26^2	—	1.26^3
				—	—	1.41^2

2) 进给运动参数

大部分机床(如车床、钻床等)的进给量用工件或刀具每转的位移(mm/r)表示。直线往复运动的机床,如刨床、插床,以每一往复的位移量表示。由于铣床和磨床使用的是多刃刀具,进给量常以每分钟的位移量(mm/min)表示。

在其他条件不变的情况下,进给量的损失也反映了生产率的损失。数控机床和重型机床的进给为无级变速,普通机床多采用分级变速。普通机床的进给量多数为等差数列,如螺纹数列等。自动和半自动车床常用交换齿轮来调整进给量,以减少进给量的损失。若进给转动链为外联系转动链,进给量也应采用等比数列,以使相对损失为常值。进给量为等比数列时,其确定方法与主运动的确定方法相同。

3.1.3.3　动力参数

机床的动力参数主要指驱动主运动、进给运动和空行程运动的电动机功率。机床的驱动功率原则上应根据切削用量和传动系统的效率来确定。对通用机床电动机功率的确定,除了进行分析计算外,还可以对同类机床的功率进行类比、调研或测试等。

1) 主传动功率

机床的主传动功率 $P_{主}$ 由三部分组成,即

$$P_{主} = P_{切} + P_{空} + P_{附} \tag{3.5}$$

式中　$P_{切}$——切削功率;

$P_{空}$——空载功率;

$P_{附}$——附加功率。

(1) 切削功率 $P_{切}$。切削功率与加工情况、工件和刀具的材料及所选用的切削用量大小等有关,可通过计算求得。

$$P_{切} = \frac{F_z v}{60000} \quad (\text{kW}) \tag{3.6}$$

式中 F_z——主切削力(N);

v——切削速度(m/min)。

(2) 空载功率 $P_{空}$。空载功率是指机床不进行切削,即空运转时所消耗的功率。

(3) 附加功率 $P_{附}$。附加功率是指机床进行切削时,因负载而增加的机械摩擦消耗功率。

2) 进给传动功率

若主运动和进给传动共用一台电动机,且其进给传动功率远比主传动功率小时,如卧式车床和钻床的进给传动功率仅为主传动功率的3% ~5%,此时计算电动机功率可忽略进给传动功率。

若进给传动与空行程传动共用一台电动机,如升降台铣床,因空行程传动所需的功率比进给传动所需的功率大得多,且机床上行程运动和进给运动不可能同时进行。此时,可按空行程功率来确定电动机功率。只有当进给传动使用单独的电动机驱动时,如龙门铣床以及用液压缸驱动进给的机床(如仿形车床、多刀半自动车床和组合机床等),才需确定进给传动功率。进给传动功率通常也采用类比与计算相结合的方法来确定。

3) 空行程功率

空行程功率是指为节省零件加工的辅助时间和减轻工人劳动,机床移动部件空行程时快速移动所需的传动功率。该功率的大小由移动部件的重量和部件启动时的惯性力所决定。空行程功率往往比进给功率大得多,设计时常和同类机床进行类比或通过实验测试等来确定。

3.2 工件表面成形方法与机床运动分析

3.2.1 工件表面形状与成形方法

机械零件的形状虽多种多样,但其构成要素,却不外乎几种基本形状的表面:平面、圆柱面、圆锥面和各种成形表面。图3.1所示为组成不同形状零件常用的各种表面。这些表面都可以看成是由一根母线沿着导线运动而形成的。图3.2表示了零件表面的成形过程。一般情况下,母线和导线可以互换,特殊表面(如圆锥表面),不可互换。母线和导线统称为发生线。

切削加工中发生线是由刀具的切削刃和工件间的相对运动得到的。由于使用的刀具切削刃形状和采用的加工方法不同,形成发生线的方法也不同,概括起来有以下四种:

(1) 轨迹法。用刀具作一定规律的轨迹运动对工件进行加工的方法。切削刃与被加工表面为点接触,发生线为接触点的迹线。如图3.3(a)所示,刨刀沿 A_1 方向作直线运动,形成直线形母线;刨刀沿 A_2 方向作曲线运动,形成曲线形导线。采用轨迹法形成发生线时,需要一个独立的成形运动。

(2) 成形法。刀具的切削刃与所需要形成的发生线完全吻合,图3.3(b)所示曲线形的母线由切削刃直接形成,直线形则由轨迹法形成。

(3) 相切法。它是利用刀具边旋转边作轨迹运动对工件进行加工的方法。图3.3(c)所示采用铣刀、砂轮等旋转刀具加工时,在垂直于刀具旋转轴线的截面内,切削刃可看作是点,当切削点绕着刀具轴线作旋转运动 B_1,同时刀具轴线沿着发生线的等距线作轨迹运动 A_2 时,切削点运动轨迹的包络线,便是所需的发生线。采用相切法生成发生线时,需要两个相互独立的成形运动,即刀具的旋转运动和刀具中心按一定规律的运动。

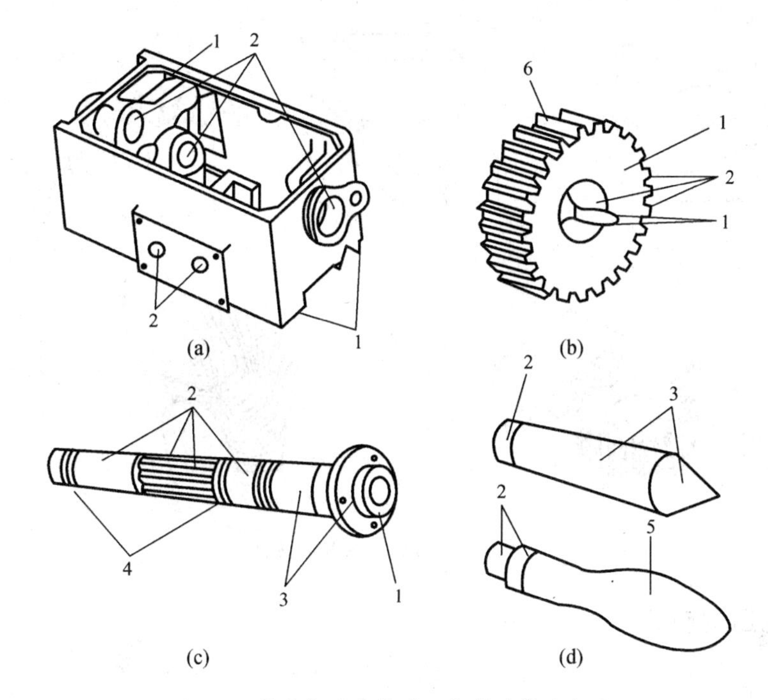

图 3.1 构成机械零件外形轮廓的常用表面

1—平面;2—圆柱面;3—圆锥面;4—螺旋面(成形面);5—回转体成形面;6—渐开线表面(直线成形面)。

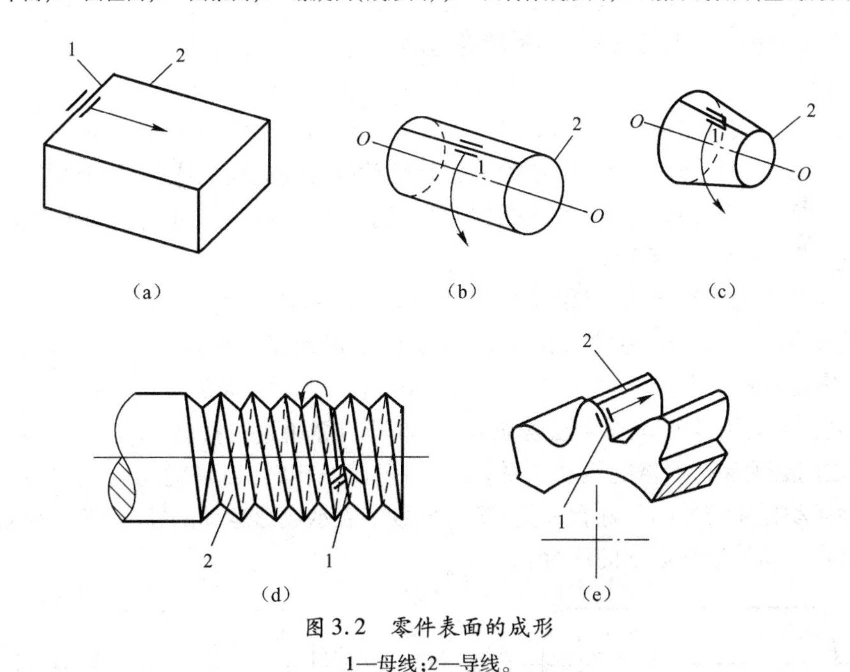

图 3.2 零件表面的成形

1—母线;2—导线。

(4) 范成法。它是利用工件和刀具作范成切削运动进行加工的方法。切削加工时,刀具与工件按确定的运动关系作相对运动(范成运动或展成运动),切削刃与被加工表面相切,切削刃各瞬时位置的包络线,便是所需的发生线。图 3.3(d) 所示用齿条形插齿刀加工圆柱齿轮,刀具按箭头 A_1 方向作直线运动,形成直线形母线,而工件的旋转运动 B_{21} 和直线运动 A_{22},使刀具不断地对工件进行切削,其切削刃的一系列瞬时位置的包络线,便是所需要的渐开线导线(图 3.3(e))。用范成法形成发生线需要一个独立的成形运动。

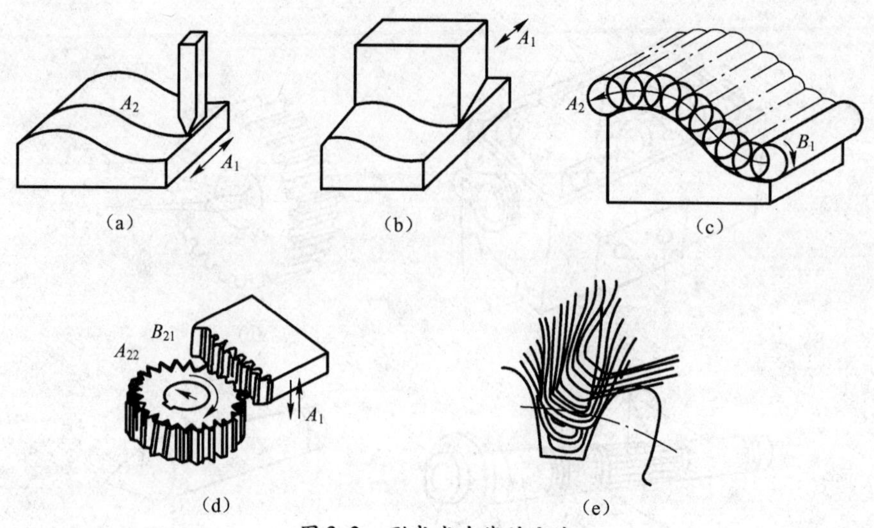

图 3.3 形成发生线的方法

3.2.2 机床运动分析

3.2.2.1 机床的运动

机床加工零件时，是通过刀具与工件的相对运动而形成所需的发生线。形成发生线的运动，称为表面成形运动。此外，还有多种辅助运动。

1）表面成形运动

表面成形运动按其组成情况不同，可分为简单成形运动和复合成形运动。

如果一个独立的成形运动，是由单独的旋转运动或直线运动构成的，则此成形运动称为简单成形运动。例如，用外圆车刀车削外圆柱面时（见图 3.4（a）），工件的选择运动 B_1 和刀具的直线运动 A_2 就是两个简单运动。

如果一个独立的成形运动，是由两个或两个以上旋转成形或（和）直线运动，按照某种确定的运动关系组合而成，则称此成形运动为复合成形运动。例如，车削螺纹时（见图 3.4（b）），形成螺旋形发生线所需的刀具和工件之间的相对运动。为简化机床结构和较易保证精度，通常将其分解为工件的等速旋转运动 B_{11} 和刀具的等速直线移动 A_{12}。B_{11} 和 A_{12} 不能彼此独立，它们之间必须保持严格的运动关系，即工件每转一转时，刀具就均匀地移动一个螺旋线导程。复合运动标注符号的下标含义为：第一位数字表示成形运动的序号；第二位数字表示构成同一个复合运动的单独运动的序号。

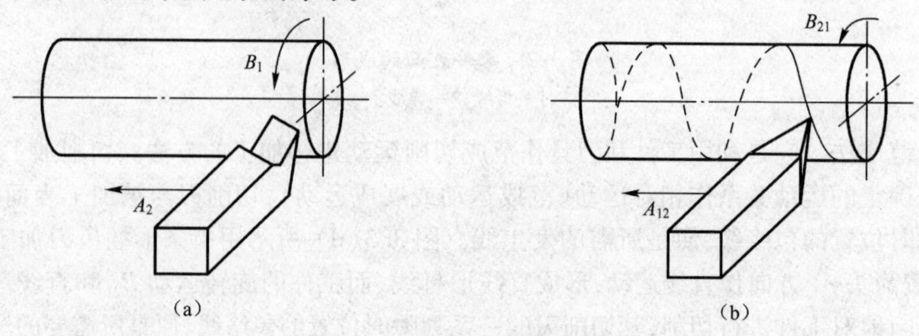

图 3.4 成形运动的组成

按成形运动在切削加工中的作用,可分为主运动和进给运动。主运动是机床切除工件表面金属余量的主要运动,即对切削速度的大小起主导作用的运动。一般情况下,主运动速度高,消耗的功率大。进给运动是不断地将金属余量投入切削区,以保证机床逐渐切削出整个工件表面的运动。进给速度较低,消耗的功率也较小。

2）辅助运动

机床在加工过程中还需要一系列辅助运动,以实现机床的各种辅助动作,为表面成形创造条件。它的种类很多,一般包括切入运动、分度运动、调位运动(调整刀具和工件之间相互位置)以及其他各种空行程运动(如运动部件的快进和快退等)。

3.2.2.2 机床的运动联系

为了实现加工过程中所需的各种运动,机床必须具备以下三个基本部分:

(1) 执行件。机床上最终实现所需运动的部件。如主轴、刀架以及工作台等,其任务是带动工件或刀具完成一定的运动并保持准确的运动轨迹。

(2) 动力源。为执行件提供运动和动力的装置。如交流异步发动机、直流或交流调速发动机或伺服电动机。

(3) 传动装置。传递动力和运动的装置。通过它可把动力源的动力和运动传递给执行件;也可把两个执行件联系起来,使两者间保持某种确定的运动关系。

由动力源—传动装置—执行件或执行件—执行件构成的传动联系,称为传动链。按传动链的性质不同可分为外联系传动链和内联系传动链。

(1) 外联系传动链。联系动力源和执行件的传动链,它使执行件获得一定的速度和运动方向。外联系传动链传动比的变化,只影响生产率或表面粗糙度,不影响加工表面的形状。因此,传动链中可以有摩擦传动等传动比不准确的传递副。

(2) 内联系传动链。联系复合运动之内的各个分解部分,它决定着复合运动的轨迹(发生线的形状),对传动链所联系的执行件相互之间的相对速度(及相对位移量)有严格的要求。因此,传动链中各传动副的传动比必须准确,不应有摩擦传动或瞬时传动比变化的传动副,如皮带传动和链传动。

通常传动链中包含两类传动机构:一类是定比传动机构,其传动比和传动方向固定不变,如定比齿轮副、蜗杆蜗轮副、丝杆螺母副等;另一类是换置机构,可根据加工要求变换传动比和传动方向,如滑移齿轮变速机构、挂轮变换机构、离合器换向机构等。

为了便于研究机床的传动联系,常用一些简明的符号把传动原理和传动路线表示出来,这就是传动原理图。图3.5是卧式车床车削螺纹时的传动链原理图。在车削螺纹时,卧式车床有两条主要传动链。一条是外联系传动链,即从电动机—1—2—u_v—3—4—主轴,称为主运动传动链,它把电动机的动力和运动传递给主轴。传动链中u_v为主轴变速及换向的换置机构。另一条由主轴—4—5—u_f—6—7—丝杆—刀具,得到刀具和工件间的复合成形运动——螺

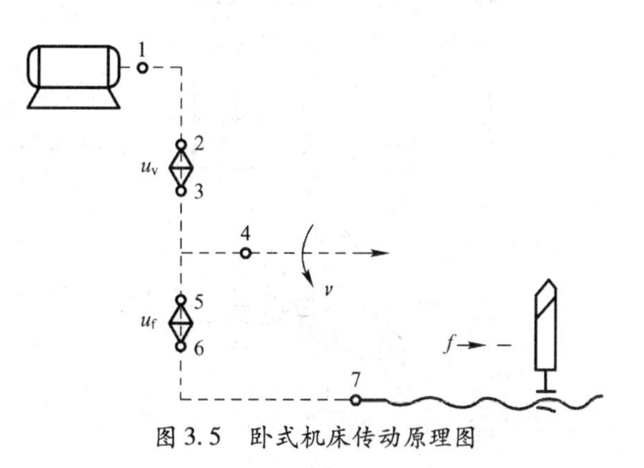

图3.5 卧式机床传动原理图

旋运动,这是一条内联系传动链。调整 u_f 即可得到不同的螺纹导程。

3.2.2.3 机床的传动系统

为了全面了解和分析机床运动的传递、联系情况,常采用传动系统图。它是表示机床全部运动传动关系的示意图。图中用简单的规定符号(见 GB 4460—84《机械制图》—机构运动简图符号)代表各传动元件,并标明齿轮和蜗轮的齿数、蜗杆头数、丝杆导程、带轮直径、电动机功率和转速等。在图中,各传动元件按照运动传递的先后顺序,以展开图形式画在能反映主要部件相互位置的机床外形轮廓中。有关机床的传动系统图,将在后面各节中讨论。

3.3 车床与车刀

3.3.1 车床

车床是机械制造中使用最广的一类机床,主要用于加工各种回转表面(内外圆柱面、圆锥面及成形回转表面)和回转体的端面,有些车床还能加工螺纹面。车床的主运动通常是由工件的旋转运动实现的,进给运动则由刀具的直线移动来完成。

车床的种类很多,按其用途和结构的不同,主要分为:卧式车床及落地车床、立式车床、转塔车床、仪表车床、单轴自动和半自动车床、多轴自动和半自动车床、仿形车床及多刀车床、专门化车床(如凸轮轴车床、曲轴车床等)。在大批量生产中,还使用各种专用车床。近年来,各类数控车床及车削中心也在越来越多地投入使用。

3.3.1.1 CA6140 型卧式车床

1) 工艺范围

CA6140 型卧式车床的工艺范围很广,它适用于加工各种轴类、套筒类和盘类零件上的回转表面,如车削内外圆柱面、圆锥面、环槽及成形回转表面;车削端面及各种常用螺纹;还可以进行钻孔、扩孔、铰孔和滚花等工艺(图 3.6)。

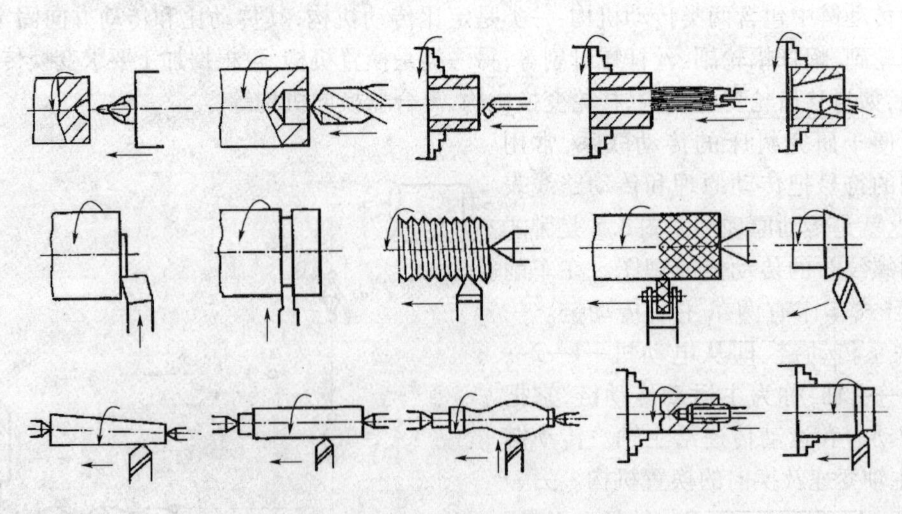

图 3.6 卧式车床所能完成的典型加工

CA6140 型卧式车床结构复杂而且自动化程度低,在加工形状比较复杂的工件时,换刀较麻烦,加工过程中辅助时间较长,生产率低,适用于单件、小批生产及修理车间。

2）机床的布局及主要技术性能

卧式车床主要加工轴类和直径不太大的盘、套类零件,故采用卧式布局。主轴水平安装,刀具在水平面内作纵、横向进给运动。图 3.7 是 CA6140 型卧式车床的外形图。机床的主要部件有:主轴箱 1、刀架 2、尾座 3、床身 4、床腿 5、9、光杠 6、丝杠 7、溜板箱 8、进给箱 10、挂轮变速机构 11。

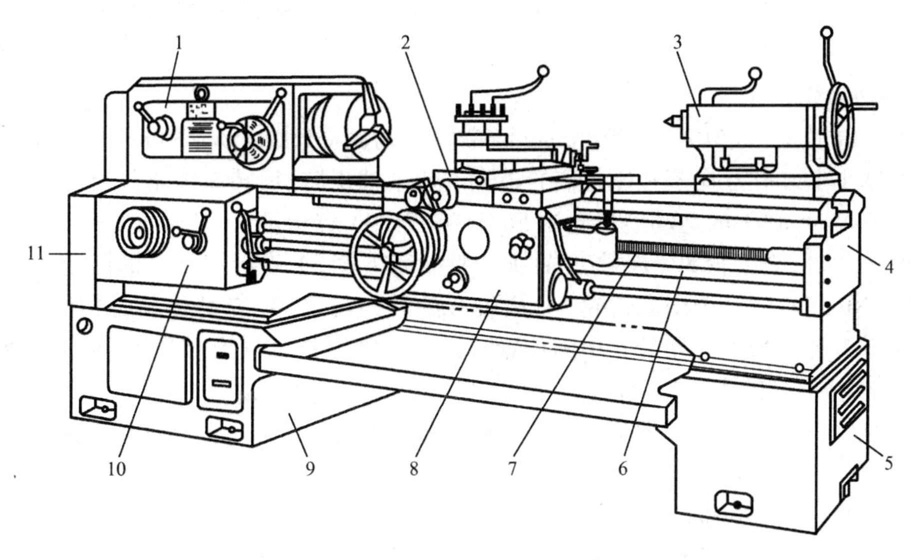

图 3.7 卧式车床

1—主轴箱;2—刀架;3—尾座;4—床身;5、9—床腿;6—光杠;7—丝杠;8—溜板箱;10—进给箱;11—挂轮变速机构。

机床的主要技术性能见表 3.6。

表 3.6 CA6140 型卧式车床主要技术性能

项目		参数
床身上最大工件回转直径		400mm
最大工件长度		750;1000;1500;2000mm
刀架上最大工件回转直径		210mm
主轴转速	正转 24 级 反转 12 级	10 ~ 1400r/min 14 ~ 1580r/min
进给量	纵向 64 级 横向 64 级	0.028 ~ 6.33mm/r 0.014 ~ 3.16mm/r
车削螺纹范围	米制螺纹 44 种 英制螺纹 20 种 模数螺纹 39 种 径节螺纹 37 种	$P=1\sim192$mm $\alpha=2\sim24$ 牙/in $m=0.25\sim48$mm DP = 1 ~ 96 牙/in
主电机功率		7.5kW

3）卧式车床的传动系统

为完成各种加工工序，车床必须具备下列运动：工件的旋转运动——主运动；刀具的直线移动——进给运动。为实现这些运动，机床的传动系统需要具备以下传动链：实现主运动的主传动链；实现纵向进给运动的纵向进给传动链：实现横向进给运动的横向进给传动链。图 3.8 为 CA6140 型卧式车床的传动系统图。

（1）主运动传动链。

主运动传动链的两末端件是主电动机与主轴，它的功用是把动力源（电动机）的运动及动力传给主轴，使主轴带动工件旋转实现主运动，并满足卧式车床主轴变速和换向的要求。

① 传动路线。

运动由电动机（7.5kW，1450r/min）经带轮传动副 ϕ130mm/ϕ230mm 传至主轴箱中的轴Ⅰ。在轴Ⅰ上装有双向多片摩擦离合器 M_1，使主轴正转、反转或停止。当压紧离合器 M_1 左部的摩擦片时，轴Ⅰ的运动经齿轮副 56/38 或 51/43 传给轴Ⅱ，使轴Ⅱ获得 2 种转速。压紧右部摩擦片时，经齿轮 50（齿数）、轴Ⅶ上的空套齿轮 34 传给轴Ⅱ上的固定齿轮 30。这时轴Ⅰ至轴Ⅱ间多经一个中间齿轮 34，故轴Ⅱ的转向与经 M_1 左部传动时相反。轴Ⅱ的反转转速只有 1 种。当离合器处于中间位置时，左、右摩擦片都没有被压紧，轴Ⅰ的运动不能传至轴Ⅱ，主轴停转。

轴Ⅱ的运动可通过轴Ⅱ、Ⅲ间三对齿轮中的任一对传至轴Ⅲ，故轴Ⅲ正转共有 $2\times3=6$ 种转速。

运动由轴Ⅲ传往主轴有 2 条路线。

a. 高速传动路线。主轴上的滑移齿轮 50 向左移，使之与轴Ⅲ上右端的齿轮 63 啮合，运动由轴Ⅲ经齿轮副 63/50 直接传给主轴，得到 450～1400r/min 的 6 级高转速。

b. 低速传动路线。主轴上的滑移齿轮 50 移至右端，使其与主轴上的齿式离合器 M_2 啮合。轴Ⅲ的运动经齿轮副 20/80 或 50/50 传给轴Ⅳ，又经齿轮副 20/80 或 51/50 传给轴Ⅴ，再经齿轮副 26/58 和齿式离合器 M_2 传至主轴，使主轴获得 10～500r/min 的低转速。

上述的传动路线可用传动路线表达式表示如下：

$$\underset{\left(\begin{matrix}7.5\text{kW}\\1450\text{r/min}\end{matrix}\right)}{电动机}-\frac{\phi130}{\phi230}-\text{Ⅰ}-\left\{\begin{matrix}M_1左-\begin{Bmatrix}\frac{56}{38}\\\frac{51}{43}\end{Bmatrix}-\\M_1右-\frac{50}{34}-\text{Ⅶ}-\frac{34}{30}\end{matrix}\right\}-\text{Ⅱ}-\begin{Bmatrix}\frac{39}{41}\\\frac{30}{50}\\\frac{22}{58}\end{Bmatrix}-$$

$$\left\{\begin{matrix}\begin{Bmatrix}\frac{20}{80}\\\frac{50}{50}\end{Bmatrix}-\text{Ⅳ}-\begin{Bmatrix}\frac{20}{80}\\\frac{51}{50}\end{Bmatrix}-\text{Ⅴ}-\frac{26}{58}-M_2\\-\frac{63}{50}-\end{matrix}\right\}-\text{Ⅵ}（主轴）$$

② 主轴转速级数和转速。

由传动系统图和传动路线表达式可以看出，主轴正转时，可得 $2\times3=6$ 种高转速和 $2\times$

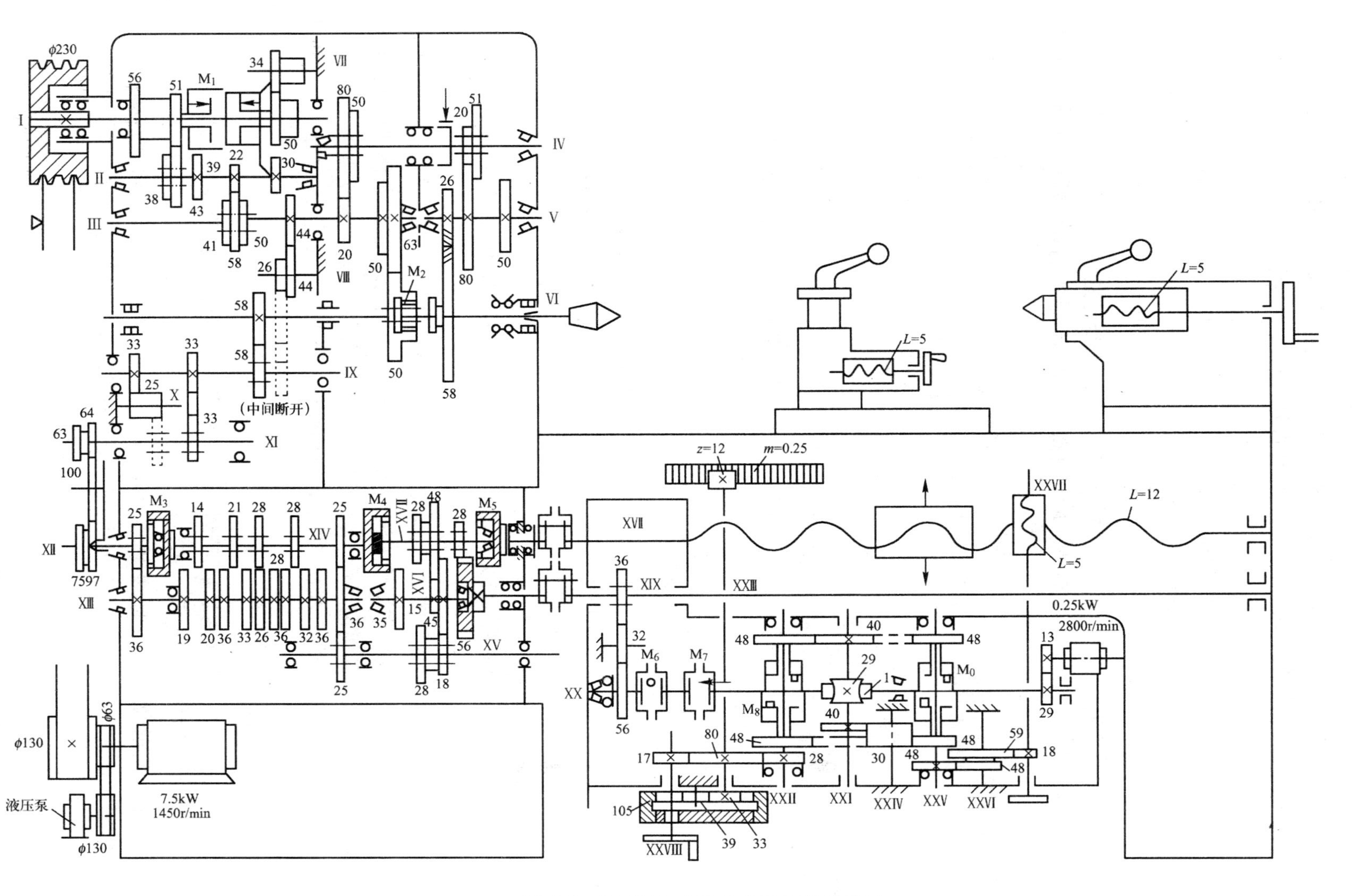

图 3.8　CA6140 型卧式车床传动系统图

3×2×2 = 24 种低转速。但实际上低转速路线只有 18 级转速，因为，轴Ⅲ至轴Ⅴ间的两个双联滑移齿轮变速组得到的四种传动比中，有两种重复，即

$$u_1 = \frac{20}{80} \times \frac{20}{80} = \frac{1}{16} \qquad u_2 = \frac{50}{50} \times \frac{20}{80} = \frac{1}{4}$$

$$u_3 = \frac{20}{80} \times \frac{51}{50} \approx \frac{1}{4} \qquad u_4 = \frac{50}{50} \times \frac{51}{50} \approx \frac{1}{4}$$

其中 $u_2 \approx u_3$，所以实际上只有 3 种不同的传动比。因此，由低速路线传动时，主轴获得的实际转速是 2×3×(2×2-1) =18 级转速。加上由高速传动路线获得的 6 级转速，主轴共可获得 24 级转速。

主轴反转时，有 3×(1+(2×2-1)) = 12 级转速。

主轴的各级转速可按下列运动平衡式计算

$$n_{主} = n_{电} \times \frac{D}{D'} \times (1-\varepsilon) \times \frac{Z_{\mathrm{I-II}}}{Z'_{\mathrm{I-II}}} \times \frac{Z_{\mathrm{II-III}}}{Z'_{\mathrm{II-III}}} \times \frac{Z_{\mathrm{III-IV}}}{Z'_{\mathrm{III-IV}}} \times \cdots$$

式中 D、D'—— 主动和从动皮带轮直径；

ε——V 带传动的滑动系数，可取 $\varepsilon = 0.02$；

$Z_{\mathrm{I-II}}$、$Z'_{\mathrm{I-II}}$—— 轴Ⅰ和轴Ⅱ之间相啮合的主动齿轮和从动齿轮齿数，其余类推。

例如，图 3.8 中所表示的齿轮啮合情况时，主轴的转速为

$$n_{主} = 1450 \times \frac{130}{230} \times 0.98 \times \frac{51}{43} \times \frac{22}{58} \times \frac{63}{50} \approx 450\mathrm{r/min}$$

同理，可以计算出正转时的 24 级转速为 10 ~ 1400r/min；反转时的 12 级转速为 14 ~ 1580r/min。主轴反转通常不是用于切削，而是在加工螺纹时，切削完一刀后，车刀沿螺纹线退回，所以转速较高以节省辅助时间。

(2) 进给运动传动链。

进给运动传动链的两个末端件分别是主轴和刀架，其功用是使刀架实现纵向或横向移动及变速与换向。

进给运动传动链的传动路线为：运动从主轴Ⅵ经轴Ⅸ(或再经轴Ⅹ上的中间齿轮 Z_{25} 传至轴Ⅺ，再经挂轮传至轴Ⅻ，然后传入进给箱。从进给箱传出的运动，一条传动路线是经丝杠ⅩⅢ带动溜板箱，使刀架纵向运动，这是车削螺纹的传动路线；另一条传动路线是经光杠ⅪⅩ 和溜板箱内的一系列传动机构，带动刀架作纵向和横向的进给运动，这是机动进给的传动路线。

① 车削螺纹传动路线。

CA6140 型卧式车床能车削米制、英制、模数和径节四种标准螺纹，此外，还可以车削大导程、非标准和较精密的螺纹。它可以车削右旋螺纹，也可以车削左旋螺纹。

车削各种不同螺距的螺纹时，主轴与刀具之间必须保持严格的运动关系，即主轴每转一转，刀具应均匀地移动一个导程 L_x。因此，车削螺纹时传动链的运动平衡式为

$$1_{(主轴)} \times u \times L_{丝} = L_x$$

式中 u——从主轴到丝杠之间的总传动比；

$L_{丝}$——机床丝杠的导程，CA6140 型车床的 $L_{丝} = 12\mathrm{mm}$；

L_x——被加工螺纹的导程(mm)。

a. 车削米制螺纹。车削米制螺纹时，运动由主轴Ⅵ经齿轮副58/58、换向机构33/33(车左螺纹时经33/25×25/33)、挂轮63/100×100/75传到进给箱，进给箱中的M_3和M_4脱开，M_5接合，经Ⅻ轴Z_{25}和XⅢ轴Z_{36}啮合、轴XⅢ和XⅣ间的基本组$u_{基}$、轴XⅣ右端Z_{25}、过轮Z_{36}，将运动传到轴XⅤ，再经增倍组u倍、M_5离合器，传动丝杠XⅧ，带动刀架完成米制螺纹的加工。

车削米制螺纹的运动平衡式为

$$L = 1_{(主轴)} \times \frac{58}{58} \times \frac{33}{33} \times \frac{63}{100} \times \frac{100}{75} \times \frac{25}{36} \times u_{基} \times \frac{25}{36} \times \frac{36}{25} \times u_{倍} \times 12\text{mm}$$

简化后得

$$L = 7u_{基}\, u_{u_{倍}}$$

由上式可知，如适当选择$u_{基}$和$u_{倍}$值，就可得到米制螺纹导程L的各值(1～12mm)。

进给箱中的基本变速组是双轴滑移齿轮变速机构，由轴XⅧ上的8个固定齿轮和轴XⅣ上的四个滑移齿轮组成，每个滑移齿轮可分别与邻近的两个固定齿轮相啮合，共有8种传动比：

$$u_{基1} = \frac{26}{28} = \frac{6.5}{7} \quad u_{基5} = \frac{19}{14} = \frac{9.5}{7}$$

$$u_{基2} = \frac{28}{28} = \frac{7}{7} \quad u_{基6} = \frac{20}{14} = \frac{10}{7}$$

$$u_{基3} = \frac{32}{28} = \frac{8}{7} \quad u_{基7} = \frac{33}{21} = \frac{11}{7}$$

$$u_{基4} = \frac{36}{28} = \frac{9}{7} \quad u_{基8} = \frac{36}{21} = \frac{12}{7}$$

除了$u_{基1}$和$u_{基5}$外，其余各传动比用分数表示时，分子按等差数列排列。

增倍变速组由轴XⅤ－XⅦ间的三轴滑移齿轮机构组成。可变换四种传动比：

$$u_{倍1} = \frac{18}{45} \times \frac{15}{48} = \frac{1}{8} \quad u_{倍3} = \frac{18}{45} \times \frac{35}{28} = \frac{1}{2}$$

$$u_{倍2} = \frac{28}{35} \times \frac{15}{48} = \frac{1}{4} \quad u_{倍4} = \frac{28}{35} \times \frac{35}{28} = 1$$

它们之间依次相差2倍，其作用是将基本组的传动比成倍地增加或缩小，从而可以加工出不同螺距的螺纹。表3.7是CA6140型卧式车床的米制螺纹表。

表3.7　CA6140型卧式车床的米制螺纹表

增倍组传动比 / 螺纹导程 / 基本组传动比	$u_{倍1} = \frac{18}{45} \times \frac{15}{48} = \frac{1}{8}$	$u_{倍2} = \frac{28}{35} \times \frac{15}{48} = \frac{1}{4}$	$u_{倍3} = \frac{18}{45} \times \frac{35}{28} = \frac{1}{2}$	$u_{倍4} = \frac{28}{35} \times \frac{35}{28} = 1$
$u_{基1} = \frac{26}{28} = \frac{6.5}{7}$				
$u_{基2} = \frac{28}{28} = \frac{7}{7}$		1.75	3.5	7
$u_{基3} = \frac{32}{28} = \frac{8}{7}$	1	2	4	8
$u_{基4} = \frac{36}{28} = \frac{9}{7}$		2.25	4.5	9

（续）

螺纹导程 / 增倍组传动比 / 基本组传动比	$u_{倍1}=\frac{18}{45}\times\frac{15}{48}=\frac{1}{8}$	$u_{倍2}=\frac{28}{35}\times\frac{15}{48}=\frac{1}{4}$	$u_{倍3}=\frac{18}{45}\times\frac{35}{28}=\frac{1}{2}$	$u_{倍4}=\frac{28}{35}\times\frac{35}{28}=1$
$u_{基5}=\frac{19}{14}=\frac{9.5}{7}$				
$u_{基6}=\frac{20}{14}=\frac{10}{7}$	1.25	2.5	5	10
$u_{基7}=\frac{33}{21}=\frac{11}{7}$			5.5	11
$u_{基8}=\frac{36}{21}=\frac{12}{7}$	1.5	3	6	12

可以看出，表中的每一列都是按等差数列排列的，而列与列之间成倍数关系。

此传动路线能加工的最大螺纹导程是12mm。如果需车削导程大于12mm的米制螺纹，应采用扩大导程传动路线。这时，主轴Ⅵ的运动（此时 M_2 接合，主轴处于低速状态）经斜齿轮传动副58/26到轴Ⅴ，背轮机构80/20与80/20或50/50至轴Ⅲ，再经44/44、26/58（轴Ⅺ滑移齿轮 Z_{58} 处于右位与轴ⅧZ_{26}啮合）传到轴Ⅸ，其传动路线表达式为

$$\text{主轴 Ⅵ} - \left\{ \begin{array}{l} \text{（正常导程）} - \frac{58}{58} - \\ \text{扩大导程} \\ \frac{58}{26} - \text{Ⅴ} - \frac{80}{20} - \text{Ⅳ} - \begin{bmatrix} \frac{50}{50} \\ \frac{80}{20} \end{bmatrix} - \text{Ⅲ} - \frac{44}{44} - \text{Ⅷ} - \frac{26}{58} \end{array} \right\} - \text{Ⅸ} -$$

由表达式可知，正常螺纹导程时，轴Ⅵ－Ⅸ间的传动比为

$$u = \frac{58}{58} = 1$$

使用扩大螺纹导程机构时，轴Ⅵ－Ⅸ间的传动比如下：

当主轴转速为10～32r/min时，$u_{扩1}=\frac{58}{26}\times\frac{80}{20}\times\frac{80}{20}\times\frac{44}{44}\times\frac{26}{58}=16$

当主轴转速为40～25r/min时，$u_{扩2}=\frac{58}{26}\times\frac{80}{20}\times\frac{50}{50}\times\frac{44}{44}\times\frac{26}{58}=4$

所以，通过扩大导程传动路线可将正常螺纹导程扩大4倍或16倍。CA6140型车床车削大导程米制螺纹时，最大螺纹导程为192mm。

b. 车削英制螺纹。英制螺纹是英、美等少数英寸制国家所采用的螺纹标准。我国部分管螺纹也采用英制螺纹。英制螺纹以每英寸长度上的螺纹扣数 α（扣/in）表示，其标准值也按分段等差数列的规律排列。英制螺纹的导程 $L_\alpha = 1/\alpha$(in)。由于CA6140型车床的丝杠是米制螺纹，被加工的英制螺纹也应换算成以毫米为单位的相应导程值，即

$$L_\alpha = \frac{1}{\alpha}\text{in} = \frac{25.4}{\alpha} \quad \text{(mm)}$$

车削英制螺纹时，对传动路线作如下变动，首先，改变传动链中部分传动副的传动比，使其

包含特殊因子25.4；其次，将基本组两轴的主、被动关系对调，以便使分母为等差级数。其余部分的传动路线与车削米制螺纹时相同。其运动平衡式为

$$L_\alpha = 1_{(主轴)} \times \frac{58}{58} \times \frac{33}{33} \times \frac{63}{100} \times \frac{100}{75} \times \frac{1}{u_基} \times \frac{36}{25} \times u_倍 \times 12$$

$$= \frac{4}{7} \times 25.4 \times \frac{1}{u_基} \times u_倍$$

将 $L_\alpha = 25.4/\alpha$ 代入上式得

$$\alpha = \frac{7}{4} \times \frac{u_基}{u_倍} \quad (扣/in)$$

变换 $u_基$ 和 $u_倍$ 的值，就可得到各种标准的英制螺纹。

c. 车削模数螺纹。模数螺纹主要用在米制蜗杆中，用模数 m 表示螺距的大小。螺距与模数的关系为

$$P_m = \pi m \quad (mm)$$

所以模数螺纹的导程为

$$L_m = k\pi m \quad (mm)$$

式中 k——螺纹的头数。

模数螺纹的标准模数 m 也是分段等差数列。车削时的传动路线与车削米制螺纹的传动路线基本相同。由于模数螺纹的螺距中含有 π 因子，因此车削模数螺纹时所用的挂轮与车削米制螺纹时不同，需用 $\frac{64}{100} \times \frac{100}{97}$ 来引入常数 π，其运动平衡式为

$$L_m = 1_{(主轴)} \times \frac{58}{58} \times \frac{33}{33} \times \frac{64}{100} \times \frac{100}{95} \times \frac{25}{36} \times u_基 \times \frac{25}{36} \times \frac{36}{25} \times u_倍 \times 12$$

式中

$$\frac{64}{100} \times \frac{100}{97} \times \frac{25}{36} \approx \frac{7\pi}{48}$$

化简后得

$$m = \frac{7}{4k} u_基 u_倍$$

只要变换 $u_基$ 和 $u_倍$ 就可车削各种不同模数的螺纹。

d. 车削径节螺纹。径节螺纹主要用于英制蜗杆，其螺距大小以径节 DP 表示。径节代表齿轮或蜗轮折算到每英寸分度圆直径上的齿数，故英制蜗杆的轴向齿距为

$$L_{DP} = \frac{\pi}{DP} \text{ in} = \frac{25.4k\pi}{DP} \text{ mm}$$

标准径节的数列也是分段等差数列。径节螺纹的导程排列的规律与英制螺纹相同，只是含有特殊因子 25.4π 车削径节螺纹时，可采用英制螺纹的传动路线，但挂轮需换为 $\frac{64}{100} \times \frac{100}{97}$，其运动平衡式为

$$L_{DP} = 1_{(主轴)} \times \frac{58}{58} \times \frac{33}{33} \times \frac{64}{100} \times \frac{100}{97} \times \frac{1}{u_基} \times \frac{36}{25} \times u_倍 \times 12$$

式中

$$\frac{64}{100} \times \frac{100}{97} \times \frac{36}{25} \approx \frac{25.4\pi}{84}$$

上式简化后

$$L_{DP} = 7k \frac{u_{基}}{u_{倍}}$$

变换 $u_{基}$ 和 $u_{倍}$ 可得常用的 24 种螺纹径节。

e. 车削非标准螺纹和精密螺纹。所谓非标准螺纹是指利用上述传动路线无法得到的螺纹。这时需将进给箱中的齿式离合器 M_3、M_4 和 M_5 全部啮合，被加工螺纹的导程 L_x 依靠调整挂轮的传动比 $u_{挂}$ 来实现。其运动平衡式为

$$L_x = 1_{(主轴)} \times \frac{58}{58} \times \frac{33}{33} \times u_{挂} \times 12 \quad (\mathrm{mm})$$

挂轮的换置公式为

$$u_{挂} = \frac{a}{b} \times \frac{c}{d} = \frac{L_x}{12}$$

适当地选择挂轮 a、b、c 及 d 的齿数，就可车出所需要的非标准螺纹。同时，由于螺纹传动链不再经过进给箱中任何齿轮传动，减少了传动件制造和装配误差对被加工螺纹导程的影响，若选择高精度的齿轮作挂轮，则可加工精密螺纹。

② 纵向和横向进给传动链。

为了减少丝杠的磨损和便于操纵，机动进给是由光杠经溜板箱传动的。

a. 纵向进给传动链。CA6140 型车床纵向机动进给量有 64 种。当运动由主轴经正常导程的米制螺纹传动路线时，可获得正常进给量。这时的运动平衡式为

$$f_{纵} = 1_{(主轴)} \times \frac{58}{58} \times \frac{33}{33} \times \frac{63}{100} \times \frac{100}{75} \times \frac{25}{36} \times u_{基} \times \frac{25}{36} \times \frac{36}{25} \times u_{倍}$$

$$\times \frac{28}{56} \times \frac{36}{32} \times \frac{32}{56} \times \frac{4}{29} \times \frac{40}{30} \times \frac{30}{48} \times \frac{28}{80} \times \pi \times 2.5 \times 12 \mathrm{mm/r}$$

化简后可得

$$f_{纵} = 0.71 u_{基} u_{倍}$$

变换 $u_{基}$ 和 $u_{倍}$ 可得到从 0.08～1.22mm/r 的 32 种正常进给量。其余 32 种进给量可分别通过英制螺纹传动路线和扩大螺纹导程机构得到。

b. 横向进给传动链。由传动系统分析可知，当横向机动进给与纵向进给的传动路线一致时，所得的横向进给量为纵向进给量的一半，横向与纵向进给量的种数相同。

c. 刀架快速移动。刀架的纵向和横向快速移动由快速移动电动机（0.25kW，2800r/min）传动，刀架快速纵向右移的速度为

$$v_{纵右(快)} = 2800 \times \frac{13}{29} \times \frac{4}{29} \times \frac{40}{30} \times \frac{30}{48} \times \frac{28}{80} \times \pi \times 2.5 \times 12 = 4.76 \mathrm{m/min}$$

4）CA6140 型卧式车床的主要结构

（1）主轴箱。

主轴箱是车床的主要部件，其主要功能是支承主轴，并实现其开、停、换向、制动和变速，把进给运动从主轴传向进给系统。因此，它是一个比较复杂的传动部件。图 3.9 是 CA6140 型车床主轴箱的展开图。它是按照传动轴传递运动的先后顺序，沿轴心线剖开（见图 3.10），并将其展开绘制而成的。展开图主要表示各传动件（轴、齿轮、带传动和离合器等）的传动关系，

各传动轴及主轴上有关零件的结构形状、装配关系和尺寸，以及箱体有关部分的轴向尺寸和结构。

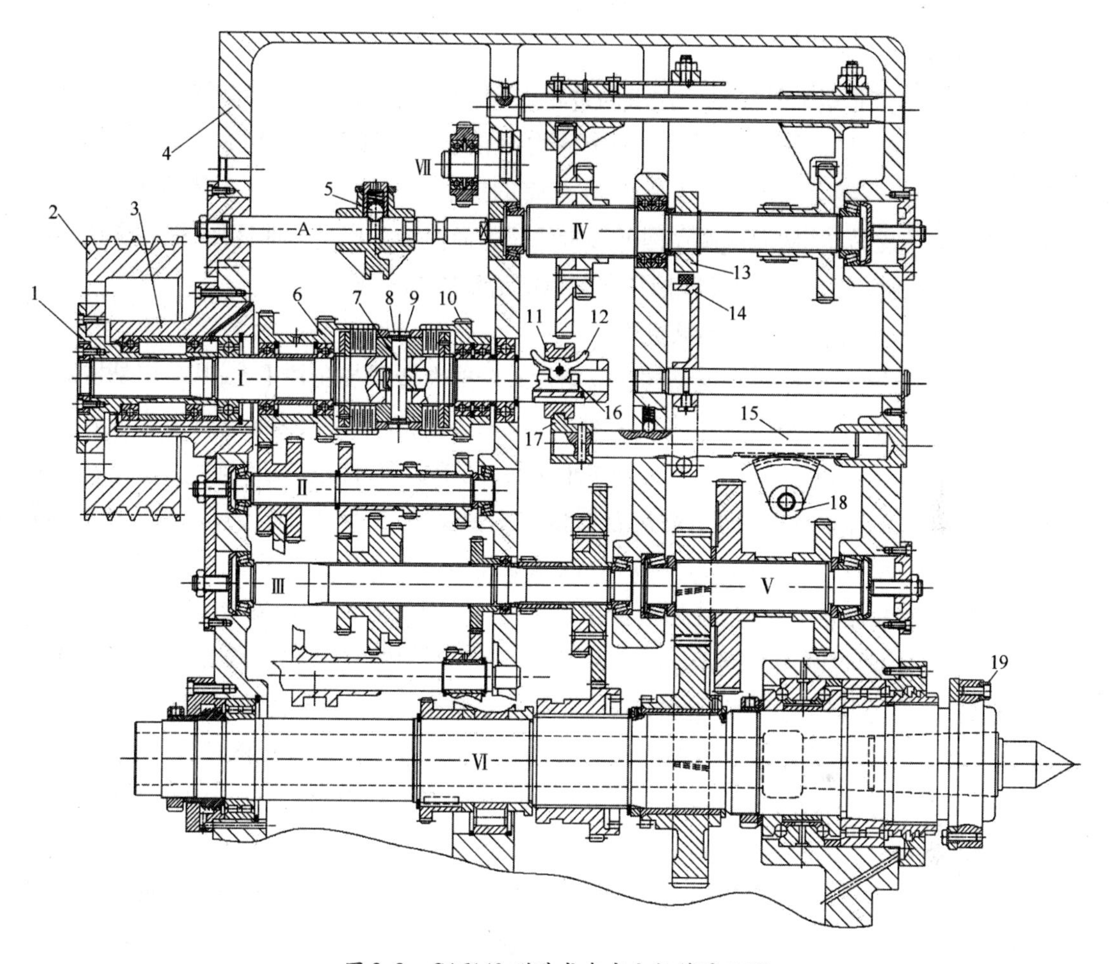

图 3.9　CA6140 型卧式车床主轴箱展开图

1—花键套；2 —带轮；3—法兰；4—箱体；5—钢球；6—齿轮；7—销；8、9—螺母；10 —齿轮；11—滑套；12—元宝销；13—制动盘；14—制动带；15—齿条；16—拉杆；17—拨叉；18 —尺扇；19—圆键。

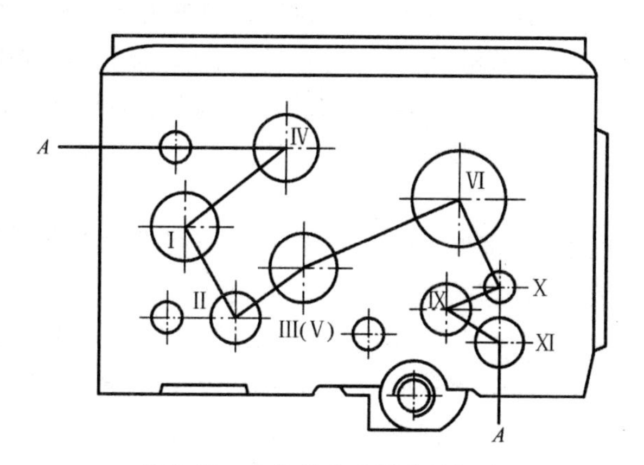

图 3.10　主轴箱展开图的剖切图

要表示清楚主轴箱部件的结构,仅有展开图是不够的,因为它不能表示出主轴箱的高度、深度和各传动轴的空间位置及其他一些较为复杂的机构和零件。因此,要完整地表示出主轴箱的全部结构,还需另加若干剖面图、向视图和外形图(图从略)。

① 卸荷带轮。

电动机经V形带将运动传至轴Ⅰ左端的带轮2(见图3.9的左上部分)。带轮2与花键套1用螺钉连接成一体,支承在法兰3内的两个深沟球轴承上。法兰3固定在主轴箱体4上。这样,带轮2可通过花键套1带动轴Ⅰ旋转,V形带的拉力则经轴承和法兰3传至箱体4。轴Ⅰ的花键部分只传递转矩,从而可避免因V形带的拉力而使轴Ⅰ产生弯曲变形,提高了传动的平稳性。因此,这种带轮是卸荷的(即把径向载荷卸给箱体)。

② 双向多片摩擦离合器及其操纵机构。

图3.11为双向片式摩擦离合器结构。双向片式摩擦离合器装在轴Ⅰ上,其功用是控制主轴正转、反转或停止。它主要由内摩擦片3、外摩擦片2、压套8及空套齿轮1等组成。离合器左、右两部分结构是相同的。左离合器传动主轴正转,用于切削,传递的扭矩较大,所以片数较多(外摩擦片8片,内摩擦片9片)。右离合器传动主轴反转,主要用于退刀,片数较少(外摩擦片4片,内摩擦片5片)。图3.11(a)所示,内摩擦片3以花键与轴Ⅰ相连,外摩擦片2以其四个凸齿与空套双联齿轮1相连,外片空套在轴Ⅰ上,内、外摩擦片相间安装。当用操纵机构使杆7向左推动时,通过圆销5推动压套8左移,将左离合器内、外摩擦片紧压在止推片10和11上,依靠内、外摩擦片间的摩擦力使轴Ⅰ与双联齿轮相连,于是轴Ⅰ转动时带动双联齿轮1一起转动,并经多级齿轮副带动主轴Ⅵ做正向转动。同理,当压套8向右移时,可使右离合器的内外摩擦片压紧,使主轴反转。当压套8处于中间位置时,左右离合器处于脱开状态,这时,轴Ⅰ虽然转动,但离合器不传递运动,主轴处于停止状态。

摩擦片间的压紧力可通过装在压套8上的螺母9a和9b来调整。摩擦离合器除传递运动和动力外,还能起过载保险装置的作用。当机床超载时,摩擦片打滑,于是主轴就停止转动,避免损坏机床。

制动器安装在轴Ⅳ上,其功用是在摩擦离合器脱开的时刻制动主轴,使主轴迅速地停止转动,以缩短辅助时间。图3.12所示是离合器和制动器操纵机构,当主轴正转和反转时,齿条22上的凹槽处与杠杆14的下端接触,使其顺时针转动,制动器松开,当停车时(手柄18处于中间位置),齿条22上的凸起处与杠杆14接触,使杠杆14逆时针转动,拉紧闸带,制动器工作,使主轴立即停下来。件13是调整螺钉。

③ 主轴组件。

主轴组件是主轴箱中的关键部件。机床工作时,它直接带动工件旋转进行切削加工。因此,它应具有较高的旋转精度、足够的刚度和良好的抗振性。

CA6140型车床主轴组件的前支承是精度为P5的NN13021K型双列圆柱滚子轴承,用于承受径向力,这种轴承具有刚度高、承载能力大、径向尺寸小及精度高等优点。前支承中还装有一个精度为P5的234400系列的双向推力角接触轴承,用于承受两个方向的轴向力。后支承是一个精度为P6的NN3015K型双列圆柱滚子轴承。中间支承用精度为P6的NU216E型单列圆柱滚子轴承,作为辅助支承,其配合较松,且间隙不能调整。主轴支承对主轴的回转精

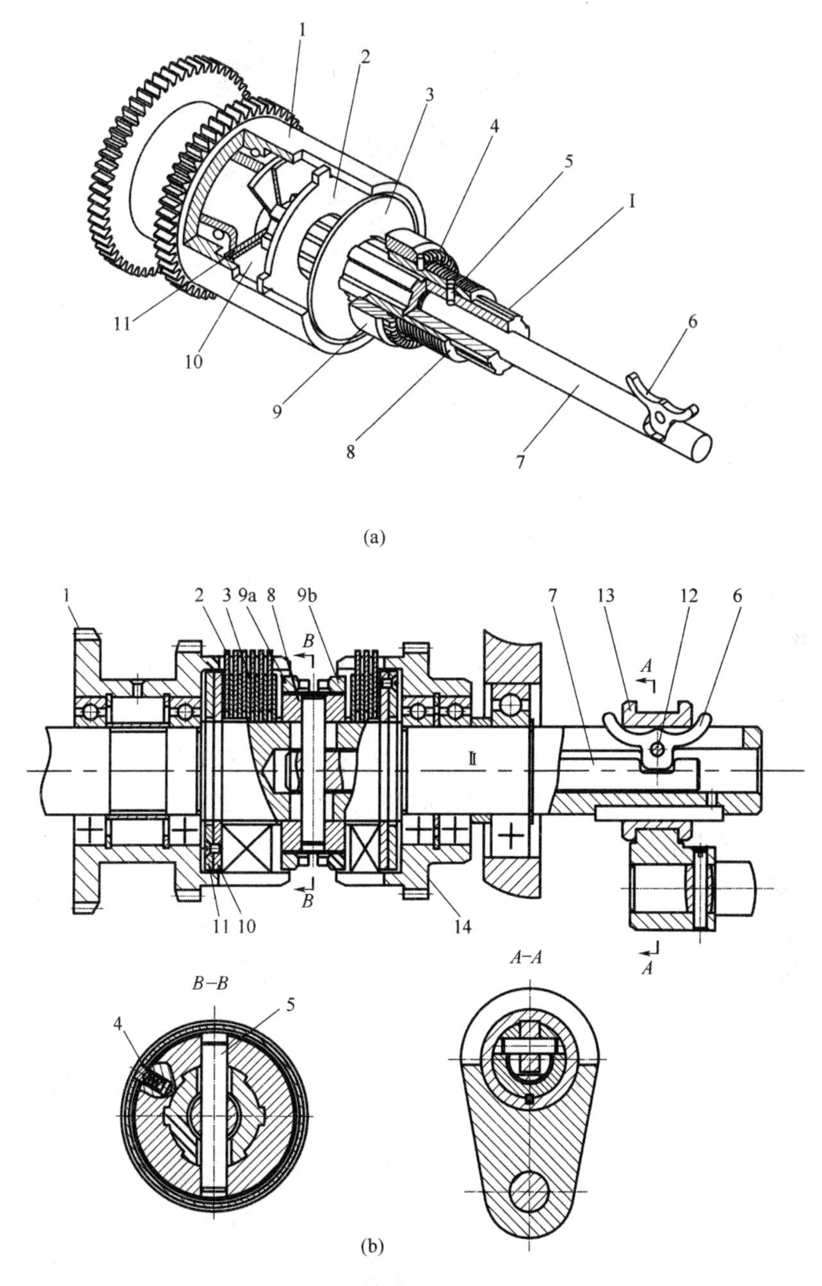

图 3.11　双向片式摩擦离合器结构(CA6140)

度及刚度影响很大,特别是轴承间隙直接影响到加工精度。主轴轴承应在无间隙(或少量过盈)的条件下进行工作,因此主轴组件应在结构上保证能调整轴承间隙。前轴承的径向间隙是通过其前后两侧的螺母来调整的。这两个螺母可以改变 NN3021K 型轴承内环(具有1∶12的锥孔)的轴向位置,由于轴承的内环很薄,故其在轴向移动的同时产生径向弹性膨胀,从而调整了轴承的径向间隙(或预紧程度)。后支承外边的螺母用来调整后轴承的间隙。

主轴是一空心的阶梯轴,其内孔用来通过棒料或通过气动、电动或液压等夹紧驱动装置。主轴前端的 6 号莫氏锥孔用来安装顶尖。主轴前端的短法兰式结构用于安装卡盘或

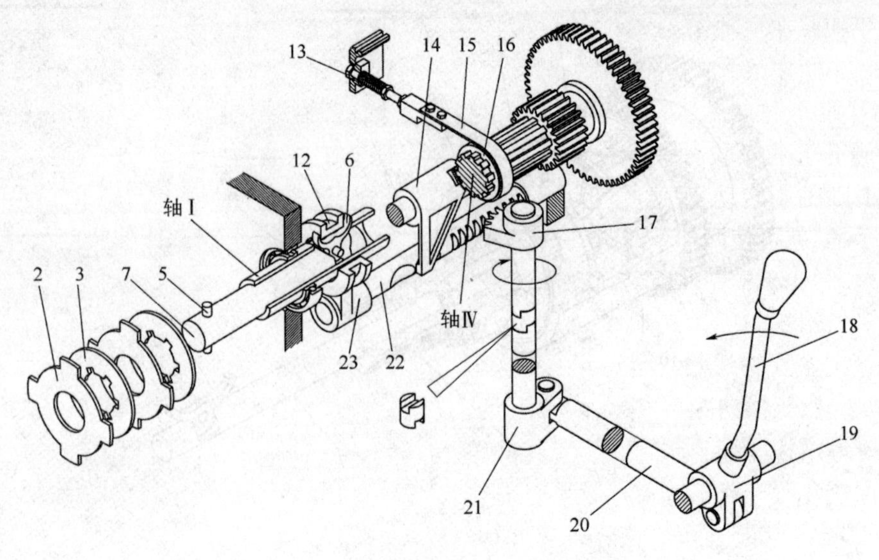

图 3.12　离合器和制动器操纵机构

拨盘。

主轴上装有三个齿轮,最右边的是空套在主轴上的左旋斜齿轮,其传动较平稳,齿轮传动所产生的轴向力指向前轴承,以抵消部分轴向切削力,从而减小了前轴承所承受的轴向力。中间滑移齿轮以花键与主轴相联,在左边位置时,为高速传动;在右边时,齿式离合器(M_2)接合,为低速传动;处于中间空挡位置时,可用手转动主轴,以便装夹和调整工件。主轴最左边的齿轮固定在主轴上,用它把运动传给进给系统。

④ 变速操纵机构。

由传动系统的分析可知,主轴的 24 级转速是由 4 个滑移齿轮变速组和离合器 M_2 组合实现的。在主轴箱中,有两套操纵机构来操纵这些滑移齿轮,其中,图 3.13 是轴Ⅱ和轴Ⅲ上滑移齿轮的操纵机构。

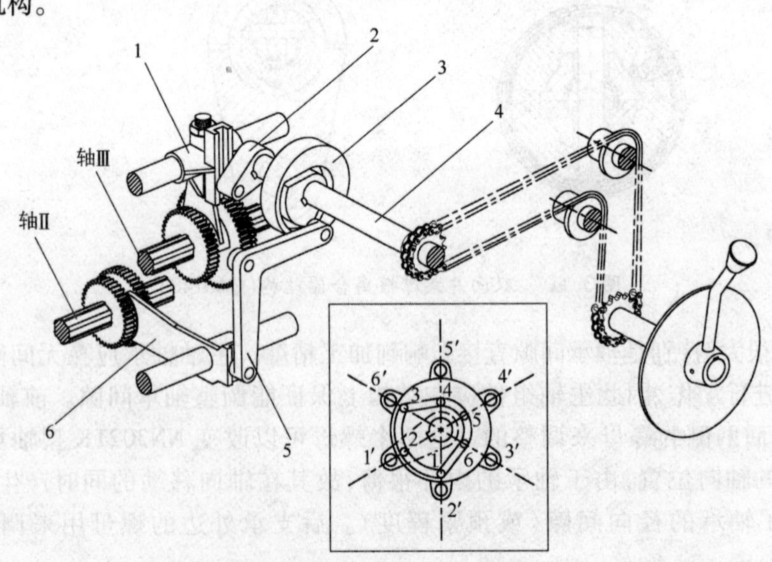

图 3.13　变速操纵机构

1、6—拨叉;2 —曲柄;3—凸轮;4 —轴;5 —杠杆。

变速手柄装在主轴箱的前壁上，通过链条传动轴 4。轴 4 上装有盘形凸轮 3 和曲柄 2。凸轮 3 上有一条封闭的曲线槽，由两段不同半径的圆弧和直线组成。凸轮上有 1 ~6 个变速手柄位置。如图所示，位置 1、2、3 使杠杆 5 上端的滚子处于凸轮槽曲线的大半径圆弧处。杠杆经拨叉 6 将轴Ⅱ上的双联滑移齿轮移向左端位置。位置 4、5、6 则将双联滑移齿轮移向右端位置。曲柄 2 随轴 4 转动，带动拨叉 1，拨动轴Ⅲ上的三联齿轮，使它位于左、中、右 3 个位置。顺次转动手柄，就可使两个滑移齿轮的位置实现六种组合，使轴Ⅰ得到六种转速。滑移齿轮到位后应定位，图 3.9 中的件 5 是拨叉的定位钢球。

(2) 溜板箱。

溜板箱的主要功用是将进给运动或快速移动由进给箱或快速移动电动机传给溜板和刀架，使刀架实现纵、横向和正、反向机动走刀或快速移动。溜板箱内的主要机构有接通丝杠传动的开合螺母机构、纵向和横向机动进给操纵机构、互锁机构、安全离合器机构和手动操纵机构等。下面仅介绍一些主要机构。

① 开合螺母机构。

图 3.14 所示为溜板箱中的开合螺母机构，开合螺母机构由上下两半螺母 25 和 26 组成，装在箱壁的燕尾形导轨中，螺母导轨底面各装有一个圆销 27，销子的另一端嵌在槽盘 28 的曲线槽内。槽盘经轴 7 与手柄 6 相联。当顺时针转动手柄 6 时，槽盘 28 上的曲线将迫使两销子 27 带动上下开合螺母合上，与丝杠相啮合，实现加工螺纹的进给。反之，逆时针转动手柄 6，则将开合螺母分开。

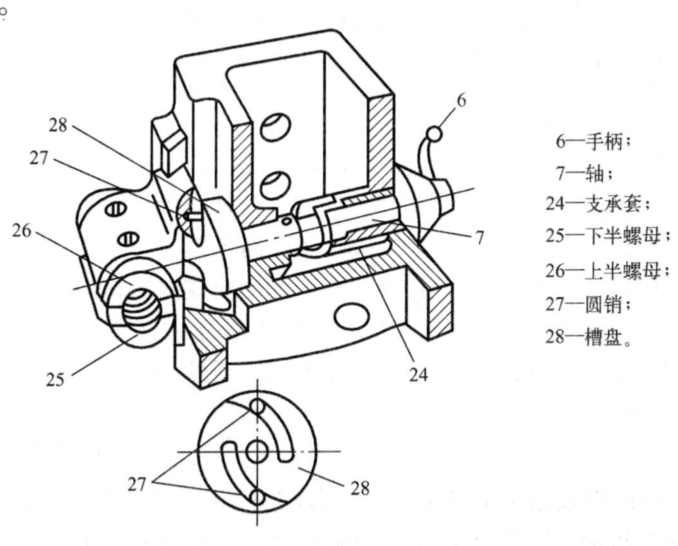

图 3.14 开合螺母机构(CA6140)

② 纵向、横向机动进给及快速移动的操纵机构。

图 3.15 所示为纵、横向机动进给操纵机构的结构原理图。图中纵向、横向机动进给及快速移动是由手柄 1 集中操纵。当需要纵向进给时，向相应方向(向左或向右)扳动操纵手柄 1。由于轴 23 用台阶及卡环轴向固定在箱体上，操纵手柄 1 便绕销轴 2 摆动，手柄座 3 下端的开口槽拨动轴 5 上的球头销 4，使轴 5 轴向移动，再经杠杆 11 和连杆 12 使凸轮 13 转动，凸轮上的曲线槽又通过圆销 14 带动轴 15 以及固定在它上面的拨叉 16 向前或向后移动，拨叉拨动离合器 M_8，使之与轴ⅩⅩⅡ上两个空套齿轮之一啮合，于是纵向机动进给运动接通，刀架相应地向左或向右移动。

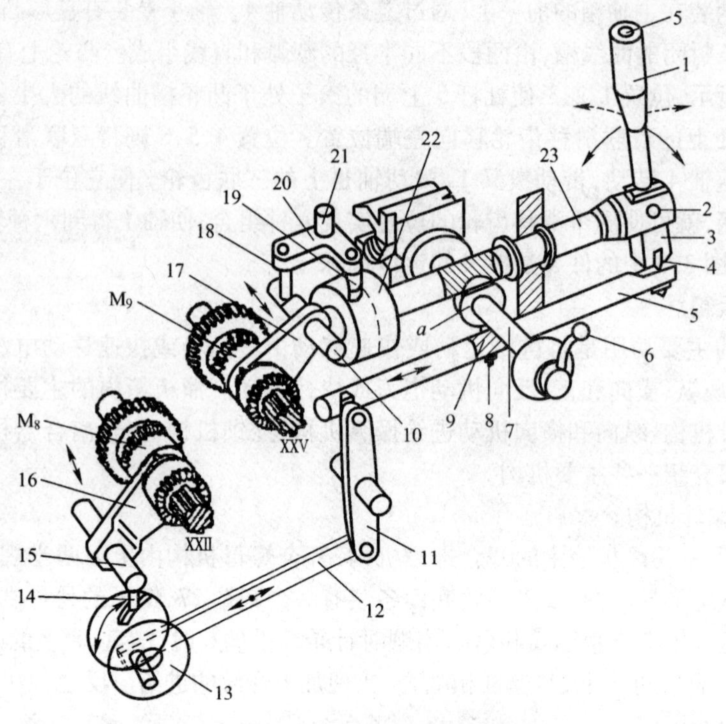

图 3.15 纵、横向机动进给操纵机构

1、6 —手柄;2、21 —销轴;3—手柄座;4、9—球头销;5、7、23—轴;8—弹簧销;
10、15—拨叉轴;11、20—杠杆;12 —连杆;13、22—凸轮;14、18、19—圆销;16、17—拨叉。

向后或向前扳动手柄 1,通过手柄座 3 使轴 23 以及固定在它左端的凸轮 22 转动时,凸轮上曲线槽通过圆销 19 使杠杆 20 绕销轴 21 摆动,再经杠杆 20 上的另一圆销 18,带动轴 10 以及固定在它上面的拨叉 17 向前或向后移动,拨叉拨动离合器 M_9,使之与轴XXV上两空套齿轮之一啮合,于是横向机动进给运动接通,刀架相应地向前或向后移动。

手柄 1 扳至中间直立位置时,离合器和 M_8 似 M_9 均处于中间位置,机动进给传动链断开。当手柄扳至左、右、前、后任一位置时,如按下装在手柄 1 顶端的按钮 5,则快速电动机启动,刀架便在相应方向上快速移动。

③ 互锁机构。

为了避免损坏机床,在接通机动进给或快速移动时,开合螺母不应闭合。反之,合上开合螺母时,就不允许接通机动进给和快速移动。因此,溜板箱中设有互锁机构。

图 3.16 为互锁机构的工作原理图。当互锁机构处于中间位置(丝杠传动和纵横向机动进给均未接通),此时操纵手柄 1(图 3.15 中)可扳至前、后、左、右任意位置,以接通纵、横向机动进给,或者扳动手柄 6,使开合螺母合上(见图 3.15)。

如果向下扳动手柄 6 使开合螺母合上,则轴 7 顺时针转过一个角度,其上凸肩 a 嵌入轴 23 的槽中,将轴 23 卡住,使其不能转动,同时,凸肩又将装在支承套 24 横向孔中的球头销 9 压下,使它的下端插入轴 5 的孔中,将轴 5 锁住,使其不能左右移动(见图 3.16(b))。这时纵、横向机动进给都不能接通。如果接通纵向机动进给,则因轴 5 沿轴线方向移动了一定的位置,其上的横孔与球头销 9 错位(轴线不在同一直线上),使球头销不能往下移动,因而轴 7 被锁住而无法转动(见图 3.16(c))。如果接通横向机动进给时,由于轴 23 转动了位置,其上的沟槽不再对准轴 7 的凸肩 a，使轴 7 无法转动（见图 3.16（d））。因此，接通纵向或横向机动进给后，开合螺母不能合上。

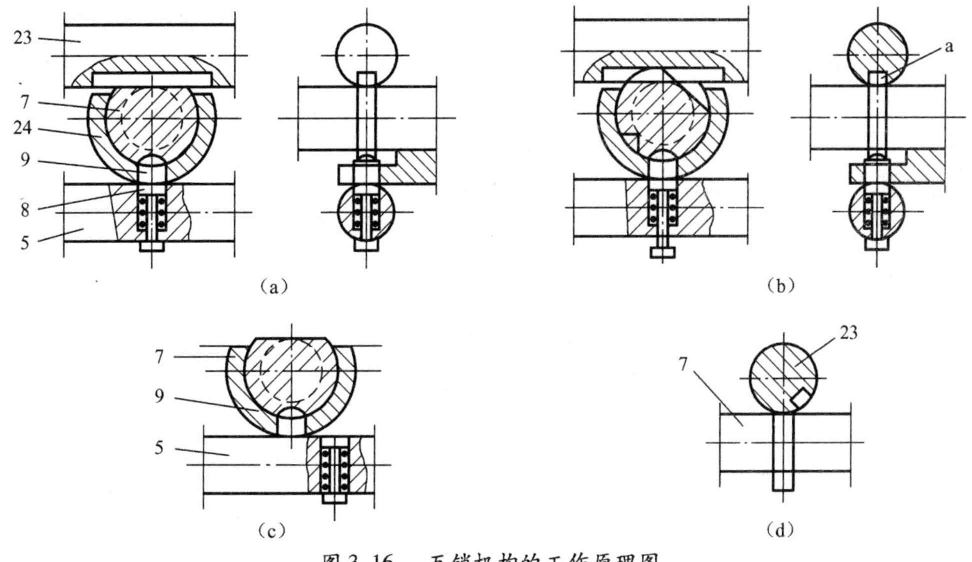

图 3.16　互锁机构的工作原理图

5、7；23—轴；8 —弹簧销；9—球头销；24—支承套。

④ 安全离合器。

安全离合器的作用是机床过载或发生事故时，为防止机床损坏而自动断开，起安全保护作用。当载荷消失后，可自动恢复正常工作。图 3.17 所示为安全离合器结构图。它由端面带螺旋形齿爪的左右两半部 5 和 6 组成，其左半部 5 用键装在超越离合器 M_6 的星形轮 4 上，且与

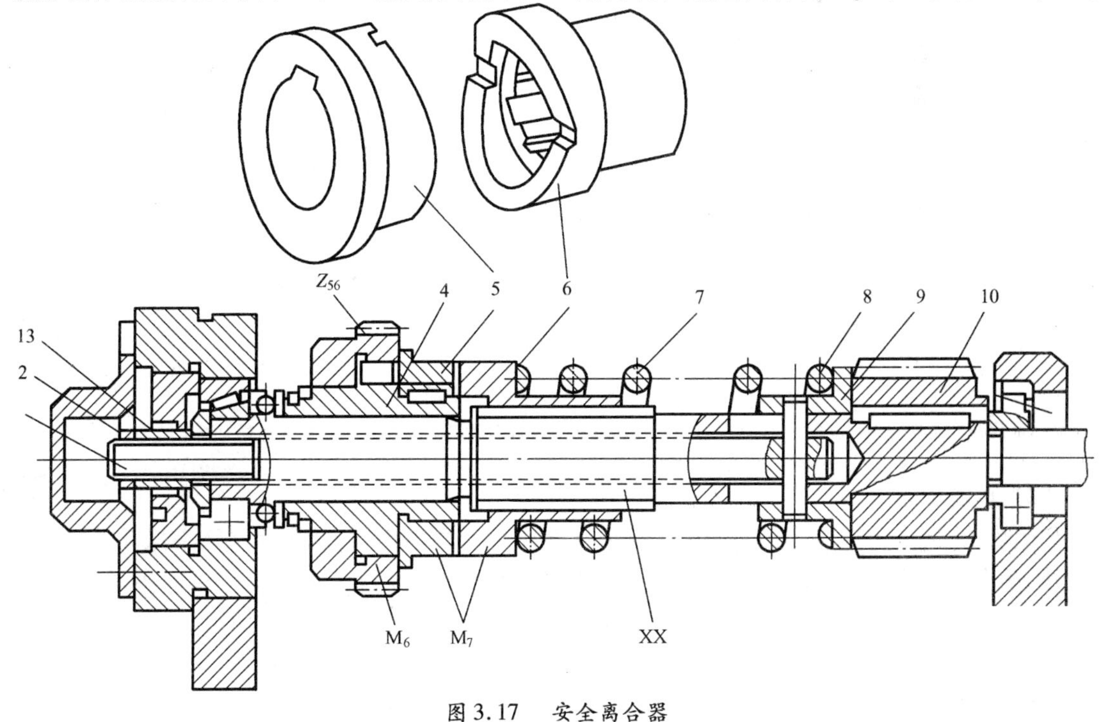

图 3.17　安全离合器

1—拉杆；2—锁紧螺母；3—调整螺母；4—超越离合器的星形轮；5 —安全离合器左半部；

6 —安全离合器右半部；7 —弹簧；8 —圆销；9—弹簧座；10 —蜗杆。

轴ⅩⅩ空套，右半部6与轴ⅩⅩ用花键联接。在正常工作情况下，在弹簧7压力作用下，离合器左右两半部分相互啮合，由光杠传来的运动，经齿轮Z_{56}、超越离合器M_6和安全离合器M_7，传至轴ⅩⅩ和蜗杆10。当进给系统过载时，离合器右半部6将压缩弹簧而向右移动，与左半部5脱开，导致安全离合器打滑。于是机动进给传动链断开，刀架停止进给，过载现象消除后，弹簧7使安全离合器重新自动接合，恢复正常工作。机床允许的最大进给力，取决于弹簧7的调定压力。旋转螺母3，通过装在轴ⅩⅩ内孔中的拉杆1和圆销8，可调整弹簧座9的轴向位置，改变弹簧7的压缩量，从而调整安全离合器能传递的扭矩大小。

3.3.1.2 其他车床

1）立式车床

立式车床一般用于加工直径大、长度短且质量较大的工件。立式车床的工作台的台面是水平面，主轴的轴心线垂直于台面，工件的找正、装夹比较方便，工件和工作台的重量均匀地作用在工作台下面的圆导轨上。

立式车床可分为单柱式(图3.18(a))和双柱式(图3.18(b))两类。加工直径不太大的工件用单柱立车，加工直径大的工件用双柱立车。

立式车床的工作台2装在底座1上，工件装夹在工作台上并由工作台带动作主运动。进给运动由垂直刀架4和侧刀架7实现。侧刀架7可在立柱3的导轨上移动作垂直进给，还可沿刀架滑座的导轨作横向进给。垂直刀架4可在横梁5的导轨上移动作横向进给，垂直刀架的滑板可沿其刀架滑座的导轨作垂直进给。

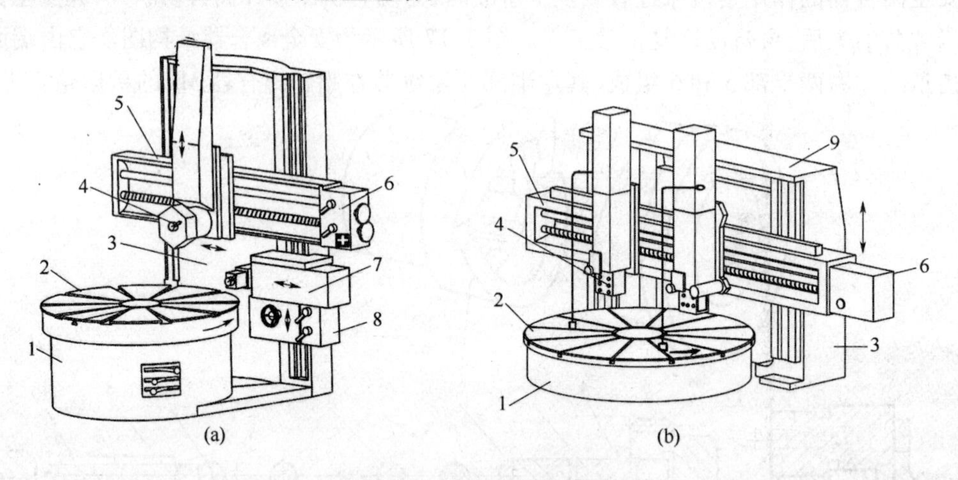

图3.18 立式车床外形图

1—底座；2—工作台；3—立柱；4—垂直刀架；5—横梁；6—垂直刀架进给箱；7—侧刀架；8—侧刀架进给箱；9—顶梁。

2）转塔车床

图3.19所示为转塔式转塔车床。与卧式车床的布局很相似，转塔式转塔车床除了有前刀架外，还有一个转塔刀架。转塔刀架上有六个装刀位置，可以沿床身导轨作纵向进给，每一个刀位加工完毕后，转塔刀架快速退回，转动60°，更换到下一个刀位进行加工。前刀架可以纵向进给，也可以横向进给，用于车外圆、端面或沟槽等。

3）仿形车床

仿形车床是机床的一种，它能车削各种轮廓的零件，故也叫造型车床，刀具沿着与模型重

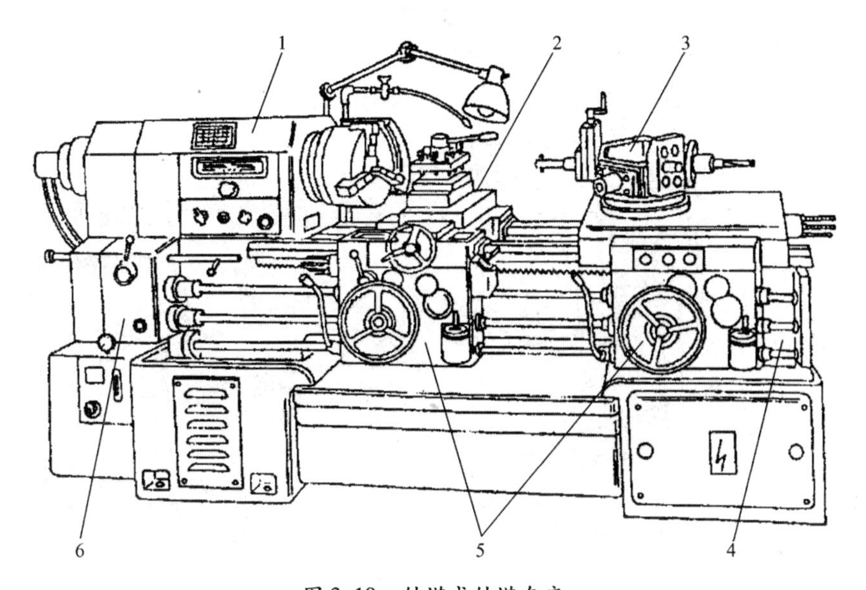

图 3.19 转塔式转塔车床

1—主轴箱;2—前刀架;3—转塔刀架;4—床身;5—溜板箱;6—进给箱。

叠的轮廓路径运动,这与用铅笔沿着工程图纸中使用的塑料模板的形状相似。通过液压系统或电力系统,仿形触销沿着模型运动,带动刀具沿着工件加工形成表面形状,无需操作者控制。当前,仿形车床的加工工作在很大程度上已经被数控车床和车削加工中心取代。

4) 自动化车床

车床逐步自动化已经有很多年了。机床手工控制已经由能沿着指定顺序切削加工的机械装置取代。对于全自动化的机械装置,零件能自动上、下料,而在半自动化车床加工中,这些工作仍由操作者实现。

自动化车床也称卡盘式车床,有卧式和立式两种,但没有尾座(顶针座)。它们用来加工单个规则或不规则的零件,有单轴和多轴两种类型。还有一种类型的自动化车床,棒料周期性地进给,零件被加工后在棒料末端被切断。自动化车床适合中、大批生产。

5) 数控车床

许多高级车床中,机器的移动和控制、部件的控制由计算机数控中心完成。此类型的车床特征如图 3.20 所示。这些车床一般安装一个或多个六角刀架,每个六角刀架安装一系列的刀具,同时在不同的工件表面实现不同的加工。

这种类型的车床高度自动化,加工可重复,能精确保证所需尺寸,适合中、小批生产,并可降低操作工人的技术要求(在机器调定完后)。

3.3.2 车刀

车刀是金属切削中应用最广的刀具。它用于各种车床上,加工外圆、内孔、端面、螺纹以及车槽和车齿等。其主要类型如图 3.21 所示。

车刀按结构可分为整体车刀、焊接车刀、可转位车刀和成形车刀。

1) 整体车刀

整体车刀是最常见、使用最多的一类车刀。整体车刀的刀头部分和刀杆部分均为同一种材料,用作整体车刀的刀具材料一般是整体高速钢。

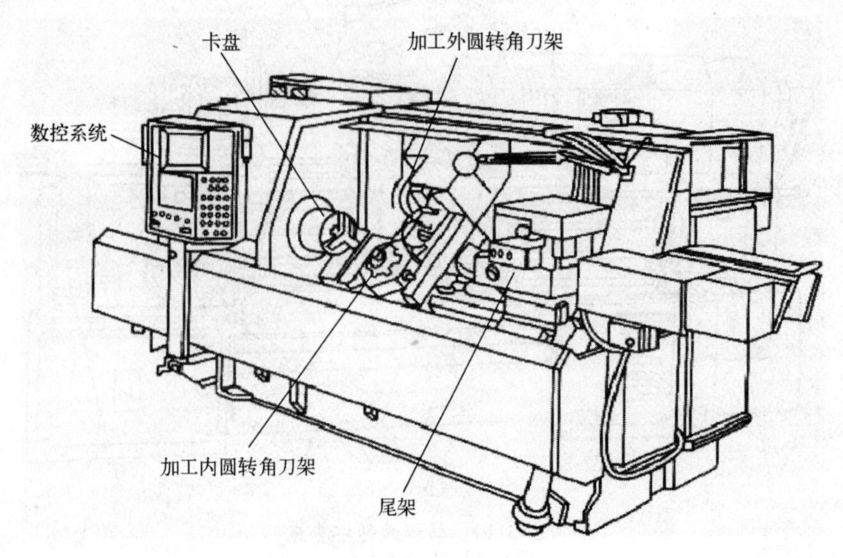

图 3.20　数控车床

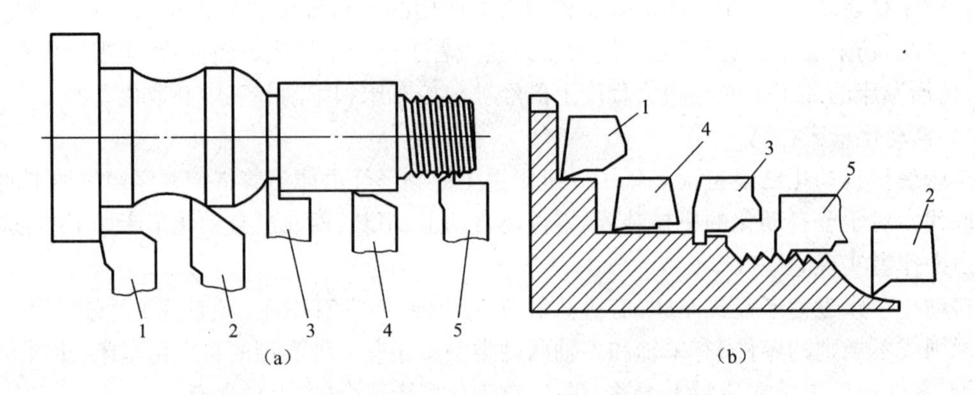

图 3.21　车刀主要类型

1 —端面车刀;2—仿形车刀;3—车槽刀;4—外圆(内孔)车刀;5—螺纹车刀。

2）焊接车刀

焊接车刀是由一定形状的刀片和刀杆通过焊接连接而成的。刀片一般选用各种不同牌号的硬质合金材料,而刀杆一般选用45 钢。使用时根据具体需要进行刃磨。焊接车刀的优点是结构简单、紧凑;刀具刚度好、抗振性能强;制造方便,使用灵活,可以根据加工条件和加工要求刃磨其几何参数,且硬质合金的利用率也较充分。它的主要缺点是:

(1) 切削性能较低。刀片经过高温焊接后,切削性能有所降低。由于硬质合金刀片的线膨胀系数比刀体材料小一倍左右,刀片经焊接和刃磨的高温作用,冷却后常常产生内应力,导致硬质合金刀片出现裂纹,抗弯强度明显降低。

(2) 刀杆不能重复使用。由于刀杆不能重复使用,浪费原材料。

(3) 辅助时间长。换刀及对刀时间较长,不适于自动机床、数控机床和机械加工自动线的需要,也与现代化生产不相适应。

焊接式车刀的硬质合金刀片的外形尺寸已标准化,由专业硬质合金厂生产。使用时,应根据其不同用途，选用合适的硬质合金牌号和刀片形状规格。图 3.22 为焊接式车刀的结构。

3）可转位车刀

可转位车刀是使用可转位刀片的机夹车刀。图 3.23 表示可转位车刀的组成。刀垫 2、刀片 3 套装在刀杆的夹固元件 4 上,由该元件将刀片压向支承面而紧固。车刀的前后角靠刀片在刀杆槽中安装后获得。一条切削刃用钝后可迅速转位换成相邻的新切削刃,即可继续工作,直到刀片上所有切削刃均已用钝,刀片才报废回收。更换新刀片后,车刀又可继续工作。与焊接车刀相比,可转位车刀具有下列优点:

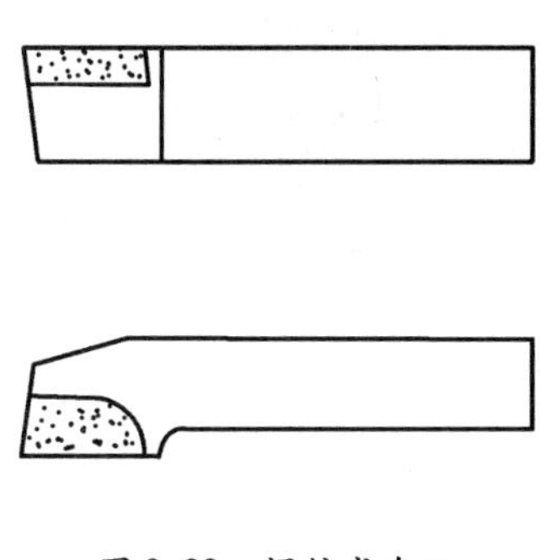

图 3.22 焊接式车刀

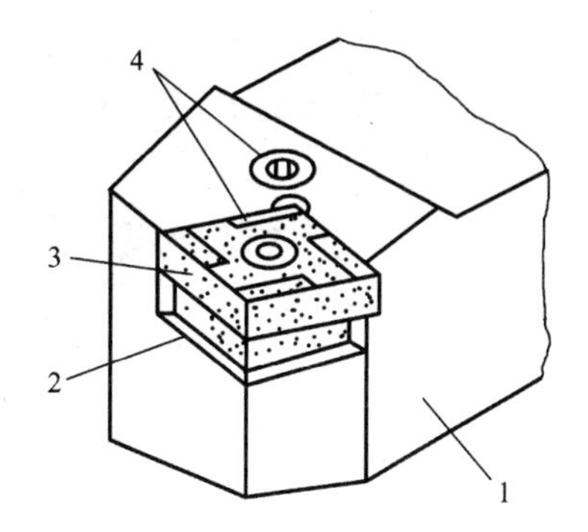

图 3.23 可转位车刀的组成
1—刀杆;2—刀垫;3—刀片;4—夹固元件。

(1) 刀具使用寿命长。由于刀片避免了由焊接的刃磨高温引起的缺陷,刀具几何参数完全由刀杆和刀杆槽保证,切削性能稳定,从而提高了刀具寿命。

(2) 生产效率高。由于机床操作工人不再刃磨,可大大减少停机换刀等辅助时间。

(3) 有利于推广新技术、新工艺。可转位车刀有利于推广使用涂层、陶瓷等新型刀具材料。

(4) 有利于降低刀具成本。刀杆使用寿命长,且大大减少了刀杆的消耗和库存量,简化了刀具的管理工作,降低了刀具成本。

由于上述优点,可转位车刀被列为国家重点推广项目,也是刀具的发展方向。

可转位车刀的特点体现在通过刀片转位更换切削刃,以及所有切削刃用钝后更换新刀片。为此刀片的夹固必须满足下列要求:

(1) 定位精度高。刀片转位或更换新刀片后,刀尖位置的变化应在工件精度允许的范围内。

(2) 刀片夹紧可靠。应保证刀片、刀垫、刀杆接触面紧密贴合,经得起冲击和振动。同时,夹紧力也不宜过大,应力分布应均匀,以免压碎刀片。

(3) 排屑流畅。刀片前面上最好无障碍,保证切屑排出流畅,并容易观察。特别对于车孔刀,最好不用上压式,防止切屑缠绕划伤已加工表面。

(4) 使用方便。转换刀刃和更换新刀片方便、迅速。

可转位车刀的结构形式很多,图 3.24 ~ 图 3.28 所示为一些使用效果较好的典型结构。

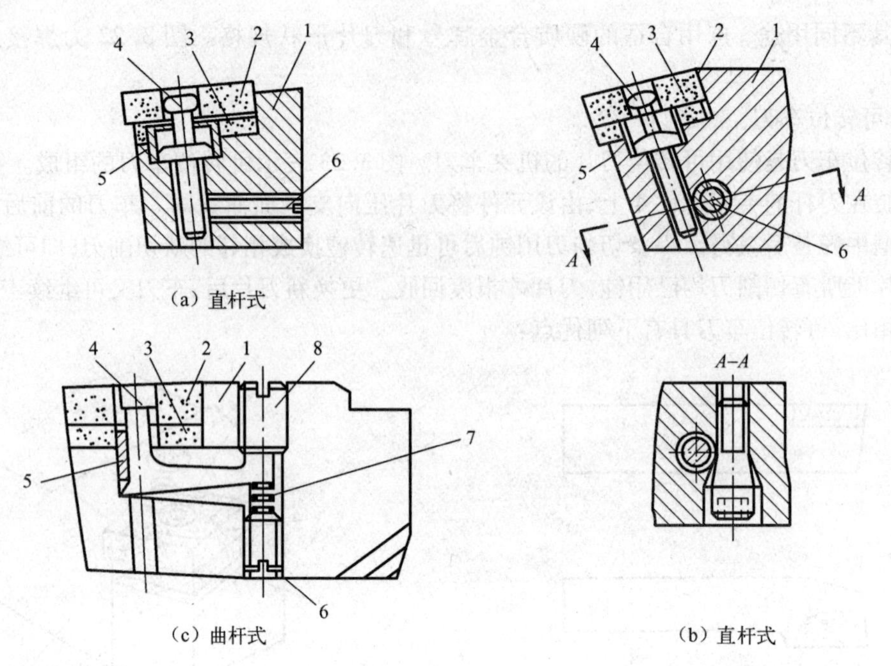

图 3.24　杠杆式夹紧

1 —刀杆;2 —刀片;3 — 刀垫;4—杠杆;5—弹簧套;6 —螺钉;7 —弹簧;8—螺钉。

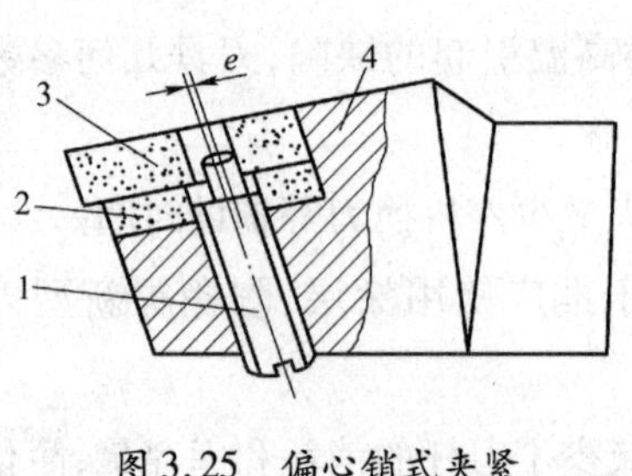

图 3.25　偏心销式夹紧

1—偏心销;2—刀垫;3 —刀片;4—刀杆。

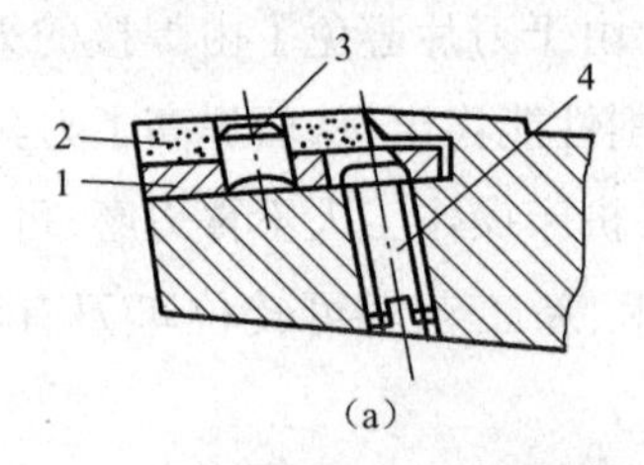

图 3.26　拉垫式夹紧

1—拉垫;2—刀片;3—销轴;4—锥端螺钉。

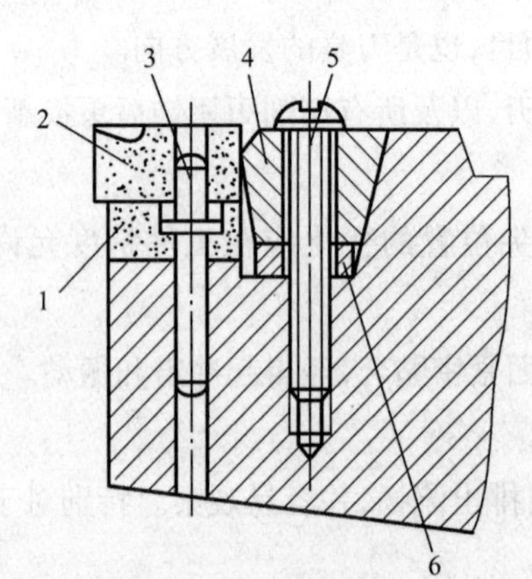

图 3.27　楔销式夹紧

1—刀垫;2—刀片;3—销轴;
4—楔块;5 —螺钉;6 —弹簧片。

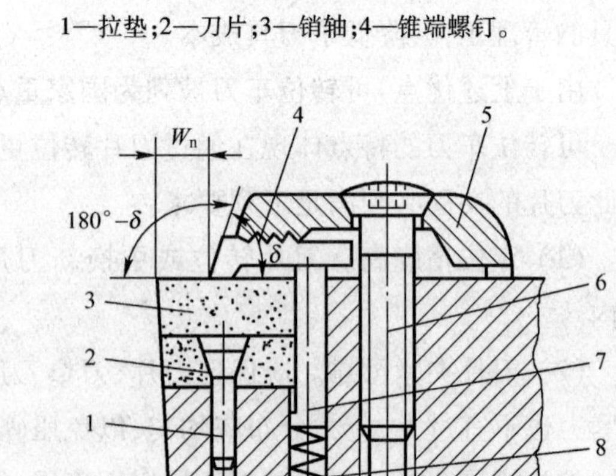

图 3.28　上压式夹紧

1 —销轴;2 —刀垫;3 —刀片;4—压板;
5—锥孔压板;6 —螺钉;7 —支钉;8—弹簧。

4）成形车刀

成形车刀用在各类车床上加工内、外回转体成形表面，其刃形根据工件轮廓设计。只要刀具设计、制造、安装正确，就可保证加工表面形状、尺寸的一致性、互换性，基本不受操作工人技术水平的影响，并以很高的生产率加工出精度达 IT9 ~ IT10 级、表面粗糙度值 Ra 达 2.5 ~ 10μm 的成形零件。其重磨沿前刀面进行，重磨方便并允许重磨次数多。但是成形车刀的设计和制造比较复杂，成本也较高，一般适于大批量生产的场合。

常见的沿工件径向进给的成形车刀有平体、棱体、圆体三种型式，见图 3.29。平体成形车刀除了切削刃具有一定的形状要求外，结构上和普通车刀相同，螺纹车刀和铲齿车刀即属此种刀具。这种车刀只能用来加工外成形表面，并且沿前刀面的可重磨次数不多。棱体成形车刀的外形是棱柱体，可重磨次数比平体成形车刀多，但也只能用来加工外成形表面。圆体成形车刀的外形是回转体，切削刃在圆周表面上分布，由于重磨时磨的是前刀面，故可重磨次数更多，且可用来加工内外成形表面。这种成形车刀制造比较方便，因此一般用得较多。

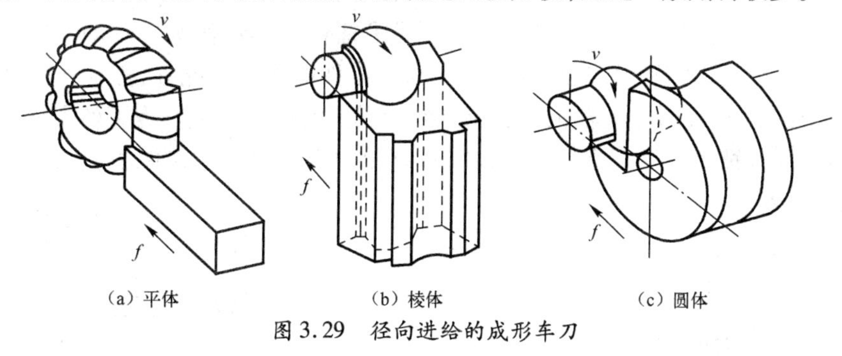

图 3.29　径向进给的成形车刀

3.4　孔加工机床与刀具

钻床和镗床都是孔加工机床，主要用于加工外形复杂、没有对称回转轴线工件上的孔，如箱体、支架、杠杆等零件上的单孔或孔系。

3.4.1　钻床

钻床是用钻头在工件上加工孔的机床。通常用于加工尺寸较小、精度要求不太高的孔。在钻床上钻孔时，工件一般固定不动，刀具作旋转主运动，同时沿轴向作进给运动。在钻床上可完成钻孔、扩孔、铰孔、锪孔以及攻螺纹等工作。钻床的加工方法及所需的运动如图 3.30 所示。钻床的主参数是最大钻孔直径。钻床的主要类型有台式钻床、立式钻床、摇臂钻床、深孔钻床及其他钻床（如中心孔钻床）。

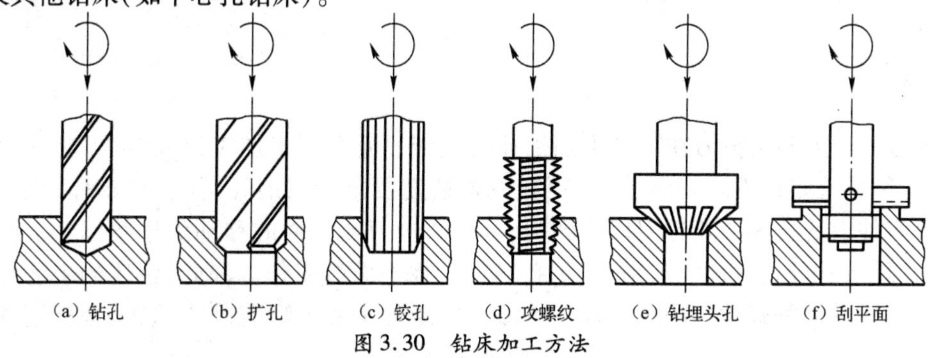

图 3.30　钻床加工方法

3.4.1.1 立式钻床

图3.31是立式钻床的外形图。它主要由变速箱4、进给箱3、立柱5、工作台1和底座6等部件组成。加工时，工件直接或利用夹具安装在工作台上，主轴既旋转(由电动机经变速箱4传动)又作轴向进给运动。进给箱3、工作台1可沿立柱5的导轨调整上下位置，以适应加工不同高度的工件。当第一个孔加工完再加工第二个孔时，需要重新移动工件，使刀具旋转中心对准被加工孔的中心。因此对于大而重的工件，操作不方便。它适用于中小工件的单件、小批量生产。

3.4.1.2 摇臂钻床

对一些大而重的工件，一般希望工件固定不动，而移动主轴，使其对准加工孔的中心，因此就出现了摇臂钻床。图3.32为摇臂钻床的外形图，它主要由内立柱2、外立柱3、摇臂4、主轴箱5和底座1等部件组成。主轴箱装在摇臂上，可沿摇臂上导轨作水平移动。摇臂套装在外立柱上，可沿外立柱上下移动，以适应加工不同高度工件的要求。此外，摇臂还可随外立柱绕内立柱在180°范围回转，因此主轴很容易调整到所需要的加工位置。为了使主轴在加工时保持确定的位置，摇臂钻床还具有立柱、摇臂及主轴箱的夹紧机构，当主轴的位置调整确定后，可以快速将它们夹紧。

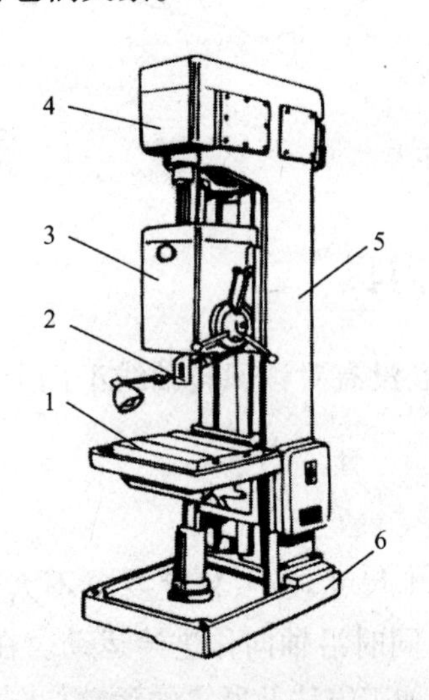

图3.31 立式钻床
1—工作台；2—主轴；3—进给箱；
4—变速箱；5—立柱；6—底座。

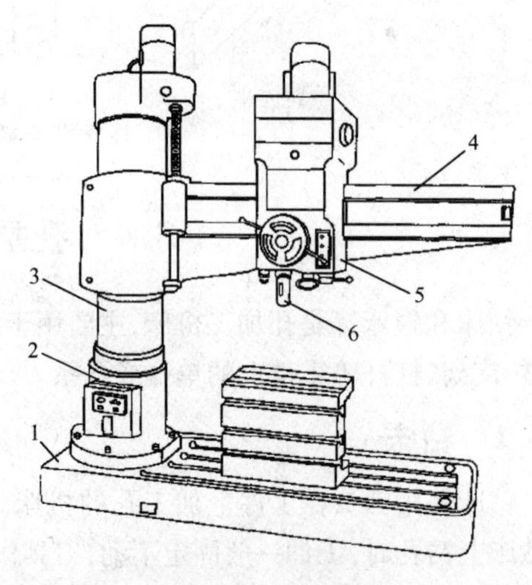

图3.32 摇臂钻床
1—底座；2—内立柱；3—外立柱；
4—摇臂；5—主轴箱；6—主轴。

3.4.2 镗床

镗床是一种主要用镗刀在工件上加工孔的机床。通常用于加工尺寸较大、精度要求较高的孔，特别是分布在不同表面上、孔距和位置精度要求较高的孔，如各种箱体、汽车发动机缸体等零件上的孔。一般镗刀以旋转为主运动，镗刀或工件的移动为进给运动。在镗床上，除镗孔外，还可以进行铣削、钻孔、扩孔、铰孔、锪平面等工作。因此，镗床的工艺范围较广，图3.33所示为卧式镗床的主要加工方法。镗床的主要类型有卧式镗床、坐标镗床和金刚镗床等。

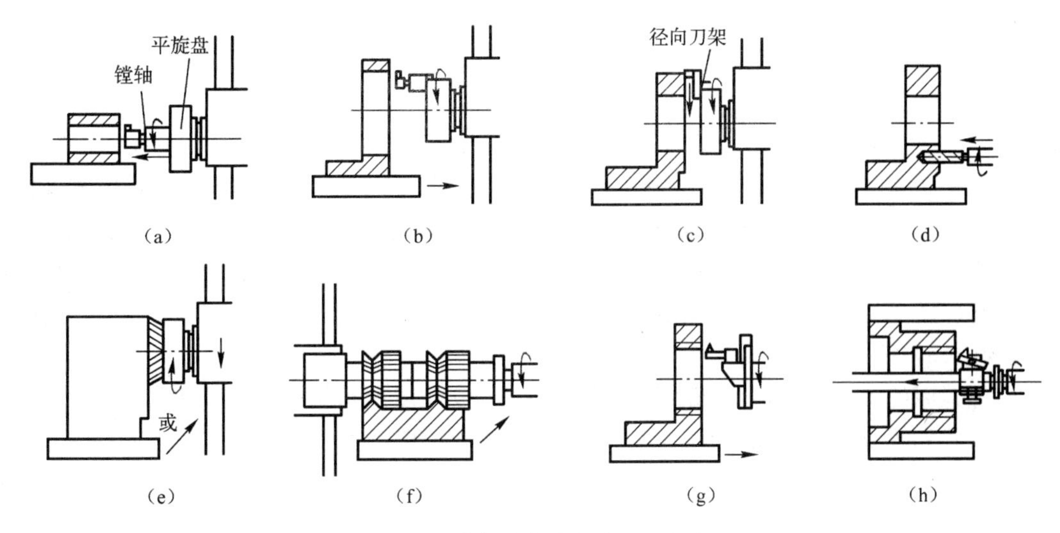

图 3.33 卧式镗床的主要加工方法

3.4.2.1 卧式镗床

图 3.34 为卧式镗床的外形图。它由床身 8、主轴箱 1、前立柱 2、带后支承 9 的后立柱 10、下滑座 7、上滑座 6、工作台 5 等部件组成。加工时,刀具安装在主轴 3 上或平旋盘 4 上,由主轴箱提供各种转速和进给量。主轴箱 1 可沿前立柱 2 上下移动,工件安装在工作台 5 上,可与工作台一起随上下滑座 6 和 7 作纵向或横向移动。此外,工作台还可绕上滑座 6 的圆导轨在水平面内调整至一定的角度位置,以便加工互成一定角度的孔与平面。装在主轴上的镗刀还可随主轴作轴向进给或调整镗刀的轴向位置。当镗杆及刀杆伸出较长时,可用后立柱上的支承套 9 来支承,以增加刀杆及镗轴的刚性。当刀具装有平旋盘 4 的径向刀架上时,径向刀架可带着刀具作径向进给,这时可以车端面。

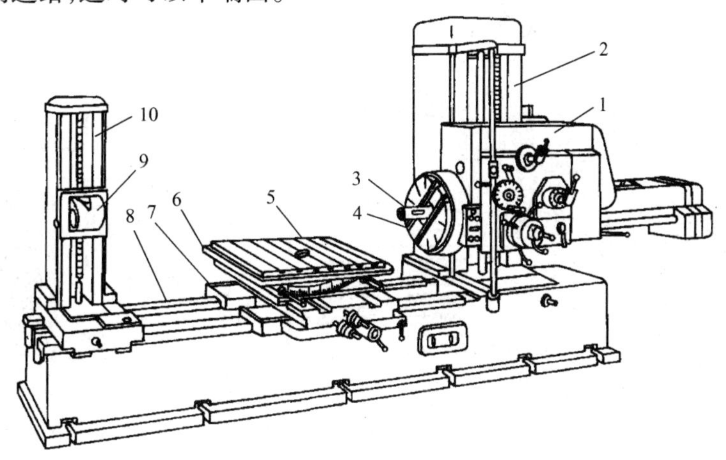

图 3.34 卧式镗床

1—主轴箱;2—前立柱;3—主轴;4—平旋盘;5—工作台;6—上滑座;
7 —下滑座;8—床身导轨;9 —后支承套;10 —后立柱。

卧式镗床既要完成粗加工(如粗镗、粗铣、钻孔等),又要进行精加工(如精镗孔)。因此对镗床的主轴部件的精度、刚度有较高的要求。

卧式镗床的主参数是镗轴直径。

3.4.2.2 坐标镗床和金刚镗床

坐标镗床是一种高精度机床。其主要特点是具有坐标位置的精密测量装置。依靠坐标测量装置,能精确地确定工作台、主轴箱等移动部件的位移量,实现工件和刀具的精确定位。另外这种机床的主要零部件的制造和装配精度很高,并有良好的刚性和抗振性。它主要用来镗削精密孔(IT5 级或更高)和位置精度要求很高的孔系(定位精度达 0.002 ~0.1mm),例如钻模、镗模上的精密孔。

坐标镗床的工艺范围很广,除镗孔、钻孔、扩孔、铰孔以及精铣平面和沟槽外,还可以进行精密刻线和划线以及进行孔距和直线尺寸的精密测量工作。

坐标镗床的主要参数是工作台的宽度。

坐标镗床按其布局形式可分为立式和卧式两大类。立式坐标镗床适用于加工轴线与安装基面(底面)垂直的孔系和铣削顶面。卧式坐标镗床(图 3.35)适用于加工轴线与安装基面平行的孔系和铣削侧面。

金刚镗床是一种高速精密镗床,它因以前采用金刚石镗刀而得名,现在已广泛使用硬质合金刀具。这种机床的特点是切削速度很高,而切削深度和进给量极小,加工精度可达 IT5 ~ IT6,表面粗糙度值 Ra 达 0.63 ~0.08μm。

图 3.36 是金刚镗床外形图。它由主轴箱 1、工作台 3 和床身 4 等主要部件组成。主轴箱 1 固定在床身 4 上,主轴 2 的高速旋转是主运动,工作台 3 沿床身 4 的导轨作平稳的低速纵向移动以实现进给运动。工件通过夹具安装在工作台上。金刚镗床的主轴短而粗,刚度较高,传动平稳,这是它能加工出低表面粗糙度值和高精度孔的重要条件。

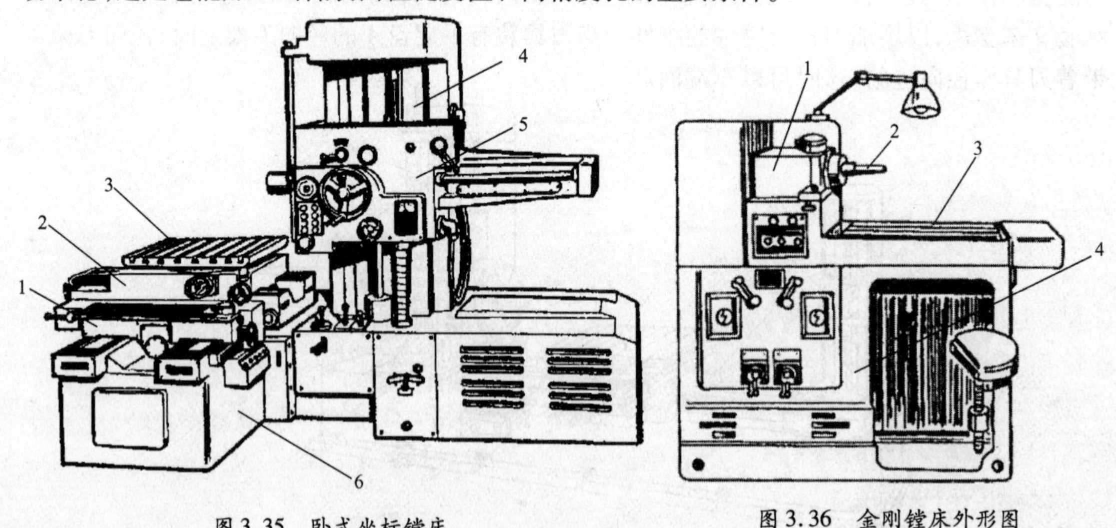

图 3.35 卧式坐标镗床

1 —下滑座;2—上滑座;3—工作台;4—立柱;5—主轴箱;6—床身底座。

图 3.36 金刚镗床外形图

这类机床主要用于成批大量生产中精加工活塞、连杆、汽缸及其他零件,在汽车、拖拉机和航空工业中得到广泛的应用。

3.4.3 孔加工刀具

孔加工刀具按其用途可分为两大类。一类是从实体材料中加工出孔的刀具,常用的有麻花钻、扁钻、中心钻和深孔钻等;另一类是对工件上已有孔进行再加工的刀具,常用的有扩孔钻、锪钻、铰刀及镗刀等。

3.4.3.1 麻花钻

麻花钻是最常用的孔加工刀具,一般用于实体材料上孔的粗加工。钻孔的尺寸精度为IT11 ~ IT12,表面粗糙度值 Ra 为 50 ~ 12.5μm。加工孔径范围为 0.1 ~ 80mm,以 Φ30mm 以下时最常用。如图 3.37 所示,标准麻花钻由柄部、颈部和工作部分组成。

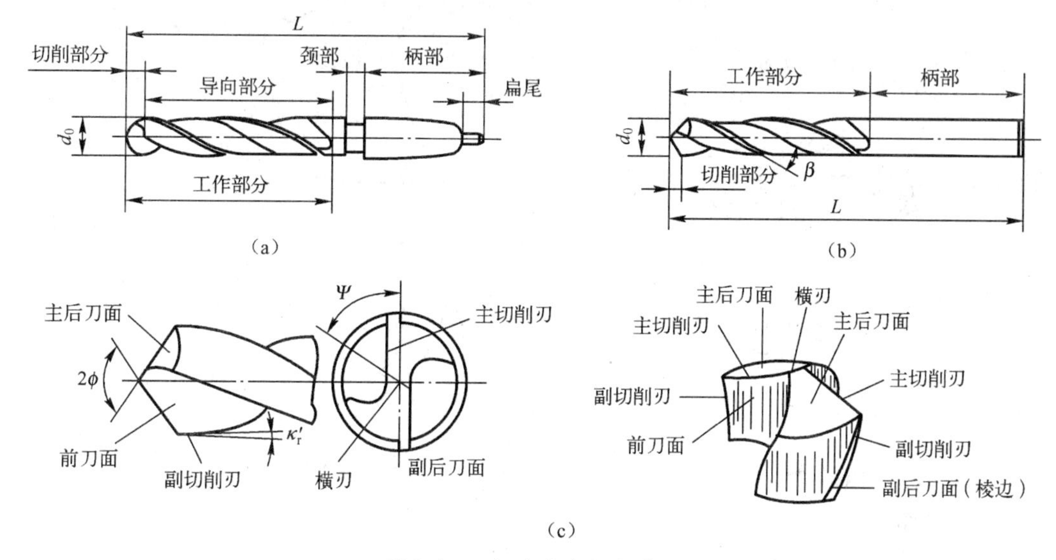

图 3.37 标准高速钢麻花钻

(1)柄部。用于与机床或夹具连接起夹持定位作用,并传递扭矩和轴向力。小直径钻头多做成圆柱柄,大直径钻头多做成莫氏锥柄。

(2)颈部。位于工作部分和柄部之间,磨削柄部时,是砂轮的退刀槽。钻头的标记也常注于此。

(3)工作部分。由切削部分和导向部分组成。切削部分担负着切削工作。导向部分的功用是钻头切入工件以后,它与孔壁接触起到导向作用,同时它也是切削部分的后备部分。

麻花钻的工作部分有两个对称的刃瓣(通过中间的钻芯连接在一起),两条对称的螺旋槽(用于容屑和排屑);导向部分磨有两条棱边(刃带),为了减少与加工孔壁的摩擦,棱边直径磨有(0.03 ~ 0.12)/100 的倒锥量,从而形成了副偏角 κ'_r。

麻花钻的两个刃瓣可以看作两把对称的车刀;螺旋槽的螺旋面为前刀面,与工件过渡表面(孔底)相对的端部两曲面为主后刀面,与工件的加工表面(孔壁)相对的两条棱边为副后刀面,螺旋槽与主后刀面的两条交线为主切削刃,棱边与螺旋槽的两条交线为副切削刃。麻花钻的横刃为两后刀面在钻芯处的交线。

麻花钻的主要几何参数有:螺旋角 β、锋角 2ϕ、前角 γ_o、后角 α_o 和横刃斜角 Ψ 等。

由于标准麻花钻存在切削刃长、前角变化大(从外缘处的大约 +30°逐渐减小到钻芯处的

大约 -30°)、螺旋槽排屑不畅、横刃部分切削条件很差(横刃前角约为 -60°)等结构问题,生产中,为了提高钻孔的精度和效率,常将标准麻花钻按特定方式刃磨成"群钻"(图3.38)使用。其修磨特点为:将横刃磨窄、磨低,改善横刃处的切削条件;将靠近钻芯附近的主刃修磨成一段顶角较大的内直刃及一段圆弧刃,以增大该段切削刃的前角。同时,对称的圆弧刃在钻削过程中起到定心及分屑作用;在外直刃上磨出分屑槽,改善断屑、排屑情况。经过综合修磨而成的群钻,切削性能显著提高。钻削时轴向力下降35% ~50%,扭矩降低10% ~30%,刀具使用寿命提高3 ~5倍,生产率、加工精度都有显著提高。

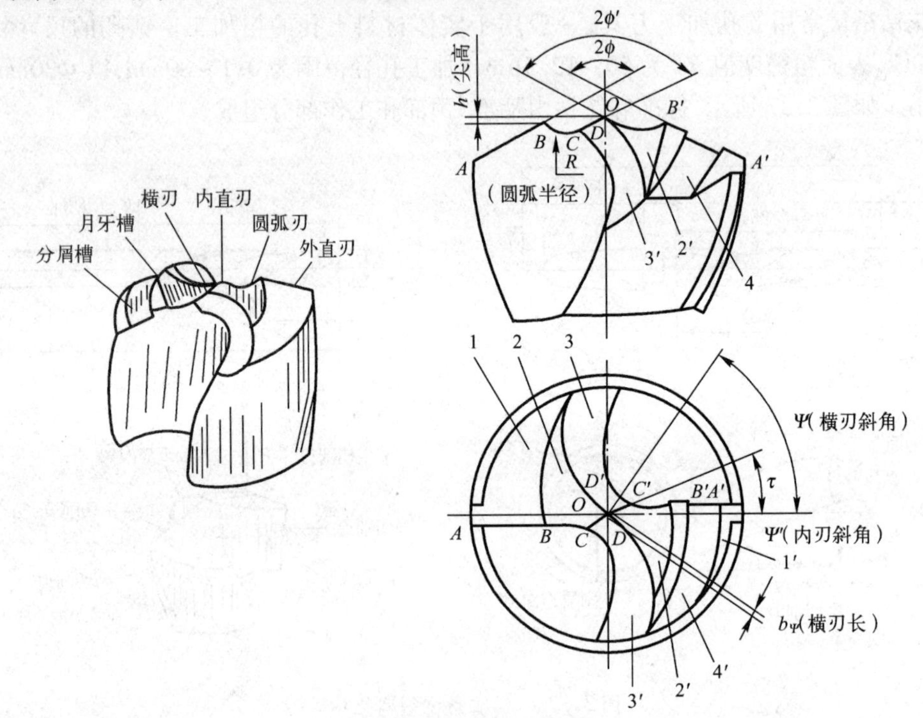

图3.38 标准型群钻

1、1′—外刃后刀面;2、2′—月牙槽;3、3′—内刃前刀面;4、4′—分屑槽。

3.4.3.2 中心钻

中心钻用来加工各种轴类工件的中心孔。图3.39是两种中心钻的外形图。

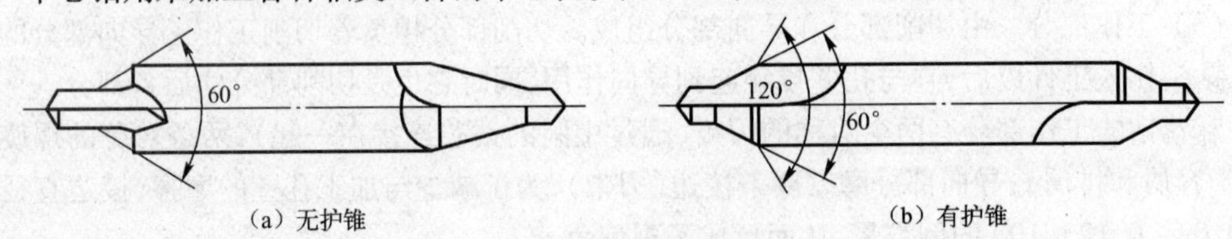

图3.39 中心钻

3.4.3.3 深孔钻

在钻削孔深 L 与孔径 d 之比为5 ~20的普通深孔时,一般可用接长麻花钻加工,对于 $L/d \geqslant 20 \sim 100$ 的特殊深孔,由于在加工中必须解决断屑、排屑、冷却润滑和导向等问题,因此需要在专用设备或深孔加工机床上用深孔刀具进行加工。

图 3.40 所示是单刃外排屑深孔钻的结构及工作情况。它适合于加工孔径为 3 ~ 20mm 的小孔，孔深与直径之比可超过 100，加工精度达 IT8 ~ IT10，表面粗糙度 Ra 值 3.2 ~ 0.8μm。

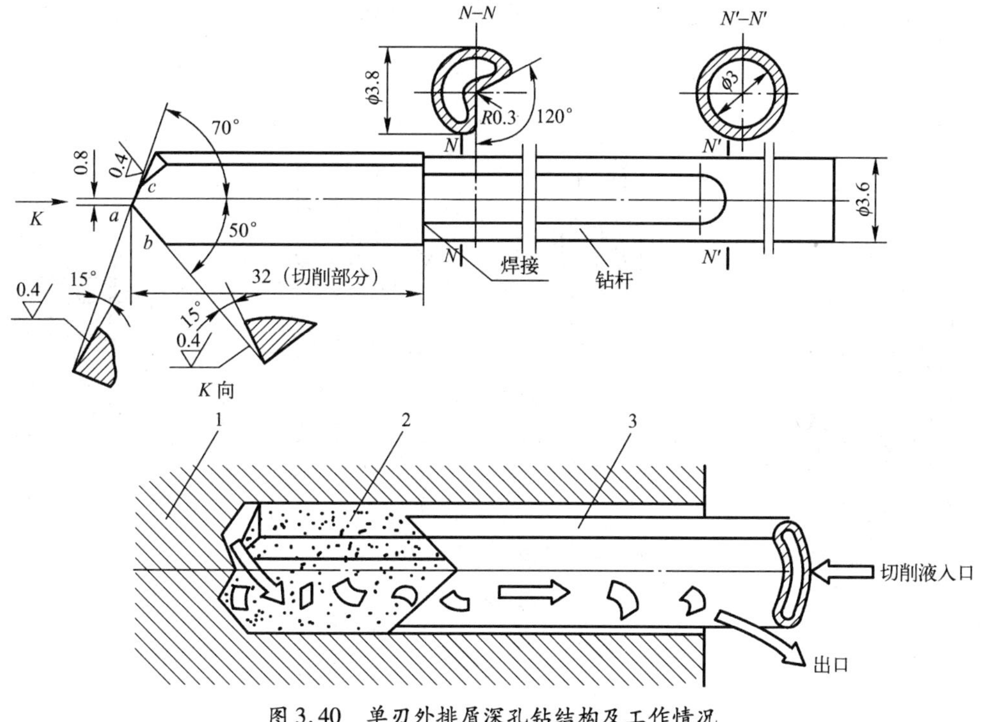

图 3.40 单刃外排屑深孔钻结构及工作情况

1 —工件；2—切削部分；3—钻杆。

此外，还有加工 ϕ15 ~ 200mm、深径比小于 100、加工精度达 IT6 ~ IT9、表面粗糙度 Ra 值为 3.2μm 的内排屑深孔钻；利用切削液体的喷射效应排屑的喷吸钻；以及当钻削直径大于 60mm，为提高生产率，减少金属切除量而将材料中部的料芯留下再利用的套料钻等。

3.4.3.4 扩孔钻

扩孔钻常用作铰孔或磨孔前的预加工扩孔以及毛坯孔的扩大，在成批或大量生产时应用较广。扩孔的加工精度可达 IT10 ~ IT11，表面粗糙度 Ra 值达 6.3 ~ 3.2μm。ϕ10 ~ 32mm 的扩孔钻为整体式结构（图 3.41(a)），ϕ25 ~ 80mm 扩孔钻为镶齿套式结构（图 3.41(b)）及硬质合金可转位式结构（图 3.40(c)）。

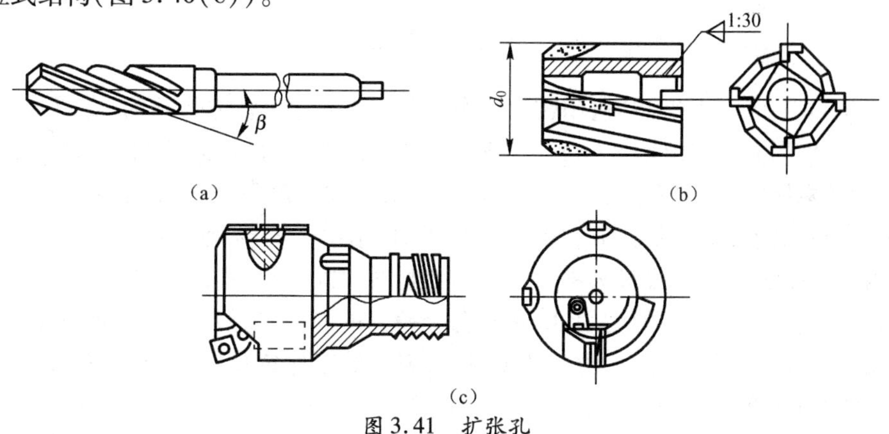

图 3.41 扩张孔

3.4.3.5 锪钻

锪钻用于在已加工孔上锪各种沉头孔和孔端面的凸台平面。图 3.42 所示为四种类型的锪钻。

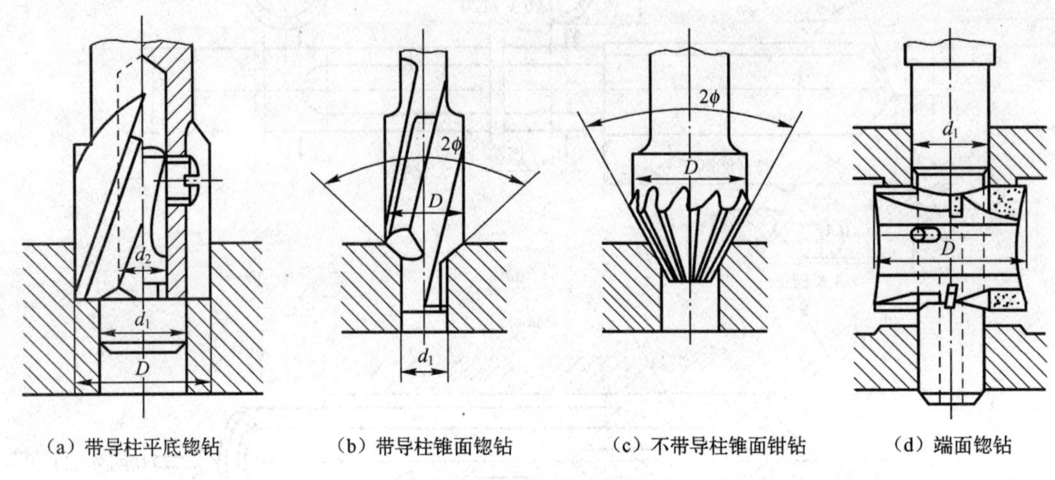

图 3.42 锪钻的类型

3.4.3.6 铰刀

铰刀用于对孔进行半精加工和精加工。加工精度可达 IT6 ~ IT8,表面粗糙度 *Ra* 值可达 1.6 ~ 0.4μm。图 3.43 所示为常见铰刀的结构。

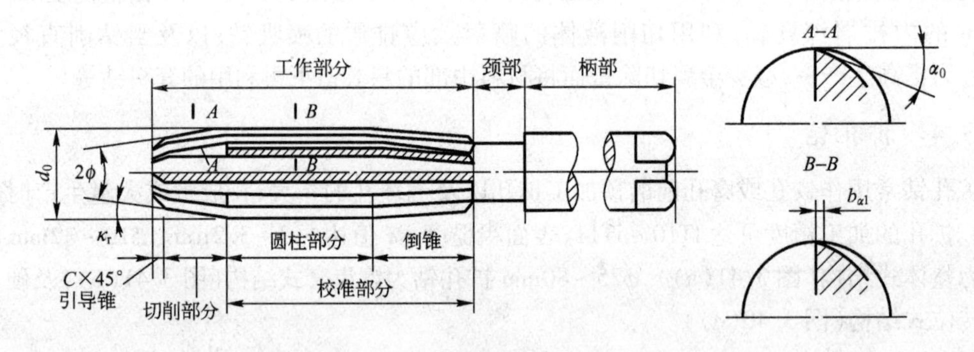

图 3.43 铰刀的结构和几何参数

铰刀一般可分为手用铰刀和机用铰刀两类。手用铰刀常用整体式结构,直柄方头,结构简单,手工操作, 使用方便(图 3.44(a))。修配及单件铰通孔时,常采用可调式结构(图 3.44(b))。当调节两端螺母使楔形刀片在刀体斜槽内移动时,就可改变铰刀尺寸,调节范围约 0.5 ~ 10mm。机用铰刀用于在机床上铰孔,常用高速钢制造,有锥柄(图 3.44(c))和直柄(适用于小尺寸孔)两种型式;直径较大的铰刀为节约材料,常做成套式结构(图 3.44(d))。为了提高加工质量、生产率和铰刀的耐用度,硬质合金铰刀的应用日益增多(图 3.44 (e))。锥孔铰刀用于铰制圆锥孔。铰锥孔时,由于切削量大,刀具的工作负荷较重,常以粗铰刀和精铰刀成套使用(图 3.44(f))。

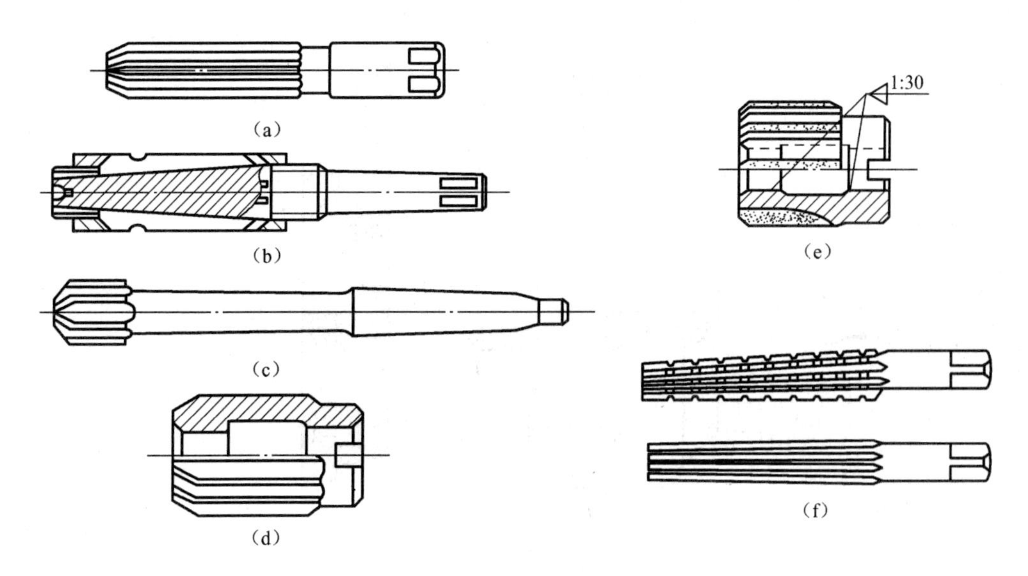

图 3.44　不同种类的铰刀

3.4.3.7　镗刀

镗刀多用于箱体孔的粗、精加工，其种类很多，一般可分为单刃镗刀与多刃镗刀两大类。

单刃镗刀结构简单，制造方便，通用性好，故使用较多。单刃镗刀一般均有尺寸调节装置。图 3.45(a)、(b)分别是在镗床上通孔和镗盲孔用的单刃镗刀。图 3.45(c)所示是在精镗机床上用的微调镗刀，旋转有刻度的精调螺母，可将镗刀调到所需直径。

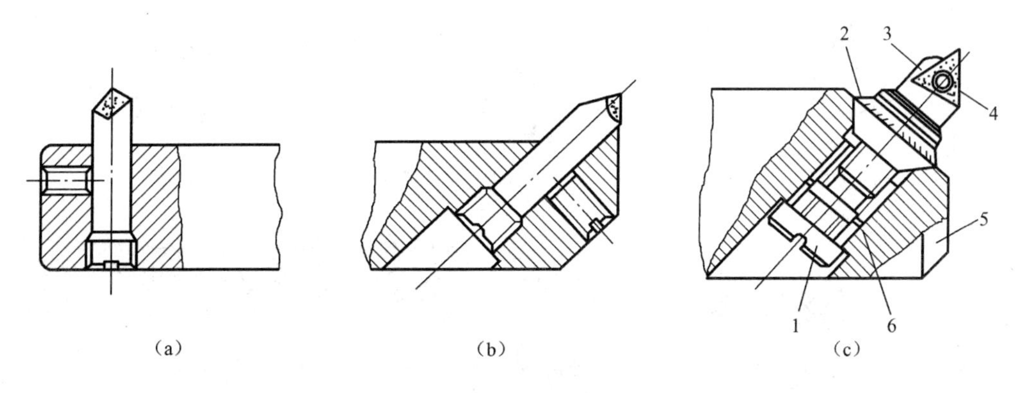

图 3.45　单刃镗刀

1—紧固螺钉；2—精调螺母；3—刀块；4 —刀片；5 —镗杆；6—导向键。

图 3.46 所示是双刃镗刀，它两端都有切削刃，工作时可以消除径向力对镗杆的影响，工件的孔径尺寸与精度由镗刀径向尺寸保证。镗刀上高速钢或镶焊硬质合金做成的两个刀片径向可以调整，因此，可以加工一定尺寸范围的孔。双刃镗刀多采用浮动连接结构，刀块 2 以动配合状态浮动地安装在镗杆的径向孔中，工作时，可以减少镗刀块安装误差及镗杆径向跳动所引起的加工误差。孔的加工精度达 IT6 ~ IT7，表面粗糙度 Ra 值达 0.8μm。

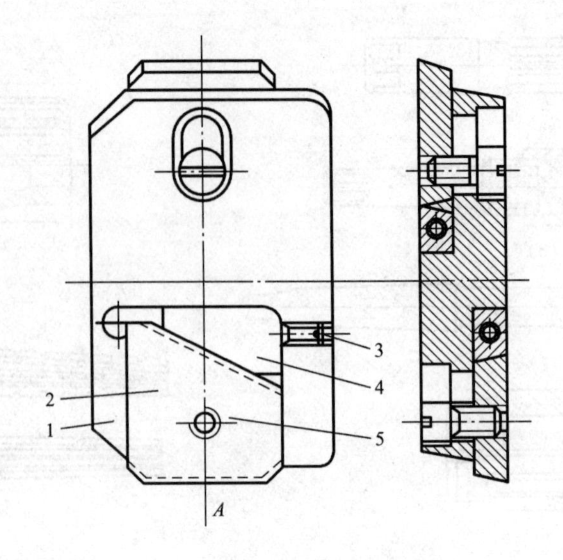

图 3.46 双刃镗刀

1—刀块;2—刀片;3—调节螺钉;4—斜面垫板;5—紧固螺钉。

3.4.3.8 拉刀

拉刀是一种加工精度和切削效率都比较高的多齿刀具,广泛应用于大批量生产中,可加工各种内、外表面(图 3.47)。拉刀按所加工工件表面的不同,可分为内拉刀和外拉刀两类。

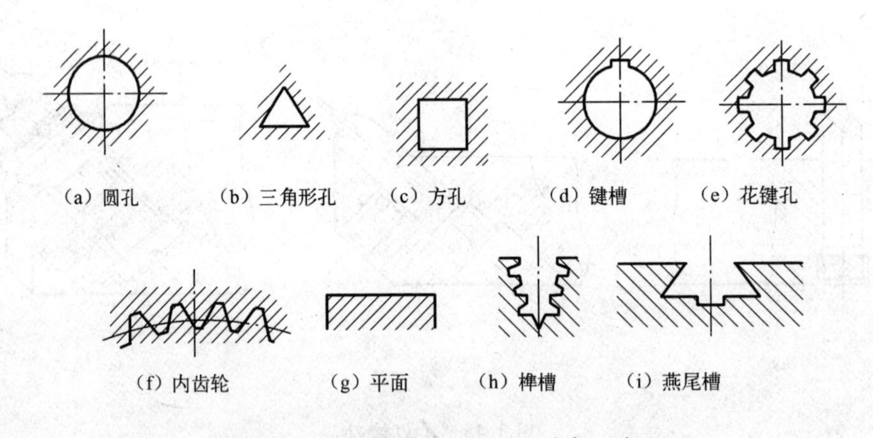

图 3.47 可拉削加工的各种内外表面举例

图 3.48 所示为圆孔拉刀的结构及其工作情况。工作时,拉刀沿其轴线作直线运动,以其后一刀齿高于前一刀齿来完成拉削任务。拉削速度较低,一般为 $v=2\sim8\text{m/min}$,切削厚度很薄(齿升量 a_f;粗切齿为 0.02 ~ 0.2mm;精切齿为 0.005 ~ 0.015mm),拉削平稳,拉削精度可达 IT7 ~ IT9,表面粗糙度值 $Ra2.5\sim1.25\mu\text{m}$。由于同时工作的齿数多,切削刃长,一次行程完成粗、精加工,而且每一刀齿在工作行程中只切削一次,刀具磨损较慢,因此,生产率和刀具的耐用度较高。由于拉刀的设计、制造复杂,价格昂贵,因此适用于大批量生产。

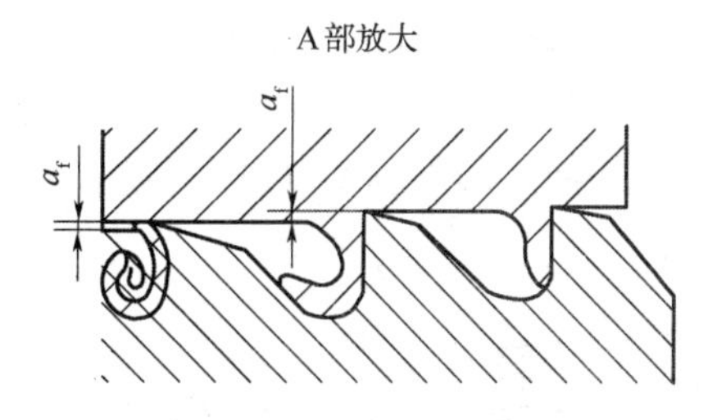

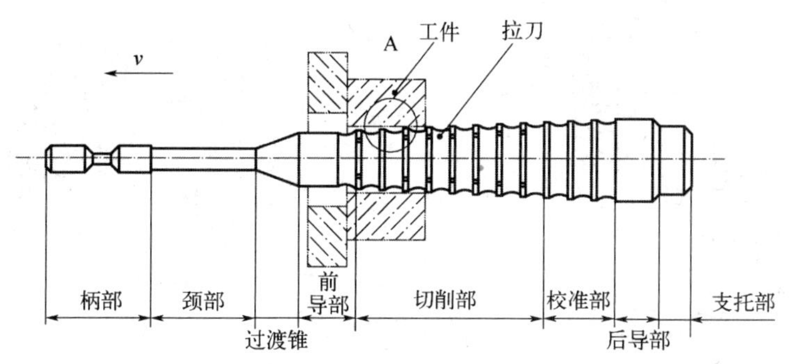

图 3.48　圆孔拉刀的结构及拉削过程

3.5　刨床与插床

3.5.1　刨床

刨床类机床主要用于刨削各种平面和沟槽。其主要类型有牛头刨床和龙门刨床。

3.5.1.1　牛头刨床

图 3.49 所示为牛头刨床,它因其滑枕刀架形似"牛头"而得名。牛头刨床主要由床身 5、滑枕 4、刀架 3、滑板 2、工作台 1 及底座 6 等部件组成。刀具的主运动由滑枕沿床身导轨在水平方向作往复直线运动实现。刀架座可绕水平轴线调整至一定的角度位置,以便加工斜面;刀架可沿刀架座上的导轨上、下移动,以调整刨削深度。工件直接安装在工作台 1 上,或安装在工作台上的夹具(如虎钳)中。加工时,工作台 1 沿滑板 2 的导轨作间歇的横向进给运动。滑板 2 还可沿床身 5 的竖直导轨作上、下方向的移动,以调整工件与刨刀的相对位置。

由于刀具以往复直线运动为主运动,滑枕 4 在换向的瞬间,有较大的惯性力,因此主运动速度不能太高,加之牛头刨床只能单刀加工,且在反向运动时不加工,所以牛头刨床的效益和生产率较低,主要适用于单件、小批生产或机修车间,在大批量生产中被铣床所代替。

牛头刨床的主参数是最大刨削长度。

3.5.1.2　龙门刨床

龙门刨床主要用于加工大型或重型零件上的各种平面、沟槽和各种导轨面,图 3.50 所示为龙门刨床。它由床身 1、工作台 2、立柱 6、横梁 3、顶梁 5、立刀架 4、侧刀架 9、进给箱 7 及主传动部件 8 等组成。龙门刨床因有一个"龙门"式的框架结构而得名。加工时,工件装夹在工作台 2 上,工作台的往复直线运动是主运动。立刀架 4 在横梁 3 的导轨上间歇地移动是横向进给运动,以刨削工件的水平平面。刀架上的滑板可使刨刀上、下移动,作切入运动或刨削竖直平面。滑板还能绕水平轴线调整一定的角度,以加工倾斜平面。装在立柱 6 上的侧刀架 9 可沿立柱导轨作间歇移动,以刨削竖直平面。横梁 3 可沿立柱升降,以调整工件与刀具的相对位置。

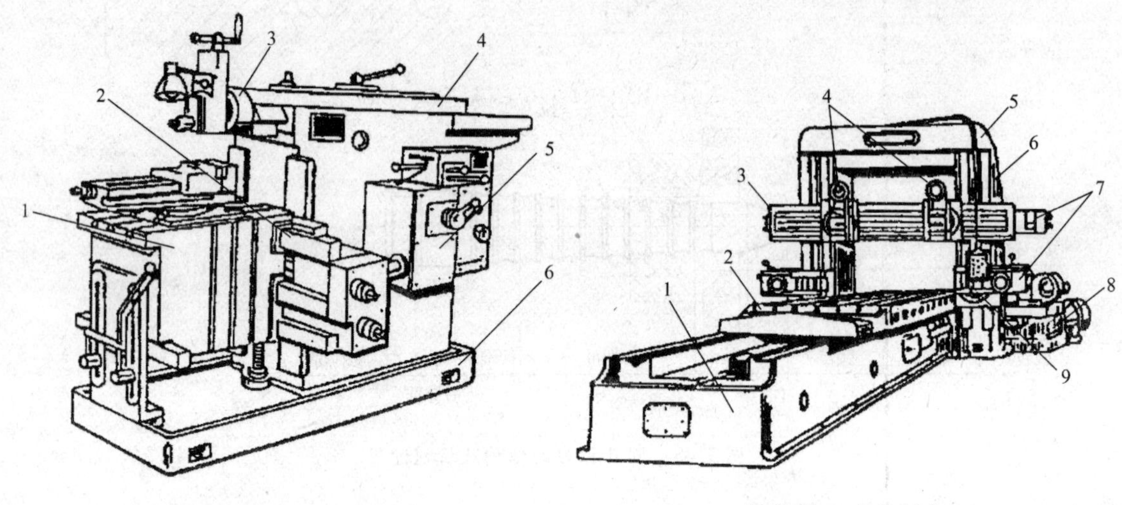

图 3.49　牛头刨床

1 —工作台;2—滑板;3 —刀架;
4—滑枕;5 —床身;6—底座。

图 3.50　龙门刨床

1 —床身;2—工作台;3—横梁;4 —立刀架;
5—顶梁;6 —立柱;7 —进给箱;
8—主传动部件;9 —侧刀架。

由于大型工件装夹费时而且麻烦,大型龙门刨床往往还附有铣削头和磨削头等部件,以便使工件在一次安装中完成刨、铣及磨平面等工作。这种机床又称为龙门刨铣床或龙门刨铣磨床。这种机床的工作台既可作快速的主运动(刨削),又可作慢速的进给运动(铣削或磨削)。

龙门刨床的主参数是最大刨削宽度。

3.5.2　插床

插床实质上是立式刨床。其主运动是滑枕带动插刀沿垂直方向所作的直线往复运动。图 3.51 是插床的外形图。滑枕 2 向下移动为工作行程,向上为空行程。滑枕导轨座 3 可以绕销轴 4 在小范围内调整角度,以便加工倾斜的内外表面。床鞍 6 及溜板 7 可分别作横向及纵向进给,圆工作台 1 可绕垂直轴线旋转,完成圆周进给或进行分度。圆工作台的分度用分度装置 5 实现。

插床主要用于加工工件的内表面,如内孔中键槽及多边形孔等,有时也用于加工成形内外表面。

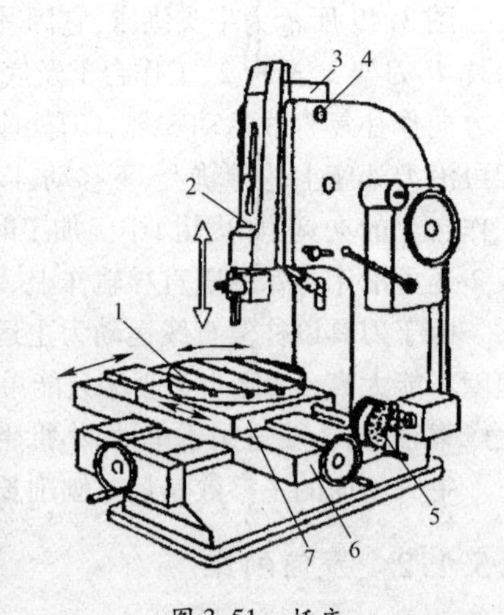

图 3.51　插床

1 —圆工作台;2 —滑枕;3—滑枕导轨座;
4—销轴;5—分度装置;6 —床鞍;7—溜板。

3.6 铣床与铣刀

3.6.1 铣床

铣床是用铣刀进行切削加工的机床，其用途广泛。在铣床上可以加工平面（水平面、垂直面等）、沟槽（键槽、T形槽、燕尾槽等）、多齿零件上的齿槽（齿轮、链轮、棘轮、花键轴等）、螺旋形表面（螺纹和螺旋槽）及各种曲面（图3.52）。由于铣削是多刃连续切削，生产率较高。另一方面，每个刀刃的切削过程又是断续的，使切削力周期性变化，容易引起机床振动，因此，铣床在结构上要求有较高的刚度和抗振性。

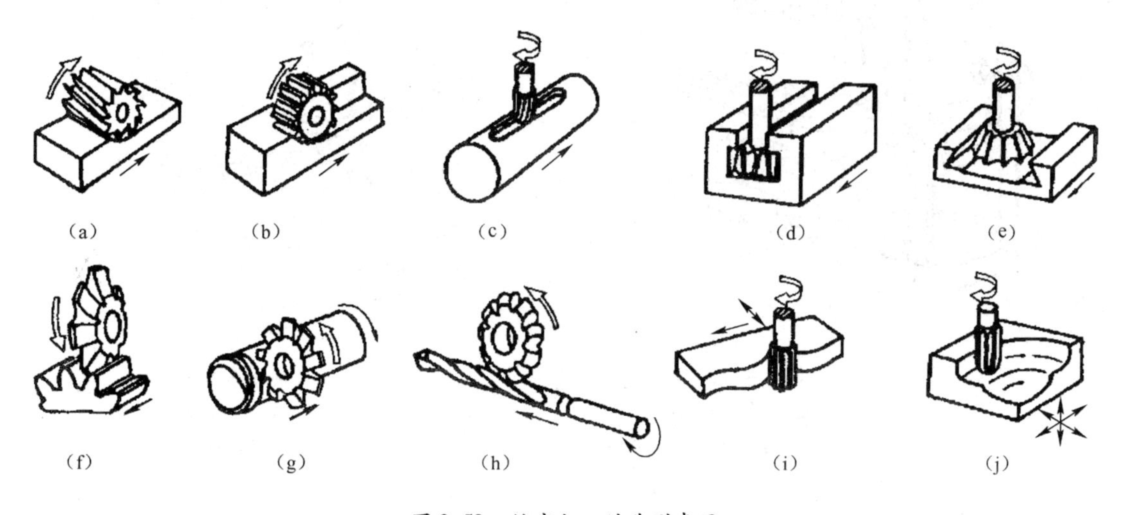

图3.52 铣床加工的典型表面

铣床的主要类型有：卧式升降台铣床、立式升降台铣床、龙门铣床、工具铣床和各种专门化铣床。

3.6.1.1 卧式升降台铣床

卧式升降台铣床的主轴是水平的，简称卧铣。图3.53是卧式升降台铣床的外形图，床身1固定在底座8上，用于安装和支承机床各部件，床身内装有主运动变速传动机构、主轴组件以及操纵机构等。床身1顶部的导轨上装有悬梁2，可沿主轴轴线方向调整其前后位置，悬梁上装有刀杆支架，用于支承刀杆的悬伸端。升降台7安装在床身1的垂直导轨上，可以上下（垂直）移动，升降台内装有进给运动变速传动机构以及操纵机构等。升降台上的水平导轨上装有床鞍6，可沿平行主轴3的轴线方向（横向）移动。工作台5装在床鞍6的导轨上，可沿垂直于主轴轴线方向（纵向）移动。因此，固定在工作台上的工件在相互垂直的三个方向之一实现进给运动或调整位移。

万能升降台铣床与卧式升降台铣床的结构基本相同，只是在工作台5与床鞍6之间增加了一层转台。转台可相对于床鞍在水平面内调整一定的角度（调整范围为±45°）。工作台可沿转台上部的导轨移动，当转台偏转一角度，工作台可作斜向进给，以便加工螺旋槽等表面。另外，有些万能升降台铣床还配有立铣头，以增大机床的工艺范围。

3.6.1.2 立式升降台铣床

立式升降台铣床与卧式升降台铣床的主要区别在于,它的主轴是竖直布置的。图 3.54 是常见的一种立式升降台铣床,其工作台 3、床鞍 4 及升降台 5 的结构与卧铣相同。铣头 1 可根据加工要求在垂直平面内调整角度,主轴可沿其轴线方向进给或调整位置。这种铣床可用端铣刀或立铣刀加工平面、斜面、沟槽、台阶、齿轮、凸轮等表面。

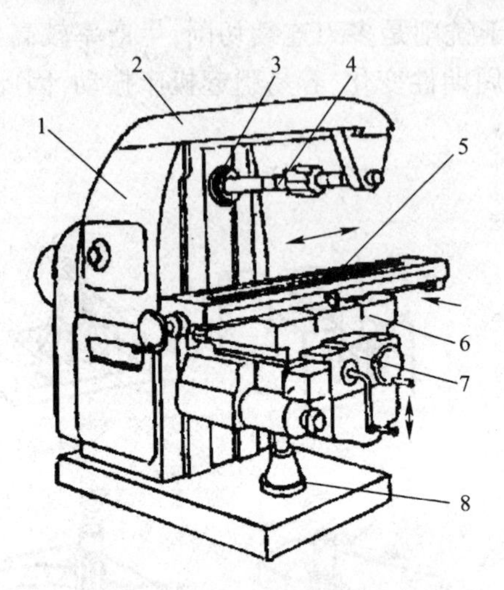

图 3.53 卧式升降台铣床

1 —床身;2—悬梁;3—主轴;4—铣刀心轴;
5—工作台;6 —床鞍;7—升降台;8—底座。

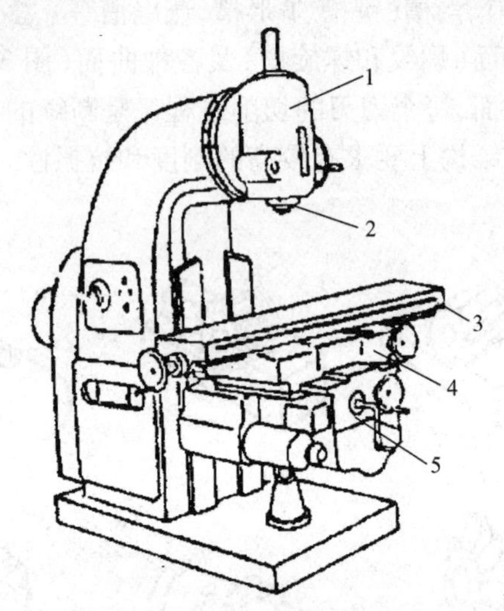

图 3.54 立式升降台铣床

1—铣头;2—主轴;3—工作台;
4—床鞍;5—升降台。

3.6.1.3 龙门铣床

龙门铣床是一种大型铣床,具有龙门式的框架,适用于加工大型工件上的平面和沟槽。图 3.55 是龙门铣床的外形图。一般在龙门式框架上有 3 ~ 4 个铣头。每个铣头都是一个独立的运动部件,其中包括单独的电动机、变速机构、传动机构、操纵机构及主轴等部分。铣头可以分别在横梁或立柱上移动,用以作横向或垂直进给运动及调整运动,铣刀可沿铣头的主轴套筒移动实现轴向进给运动。横梁可沿立柱作垂直调整运动。加工时,工作台带动工件作纵向进给运动,工件从铣刀下通过后,就被加工出来。龙门铣床刚度高,可以用多个铣头同时加工几个工件或几个表面。因此,龙门铣床的生产率比较高。它特别适用于批量生产。

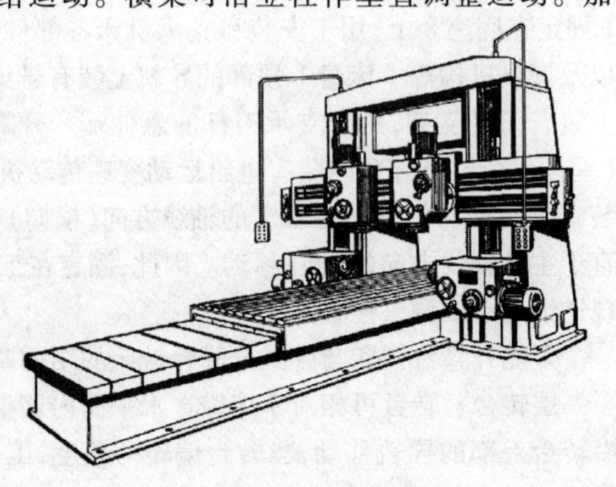
图 3.55 龙门铣床

3.6.2 铣刀

铣刀是一种多刃回转刀具。铣削时同时参加切削的切削刃较长,且无空行程,使用的切削速度也较高,所以生产率较高。铣刀的种类很多,结构不一,应用范围很广,按其用途可分为加工平面用铣刀，如圆柱平面铣刀、端铣刀等(图3.56(a)、(b))；加工沟槽用铣刀，如立铣刀、两面刃或三面刃铣刀、锯片铣刀、T形槽铣刀和角度铣刀(图3.56(c)、(d)、(e)、(f)、(g)、(h))；加工成形面用铣刀，如凸半圆和凹半圆铣刀(图3.56(i)、(j))和加工其他复杂成形面用铣刀(图3.56(k)、(l)、(m)、(n))。

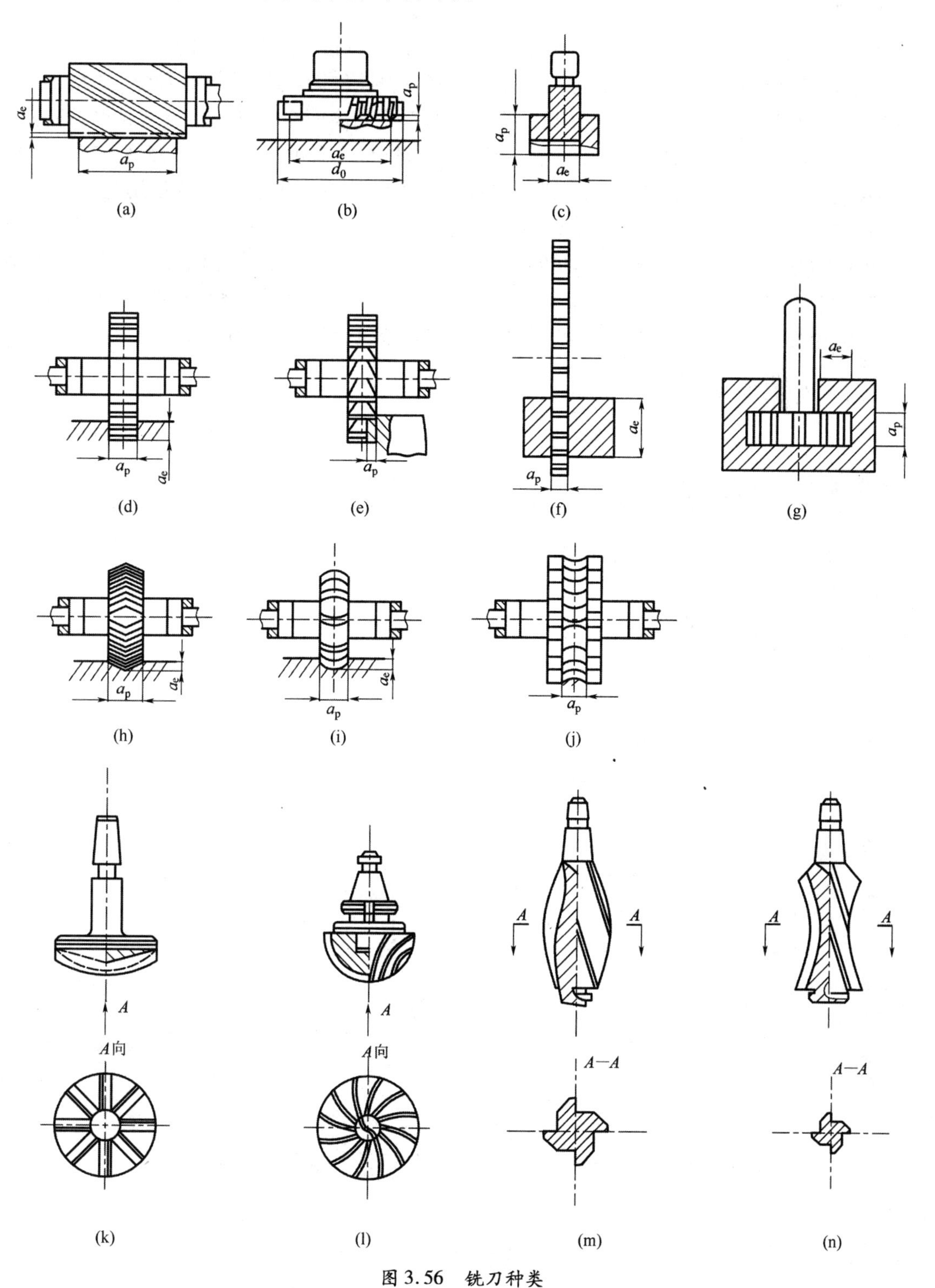

图3.56 铣刀种类

3.7 磨床与砂轮

3.7.1 磨床

磨床是用磨料磨具(砂轮、砂带、油石和研磨料)为工具进行切削加工的机床。磨床广泛应用于零件的精加工,尤其是淬硬钢件、高硬度特殊材料及非金属材料(如陶瓷)的精加工。近年来,随着科学技术的发展,对机器和仪器零件的精度和表面粗糙度要求越来越严;各种高硬度材料的应用日益增多;精密铸造与精密锻造工艺的进步,有可能将毛坯直接磨成成品。此外,高速磨削和强力磨削工艺的发展,进一步提高了磨削效率,因此,磨床的使用范围日益扩大,目前,它在金属切削机床中所占的比重已达到13%~27%。

为了满足各种表面、形状和生产批量的工件对磨削加工的要求,磨床的种类很多,其主要类型有外圆磨床、内圆磨床、平面磨床、工具磨床、刀具和刃具磨床及各种专门化磨床,如曲轴磨床、凸轮磨床、齿轮磨床、螺纹磨床等。此外,还有珩磨机、研磨机和超精加工机床等。

3.7.1.1 外圆磨床

外圆磨床主要用于磨削内、外圆柱和圆锥表面,也能磨削阶梯轴的轴肩和端面,可获得IT6~IT7级精度,表面粗糙度 Ra 值在1.25~0.08μm之间。外圆磨床的主要类型有普通外圆磨床、万能外圆磨床、无心外圆磨床、宽砂轮外圆磨床和端面外圆磨床等,其主参数是最大磨削直径。

图3.57是万能型外圆磨床典型加工示意图。图中表示了各种典型表面加工时,机床各部件的相对位置关系和所需要的各种运动:

(1) 磨外圆砂轮的旋转运动 $n_{砂}$;

(2) 磨内孔砂轮的旋转运动 $n_{内}$;

(3) 工件旋转运动 $f_{周}$;

(4) 工件纵向往复运动 $f_{纵}$;

(5) 砂轮横向进给运动 $f_{横}$(往复纵磨时是周期的间歇运动;切入磨削时是连续进给运动)。

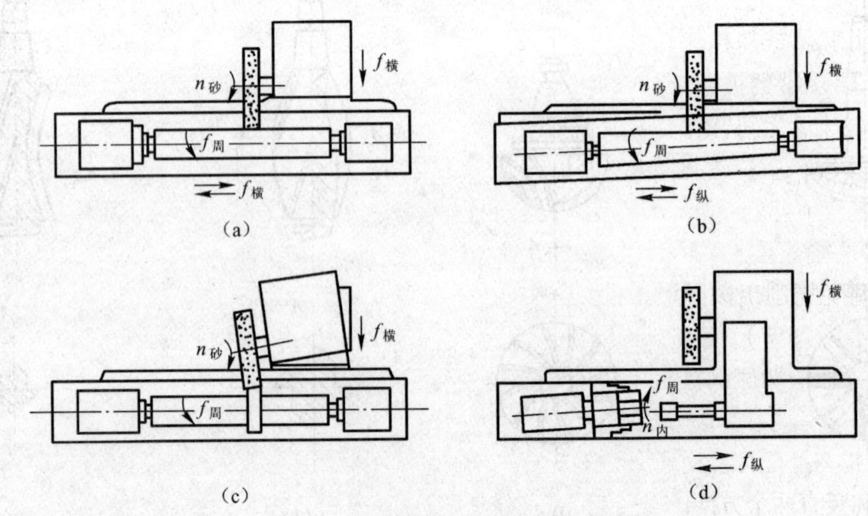

图3.57 万能外圆磨床加工示意图

此外，机床还有两个辅助运动：为了装卸和测量工件方便，砂轮架的横向快速进退运动；为了装卸工件，尾架套筒的伸缩移动。

图3.58所示为M1432A型万能外圆磨床外形图，其主要部件有：床身1、头架2、内圆磨具3、砂轮架4、尾架5、滑鞍6和工作台8。

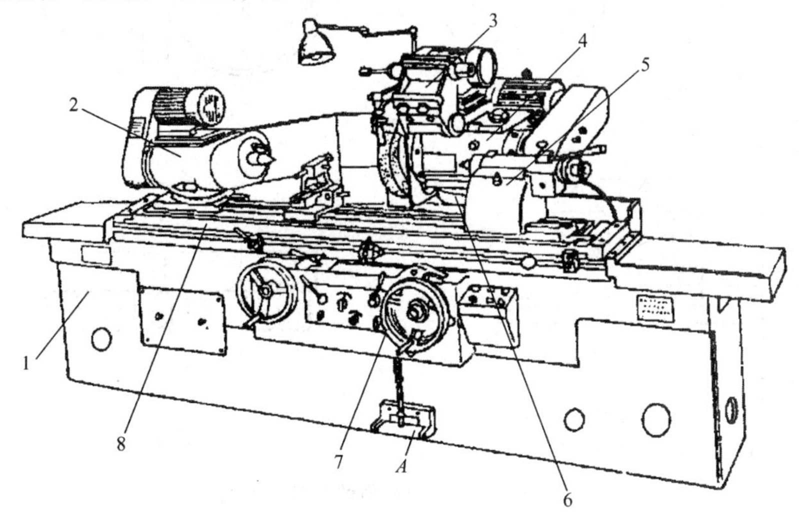

图3.58 M1432A型万能外圆磨床外形图

1—床身；2—头架；3—内圆磨具；4—砂轮架；5—尾架；6—滑鞍；7—手轮；8—工作台。

在床身1的纵向导轨上装有工作台8，工作台台面上装有头架2和尾架5，用以夹持不同长度的工件，头架带动工件旋转。工作台由液压系统驱动沿床身导轨往复移动，使工件实现纵向进给运动。工作台由上下两层组成，其上部可相对于下部水平面内偏转一定的角度（一般不超过±10°），以便磨削锥度不大的圆锥面。砂轮架4由砂轮主轴及其传动装置组成，砂轮架安装在横向导轨上，摇动手轮7，可使其横向运动，也可利用液压系统实现周期横向进给运动或快进、快退。砂轮架还可在滑鞍6上转动一定的角度以磨削短圆锥面。图3.57中内圆磨具3处于抬起状态，当磨内圆时放下。

3.7.1.2 无心外圆磨床

无心外圆磨床简称无心磨床，主参数是最大磨削工件的直径。磨削时工件不用顶尖定心和支承，而由工件的被磨削外圆面作为定位面。图3.59所示为无心外圆磨床工作原理，工件放在砂轮与导轮之间，由托板支承进行磨削。导轮是用树脂或橡胶为粘结剂制成的刚玉砂轮，不起磨削作用，它与工件之间的摩擦系数较大，靠摩擦力带动工件旋转，实现圆周进给运动。导轮的线速度在10～50m/min范围内。砂轮的转速很高，从而在砂轮和工件间形成很大的相对速度，即磨削速度。

为了避免磨削出棱圆形工件，工件的中心应高于磨削砂轮与导轮的中心连线（高出工件直径的15%～25%），使工件和导轮、砂轮的接触相当于是在假想的V形槽中转动，工件的凸起部分和V形槽两侧的接触不可能对称，这样使工件在多次转动中，逐步磨圆。

无心磨床有两种磨削方法：纵磨法和横磨法。纵磨法（图3.59(b)）是将工件从机床前面放到导板上，推入磨削区。由于导轮在竖直平面内倾斜α角，导轮与工件接触处的线速度$v_{导}$，可分解为水平和竖直两个方向的分速度$v_{导水平}$、$v_{导竖直}$，$v_{导竖直}$控制工件的圆周进给运动，$v_{导水平}$使工件作纵向进给。所以工件进入磨削区后，既作旋转运动，又作轴向移动，穿过磨削区，从机床后面出

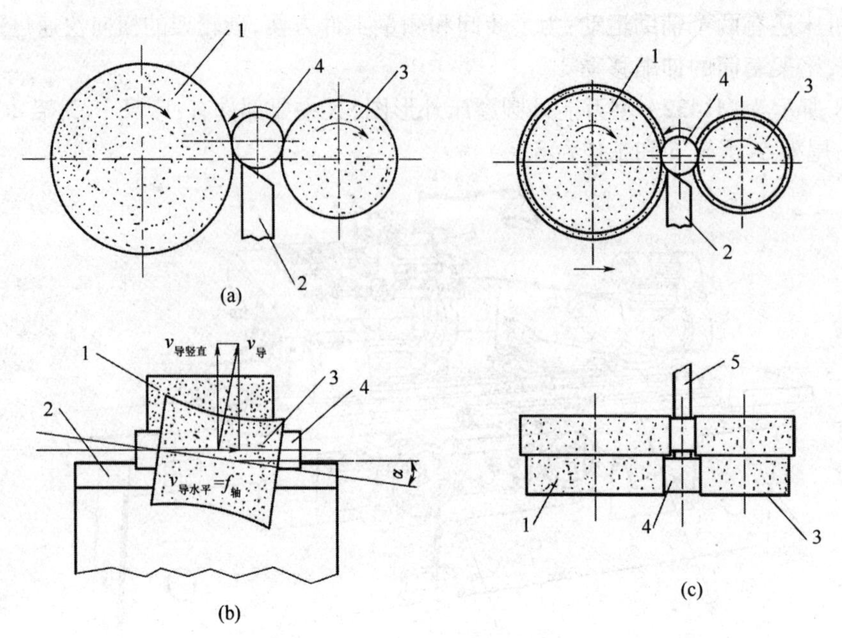

图 3.59　无心外圆磨削的加工示意图

1 —磨削砂轮;2—托板;3—导轮;4—工件;5—挡板。

去,完成一次进给。磨削时,工件一个接一个地通过磨削区,加工是连续进行的。为了保证导轮和工件为直线接触,导轮的形状应修整成回转双曲面,这种磨削方法适用于不带台阶的圆柱形工件。横磨法(图 3.59(c))是先将工件放在托板和导轮上,然后由工件(连同导轮) 或砂轮作横向进给。此时导轮的中心线仅倾斜微小的角度(约 30′),以便对工件产生一不大的轴向推力,使之靠住挡板,得到可靠的轴向定位。此法适用于具有阶梯或成形回转表面的工件。

图 3.60 是无心磨床的外形图。它由导轮架 6、磨削砂轮架 3、托板 4、砂轮修正器 2、导轮修正器 5、进给机构手轮 1 及床身 7 等部分组成。

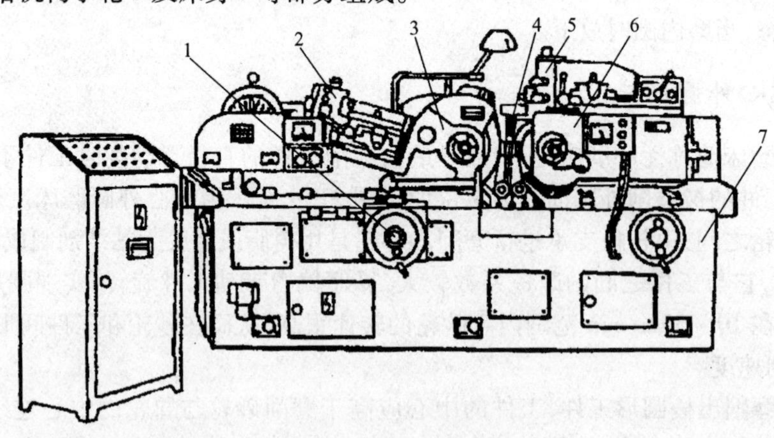

图 3.60　无心磨床外形图

1 —进给机构手轮;2—砂轮修正器;3 —磨削砂轮架;4—托板;5 —导轮修正器;6—导轮架;7—床身。

无心磨床与外圆磨床相比,有下列优点:

(1) 生产率高。因工件省去了打中心孔的工序且装夹省时,导轮和托板沿全长支承工件,因此能磨削刚度较差的细长工件,并可用较大的切削用量。

(2) 磨削表面的尺寸精度、几何形状精度较高,表面粗糙度值小。

(3) 能配自动上料机构,实现自动化生产。

3.7.1.3 内圆磨床

内圆磨床主要用于磨削圆柱孔和圆锥孔,其主参数是最大磨削内孔直径。它的主要类型有普通内圆磨床、无心内圆磨床、行星内圆磨床及专用内圆磨床。

图3.60是常见的两种普通内圆磨床布局型式。图3.61(a)所示磨床的工件头架安装在工作台上,随工作台一起往复移动,完成纵向进给运动。图3.61(b)所示磨床砂轮架安装在工作台上作纵向进给运动。两种磨床的横向进给运动都由砂轮架实现。工件头架都可绕垂直轴线调整角度,以便磨削锥孔。

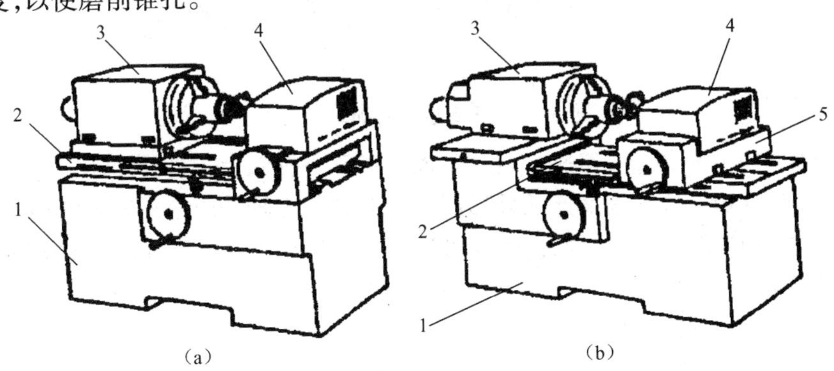

图3.61 普通内圆磨床

1—床身;2—工作台;3—头架;4—砂轮架;5—滑座。

3.7.1.4 平面磨床

平面磨床用于磨削各种零件的平面。根据砂轮主轴的布置和工作台的形状不同,平面磨床主要有以下四种类型:

(1) 卧轴矩台式平面磨床(图3.62(a))。工件由矩形电磁工作台吸住。砂轮旋转 n 是主运动,工作台纵向往复运动 f_1 和砂轮架横向运动 f_2 是进给运动,砂轮架竖直运动 f_3 是切入运动;

(2) 立轴矩台式平面磨床(图3.62(b))。砂轮旋转 n 是主运动,矩形工作台纵向往复运动 f_1 是进给运动,砂轮架间歇的竖直运动 f_2 是切入运动。

(3) 立轴圆台式平面磨床(图3.62(c))。砂轮旋转 n 是主运动,圆工作台转动 f_1 是圆周进给运动,砂轮架间歇的竖直运动 f_2 是切入运动。

(4) 卧轴圆台式平面磨床(图3.62(d))。砂轮旋转 n 是主运动,圆工作台转动 f_1 是圆周进给运动,砂轮架连续径向运动 f_2 是径向进给运动,间歇的竖直运动 f_3 是切入运动。此外,工作台的回转中心线可调整至倾斜位置,以便磨削锥面,例如磨削圆锯片的侧面。

在上述四类平面磨床中,用砂轮端面磨削的平面磨床与用周边磨削的平面磨床相比较,由于端面磨削的砂轮直径往往比较大,能一次磨出工件的全宽,磨削面积较大,所以生产率较高,但端面磨削时砂轮和工件表面是成弧形线或面接触,接触面积大,冷却困难,且磨屑不易排除,所以加工精度较低,表面粗糙度值较大。而用砂轮周边磨削,由于砂轮和工件接触面较小,发热量少,冷却和排屑条件较好,可获得较高的加工精度和较小的表面粗糙度值。圆台平面磨床与矩台平面磨床相比,圆台式的生产率稍高些,这是由于圆台式是连续进给,而矩台式有换向时间损失。但是圆台式只适于磨削小零件和大直径的环形零件端面,不能磨削窄长零件。而矩台式可方便地磨削各种零件,包括直径小于矩台宽度的环形零件。

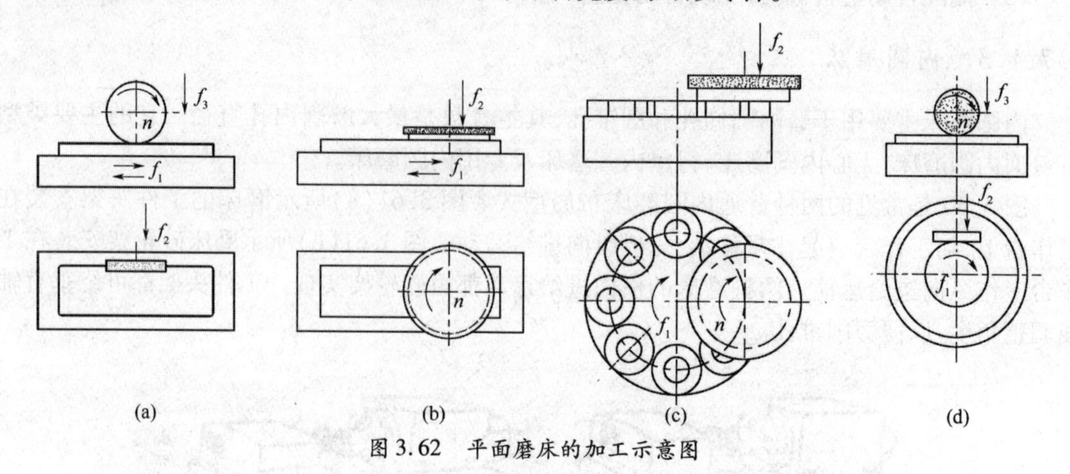

图 3.62 平面磨床的加工示意图

目前,最常见的平面磨床为卧轴矩台式平面磨床和立轴圆台式平面磨床。

图 3.63 是卧轴矩台式平面磨床的外形图。它的砂轮主轴是内连式异步电动机的轴,电动机的定子就装在砂轮架 3 的壳体内,砂轮架可沿滑座 4 的燕尾导轨作横向间歇进给运动(可手动或液动)。滑座 4 与砂轮架 3 一起可沿立柱 5 的导轨作间歇的垂直切入运动。工作台 2 沿床身 1 的导轨作纵向往复运动(液压传动)。

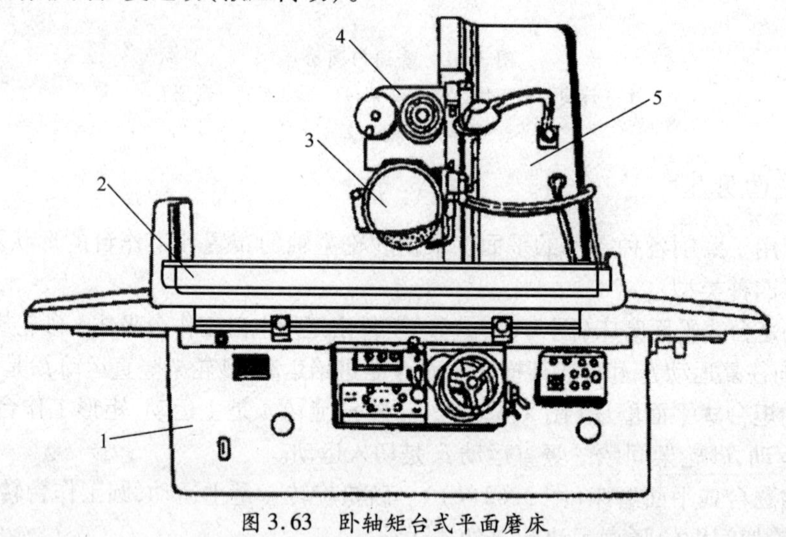

图 3.63 卧轴矩台式平面磨床

1 —床身;2 —工作台;3—砂轮架;4—滑座;5—立柱。

3.7.2 砂轮

砂轮是最重要的磨削工具,也是磨具中最主要的一大类。它是由磨料和结合剂经压坯、干燥、焙烧及修整而成的。磨料与结合剂之间有许多空隙,起散热的作用。砂轮的特性主要由磨料、粒度、结合剂、硬度、组织及形状尺寸等因素所决定。

1) 磨料

磨料是构成砂轮的主要成分,直接担负切削工作。因此它除了应具有锋利的尖角外,还应具有高硬度、高耐热性和一定的韧性。常用磨料的代号、特性及应用范围见表 3.7。

表3.7 常用磨料的代号、特性及应用范围

类别	名称	代号	特性	应用范围
刚玉类	棕刚玉	A	含 Al_2O_3 >95%,棕色。硬度高,韧性好,价廉	磨削、研磨和珩磨碳钢、合金钢、可锻铸铁、硬青铜等
	白刚玉	WA	含 Al_2O_3 >98.5%,白色。比棕刚玉硬度高而韧性低,棱角锋利,价格较高	磨削、研磨和珩磨淬火钢、高速钢和高碳钢等
碳化硅	黑碳化硅	C	含 SiC >98.5%,黑色。硬度比白刚玉高,性脆而锋利,导热性好	磨削、研磨和珩磨铸铁、黄铜、铝及非金属材料
	绿碳化硅	GC	含 SiC >99%,硬度和脆性比黑碳化硅更高,导热性好	磨削、研磨硬质合金、宝石、陶瓷、玻璃等
高硬类	人造金刚石	MBD RVD JR	无色透明或呈淡黄色、黄绿色、黑色。硬度高,比天然金刚石性脆,价格高昂	磨削、研磨硬质合金、宝石等硬脆材料
	立方氮化硼	CBN	棕黑色,磨粒锋利。硬度略低于金刚石,与铁元素亲和力小	磨削、研磨高硬度、高韧性的难加工材料,如不锈钢和高碳钢等

2)粒度

粒度是指磨料颗粒尺寸的大小。粒度分为磨粒和微粉两类。对于颗粒尺寸大于40μm 的磨料,称为磨粒,用筛选法分级,如粒度60#的磨粒,表示其大小正好能通过1英寸长度上孔眼数为60的筛网。对于颗粒尺寸小于40μm 的磨料,称为微粉,按其实际尺寸分级,如W20是指用显微镜测得实际尺寸为20μm 的微粉。表3.8为常用磨粒粒度和尺寸及应用范围。

表3.8 磨粒粒度和尺寸及应用范围

粒度号	颗粒尺寸范围/μm	应用范围	粒度号	颗粒尺寸范围/μm	应用范围
8# 10# 12# 14# 16#	3150~2500 2500~2000 2000~1600 1600~1250 1250~1000	粗磨、荒磨毛坯、打磨铸件毛刺	180# 240#	80~63 63~50	半精磨、精磨、成形磨、刀具刃磨、珩磨
20# 24# 30# 36#	1000~800 800~630 630~500 500~400	打磨铸件毛刺、切断钢坯、粗磨	240# 280# W40 W28 W20	63~50 50~40 40~28 28~20 20~14	粗磨、超精磨、螺纹磨、珩磨
46# 60#	400~315 315~250	内外圆、平面、工具磨、无心磨等粗磨	W20 W14 W10	14~10 10~7	精磨、精细磨、超精磨、镜面磨
60# 70# 80#	250~200 200~150	内外圆、平面、工具磨、无心磨等半精磨或精磨	W7 W5 W3.5 W2.5 W1.5 W1 W0.5	7~5 5~3.5 3.5~2.5 2.5~1.5 1.5~1.0 1.0~0.5 ≤0.5	超精磨、镜面磨、制作用于研磨和抛光的研磨膏
100# 120# 160#	160~125 125~100 100~80	半精磨、精磨、成形磨、刀具刃磨、珩磨			

3）硬度

砂轮的硬度是指砂轮上磨粒受力后自砂轮表层脱落的难易程度。砂轮硬，即表示磨粒难以脱落；砂轮软，表示磨粒容易脱落。因此，砂轮的硬度和磨粒的硬度是两个不同的概念。选用砂轮时，应注意硬度选得适当。工件材料硬度较高时，应选用软砂轮；工件材料硬度较低时，应选用硬砂轮。粗磨时，选用软砂轮；精磨时，选用硬砂轮。表3.9为砂轮的硬度等级。

表3.9　砂轮硬度等级及代号

等　级		超软			软			中软		中		中硬			硬		超硬
代号		CR			R			ZR		Z		ZY			Y		CY
代号	GB 2484—83	CR			R1	R2	R3	ZR1	ZR2	Z1	Z2	ZY2	ZY2	ZY3	Y1	Y2	CY
	GB 2484—84	D	E	F	G	H	J	K	L	M	N	P	Q	R	S	T	Y

4）结合剂

结合剂的作用是将磨料粘合成具有一定强度和形状的砂轮。砂轮的强度、耐腐蚀性、耐热性、抗冲击和高速旋转而不破裂的性能，主要取决于结合剂的性能。表3.10为常用结合剂的性能及应用范围。

表3.10　常用结合剂的性能及选用

结合剂	代号	性能	适用范围
陶瓷	V	耐热，耐蚀，气孔多，易保持廓形，弹性差	最常用，适用于各类磨削
树脂	B	弹性好，强度较V高，耐热性差	适用于高速磨削、切断、开槽
橡胶	R	弹性更好，强度更高，气孔少，耐热性差	适用于切断、开槽，及作无心磨的导轮
金属	M	强度最高，导电性好，磨耗少，自锐性差	适用于金刚石砂轮

5）砂轮的组织

砂轮的组织是指砂轮中磨粒、结合剂、气孔三部分体积的比例关系。磨料在砂轮总体积中所占的比例越大，砂轮的组织越紧密，气孔越小；反之，磨料的比例越小，则组织越疏松。砂轮组织分为紧密、中等和疏松三个类别，表3.11为砂轮组织的分类。

表3.11　砂轮组织分类

类　别	紧　密				中　等				疏　松						
组织号	0	1	2	3	4	5	6	7	8	9	10	11	12	13	14
磨粒占砂轮体积百分比/%	62	60	58	56	54	52	50	48	46	44	42	40	38	36	34

紧密组织的砂轮适用于成形磨削和精密磨削；中等组织的砂轮适用于一般的磨削工作，如淬火钢的磨削及刀具刃磨等；疏松组织的砂轮适用于平面磨削、内圆磨削以及热敏材料和薄壁零件的磨削。

6）砂轮的形状和尺寸

砂轮的形状和尺寸是根据磨削条件和工件形状来确定的，其原则为：

(1) 在可能的条件下，在安全线速度范围内，砂轮外径宜选大一些，以提高生产率和降低工件表面粗糙度值；

(2) 纵磨时，应选用较宽的砂轮；

(3) 磨削内圆时,砂轮外径一般取工件孔径的2/3左右。

表3.12为常用砂轮的形状、代号及用途。

在砂轮的端面上一般都印有标志,用于表示砂轮的磨料、粒度、硬度、结合剂、组织、形状和尺寸等。例如

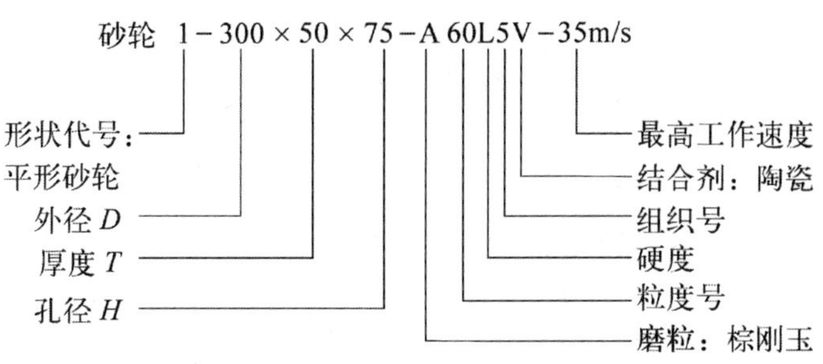

表3.12 常用砂轮形状、代号及其用途

砂轮名称	代号	断面简图	基本用途
平形砂轮	1		根据不同尺寸分别用于外圆磨、内圆磨、平面磨、无心磨、工具磨、螺纹磨和砂轮机上
筒形砂轮	2		用于立式平面磨床上
碗形砂轮	11		通常用于刃磨刀具,也可用于导轨磨床上加工机床导轨
碟形一号砂轮	12a		适于磨铣刀、铰刀、拉刀等,大尺寸的一般用于磨齿轮的齿面

3.8 齿轮加工机床与齿轮刀具

3.8.1 齿轮加工机床

在金属切削机床中,用来加工齿轮轮齿的机床称为齿轮加工机床。齿轮加工机床按照被加工齿轮的形状,可分为圆柱齿轮加工机床和圆锥齿轮加工机床。圆柱齿轮加工机床主要有滚齿机、插齿机等,锥齿轮加工机床有加工直齿锥齿轮的刨齿机、铣齿机、拉齿机和加工弧齿锥齿轮的铣齿机。用来精加工齿轮齿面的机床有珩齿机、剃齿机和磨齿机等。

3.8.1.1 齿轮加工方法

齿轮加工机床的种类很多,加工方法各异,但就齿形形成的原理来说,齿轮加工方法可分为成形法和范成法两类。

1）成形法

成形法是用与被加工齿轮齿槽形状相同的成形刀具切削轮齿。图 3.64(a)所示是用盘形齿轮铣刀加工直齿圆柱齿轮。形成齿廓渐开线(母线)的方法是成形法。为了铣出一定长度的齿槽,需要两个运动:盘形齿轮铣刀的旋转 B_1;铣刀沿齿轮坯的轴向移动 A_2。两个都是简单运动。铣完一个齿槽后,铣刀退回到原位,齿轮坯作分度运动——转过360°/z(z 是被加工齿轮的齿数),然后再铣下一个齿槽,直到全部齿槽铣削完毕。

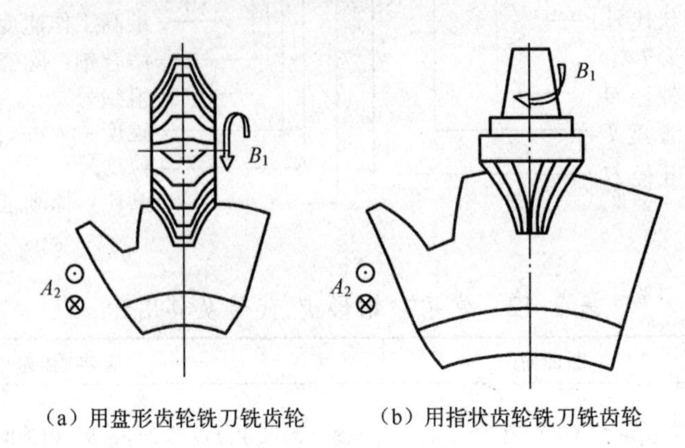

(a) 用盘形齿轮铣刀铣齿轮　　(b) 用指状齿轮铣刀铣齿轮

图 3.64　成形法加工齿轮

加工模数较大的齿轮时,常用指状齿轮铣刀,如图 3.63(b)所示,所需运动与盘形铣刀相同。

2）范成法

范成法亦称为包络法或展成法,是目前齿轮加工中最常用的一种方法。范成法加工齿轮是利用齿轮的啮合原理进行的,即把齿轮的啮合副(齿条—齿轮,齿轮—齿轮)中的一个转化为刀具,另一个转化为工件,并强制刀具与工件严格地按照运动关系啮合(作范成运动),则刀具切削刃在各瞬时位置的包络线就形成了工件的齿廓线。范成法切削齿轮,其刀具的切削刃相当于齿条或齿轮的齿廓,与被加工齿轮的齿数无关,只需一把刀具就能加工出模数相同而齿数不同的齿轮,其加工精度和生产率都比成形法高,因而应用也最广泛。

采用范成原理加工齿轮的机床有滚齿轮、插齿轮、磨齿机、剃齿机和珩齿机等。

3.8.1.2　滚齿机

滚齿机主要用于滚切直齿和斜齿圆柱齿轮及蜗轮。

1）滚齿原理

滚齿加工是由一对交错轴斜齿轮啮合传动原理演变而来的。如图 3.65 所示,将这对啮合传动副中的一个齿轮的齿数减少到几个或一个,螺旋角 β 增大到很大(即螺旋升角 ω 很小),它就成了蜗杆。再将蜗杆开槽并铲背,就成为齿轮滚刀。当滚刀与工件按确定的关系强制相对运动时,滚刀的切削刃便在工件上滚切出齿槽,形成渐开线齿面。滚齿时齿廓的成形方法是范成法,成形运动是滚刀旋转运动和工件旋转运动组成的复合运动,这个复合运动称为范成运动。为了得到所需的渐开线齿廓和齿轮齿数,滚齿时滚刀和工件之间必须保持严格的相对运动关系,即当滚刀转过 1 转时,工件应该相应地转 K/z_r(K 为滚刀头数,z_r 为工件齿数)。

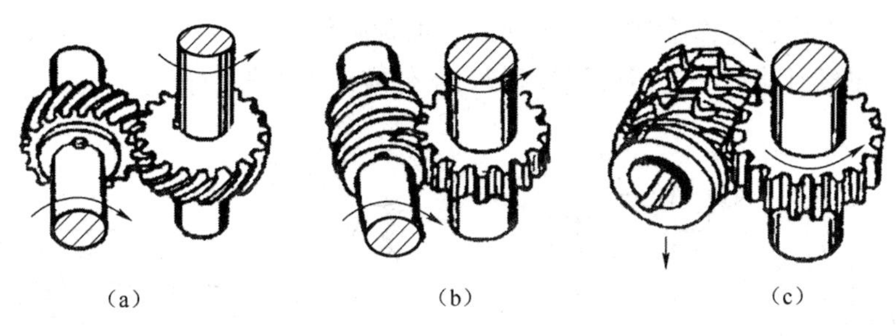

图 3.65　滚齿原理

2）加工直齿圆柱齿轮的传动原理

图 3.66 为滚切直齿圆柱齿轮的传动原理图。根据表面成形原理，加工直齿圆柱齿轮的成形运动必须包括形成渐开线齿廓的范成运动和形成直线形齿线的运动。

（1）范成运动传动链。渐开线齿廓是由范成法形成的，靠滚刀的旋转运动 B_{11} 和 B_{12}、工件的旋转运动组成复合运动，因此，滚刀和工作台之间的传动联系属“内联系”传动链，它们的运动联系有严格的传动比要求，即滚刀转 1 转，工件应该相应地转过一个齿（当 $K=1$ 时），也就是当滚刀转过 $1/K$ 转时，工件相应地转过 $1/z_r$ 转。在传动原理图中，这个传动联系包括由点 4 至点 5，点 6 至点 7 的固定传动比传动以及点 5 至点 6 传动比（u_x）可变换的换置机构。这个传动联系称为范成运动传动链。根据所选择的滚刀头数 K 和被加工齿轮的齿数 z_r 来调整换置机构的传动比 u_x。所以这个换置机构影响所加工的渐开线形状，是用来调整渐开线成形运动的轨迹参数的。

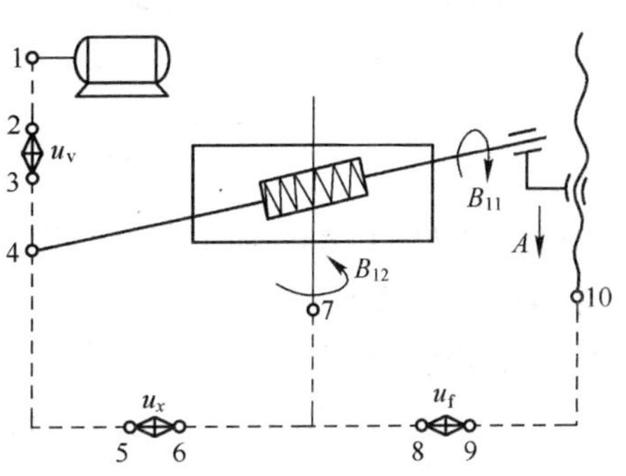

图 3.66　滚切直齿圆柱齿轮的传动原理图

（2）主运动传动链。为了使滚刀和工件能实现范成运动，需要接上动力源，即从电动机通过传动件把运动和动力传至范成运动传动链，在传动原理图中，这个传动联系是由点 1 至点 4，其中包括换置机构 u_v，其传动比值 u_v 用来调整渐开线成形运动的速度参数。速度参数的大小取决于滚刀材料及直径、工件材料及硬度、模数、精度和表面粗糙度值等。主运动传动链属“外联系”传动链。

（3）轴向进给运动传动链。形成直线导线的运动是滚刀的旋转和滚刀（刀架）沿工件轴线方向的竖直进给运动。由于工件转速和刀架移动快慢之间的相对关系，会影响到齿面加工的表面粗糙度值，为此通常把加工工件（也就是装工件的工作台）作为间接动力源，传动刀架使它作轴向移动。因此，轴向进给运动传动链为：工件—7—8—u_f—9—10—刀架升降丝杠—刀架，它是外联系传动链。在确定刀架移动速度时，以工件每转一转的刀架轴向移动量来计算，称为轴向进给量，由选择换置机构的传动比 u_f 保证。

3）滚切斜齿圆柱齿轮的传动原理

斜齿圆柱齿轮的轮齿，端面上齿廓是渐开线，而沿轮齿的齿长方向是一条螺旋线。因此，斜齿圆柱齿轮与直齿圆柱齿轮的差别仅在于导线的形状不同。只要分析螺旋线的形成方法，就能了解滚切斜齿圆柱齿轮齿面的形成方法和传动原理。

图 3.67 为滚切斜齿圆柱齿轮的传动原理图。在滚切斜齿圆柱齿轮时，除了与滚切直齿圆柱齿轮一样，需要有范成运动、主运动和轴向进给运动外，为了形成螺旋线齿线，在滚刀作轴向

进给运动的同时，工件还应作附加旋转运动 B_{22}（简称附加运动），而且这两个运动之间必须保持确定的关系，即滚刀移动一个螺旋线导程时，工件应准确地附加转过 1 转。

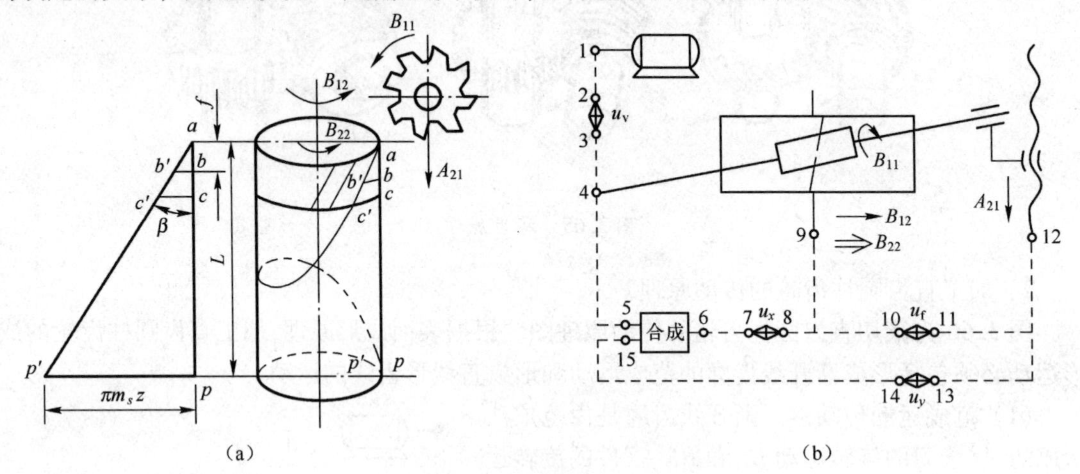

图 3.67　滚切斜齿圆柱齿轮传动原理图

对此用图 3.67(a)来加以说明，设工件螺旋线为右旋，当刀架带着滚刀沿工件轴向进给 f（单位为 mm）、滚刀从 a 点到 b 点时，为了能切出螺旋线齿线，应使工件的 b'点到 b 点，即在工件原来的旋转运动 B_{12}的基础上，再附加转动 bb'。当滚刀进给至 c 时，工件应附加转动 cc'。依此类推，当滚刀进给至 p 点，即滚刀进给一个工件螺旋线导程 L 时，工件上的 p'点应转到 p 点，就是说工件应附加转 1 转。附加运动 B_{22}的方向，与工件在范成运动中的旋转运动 B_{12}方向或者相同，或者相反，这取决于工件螺旋线方向及滚刀进给方向。如果 B_{22}和 B_{12}同向，计算时附加运动取 +1 转；反之，若 B_{22}和 B_{12}方向相反，则取 -1 转。由上述分析可知，滚刀的轴向进给运动 A_{21}和工件的附加运动 B_{22}是形成螺旋线齿线所必需的运动，它们组成一个复合运动——螺旋轨迹运动。

由图 3.67(b)可知，滚切斜齿圆柱齿轮时，范成运动、主运动以及轴向进给运动传动链与加工直齿圆柱齿轮相同，只是刀架与工件之间增加了一条附加运动传动链；刀架（滚刀移动 A_{21}）—12 —13—u_y— 14—15—（合成）—6—7—8—9—工作台（工件附加运动 B_{22}），以保证刀架沿工件轴线方向移动一个螺旋线导程 L 时，工件附加转 1 转，形成螺旋线齿线。显然，这条传动链属于内联系传动链。传动链中的换置机构 u_y 用于适应工件螺旋线导程 L 和螺旋方向的变化。

4）滚切蜗轮的传动原理

用蜗轮滚刀滚切蜗轮时，齿廓的形成方法及成形运动与加工圆柱齿轮是相同的，但齿线是当滚刀切至全齿深时，在范成齿廓的同时形成的。因此，滚切蜗轮需有范成运动、主运动以及滚刀切入工件的切入进给运动。图 3.68 为蜗轮加工的传动原理图。加工时，由滚刀旋转运动 B_{11}和工件旋转运动 B_{12}范成齿廓的同时，还应由滚刀或工件沿工件径向作切入进给运动 A_2，使滚刀从蜗轮齿顶逐渐切入至全齿深。A_2 运动停止，B_{11}和 B_{12}运动继续转动，使工件再转一周。采用这种方法加工蜗轮时，滚刀的径向切入进给（图 3.68(b)）由手动完成，主运动和范成运动由机动完成。

5）滚刀的安装

滚齿时，要求在切削部位滚刀的螺旋线方向与工件齿长方向一致，这是沿齿向进给切出全齿长的条件。因此，加工前要调整滚刀的安装角。

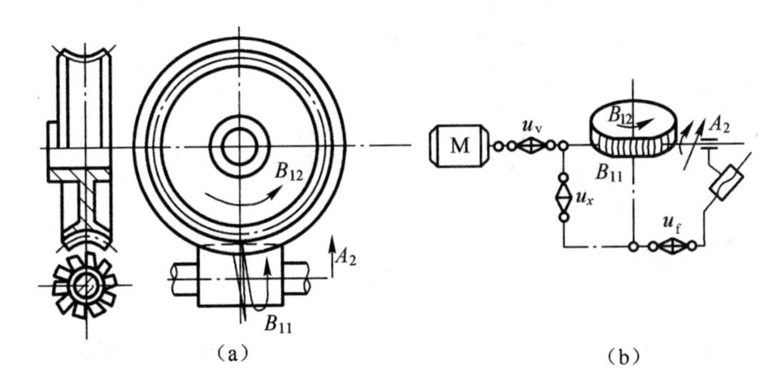

图 3.68　蜗轮加工原理及机床传动原理图

图 3.69 为螺旋滚刀加工直齿圆柱齿轮的安装角。滚刀位于工件前面,滚刀的螺旋升角为 ω。从几何关系可知,滚刀安装角 $\delta = \omega$。

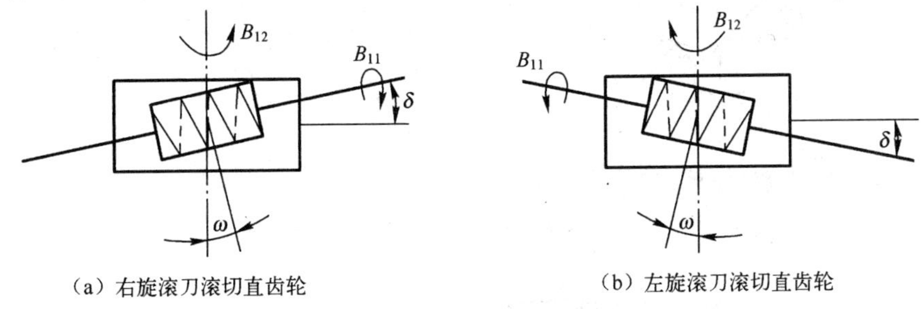

图 3.69　螺旋滚刀加工直齿圆柱齿轮安装角

角度的偏转方向与滚刀螺旋线方向有关。

用滚刀加工斜齿圆柱齿轮时,由于滚刀和工件的螺旋方向都有左、右方向之分,则它们之间共有四种不同的组合,如图 3.70 所示,则有

$$\delta = \beta \pm \omega$$

式中　β——被加工齿轮螺旋角。

当被加工的斜齿轮与滚刀的螺旋线方向相反时取“+”号,方向相同时取“-”号。

滚切斜齿轮时,应尽量采用与工件螺旋方向相同的滚刀,使滚刀安装角较小,有利于提高机床运动平稳性及加工精度。

6) Y3150E 型滚齿机

Y3150E 型滚齿机主要用于滚切直齿和斜齿圆柱齿轮,使用蜗轮滚刀时,还可以手动径向进给滚动蜗轮。

图 3.71 是 Y3150E 型滚齿机外形图。刀架上装有滚刀主轴 4,滚刀装在滚刀主轴上作旋转运动。刀架可以沿立柱上的导轨上下作直线运动,以实现竖直进给,还可以绕自己的水平轴线转位,以实现对滚刀安装角的调整。工件装在工作台 7 的心轴 6 上,随工作台旋转。后立柱 5 和工作台装在同一溜板上,可沿床身 1 的导轨作水平方向的移动,用以调整不同直径的工件轴线的安装位置,使其与滚刀轴线的距离符合滚切要求,当用径向进给切削蜗轮时,这个水平移动是径向进给。

机床的主要技术性能参数如下:

工件最大直径	500mm
工件最大加工宽度	250mm

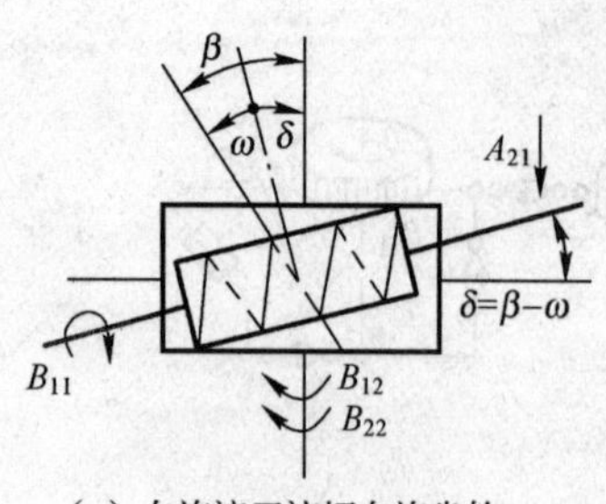

(a) 左旋滚刀滚切左旋齿轮

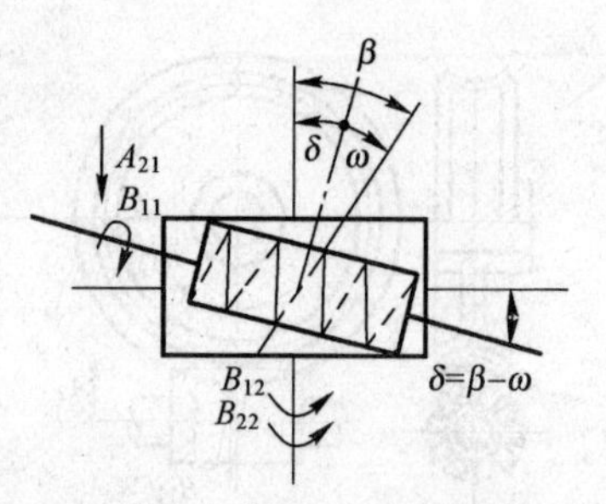

(b) 右旋滚刀滚切右旋齿轮

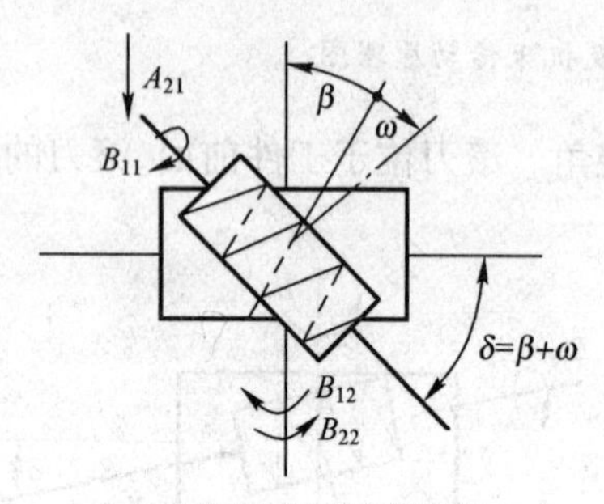

(c) 左旋滚刀滚切右旋齿轮

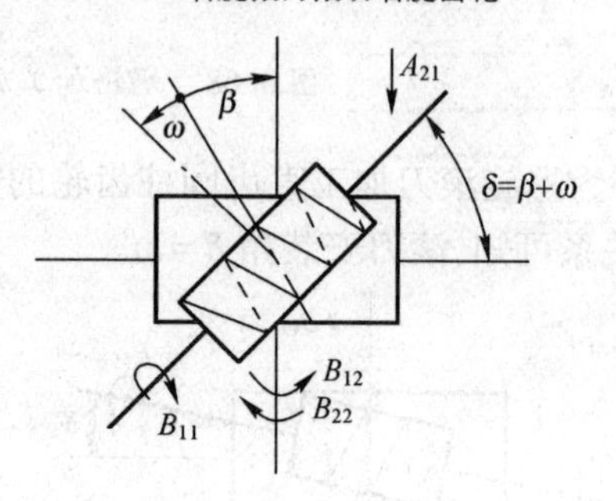

(d) 右旋滚刀滚切左旋齿轮

图 3.70 螺旋滚刀加工斜齿圆柱齿轮安装角

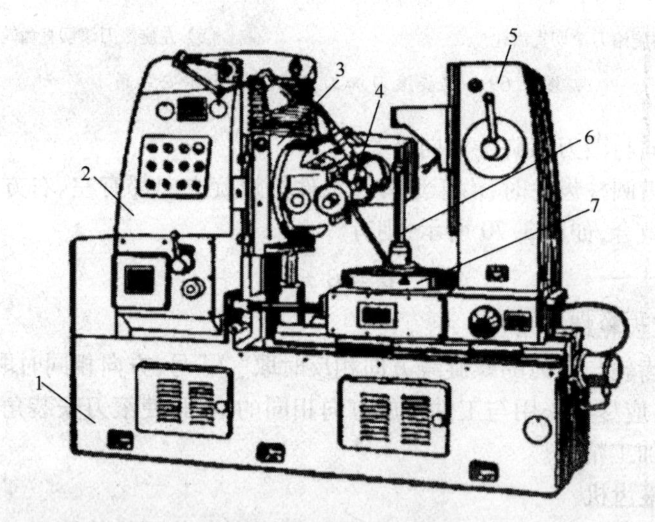

图 3.71 73150E 型滚齿机

1 —床身;2 —立柱;3 —刀架;4—主轴;5—后立柱;6 —心轴;7 —工作台。

工件最大模数	8mm
工件最小齿数	$z_{\min}=5\times K_{滚刀头数}$
滚刀主轴转速	40、50、63、80、100、125、160、200、250r/min
刀架轴向进给量	0.4、0.56、0.63、0.87、1、1.16、1.41、1.6、1.8、2.5、2.9、4mm/r

图 3.72 是 Y3150E 型滚齿机的传动系统图。传动系统中每一条传动链的分析计算步骤是:找出末端件; 确定计算位移;对照传动系统图,列出运动平衡式;计算换置式。

(1) 滚切直齿圆柱齿轮的传动链及换置计算

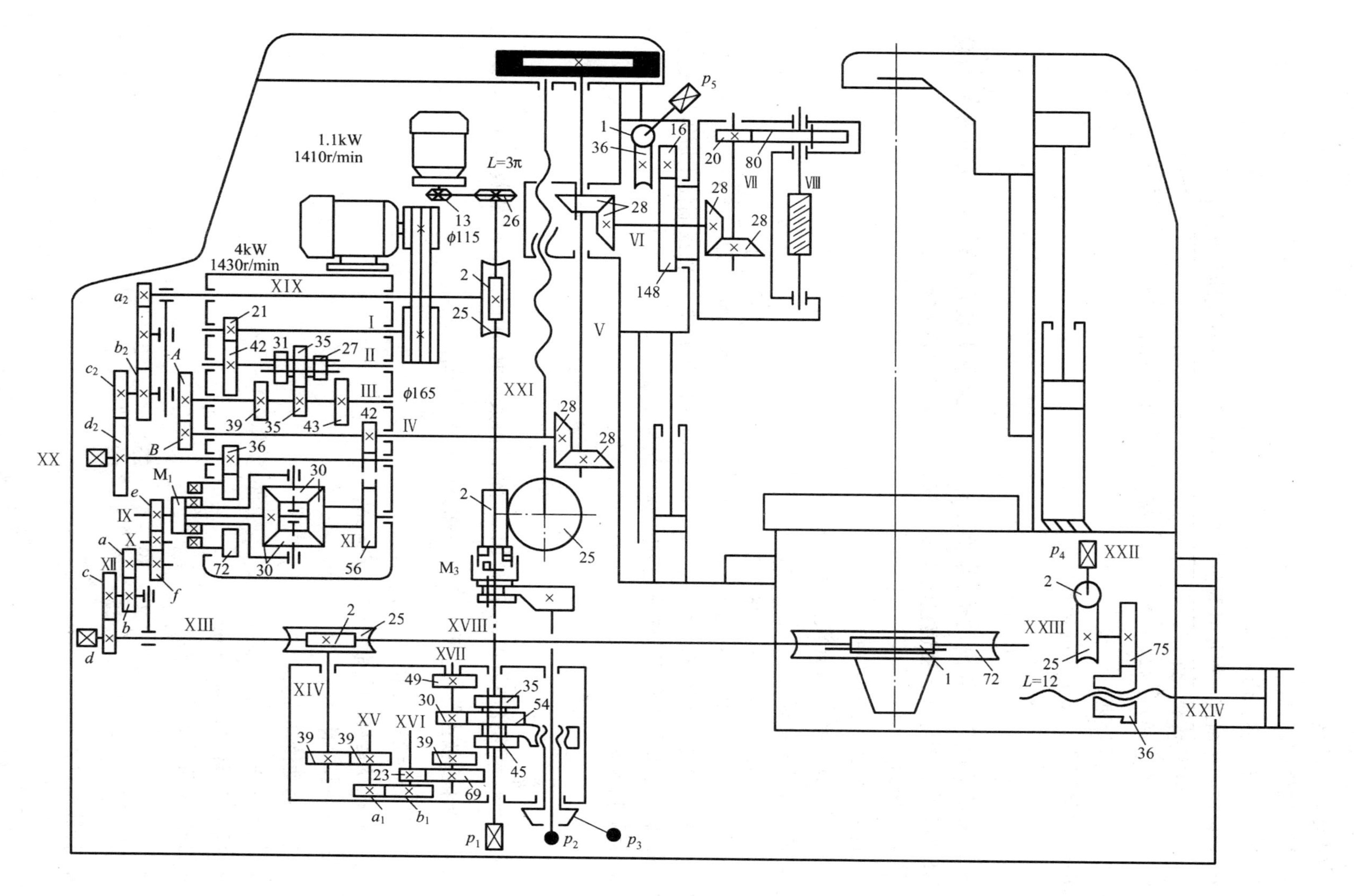

图 3.72 Y3150E 型滚齿机动系统图

① 主运动传动链

a. 找末端件:电动机 — 滚刀

b. 确定计算位移: $n_{电}$ r/min —$n_{刀}$ r/min

c. 列出运动平衡式。根据计算位移关系及传动路线,可得运动平衡式:

$$n_{电} \times \frac{115}{165} \times \frac{21}{42} \times u_{变} \times \frac{A}{B} \times \frac{28}{28} \times \frac{28}{28} \times \frac{28}{28} \times \frac{20}{80} = n_{刀}(1430\mathrm{r/min})$$

式中 $n_{刀}$——滚刀转速。

d. 计算换置式。将上面的运动平衡式化简得:

$$u_{v} = u_{变} \times \frac{A}{B} = \frac{n_{刀}}{124.583}$$

只要确定了就可计算出的值,并由此确定出变速箱中啮合的齿轮对和挂轮的齿数。Y3150E 型滚齿机提供的主变速挂轮 A/B 分别为 22/44、33/33 和 44/22。

② 范成运动传动链。

a. 找末端件:滚刀—工件

b. 确定计算位移:$1/K$ r(滚刀)—$1/z_{工}$ r(工件)

c. 列出运动平衡式:

$$\frac{1}{K} \times \frac{80}{20} \times \frac{28}{28} \times \frac{28}{28} \times \frac{28}{28} \times \frac{42}{56} \times u_{合成} \frac{e}{f} \times \frac{a}{b} \times \frac{c}{d} \times \frac{1}{72} = \frac{1}{z_{工}}$$

式中,$u_{合成}$表示通过合成机构的传动比。当加工直齿圆柱齿轮时,以轴Ⅸ端使用短齿爪式离合器 M_1,M_1 将合成机构的转臂与轴Ⅸ连成一体。此时 $u_{合成}=1$。

d. 计算换置式:

$$u_{x} = \frac{a}{b} \times \frac{c}{d} = \frac{f}{e} \times \frac{24K}{z_{工}}$$

式中 e、f——结构变换齿轮,根据被加工齿轮的齿数选取,用以调整 u_x 的数值,使其不会过大或过小,便于变换齿轮的选取。$\frac{a}{b} \times \frac{c}{d}$称为分齿变换齿轮。

当 $5 \leqslant z_{工}/K \leqslant 20$ 时,取 $e=48$, $f=24$;

当 $21 \leqslant z_{工}/K \leqslant 142$ 时,取 $e=36$, $f=36$;

当 $z_{工}/K \geqslant 143$ 时,取 $e=24$, $f=48$。

③ 进给运动传动链。

a. 找末端件: 工件(工作台)—刀架

b. 确定计算位移:1 r—f mm

c. 列出运动平衡式工件:

$$1 \times \frac{72}{1} \times \frac{2}{25} \times \frac{39}{39} \times \frac{a_1}{b_1} \times \frac{23}{69} \times u_{进} \times \frac{2}{25} \times 3\pi = f$$

d. 计算换置式:

$$u_{f} = \frac{a_1}{b_1} \times u_{进} = \frac{f}{0.4608\pi}$$

进给量 f 是根据工件材料、加工精度及铣削方式(顺铣或逆铣)等情况确定的。选定了 f

值就可确定出挂轮 a_1/b_1 及进给箱中变速组的传动比值。

(2) 滚切斜齿圆柱齿轮的传动链及换置计算。

由滚切斜齿圆柱齿轮的传动原理可知，除了增加了一条差动运动传动链外，其他传动链与滚切直齿圆柱齿轮相同。这时将短齿离合器 M_1 换成长齿离合器 M_2。M_2 的端面齿长度足够同时与合成机构壳体（系杆 H）的端面齿及空套在壳体上的齿轮 z_{72} 的端面齿相啮合，使它们连接在一起，系杆 H 与外部接通。由范成运动传动链和差动传动链传来的运动分别通过齿轮 z_{56} 和 z_{72} 输入合成机构，运动合成后由Ⅸ轴输出。

图 3.72 所示，若以 n_{56}、n_{72}、n_{IX} 别代表齿轮 z_{56}、z_{72} 和轴Ⅸ的转速，则按差动轮系的转化法可得

$$\frac{n_{IX} - n_{72}}{n_{56} - n_{72}} = -\frac{30}{30} \times \frac{30}{30} = -1$$

按上式可求得两个传动比：

若 $n_{72} = 0$，则

$$u_{合1} = \frac{n_{IX}}{n_{56}} = -1$$

若 $n_{56} = 0$，则

$$u_{合2} = \frac{n_{IX}}{n_{72}} = 2$$

$u_{合1}$、$u_{合2}$ 分别为范成运动链和差动传动链通过合成机构的传动比。

① 主运动传动链。与滚切直齿圆柱齿轮的运动传动链完全相同。

② 范成运动传动链。只需用 $u_{合1} = -1$ 取代 $u_{合}$，其余与滚切直齿圆柱齿轮完全相同。

③ 进给运动传动链。与滚切直齿圆柱齿轮完全相同。

④ 差动传动链。

a. 找末端件：　　刀架—工件

b. 确定计算位移：　　L mm—1r（附加）

L—被加工斜齿轮螺旋线导程。

$$L = \frac{\pi m_{端} z_{工}}{\tan\beta}$$

$$m_{端} = \frac{m_{法}}{\cos\beta}$$

因而

$$L = \frac{\pi m_{法} z_{工}}{\tan\beta \cdot \cos\beta} = \frac{\pi m_{法} z_{工}}{\sin\beta}$$

式中　$m_{端}$——齿轮的端面模数；

$m_{法}$——齿轮的法面模数；

β——齿轮的螺旋角。

c. 列出运动平衡式：

$$\frac{L}{3\pi} \times \frac{25}{2} \times \frac{2}{25} \times \frac{a_2}{b_2} \cdot \frac{c_2}{d_2} \times \frac{36}{72} \times u_{合成} \times \frac{e}{f} \cdot u_x \times \frac{1}{72} = 1$$

对于差动运动传动链，有

$$u_{合成} = u_{合2} = 2$$

u_x 为分齿挂轮 $\frac{a}{b} \times \frac{c}{d}$ 的传动比，$u_x = \frac{a}{b} \times \frac{c}{d} = \frac{f}{e} \times \frac{24K}{z_{工}}$

d. 计算置换式：

$$u_y = \frac{a_2}{b_2} \times \frac{c_2}{d_2} = 9 \times \frac{\sin\beta}{m_{法} K}$$

式中，$\frac{a_2}{b_2} \times \frac{c_2}{d_2}$称为差动变换齿轮。

由附加运动传动链传给工件的附加运动方向，可能与范成运动中的工件转向相同，也可能相反，安装挂轮时，可根据机床说明书的规定使用惰轮。

(3) 刀架快速运动传动链。

利用快速电动机可使刀架作快速升降运动，以便调整刀架位置及进给前后实现快进和快退。此外，在加工斜齿圆柱齿轮时，启动快速电动机经附加运动传动链传动工作台旋转，以便检查工作台附加运动的方向是否正确。

刀架快速移动的传动路线：快速电动机—13/26—M_3—2/25 —XXI（刀架轴向进给丝杠）。

3.8.1.3 插齿机

插齿机用于加工内啮合和外啮合的直齿、斜齿圆柱齿轮，尤其适用于加工内齿轮和多联齿轮，但插齿机不能加工蜗轮。

插齿机的工作原理类似一对圆柱齿轮啮合，其中一个齿轮作为工件，另一个齿轮变为齿轮形的插齿刀具，它的模数和压力角与被加工齿轮相同，且在端面磨有前角，齿顶及齿侧均磨有后角。图3.73所示为插齿原理及插齿时所需要的成形运动。

插齿时，所需要的范成运动分解为刀具的旋转运动 B_1 和工件的旋转运动 B_2 以形成渐开线齿廓。插齿刀上下往复运动 A 是一个简单的成形运动，以形成轮齿齿面的直导线。当插斜齿轮时，插齿刀主轴在一个专用的螺旋导轨上移动，当上下往复运动时，由于导轨的作用，插齿刀还有一个附加转动，用以形成斜齿圆柱齿轮的螺旋线导线。

为了实现插削齿轮轮齿的需要，插齿机除了必需的插削主运动和范成运动以外，还需要让刀运动、径向切入运动和圆周进给运动。

(1) 让刀运动。插齿刀向上运动（空行程）时，为了避免擦伤工件齿面和减少刀具磨损，刀具和工件之间应该让开，使之产生一定间隙，而在插齿刀向下开始工作行程之前，应迅速恢复到原位，以便刀具进行下一次切削，这种让开和恢复原位的运动称为让刀运动。

(2) 径向切入运动。开始插齿时，如插齿刀立即径向切入工件至全齿深，将会因切削负载过大而损坏刀具和工件。为了避免这种情况，工件应该逐渐地移向插齿刀（或插齿刀移向工件），作径向切入运动。当刀具切入工件至全齿深后，径向切入运动停止，然后工件再旋转一整转，便能加工出全部完整的齿廓。

(3) 周进给运动。插齿刀转动的快慢决定了工件轮坯转动的快慢，同时也决定了插齿刀每次切削的负荷，所以插齿刀的转动称为圆周进给运动。圆周进给量的大小用插齿刀每次往复行程中，刀具在分度圆圆周上所转过的弧长表示。降低圆周进给量将会增加形成齿廓的刀刃切削次数，从而提高齿廓曲线精度。

图3.74为插齿机的传动原理图。图中：点8到点11是范成运动传动链；点4到点8是圆周进给传动链；由电动机轴上的点1曲柄盘（偏心轮）到点4之间的传动链是机床的主运动传动链，由它确定插齿刀每分钟上下往复的次数（速度）。让刀运动及径向切入运动不直接参与工件表面的形成过程，因此没有在图中表示。

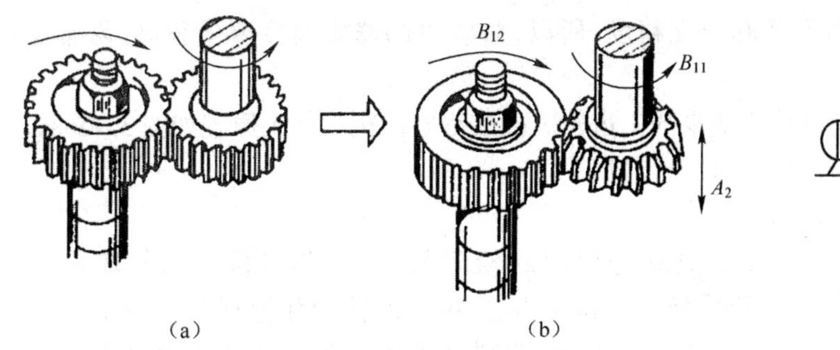

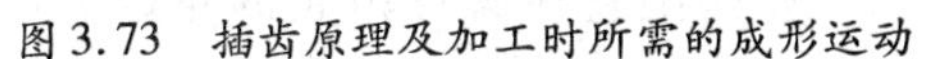

图 3.73 插齿原理及加工时所需的成形运动

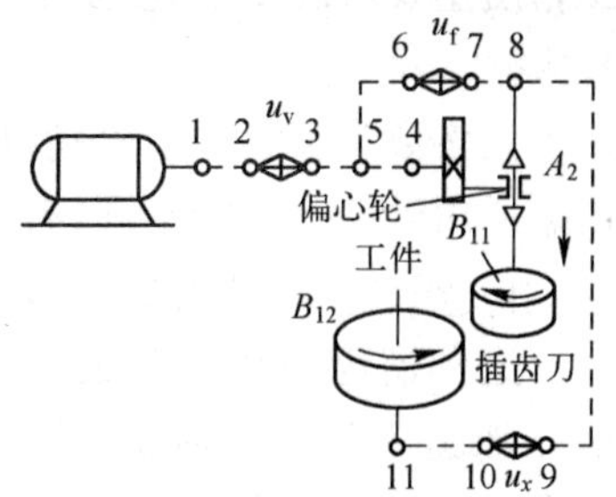

图 3.74 插齿机的传动原理图

3.8.1.4 剃齿机

剃齿机是利用剃齿刀对未淬火的直齿或斜齿圆柱齿轮进行剃削加工的机床。图 3.75(a)所示为剃齿机的工作原理。剃齿刀 1 带动工件 2 旋转,工件装在两顶尖间的心轴上。工作台 3 和 4 作慢速往复运动,工作台每往返一次行程,升降台 5 作一次垂直进给运动。利用操纵箱,工作台到行程终点并开始返回行程时,剃齿刀带动工件亦反转。机床具有两个工作台 3 和 4,这样的结构可以修整工件的齿形。工作台 3 用摆轴与工作台 4 连接在一起,工作台 3 左端有支臂 6,它的上部伸在槽板 7 的槽内,由于槽静止不动,并处于倾斜位置,因此工作台 3 每作一次往复运动,同时摆动一次,由此工件上的齿形可以修整成鼓形。图 3.75(b)所示,剃齿刀装在高精度的主轴上,它与工件心轴的夹角为 δ。若工件 2 的螺旋角为 φ_2,剃齿刀的螺旋角为 φ_1,则安装角为 $\delta = \varphi_2 - \varphi_1$。$\delta$ 值一般为 $0° \sim 15°$。在剃削直齿圆柱齿轮时,取 $\delta < 15°$。一般剃齿刀的螺旋角 $\varphi_1 = 15°$。

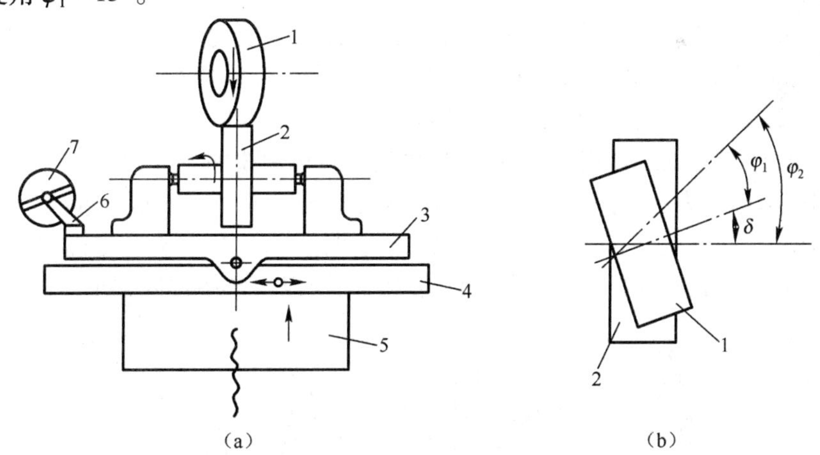

图 3.75 剃齿机工作原理

1— 剃齿刀;2—工件;3,4—工作台;5—升降台;6—支臂;7—槽板。

3.8.1.5 磨齿机

磨齿机主要用于对淬硬齿轮齿面的精加工,也可直接在齿坯上磨出轮齿。磨齿加工能修整齿轮预加工的各项误差,其加工精度较高,一般可达 6 级以上。

按齿廓的形成方法,磨齿机通常分为成形砂轮法磨齿和范成法磨齿两大类。

成形砂轮法磨齿机的砂轮截面形状按样板修整成与工件齿间的齿廓形状相同。机床的加工精度主要取决于砂轮截面形状和分度精度，所以，对砂轮的修整精度要求很高，修整难度较大。

大多数类型的磨齿机是以范成法来加工齿轮。范成法磨齿机的加工原理如图 3.75 所示，根据所用砂轮形状的不同，有以下几种磨齿机。

1）蜗杆砂轮磨齿机

这种磨齿机用直径很大的修整成蜗杆形的砂轮磨削齿轮，其工作原理与滚齿机相似。如图 3.76(a)所示，蜗杆形砂轮相当于滚刀与工件一起转动作范成运动 B_{11}，B_{12}，磨出渐开线。工件同时作轴向直线往复运动 A_2，以磨削直齿圆柱齿轮的轮齿。如果作倾斜运动，就可磨削斜齿圆柱齿轮。这类机床在加工过程中因是连续磨削，其生产率很高。但缺点是砂轮修整困难，不易达到高精度，磨削不同模数的齿轮时需要更换砂轮；砂轮的转速很高，联系砂轮与工件的范成传动链如果用机械传动，易产生噪声，磨损较快。为克服这一缺点，目前常用的方法有两种，一种用同步电动机驱动，另一种是用数控的方式保证砂轮和工件之间严格的速比关系。这种机床适用于中小模数齿轮的成批生产。

2）锥形砂轮磨齿机

锥形砂轮磨齿机是利用齿条和齿轮啮合原理来磨削齿轮的，它所用的砂轮截面形状是按照齿条的齿廓修整的。当砂轮按切削速度旋转，并沿工件导线方向作直线往复运动时，砂轮两侧锥面的母线就形成了假想齿条的一个齿廓，如图 3.76(b)所示。加工时，被磨削齿轮在假想齿条上滚动，当被磨削齿轮转动一个齿的同时，其轴心线移动一个齿距的距离，便可磨出工件上一个轮齿一侧的齿面。经多次分度，才能磨出工件上全部轮齿齿面。

3）双碟形砂轮磨齿机

双碟形砂轮磨齿机用两个碟形砂轮的端平面（实际是宽度约为 0.5mm 的工作棱边所构成的环形平面）来形成假想齿条的不同轮齿两侧面，同时磨削齿槽的左右齿面。如图 3.76(c)所示，磨削过程中的成形运动和分度运动与锥形砂轮磨齿机基本相同，但轴向进给运动通常是由工件来完成。由于砂轮的工作棱边很窄，且为垂直于砂轮轴线的平面，易获得高的修整精度。磨削接触面积小，磨削力和磨削热很小。机床具有砂轮自动修整与补偿装置，使砂轮能始终保持锐利和良好的工作精度，因而磨齿精度较高，最高可达 4 级，是各类磨齿机中磨齿精度最高的一种。其缺点是砂轮刚性较差，磨削用量受到限制，所以生产率较低。

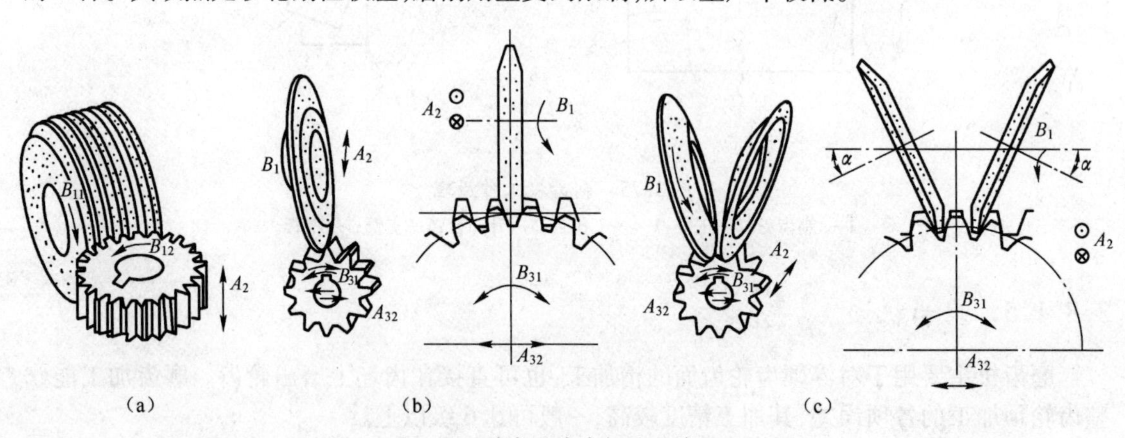

图 3.76　范成法磨齿机的工作原理

3.8.2 齿轮刀具

齿轮刀具是用于加工齿轮齿形的刀具。由于齿轮的种类很多,相应的齿轮刀具种类也极其繁多。按照齿轮齿形的形成方法,可将齿轮刀具分为成形法和范成法加工用齿轮刀具两大类。

3.8.2.1 成形法齿轮刀具

常用的成形法齿轮刀具有盘形齿轮铣刀和指形齿轮铣刀,如图3.77所示。盘形齿轮铣刀是铲齿成形铣刀,其加工精度、生产率都比较低,但结构简单,成本低廉,在一般铣床上就可加工齿轮,在单件生产及修配工作中仍有应用,可加工直齿、斜齿圆柱齿轮和齿条等。指形齿轮铣刀用于加工大模数($m=10\sim100$mm)直齿、斜齿圆柱齿轮、人字齿轮。对于多于两列的人字齿轮,这是唯一的加工刀具。

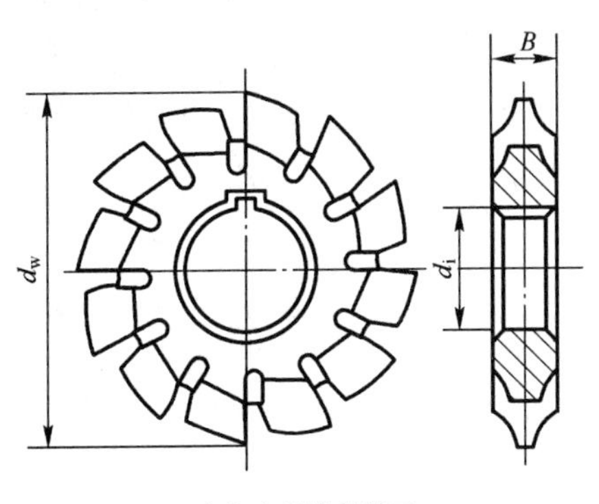

(a) 盘形齿轮铣刀

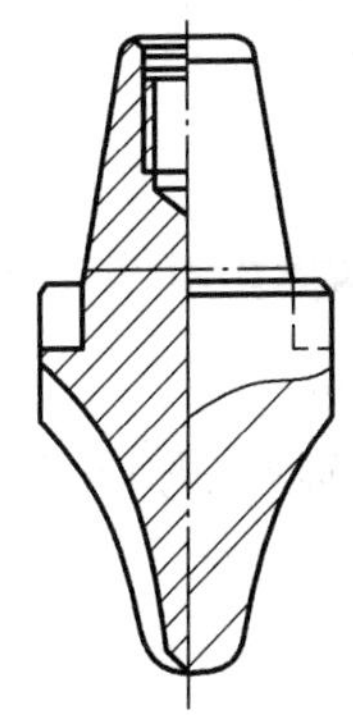
(b) 指形齿轮铣刀

图3.77 成形齿轮铣刀

3.8.2.2 范成法齿轮刀具

这类刀具的齿形或其齿形的投影均不同于所切齿轮齿槽的任意截形。工件的齿形是经刀具刃形若干次切削而包络成的。范成法加工齿轮时,同一把刀具可加工模数相同而齿数不同的渐开线齿轮。刀具的通用性较广,加工精度和生产率都比较高。但是这种加工方法一般需要有专门的齿轮加工机床。常用的范成法齿轮刀具有插齿刀、齿轮滚刀和剃齿刀等。

1) 插齿刀

插齿刀用于加工直齿内、外齿轮和齿条,尤其是对于双联或多联齿轮、扇形齿轮等的加工有其独特的优越性。

如图3.78所示,插齿刀有盘形、碗形、锥柄等标准型式。插齿刀有三个精度等级:AA、A、B,分别用于加工6~8级精度的齿轮。加工前应进行被加工齿轮的过渡曲线干涉、根切、顶切的验算。

2) 齿轮滚刀

齿轮滚刀是加工外啮合直齿和斜齿圆柱渐开线齿轮最常用的刀具。

(1) 齿轮滚刀的结构。齿轮滚刀是一个蜗杆形刀具,为了形成切削刃,在垂直于蜗杆螺旋线方向或平行于轴线方向开出容屑槽,形成前刀面,并对滚刀的顶面和侧面进行铲背,铲磨出后角。图 3.79 是齿轮滚刀的基本蜗杆的外形图。根据一对螺旋齿轮的啮合原理,基本蜗杆应当是一个端截面为渐开线的斜齿轮,这种类型的滚刀称为渐开线滚刀,由于这种渐开线滚刀的制造比较困难,目前应用较少。生产中大量使用的是阿基米德滚刀。这种滚刀的基本蜗杆轴向截面是直线齿形,设计时经过对基本蜗杆齿形角的修正,可以得到很近似于渐开线蜗杆的滚刀,其齿形在误差范围之内。图 3.80 是阿基米德螺旋面形成示意图。车削时,可选用刀尖角等于蜗杆齿形角 $2\alpha_x$,前角等于零的直线车刀,切削刃安装在蜗杆轴线的水平面内。当工件(蜗杆)作等速转动,车刀沿工件轴向作等速移动时,车刀切削刃就形成了阿基米德蜗杆的齿侧面。由于阿基米德滚刀制造、检验方便,而且刃磨齿面精度比较容易控制,所以目前在我国,凡是模数在 10mm 以下的精加工滚刀均规定为阿基米德滚刀。

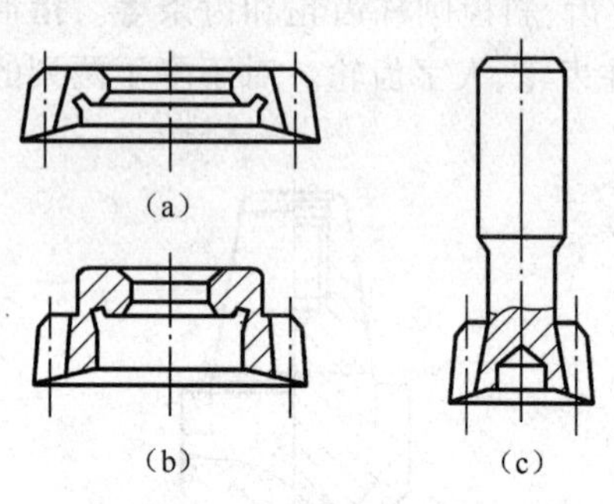

图 3.78 插齿刀的类型

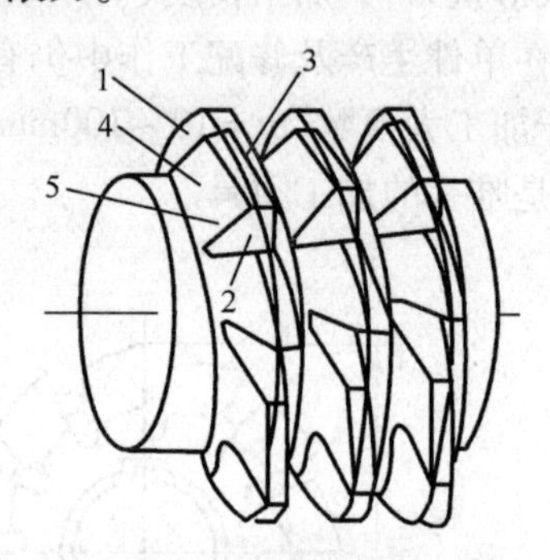

图 3.79 滚刀的基本蜗杆
1 —蜗杆螺旋表面;2—前刀面;
3—后刀面;4 —侧后面;5 —切削刃。

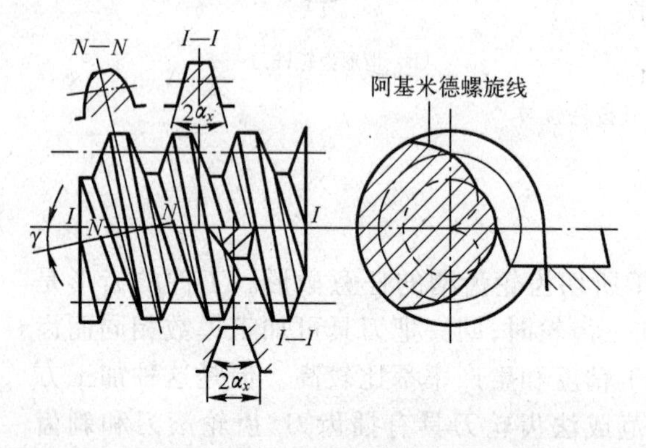

(a)当 $\gamma \leq 3^\circ$ 单刀切削

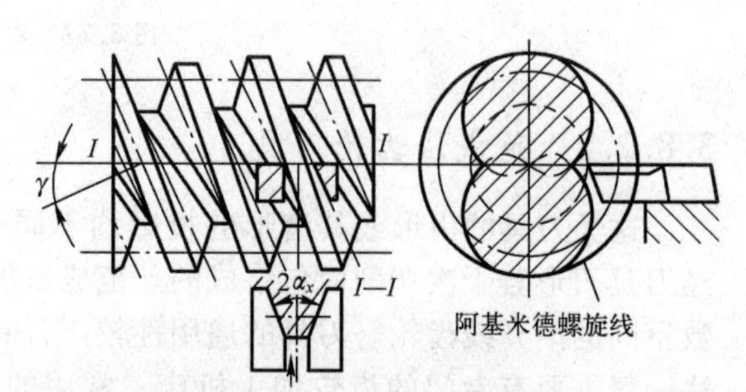

(b)当 $\gamma > 3^\circ$ 时双刀切削

图 3.80 阿基米德蜗杆的车制

将滚刀基本蜗杆法向截面做成直线齿线的滚刀称为法向直廓滚刀。此时端面截形齿形不是渐开线而是延长渐开线。这种滚刀设计时,经过对基本蜗杆齿形角的修正,也可以得到近似于渐开线蜗杆的滚刀。但由于加工精度比阿基米德滚刀低,一般用于粗加工滚刀和大模数的滚刀。

滚刀结构分为整体式和镶片式滚刀两大类。对于中小模数($m = 1 \sim 10$mm)滚刀,通常做成整体结构,如图 3.81 所示。对于模数较大的滚刀,为了节省刀具材料,一般多采用镶齿结构。镶齿滚刀的刀齿要求非常精密,刀体精度要求也较高,制造困难,生产中应用还不普遍。

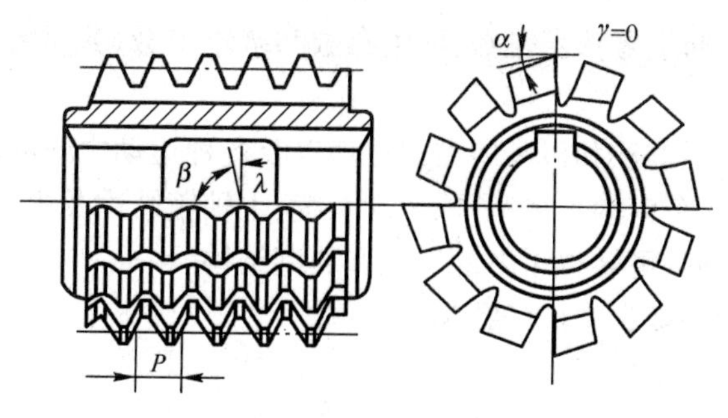

图 3.81　齿轮滚刀的结构

(2) 齿轮滚刀的主要参数。齿轮滚刀的主要参数包括外径、头数、齿形、螺旋升角及旋向等。外径越大,则加工精度越高。标准齿轮滚刀规定,同一模数有两种直径系列,Ⅰ型直径较大,适用于 AA 级精密滚刀,这种滚刀用于加工 7 级精度的齿轮;Ⅱ型直径较小,适用于 A、B、C 级精度的滚刀,用于加工 8、9、10 级精度的齿轮。单头滚刀的精度较高,多用于精切齿,多头滚刀精度较差,但生产率高。

3) 剃齿刀

剃齿是一种精加工齿轮齿形的方法,所用的刀具称为剃齿刀。剃齿过程类似于交错轴传动的螺旋齿轮啮合,剃齿刀实质上是一个高精度的螺旋齿轮,并且在齿侧面上开了许多小容屑槽以形成切削刃。由于螺旋齿轮啮合时,两齿轮在接触点的速度方向不一致,使齿轮的齿侧面沿剃齿刀的齿侧面滑移,剃齿刀齿面上的切削刃在进刀压力的作用下,就能从工件齿面上切下极薄的切屑。

图 3.82 所示为两种典型的剃齿刀。常用的高速钢剃齿刀可剃削硬度低于 35HRC 的齿轮,精度达 6 ~ 8 级,表面粗糙度值 Ra 达 0.4 ~ 0.8μm。剃一个齿轮一般需要 1 ~ 3min,每次重磨后可加工约 1500 个齿轮,每把剃齿刀约可加工一万个齿轮。剃齿刀的设计、制造麻烦,价格较高,适用于大批量生产的场合。

剃削前应进行剃齿刀顶圆与被剃齿轮根圆之间间隙、剃削的渐开线长度、啮合的渐开线长度的验算。

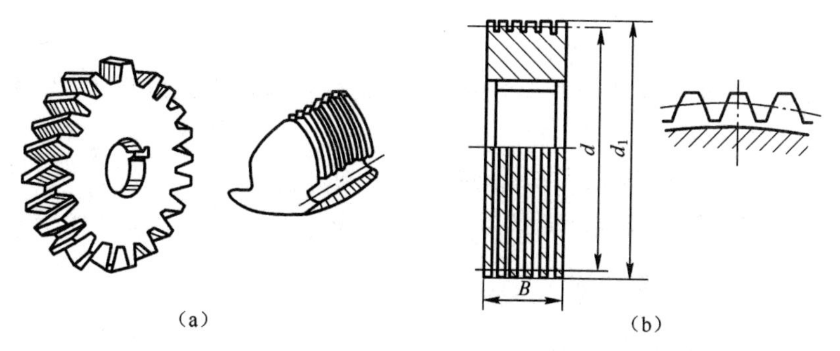

图 3.82　两种典型的剃齿刀

本章小结

通过本章的学习,应熟悉并掌握以下主要内容:

(1) 金属切削机床的分类和型号编制方法。

（2）金属切削机床的主要技术参数，即主参数和基本参数（尺寸参数、运动参数和动力参数）。

（3）工件表面的成形方法和机床所需的运动以及各种运动之间的联系。

（4）CA6140 型卧式车床的工艺范围、传动系统、主轴箱结构及主要部件的工作原理。

（5）车刀的主要类型，可转位车刀的组成和典型结构。

（6）孔加工机床的种类和常用的孔加工刀具。

（7）铣床的种类和常用的铣刀。

（8）各种磨床的工作原理和砂轮的组成。

（9）齿轮加工的方法，滚齿机滚切直齿圆柱齿轮和斜齿圆柱齿轮的传动原理，磨齿机的工作原理，常用的齿轮加工刀具。

教学讨论题与练习题

3.1 指出下列机床型号中各位字母和数字代号的具体含义。

CG6125B　XK5040　Y3150E

3.2 机床的主要技术参数有哪些？

3.3 写出用计算法确定主运动驱动电动机功率的理论公式，说明并解释公式中各项的内容。

3.4 举例说明何谓简单运动？何谓复合运动？其本质区别是什么？

3.5 画简图表示用下列方法加工所需表面时，需要哪些成形运动？其中哪些是简单运动？哪些是复合运动？

（1）用成形车刀车削外圆锥面；

（2）用尖头车刀纵、横向同时运动车外圆锥面；

（3）用钻头钻孔；

（4）用拉刀拉削圆柱孔；

（5）插齿刀插削直齿圆柱齿轮。

3.6 举例说明何谓外联传动链？何谓内联传动链？其本质区别是什么？对这两种传动链有何不同要求？

3.7 在 CA6140 型卧式车床上车削下列螺纹：

（1）米制螺纹 $P=3\text{mm}$；$P=8\text{mm}$；$K=2$；

（2）英制螺纹 $\alpha=4\dfrac{1}{2}$牙/in；

（3）模数螺纹 $m=4\text{mm}$，$K=2$；

（4）米制螺纹 $P=48\text{mm}$。

写出其传动路线表达式，并说明车削这些螺纹时，可采用的主轴转速范围及其理由。

3.8 分析 CA6140 型卧式车床的传动系统：

（1）证明 $f_{横}\approx0.5f_{纵}$。

（2）计算主轴高速转动时能扩大的螺纹倍数，并进行分析。

（3）分析车削径节螺纹时的传动路线，列出运动平衡式，说明为什么此时能车削出标准的径节螺纹？

(4) 当主轴转速分别为40、160及400r/min时，能否实现螺距扩大4及16倍？为什么？

(5) 为什么用丝杠和光杠分别担任切削螺纹和车削进给的传动？如果只用其中的一个，既切削螺纹又传动进给，将会有什么问题？

(6) 为什么在主轴箱中有两个换向机构？能否取消其中一个？溜板箱内的换向机构又有什么用处？

(7) 说明 M_3、M_4 和 M_5 的功用？是否可取消其中之一？

(8) 溜板箱中为什么要设置互锁机构？

3.9 分析CA6140型卧式车床的主轴箱结构部分：

(1) 如何限制主轴的五个自由度？主轴前后轴承的间隙怎样调整？主轴上作用的轴向力是如何传递给箱体的？

(2) 动力由电动机传到轴Ⅰ时，为什么要用卸荷带轮结构？说明扭矩是如何传递到轴Ⅰ的？

(3) 片式摩擦离合器传递功率的大小与哪些因素有关？如何传递扭矩？怎样调整？离合器的轴向压力是如何平衡的？

3.10 可转位车刀有何特点？

3.11 金刚镗床和坐标镗床各有什么特点？各适用于什么场合？

3.12 标准高速钢麻花钻由哪几部分组成？切削部分包括哪些几何参数？

3.13 群钻的特点是什么？为什么能提高切削效率？

3.14 常用钻床有几类？其适用范围如何？

3.15 深孔加工有哪些特点？

3.16 镗削加工有何特点？常用的镗刀有哪几种类型？其结构和特点如何？

3.17 试分析钻孔、扩孔和铰孔三种孔加工方法的工艺特点，并说明这三种孔加工工艺之间的联系。

3.18 无心外圆磨床为什么能把工件磨圆？为什么它的加工精度和生产率往往比普通外圆磨床高？

3.19 试分析卧轴矩台平面磨床与立轴圆台平面磨床在磨削方法、加工质量、生产率等方面有何不同，各适用于什么情况？

3.20 砂轮的特性主要由哪些因素所决定？如何选用砂轮？

3.21 分析比较应用范成法与成形法加工圆柱齿轮各有何特点？

3.22 滚齿机上加工直齿和斜齿圆柱齿轮时，如何确定滚刀刀架板转角度与方向？如板转角度有误差或方向不对将会产生什么后果？

3.23 在滚齿机上加工齿轮时，如果滚刀的刀齿相对于工件的轴向线不对称，将会产生什么后果？如何解决？

3.24 在滚齿机上加工一对斜齿轮时，当一个齿轮加工完成后，在加工另一个齿轮前应当进行哪些挂轮计算和机床调整工作？

3.25 对比滚齿机和插齿机的加工方法，说明它们各自的特点及主要应用范围。

3.26 齿轮滚刀的前角和后角是怎样形成的？

3.27 剃齿和磨齿各有何特点？用于什么场合？

*第四章　组合机床与自动线简介

本章提要

本章着重介绍组合机床的组成及工艺特点、组合机床的工艺范围及配置形式、组合机床的通用部件,并对组合机床自动线进行简单介绍。

在批量生产中为了提高生产率,必须要缩短加工时间和辅助时间,而且尽可能使辅助时间和加工时间重合,使每个工位装夹多个工件同时进行多刀加工,实行工序高度集中,因而广泛采用组合机床及自动线。

组合机床是用已经系列化、标准化的通用部件和少量专用部件组成的多轴、多刀、多工序、多面或多工位同时加工的高效专用机床,其生产率比通用机床高几倍至几十倍,可进行钻、镗、铰、攻丝、车削、铣削等切削加工。

1911 年,美国为加工汽车零件研制了组合机床。在发展初期,各机床制造厂都执行自己的通用部件标准。为方便用户使用和维修,提高互换性,1953 年,美国福特汽车公司和通用汽车公司与美国机床制造厂协商,确定了组合机床通用部件标准化的原则,并规定了部件间联系尺寸。1973 年,ISO 公布了第一批组合机床通用部件标准。1975 年,原机械部公布了我国第一批组合机床通用部件标准。1978 年和 1983 年又两次作了增补。目前,我国组合机床的通用零部件约占 70% ~90%。

4.1　组合机床的组成及工艺特点

4.1.1　组合机床的组成

图 4.1 是一台立卧复合式三面钻孔组合机床,它由侧底座、立柱底座、立柱、动力箱、滑台及中间底座等通用部件及多轴箱、夹具等专用部件组成的。组合机床的专用部件往往也是由大量的通用零件和标准件组成的。一台组合机床中约有 70% ~80% 的零件是通用件和标准件。

4.1.2　组合机床的特点

组合机床具有如下特点:

(1) 主要用于加工箱体类零件和杂件的平面和孔。

(2) 生产率高。因为工序集中,可多面、多工位、多轴、多刀同时自动加工。

(3) 加工精度稳定。因为工序固定,可选用成熟的通用部件、精密夹具和自动工作循环来保证加工精度的一致性。

(4) 研制周期短,便于设计、制造和使用维护,成本低。因为通用化、系列化、标准化程度高,而且通用零部可组织批量生产。

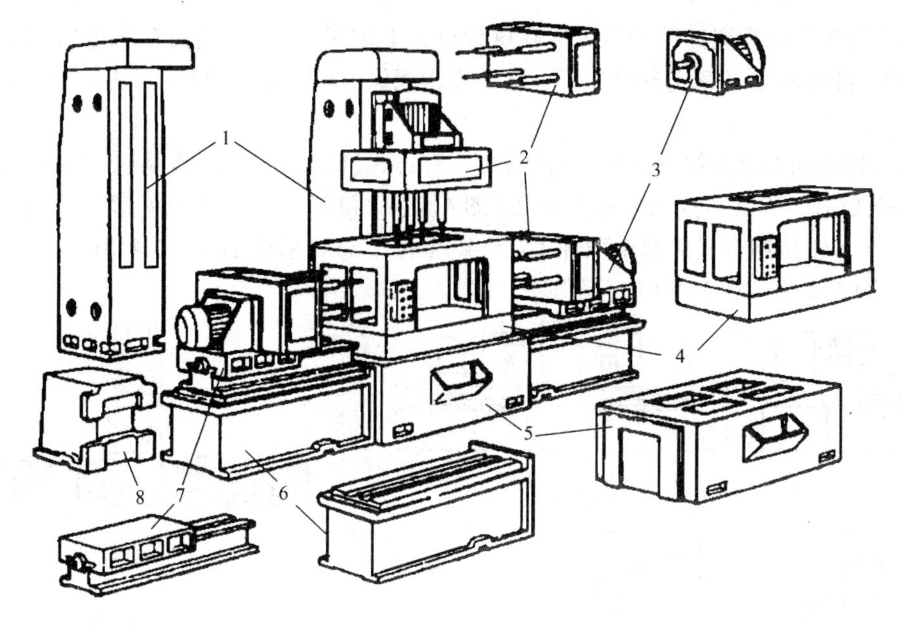

图 4.1　组合机床的组成

1—立柱;2—主轴箱和刀具;3—动力箱;4—夹具;5—中间底座;6—侧底座;7—动力滑台;8—立柱底座。

(5) 自动化程度高,劳动强度低。

(6) 配置灵活。因为结构模块化、组合化,可按工件或工序要求,用大量通用部件和少量专用部件灵活组成各种类型的组合机床及自动线。机床易于改装,产品或工艺变化时,通用部件一般还可重复利用。

4.2　组合机床的工艺范围及配置形式

4.2.1　组合机床的工艺范围

目前,组合机床主要用于平面加工和孔加工两类工序。平面加工包括铣平面、锪(刮)平面、车端面;孔加工包括钻、扩、铰、镗孔以及倒角、切槽、攻螺纹、锪沉孔、滚压孔等。随着综合自动化的发展,其工艺范围正扩大到车外圆、行星铣削、拉削、推削、磨削、珩磨及抛光、冲压等工序。此外,还可以完成焊接、热处理、自动装配和检测、清洗和零件分类及打印等非切削工作。

组合机床在汽车、拖拉机、柴油机、电机、仪器仪表、军工、缝纫机和自行车等工业领域的大批、大量生产已获得广泛应用,一些中小批量生产的企业,如机床、机车、工程机械等制造业中也已推广应用。组合机床最适用于加工各种大中型箱体类零件,如汽缸盖、汽缸体、变速箱体、电机座及仪表壳等零件,也可用来完成轴套类、轮盘类、叉架类和盖板类零件的部分或全部工序的加工。

4.2.2　组合机床的配置形式

组合机床的通用部件分大型和小型两大类,用大型通用部件组成的机床称为大型组合机床。用小型通用部件组成的机床称为小型组合机床。大型组合机床和小型组合机床在结构和配置形式方面有较大的差别。大型组合机床的配置形式可分为单工位组合机床和多工位组合机床两大类。

图4.2为单工位配置的组合机床。在这种机床上加工时,工件装夹在机床的固定夹具中不动,由动力部件移动来完成各种加工。这类机床能保证较高的位置精度,适用于大中型箱体零件的加工。

根据工件表面的分布情况,单工位组合机床有卧式(图4.2(a)、(b)及(c))、立式(图4.2(d))、倾斜式(图4.2(f)的左部)和复合式(图4.2(e)和(f))等几种配置形式。按工件加工表面数量分,单工位组合机床有单面加工(图4.2(a)、(d))、双面加工(图4.2(b)、(e)、(f))、三面加工(图4.2(c))和多面加工等几种。

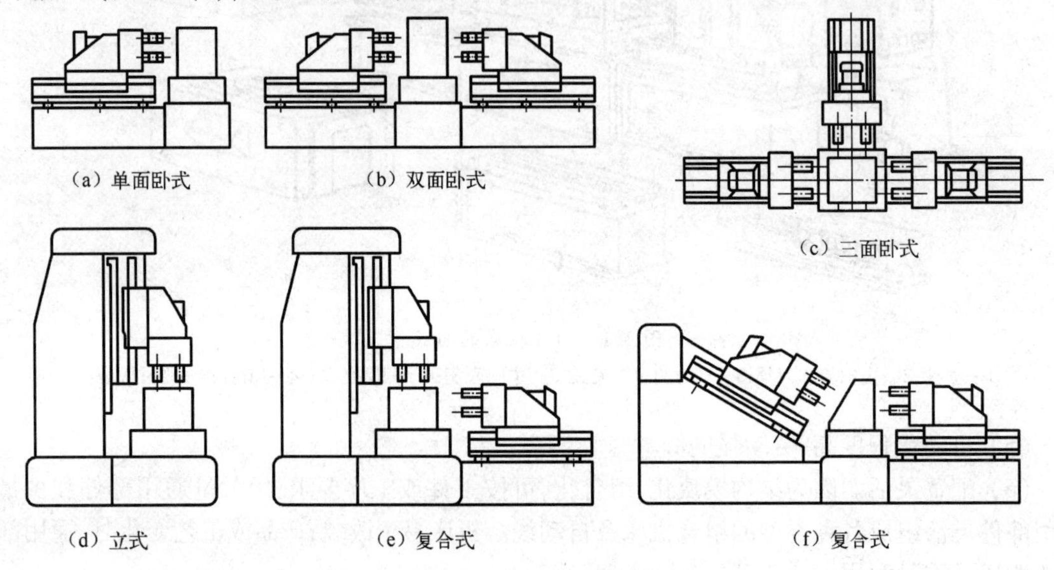

图4.2 单工位组合机床

图4.3是多工位组合机床的几种配置形式。多工位组合机床有2个或2个以上的加工工位。加工时,工件借助夹具(或手动)顺次地由一个工位输送到下一个工位,以便在各个工位上完成同一加工部位的多工步加工或不同部位的加工,从而完成一个或数个表面的较复杂的加工工序。多工位组合机床工序集中程度和生产率比单工位组合机床高,其装卸料的辅助时间与其他工位的机动时间重合。但由于存在移位或转位的定位误差,所以加工精度较单工位组合机床低,而且成本也较高。多工位组合机床适用于大批、大量生产中加工较复杂的中小型零件。

图4.3(a)是固定夹具式组合机床,机床可以同时加工2个相同工件上不同加工部位的孔,工件工位的变换是由人工重新装夹来完成的。图4.3(b)是移动工作台式组合机床,这种机床适用于加工孔间距较近的工序,工位数一般为2~3个,由沿直线间歇移动的工作台完成工位间工件的输送。图4.3(c)是回转鼓轮式组合机床,用绕水平轴间歇转位的回转鼓轮工作台输送工件,其工位数一般有2、3、4、5、、6、7、8个(图中为6工位 ,其中1个为装卸工位,其余5个为加工工位)。这种机床一般以卧式配置为主,可以同时对工件的2个端面进行加工。有时也可在径向辐射式地附加配置动力部件来加工第3方向(垂直方向)的表面。图4.3(d)是回转工作台式组合机床,它用绕竖直轴间歇转位的回转工作台输送工件,其工位数一般有2、3、4、5、6、8、10、12个(图中是4工位,其中1个为装卸工位,其余3个为加工工位)。这种机床可配置成立式、卧式和复合式布局。图4.3(e)是中央立柱式组合机床,用绕竖直轴间歇转位的环形回转工作台输送工件,其工位数一般有3、4、5、6、8、10个。这种机床一般都有几个竖直和水平布置的动力部件,分别安装在中央立柱上及工作台的四周,所以工序集中程度及生产率

都很高,但机床的结构比较复杂,定位精度低,通用化程度也较低。

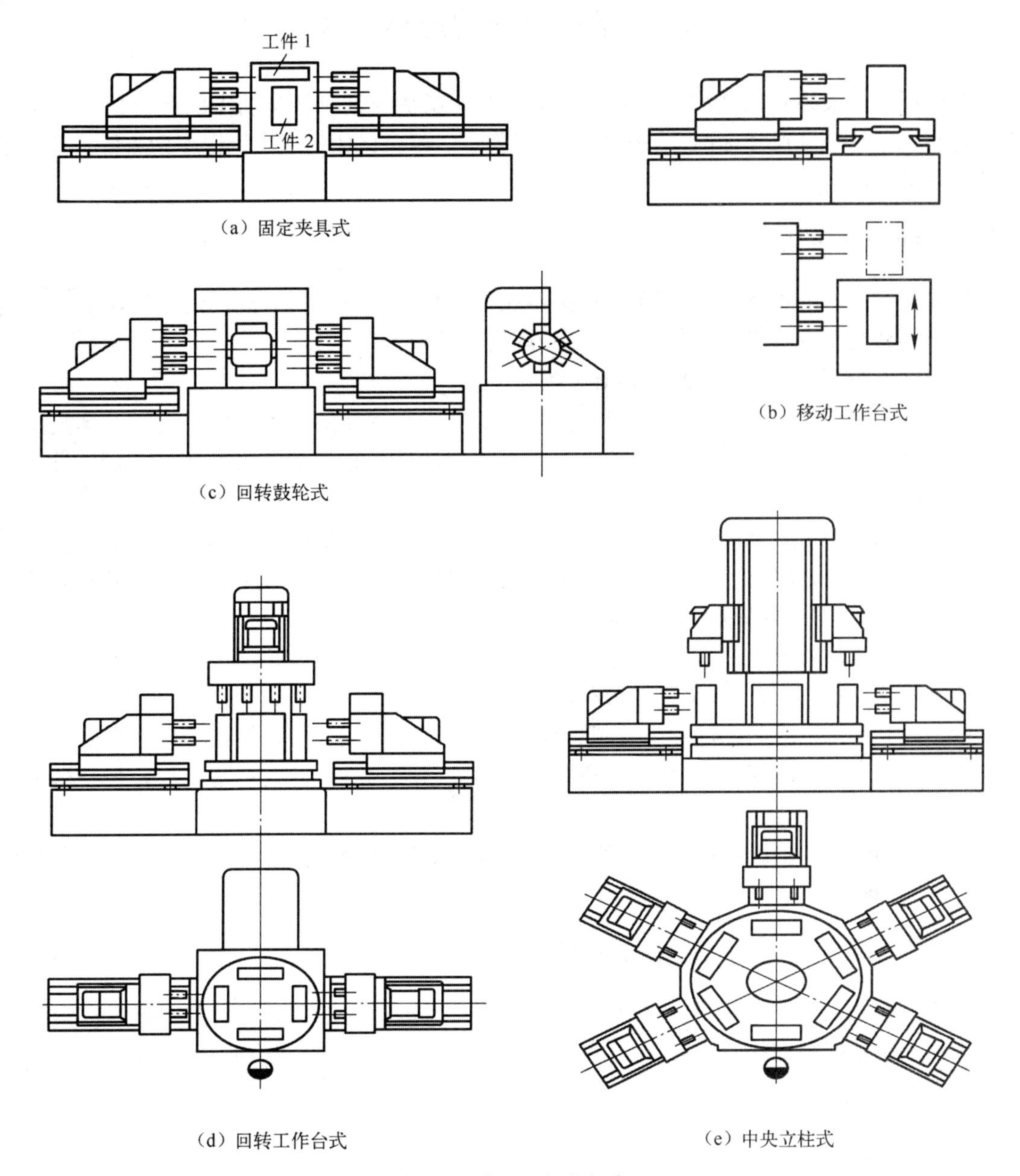

图 4.3　多工位组合机床

小型组合机床也是由大量通用零部件组成的,其配置特点是:常用两个以上具有主运动和进给运动的小型动力头分散布置、组合加工。动力头有套筒式、滑台式,横向尺寸小,配置灵活性大,操作使用方便,易于调整和改装。小型组合机床也分单工位和多工位两类。目前在生产中使用较多的是各种多工位小型机床,其中最常用的是回转工作台式小型组合机床。

组合机床的配置形式是多种多样的,同一零件的加工可采用几种不同的配置方案。在确定组合机床配置形式时,应对几个可行的方案进行综合分析,从机床负荷率、能达到的加工精度、使用和排屑的方便性、机床的可调性、机床部件的通用化程度、占地面积等方面作比较,选择合理的机床总体布局方案。

4.3 组合机床的通用部件

通用部件是按系列化、标准化、通用化原则设计制造的具有特定功能的组合机床基础部件。它有统一的联系尺寸标准,结构合理,性能稳定。组合机床的通用化程度是衡量其技术水平的重要标志。

4.3.1 通用部件的分类

随着科学技术的迅速发展,组合机床类型在不断更新和发展,如已有数控组合机床、专门组合机床等新类型。所以,通用部件的品种、规格也日趋繁多。

通用部件按其功能通常分为下述五大类:

(1)动力部件。动力部件是用于传递动力,实现工作运动的通用部件。它为刀具提供主运动和进给运动,是组合机床及其自动线的主要通用部件。它包括动力滑台、动力箱、具有各种工艺性能的动力头等。

(2)支承部件。支承部件是用于安装动力部件、输送部件等的通用部件。它包括侧底座、中间底座、立柱、立柱底座、支架等。它是组合机床的基础部件,机床上各部件之间的相对位置精度、机床的刚度等主要依靠它来保证。

(3)输送部件。输送部件具有定位和夹紧装置,用于装夹工件并运送到预定工位的通用部件。它包括回转工作台、移动工作台和回转鼓轮等。通常具有较高的定位精度。

(4)控制部件。控制部件用来控制具有运动动作的各个部件,以保证实现组合机床工作循环。它包括可编程序控制器(PLC)、液压传动装置、分级进给机构、自动检测装置及操纵台电器柜等。

(5)辅助部件。辅助部件包括定位、夹紧、润滑、冷却、排屑以及自动线的清洗机等各种辅助装置。

4.3.2 通用部件的型号、规格及其配套关系

通用部件的主参数,均用与其配套的滑台台面宽度这个主参数表示,因此,以滑台为基础的通用部件型号编制方法为:

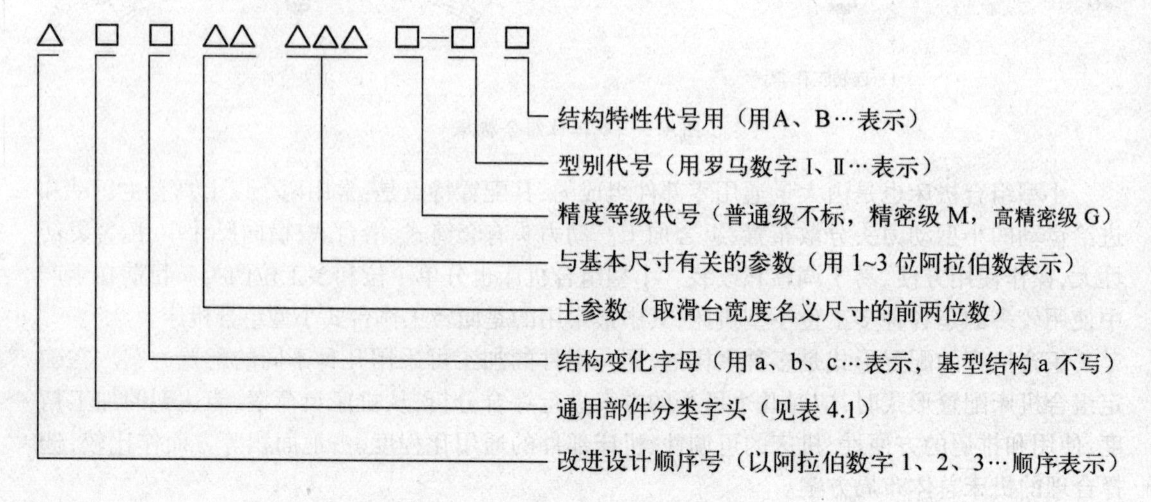

表 4.1　组合机床通用部件分类字头

部件	适用范围	液压	机械	风动液压	机械液压
滑 台	短台面型	HY	HJ	HQ	HU
	长台面型	HYA	HJA	HQA	HUA
十字滑台	适用小型组合机床	HYS	HJS	—	HUS

动力箱	短台面型	TD	长台面型	TDA	转塔型	TDZ

主轴部件（切削头）	铣头	镗头	偏心镗头	精镗头	镗车头	可调头	钻削头		攻螺纹头	
适用范围							单轴	多轴	单轴	多轴
短台面型	TX	TA	TAP	TJ	TC	TK	TZ	TZD	TG	TGD
长台面型	TXA	TAA	—	—	TCA	TKA	TZA	—	—	——

动力头	滑套式				机械箱体式	转塔式		自动更换式	
	机械	液压	风动	风动液压		机械	液压	机械	液压
	LHJ	LHY	LHF	LHQ	LXJ	LZJ	LZY	LGJ	LGY

工作台	分度回转工作台					移动工作台				
	机械	液压	风动	风动液压	机械液压	机械	液压	风动	风动液压	机械液压
	AHJ	AHY	AHF	AHQ	AHU	AYJ	AYY	AYF	AYQ	AYU

转台	机械	液压	风动	风动液压	机械液压
	AZJ	AZY	AZF	AZQ	AZU

支承部件	侧底座	立柱	落地式有导轨立柱	有导轨立柱	立柱底座	中间底座	支架
适用范围							
短台面型	CC	CL	CLC	CLL	CD	CZ	CJ
长台面型	CE	CLA	—	—	CLH	CZY,CZD	CJY,CJD CJK,CJF

其他	跨系列传动装置	自动线通用部件	广泛通用部件	数控通用部件
	NG	ZXT	T	NC

注:短台面主要适用于大型组合机床;长台面主要适用于小型组合机床

例如1HY32M－IB,表示经过第一次改进设计,台面宽为320mm,精密级液压滑台,滑台行程长度为短行程(Ⅰ型),滑座体导轨为镶钢导轨;1TX63G－Ⅱ,表示经过第一次改进设计,与台面宽度为630mm的滑台配套、高精度级、带液压自动让刀机构的滑套式铣削头。

“1字头”通用部件的型号、规格及其配套关系如表4.2所示。

表4.2　“1字头”系列通用部件的型号、规格及配套关系

部件名称	标准	名义尺寸/mm					
		250	320	400	500	630	800
液压滑台	GB 3668.4—83 (≈ISO 2562—1973)	1HY25 1HY25M 1HY25G	1HY32 1HY32M 1HY32G	1HY40 1HY40M 1HY40G	1HY50 1HY50M 1HY50G	1HY63 1HY63M 1HY63G	1HY80 1HY80M 1HY80G
机械滑台		1HJ25 1HJ25M 1HJb25 1HJb25M	1HJ32 1HJ32M 1HJb32 1HJb32M	1HJ40 1HJ40M 1HJb40 1HJb40M	1HJ50 1HJ50M 1HJb50 1HJb50M	1HJ63 1HJ63M 1HJb63 1HJb63M	

（续）

部件名称	标准	名义尺寸/mm					
		250	320	400	500	630	800
动力箱	GB 3666.5—83 (≈ISO 2727—1973)	1TD25	1TD32	1TD40	1TD50	1TD63	1TD80
侧底座	GB 3666.6—83 (≈ISO 2769—1973)	1CC251 1CC2521 1CC251M 1CC252M	1CC321 1CC322 1CC321M 1CC322M	1CC401 1CC402 1CC401M 1CC402M	1CC501 1CC502 1CC501M 1CC502M	1CC631 1CC632 1CC631M 1CC632M	1CC801 1CC802 1CC801M 1CC802M
立柱	GB 3666.7—83 (≈ISO 2891—1977)	1CL25 1CL25M 1CLb25 1CLb25M	1CL32 1CL32M 1CLb32 1CLb32M	1CL40 1CL40M 1CLb40 1CLb40M	1CL50 1CL50M 1CLb50 1CLb50M	1CL63 1CL63M	
铣削头	GB 3668.9—83 (≈ISO 3590—1975)	1TX25 1TX25G	1TX32 1TX32G	1TX40 1TX40G	1TX50 1TX50G	1TX63 1TX63G	1TX80 1TX80G
钻削头		1TZ25	1TZ32	1TZ40			
镗削头与车端面头		1TA25 1TA25M	1TA32 1TA32M	1TA40 1TA40M	1TA50 1TA50M	1TA63 1TA63M	

注:1. 机械滑台型号中,1HJ××型使用滚珠丝杠转动;1HJb××型使用铜螺母,普通丝杠传动。
2. 侧底座型号中,1CC××1 型高度为 560mm;1CC××2 型高度为 630mm。
3. 立柱型号中,1CLb××型与机械滑台配套使用;1CL××型与液压滑台配套使用。
4. 标准中,ISO 为国际标准化组织的标准,“≈”符号表示等效采用

4.3.3 组合机床的主要通用部件

通用部件按功能不同,分为五大类,前面已介绍过。这里主要介绍动力部件中的动力滑台和动力箱。

4.3.3.1 动力滑台

动力滑台简称“滑台”,用于实现进给运动。根据驱动和控制方式不同,动力滑台可分为液压滑台(HY 系列)、机械滑台(HJ 系列)和数控滑台三种类型。在滑台上可以安装动力箱(用以配多轴箱)或切削头(如钻削头、镗削头、铣削头、攻螺纹头等主轴部件配以传动装置),以组成各种工艺用途的动力部件。

1) HY 系列液压滑台

液压滑台是目前生产和应用数量最多的一种动力部件,布置和结构都比较典型,没有很大的差别,规格都已标准化。

图 4.4 是液压滑台结构图,液压缸 3 固定在滑座 1 上,活塞杆 4 通过支架 5 与滑鞍 2 连接。工作时,液压传动装置的压力油通过活塞杆带动滑鞍沿滑座顶面的导轨移动。液压滑台的结构特点是:

(1) 采用双矩形导轨结构型式,以单导轨两侧面导向,导向的长宽比较大,导向性好。

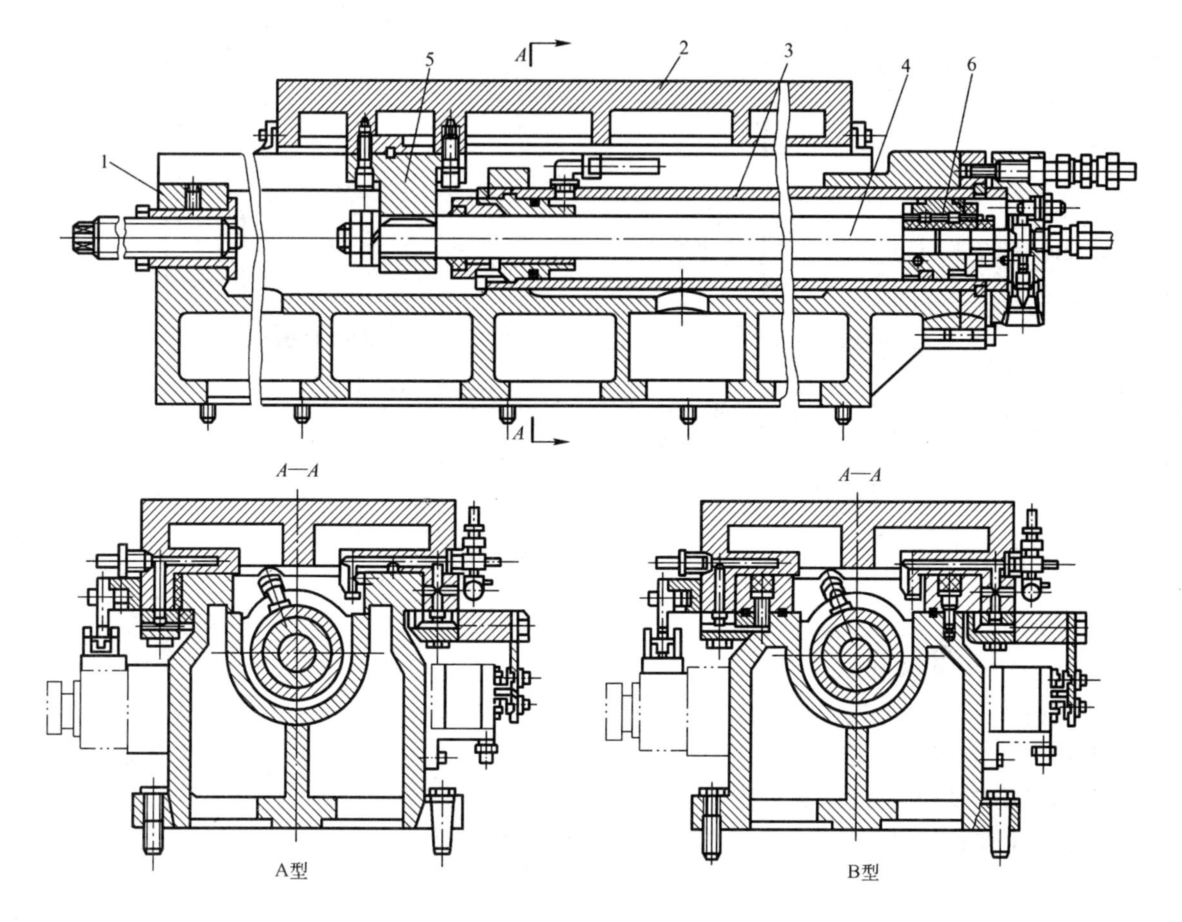

图 4.4　HY 系列液压滑台结构图

1—滑座;2—滑鞍;3—液压缸;4—活塞杆;5—支架;6—单向阀。

(2) 滑座体为箱形框架结构,滑座底面中间增加了结合面,结构刚度高。

(3) 导轨淬火,硬度高,使用寿命长(A 型铸铁导轨,B 型镶钢导轨)。

(4) 液压缸活塞和后盖上分别装有双向单向阀和缓冲装置,可减轻滑台换向和退至终点时的冲击。

(5) 滑台分普通级、精密级和高精度级三个精度等级,可按要求选用,提高经济性。

液压滑台与其附属部件配套,通过电气、液压联合控制实现自动循环。根据选用的液压传动装置不同,液压滑台常用的典型工作循环如图 4.5 所示。

一次工作进给循环(图 4.5(a)),用于加工时工作进给速度固定不变的情况下,如钻孔、扩孔、镗孔等。

二次工作进给循环(图 4.5(b)),用于工作循环中要求工作进给变化的情况下,如镗孔和锪端面时,要求的进给速度不同,就需应用二次工作进给循环。

超越工作进给循环(图 4.5(c)),用于镗削箱体两个壁上的同心孔,加工完一个孔后,刀具可快速移动到另一个孔。

反向工作进给循环(图 4.5(d)),它的正向进给多用于粗加工,而反向进给多用于精加工,例如镗孔或铣削时,精镗孔及精铣平面用反向工作进给。

分级工作进给循环(图 4.5(e)),主要用于钻深孔,分级进给是为了排屑和冷却的需要。

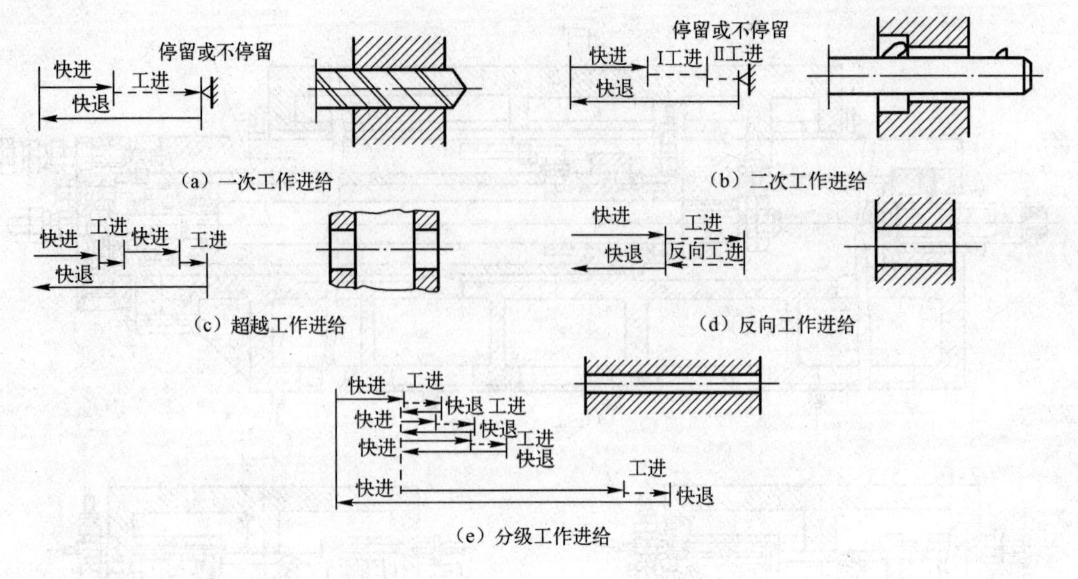

图 4.5 液压滑台典型工作循环图

2) HJ 系列机械滑台

机械滑台由机械传动实现进给运动。它有 1HJ、1HJb、1HJc 三个系列,其中 1HJ、1HJb 两个系列机械滑台都有普通级、精密级两个精度等级,其刚度高、热变形小、进给稳定性高,常用于粗加工及半精加工;1HJc 系列为高精度级机械滑台,适用于精加工。

图 4.6 是机械滑台的传动系统图,其传动路线表达式为:

$$\text{工作进给电动机} - \frac{Z_7}{Z_8} - \frac{A}{B} - \frac{C}{D} - \frac{Z_9}{Z_{10}} - \text{合成机构} - \frac{Z_5}{Z_6} - \text{丝杠}$$

合成机构 ← 快速电动机

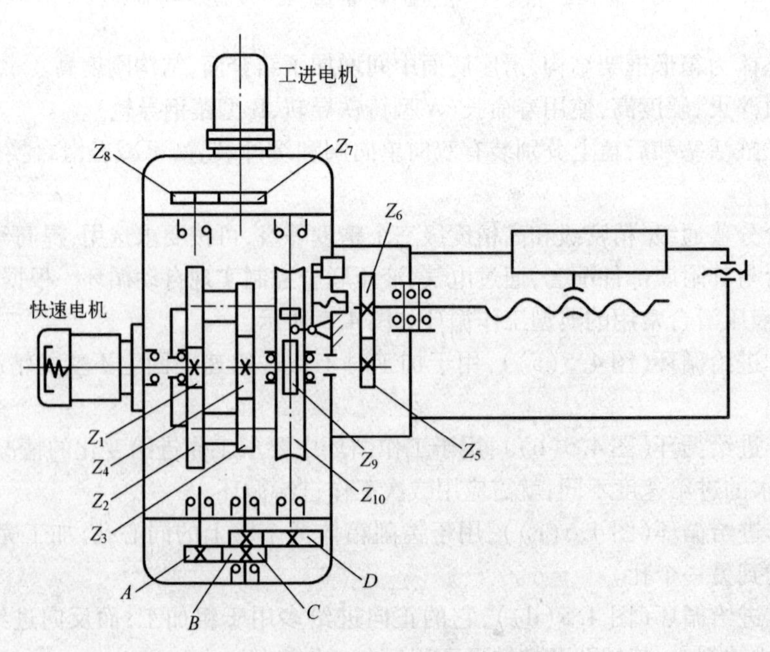

图 4.6 1HJ 系列机械滑台的传动系统

机械滑台可实现快进、工进、停留(死挡铁停留)、快退、原位停止及分级进给等工作循环。工作进给时,由工进电动机驱动。当需要快进时由快速电动机驱动(正转或反转),由于合成机构的作用,由快速电动机驱动的附加运动使丝杠快速正转或反转,于是实现滑台的快进或快退。当工作循环中要求滑台在工进结束后停留时,滑台在行程终点碰在预先调整好的死挡铁上,不能继续行进,这时,丝杠及蜗轮便不能转动,然而工进电动机仍在运转,于是迫使蜗杆克服弹簧力而产生轴向移动,在移动过程中,由于杠杆压下行程开关,发出信号(或经延时后发出信号)使快速电动机反转,滑台便快速退回到原位停止。在加工中,如遇到障碍或切削力过大,滑台不能移动时,这个机构同时可兼起过载保护作用。滑台的分级进给工作循环,是由附加在滑台上的分级进给机构来实现的。

3) 数控机械滑台

数控机械滑是1HJ系列机械滑台的派生产品,只是传动装置采用了大连组合机床研究所研制的ZHS－AC04D交流伺服数控系统,其他组成部分及主要联系尺寸与1HJ系列机械滑台相同。其特点是可自动交换进给速度和工作循环,可在较宽范围实现自动调速和位控、执行零件加工的数控程序。因此,用这类滑台组成的组合机床或自动线,适用于较多品种中小批量或中大批量的柔性生产。图4.7所示为交流伺服数控机械滑台的传动原理图。

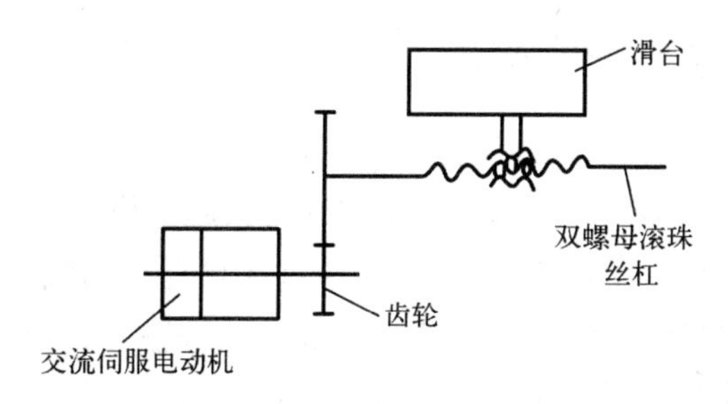

图4.7　交流伺服数控机械滑台传动原理图

4.3.3.2　动力箱

动力箱是主运动的驱动装置,运动由动力箱通过多轴箱(主轴箱)使刀具作主运动。图4.8所示为1TD系列齿轮传动的动力箱结构图,其结构简单,运动从电动机经一对齿轮传到多轴箱的驱动轴上。

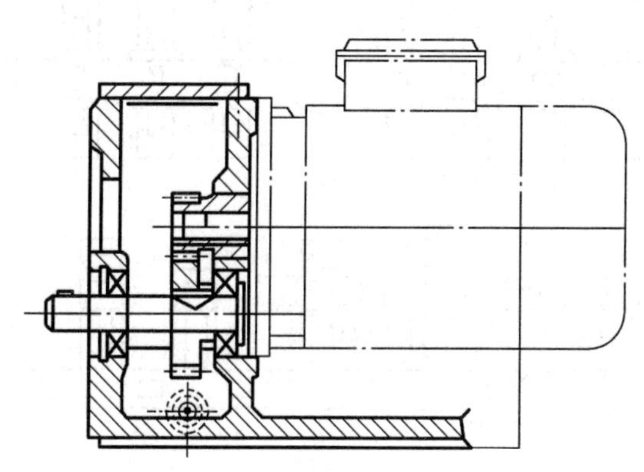

图4.8　1TD系列齿轮传动动力箱

4.4 组合机床自动线

有些零件由于结构复杂,加工工序较多,在一台组合机床上不能完成全部加工,这时往往将几台组合机床按照合理的工艺路线布置成流水线。如果把流水线中各台组合机床实现单机自动化,并把它们和各种辅助设备通过工件自动传送装置联系起来,统一控制,机床和所有机构按照规定的动作顺序和节奏自动进行工作就成了组合机床自动线。

组合机床自动线由组合机床(和少量专用机床)、零件输送装置、转位装置、排屑装置及电气和液压控制设备等组成。采用组合机床自动线,可以减轻工人的劳动强度,提高生产率,能减少占地面积和操作工人,并有利于保证产品质量和减少在制品。但自动线可调性差,投资大,要求上线工件的结构和工艺相对稳定,毛坯材质要均匀,尺寸偏差要小。而且自动线装置复杂,调整环节多,一处有故障往往引起全线停车。因此是否采用自动线应作全面分析。

组合机床自动线按被加工零件的输送方式分为直接输送和间接输送两大类。

4.4.1 直接输送的组合机床自动线

直接输送的组合机床自动线,一组工件由输送带直接带动,各工件同步输送到其相应的工位。输送基面就是工件上的某一表面。近年来常采用抬起步伐式输送带,托起工件输送,可保护工件基面和提高输送速度。图4.9(a)所示为通过式输送自动线。这种自动线的工件输送带贯穿全线机床,工件直接经过加工工位,从自动线的始端输入,完成加工后从末端送出。这种型式的自动线结构较简单、工作可靠、辅助时间较短,已被广泛应用。当某些工件加工工艺和机床布局结构不允许工件直接贯穿加工工位进行传输时,常采用如图4.9 (b)所示的非通过式输送自动线。这种自动线输送带布置在机床的外侧,工件为了进入机床夹具,还需要有横向运送机构。当然也有设置在机床上方的架空式机械手直接抓取工件进行传输的组合机床自动线布局方案。

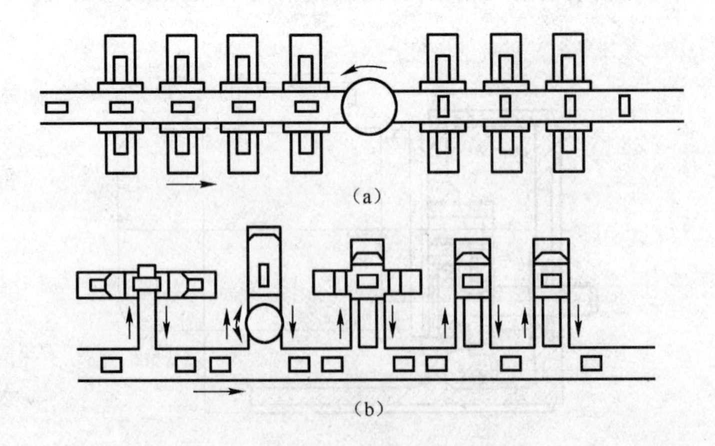

图4.9 直接输送的组合机床自动线

4.4.2 间接输送的组合机床自动线

如果工件没有合适的输送和定位基面,或者为防止输送时擦伤基面(如轻金属件〕,常采用间接输送的组合机床自动线,也称为随行夹具自动线。这种自动线在线首装料,在线末端卸工件,随行夹具空返线首。随行夹具的返回方式有水平返回(图4.10(a))、上方返回(图4.10(b))和下方返回(图4.10(c))等。

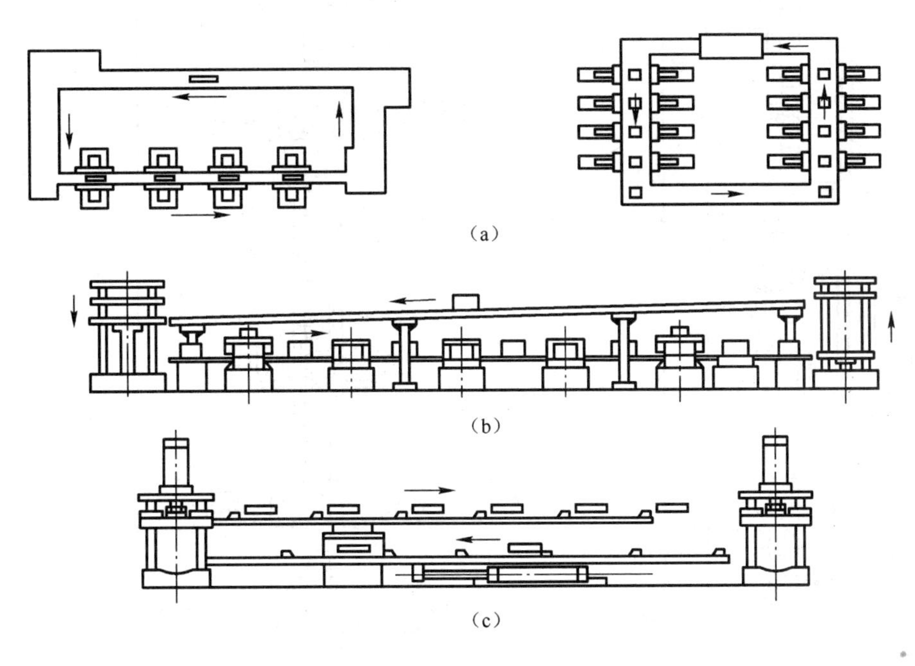

图4.10 间接输送的组合机床自动线

图4.11所示为加工曲拐零件的组合机床自动线总体布局图。该自动线年生产曲拐17000件,毛坯是球墨铸铁件。由于工件形状不规则,没有合适的输送基面,因而采用了随行夹具装夹定位,便于工件的输送。

该曲拐加工自动线由7台组合机床和1个装卸工位组成。全线定位夹紧机构由1个泵站集中供油。工件的输送采用步伐式输送带,输送带用钢丝绳牵引式传动装置驱动。因毛坯在随行夹具上定位需要人工拢正,没有采用自动上下料装置。在机床加工工位上采用压缩空气喷吹方式排除切屑,全线集中供给压缩空气。切屑运送采用链板式排屑装置,从机床中间底座下方运送切屑。

自动线布局采用直线式,工件输送带贯穿各工位,工件装卸工位4设在自动线末端。随行夹具连同工件毛坯经升降机5提升,从机床上方送到自动线的始端,输送过程中没有切屑撒落到机床上、输送带上和地面上。切屑运送方向与工件输送方向相反,斗式切屑提升机1设在自动线始端。中央控制台6设在自动线末端位置。

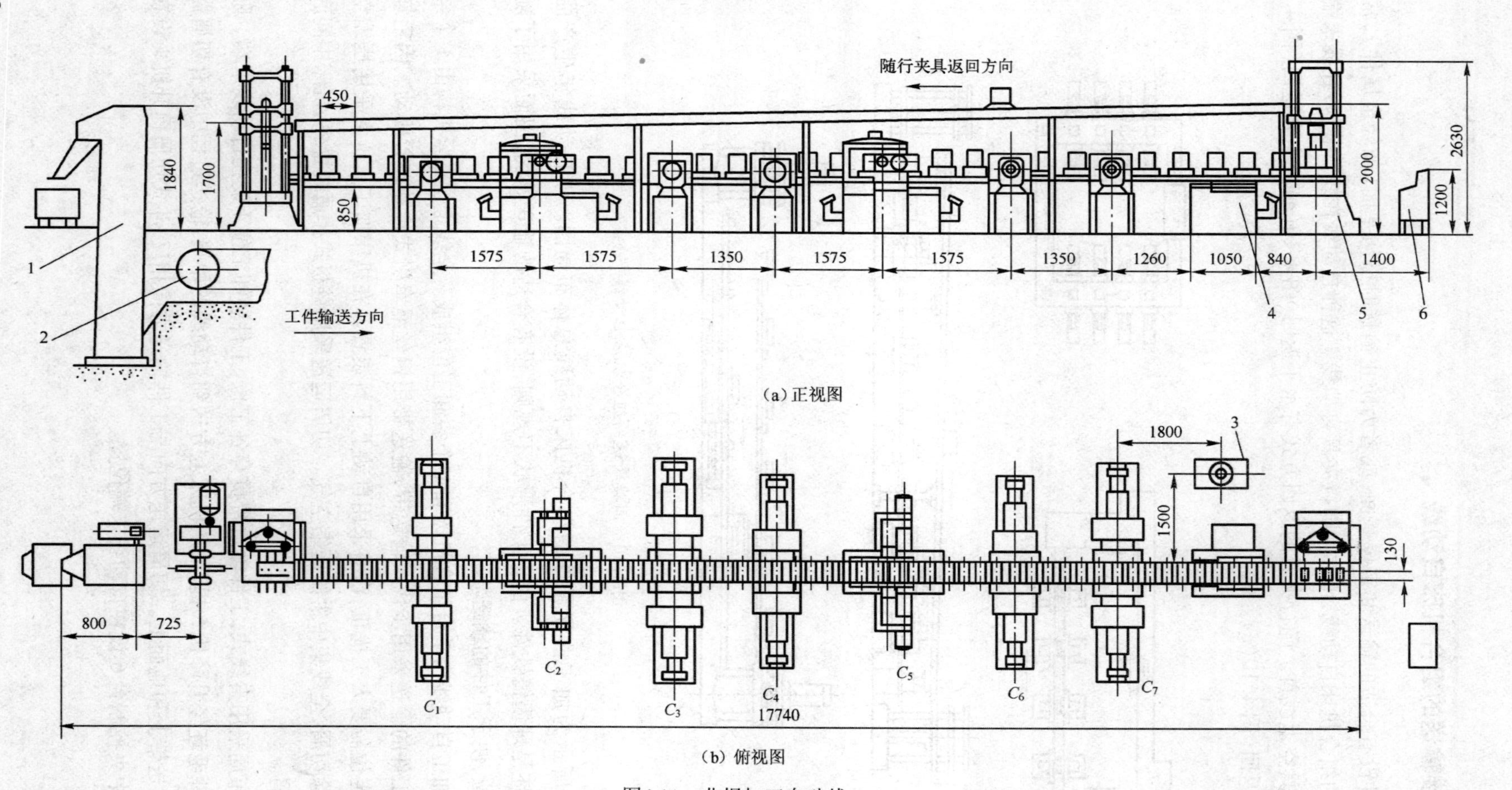

图4.11　曲拐加工自动线

1—斗式切屑提升机；2—链板式排屑装置；3—全线泵站；4—工件输送带及工件装卸台；5—工件提升机；6—中央控制台。

本章小结

（1）熟悉组合机床的组成及特点。

（2）熟悉组合机床的工艺范围和配置形式。

（3）了解组合机床的主要通用部件（动力部件、支承部件）。

教学讨论题和习题

4.1 组合机床主要由哪些通用部件及专用部件组成？

4.2 组合机床有哪些特点？适用于什么场合？

第五章　机械加工工艺规程的制定

本章提要

机械加工的目的就是将毛坯加工成符合产品要求的零件,“加工”包含了机械加工手段与过程。通常,毛坯需要经过若干工序才能转化为符合产品要求的零件。在现有的生产条件下如何采用有效的加工方法,并将若干加工方法以合理路径安排以获得符合产品要求的零件是本章所要解决的重点。学习本章,首先需要掌握工序与安装、工位、工步、走刀、基准、生产过程与机械加工等概念,在此基础上将重点学习机械加工工艺规程的作用、内容及编制方法,其中包括:基准内容及工艺基准选用原则;加工方法选用原则;加工阶段和加工顺序安排原则;加工余量确定和工艺尺寸链的计算等内容。

5.1　零件制造的工艺过程

5.1.1　生产过程

任何一部机器的制造,都要经过产品设计、生产准备、原材料的运输和保管、毛坯制造、机械加工、热处理、装配和调试、检验和试车、喷漆和包装等若干过程,这些相互关联的劳动过程的总和,称为生产过程。

这个过程往往是由许多工厂或工厂的许多车间联合完成的,这样有利于专业化生产,使工厂或车间的产品简单化,对提高生产率、保证产品质量、降低成本大有好处。例如缝纫机制造、汽车制造等一般就采用这种专业化生产的方法。

生产过程的实质是由原材料(或半成品)变为产品的过程。因此一个工厂的生产过程,又可按车间分成若干个车间的生产过程。某个工厂或某个车间所用的原材料(或半成品)可能是另一个工厂或车间的产品。如铸造车间的产品是机械加工车间的原材料。

5.1.2　工艺过程

用机械加工的方法,直接改变原材料或毛坯的形状、尺寸和性能等,使之变为合格零件的过程,称为零件的机械加工工艺过程,又称工艺路线或工艺流程。

将零件装配成部件或产品的过程,称为装配工艺过程。

5.1.2.1　工艺过程的组成

工艺过程是由一个或若干个依次排列的工序所组成。毛坯顺次通过这些工序就变成了成品或半成品。

1) 工序

一个(或一组)工人,在一个固定的工作地点(一台机床或一个钳工台),对一个(或同时对几个)工件所连续完成的那部分工艺过程,称为工序。它是工艺过程的基本单元,又是生产计划和成本核算的基本单元。

图5.1为阶梯轴的零件图。若生产批量比较小,则其加工工艺过程可由五个工序组成,如表5.1所示。棒料毛坯依次通过这五个工序就变成阶梯轴的产品零件了。

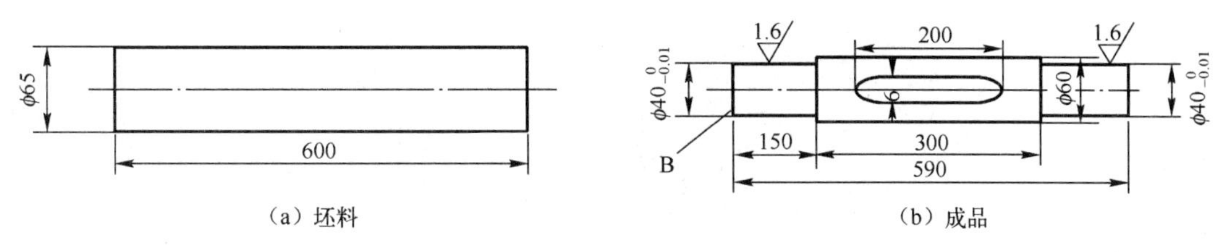

图5.1　阶梯轴的零件图

表5.1　阶梯轴加工工艺过程

工序号	工序名称	工作地点
1	车端面、钻中心孔	车床
2	车外圆	车床
3	铣键槽	立式铣床
4	磨外圆	磨床
5	去毛刺	钳工台

同样加工图5.1所示零件,若生产批量比较大,此时可将工序1变为两个工序,那就是将每个毛坯在一台车床上由一个工人车削一端面和钻其上的中心孔,然后卸下来,转移到另一台车床上由另一个工人调头车削另一端面和钻中心孔,这样对每个毛坯来说,左、右端面和中心孔不是连续加工的,因此表5.1中的工序1就分成了两个工序。

2) 安装

工件在加工前,在机床或夹具中相对刀具应有一个正确的位置并给予固定,这个过程称为装夹,一次装夹所完成的那部分加工过程称为安装。安装是工序的一部分。

每一个工序可能有一次安装,也可能有几次安装。如表5.1中第一道工序,若对一个工件的两端连续进行车端面、钻中心孔,就需要两次安装(分别对两端进行加工),每次安装有两个工步(车端面和钻中心孔)。

在同一工序中,安装次数应尽量少,这样既可以提高生产效率,又可以减少由于多次安装带来的加工误差。

3) 工位

为减少工序中的装夹次数,常采用回转工作台或回转夹具,使工件在一次安装中,可先后在机床上占有不同的位置进行连续加工,每一个位置所完成的那部分工序,称为一个工位。

如图5.2(a)所示,工件装夹在回转夹具A上,铣削箱体零件的四个侧面,每加工完一个侧面,转动手柄B,带动工件回转90°角,再加工下一个侧面,直到将四个侧面加工完毕。因此共有四个工位。

如图5.2(b)所示,在三轴钻床上利用回转工作台,按四个工位连续完成每个工件的装夹、钻孔、扩孔和铰孔。采用多工位加工,可以提高生产率和保证被加工表面间的相互位置精度。

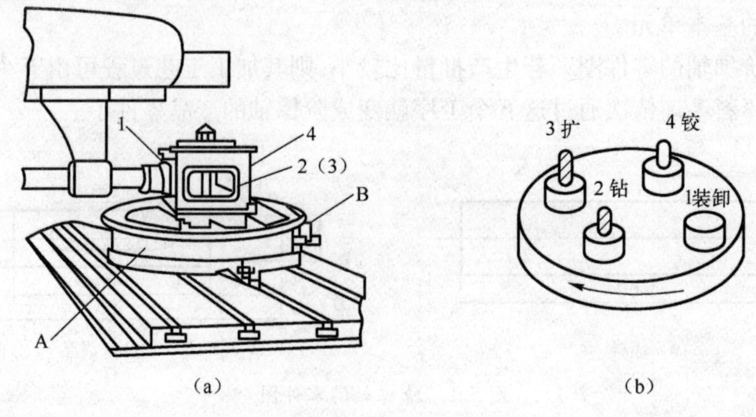

图5.2　多工位加工

4）工步

工步是工序的组成单位。在被加工的表面、切削用量（指切削速度、背吃刀量和进给量）、切削刀具均保持不变的情况下所完成的那部分工序，称为工步。当其中有一个因素变化时，则为另一个工步。当同时对一个零件的几个表面进行加工时，则为复合工步。

划分工步的目的，是便于分析和描述比较复杂的工序，更好地组织生产和计算工时。

5）走刀

被加工的某一表面，由于余量较大或其他原因，在切削用量不变的条件下，用同一把刀具对它进行多次加工，每加工一次，称一次走刀。

5.1.2.2　生产类型对工艺过程的影响

工艺路线基本内容的组成和特征与工件的结构形状、技术条件、生产条件等有关，但是生产类型也对它有着重要的影响。当生产类型不同时，生产组织和生产管理、车间的机床布置、毛坯的制造方法、采用的工艺装备（刀、夹、量具）、加工方法以及工人的熟练程度等都有很大的不同，因此在制订工艺路线之前必须明确该产品的生产类型。

生产类型是指企业（或车间、工段、班组、工作地）生产专业化程度的分类，一般分为：

（1）单件生产。单个地生产不同结构和不同尺寸的产品，并且很少重复。例如，重型机器制造、专业设备制造和新产品试制等。

（2）成批生产。一年中分批地制造相同的产品，制造过程有一定的重复性。例如，机床制造就是比较典型的成批生产。每批制造的相同的数量称为批量。根据批量的大小，成批生产又可分为小批生产、中批生产和大批生产。小批生产的工艺过程的工艺特点和单件小批生产相似；大批生产的工艺过程的特点和大量生产相似；中批生产的工艺过程的特点则介于单件小批生产和大批大量生产之间。

（3）大量生产。产品数量很大，工作地点经常重复地进行某一个零件的某一道工序的加工。例如，汽车、拖拉机、轴承等的制造通常都是以大量生产的方式进行。

各种生产类型的工艺过程的特点可归纳成表5.2。

表5.2 各种生产类型的工艺过程的主要特点

工艺过程特点 \ 生产类型	单件生产	成批生产	大量生产
工件的互换性	一般是配对制造,没有互换性,广泛用钳工修配	大部分有互换性。少数用钳工修配	全部有互换性。某些精度较高的配合件用分组选择装配法
毛坯的制造方法及加工余量	铸件用木模手工造型,锻件用自由锻。毛坯精度低,加工余量大	部分铸件用金属模;部分锻件用模锻。毛坯精度中等,加工余量中等	铸件广泛采用金属模机器造型,锻件广泛采用模锻,以及其他高生产率的毛坯制造方法。毛坯精度高,加工余量小
机床设备	通用机床。按机床种类及大小采用“机群式”排列	部分通用机床和部分高生产率机床 。按加工零件类别分工段排列	广泛采用高生产率的专用机床及自动机床。按流水线形式排列
夹具	多用标准附件,极少采用夹具,靠划线及试切法达到精度要求	广泛采用夹具,部分靠划线法达到精度要求	广泛采用高生产率夹具,靠夹具及调整法达到精度要求
刀具与量具	采用通用刀具和万能量具	较多采用专用刀具及专用量具	广泛采用高生产率刀具和量具
对工人的要求	需要技术熟练的工人	需要一定熟练程度的工人	对操作工人的技术要求较低,对调整工人的技术要求较高
工艺规程	有简单的工艺路线卡	有工艺规程,对关键零件有详细的工艺规程	有详细的工艺规程

5.2 工艺规程的作用及设计步骤

所谓“工艺规程”是规定产品或零部件制造过程和操作方法等工艺文件。工艺规程中包括各个工序的排列顺序,加工尺寸、公差及技术要求,工艺装备及工艺措施,切削用量及工时定额、工人等级等。

5.2.1 工艺规程的格式

早期各厂所用的机械加工工艺规程的格式是不统一的,但大同小异,1982 年机械工业部针对工艺规程格式的不统一制订了部颁标准(参阅 JB/Z1187. 3—82)。

在单件小批生产中,一般只编制内容比较简单的工艺过程综合卡片(简称过程卡),见表5.3。表上有产品名称和型号,零件的名称和图号,毛坯的种类和材料,工序的序号、名称和内容,完成各工序的车间、设备和工序装备及工时定额等。

表 5.3 工艺过程综合卡片

<table>
<tr><td rowspan="4">工厂</td><td rowspan="4">工艺过程综合卡片</td><td colspan="2">产品名称及型号</td><td></td><td colspan="2">零件名称</td><td></td><td colspan="2">零件图号</td><td colspan="2"></td></tr>
<tr><td rowspan="3">材料</td><td>名称</td><td></td><td rowspan="2">毛坯</td><td>种类</td><td></td><td rowspan="2">零件质量/kg</td><td>毛重</td><td></td><td>第 页</td></tr>
<tr><td>牌名</td><td></td><td>尺寸</td><td></td><td>净重</td><td></td><td>共 页</td></tr>
<tr><td>性能</td><td colspan="3"></td><td colspan="2">每台件数</td><td></td><td>每批件数</td><td></td></tr>
</table>

<table>
<tr><td rowspan="2">工序</td><td rowspan="2">装夹</td><td rowspan="2">工步</td><td rowspan="2">工序内容</td><td rowspan="2">同时加工零件数</td><td colspan="4">切削用量</td><td rowspan="2">设备名称及编号</td><td colspan="3">工艺装备名称及编号</td><td rowspan="2">技术等级</td><td colspan="2">时间定额/min</td></tr>
<tr><td>背吃刀量/mm</td><td>每分钟切削速度</td><td>每分钟转速或往复次数</td><td>进给量/(mm/r或mm/min)</td><td>夹具</td><td>刀具</td><td>量具</td><td>单件</td><td>准备终结</td></tr>
<tr><td></td><td></td><td></td><td></td><td></td><td></td><td></td><td></td><td></td><td></td><td></td><td></td><td></td><td></td><td></td><td></td></tr>
</table>

<table>
<tr><td rowspan="3">更改内容</td><td colspan="7"></td></tr>
<tr><td colspan="7"></td></tr>
<tr><td colspan="7"></td></tr>
<tr><td>编制</td><td></td><td>校对</td><td></td><td>审核</td><td></td><td>会签</td><td></td></tr>
</table>

在成批生产中,一般编制较详细的工艺卡片,见表5.4。在表上不仅要填写上述的内容,而且要详细说明每一工序所包括工位和工步的顺序、工艺尺寸和技术要求。对主要工序还要画出工序草图,在图上表示出被加工表面在该工序所达到的尺寸、公差和粗糙度及工件的安装方法等,在单件小批生产中,某些重要零件的加工有时也制定工艺卡片。

表 5.4 机械加工工艺卡

<table>
<tr><td rowspan="4">工厂</td><td rowspan="4">工艺过程综合卡片</td><td colspan="2">产品名称及型号</td><td></td><td colspan="2">零件名称</td><td></td><td colspan="2">零件图号</td><td colspan="2"></td></tr>
<tr><td rowspan="3">材料</td><td>名称</td><td></td><td rowspan="2">毛坯</td><td>种类</td><td></td><td rowspan="2">零件质量/kg</td><td>毛重</td><td></td><td>第 页</td></tr>
<tr><td>牌名</td><td></td><td>尺寸</td><td></td><td>净重</td><td></td><td>共 页</td></tr>
<tr><td>性能</td><td colspan="3"></td><td colspan="2">每台件数</td><td></td><td>每批件数</td><td></td></tr>
</table>

<table>
<tr><td rowspan="2">工序号</td><td rowspan="2">工序内容</td><td rowspan="2">加工车间</td><td rowspan="2">设备名称及编号</td><td colspan="3">工艺装备名称及编号</td><td rowspan="2">技术等级</td><td colspan="2">时间定额/min</td></tr>
<tr><td>夹具</td><td>刀具</td><td>量具</td><td>单件</td><td>准备终结</td></tr>
<tr><td></td><td></td><td></td><td></td><td></td><td></td><td></td><td></td><td></td><td></td></tr>
</table>

<table>
<tr><td rowspan="3">更改内容</td><td colspan="7"></td></tr>
<tr><td colspan="7"></td></tr>
<tr><td colspan="7"></td></tr>
<tr><td>编制</td><td></td><td>校对</td><td></td><td>审核</td><td></td><td>会签</td><td></td></tr>
</table>

在大批、大量生产中,则要求在工艺卡片的基础上,分别为每一工序编制工序卡,见表5.5。在工序卡片上画有工序图,图上要表示出完成本工序后的零件形状、尺寸、公差和技术条件,工件的安装方式,刀具的形状及位置等。在中小批量生产中,有时个别重要工序也编制工序卡片。

表 5.5 机械加工工序卡

文件编号：

(厂名)	机械加工工序卡片	产品型号		零件图号		共　页
		产品名称		零件名称		第　页

车间	工序号	工序名称	材料牌号
毛坯种类	毛坯外形尺寸	每坯件数	每台件数
设备名称	设备型号	设备编号	同时加工件数
夹具编号	夹具名称	切削液	
		工序工时	
		准终	单件

	工步号	工步内容	工艺装备	主轴转速 /(r/min)	切削速度 /(m/min)	进给量 /(mm/r)	背吃刀量 /mm	进给次数	工时定额 机动	工时定额 辅助
描图										
描校										
底图号										
装订号										

	标记	处数	更改文件号	签字	日期	标记	处数	更改文件号	签字	日期	编制(日期)	审核(日期)	会签(日期)		

对于在各种自动或半自动机床上完成的工序,还要编制调整卡片。对于检验工序,还要编制检验卡片等。

5.2.2 工艺规程的作用

工艺规程的作用主要有以下几方面:

(1) 工艺规程是指导生产的主要技术文件。

正确的工艺规程,是在长期生产实践和科学实验的基础上,运用工艺理论,又结合具体生产条件制定的,并在实践过程中不断地加以改进和完善。因此按照工艺规程可以使各工序紧密配合、严格检查,有组织、有纪律地进行文明生产,不出差错,保证优质、高产、低消耗、低成本地制造出产品。

(2) 工艺规程是生产组织和生产管理工作的依据。

产品投入生产之前,可根据工艺规程进行必要的技术准备和生产准备工作。例如原材料和毛坯的供应、机床的准备和调整、专用工艺装备的设计和制造、劳动力的组织等。另外,工厂的生产计划和调度部门可以根据工艺规程安排投料时间、平衡设备负荷、下达生产计划,使生产有节奏而均衡地进行。

(3) 工艺规程是新建、扩建或改建机械制造厂的主要技术资料。

根据工艺规程可以确定出所需要的机床种类、型号和数量,车间的生产面积和设备的平面布置,生产工人的数量、工种和等级等,从而可以拟定出筹建、扩建或改建机械制造厂的计划。

总之,零件的机械加工工艺规程是每个机械制造厂或加工车间必不可少的技术文件。生产前用它做生产的准备,生产中用它做生产的指挥,生产后用它做生产的检验。因此工厂或车间的每个工人、技术人员和干部都必须按照工艺规程进行生产,以确保产品质量,提高生产率,降低成本和安全生产。

5.2.3 工艺规程设计的步骤

(1) 研究和分析零件的工作图。

首先明确零件在产品中的作用、地位和工作条件,并找出其主要的技术要求和规定它的依据,然后对零件图进行工艺审查。审查的内容有:零件图上的视图是否完整和正确;零件图上所标注的技术要求、尺寸、粗糙度和公差是否齐全、合理;零件的结构是否便于加工、便于装配和便于提高生产率;零件材料是否立足于国内、资源丰富且容易加工。对以上内容,如果在审查过程中认为不合理或者是错误及遗漏,可提出修改意见。

(2) 根据零件的生产纲领确定零件的生产类型。

零件的生产纲领可按下式计算:

$$N_{零} = N \cdot n(1 + \alpha) \cdot (1 + \beta)$$

式中 $N_{零}$——零件的生产纲领(件/年);

N——产品的生产纲领(台/年);

n——每台产品中包含该零件的数量(件/台);

α——该零件备件的百分率;

β——该零件废品的百分率。

表5.6为划分生产类型的参考数据。划分生产类型,既要根据生产纲领,同时还要考虑零件的体积、质量等因素。值得注意的是,生产类型将直接影响工艺过程的内容和生产的组织形

式,并在一定程度上对产品的结构设计也起着重要影响。

表5.6 划分生产类型的参考数据

生产类型		零件年产量		
		重型零件	中型零件	轻型零件
单件生产		<5	<10	<100
成批生产	小批	5~10	10~200	100~500
	中批	100~300	200~500	500~5000
	大批	300~1000	500~5000	5000~50000
大量生产		>1000	>5000	>50000

(3) 确定毛坯的种类。

若毛坯的种类不同,即使是同一个零件,其加工工艺过程也不相同,因此在制定工艺规程时必须正确地选择毛坯的种类和了解毛坯的制造情况。

毛坯种类的确定是与零件的结构形状、尺寸大小、材料的力学性能和零件的生产类型直接相关的,另外还与毛坯车间的具体生产条件有关。

① 铸件:包括铸钢、铸铁、有色金属及合金的铸件等。铸件毛坯的形状可以相当复杂,尺寸可以相当大,且吸振性能较好,但铸件的力学性能较低,一般壳体零件的毛坯多用铸件。

② 锻件:力学性能较好,有较高的强度和冲击韧性,但毛坯的形状不宜复杂,如轴类和齿轮类零件的毛坯常用锻件。

③ 型材:包括圆形、方形、六角形及其他断面形状的棒料、管料及板料。棒料常用在普通车床、六角车床及自动和半自动车床上加工轴类、盘类及套类等中小型零件。冷拉棒料比热轧棒料精度高且力学性能好,但直径较小。板料常用冷冲压的方法制成零件,但毛坯的厚度不宜过大。

④ 焊接件:对尺寸较大、形状较复杂的毛坯,可采用型钢或锻件焊接成毛坯,但焊接件吸振性能差,容易变形,尺寸误差大。

⑤ 工程塑料:它是近年来在机械制造业中普遍推广的一种毛坯,其形状可以很复杂,尺寸精度高,但力学性能差。

在大批、大量生产中,常采用精度和生产率较高的毛坯制造方法,如金属型铸造、精密铸造、模锻、冷冲压、粉末冶金等,使毛坯的形状更接近于零件的形状。因此可大量减少切削加工的劳动量,甚至可不需要进行切削加工,从而提高了材料的利用率,降低了机械加工的成本。

在单件小批生产中,一般采用木模手工砂型铸造和自由锻造,因此毛坯的精度低,成本高,废品率高,切削加工劳动量大。

(4) 拟定零件加工的工艺路线。

内容包括:定位基准面的选择;各表面的加工方法;加工阶段的划分;各表面的加工顺序;工序集中或分散的程度;热处理及检验工序的安排;其他辅助工序(如清洗、去毛刺、去磁、倒角等)的安排等。

(5) 拟定各工序的机床设备、工艺装备(刀、夹、量县)和辅助工具。

(6) 确定各工序的加工余量、工序尺寸及公差。

(7) 确定各工序的切削用量及工时定额。

(8) 技术经济分析。

(9) 填写工艺文件。

5.3 定位基准的选择

在零件图上或实际的零件上，用来确定一些点、线、面位置时所依据的那些点、线、面称为基准。

5.3.1 基准的分类

根据基准的用途，基准可分为设计基准和工艺基准两大类。

5.3.1.1 设计基准

设计人员在零件图上标注尺寸或相互位置关系时所依据的那些点、线、面称为设计基准。如图5.3(a)所示，端面 C 是端面 A、B 的设计基准；中心线 $O—O$ 是外圆柱面 ϕD 和 ϕd 的设计基准；中心 O 是 E 面的设计基准。

5.3.1.2 工艺基准

零件在加工或装配过程中所使用的基准，称为工艺基准(也称制造基准)。工艺基准按用途又可分为：

1) 工序基准

在工序图上标注被加工表面尺寸(称为工序尺寸)和相互位置关系时，所依据的点、线、面称为工序基准。如图5.3(a)所示的零件，若加工端面 B 时的工序图为5.3 (b)，工序尺寸为 l_4，则工序基准为端面 A，而其设计基准是端面 C。

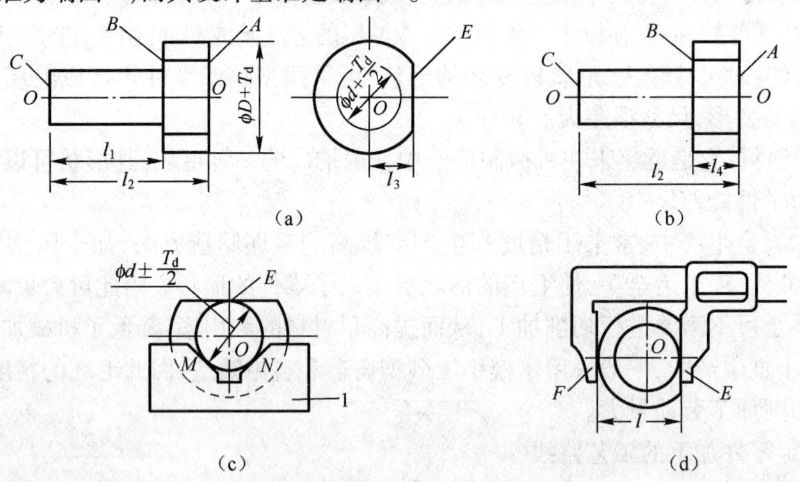

图5.3 各种基准示例

2) 定位基准

工件在机床上加工时，在工件上用以确定被加工表面相对机床、夹具、刀具位置的点、线、面称为定位基准。确定位置的过程称为定位。如图5.3(c)所示，当加工 E 面的工件是以外圆 ϕd 在V形块1上定位时，其定位基准则是外圆 ϕd 的轴心线。加工轴类零件时，常以顶尖孔为定位基准。加工齿轮外圆或切齿时，常以内孔和端面为定位基准。定位基准常用的是“面”，所以也称为定位面，常以符号“∨”表示，其尖端指向定位面。如图5.4所示为加工齿轮时的定位基准表示法。

3）测量基准

在工件上用以测量已加工表面位置时所依据的点、线、面称为测量基准。一般情况下常采用设计基准作为测量基准。如图 5.3(a)所示，当加工端面 A、B，并保证尺寸 l_1，l_2时，测量基准就是它的设计基准端面 C。但当以设计基准为测量基准不方便或不可能时，也可采用其他表面作为测量基准。如图 5.3(d)所示，表面 E 的设计基准为中心 O，而测量基准为外圆 ϕD 的母线 F，则此时的测量尺寸为 l。

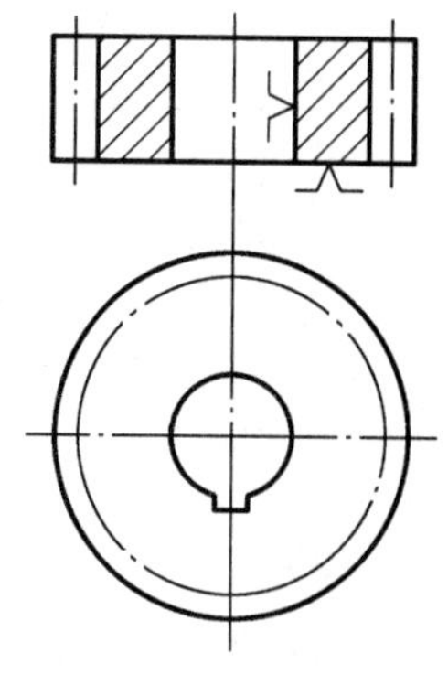

图 5.4 定位基准表示法

4）装配基准

在装配时，用来确定零件或部件在机器中的位置时所依据的点、线、面称为装配基准。如齿轮装在轴上，内孔是它的装配基准；轴装在箱体孔上，则轴颈是装配基准；主轴箱体装在床身上，则箱体的底面是装配基准。

5.3.2 工件的装夹与获得加工精度的方法

5.3.2.1 工件的装夹

1）直接找正定位的装夹

将工件直接放在机床上，工人可用百分表、划线盘、直角尺等对被加工表面进行找正，确定工件在机床上相对刀具的正确位置之后再夹紧。

如图 5.5 所示，在大型滚齿机上滚切齿形时，若被加工齿轮的分度圆与已加工的外圆表面有较高的同轴度要求时，工件放在支座上之后，用百分表找正，使齿坯外圆的中心与工作台的回转中心重合，然后进行夹紧。

这种装夹方法，找正困难且费时间，找正精度要依靠生产工人的经验和量具的精度而定，因此这种方法多用于单件、小批生产或某些相互位置精度要求很高、应用夹具装夹又难以达到精度要求的零件加工。

2）按划线找正装夹

工件在切削加工前，预先在毛坯表面上划出要加工表面的轮廓线，然后按所划的线将工件在机床上找正、夹紧。

划线时要注意照顾各表面间的相互位置和保证被加工表面有足够的加工余量。

这种装夹方法被广泛应用于单件、小批生产，尤其是用于形状较复杂的大型铸件或锻件的机械加工。这种方法的缺点是增加了划线工序。另外，由于所划线条本身有一定的宽度，划线时又有划线误差，因此它的装夹精度较低，一般在 0.2～0.5mm 之间。

3）在夹具中装夹

夹具固定在机床上，夹具本身有使工件定位和夹紧的装置。工件在夹具上固定以后便获得了正确的相对于刀具的位置。

这种装夹方法方便、迅速、精度高且稳定，广泛用于成批生产和大量生产中。如图 5.1 所示的阶梯轴的铣键槽工序，可将工件直接放在夹具体的 V 形块上（见图5.6），不用找正就能保证工件相对刀具的位置，只要用压板夹紧工件，便可进行铣键槽的工作。

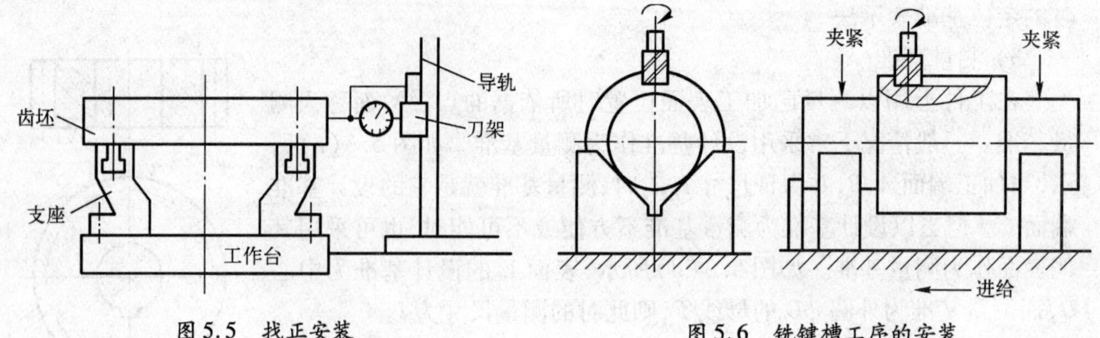

图 5.5　找正安装　　　　图 5.6　铣键槽工序的安装

对于某些零件(例如连杆、曲轴),即使批量不大,但是为了达到某些特殊的加工要求,仍需要设计制造专用夹具。

显然,当机械加工中工件的位置精度(平行度、垂直度、同轴度等)需要经过多次装夹加工后才能获得时,则有关表面的位置精度就可用上述适当的定位夹紧方法获得,也可以使有关表面的加工安排在工件的一次装夹中进行,保证加工表面间具有一定的位置精度。这两种方法,也是机械加工中获得工件位置精度所常用的方法。

5.3.2.2　获得加工精度的方连

1) 机械加工中获得工件尺寸精度的方法

(1) 试切法。即先试切出很小的一部分加工表面,测量试切所得的尺寸,按照加工要求作适当的调整,再试切,再测量,如此经过两三次试切和测量,当被加工尺寸达到要求后,再切削整个待加工表面。

(2) 定尺寸刀具法。用具有一定尺寸精度的刀具(如铰刀、扩孔钻等)来保证工件被加工部位(如孔)的精度。

(3) 调整法。利用机床上的定程装置或预先调整好的刀架,使刀具相对于机床或夹具达到一定的位置精度,然后加工一批工件。

(4) 自动控制法。使用一定的装置,在工件达到要求的尺寸时,自动停止加工。具体方法有两种:

① 自动测量。即机床上有自动测工件尺寸的装置,在工件达到要求时,自动测量装置即发出指令使机床自动退刀并停止工作。

② 数字控制。即机床中有控制刀架或工作台精确移动的步进马达、滚珠丝杆螺母副及整套数字控制装置,尺寸的获得(刀架的移动或工作台的移动)由预先编制好的程序通过计算机数字控制装置自动控制。

2) 机械加工中获得工作形状精度的方法

(1) 轨迹法。利用切削运动中刀尖的运动轨迹形成被加工表面的形状。这种加工方法所能达到的形状精度,主要取决于这种成形运动的精度。

(2) 成形法。利用成形刀具切削刃的几何形状切削出工件的形状。这种加工方法所能达到的精度,主要取决于切削刃的形状精度与刀具的装夹精度。

(3) 展成法。利用刀具和工件作展成切削运动时,刀刃在被加工表面上的包络面形成成形表面。这种加工方法所能达到的精度,主要取决于机床展成运动的传动链精度与刀具的制造精度等因素。

5.3.3 定位基准的选择

定位基准选择得正确与否是关系到工艺路线和夹具结构设计是否合理的主要因素之一,并将影响到工件的加工精度、生产率和加工成本,因此定位基准的选择是制定工艺规程的主要内容之一。

定位基准又分为粗定位基准、精定位基准和辅助定位基准,分别简称为粗基准、精基准和辅助基准。

粗基准:以未加工过的表面进行定位的基准称为粗基准,也就是第一道工序所用的定位基准为粗基准。

精基准:以已加工过的表面进行定位的基准称为精基准。

辅助基准:该基准在零件的装配和使用过程中无用处,只是为了便于零件的加工而设置的基准称为辅助基准,如轴加工用的顶尖孔等。

选择定位基准主要是为了保证零件加工表面之间以及加工表面与未加工表面之间的相互位置精度,因此定位基准的选择应从有相互位置精度要求的表面间去找。下面分别介绍有关精基准和粗基准选择的一般原则。

5.3.3.1 精基准的选择

选择精基准时主要考虑应保证加工精度并使工件装夹得方便、准确、可靠。因此,要遵循以下几个原则:

1) 基准重合的原则

尽量选择工序基准(或设计基准)为定位基准。这样可以减少由于定位不准确引起的加工误差。

图5.7(a)是在钻床上成批加工工件孔的工序简图,N 面为尺寸 B 的工序基准。若选 N 面为尺寸 B 的定位基准并与夹具 1 面接触,钻头相对 1 面位置已调整好且固定不动(见图 5.7(b)),则加工这一批工件时尺寸 B 不受尺寸 A 变化的影响,从而提高了加工尺寸 B 的精度。若选择 M 面为定位基准并与夹具 2 面接触,钻头相对 2 面已调整好且固定不动(见图 5.7(c)),则加工的尺寸 B 要受到尺寸 A 变化的影响,使尺寸 B 精度下降。

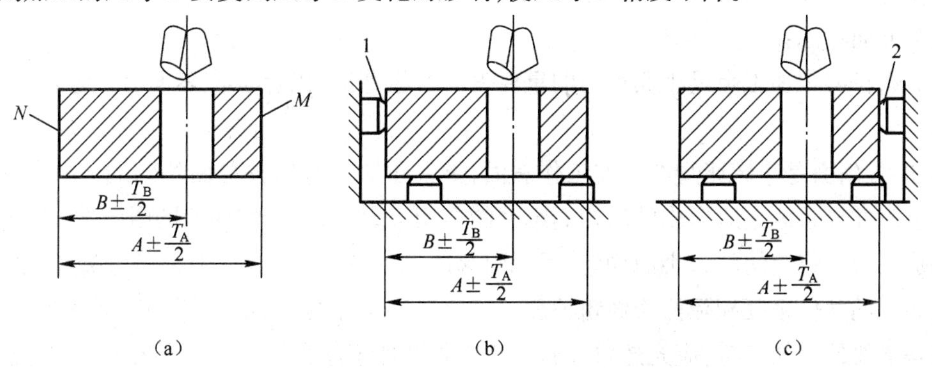

图 5.7 工序基准与定位基准的关系

2) 基准不变的原则

尽可能使各个工序的定位基准相同。如轴类零件的整个加工过程中大部分工序都以两个顶尖孔为定位基准;齿轮加工的工艺过程中大部分工序以内孔和端面为定位基准;箱体加工中,若批量较大,大部分工序以平面和两个销孔为定位基准。

基准不变的好处是,可使各工序所用的夹具统一,从而减少了设计和制造夹具的时间和费用,加速了生产准备工作,降低了生产成本;多数表面用同一组定位基准进行加工,避免因基准转换过多带来的误差,有利于保证其相互位置精度;由于基准不变就有可能在一次装夹中加工许多表面,使各表面之间达到很高的位置精度,又可避免由于多次装夹带来的装夹误差和减少多次装载工件的辅助时间,有利于提高生产率。

3）互为基准,反复加工的原则

当两个表面相互位置精度要求较高时,则两个表面互为基准,反复加工,可以不断提高定位基准的精度,保证两个表面之间相互位置精度。如加工套筒类,当内、外圆柱表面的同轴度要求较高时,先以孔定位加工外圆,再以外圆定位加工孔,反复加工几次就可大大提高同轴度精度。

4）自为基准的原则

当精加工或光整加工工序要求余量小而均匀时,可选择加工表面本身为精基准,以保证加工质量和提高生产率。如精铰孔时,铰刀与主轴采用浮动连接,加工时是以孔本身为定位基准。又如磨削床身导轨面时,常在磨头上装百分表以导轨面本身为基准来找正工件,或者用观察火花的方法来找正工件。应用这种精基准加工工件,只能提高加工表面的尺寸精度,不能提高表面间的相互位置精度,后者应由先行工序保证。

5）应能使工件装夹稳定可靠、夹具简单

一般常采用面积大、精度较高和粗糙度较低的表面作为精基准。加工箱体类和支架类零件时常选用装配基准为精基准,因为装配基准多数面积大、装夹稳定、方便,设计夹具也较简单。如图5.8所示为车床主轴箱加工简图,一般是先加工装配基准面 A,再以 A 面为精基准加工主轴孔 B 及其他。

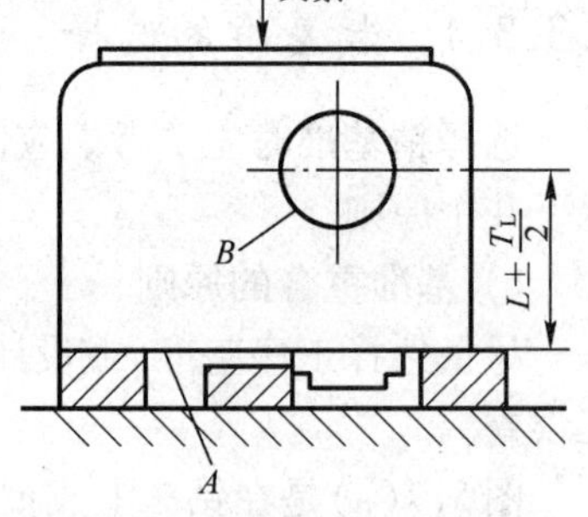

图5.8　箱体加工精基准的选择

5.3.3.2　粗基准的选择

在零件加工过程的第一道工序,定位基准必然是毛坯表面,即粗基准。选择粗基准时应从以下几个方面考虑:

(1) 选择要求加工余量小而均匀的重要表面为粗基准,以保证该表面有足够而均匀的加工余量。

例如,导轨面是车床床身的主要工作表面,要求在加工时切去薄而均匀的一层金属,使其保留铸造时在导轨面上所形成的均匀而细密的金相组织,以便增加导轨的耐磨性。另外,小而均匀的加工余量将使切削力小而均匀,因此引起的工件变形小,而且不易产生振动,从而有利于提高导轨的几何精度和降低表面粗糙度。因此对加工床身来说,保证导轨面的加工余量小而均匀是主要的。加工时,应先选取导轨面为粗基准加工床脚的底平面,如图5.9(a)所示,再以床脚的底平面为精基准加工导轨面,此时导轨面的加工余量可以小而均匀(见图5.9(b))。若先以床脚底平面为粗基准加工导轨面,如图5.9(c)所示,则床脚底平面误差全部反映到导轨面上,使其加工余量不均匀。此时,在余量较大处,会把要保留的力学性能较好的一层金属切掉,而且由于余量不均匀也影响了加工精度。

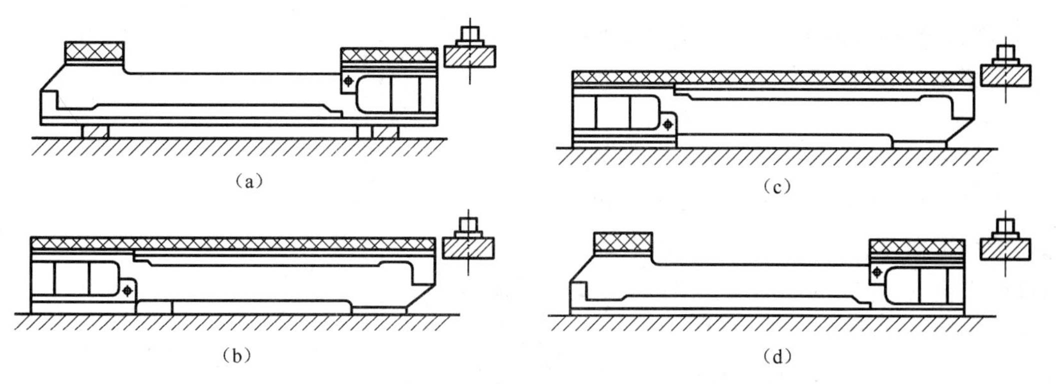

图 5.9　床身加工基准的选择

(2) 某些表面不需加工,则应选择其中与加工表面有相互位置精度要求的表面为粗基准。如图 5.10 (a)所示,为保证皮带的轮缘厚度均匀,以不加工表面 1 为粗基准,车外圆表面。又如图 5.10(b)所示,为保证零件的壁厚均匀,应以不加工的外圆表面 A 为粗基准,镗内孔。

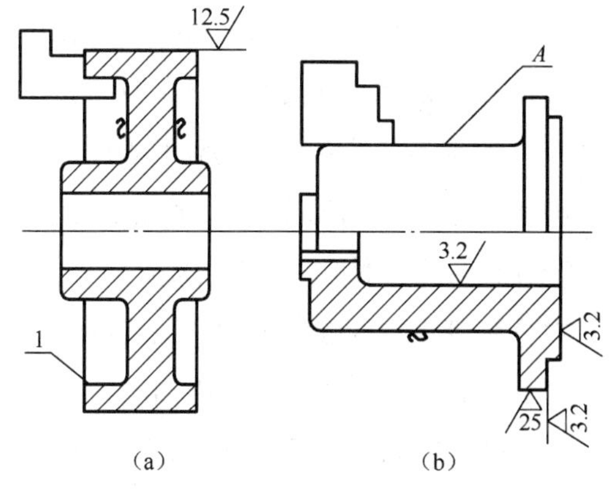

图 5.10　以不加工表面为粗基准

(3) 选择比较平整、光滑、有足够大面积的表面为粗基准,不允许有浇、冒口的残迹和飞边,以确保安全、可靠、误差小。

(4) 粗基准在一般情况下只允许在第一道工序中使用一次,尽量避免重复使用。因为粗基准的精度和粗糙度都很差,如果重复使用,则不能保证工件相对刀具的位置在重复使用粗基准的工序中都一致,因而影响加工精度。

上述有关粗、精基准选择原则中的每一项,只说明某一方面问题,在实际应用中,有时不能同时兼顾。因此要根据零件的生产类型及具体的生产条件,并结合整个的工艺路线进行全面考虑,抓住主要矛盾,灵活运用上述原则,正确选择粗、精基准。

5.4　工艺路线的拟定

拟定零件机械加工工艺路线时,要解决的主要问题有:零件各表面加工方法和设备的选择;加工阶段的划分;工序的集中与分散;工序的安排等。

5.4.1　零件各表面的加工方法及使用设备的选择

5.4.1.1　加工方法的选择

1) 各种加工方法的经济加工精度和粗糙度

不同的加工方法如车、磨、刨、铣、钻、镗等,其用途各不相同,所能达到的精度和表面粗糙度也大不一样。即使是同一种加工方法,在不同的加工条件下所得到的精度和表面粗糙度也大不一样,这是因为在加工过程中,将有各种因素对精度和粗糙度产生影响,如工人的技术水平、切削用量、刀具的刃磨质量、机床的调整质量等。

根据统计资料,某一种加工方法的加工误差(或精度)和成本的关系如图 5.11 所示。在Ⅰ段,当零件加工精度要求很高时,零件成本将要提高很多,甚至成本再提高,其精度也不能再提高了,存在着一个极限的加工精度,其误差为 A_a。相反,在Ⅲ段,虽然精度要求很低,但成本也不能无限降低,其最低成本的极限值为 S_a。因此在Ⅰ、Ⅲ段应用此法加工是不经济的。在Ⅱ段,加工方法与加工精度是相互适应的,加工误差与成本基本上是反比关系,可以较经济地达到一定的精度,Ⅱ段的精度范围就称为这种加工方法的经济精度。

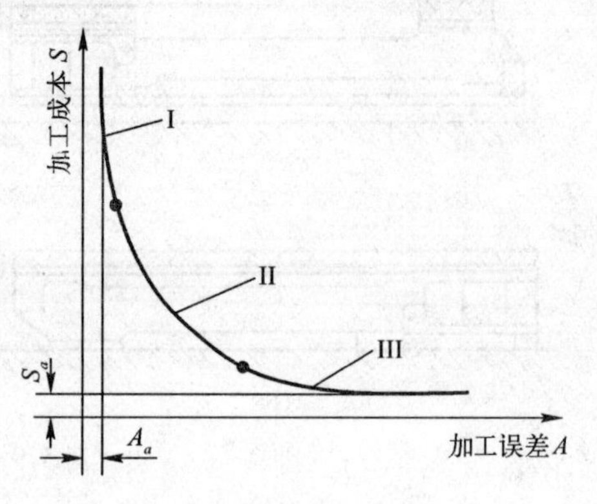

图 5.11 加工成本与精度的关系

所谓某种加工方法的经济精度,是指在正常的工作条件下(包括完好的机床设备、必要的工艺装备、标准的工人技术等级、标准的耗用时间和生产费用)所能达到的加工精度。与经济加工精度相似,各种加工方法所能达到的表面粗糙度也有一个较经济的范围。各种加工方法所能达到的经济精度、表面粗糙度、表面形状以及位置精度可查阅《金属机械加工工艺人员手册》。

2) 加工方法和加工方案的选择

在分析研究零件图的基础上,对各加工表面选择相应的加工方法和加工方案。

(1) 首先要根据每个加工表面的技术要求,确定加工方法及加工方案。

这里的主要问题是,所选择零件表面的加工方案,必须能稳定而可靠地保证零件达到图纸要求,并在生产率和加工成本方面是最经济合理的。表 5.7 ~ 表 5.9 分别介绍了机器零件的三种最基本的表面(外圆表面、内孔表面和平面)的较常用的加工方案及其所能达到的经济精度和表面粗糙度。这都是生产实际中的统计资料,可以根据对被加工零件加工表面的精度和粗糙度要求,被加工表面的形状、大小以及车间工厂的具体条件,选取最经济合理的加工方案,必要时应进行技术经济论证(见表 5.8)。但必须指出,这是在一般情况下可能达到的精度和表面粗糙度,在具体条件下是会有差别的。随着生产技术的发展,工艺水平的提高,同一种加工方法所能达到的精度和表面质量也会提高。例如,过去在外圆磨床上精磨外圆仅能达到 IT6 的公差和 $Ra0.20\mu m$ 的表面粗糙度。但是在采用适当的措施提高磨床精度以及改进磨削工艺后,现在已能在普通外圆磨床上进行镜面磨削,可达 IT5 以上精度、$Ra \leqslant 0.10 \sim 0.012\mu m$ 的表面粗糙度。用金刚石刀车削,也能获得 $Ra \leqslant 0.01\mu m$ 的表面。另外,在大批、大量生产中,为了保证高的生产率和高的成品率,常把原用于小粗糙度(如 Ra 值要求很小)的加工方法用于获得粗糙度较大的表面。例如,在连杆加工中用珩磨达到 $Ra \leqslant 0.020\mu m$ 的表面粗糙度;在曲轴加工中用超精磨获得 $Ra \leqslant 0.40\mu m$ 的表面。

(2) 决定加工方法时要考虑被加工材料的性质。例如,淬火钢用磨削的方法加工;而有色金属则磨削困难,一般采用金刚镗或高速精密车削的方法进行精加工。

表 5.7 外圆表面加工方案及其经济精度

加工方案	经济精度 公差等级	表面粗糙度 *Ra* /μm	适用范围
粗车 →半精车 →精车 →滚压（或抛光）	IT11~13 IT8~9 IT7~8 IT6~7	50~100 3.2~6.3 0.8~1.6 0.08~2.0	适用于除淬火钢以外的金属材料
粗车→半精车→磨削 →粗磨→精磨 →超精磨	IT6~7 IT5~7 IT5	0.40~0.80 0.10~0.40 0.012~0.10	除不宜用于有色金属外，主要适用于淬火钢件的加工
粗车→半精车→精车→金刚石车	IT5~6	0.025~0.40	主要用于有色金属
粗车→半精车→粗磨→精磨→镜面磨 →精车→精磨→研磨 →粗研→抛光	IT5 以上 IT5 以上 IT5 以上	0.025~0.20 0.05~0.10 0.025~0.40	主要用于高精度要求的钢件加工

表 5.8 内孔表面加工方案及其经济精度

加工方案	精度等级 公差等级	表面粗糙度 *Ra* /μm	适用范围
钻 →铰 →铰 →粗铰→精铰 →铰 →粗铰→精铰	IT11~13 IT10~11 IT8~9 IT7~8 IT8~9 IT7~8	>50 25~50 1.60~3.29 0.80~1.80 1.60~3.20 0.80~1.60	加工未淬火钢及其铸铁的实心毛坯，也可用于加工有色金属（所得表面粗糙度 *Ra* 稍大）
钻→（扩）→拉	IT7~8	0.80~1.60	大批，大量生产（精度可由拉刀精度确定）如校正拉削后，则 *Ra* 可降低到 0.40~0.20
粗镗（或扩） →半精镗（或精扩） →精镗（或铰） →浮动镗	IT11~13 IT8~9 IT7~8 IT6~7	25~50 1.60~3.20 0.80~1.60 0.20~0.40	除淬火钢外的各种钢材，毛坯上已有铸出或锻出的孔
粗镗（扩）→半精镗→磨 →粗磨→精磨	IT7~8 IT6~7	0.20~0.80 0.10~0.20	主要用于淬火钢，不宜用于有色金属
精磨→半精磨→精磨→金刚镗	IT6~7	0.05~0.02	主要用于精度要求高的有色金属
钻→（扩）→粗铰→精铰→珩磨 →拉→珩磨 粗镗→半精镗→精镗→珩磨	IT6~7 IT6~7 IT6~7	0.025~0.20 0.025~0.20 0.025~0.20	精度要求很高的孔，若以研磨代替的珩磨，精度可达 IT6 以上，*Ra* 可降低到 0.1~0.01

表5.9　平面加工方案及其经济精度

加工方案	经济精度公差等级	表面粗糙度值 Ra /μm	适用范围
粗车 →半粗车 →精车 →磨	IT11～13 IT8～9 IT7～8 IT6～7	≥50 3.20～6.30 0.80～1.60 0.20～0.80	适用于工件的端面加工
粗刨（或粗铣） →精刨（或精铣） →刮研	IT11～13 IT7～9 IT5～6	≥50 1.60～6.30 0.10～0.80	适用于不淬硬的平面(用端铣加工,可得较低的粗糙度值)
粗刨(或粗铣)→精刨(或精铣)→宽刃精刨	IT6～7	0.20～0.80	批量较大,宽刃精刨效率高
粗刨（或粗铣）→精刨（或精铣）→磨 →粗磨→精磨	IT6～7 IT5～6	0.20～0.80 0.025～0.40	适用于精度要求较高的平面加工
粗铣→拉	IT6～9	0.20～0.80	适用于大量生产中加工较小的不淬火平面
粗铣→精铣→磨→研磨 →抛光	IT5～6 IT5以上	0.025～0.20 0.025～0.10	适用于高精度平面的加工

(3) 选择加工方法要考虑到生产类型,即要考虑生产率和经济性的问题。在大批、大量生产中可采用专用的高效率设备和专用工艺装备。例如,平面和孔可用拉削加工,轴类零件可采用半自动液压仿形车床加工,盘类或套类零件可用单能车床加工等。甚至在大批、大量生产中可以从根本上改变毛坯的形态,大大减少切削加工的工作量。例如,用粉末冶金制造的油泵齿轮,用失蜡浇注制造柴油机上的小尺寸零件等。在单件小批生产中,就采用通用设备、通用工艺装备及一般的加工方法。提高单件小批生产的生产率亦是目前机械制造工艺的研究课题之一。例如,在车床上装液压仿形刀架,采用数控车床或采用成组加工方法,单件试制新产品时,甚至采用加工中心机床等。

(4) 选择加工方法还要考虑本厂(或本车间)的现有设备情况及技术条件。应该充分利用现有设备,挖掘企业潜力,发挥工人群众的积极性和创造性。有时虽有该项设备,但因负荷的平衡问题,还得改用其他的加工方法。

此外,选择加工方法还应该考虑一些其他因素,例如,工件的形状和质量以及加工方法所能达到的表面物理力学性能等。

关于加工方案可参考与表5.7～表5.9相类似的表格来进行选择。

【例题5.1】　表格应用的举例:要求孔的加工精度为IT7级,粗糙度 $Ra=1.6\sim3.2\mu m$,确定孔的加工方案。

查表5.8可有下面四种加工方案:

① 钻—扩—粗铰—精铰；

② 粗镗—半精镗—精镗；

③ 粗镗—半精镗—二粗磨—精磨；

④ 钻(扩)—拉。

方案①用得最多，在大批、大量生产中常用在自动机床或组合机床上，在成批生产中常用在立钻、摇臂钻、六角车床等连续进行各个工步加工的机床上。该方案一般用于加工小于80mm的孔径，工件材料为未淬火钢或铸铁，不适于加工大孔径，否则刀具过于笨重。

方案②用于加工毛坯本身有铸出或锻出的孔，但其直径不宜太小，否则因镗杆太细容易发生变形而影响加工精度，箱体零件的孔加工常用这种方案。

方案③适用于淬火的工件。

方案④适用于成批或大量生产的中小型零件，其材料为未淬火钢、铸铁及有色金属。

5.4.1.2 设备的选择

各表面的加工方法确定以后，应选择适当的机床以满足各表面的加工要求。机床设备的选择除考虑现有生产条件外，还要根据以下四个方面考虑：

（1）机床工作区域的尺寸应当与零件的外廓尺寸相适应，也就是根据零件的外廓尺寸来选择机床的形式和规格，以便充分发挥机床的使用性能。如直径不太大的轴、套、盘类零件一般在普通机床上加工。直径大而短的盘、套类零件一般在端面机床或立式机床上加工。

（2）机床的精度应该与工件要求的加工精度相适应。机床精度过低，不能满足工件加工精度的要求；过高，则是一种浪费。

（3）机床的功率、刚度和工作参数应该与最合理的切削用量相适应。粗加工时选择有足够功率和足够刚度的机床，以免切削深度和进给量的选用受限制；精加工时选择有足够刚度和足够转速范围的机床，以保证零件的加工精度和粗糙度。

（4）机床生产率应该与工件的生产类型相适应。对于大批、大量生产，宜采用高效率机床、专用机床、组合机床或自动机床；对于单件小批生产，一般选择通用机床。

5.4.2 加工阶段的划分

对于加工精度要求较高和粗糙度值要求较低的零件，通常将工艺过程划分为粗加工和精加工两个阶段；对于加工精度要求很高、粗糙度值要求很低的零件，则常划分为粗加工阶段、半精加工阶段、精加工阶段和光整加工阶段。

粗加工阶段：是加工开始阶段，在这个阶段中，尽量将零件各个被加工表面的大部分余量从毛坯上切除。这个阶段主要向题是如何提高生产率。

半精加工阶段：这一阶段为主要表面的精加工做好准备，切去的余量介于粗加工和精加工之间，并达到一定的精度和粗糙度值，为精加工留有一定的余量。在此阶段还要完成一些次要表面的加工，如钻孔、攻丝、铣键槽等。

精加工阶段：在这个阶段将切去很少的余量，保证各主要表面达到较高的精度和较低的粗糙度值（精度7～10级，$Ra \approx 0.8 \sim 3.2\mu m$）。

光整加工验段：主要是为了得到更高的尺寸精度和更低的粗糙度值（精度5～9级，$Ra < 3.2\mu m$），只从被加工表面上切除极少的余量。

将工艺过程划分粗、精加工阶段的原因是：

(1) 在粗加工阶段，由于切除大量的多余金属，可以及早发现毛坯的缺陷（夹渣、裂纹、气孔等），以便及时处理，避免过多浪费工时。

(2) 粗加工阶段容易引起工件的变形，这是由于切除余量大，一方面毛坯的内应力重新分布而引起变形，另一方面由于切削力、切削热及夹紧力都比较大，因而造成工件的受力变形和热变形。为了使这些变形充分，应在粗加工之后留有一定的时间，然后再通过逐步减少加工余量和切削用量的办法消除上述变形。

(3) 划分加工阶段可以合理使用机床。如粗加工阶段可以使用功率大、精度较低的机床；精加工阶段可以使用功率小、精度高的机床。这样有利于充分发挥粗加工机床的动力，又有利于长期保持精加工机床的精度。

(4) 划分加工阶段可在各个阶段中插入必要的热处理工序。如在粗加工之后进行去除内应力的时效处理；在半精加工后进行淬火处理等。

在某些情况下，划分加工阶段也并不是绝对的，例如加工重型工件时，由于不便于多次装夹和运输，因此不必划分加工阶段，可在一次装夹中完成全部粗加工和精加工。为提高加工的精度，可在粗加工后松开工件，让其充分变形，再用较小的力量夹紧工件进行精加工，以保证零件的加工质量。另外，如果工件的加工质量要求不高、工件的刚度足够、毛坯的质量较好而切除的余量不多，则可不必划分加工阶段。

5.4.3 工序的划分

在制定工艺过程中，为便于组织生产、安排计划和均衡机床的负荷，常将工艺过程划分为若干个工序。划分工序时有两个不同的原则，即工序的集中和工序的分散。

1. 工序集中

将若干个工步集中在一个工序内完成，例如在一台组合机床上可同时完成缝纫机壳体 14 个孔的加工。因此一个工件的加工，只须集中在少数几个工序内完成。最大限度的集中是在一个工序内完成工件所有表面的加工。

采用工序集中可以减少工件的装夹次数，在一次装夹中可以加工许多表面，有利于保证各表面之间的相互位置精度，也可以减少机床的数量，相应地减少工人的数量和机床的占地面积。但所需要的设备复杂，操作和调整工作也较复杂。

2. 工序分散

工序的数目多，工艺路线长，每个工序所包括的工步少，最大限度的分散是在一个工序内只包括一个简单的工步。

工序分散可以使所需要的设备和工艺装备结构简单、调整容易、操作简单，但专用性强。在确定工序集中或分散的问题上，主要根据生产规模、零件的结构特点、技术要求和设备等具体生产条件综合考虑后确定。例如在单件小批生产中，一般采用通用设备和工艺装备，尽可能在一台机床上完成较多的表面加工，尤其是对重型零件的加工，为减少装夹和往返搬运的次数，多采用工序集中原则。在大批、大量生产中，常采用高效率的设备和工艺装备，如多刀自动机床、组合机床及专用机床等，使工序集中，以便提高生产率和保证加工质量。但有的工件因结构关系，各个表面不便于集中加工，如活塞、连杆等可采用效率高、结构简单的专用机床和工艺装备，按工序分散的原则进行生产。这样易于保证加工质量和使各工序的时间趋于平衡，便于组织流水生产，提高生产率。在成批生产中，尽可能采用效率高的通用机床（如六角机床）和专用机床，使工序集中。

5.4.4 工序的安排

1 加工顺序的确定

工件各表面加工顺序,一般按照下述原则安排:先粗加工后精加工;先基准面加工后其他面加工,先主要表面加工后次要表面加工;先平面加工后孔加工。

根据上述原则,作为精基准的表面应安排在工艺过程开始时加工。精基准面加工好后,接着对精度要求高的主要表面进行粗加工和半精加工;并穿插进行一些次要表面的加工,然后进行各表面的精加工。要求高的主要表面的精加工一般安排在最后进行,这样可避免已加工表面在运输过程中碰伤,有利于保证加工精度。有时也可将次要的、较小的表面安排在最后加工,如紧固螺钉孔等。

2. 热处理及表面处理工序的安排

为了改善工件材料的力学性能和切削性能,在加工过程中常常需要安排热处理工序。采用何种热处理工序以及如何安排热处理工序在工艺过程中的位置,要根据热处理的目的决定。

(1) 退火和正火可以消除内应力和改善材料的加工性能,一般安排在加工前进行,有时正火也安排在粗加工后进行。

(2) 对于大而复杂的铸件,为了尽量减少由于内应力引起的变形,常常在粗加工后进行人工时效处理。粗加工前最好采用自然时效。

(3) 调质处理可以改善材料的力学性能,因此许多中碳钢和合金钢常采用这种热处理方法,一般安排在粗加工之后进行,但也有安排在粗加工之前进行的。

(4) 淬火处理或渗碳淬火处理,可以提高零件表面的硬度和耐磨性。淬火处理一般安排在磨削之前进行,当用高频淬火时也可安排在最终工序。渗碳可安排在半精加工之前或之后进行。

(5) 表面处理(如电镀或发黑等)可提高零件的抗腐蚀能力,增加耐磨性,使表面美观等。一般安排在工艺过程的最后进行。

3. 检验工序的安排

检验工序是保证产品质量和防止产生废品的重要措施。在每个工序中,操作者都必须自行检验。在操作者自检的基础上,在下列场合还要安排独立检验工序:粗加工全部结束后,精加工之前;送往其他车间加工的前后(特别是热处理工序的前后);重要工序的前后;最终加工之后等。

4. 其他工序的安排

在工序过程中,还可根据需要在一些工序的后面安排去毛刺、去磁、清洗等工序。

5.5 加工余量的确定

5.5.1 加工余量的概念

为了保证零件图上某平面的精度和粗糙度值,需要从其毛坯表面上切去全部多余的金属层,这一金属层的总厚度称为该表面的加工总余量。每一工序所切除的金属层厚度称为工序余量。可见某表面的加工总余量 $Z_{总}$ 与该表面余量 Z_i 之间的关系为

$$Z_{总} = Z_1 + Z_2 + \cdots Z_i + \cdots + Z_n$$

式中,n 为加工该表面的工序(或工步)数目。

工件加工余量的大小,将直接影响工件的加工质量、生产率和经济性。例如加工余量太小时,不易去掉上道工序所遗留下来的表面缺陷及表面的相互位置误差而造成废品;加工余量太大时,会造成加工工时和材料的浪费,甚至因余量太大而引起很大的切削热和切削力,使工件产生变形,影响加工质量。

5.5.2 影响加工余量的因素

1. 上工序表面质量 *Ra*、*Ta* 的影响

在上工序加工后的表面上或毛坯表面上,存在着表面微观粗糙度值 *Ra* 和表面缺陷层 *Ta*(包括冷硬层、氧化层、裂纹等),必须在本工序中切除。*Ra*、*Ta* 的大小与所用的加工方法有关,*Ra* 的数值可参考表 5.7 ~ 表 5.9;*Ta* 的数值可参考表 5.10。

表 5.10 各种加工方法 *Ta* 的数值(μm)

加工方法	*Ta*	加工方法	*Ta*	加工方法	*Ta*
闭式模锻	500	粗扩孔	40 ~ 60	粗 刨	25 ~ 40
冷 拉	80 ~ 100	精扩孔	30 ~ 40	粗 插	50 ~ 60
热 轧	150	粗 铰	25 ~ 30	精 插	35 ~ 50
高精度碾压	300	精 铰	10 ~ 20	粗 铣	40 ~ 60
金属模锻造	100	粗 镗	30 ~ 50	精 铣	25 ~ 40
* * *		精 镗	25 ~ 40	拉	10 ~ 20
粗车内外圆	40 ~ 60	磨外圆	15 ~ 25	切 断	60
精车内外圆	30 ~ 40	磨内孔	20 ~ 30	研 磨	3 ~ 5
粗车端面	40 ~ 60	磨端面	15 ~ 35	超级光磨	0.2 ~ 0.3
精车端面	30 ~ 40	磨平面	20 ~ 30	抛 光	2 ~ 5
钻	40 ~ 60	粗 刨	40 ~ 50		

注:各种毛坯的表面粗糙度值 *Ra* 的数值(μm)如下:闭式模锻 50 ~ 100,冷拉 12.5 ~ 50,热轧 100 ~ 150,高精度 50 ~ 100,金属型铸造 100 ~ 150

2. 上工序尺寸公差(*Ta*)的影响

它包括各种几何形状误差如锥度、椭圆度、平面度等。*Ta* 的大小可根据选用的加工方法所能达到的经济精度,查阅《金属机械加工工艺人员手册》确定。加工余量与工序尺寸公差之间的关系见图 5.12。

图 5.12(a)为外表面(被包容面)加工,其本工序的基本余量 Z_b 为

$$Z_b = L_a - L_b \tag{5.1}$$

式中 L_a——上工序的基本尺寸;

L_b——本工序的基本尺寸。

本工序的最大余量为

$$Z_{b\max} = L_{a\max} - L_{b\min} \tag{5.2}$$

本工序的最小余量为

$$Z_{b\min} = L_{a\min} - L_{b\max} \tag{5.3}$$

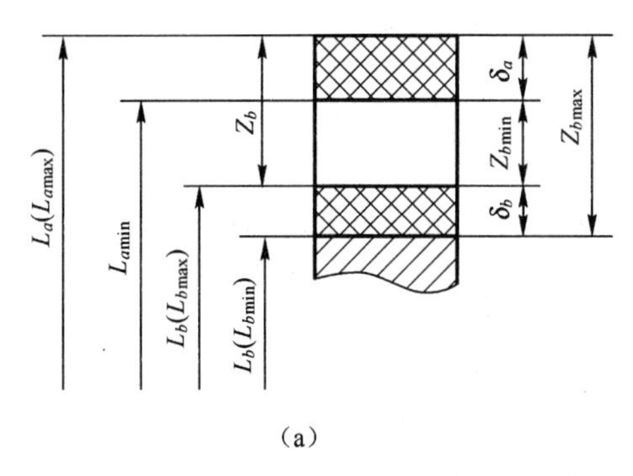

(a)

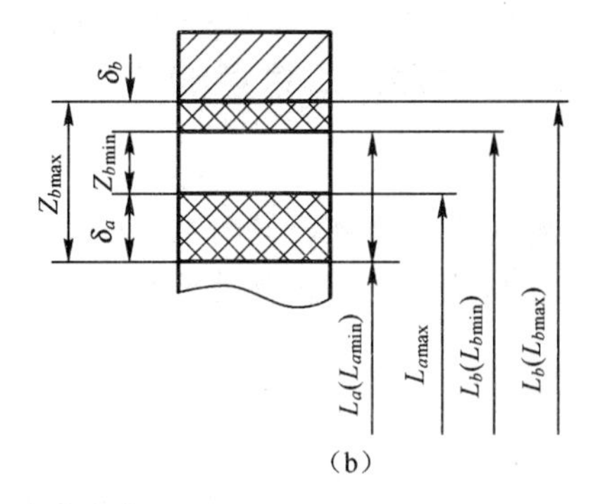

(b)

图 5.12　加工余量与工序公差的关系

图 5.12(b)为内表面(包容面)加工,则有

$$Z_b = L_b - L_a \tag{5.4}$$

$$Z_{b\max} = L_{b\max} - L_{a\min} \tag{5.5}$$

$$Z_{b\min} = L_{b\min} - L_{a\max} \tag{5.6}$$

从图 5.12(a)、(b)可看出,上工序的尺寸公差将影响本工序基本余量和最大余量的数值。

3. 上工序各表面相互位置空间偏差(ρ_α)的影响

它包括轴线的直线度、位移及平行度,轴线与表面的垂直度,阶梯轴内外圆的同轴度,平面的平面度等。为了保证加工质量,必须在本工序中给予纠正。ρ_α 的数值与上工序的加工方法和零件的结构有关,可用近似计算法或查有关资料确定。若存在两种以上的空间偏差时可用向量和表示。

4. 本工序加工时装夹误差($\Delta_{\varepsilon b}$)的影响

此误差除包括定位和夹紧误差外,还包括夹具本身的制造误差,其大小为三者的向量和。它将直接影响被加工表面与刀具的相对位置,因此有可能因余量不足而造成废品,所以必须给予余量补偿。

空间偏差与装夹误差在空间是有不同方向的,二者对加工余量的影响应该是向量和。图 5.13为上述各种因素对车削轴类零件加工余量影响的示意图。

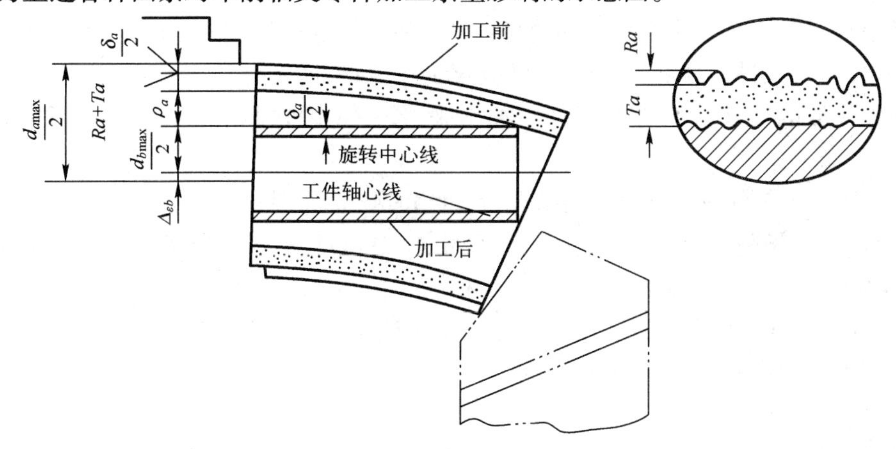

图 5.13　影响加工余量的因素

5.5.3 确定加工余量的方法

1. 计算法

根据上面所述各种因素对加工余量的影响,并由图5.13可得出下面的计算公式。

对称表面(双边,如孔或轴)的基本余量为

$$Z_b \geqslant \frac{\delta_a}{2} + (Ra + Ta) + |\overline{\rho_a} + \overline{\Delta}_{\varepsilon b}| \tag{5.7}$$

或

$$2Z_b \geqslant \delta_a + 2(Ra + Ta) + 2|\overline{\rho_a} + \overline{\Delta}_{\varepsilon b}| \tag{5.8}$$

非对称表面(单边、如平面)的基本余量为

$$Z_b \geqslant \delta_a + (Ra + Ta) + |\overline{\rho_a} + \overline{\Delta}_{\varepsilon b}| \tag{5.9}$$

上述两个公式,实际应用时可根据具体加工条件简化。如在无心磨床上加工轴时,装夹误差可忽略不计;用浮动铰刀或用拉刀拉孔时空间偏差对加工余量无影响,且无装夹误差;研磨、超精加工、抛光等加工方法,主要是降低表面粗糙度值,因此加工余量只需要去掉上工序的表面粗糙度值就可以了。

用计算法可确定出最合理的加工余量,既节省金属,又保证了加工质量。但必须要有可靠的实验数据资料,且费时间,因此此法适用于大量生产。

2. 查表法

工厂中广泛应用这种方法,表格是以工厂的生产实践和试验研究所积累的数据为基础,并结合具体加工情况加以修正后制定的,如《金属机械加工工艺人员手册》。

3. 经验法

主要用于单件小批生产,靠经验确定加工余量,因此不够准确。为保证不出废品,余量往往偏大。

5.6 尺 寸 链

5.6.1 尺寸链概念

在机械设计和工艺工作中,为保证加工、装配和使用的质量,经常要对一些相互关联的尺寸、公差和技术要求进行分析和计算,为使计算工作简化,可采用尺寸链原理。

将相互关联的尺寸从零件或部件中抽出来,按一定顺序构成的封闭尺寸图形,称为尺寸链。

图5.14(a)为铣削阶梯轴表面的情况,尺寸A_1、A_Σ为零件图上标注的尺寸。加工时以表面3为定位基准,铣削表面2,得尺寸A_Σ,而尺寸A_Σ是通过A_1、A_2间接得到的。因此A_Σ与A_1、A_2尺寸就构成一个相互关联的尺寸组合,形成了尺寸链,如图5.14(b)所示。

图5.15(a)为主轴部件,为了保证弹性挡圈能顺利装入,要求保持轴向间隙为A_Σ。由图看出,A_Σ与A_1、A_2、A_3尺寸有关,因此这四个尺寸依照一定的顺序组成了尺寸链,如图5.15(b)所示。

尺寸链中的每一个尺寸称为尺寸链的环,环又分为封闭环(或称终结环)和组成环,而组成环又有增环和减环之分。

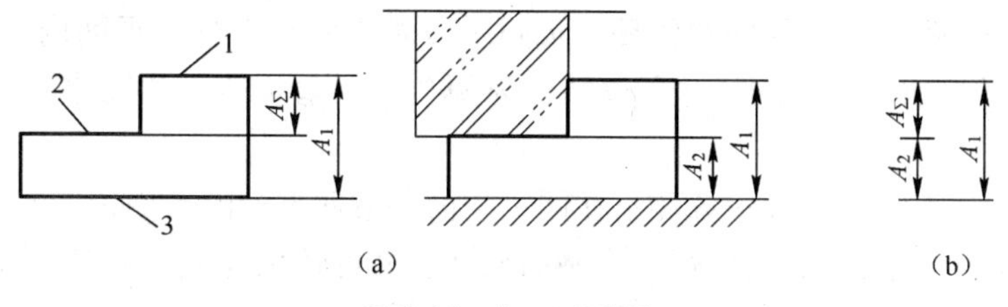

图 5.14 加工尺寸链

封闭环:其尺寸是在机器装配或零件加工中间接得到的。如上两例 A_Σ 尺寸均为封闭环,封闭环在一个线性尺寸链中只有一个。

组成环:在尺寸链中,除封闭环以外,其他环均为组成环,它是在加工中直接得到的尺寸,将直接影响封闭环尺寸的大小。

增环:若组成环尺寸增大或减小,使得封闭环尺寸也增大或减小,则此组成环称为增环,如上两例中的 A_1 环。

减环:若组成环尺寸增大或减小,却使得封闭环尺寸减小或增大,则此组成环称为减环,如上两例中的 A_2、A_3 环。

同一个尺寸链中的各个环最好用同一个字母表示,如 A_1、A_2、A_3…A_Σ,下标 1、2、…表示组成环的序号,Σ 表示封闭环。对于增环,在字母的上边加符号→,如$\overrightarrow{A_1}$;对于减环加符号←,如$\overleftarrow{A_2}$、$\overleftarrow{A_3}$。

在尺寸链中判断增、减环的方法,一是根据定义;二是顺着尺寸链的一个方向,向着尺寸线的终端画箭头,则与封闭环同向的组成环为减环,反之则为增环。在图 5.16 的尺寸链中,A_Σ 为封闭环,所以 A_1 为减环,A_2、A_3 为增环。

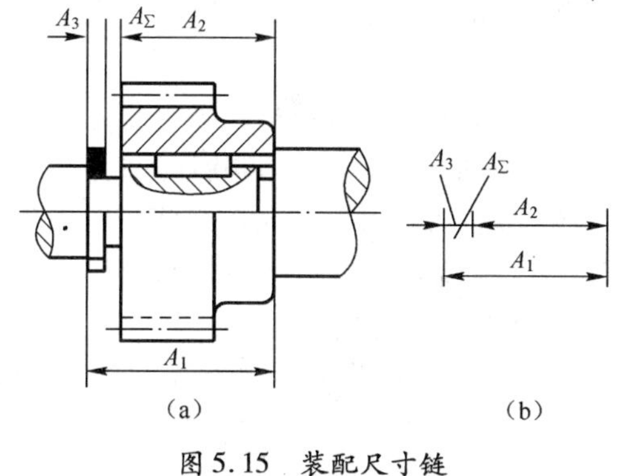

图 5.15 装配尺寸链

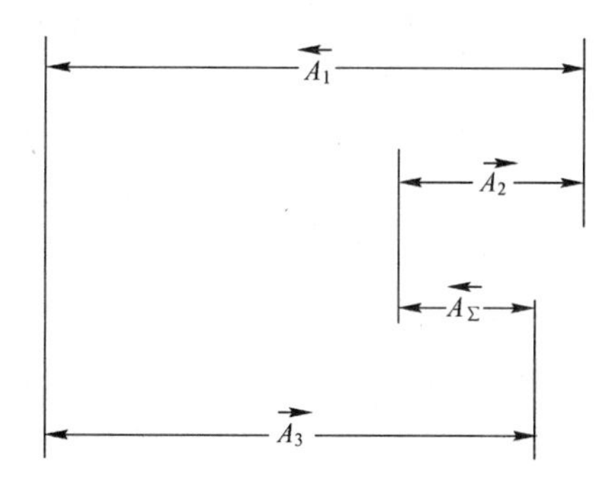

图 5.16 线性尺寸链

5.6.2 尺寸链的分类

1. 按尺寸链的应用范围分

(1) 工艺尺寸链。在加工过程中,工件上各相关的工艺尺寸所组成的尺寸链,如图 5.14 所示。

(2) 装配尺寸链。在机器设计和装配过程中,各相关的零部件间相互联系的尺寸所组成的尺寸链,如图 5.15 所示。

2. 按尺寸链中各组成环所在的空间位置分

(1) 线性尺寸链。尺寸链中各环位于同一平面内且彼此平行,如图 5.16 所示。

(2) 平面尺寸链。尺寸链中的各环位于同一平面或彼此平行的平面内,各环之间可以不平行,如图 5.17(a)所示。平面尺寸可以转化为两个相互垂直的线性尺寸链,如图 5.17 (b)、(c)所示。

(3) 空间尺寸链。尺寸链中各环不在同一平面或彼此平行的平面内。空间尺寸链可以转化为三个相互垂直的平面尺寸链,每一个平面尺寸链又可转化为两个相互垂直的线性尺寸链。因此线性尺寸链是尺寸链中最基本的尺寸链。

3. 按尺寸链各环的几何特征分

(1) 长度尺寸链。尺寸链中各环均为长度量。

(2) 角度尺寸链。尺寸链中各环均为角度量。由于平行度和垂直度分别相当于 0° 和 90°,因此角度尺寸链包括了平行度和垂直度的尺寸链。如图 5.18 所示,以 A 面为基准分别加工 C 面和 B 面,则要求 $C \perp A$(即 $\beta = 90°$),$B /\!/ A$(即 $\beta_2 = 0°$),加工后应使 $B \perp C$(即 $\beta_0 = 90°$),但这种关系是通过 β_1、β_2 间接得到的,所以 β_1、β_2 和 β_0 组成了角度尺寸链,其中 β_0 为封闭环。

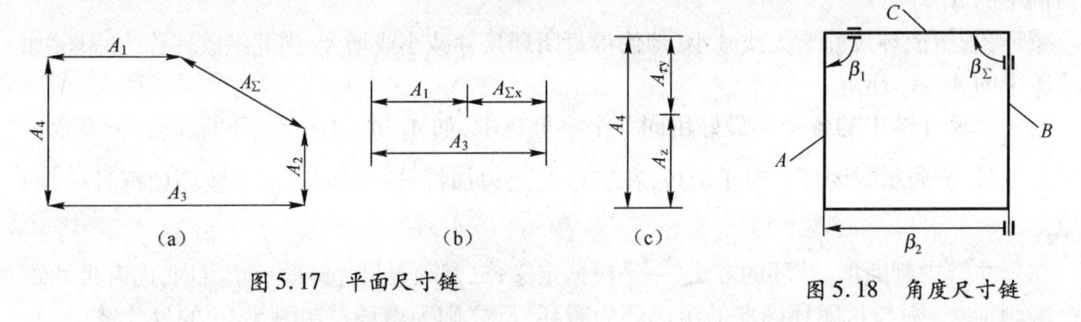

图 5.17 平面尺寸链

图 5.18 角度尺寸链

4. 按尺寸链之间相互联系的形态分

(1) 独立尺寸链。尺寸链中所有的组成环和封闭环只从属于一个尺寸链,如图 5.16、图 5.17 所示。

(2) 并联尺寸链。两个或两个以上的尺寸链,通过公共环将它们联系起来组成并联形式的尺寸链,如图 5.19 所示。图 5.19(a)中,$A_2(B_1)$ 为 A、B 两个尺寸链的公共环,并分别从属于该两尺寸链的组成环。这种并联尺寸链,当公共环变化时,各尺寸链的封闭环将同时发生变化。图 5.19(b)中,$C_0(D_2)$ 是 C、D 两个尺寸链的公共环,也就是一个尺寸链的封闭环是其他尺寸链的组成环。这种并联尺寸链,通过公共环可将所有尺寸链的组成环联系起来。

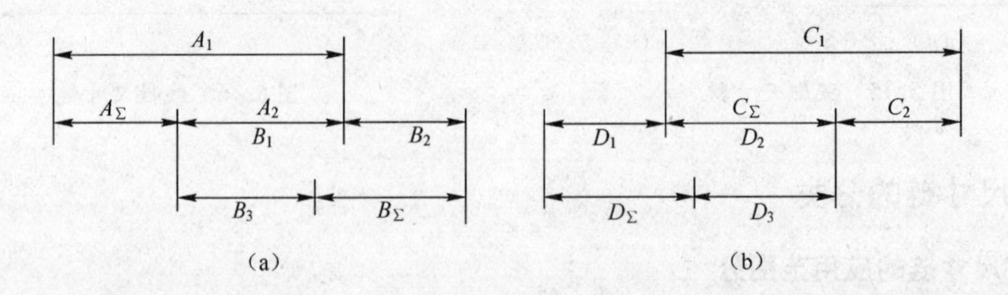

图 5.19 并联尺寸链

5.6.3 尺寸链计算的基本公式

尺寸链计算是根据结构或工艺上的要求,确定尺寸链中各环的基本尺寸及公差或偏差。计算方法有两种,一种是极值法(也称极大极小法),它是以各组成环的最大值和最小值为基础,求出封闭环的最大值和最小值;另一种是概率法,它是以概率理论为基础来解算尺寸链。下面对两种方法分别进行介绍。

1. 极值法

1)封闭环基本尺寸计算

图5.20的尺寸链中,A_Σ为封闭环,A_1、A_2、A_5为增环,A_3、A_4为减环。各环的基本尺寸分别以A_1、$A_2\cdots A_i$表示。由图可知:

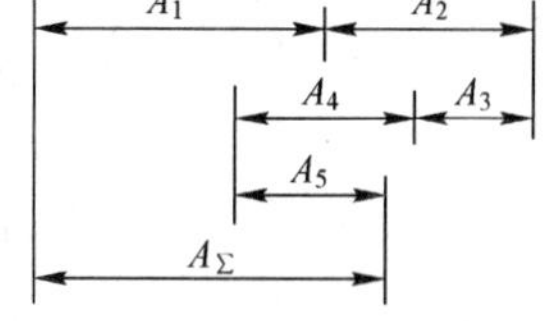

图5.20 尺寸链计算

$$A_\Sigma = \overrightarrow{A_1} + \overrightarrow{A_2} + \overrightarrow{A_5} - \overleftarrow{A_3} - \overleftarrow{A_4}$$

结论:尺寸链封闭环的基本尺寸,等于各增环的基本尺寸之和减去各减环基本尺寸之和。写成普遍式为

$$A_\Sigma = \sum_{i=1}^{m} \overrightarrow{A_i} - \sum_{i=m+1}^{n-1} \overleftarrow{A_i} \tag{5.10}$$

式中 n——包括封闭环在内的尺寸链总环数;

m——尺寸链中所有的增环数。

2)封闭环最大和最小尺寸计算

由式(5.10)可知,当尺寸链中所有增环为最大值,所有减环为最小值时,则封闭环为最大值;反之为最小值。写成普遍公式为

$$A_{\Sigma\max} = \sum_{i=1}^{m} \overrightarrow{A_{i\max}} - \sum_{i=m+1}^{n-1} \overleftarrow{A_{i\min}} \tag{5.11}$$

$$A_{\Sigma\min} = \sum_{i=1}^{m} \overrightarrow{A_{i\min}} - \sum_{i=m+1}^{n-1} \overleftarrow{A_{i\max}} \tag{5.12}$$

结论:封闭环的最大值等于所有增环的最大值之和减去所有减环的最小值之和;封闭环的最小值等于所有增环的最小值之和减去所有减环的最大值之和。

3)封闭环上偏差B_sA_Σ(即$ES(A_\Sigma)$或$\mathrm{es}(A_\Sigma)$)和下偏差B_xA_Σ(即$\mathrm{EI}(A_\Sigma)$或$\mathrm{ei}(A_\Sigma)$)的计算

由式(5.11)减式(5.10),得

$$B'_sA_\Sigma = A_{\Sigma\max} - A_\Sigma = \sum_{i=1}^{m} B_s\overrightarrow{A_i} - \sum_{i=m+1}^{n-1} B_x\overleftarrow{A_i} \tag{5.13}$$

由式(5.12)减式(5.10),得

$$B_xA_\Sigma = A_{\Sigma\min} - A_\Sigma = \sum_{i=1}^{m} B_x\overrightarrow{A_i} - \sum_{i=m+1}^{n-1} B_s\overleftarrow{A_i} \tag{5.14}$$

结论:封闭环的上偏差等于所有增环的上偏差之和减去所有减环的下偏差之和;封闭环的下偏差等于所有增环的下偏差之和减去所有减环的上偏差之和。

4)封闭环公差δ_Σ或误差Δ_Σ的计算

由式(5.11)减式(5.12),得

$$\delta_\Sigma = A_{\Sigma\max} - A_{\Sigma\min} = \sum_{i=1}^{m} \overrightarrow{A_{i\max}} - \sum_{i=m+1}^{n-1} \overleftarrow{A_{i\min}} - \left(\sum_{i=1}^{m} \overrightarrow{A_{i\min}} - \sum_{i=m+1}^{n-1} \overleftarrow{A_{i\max}}\right)$$

$$= \sum_{i=1}^{m} \overrightarrow{\delta_i} + \sum_{i=m+1}^{n-1} \overleftarrow{\delta_i} = \sum_{i=1}^{n-1} \delta_i \tag{5.15}$$

式中:$\overrightarrow{\delta_i}$和$\overleftarrow{\delta_i}$为尺寸$\overrightarrow{A_i}$和$\overleftarrow{A_i}$的公差。

同理:

$$\Delta_{\Sigma} = \sum_{i=1}^{n-1} \Delta_i \tag{5.16}$$

式中:Δ_i——尺寸$\overrightarrow{A_i}$和$\overleftarrow{A_i}$的误差。

结论:封闭环公差(或误差)等于各组成环公差(或误差)之和。

由此可知,若各组成环公差一定,减少环数可提高封闭环精度;若封闭环公差一定,减少环数可放大各组成环公差,使其加工容易。

5) 平均尺寸 A_M 的中间偏差 B_M 的计算

为使复杂的尺寸链计算简化,可用平均尺寸和中间偏差进行计算。

平均尺寸 A_M:最大尺寸和最小尺寸的平均值。

中间偏差 B_M:公差带中点偏离基本尺寸的大小。

由$\frac{1}{2}$[式(5.11)+式(5.12)],得

$$A_{\Sigma M} = \sum_{i=1}^{m} \overrightarrow{A}_{iM} - \sum_{i=m+1}^{n-1} \overleftarrow{A}_{iM} \tag{5.17}$$

由式(5.17)减式(5.10),得

$$\begin{aligned} B_M A_{\Sigma} &= \left(\sum_{i=1}^{m} \overrightarrow{A}_{iM} - \sum_{i=m+1}^{n-1} \overleftarrow{A}_{iM} \right) - \left(\sum_{i=1}^{m} \overrightarrow{A_i} - \sum_{i=m+1}^{n-1} \overleftarrow{A_i} \right) \\ &= \sum_{i=1}^{m} B_M \overrightarrow{A_i} - \sum_{i=m+1}^{n-1} B_M \overleftarrow{A_i} \end{aligned} \tag{5.18}$$

结论:封闭环平均尺寸等于所有增环平均尺寸之和减去所有减环平均尺寸之和;封闭环的平均偏差等于所有增环平均偏差之和减去所有减环平均偏差之和。

应用尺寸链原理解决加工和装配工艺问题时,经常碰到下述三种情况:①已知组成环公差求封闭环公差的正计算问题;②已知封闭环公差求各组成环公差的反计算问题;③已知封闭环公差和部分组成环公差求其他组成环公差的中间计算问题。解决正计算问题比较容易,而解决反计算问题比较难。

解决尺寸链反计算问题方法如下:

(1) 按等公差原则分配封闭环公差,即使各组成环公差相等,其大小为

$$\delta_i = \frac{\delta_{\Sigma}}{n-1} \tag{5.19}$$

此法计算简单,但从工艺上讲,当各环加工难易程度、尺寸大小不一样时,规定各环公差相等不够合理。当各组成环尺寸及加工难易程度相近时采用该法较为合适。

(2) 按等精度的原则分配封闭环公差,即使各组成环的精度相等。各组成环的公差值根据基本尺寸按公差中的尺寸分段及精度等级确定,然后再给予适当调整,使:

$$\delta_{\Sigma} \geqslant \sum_{i=1}^{n-1} \delta_i \tag{5.20}$$

这种方法在工艺上是合理的。

(3) 利用协调环分配封闭环公差。如果尺寸链中有一些难以加工和不宜改变其公差的组

成环，利用等公差和等精度法分配公差都有一定困难。这时可以把这些组成环的公差首先确定下来，只将一个或极少数几个比较容易加工、或在生产上受限制较少和用通用量具容易测量的组成环定为协调环，用来协调封闭环和组成环之间的关系。这时有：

$$\delta_{\Sigma} = \delta'_{i} + \sum_{i=1}^{n-2} \delta_{i} \tag{5.21}$$

式中 δ'_{i}——协调环公差。

这种方法与设计和工艺工作的经验有关，一般情况下对难加工的、尺寸较大的组成环，将其公差给大些。

协调环又称为“相依尺寸”，意思是该环尺寸公差相依于封闭环和其他组成环的尺寸公差，因此这种计算方法又称为“相依尺寸公差法”。

通常在解决尺寸链反计算问题时，先按方法 1 求各组成环的平均公差，再按加工难易程度、尺寸大小进行分配和协调。

各组成环公差的分布位置，一般来说，对外表面，尺寸标注成单向负偏差；对内表面，尺寸标注成单向正偏差；对孔心距，则标注成对称偏差。然后按式(5.13)、式(5.14)进行校核，若不符合，则再做调整。为了加快调整，可采用协调环的办法，即先根据上述原则定出其他组成环的上、下偏差，再根据封闭环的上、下偏差及已定的组成环上、下偏差计算出协调环的上、下偏差。

下面举例说明式(5.10)~式(5.18)的应用。

【例题 5.2】 计算图 5.15(a)主轴部件装配后其轴向间隙 A_{Σ}。已知 $A_1 = 35_{0}^{+0.15}$，$A_2 = 32.5_{-0.15}^{-0.05}$，$A_3 = 2.5_{-0.12}^{0}$。

解：(1) 画出尺寸链图(图 5.15(b))。

(2) 找出封闭环、增环和减环。因为 A_{Σ} 是由 A_1，A_2 间接得到的尺寸，所以是封闭环。再根据增减环判断 A_1 为增环，A_2、A_3 为减环。

该例题是已知组成环，求封闭环的正计算问题。

(3) 计算：

$$A_{\Sigma} = \sum_{i=1}^{m} \overrightarrow{A}_{i} - \sum_{i=m+1}^{n-1} \overleftarrow{A}_{i} = 35 - (32.5 + 2.5) = 0$$

$$B_{s}A_{\Sigma} = \sum_{i=1}^{m} B_{s}\overrightarrow{A}_{i} - \sum_{i=m+1}^{n-1} B_{x}\overleftarrow{A}_{i} = 0.15 - (-0.15 - 0.12) = +0.42$$

$$B_{x}A_{\Sigma} = \sum_{i=1}^{m} B_{x}\overrightarrow{A}_{i} - \sum_{i=m+1}^{n-1} B_{s}\overleftarrow{A}_{i} = 0 - (-0.05 - 0) = +0.05$$

所以封闭环尺寸为 $0_{+0.05}^{+0.42}$，其轴向间隙为 0.05~0.42mm。

【例题 5.3】 轴套加工，如图 5.21(a)所示，要求端面 A 对装配基准外圆 C 的轴线垂直度为 0.05/240，端面 B 对外圆 C 的轴线垂直度 0.05/120。工件的加工过程如下：

(1) 粗加工 A 面、B 面、E_1 孔、E_2 孔和外圆 C。

(2) 半精车 A 面、B 面及半精镗 E_1 孔。

(3) 以 A 面及 E_1 孔为定位基准，半精车 C 面、B 面及半精镗 E_2 孔，要求 $B /\!/ A$，其交角为 $\beta_1 = 0 \pm \frac{\delta_1}{2}$，$\delta_1$ 为 B 面对 A 面平行度允许差。

(4) 以 A 面及 E_1 孔为定位基准(定位后将心轴撤去)，精加工 E_1 孔、E_2 孔和外圆 C，要求

$C \perp A$,其交角为$\beta_2 = 90 \pm \frac{\delta_2}{2}$($\delta_2 = 0.05/240$)。

通过上述工艺过程可知$C \perp B$,其交角为$\beta_\Sigma = 90 \pm \frac{\delta_\Sigma}{2}$($\delta_\Sigma = 0.05/120$),它是通过工序(3)(有$B /\!/ A$)和工序(4)(有$C \perp A$)间接得到的。为满足外圆$C$的轴线与端面$B$的垂直度要求($\delta_\Sigma$),确定工序(3)中$B$面对$A$面的平行度要求($\delta_\Sigma$)。

解:(1)画出尺寸链图(图5.21(b))。

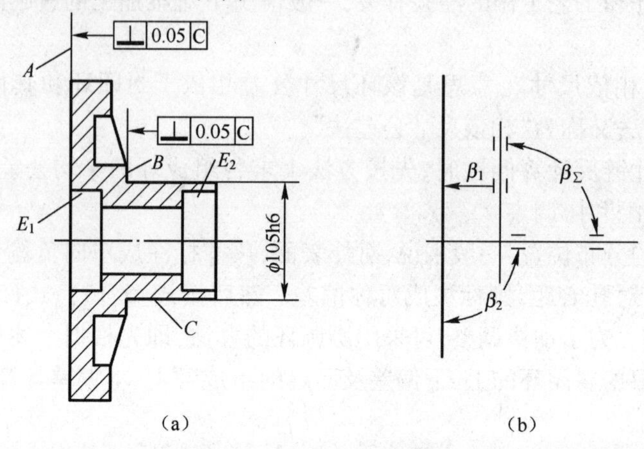

图5.21 角度尺寸链计算

(2) β_Σ为封闭环,β_1,β_2为组成环。此题是已知封闭环和组成环,求另一个组成环的中间计算问题。

(3) 计算:

$$\delta_\Sigma = \sum_{i=1}^{n-1} \delta_i$$

而 $\delta_2 = 0.05/240$;$\delta_\Sigma = 0.05/120$

故 $0.05/120 = \delta_1 + 0.05/240$

$\delta_1 = 0.05/240$

【例题5.4】 如图5.22(a)所示,在坐标镗床上加工箱体零件上的两个孔,中心距为$L_\Sigma = 100 \pm 0.10$mm;水平夹角为$\beta = 30°$。求坐标尺寸L_x,L_y的基本尺寸及公差。

解:(1)画出尺寸链图。由尺寸L_x,L_y,L_Σ组成一平面尺寸链(图5.22(b))。

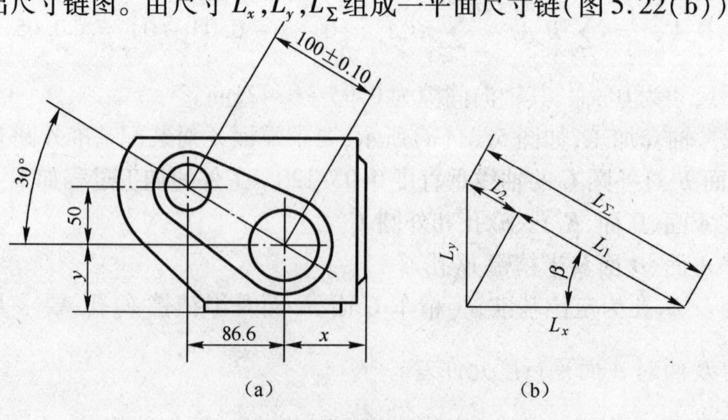

图5.22 坐标尺寸计算

(2) 中心距 L_Σ 是封闭环。在加工中是由 L_x,L_y 间接得到的,L_x,L_y 是组成环。此题是已知封闭环求组成环的反问题。

(3) 计算:计算平面尺寸链时,将各组成环向封闭环做投影,分别为 L_1,L_2,L_1,L_2,L_Σ 构成了新的尺寸链且是线性尺寸链。

基本尺寸:
$$L_x = L_\Sigma \cdot \cos\beta = 100 \cdot \cos 30° = 86.69\text{mm}$$

公差:设本例题采用等公差法进行计算。

$$\delta_{L_x} = \delta_{L_y} = \delta_M$$
$$\delta_{L_1} = \delta_{L_x} \cdot \cos\beta = \delta_M \cdot \cos 30°$$
$$\delta_{L_2} = \delta_{L_y} \cdot \sin\beta = \delta_M \cdot \sin 30°$$

因
$$\delta_{L_\Sigma} = \delta_{L_1} + \delta_{L_2} = \delta_M(\cos 30° + \sin 30°)$$

故

$$\delta_M = \frac{\delta L_\Sigma}{\cos 30° + \sin 30°} = \frac{0.2}{0.866 + 0.5} = 0.146\text{mm}$$

公差带按对称分布,则有:$L_x = 86.6 \pm 0.073\text{mm}$,$L_y = 50 \pm 0.073\text{mm}$。

2. 概率法

应用极值法解尺寸链,具有简便、可靠等优点。但当封闭环公差较小、环数较多时,则各组成环公差就相应地减小,造成了加工困难,成本增加。生产实践表明,加工一批工件所获得的尺寸,处于公差带中部的较多,处于极值的较少,尤其是尺寸链中各组成环都恰好出现极值的情况更少见,因此封闭环的实际误差比用极值法计算出来的公差小得多。为了扩大组成环的公差,以便加工容易,可采用概率法解尺寸链以确定组成环的公差,而不用极值法公式 δ_Σ 与 δ_i 的关系式确定。

1) 各环公差值的概率法计算

尺寸链中每一组环都是彼此独立的随机变量,因此它们组成的封闭环也是随机变量。根据概率原理可知,用实测方法取得的这些随机变量的大量数据中有两个特征数:算术平均值和均方根偏差。

算术平均值 $\overline{A}$ 表示一批零件尺寸分布的集中位置,即尺寸分布中心。

均方根偏差 σ 表示一批零件实际的尺寸分布相对于算术平均值的离散程度。

由概率论知,各独立随机变量的均方根偏差 σ_i 与这些随机变量之和的均方根偏差 σ_Σ 的关系为

$$\sigma_\Sigma = \sqrt{\sum_{i=1}^{n-1} \sigma_i^2} \tag{5.22}$$

式(5.22)为尺寸链的封闭环与组成环均方根偏差的关系式。

当各组成环为正态分布时,封闭环也一定是正态分布。如果不存在系统误差,则各组成环的分布中心与公差带中心重合。根据概率原理,此时可取公差为

$$\delta_i = 6\sigma_i;\delta_\Sigma = 6\sigma_\Sigma \tag{5.23}$$

由此得

$$\sigma_i = \frac{1}{6}\delta_i;\sigma_\Sigma = \frac{1}{6}\delta_\Sigma \tag{5.24}$$

故

$$\delta_{\Sigma} = \sqrt{\sum_{i=1}^{n-1} \delta_i^2} \tag{5.25}$$

式(5.25)为封闭环公差与组成环公差用概率解法的关系式。

若各组成环公差相等,则各组成环的平均公差为

$$\delta_{\mathrm{M}} = \delta_i = \frac{\delta_{\Sigma}}{\sqrt{n-1}} = \frac{\sqrt{n-1}}{n-1}\delta_{\Sigma} \tag{5.26}$$

将此公式与极值法公式

$$\delta_{\mathrm{M}} = \delta_i = \frac{1}{n-1}\delta_{\Sigma}$$

相比,可以看出:若封闭环公差 δ_{Σ} 不变,则各组成环平均公差扩大了 $\sqrt{n-1}$ 倍,因而可使加工容易,而且环数越多越有利。若各组成环公差不变,则用概率法求得的封闭环公差比用极值法缩小了 $\sqrt{n-1}$ 倍,提高了封闭环的精度。当各组成环不是正态分布时,需要引入相对分布系数 k_i,此时 $\sigma_i = k_i \frac{1}{6}\delta_i$。在尺寸链中,如果没有一个组成环的尺寸分散带过分大于其余各组成环,而且又不是过多偏离正态分布,则不论各组成环的尺寸分布为何种形式,只要组成环的数目足够多时,其封闭环尺寸一定为正态分布,因此有 $\sigma_{\Sigma} = \frac{1}{6}\delta_{\Sigma}$。

故

$$\delta_{\Sigma} = \sqrt{\sum_{i=1}^{n-1} k_i^{\ 2} \delta_i^{\ 2}} \tag{5.27}$$

式中,k_i称为相对分布系数,它表明各种尺寸分布曲线形状相对正态分布曲线的差别,其值可见表5.11。

表5.11　不同尺寸分布曲线的 k_i 和 α_i 值

分布曲线的性质	正态分布	辛浦生律(等腰三角形)	等概率	等概率与正态分布的组合	试切法(轴形)	试切法(孔形)
分布曲线的简图						
k_i	1	1.22	1.73	1.1~1.5	1.17	1.17
α_i	0	0	0	0	0.26	-0.26

由上述可知,在应用概率法解尺寸链的情况下,当尺寸链的环是正态分布时,可取 $\delta = 6\sigma$,此时并没有包括工件尺寸出现的全部概率,而是99.73%。如图5.23所示,阴影部分表示超出 δ_{Σ} 的概率,此值是很小的,仅为0.27%,但却使各组成环的公差扩大了很多,因此取 $\delta = 6\sigma$ 是合理的。

2) 算术平均值 $\overline{A}$ 的计算

为了确定各环公差带的分布位置,我们要用到算术平均值 $\overline{A}$。根据概率原理可推知,封闭环的平均值 $\overline{A}_{\Sigma}$,等于各组成环算术平均值的代数和,即

$$\overline{A}_\Sigma = \sum_{i=1}^{n-1}\overline{A}_i = \sum_{i=1}^{m}\overline{\overrightarrow{A}}_i - \sum_{i=m+1}^{n-1}\overline{\overleftarrow{A}}_i \tag{5.28}$$

式中 $\overline{\overrightarrow{A}}_i$——增环的算术平均值；

$\overline{\overleftarrow{A}}_i$——减环的算术平均值。

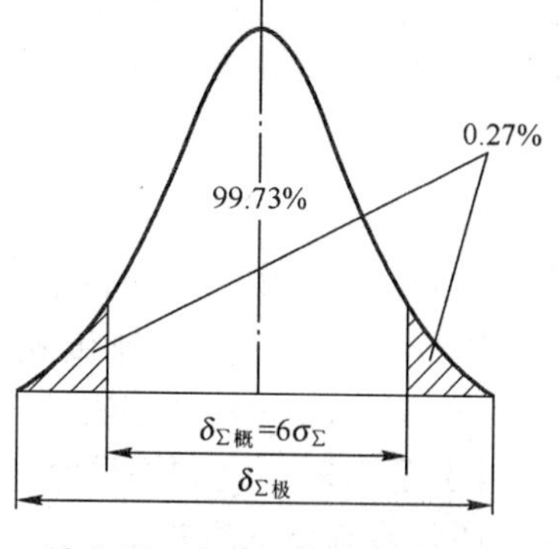

图 5.23 概率法与极值法比较

若各组成环的分布曲线为对称分布，且分布中心与公差带中点(平均尺寸 A_M)重合，则算术平均值 $\overline{A}$ 就等于平均尺寸，见图 5.24(a)，得

$$A_{\Sigma M} = \overline{A}_\Sigma = \sum_{i=1}^{m}\overrightarrow{A}_{iM} - \sum_{i=m+1}^{n-1}\overleftarrow{A}_{iM} \tag{5.17a}$$

将上式各环减去基本尺寸，则得

$$B_M A_\Sigma = \sum_{i=1}^{m} B_M\overrightarrow{A}_i - \sum_{i=m+1}^{n-1} B_M\overleftarrow{A}_i \tag{5.18a}$$

式(5.17a)、式(5.18a)与极值法相应的式(5.17)、式(5.18)完全一样。

若各组成环的分布曲线为非对称分布时，算术平均值 $\overline{A}$ 相对公差带中点(平均尺寸 A_Σ)有一偏移量 Δ，见图 5.24(b)。

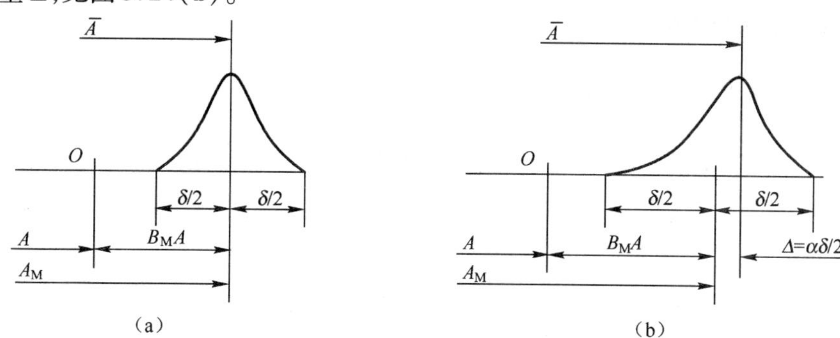

图 5.24 对称与不对称尺寸分布

因
$$\Delta = \overline{A} - A_M = \overline{A} - (A + B_M A) \tag{5.29}$$

令
$$\Delta = \alpha \cdot \frac{\delta}{2} \tag{5.30}$$

则
$$\overline{A} = A_M + \alpha \cdot \frac{\delta}{2} = A + B_M A + \alpha \cdot \frac{\delta}{2} \tag{5.31}$$

故
$$\overline{A}_\Sigma = \sum_{i=1}^{m}\left(\overrightarrow{A}_{iM} + \frac{1}{2}\alpha_i\delta_i\right) - \sum_{i=m+1}^{n-1}\left(\overleftarrow{A}_{iM} + \frac{1}{2}\alpha_i\delta_i\right) \tag{5.32}$$

或
$$\overline{A}_\Sigma = \sum_{i=1}^{M}\left(\overrightarrow{A}_i + B_M\overrightarrow{A}_i + \frac{1}{2}\alpha_i\delta_i\right) - \sum_{i=m+1}^{n-1}\left(\overleftarrow{A}_i + B_M\overleftarrow{A}_i + \frac{1}{2}\alpha_i\delta_i\right) \tag{5.33}$$

式中，α_i 称为不对称系数，其值见表 5.11。

3) 概率法的近似计算

用概率法计算尺寸链，需要知道各组成环的误差分布情况及 k_i 和 α_i 的数值，如有现场统计资料或成熟的经验统计数据，便可进行计算。当缺乏这些资料时，只能假定 k_i、α_i 的值进行近似计算。近似计算是假定各环分布曲线是对称分布于公差值的全部范围内(即 $\alpha_i=0$),并取相同的相对分布系数的平均值 k_M(一般取1.2~1.7)。因此有

$$\delta_{\Sigma}=k_M\cdot\sqrt{\sum_{i=1}^{n-1}\delta_i^{\ 2}} \tag{5.34}$$

然后就可用式(5.17a)或式(5.18)进行概率法的近似计算。用概率法近似计算时,组成环的数目越多,计算的准确度就越高,因此该法常用在多环尺寸链上。

下面举例说明用概率法计算尺寸链。

【例题5.5】 已知一尺寸链,如图5.25所示,各环尺寸为正态分布,废品率为0.27%。求封闭环公差值及公差带分布。

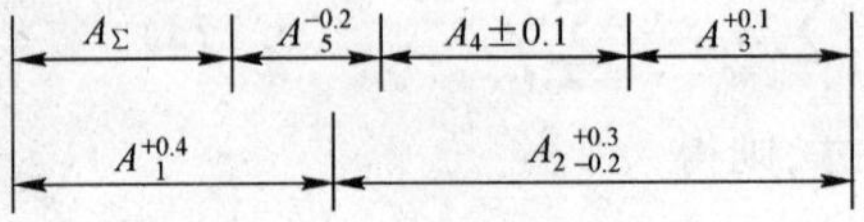

图5.25 概率法解尺寸链

解:因各组成环是正态分布,故 $k_i=k_M=1$。在尺寸链中 A_Σ 为封闭环,A_1、A_2 为增环,A_3、A_4、A_5 为减环。

各组成环公差分别为 $\delta_1=0.4,\delta_2=0.5,\delta_3=0.2,\delta_4=0.2,\delta_5=0.2$

各组成环的中间偏差分别为

$$B_MA_1=\frac{0.4}{2}=0.2,B_MA_2=\frac{0.3+(-0.2)}{2}=0.05$$

$$B_MA_3=\frac{0.2}{2}=0.1,B_MA_4=\frac{0.1+(-0.1)}{2}=0$$

$$B_MA_5=\frac{-0.2}{2}=-0.1$$

封闭环公差为

$$\delta_{\Sigma}=k_M\cdot\sqrt{\sum_{i=1}^{n-1}\delta_i^{\ 2}}=1\cdot\sqrt{0.4^2+0.5^2+0.2^2+0.2^2+0.2^2}=0.73$$

封闭环公差带分布为

$$B_MA_{\Sigma}=\sum_{i=1}^{m}B_M\overrightarrow{A}_i-\sum_{i=m+1}^{n-1}B_M\overleftarrow{A}_i=0.2+0.05-(0.1-0-0.1)=0.25$$

$$B_sA_{\Sigma}=B_MA_{\Sigma}+\frac{\delta_{\Sigma}}{2}=0.25+\frac{0.73}{2}=0.615$$

$$B_xA_{\Sigma}=B_MA_{\Sigma}-\frac{\delta_{\Sigma}}{2}=0.25-\frac{0.73}{2}=-0.115$$

因此,封闭环尺寸为 $A_{\Sigma\ -0.115}^{\ +0.615}$。

封闭环的尺寸、偏差的分布情况见图5.26。

【例题5.6】 将前面用极值解法的例题5.4改用概率法进行计算。

解:按等公差法计算有

$$\delta_{L_x}=\delta_{L_y}=\delta_M$$

$$\delta_{L_1}=\delta_{L_y}\cdot\cos\beta=\delta_M\cdot\cos\beta$$

$$\delta_{L_2} = \delta_{L_y} \cdot \sin\beta = \delta_M \cdot \sin\beta$$

因 $\delta_\Sigma = k_M \cdot \sqrt{\sum_{i=1}^{n-1} \delta_i^2}$ 取 $k_M = 1.2$

由此得 $\delta_\Sigma = 1.2\sqrt{\delta_M^2(\cos^2\beta + \sin^2\beta)} = 1.2\delta_M$

故 $\delta_M = \dfrac{\delta_\Sigma}{1.2} \doteq \dfrac{0.2}{1.2} = 0.166$

公差带按对称分布,因此有 $L_x = 86.5 \pm 0.083$

$L_y = 50 \pm 0.083$

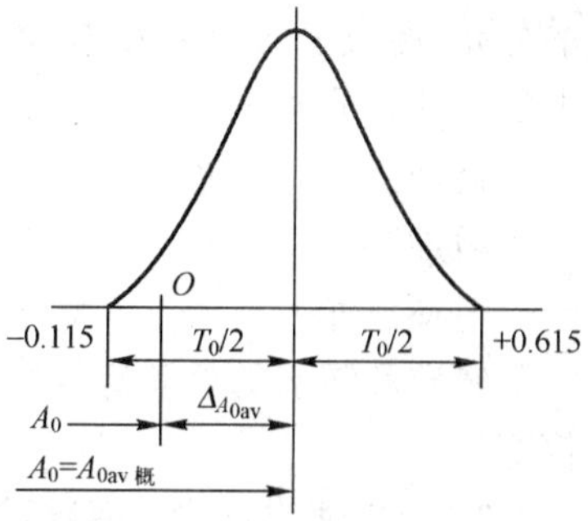

图 5.26 尺寸公差带分布

5.7 工序尺寸的确定

零件图上的尺寸、公差是毛坯经过加工之后最终达到的尺寸。在加工过程中,各工序所达到的尺寸称为工序尺寸,也就是在工序图上所标注的尺寸。

5.7.1 用计算法确定工序尺寸

工序尺寸的计算可分为四种,分别举例如下:

1. 经过几道工序加工所形成的表面的工序尺寸计算

【例题 5.7】 图 5.27 为一平面经过粗加工、精加工和光整加工三道工序达到零件上规定尺寸和公差,要求计算各工序尺寸。

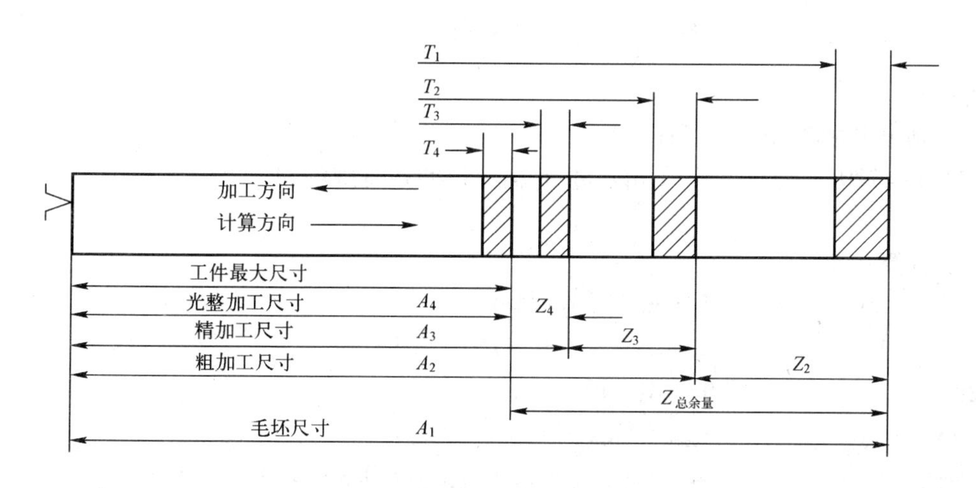

图 5.27 皮带运输滚筒的工艺尺寸换算

解:加工该表面时定位基准不变,各工序尺寸都从同一基准标出。对这一类的工序尺寸,只要将各工序的基本余量及公差,根据现场经验或查有关手册确定后,就可按工艺过程的顺序由后向前逐步计算得到。某工序的工序尺寸等于下一个工序的工序尺寸加上(对内表面是减去)下一工序的基本余量。这种工序尺寸的计算,只牵涉余量,不涉及基准转换,可不用尺寸链来计算。

在图 5. 27 中,若光整加工、精加工、粗加工等各工序的基本余量和精加工、粗加工、毛坯的公差，经查手册分别为 Z_1、Z_2、Z_3 和 T_3、T_2、T_1，且已知光整加工的工序尺寸为 A_4、T_4（零件图上的尺寸），则得：

精加工工序尺寸　　$A_3 = A_4 + Z_4$；公差 T_3

粗加工工序尺寸　　$A_2 = A_3 + Z_3$；公差 T_2

毛坯尺寸　　$A_1 = A_2 + Z_2$；公差 T_1

铸造和锻造的毛坯都规定双向偏差，但当计算毛坯尺寸时只取朝向坯体内方向的偏差值 T_1。

2. 工序基准与设计基准不重合而引起的工序尺寸计算

在加工过程中，有时为了定位、加工、测量或调整方便，将零件图上的尺寸改变注法，由此而引起的工序尺寸计算，又称为尺寸换算。它是由设计基准与工序基准不重合而造成的，因此这种工序尺寸只牵涉基准转换而不涉及余量，可用工艺尺寸链来计算。

【例题 5.8】　图 5.28(a) 是皮带运输机滚筒零件图。尺寸 $720_0^{+0.6}$ 的标注方法不便于测量，因此可改为图 5.28(b) 所示的标注方法，通过测量 A_2、A_3 的尺寸来保证 $A_0 = 720_0^{+0.6}$，且 $A_2 = A_3$ 的尺寸。要求确定工序尺寸 A_2、A_3。

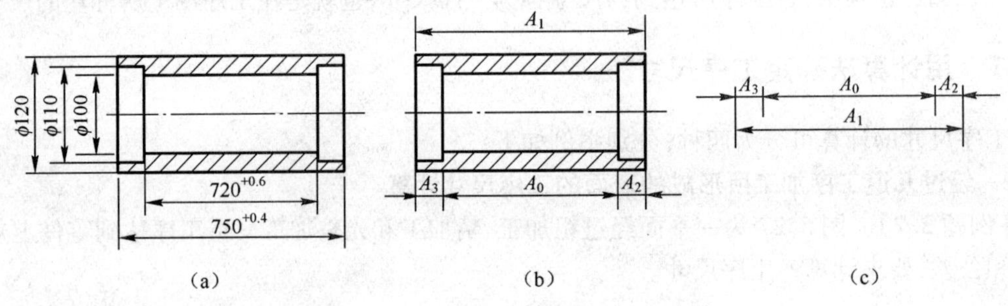

图 5.28　皮带运输滚筒的工序尺寸换算

解：

(1) 画出尺寸链图（图 5.28(c)）。

(2) $A_0 = 720^{+0.6}$ 为封闭环，是由尺寸 A_1、A_2、A_3 间接得到的，$A_1 = 750^{+0.4}$ 为增环；A_2、A_3 为减环。

(3) 计算：

$$A_0 = A_1 - (A_2 + A_3)$$

$$A_2 + A_3 = A_1 - A_0 = 750 - 720 = 30$$

故　$$A_2 = A_3 = 15$$

$$A_{0\max} = A_{1\max} - (A_{2\min} + A_{3\min})$$

$$A_{2\min} + A_{3\min} = A_{1\max} - A_{0\max} = 750.4 - 720.6 = 29.8$$

由此得　$$A_{2\min} = A_{3\min} = 14.9$$

$$A_{0\min} = A_{1\min} - (A_{2\max} + A_{3\max})$$

$$A_{2\max} + A_{3\max} = A_{1\min} - A_{0\min} = 750 - 720 = 30$$

得　$$A_{2\max} = A_{3\max} = 15$$

由上求得 A_2、A_3 的工序尺寸为

$$A_2 = A_3 = 15^{0}_{-0.1}$$

【例题 5.9】　图 5.29(a) 是加工梯板的零件图，其高度方向的设计尺寸为 $80^{\ 0}_{-0.15}$ 及 $35_{\ 0}^{+0.25}$，加

工过程为：

(1) 面 1 为基准，加工面 3，保证工序尺寸 $A_1=80^{0}_{-0.15}$。

(2) 为了定位和调整方便，仍然用面 1 为定位基准加工面 2，保证工序尺寸 A_2，如图 5.29(b) 所示。

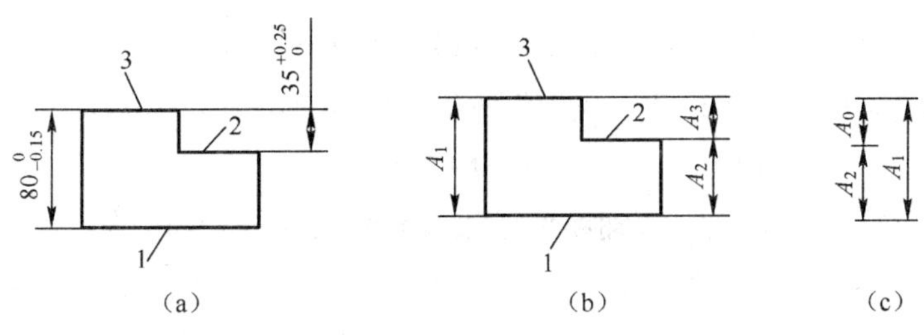

图 5.29 阶梯板的工序尺寸计算

为满足设计尺寸 $35_{0}^{+0.25}$ 的要求，计算工序 2 的工序尺寸 A_2。

解：

(1) 画出尺寸链图（图 5.29(c)）；

(2) $A_0=35_{0}^{+0.25}$ 为封闭环，$A_1=80^{0}_{-0.15}$ 为增环，A_2 为减环；

(3) 计算基本尺寸：$A_2=A_1-A_0=80-35=45$

上偏差： $ES_{A2}=ES_{A1}-EI_{A0}=-0.15-0=-0.15$

下偏差： $EI_{A2}=EI_{A1}-ES_{A0}=0-0.25=-0.25$

因此，工序 2 的尺寸为 $45^{-0.15}_{-0.25}$，取朝向工件体内方向为 $44.85^{0}_{-0.10}$。

(3) 从尚需继续加工表面标注的工序尺寸计算。这类工序尺寸，既涉及加工余量，也涉及基准转换。

【例题 5.10】 图 5.30(a) 为加工齿轮内孔和键槽的简图，设计尺寸为键槽深 $43.6_{0}^{+0.34}$ 及孔径 $40_{0}^{+0.05}$。

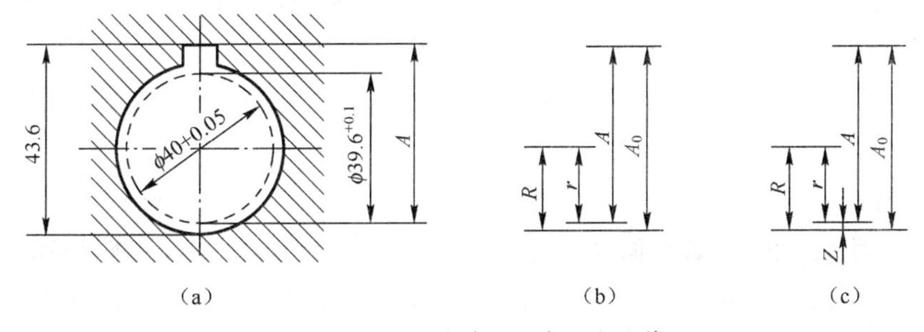

图 5.30 加工键槽的工序尺寸计算

加工过程如下：

(1) 拉（或镗）内孔，至尺寸 $2r=39.6_{0}^{+0.1}$；

(2) 拉（或插）键槽，至尺寸 A；

(3) 热处理（淬火）；

(4) 磨内孔，至尺寸 $2R=40_{0}^{+0.05}$。求工 4 序尺寸 A。

从加工过程看出，工序尺寸 A 是从尚需继续加工的孔表面标注的，键槽最终的深度 $43.6_{0}^{+0.34}$ 是通过工序 1、2、4 间接得到的。

解：

(1) 列出尺寸链,如图 5.30(b)所示。

(2) 尺寸 $A_0 = 43.6$ 为封闭环,尺寸 A 和 R ($40_0^{+0.05} = 20_0^{+0.25}$) 为增环,尺寸 r $\left(\frac{39.6_0^{+0.1}}{2} = 19.8_0^{+0.05}\right)$为减环。

(3) 计算基本尺寸:$A = A_0 - R + r = 43.6 - 20 + 19.8 = 43.4$

上偏差: $ES_A = ES_{A_0} - ES_R + EI_r, = 0.35 - 0.025 + 0 = 0.315$

下偏差: $EI_A = EI_{A_0} - EI_R + ES_r = 0 - 0 + 0.05 = 0.05$

因此,工序尺寸为 $43.4_{+0.005}^{+0.315}$,或朝向工件体内方向标注为 $43.45_0^{+0.265}$。

为了分析磨孔时半径加工余量 Z 对链槽深度的影响,也可将尺寸链分解为两个并联的尺寸链进行计算,如图 5.30(c)所示,其公共环余量为 Z。

由尺寸 R、r、Z 所构成的尺寸链中,Z 为封闭环,R 为增环,r 为减环,由此可计算出:

基本余量:$Z = R - r = 20 - 19.8 = 0.2$

最大余量:$Z_{max} = R_{max} - r_{min} = 20.025 - 19.8 = 0.225$

最小余量:$Z_{min} = R_{min} - r_{max} = 20 - 19.85 = 0.15$

因此 $Z = 0.2_{-0.050}^{+0.025}$

由尺寸 A_0、A、Z 所构成的尺寸链中,Z、A 为增环,A_0 为封闭环,由此可计算出:

基本尺寸:$A = A_0 - Z = 43.6 - 0.2 = 43.4$

上偏差:$ES_A = ES_{A0} - ES_z = 0.35 - 0.025 = +0.315$

下偏差:$EI_A = EI_{A0} - EI_z = 0 - (-0.05) = +0.05$

因此,工序尺寸 A 为 $43.4_{+0.050}^{+0.315}$(或 $43.4_{+0.050}^{+0.265}$)。

计算结果与上面解法完全一样。

(4) 对某表面进行加工,要同时保证多个设计尺寸的工序尺寸计算。

【例题 5.11】 图 5.31(a)为加工阶梯轴的轴向尺寸简图。

因为端面 M 的粗糙度值很小,故需磨削 M 面,并要求同时保证两个设计尺寸 $30_0^{+0.10}$ 和 100 ± 0.15。

加工过程如下:

(1) 以 M 面为基准,精车 N 面,Q 面,至尺寸 $A_1 = 30.25^0_{-0.05}$ 及 A_2,见图 5.31(b)。

(2) 以 N 面为基准,磨削 M 面,至尺寸 $A_3 = 30_0^{+0.10}$。尺寸 $A_0 = 100 \pm 0.15$ 是间接得到的,如图 5.31(c)所示。求工序尺寸 A_2。

解:

(1) 列出有关尺寸链,如图 5.31(d)所示。

(2) 尺寸 A_1 为封闭环,A_2、A_3 为增环,A_4 为减环。

(3) 计算:

基本尺寸: $A_2 = A_0 - A_3 + A_1 = 100 - 30 + 30.25 = 100.25$

上偏差: $ES_{A2} = ES_{A0} - ES_{A3} + ES_{A1} = 0.15 - 0.1 + (-0.05) = 0$

下偏差: $EI_{A2} = EI_{A0} - EI_{A3} + ES_{A1} = -0.15 - 0 + 0 = -0.15$

因此,工序尺寸 A_2 为 $100.25^0_{-0.15}$。

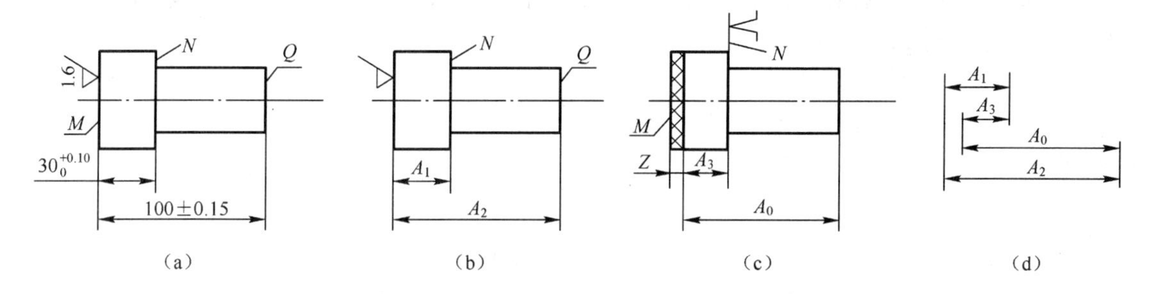

图 5.31 保证多个尺寸的工序尺寸计算

此例也可按并联尺寸链分为两个尺寸链进行计算。

5.7.2 用图表法综合确定工序尺寸

在加工过程中,当同一个方向上的尺寸较多而又需要多次转换定位基准,或者当设计基准与其他基准不重合而需要进行尺寸换算时,确定相应的各工序尺寸、公差和余量的工作就显得很杂乱、很麻烦。如果采用图表法来解决这类问题,就比较方便、明了、有次序。

关于图表的制作和应用的例子,请读者自行参阅有关资料。

5.8 时间定额及经济分析

时间定额是劳动生产率的基本标志,劳动生产率是一个工人在单位时间内制造出合格产品的数量,或者是一个工人用于单位产品的劳动时间。

经济分析是研究如何用最少的社会消耗、最低的成本生产出合格的产品。

5.8.1 时间定额

时间定额是在一定的生产规模、生产技术和生产组织的条件下,为完成某一工件的某一工序所需要的时间,称为工序单件时间或工序单件时间定额。它是计算产品成本和企业经济核算的依据,也是新建或扩建工厂(或车间)时决定所需设备和人员的依据。

工序单件时间的组成,可表示如下:

$$t_{单} = t_{基} + t_{辅} + t_{服} + t_{休}$$

式中 $t_{单}$——工序单件时间(min)。

$t_{基}$——基本时间(也称机动时间),是直接用来改变工件形状、尺寸相对位置和表面性质所消耗的时间。它可根据各种加工方法的有关公式进行计算。车削时的计算公式见第2章关于切削用量的选择一节中之所述。

$t_{辅}$——辅助时间,为完成工序中的基本工作所需要做的辅助动作时间。它包括装卸工件、启动和停止机床、改变切削用量、测量工件等所消耗的时间,可查有关表格或进行实测确定。

$t_{服}$——工作地点服务时间,包括更换刀具、修磨刀具、设备的补充调整以及工作班开始时取出刀具和文件、机床润滑等和工作班结束时的收拾工具、清除切屑、擦拭机床等所要消耗的时间。

$t_{休}$——工人休息和自然需要时间。一般情况下,工作地点服务时间与休息时间之和是以作业时间 $t_{作}=t_{基}+t_{辅}$ 的形式给出的,即

$$t_{服}+t_{休}=\frac{x}{100}t_{作}$$

所以

$$t_{单}=t_{作}\left(1+\frac{x}{100}\right)$$

式中,$x=3\sim6$。

在成批生产中,还要考虑加工一批工件时的准备、结束时间。也就是在加工一批工件之前,熟悉图纸,领取毛坯材料,准备刀具、夹具、量具,装夹刀具、夹具和调整机床以及在加工一批工件之后交还工艺文件,拆卸、送还工艺装备和送检成品等所需要的时间。因此成批生产时工件每个工序的总时间为

$$t_{定额}=t_{单}+\frac{t_{准结}}{N_{批}}$$

式中 $t_{定额}$——工件某工序的总时间,称为单件时间定额,又称单件计算时间(min);

$t_{准结}$——加工一批工件的准备时间、结束时间;

$N_{批}$——一批工件的数量。

由公式看出,$N_{批}$越大,则 $t_{定额}$与 $t_{单}$越接近。当大量生产时,有

$$t_{定额}\approx t_{单}$$

要提高生产率,就要设法减少 $t_{定额}$或 $t_{单}$,也就是减少其组成部分的时间,主要是基本时间和辅助时间。

5.8.2 工艺过程的经济分析

设计某一零件的工艺过程时,一般可拟定出几种不同的方案,这些方案虽然都可以满足加工质量的要求,但从经济性来分析,它们的生产成本并不相同。因此,在给定的生产条件下要选择最经济的方案,也就是成本最低的方案,这对工厂企业积累资金和加快国家的工业建设有重大意义。

对方案进行经济分析,其目的是求得最有利的工艺过程或加工方法,因此对各种方案进行经济性比较时,并非准确计算零件成本,而只需求出各种方案的相对值,即各种方案中相同的项目可略去不计。也就是说,若各个方案中的每个工序内容均不相同,则应全面进行经济性比较;若只有某些工序内容不同,而其他均相同,则只就这些不同的工序进行经济性比较。

5.8.2.1 生产成本的组成

生产成本是制造一个零件或一台产品需要的全部费用。其中与完成工序直接有关的费用称为第一类费用,也称工艺成本,一般占生产成本的70% ~75%。与完成工序无关而与整个

车间的全部生产条件有关的费用,称为第二类费用。

零件生产成本的组成如下:

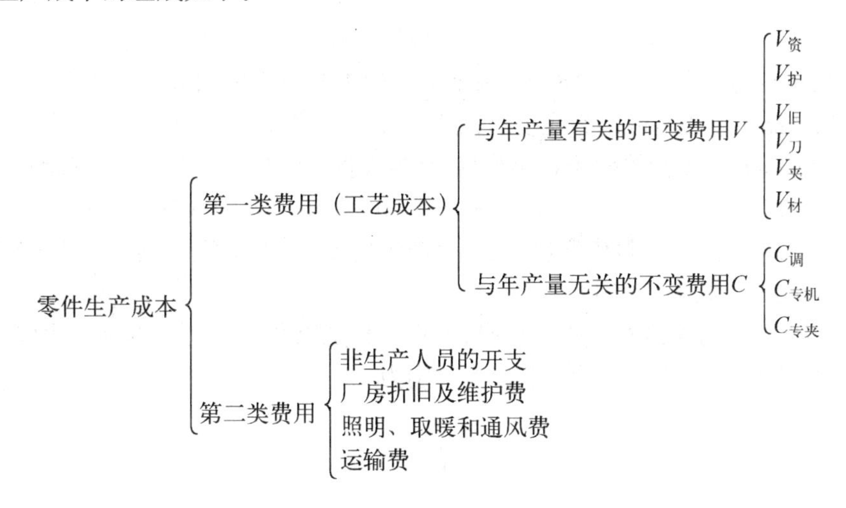

在进行各种方案经济分析时,因为在同一生产条件下,第二类费用是相等的,因此可以只分析占生产成本比重大的工艺成本 $S_{单}$,则有

$$S_{单} = V_{资} + V_{护} + V_{旧}(或\ C_{专机}) + V_{夹}(或\ C_{专夹}) + V_{刀} + V_{材} + C_{调}$$

式中 $S_{单}$——单件的工艺成本(元/件);

$V_{资}$——机床操作工人的工资,它由单件时间和工人的工资决定;

$V_{护}$——机床维护费,包括电、油料、切削液、棉纱等费用;

$V_{旧}$——万能机床折旧费,万能机床可用于不同的工序,所以折旧费与机床的价格、机床的利用率及单件时间有关;

$V_{刀}$——刀具维护及折旧费,它与刀具的价格、可刃磨次数、磨刀费用及刀具耐用度等因素有关;

$V_{夹}$——万能夹具维护及折旧费,它与机床的维护及折旧费的考虑方法相似;

$V_{材}$——材料费,它由毛坯重量及材料的单位重量价格决定(毛坯成本还要考虑毛坯的制造费用);

$C_{调}$——调整工人的工资,它与调整机床的时间、调整工人的工资有关;

$C_{专机}$——专用机床折旧费,它与机床的价格及折旧率有关;

$C_{专夹}$——专用夹具维护及折旧费,它与夹具的价格及折旧率有关。

5.8.2.2 工艺过程经济方案的选择

为分析和比较各种方案方便起见,将工艺成本分为与年产量有关的可变费用 V(元/件)和与年产量无关的不变费用 C(元/件)。因此,有

$$S_{单} = V + C \tag{5.35}$$

因不变费用 C 与年产量无关,所以一般常按全年计算,以 $C_{年}$表示,上式写成

$$S_{单} = V + \frac{C_{年}}{N_{零}} \tag{5.36}$$

式中　$N_{零}$——零件的年产量。

全年产品的工艺成本为

$$S_{年} = N_{零}V + C_{年} \tag{5.37}$$

从式(5.36)和式(5.37)可以看出，每个零件的工艺成本可用双曲线表示，如图5.32(a)所示，全年的产品工艺成本可用直线表示，如图5.32(b)所示。

在图5.32 (a)中，A为单件小批生产区，B为大批、大量生产区，A、B之间为中批生产区。年产量越大，则成本越低，当$N_{年} \to \infty$时，则$S_{单} \to V$，即年产量很大时，$S_{单}$的变化极小。在图5.32(b)中，不变费用$C_{年}$为投资定值，无论生产数量多少，其值不变，而$S_{年}$却随产量$N_{零}$的增加而增加，$\Delta_{S年}$随$N_{年}$成正比变化。

对各种工艺过程方案进行经济分析时，实际上都是以全年工艺成本进行比较的。设有两种不同的工艺过程方案，其全年的工艺成本分别为

$$S_{年1} = V_1 N_{零} + C_{年1}$$
$$S_{年2} = V_2 N_{零} + C_{年2}$$

如图5.33所示，两直线的相交处表明：当年产量N_c时，则两种方案的全年工艺成本相等，即$S_{年1} = S_{年2}$，说明两种方案的经济性相同。N_c值可由下式求出：

$$N_c = \frac{C_{年1} - C_{年2}}{V_2 - V_1}$$

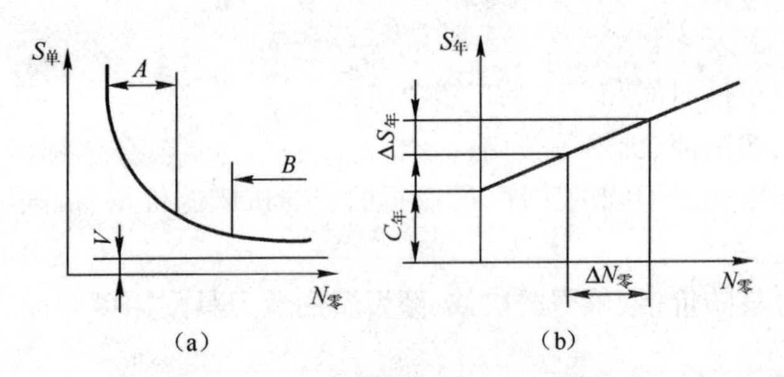

图5.32　工艺成本与年产量的关系

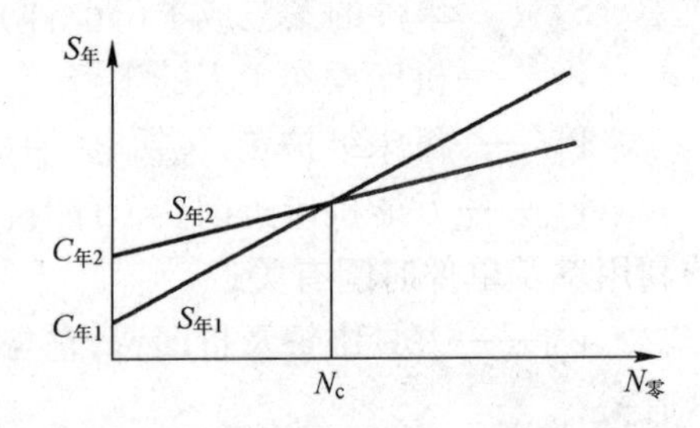

图5.33　两种工艺方案的经济分析

当年产量小于N_c时，采用第一种方案比较经济，全年工艺成本为$S_{年1}$；当年产量大N_c时，采用第二种方案比较经济，全年工艺成本为$S_{年2}$。

本章小结

(1) 机械加工工艺规程是工艺文件中用来规定零件机械加工工艺过程和操作方法的技术性文件，一个零件的机械加工工艺规程包含该零件从毛坯到制作成符合技术要求的成品的整套工艺方案。

(2) 零件工艺方案的制订包含了毛坯形式选择，加工方法选择，加工基准的选择，加工路线选择，机床、刀具、夹具及量辅具选择等内容；对每一道工序，还需要确定工序尺寸、加工余量及达到的技术要求。

(3) 机械加工余量可参考工艺设计手册获得，手册的制订标准符合最小加工余量法则；工序尺寸可通过求解工艺尺寸链的方法获得。

（4）零件的工艺规程除了要满足该零件加工的技术要求外，还必须满足该零件加工的经济性要求。

教学讨论题与习题

5.1 什么是机械加工工艺过程？什么叫机械加工工艺规程？工艺规程在生产中起什么作用？

5.2 什么叫工序、工位和工步？

5.3 什么叫基准？粗基准和精基准选择原则有哪些？

5.4 零件加工表面加工方法的选择应遵循哪些原则？

5.5 在制订加工工艺规程中，为什么要划分加工阶段？

5.6 切削加工顺序安排的原则有哪些？

5.7 在机械加工工艺规程中通常有哪些热处理工序？它们各起什么作用？如何安排？

5.8 什么叫工序集中？什么叫工序分散？什么情况下采用工序集中？什么情况下采用工序分散？

5.9 什么叫加工余量？影响加工余量的因素有哪些？

5.10 在粗、精加工中如何选择切削用量？

5.11 什么叫时间定额？单件时间定额包括哪些方面？举例说明各方面的含意。

5.12 什么叫工艺成本？工艺成本有哪些组成部分？如何对不同工艺方案进行技术经济分析？

5.13 如图5.34所示零件，单件小批生产时其机械加工工艺过程如下所述，试分析其工艺过程的组成（包括工序、工步、走刀、装夹）。

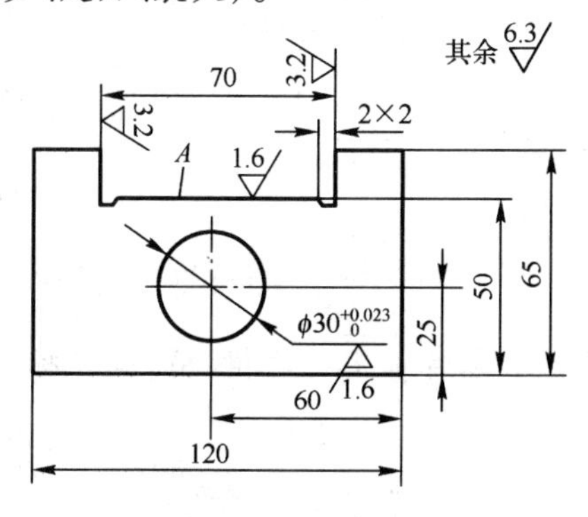

图5.34 习题5.13图

在刨床上分别刨削六个表面，达到图样要求；粗刨导轨面 *A*，分两次切削；精刨导轨面 *A*；钻孔；铰孔；去毛刺。

5.14 如图5.35所示零件，毛坯为ϕ35mm棒料，批量生产时其机械加工过程如下所述，试分析其工艺过程的组成。在锯床上切断下料，车一端面钻中心孔，调头，车另一端面钻中心孔，在另一台车床上将整批工件螺纹一边都车至430mm，调头再调车刀车削整批工件的ϕ18mm外圆，又换一台车床车ϕ20mm外圆，在铣床上铣两平面，转90°后，铣另外两平面（图5.35(b)），最后，车螺纹，倒角。

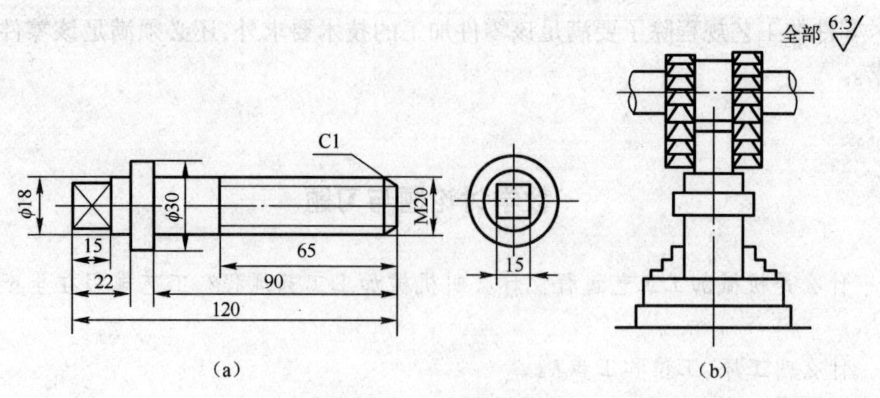

图 5.35　习题 5.14 图

5.15　某机床厂年产 C6136N 型卧式车床 350 台，已知机床主轴的备品率为 10%，废品率为 4%。试计算该主轴零件的年生产纲领，并说明它属于哪一种生产类型，其工艺过程有何特点？

5.16　试指出图 5.36 中在结构工艺性方面存在的问题，并提出改进意见。

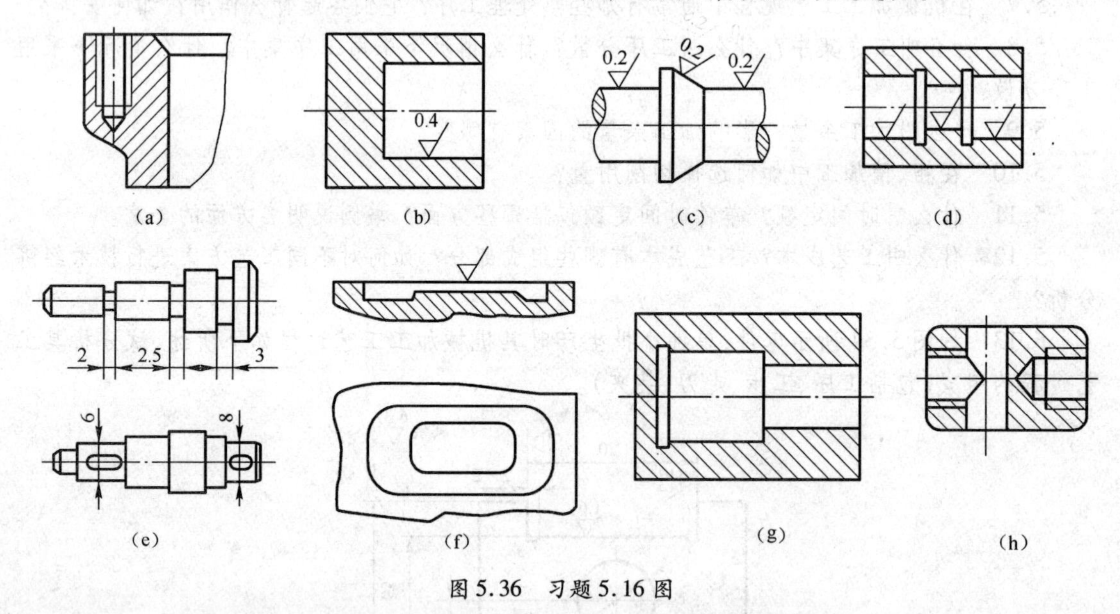

图 5.36　习题 5.16 图

5.17　试选择图 5.37 所示各零件加工时的粗、精基准（标有"√"符号的为加工面，其余的为非加工面），并简要说明理由。

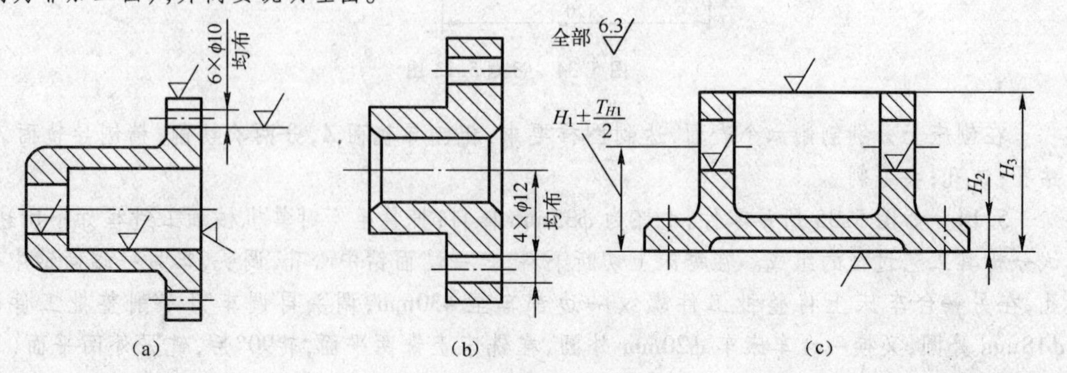

图 5.37　习题 5.17 图

5.18 某零件上有一孔 $\phi 50_0^{+0.027}$mm，表面粗糙度为 $Ra=0.08\mu$m，孔长 60mm。材料为 45 钢，热处理淬火 42HRC，毛坯为锻件，其孔的加工工艺规程为：粗镗—精镗—热处理—磨削，试确定该孔加工中各工序的尺寸与公差。

5.19 在加工图 5.38 所示零件时，图样要求保证尺寸 6±0.1mm，因这一尺寸不便于测量，只能通过度量尺寸 L 来间接保证，试求工序尺寸 L 及其公差。

5.20 加工主轴时，要保证键槽深度 $t=4_0^{+0.15}$mm(图 5.39)，其工艺过程如下：

(1) 车外圆尺寸 $\phi 28_{-0.1}^{0}$mm；

(2) 铣键槽至尺寸 $H_0^{\delta_H}$；

(3) 热处理；

(4) 磨外圆至尺寸 $\phi 28_{+0.008}^{+0.024}$mm。

设磨外圆与车外圆的同轴度误差为 ϕ0.04mm，试用极值法计算铣键槽工序的尺寸 $H_0^{\delta_H}$？

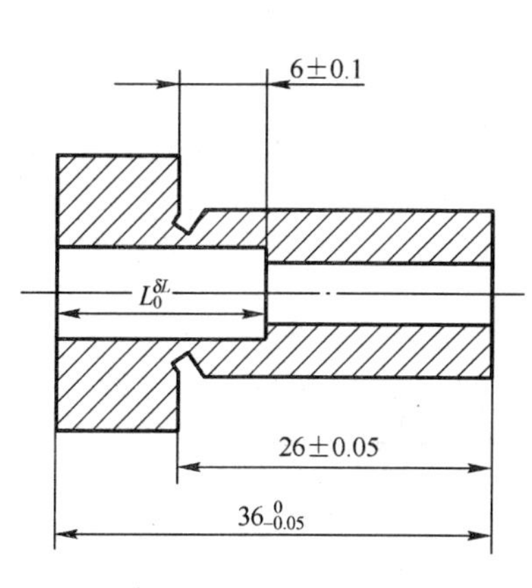

图 5.38 习题 5.19 图

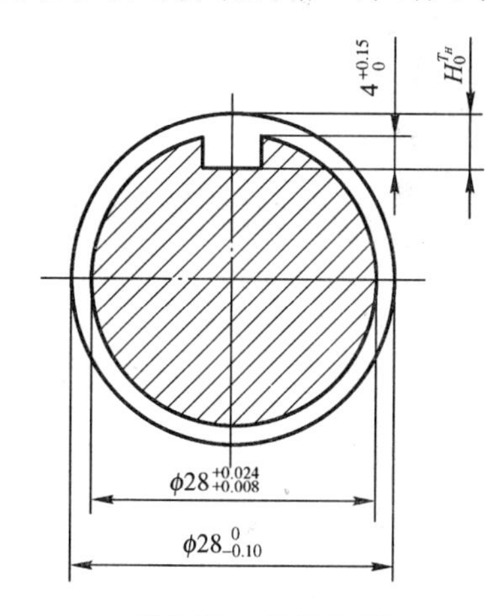

图 5.39 习题 5.20

5.21 一零件材料为 2Cr13，其内孔加工顺序为：

(1) 镗内孔至尺寸 $\phi 31.8_0^{+0.14}$mm；

(2) 氰化，要求氰化层深度为 $t_0^{+\delta_t}$；

(3) 磨内孔至尺寸 $\phi 32_{+0.010}^{+0.035}$mm，并保证氰化层深度为 0.1～0.3mm；

试求氰化工序中氰化层深度 $t_0^{+\delta_t}$。

5.22 如图 5.40 为被加工零件的简图，图(b)为工序图，在大批量生产的条件下，其部分工艺过程如下：

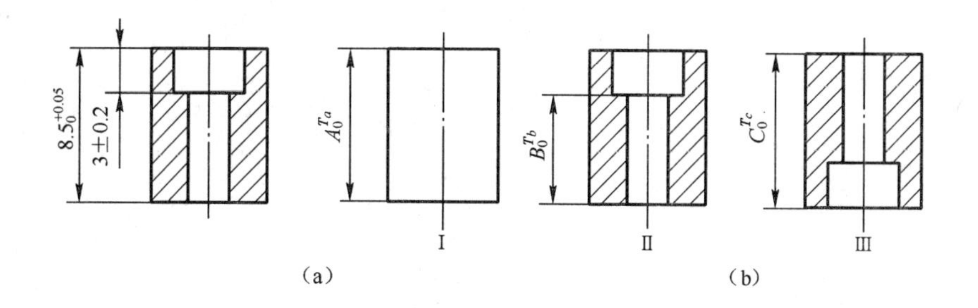

图 5.40 习题 5.22 图

工序Ⅰ铣端面至尺寸 $A_0^{\delta_a}$；

工序Ⅱ钻孔并锪沉孔至尺寸 $B_0^{\delta_b}$；

工序Ⅲ磨底平面至尺寸 $C_0^{\delta_c}$，磨削余量为0.5mm，磨削的经济精度为0.1mm；

试计算各工序尺寸 A、B、C 及其公差。

5.23　试判别图5.41中各尺寸链中哪些是增环？哪些是减环？

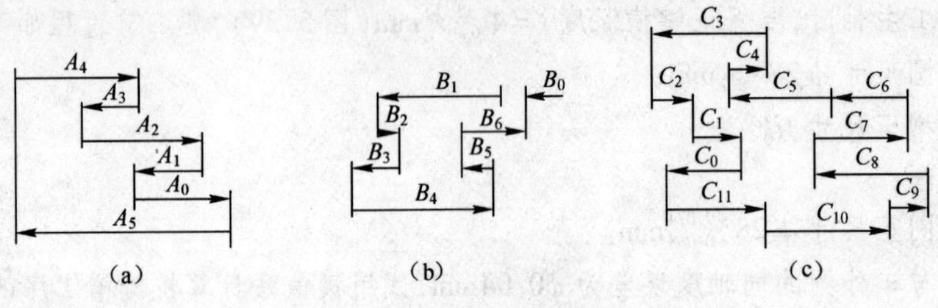

图5.41　习题5.23图

第六章　机床夹具设计原理

本 章 提 要

机床夹具是机械加工工艺系统的一个重要组成部分。为保证工件某工序的加工要求,必须使工件在机床上相对刀具的切削或成形运动处于准确的相对位置。当用夹具装夹加工一批工件时,是通过夹具来实现这一要求的。而要实现这一要求,又必须满足三个条件: ①一批工件在夹具中占有正确的加工位置; ②夹具装夹在机床上的准确位置;③刀具相对夹具的准确位置。这里涉及了三层关系:零件相对夹具、夹具相对于机床、零件相时于机床。工件的最终精度是由零件相对于机床获得的。所以"定位"也涉及到三层关系:工件在夹具上的定位、夹具相对于机床的定位,而工件相对于机床的定位是间接通过夹具来保证的。本章主要讨论工件在夹具上的定位原理。

工件定位以后必须通过一定的装置产生夹紧力把工件固定,使工件保持在准确定位的位置上,否则,在加工过程中因受切削力、惯性力等力的作用而发生位置变化或引起振动,破坏了原来的准确定位,无法保证加工要求。这种产生夹紧力的装置便是夹紧装置。夹紧装置的设计与计算也是本章所讨论的主题。本章内容主要包括:工件定位基本原理;基本定位元件对工件的定位;定位误差的分析与计算;夹紧力及夹紧装置设计的一般原则;常用的夹紧机构。

6.1　机床夹具概述

机床夹具是机械制造中一项重要的工艺装备。工件在机床上加工时,为保证加工精度和提高生产率,必须使工件在机床上相对刀具占有正确的位置,这个过程称为定位。为了克服切削过程中工件受外力(切削力,惯性力,重力等)的作用而破坏定位,还必须对工件施加夹紧力,这个过程称为夹紧。定位和夹紧两个过程的综合称为装夹,完成工件装夹的工艺装备称为机床夹具。

6.1.1　机床夹具的分类

机床夹具按通用化程度可分为两大类。

第一类机床夹具是由机床附件厂或专门的工具制造厂制造的,如三爪卡盘、四爪卡盘、顶尖、平口钳、分度头等。对它们只需要稍加调整或更换少量零件就可以用于装夹不同的工件,因为它们具有通用性,所以称为通用夹具。为了适应不同工件的需要,通用夹具的结构要复杂些。它可以用于大批量流水生产,也可以用于单件小批生产,是使用最广泛的一类夹具。

第二类夹具是为某工件的某工序专门设计和制造的夹具;或在小批生产及新产品试制时可由一套预先制造好的标准元件,根据被加工工件的需要组装成的组合夹具;或用在多品种小批量生产上,夹具零件可以更换的通用调整夹具或成组专用夹具。以上夹具均具有专用性,所以称为专用夹具。

专门为某工件的某工序设计和制造的专用夹具,因为目的明确,因而它的结构要比同样性能的通用夹具简单、紧凑、操作迅速方便,通常由使用厂自行设计和制造,因此设计和制造的周期较长,又因制造批量极少,所以有时成本较高。当产品变更时,往往又因无法使用而报废,因此这类专用夹具适用于产品固定的成批或大量流水生产中。

本章的内容主要是介绍这类专用夹具的设计原理。

6.1.2 夹具的作用和组成

可以通过下述两个专用夹具的实例来说明。

图 6.1 为钻床夹具,用于钻、铰套筒工件上那 ϕ6H7 孔,并保证轴向尺寸 37.5 ±0.02。工件以内孔和端面在定位销 6 上定位,旋紧螺母 5,通过开口垫圈 4 可将工件夹紧,然后由装在钻模板 3 上的快换钻套或铰套 1 引导钻头或铰刀进行钻孔或铰孔。

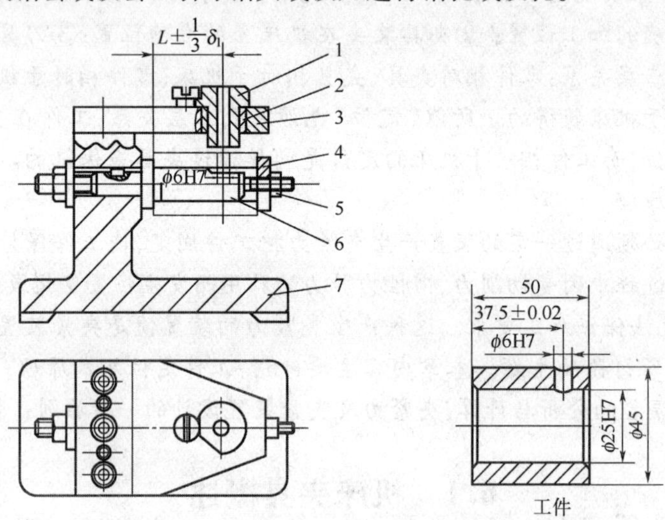

图 6.1 钻床夹具

1—快换钻套; 2—导向套; 3—钻模板; 4—开口垫圈; 5—螺母; 6—定位销; 7—夹具体。

图 6.2 所示为加工壳体侧面棱边所用的铣床夹具。工件以端面、大孔和小孔作定位基面,定位件为支承板 2 和装夹在其上的大圆销 3 和菱形销 4。夹紧装置是采用螺旋压板的联动夹紧机构。操作时,只需拧动螺母 6,就可使左右两个压板同时夹紧工件。夹具上还设有对刀块 10,用来确定铣刀的位置。两个定向键 11 用来确定夹具体在机床工作台上的位置。

6.1.2.1 夹具的作用

1) 可以缩短辅助时间,提高劳动生产率

通过上述两个例子可以看出,由于采用了专门的元件(如定位销、定位平面等)使工件能迅速地装夹在夹具中,而夹具则通过定位键、对刀块、导向套等专门装置也能很快地装夹在机床上并调整好位置。此外还可以采用多件、多位、快速、增力、机动等夹紧装置。

2) 易于保证加工精度的稳定

由于夹具在机床上的装夹位置及工件在夹具中的装夹位置均已确定,对加工一批工件来说是固定不变的,因此在加工过程中工件和刀具始终能保持正确的相对工作位置,为稳定地保证加工精度创造了条件。

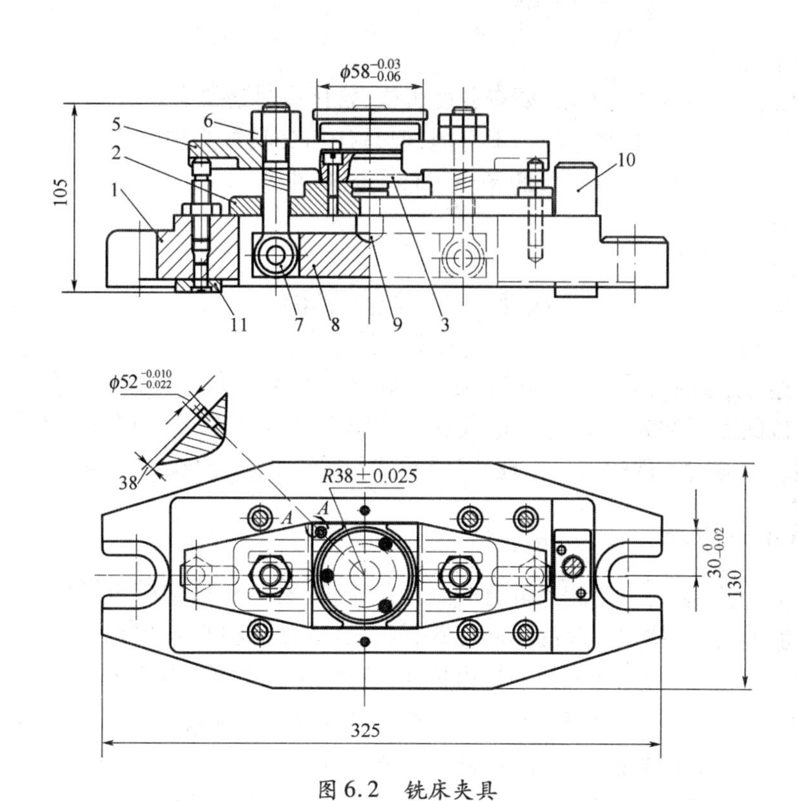

图 6.2　铣床夹具

1—夹具体；2—支承板；3—大圆销；4—菱形销；5—压板；6—夹紧螺母；7—销轴；
8—摆块；9—支柱；10—对刀块；11—定向键。

3）可扩大机床的使用范围

采用专门夹具可代替某种机床的作用，如无靠模铣床，可采用专门夹具在普通铣床上铣削成形表面，因而扩大了普通铣床的使用范围。

4）可以减轻劳动强度，保证安全生产

采用夹具后可以降低对工人技术水平的要求，使工人操作方便、生产安全和减轻体力劳动（如采用机动夹紧等）。

6.1.2.2　夹具的组成

通过上述两个例子可以看出，夹具要起到应有的作用，一般来说应由以下几部分组成：

1）定位元件

它与工件的定位基准相接触，用于确定工件在夹具中的正确位置。如图 6.1 中的定位销 6；图 6.2 中的支承板 2 和安装在其上的大圆销 3 和菱形销 4。

2）夹紧装置

这是用于夹紧工件的装置，在切削时使工件在夹具中保持既定位置。如图 6.1 中的螺母 5、开口垫圈 4；图 6.2 中的压板 5、螺母 6 和销轴 7。

3）对刀元件

这种元件用于确定夹具与刀具的相对位置，如图 6.1 中的钻套 1。

4）夹具体

这是用于连接夹具各元件及装置，使其成为一个整体的基础件。它与机床相结合，使夹具相对机床具有确定的位置。

5）其他元件及装置

有些夹具根据工件的加工要求，要有分度机构，铣床夹具还要有定位键等。以上这些组成部分，并不是对每种机床夹具都是缺一不可的，但是任何夹具都必须有定位元件和夹紧装置，它们是保证工件加工精度的关键，目的是使工件“定准、夹牢”。下面就工件的定位和夹紧问题进行重点分析和讨论。

6.2　工件的定位

如上节所述，定位的目的是使工件在夹具中相对于机床、刀具都有一个确定的正确位置。工件上用来定位的表面称为定位基准面，而在工序图上，用来规定本工序加工表面位置的基准称为工序基准。下面就工件的定位原理、定位元件和定位误差等问题分别加以叙述。

6.2.1　六点定位原理

一个自由的物体，它对三个相互垂直的坐标系来说，有六种活动的可能性，其中三种是移动，三种是转动。自由物体在空间的不同位置，就是这六种活动的综合结果。习惯上把这种活动的可能性称为自由度，因此空间任一自由物体共有六个自由度。如图6.3所示，这六个自由度为沿 x、y、z 轴移动的三个自由度，以 $\vec{x}$、$\vec{y}$、$\vec{z}$ 表示；绕 x、y、z 三轴转动的三个自由度以 $\widehat{x}$、$\widehat{y}$、$\widehat{z}$ 表示。若使物体在某方向有确定的位置，就必须限制在该方向的自由度，所以要使工件在空间处于相对固定不变的位置，就必须对六个自由度加以限制。限制的方法用相当于六个支承点的定位元件与工件的定位基准面接触，如图6.4所示。在底面 xOy 内的三个支承点限制了 $\widehat{x}$、$\widehat{y}$、$\vec{z}$ 三个自由度；在侧面 yOz 内的两个支承点限制了 $\vec{x}$、$\widehat{z}$ 两个自由度；在端面 xOz 内的一个支承点限制了 $\vec{y}$ 一个自由度。这种用正确分布的六个支承点来限制工件的六个自由度，使工件在夹具中得到正确位置的规律，称为六点定位原理。

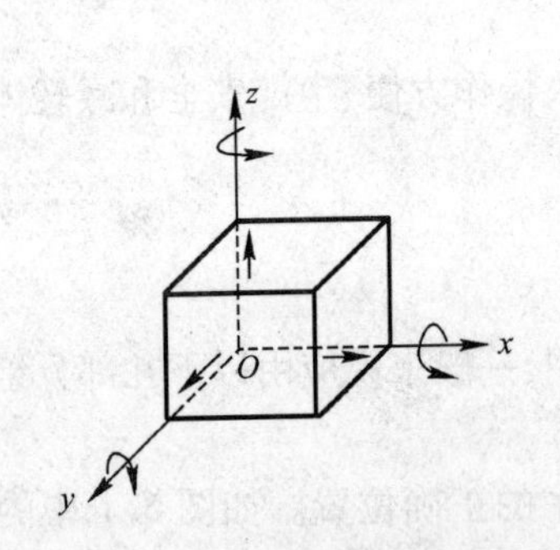

图6.3　物体的六个自由度

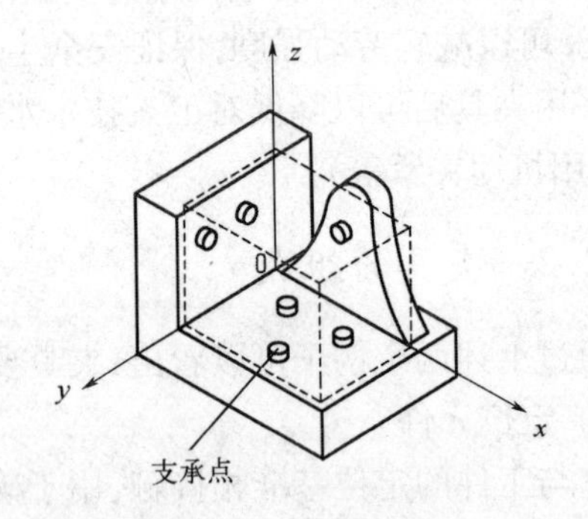

图6.4　工件的六点定位

工件在加工中是否对六个自由度都要加以限制呢？这要根据被加工工件的加工要求来确定。如图6.5所示，图6.5(a)是在工件上加工不通槽。槽宽由刀具直径保证，但是要保证尺寸 A，就需要限制 $\widehat{x}$、$\widehat{y}$、$\vec{z}$；要保证尺寸 B，需要限制 $\widehat{z}$、$\vec{x}$；要保证尺寸 C，需要限制 $\vec{y}$，所以六个自由度都要限制。这种定位方法，称为完全定位。图6.5(b)是在工件上加工通槽，不需要保证 C，所以也不必限制 $\vec{y}$，只需要限制其他五个自由度就可以了。图6.5(c)是在工件上加工平面，不需要保证尺寸 B、C，所以也不必限制 $\vec{y}$ 只需要限制其他三个自由度就可以了。这种没有完全限制六个自由度而仍然保证有关工序尺寸的定位方法，称为不完全定位。

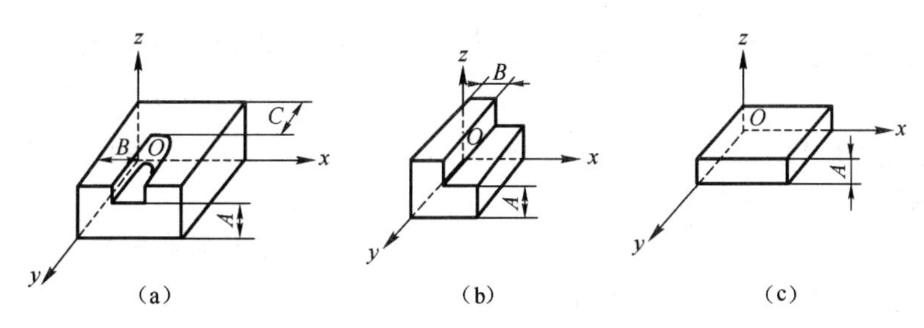

图 6.5　不同加工要求的工件简图

如果两种定位元件均能限制工件的同一个方向自由度时，称为过定位。对于过定位的工件，施加夹紧力后，可能产生工件变形或定位元件被损坏、定位精度降低等不良后果。图 6.6(a)是轴承端盖的定位简图。长 V 形块限制 $\vec{z}$、$\vec{x}$、$\widehat{x}$、$\widehat{z}$，两个支承钉 A、B 的组合可限制 $\vec{z}$、$\widehat{y}$，因此 $\vec{z}$ 属于过定位。若工件的定位基准有尺寸变化(ϕD 及 H 的尺寸变化)，工件装入夹具后，则不能同时与上述定位元件完全接触，这样会造成定位不稳定，加夹紧力后工件产生变形，降低了定位精度。

避免产生这种不良后果的方法有：

(1) 消除过定位现象，改变过定位件的结构，使它失去过定位的能力。如两个支承钉去掉一个，只剩一个支承钉用来限制 $\widehat{y}$；或把两个支承钉联成一体并可在上下导向槽中移动，这样就失去了限制 $\vec{z}$ 的能力，而只由 V 形块来限制，如图 6.6(b)所示。

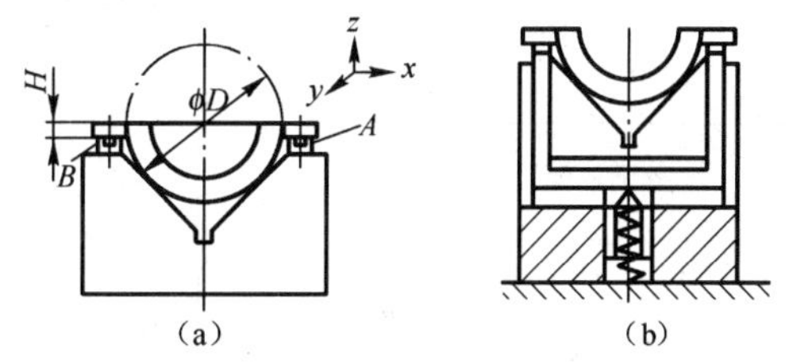

图 6.6　轴承端盖的过定位及其消除

(2) 当确定定位元件尺寸时，应使过定位元件(支承钉)与工件定位基准之间有足够间隙，以保证在任何情况下，工件总与 V 形块两侧面接触，以限制 $\vec{z}$。又如图 6.7(a)是衬套的定位简图。定位元件是心轴，它能限制工件 $\vec{y}$、$\widehat{y}$、$\vec{z}$、$\widehat{z}$，而心轴的端面又能限制 $\vec{x}$、$\widehat{z}$、$\widehat{y}$，所以 $\widehat{y}$、$\widehat{z}$ 为过定位。由于工件孔中心线与端面的垂直度误差，使得工件端面与心轴端面不完全接触，当夹紧力朝向心轴端面时，则产生弯曲力矩，这将造成心轴的变形，影响加工精度。

避免产生这种不良后果的方法有：

(1) 消除过定位现象。将心轴端面的结构，改变为球面垫圈的形式，如图 6.7(b)所示，或将心轴的端面改小，即减小与工件端面接触面积，如图 6.7(c)所示，使它只起限制 $\vec{x}$ 的作用。

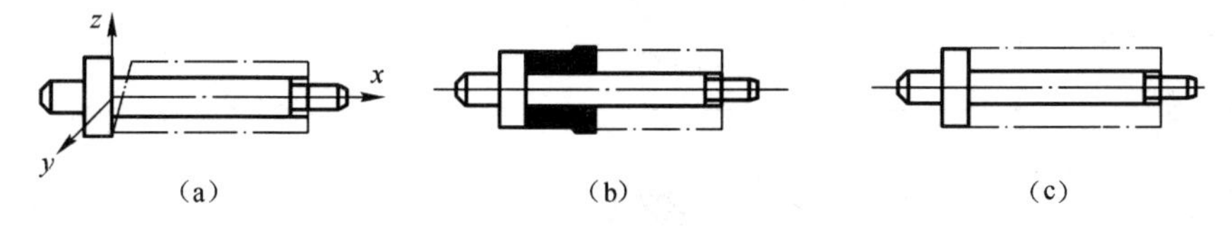

图 6.7　衬套的过定位及消除

(2) 加大心轴与孔的配合间隙到足够的程度。但是这种办法改变了原来的定位方式，从以内孔为主要定位面变为以端面为主要定位面了，所以影响了定位精度。

(3) 提高基准面间的位置精度，即提高工件孔中心线与端面的垂直度，使工件的弯曲变形限制在允许的范围内。

如果过定位所发生的不良后果，超出了加工精度允许范围，或破坏了定位元件，则必须采取措施予以消除。

若定位支承点少于所应消除的自由度数，则工件定位不足，称为欠定位。这种定位方法不能满足加工要求，因此是不允许的。

各种定位元件所限制的自由度数，与定位元件的形式、数量及其布置情况有关。表6.1列举了各种定位元件所能限制的自由度数。

表6.1　各种定位元件限制的自由度数

工件定位基准面	定位元件	定位方式简图	定位元件特点	限制的自由度
平面 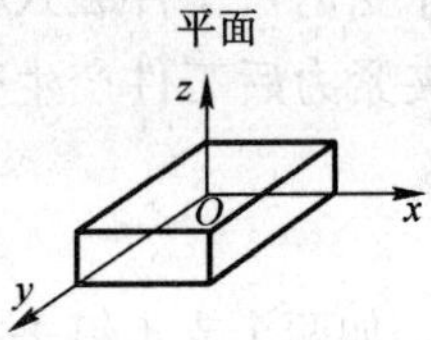	支承钉	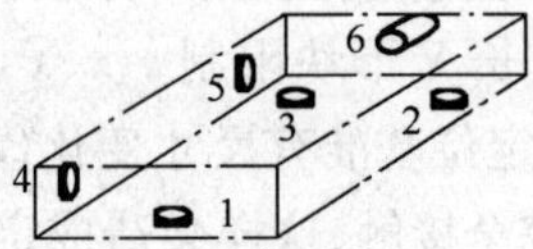		1、2、3—$\vec{z}$、$\widehat{x}$、$\widehat{y}$ 4、5—$\vec{x}$、$\widehat{z}$ 6—$\vec{y}$
	支承板	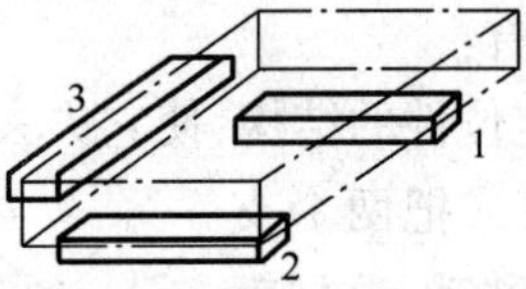	每个支承板也可设计成两个或两个以上小支承板	1、2—$\vec{z}$、$\widehat{x}$、$\widehat{y}$ 3—$\vec{x}$、$\widehat{z}$
外圆柱面 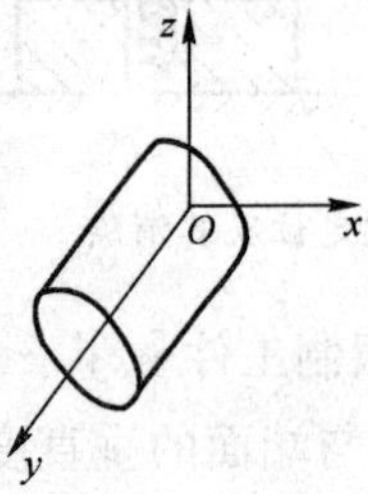	支承板或支承钉	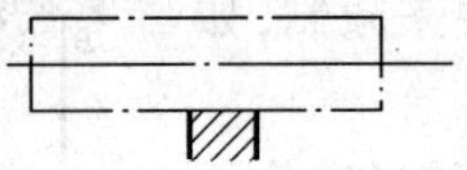	短支承板或支承钉	$\vec{z}$
		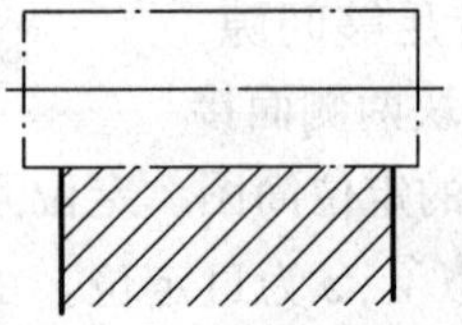	长支承板或两个支承钉	$\vec{z}$、$\widehat{y}$
平　面	固定支承与浮动支承	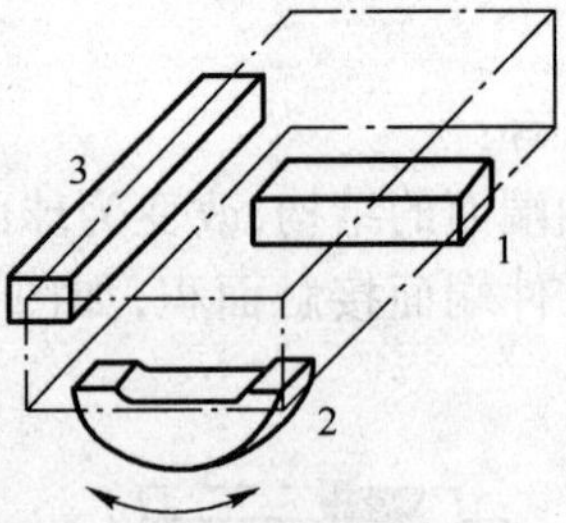	1、3—固定支承； 2—浮动支承	1、2—$\vec{z}$、$\widehat{x}$、$\widehat{y}$ 3—$\vec{x}$、$\widehat{z}$
	固定支承与辅助支承	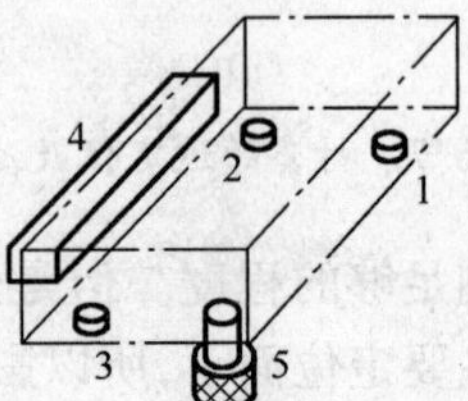	1、2、3、4—固定支承； 5—辅助支承	1、2、3—$\vec{z}$、$\widehat{x}$、$\widehat{y}$ 4—$\vec{x}$、$\vec{z}$ 5—增强刚性不限制自由度

（续）

工件定位基准面	定位元件	定位方式简图	定位元件特点	限制的自由度
外圆柱面 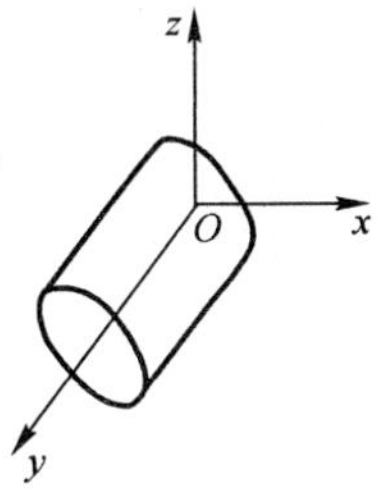	V 形架	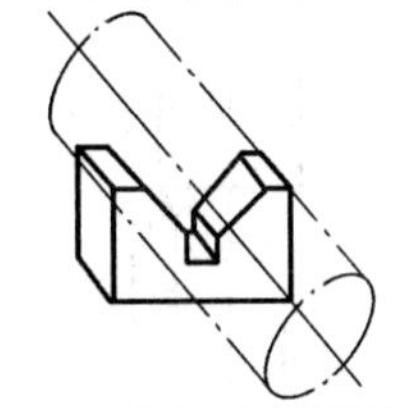	窄 V 形架	$\vec{x}$、$\vec{z}$
		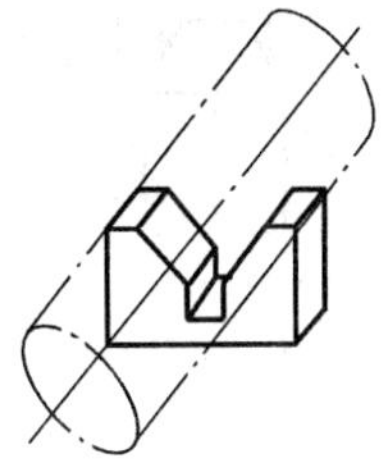	垂直运动的窄活动 V 形架	$\vec{x}$
		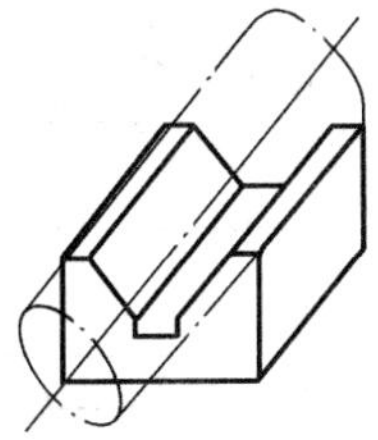	宽 V 形块或两个窄 V 形架	$\vec{x}$、$\vec{z}$ $\overset{\frown}{x}$、$\overset{\frown}{z}$
	定位套	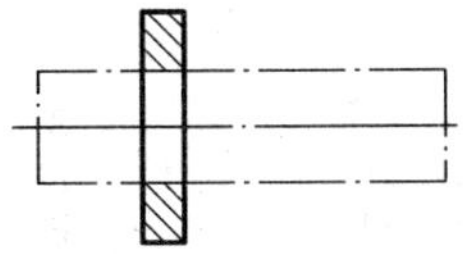	短套	$\vec{x}$、$\vec{z}$
		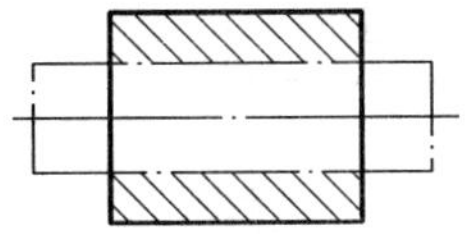	长套	$\vec{x}$、$\vec{z}$ $\overset{\frown}{x}$、$\overset{\frown}{z}$
圆孔 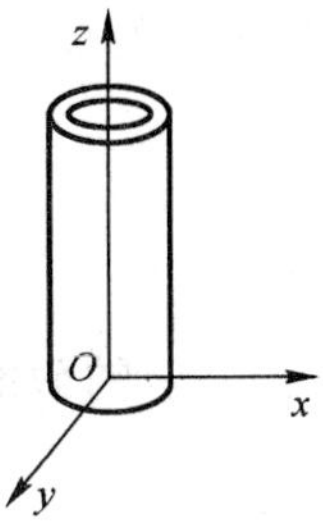	定位销（心轴）	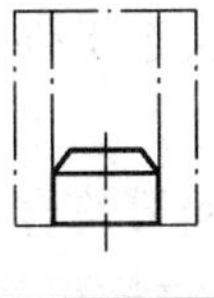	短销（短心轴）	$\vec{x}$、$\vec{y}$
		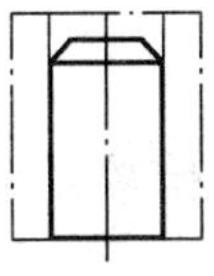	长销（长心轴）	$\vec{x}$、$\vec{y}$ $\overset{\frown}{x}$、$\overset{\frown}{y}$
	锥销	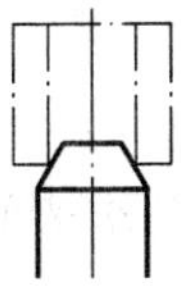	单锥销	$\vec{x}$、$\vec{y}$、$\vec{z}$

（续）

工件定位基准面	定位元件	定位方式简图	定位元件特点	限制的自由度
	锥销	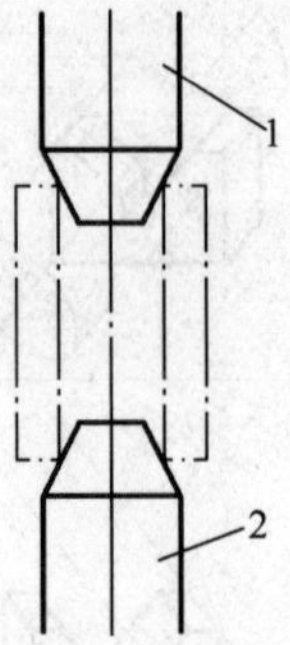	1—固定销 2—活动销	$\vec{x}$、$\vec{y}$、$\vec{z}$ $\widehat{x}$、$\widehat{y}$
外圆柱面 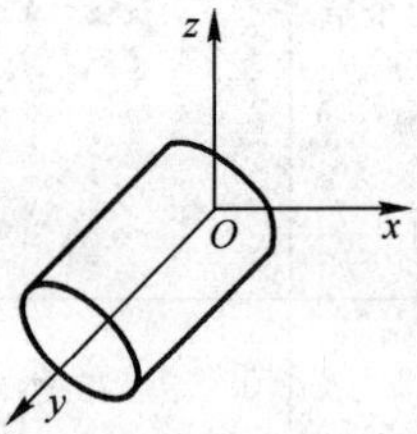	半圆孔	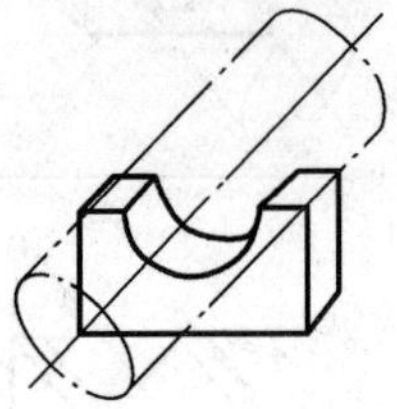	短半圆孔	$\vec{x}$、$\vec{z}$
			长半圆孔	$\vec{x}$、$\vec{z}$ $\widehat{x}$、$\widehat{z}$
	锥套	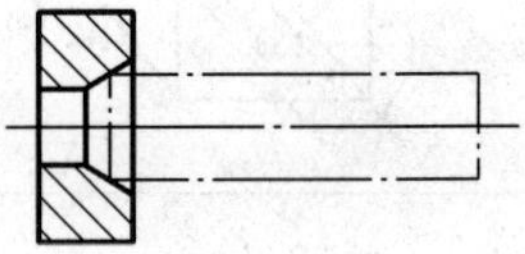	单锥套	$\vec{x}$、$\vec{y}$、$\vec{z}$
		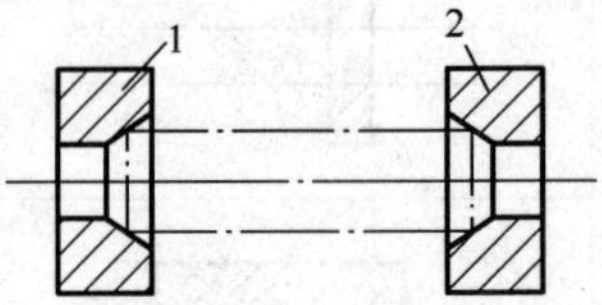	1—固定锥套； 2—活动锥套	$\vec{x}$、$\vec{y}$、$\vec{z}$ $\widehat{x}$、$\widehat{z}$

6.2.2 定位元件

夹具定位元件的结构和尺寸，主要取决于工件上已被选定的定位基准面的结构形状、大小及工件的重量等。

关于定位元件在夹具中的布置，一方面要符合六点定位原理，另一方面为保证工件定位的稳定性，要使支承点之间的距离尽量取大，这样可使工件的重力和切削力的作用点都落在支承点连线所组成的平面内。

6.2.2.1 定位元件的主要技术要求和常用材料

技术要求中首先是要具有足够的定位精度、较低的粗糙度值，其次是要有一定的耐磨性、硬度和刚度。

常用的材料主要有两类：

(1) 低碳钢。如 20 钢或 20Cr 钢，工作表面经渗碳淬火，深度 0.8 ~ 1.2mm，硬度 55 ~ 65HRC。

（2）高碳钢。如 T7、TS、T10 等，淬硬至 55 ~ 65HRC。

6.2.2.2 固定式定位元件

1）支承钉

多用于以平面作定位基准时的定位元件。图 6.8 是几种常用的支承钉，其结构和尺寸已标准化。图 6.8(a)是平顶支承钉，适用于已经过粗加工或精加工表面的定位；图 6.8(b)是圆顶的支承钉，适用于毛坯面的定位，它可使工件与支承钉的接触面积减小，以减小装夹误差，但支承钉容易磨损和压伤工件基准面；图 6.8(c)是花纹顶面支承钉，用于工件的侧面定位，由于花纹的作用，增大了摩擦系数，可减小夹紧力，但清除切屑不方便，所以不用在水平面定位；图 6.8(d)是带衬套的支承钉，用于批量大、磨损快、需要经常修理的场合，因为它便于拆卸和更换。

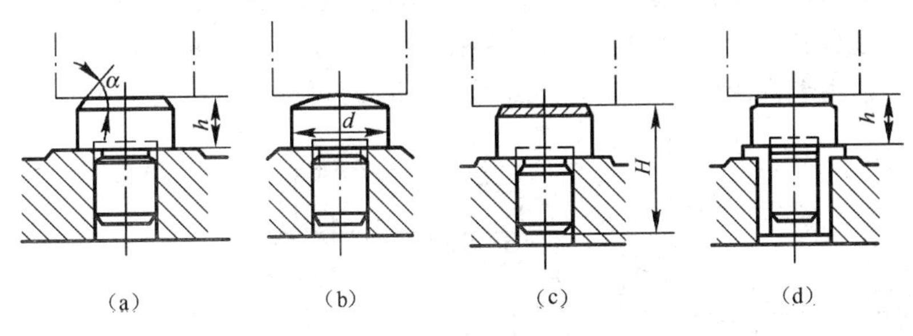

图 6.8 几种常用的支承钉

支承钉与夹具体的配合可用 H7/r6 或 H7/n6。

2）支承板

一般用作精基准面较大时的定位元件。图 6.9 是常用的三种支承板，其结构也已经标准化了。支承板通过螺钉固定到夹具体上。图 6.9(a)是平板式支承板，它结构简单、紧凑，但不易清除落入沉头螺钉孔内的碎屑；图 6.9(b)是台阶式支承板，装夹螺钉的平面低于支承面 3 ~ 5mm，克服了不易清屑的缺点，但结构不紧凑；图 6.9(c)是斜槽式支承板，在支承面上开两个斜槽为固定螺钉用，使清屑容易又结构紧凑。

不论采用支承钉或支承板作为定位元件，装入夹具体后，为使各支承面在一个水平面内，应再修磨一次。

3）定位销

对于既用平面又用与平面相垂直的圆柱孔定位的工件，通常用定位销作定位元件。图 6.10是几种常用的圆柱型定位销。图 6.10(a)、(c)是固定式定位销，结构简单，采用 H7/r6 与夹具体直接配合；图 6.10(b)、(d)是带衬套的可换式定位销，用于大批量生产。因为工件装卸次数频繁，定位销容易磨损，采用这种结构便于更换，衬套外径与夹具体配合采用 H7/n6，而内径与定位销的配合采用 H7/h6 或 H7/g6；图 6.10(e)是用可换的支承垫圈代替销子的凸肩，用于凸肩端面容易磨损的场合，而且还可以在销子未装入之前，将垫圈支承面与其他支承面磨成同一平面。

所有定位销的定位端头部均做成 15°的长倒角，以便于工件套入，定位销与定位孔的配合采用 K7/g6 或 H7/f7。

在加工套筒、空心轴等工件时，也经常用到锥形定位销，如图 6.11 所示，图 6.11(a)用于粗基准，图 6.11(b)用于精基准。

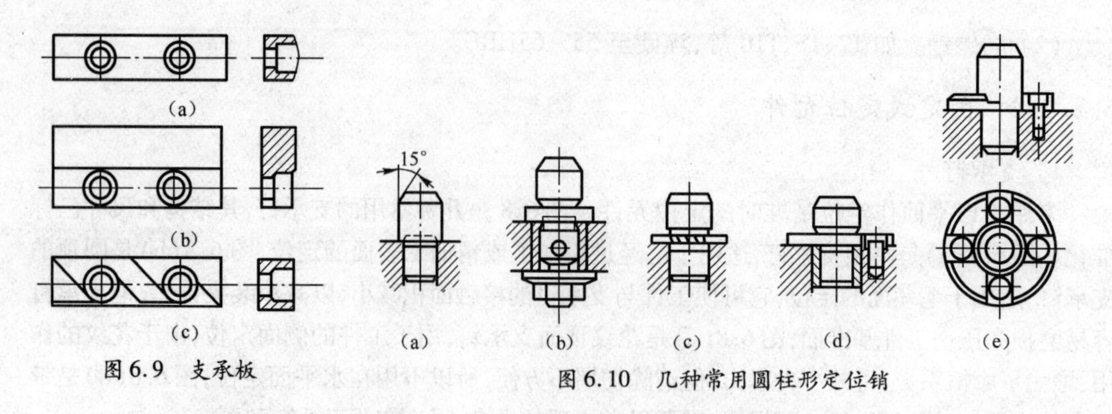

图 6.9　支承板　　图 6.10　几种常用圆柱形定位销

在加工箱体工件时,往往采用一平面及与该平面垂直的两孔为定位基准,而相对的定位元件为一平面、一短圆柱销及一短的削角销,如图 6.12 所示。削角销的截面形状如图 6.13 所示,图 6.13(a)常用于直径小于 50mm 的孔,图 6.13(b)可用于直径大于 50mm 的孔。

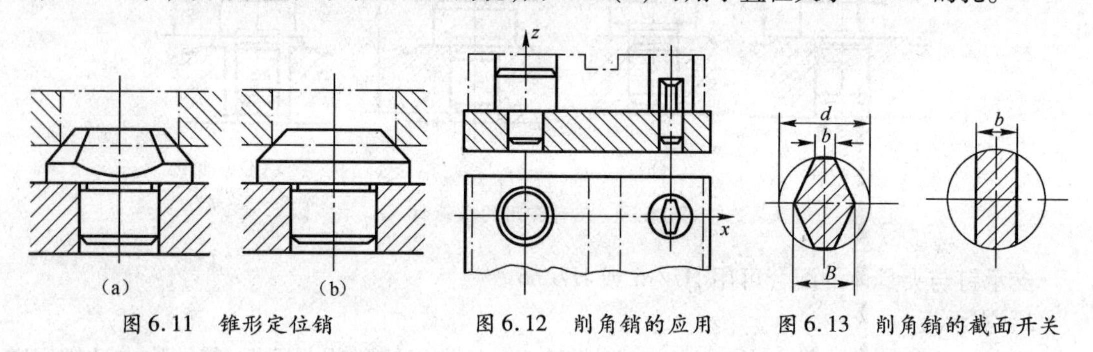

图 6.11　锥形定位销　　图 6.12　削角销的应用　　图 6.13　削角销的截面开关

4)定位心轴

用于以内孔表面为定位基准的工件,如套筒、盘类等。心轴的结构如图 6.14,其中图 6.14(a)是圆柱心轴,图 6.14(b)是花键心轴。这两种心轴与孔的配合常采用 H7/h6 或 H7/g6。图 6.14(c)为锥形心轴,其锥度一般为 1/1500 ~ 1/2000,使用时将工件轻轻压入,依靠锥面使工件对中和胀紧,此种心轴一般用于磨削或精车。

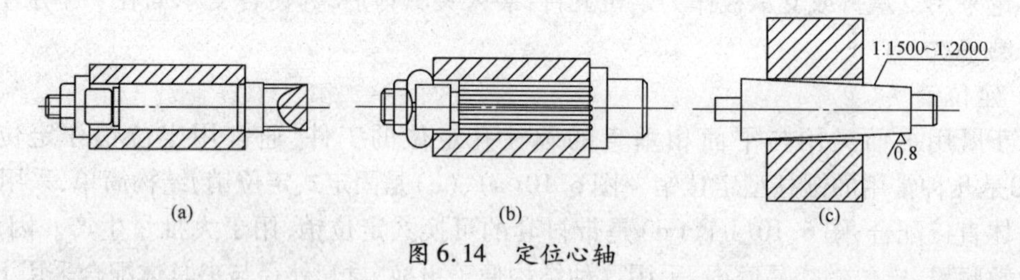

图 6.14　定位心轴

5)V 形块

用于以外圆表面为定位基准的工件,其典型结构如图 6.15 所示。这种定位元件用销子及螺钉紧固在夹具体上,工具的外圆中心对中于两斜面的对称轴线上。两斜面的夹角 α 一般选用 60°、90°和 120°。当基准面较大时可选用图 6.16 的结构,其中图 6.16(b)用于粗基准;图 6.16(a)、(c)用于精基准。

6.2.2.3　可调式定位元件

主要用于粗基准定位。当毛坯的尺寸及形状变化较大时,为了适应各批毛坯表面位置的变化,需采用可调支承进行定位。这种定位元件如图 6.17 所示,可根据毛坯情况调整支承钉 1 ,调整后用螺母 2 锁紧。

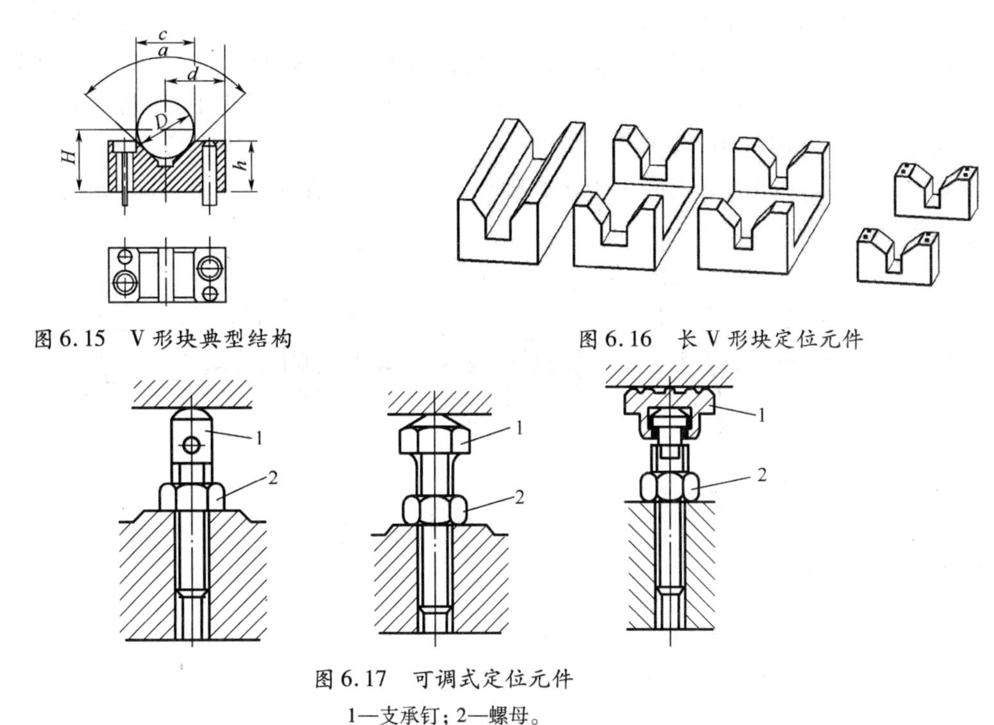

图 6.15　V 形块典型结构

图 6.16　长 V 形块定位元件

图 6.17　可调式定位元件

1—支承钉; 2—螺母。

6.2.2.4　辅助式支承元件

工件在装夹加工时,为了增加工件的刚性和稳定性,但又要避免过定位,此时经常采用辅助支承,图 6.18 为常见的几种辅助支承。图 6.18(a)、(b)为旋出式辅助支承,图 6.18(a)结构最简单,但在调节时,转动支承 5 会损伤工件定位表面,甚至带动工件转动而破坏定位;图 6.18(b)中支承 5 只能做上下运动,因而避免了上述缺点。图 6.18(c)是弹力式辅助支承,靠弹簧的弹力使支承 5 与工件表面接触,工件装夹后,转动手柄 1,将支承 5 锁紧,为防止锁紧时顶起工件,α 角不应太大,一般取 7° ~ 10°。图 6.18(d)是推力式辅助支承,推动手轮 1,使楔块 2 顶起支承 5 与工件表面接触,再转动手轮 1,通过钢球 3 推开两半圆键 4 进行锁紧。一般辅助支承是在工件定位后才参与工作的,所以不起定位作用。

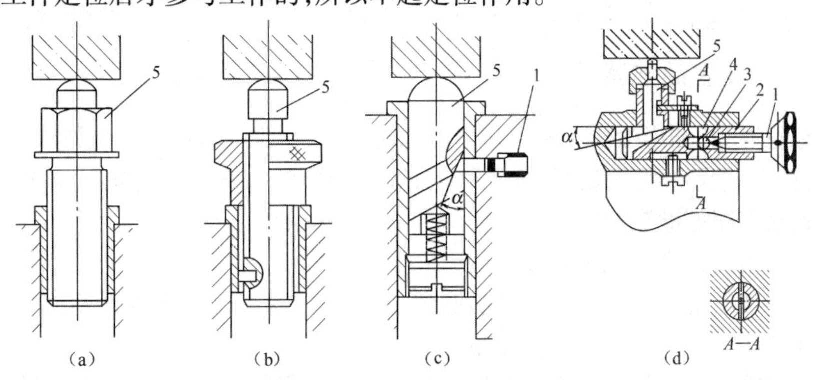

图 6.18　常见的辅助支承

1—手轮或手柄; 2—楔块; 3—钢球; 4—半圆键; 5—支承。

6.2.2.5 浮动式定位支承

由于工件定位表面有几何形状误差，或当定位表面是断续表面、阶梯表面时，采用浮动式支承可以增加与工件的接触点，既提高了刚度，又可避免过定位。这种支承在结构上是活动的，能够随工件定位基准面位置的变化而自动与之相适应，如图 6.19 所示。图 6.19(a)是两点式浮动支承；图 6.19(b)、(c)是三点式浮动支承；图 6.19(d)是杠杆式浮动支承；图 6.19(e)是斜面式浮动支承。上述各种浮动支承，只限制工件一个方向自由度，起一个支承点的作用。

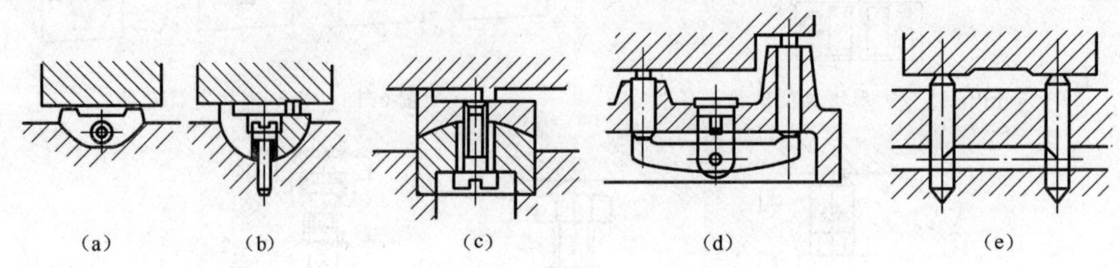

图 6.19 浮动式定位支承

6.2.3 定位误差

根据六点定位原理，可以设计和检查工件在夹具中的正确位置，但是能否满足加工精度的要求，还需要进一步讨论影响加工精度的因素，如夹具在机床上的装夹误差、工件在夹具中的定位误差和夹紧误差、机床的调整误差、工艺系统的弹性变形和热变形误差、机床和刀具的制造误差及磨损误差等都是影响加工精度的因素。为了保证加工质量，应满足如下关系式：

$$e_{总} \leqslant T \tag{6.1}$$

式中 $e_{总}$——各种因素产生误差的总和；

T——工件被加工尺寸的公差。

在这一章里我们只研究与夹具设计有关的定位方法所引起的定位误差对加工精度的影响，因此上式又可写成：

$$e_{定} + \omega \leqslant T \tag{6.2}$$

式中 $e_{定}$——定位误差；

ω—— 除定位误差以外，其他因素所引起的误差总和，可按加工经济精度查表确定。

6.2.3.1 定位误差的组成

所谓的定位误差，是指由于工件定位造成的加工面相对工序基准的位置误差。因为对一批工件来说，刀具经调整后位置是不动的，即被加工表面的位置相对于定位基准是不变的，所以定位误差就是工序基准在加工尺寸方向上的最大变动量。

定位误差的组成及产生原因有以下两个方面：

(1) 定位基准与工序基准不一致所引起的定位误差，称基准不重合误差，即工序基准相对定位基准在加工尺寸方向上的最大变动量，以 $e_{不}$ 表示。

(2) 定位基准面和定位元件本身的制造误差引起的定位误差，称为基准位置误差，即定位基准的相对位置在加工尺寸方向上的最大变动量，以 $e_{基}$ 表示。

故有

$$e_{定} = e_{不} + e_{基}$$

此公式是在加工尺寸方向上的代数和。

6.2.3.2 各种定位方法的定位误差计算

1）工件以平面定位时的定位误差

工件以平面定位时，需要三个互成一定角度的平面作为定位基准，其中限制三个自由度的平面，起主要定位作用，称为主要定位基准；限制两个自由度的平面，起次要定位作用，称为导向定位基准；限制一个自由度的平面，称为止动定位基准。

图6.20为在镗床上加工箱体的 A、B 两通孔时的定位情况（因是通孔，所以不需要止动定位基准），要保证尺寸 A_1、A_2、B_1、B_2。加工时刀具位置经调整好不再改变，因此对加工一批工件来说，被加工的 A、B 两孔表面相对夹具的位置不变。

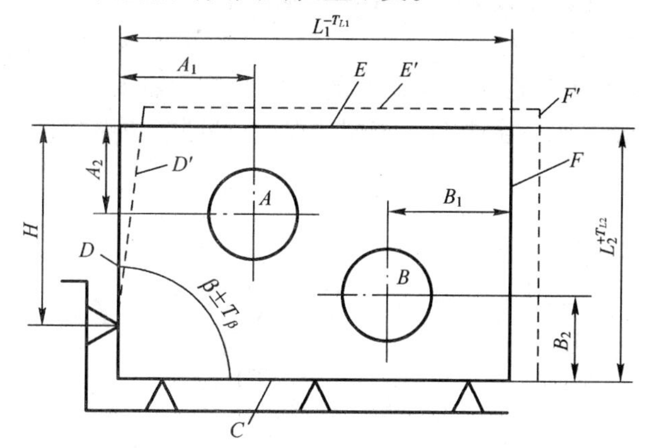

图6.20 平面定位时的定位误差

加工孔 A 时，尺寸 A_1 的工序基准和定位基准均是 D 面，基准重合，所以

$$e_{不(A_1)} = 0 \tag{6.4}$$

定位基准面 D 有角度制造误差 $\pm\dfrac{T_\beta}{2}$，根据基准位置误差的定义有

$$e_{基(A_1)} = 2H \cdot \tan T_\beta \tag{6.5}$$

所以

$$e_{定(A_1)} = e_{不(A_1)} + e_{基(A_1)} = e_{基(A_1)} = 2H \cdot \tan T_\beta \tag{6.6}$$

尺寸 A_2 的工序基准是 E 面，定位基准是 C 面，基准不重合，根据基准不重合误差的定义有

$$e_{不(A_1)} = T_{L2} \tag{6.7}$$

假定定位基准 C 面制造得平整光滑，则同批工件的定位基准位置不变，此时就有

$$e_{基(A_1)} = 0 \tag{6.8}$$

所以

$$e_{定(A_2)} = e_{不(A_2)} + e_{基(A_2)} = e_{不(A_2)} = T_{L2} \tag{6.9}$$

加工孔 B 时,尺寸 B_1 的工序基准是 F 面,定位基准是 D 面,基准不重合,根据定义有

$$e_{不(B_1)} = T_{L1} \tag{6.10}$$

$$e_{基(B_1)} = 2H \cdot \tan T_\beta \tag{6.11}$$

所以

$$e_{定(B_1)} = e_{不(B_1)} + e_{基(B_1)} = T_{L1} + 2H \cdot \tan T_\beta \tag{6.12}$$

尺寸 B_2 的工序基准和定位基准均是 C 面,基准重合,此时有

$$e_{不(B_2)} = 0 \tag{6.13}$$

$$e_{基(B_2)} = 0 \tag{6.14}$$

$$e_{定(B_2)} = e_{不(B_2)} + e_{基(B_2)} = 0 \tag{6.15}$$

工件以平面定位时,在大多数情况下,不考虑定位基准面和定位元件的制造误差。

2）工件以外圆柱定位的定位误差

这里主要分析外圆面在 V 形块上定位时的定位误差。如图 6.21 所示,在圆柱面下加工一平面。为便于研究,设 V 形块的夹角 α 无制造误差,外圆定位面的直径公差为 T_d。

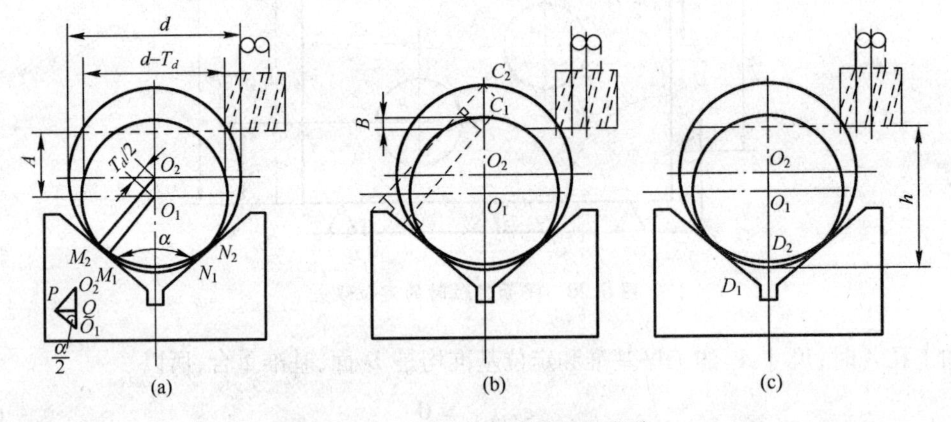

图 6.21　V 形块定位时的定位误差

图 6.21(a)中,对于加工尺寸 A,工序基准为 O_1 中心线,定位基准为 M_1、N_1 母线,因此基准不重合。当加工一批工件时,工件从最小尺寸 $d - T_d$ 变到最大尺寸 d,工序基准 O_1 变到 O_2 定位基准从 M_1,N_1 变到 M_2,N_2,工序基准 O_1 在加工尺寸方向的最大变动量,根据定义为

$$e_{定(A)} = \overline{O_1O_2} = \frac{PO_2}{\sin\dfrac{\alpha}{2}} = \frac{T_d}{2} \cdot \frac{1}{\sin\dfrac{\alpha}{2}} \tag{6.16}$$

也可以从另一方面分析:基准位置 M_1 的最大变动量为$\overline{M_1M_2} = \overline{O_1P}$,它在加工尺寸方向上为$\overline{O_1Q}$,所以有

$$e_{基(A)} = \overline{O_1Q} \tag{6.17}$$

工序基准 O_1 相对定位基准 M_1 的最大变动量为$\overline{PO_2}$,它在加工尺寸方向上为$\overline{QO_2}$,所以有

$$e_{不(A)} = \overline{QO_2} \tag{6.18}$$

结果得

$$e_{定(A)} = e_{不(A)} + e_{基(A)} = \overline{O_1Q} + \overline{QO_2} = O_1O_2 = \frac{T_d}{2} \cdot \frac{1}{\sin\frac{\alpha}{2}} \tag{6.19}$$

从结果看出，$e_{定}$ 与 V 形块夹角 α 有关，α 越大，$e_{定}$ 越小，但 α 太大时，V 形块对中性差，故常取 $\alpha=90°$ 。在下面分析过程中，虽然都用 V 形块定位并加工同样表面，但当尺寸标注方法不同时，定位误差也不同。图 6.21(b) 中以母线 C_1 为工序基准，图 6.21(c) 中以母线 D_1 为工序基准。分别计算 B、h 尺寸的定位误差如下：

根据定位误差的定义有

$$e_{定(B)} = \overline{C_1C_2} = \frac{1}{2}d + \overline{O_1O_2} - \frac{1}{2}(d - T_d) = \overline{O_1O_2} + \frac{1}{2}T_d$$

$$= \frac{T_d}{2} \cdot \frac{1}{\sin\frac{\alpha}{2}} + \frac{T_d}{2} = \frac{T_d}{2} \cdot \left[\frac{1}{\sin\frac{\alpha}{2}} + 1\right] \tag{6.20}$$

同理：

$$e_{定(A)} = \overline{D_1D_2} = \frac{1}{2}(d - T_d) + \overline{O_1O_2} - \frac{d}{2}$$

$$= \overline{O_1O_2} - \frac{1}{2}T_d = \frac{T_d}{2} \cdot \frac{1}{\sin\frac{\alpha}{2}} - \frac{T_d}{2} = \frac{T_d}{2} \cdot \left(\frac{1}{\sin\frac{\alpha}{2}} - 1\right) \tag{6.21}$$

显然 $e_{定(h)} < e_{定(A)} < e_{定(B)}$，因此图 6.21(c) 的尺寸标注方法最好。

3）工件以内孔表面定位时的定位误差

这里主要介绍工件孔与定位心轴（或销）采用间隙配合，以孔中心线为工序基准时的定位误差计算。当工件装夹到心轴上时，因工序基准是中心线，定位基准也是中心线，基准重合，则

$$e_{不} = 0 \tag{6.22}$$

因工件孔和心轴是间隙配合又都有制造误差，因而存在孔中心线的位置变化，即基准位置误差，得

$$e_{定} = e_{基} + e_{不} = e_{基} \tag{6.23}$$

假定孔尺寸为 D^{+T_D}，心轴尺寸为 d_{-T_d}，最小配合间隙为 $C_{\min}$，根据工件装夹时心轴放置的位置不同，定位误差分两种情况考虑：

（1）心轴垂直放置时，如图 6.22(a) 所示，按最大孔和最小轴求得孔中心线位置的变动量为

$$e_{定} = \overline{O_1O_2} = 2\left(\frac{T_D}{2} + \frac{T_d}{2} + \frac{C_{\min}}{2}\right) = T_D + T_d + C_{\min} = C_{\max} \tag{6.24}$$

式中 $\overline{O_1O_2}$—— 心轴垂直放置时，轴、孔中心最大偏移量。

（2）心轴水平放置时，如图 6.22(b) 所示，由于自重，工件始终靠往心轴一边下垂，此时孔中心线的变动是铅垂方向，其最大值为

$$e_{定} = \overline{OO_1} = \frac{1}{2}(T_D + T_d + C_{\min}) = \frac{1}{2}C_{\max} \tag{6.25}$$

式中 $\overline{OO_1}$—— 心轴水平放置时,轴、孔中心最大偏移量。

4) 工件以“一面两孔”定位时的定位误差

当采用一平面、两短圆柱销的定位元件时,此时平面限制 $\vec{z}$、$\widehat{x}$、$\widehat{y}$ 三个自由度,第一个定位销限制 $\vec{x}$,$\vec{y}$ 两个自由度,第二个定位销限制 $\vec{x}$、$\widehat{z}$,因此 $\vec{x}$ 过定位。又设两孔直径分别为 $D_1^{+T_{D1}}$、$D_2^{+T_{D2}}$,孔距为 $L \pm T_{L_D}$;两销直径分别为 $d_1 - T_{d1}$,$d_2 - T_{d2}$,销距为 $L \pm T_{L_d}$。由于两孔、两销的直径,两孔中心距和两销中心距都存在制造误差,故有可能使工件两孔无法套在两定位销上,如图 6.23 所示。解决的方法有三:①减小第二个销子的直径;②第二个销子采用削角销;③使第二个销子可沿 x 方向移动,但结构复杂。这三种方法解决的原则都是消除 $\vec{x}$ 过定位。下面分别介绍前两种方法。

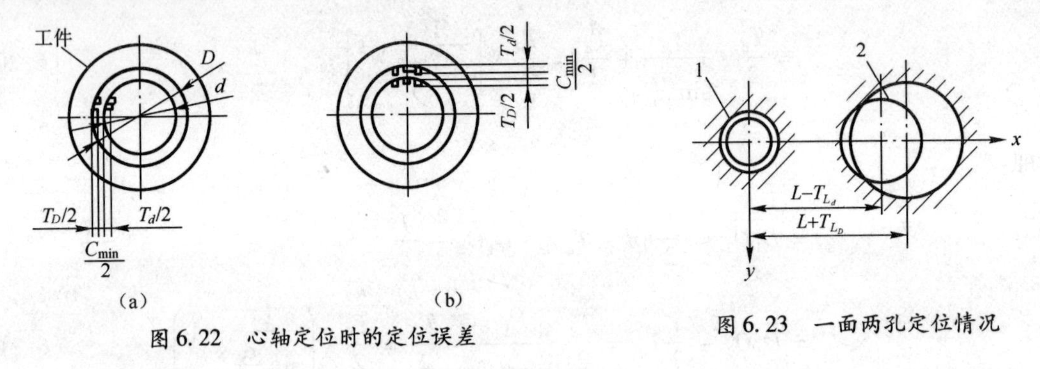

图 6.22 心轴定位时的定位误差

图 6.23 一面两孔定位情况

(1) 减小第二个销子直径后应有的直径大小可由图 6.24 求得,即销子的大小应在 AB 范围内,其最大半径为 $\overline{AO'_{2D}}$(或 $\overline{BO'_{2D}}$),最大直径为 $d'_2 = \overline{AD}$,由图得

$$\overline{AD} = D_2 - 2(T_{L_D} + T_{L_d}) \tag{6.26}$$

为便于装夹,销子与孔的侧壁应有一定的最小间隙,假设为 $C_{2\min}$,它使得销子直径减小 $C_{2\min}$,同理,第一孔与销子配合也应有一定的最小间隙为 $C_{1\min}$,并起到了补偿第二个销子减小直径的一部分数值,使第二个销子直径可加大 $C_{1\min}$,因此得:

$$d'_2 = D_2 - 2(T_{L_D} + T_{L_d}) - C_{2\min} + C_{1\min} \tag{6.27}$$

此种方法由于销子直径减小,配合间隙加大,故使工件绕销子 1 的转角误差加大。

(2) 第二个定位销采用削角销。当工件转角误差要求较严格时,采用这种方法很普遍。它不需要减小第二个销子直径,因此转角误差较小。

① 削角销宽度 b 的确定。如图 6.25 所示,只要令 $\overline{AF}$ 等于圆柱形定位销半径应减小的部分 $\overline{DE}$,则直径为 d_2 的削角销就可以起到减小后直径为 d'_2 的圆柱定位销的作用,因 $d_2 > d'_2$,故工件转角误差小。由图可知:

$$\overline{AO_2^2} - \overline{AC^2} = \overline{FO_2^2} - \overline{FC^2}$$

$$\left(\frac{D_2}{2}\right)^2 - \left(\overline{AF} + \frac{b}{2}\right)^2 = \left(\frac{d_2}{2}\right)^2 - \left(\frac{b}{2}\right)^2$$

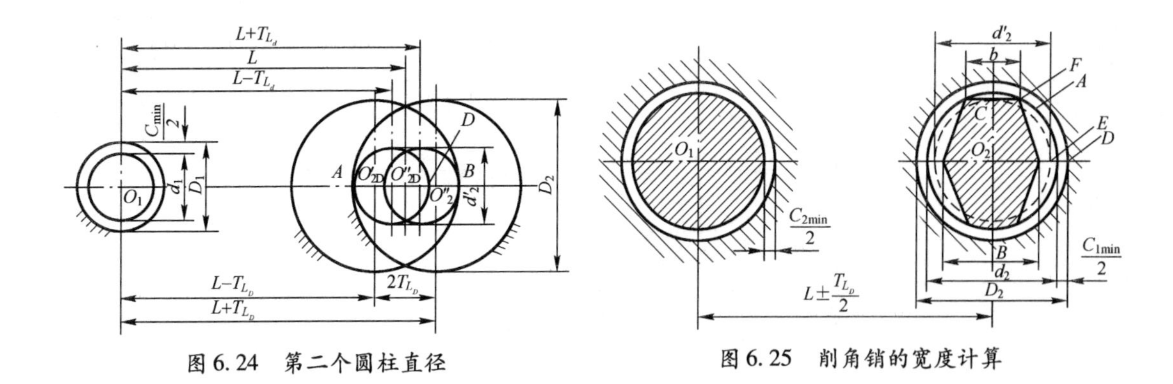

图 6.24　第二个圆柱直径　　　图 6.25　削角销的宽度计算

整理后得

$$b = \frac{D_2^2 - d_2^2 - 4\,\overline{AF}^2}{4AF} \tag{6.28}$$

又因：

$$d_2 = D_2 - C_{2\min} \tag{6.29}$$

$$\overline{AF} = \overline{DE} = T_{L_D} + T_{L_d} - \frac{C_{1\min}}{2}$$

代入式(6.28)，并忽略二次小项$\overline{AF}^2$，$C_{2\min}^2$(因数值很小)，得

$$b = \frac{D_2 \cdot C_{2\min}}{2T_{L_D} + 2T_{L_d} - C_{1\min}} \tag{6.30}$$

② 定位误差的确定。"1"孔中心线在 x、y 方向的最大位移为

$$e_{定(1x)} = e_{定(1y)} = T_{D_1} + T_{d_1} + C_{1\min} = C_{1\max} \tag{6.31}$$

"2"孔中心线在 x、y 方向的最大位移分别为

$$e_{定(2x)} = e_{定(1x)} + 2T_{L_D} \tag{6.32}$$

$$e_{定(2y)} = T_{D_2} + T_{d_2} + C_{2\min} = C_{2\max} \tag{6.33}$$

两孔中心连线对两销中心连线的最大转角误差可由图 6.26 得出：

$$e_{定(\alpha)} = 2\alpha = 2 \cdot \arctan\frac{C_{1\max} + C_{2\max}}{2L} \tag{6.34}$$

以上定位误差都属于基准位置误差，因为 $e_{不}=0$。

定位销的直径公差一般按 g6、f7 配合选取，两定位销之间的尺寸公差取两孔中心距公差的 1/5 ~ 1/3，当孔距公差大时，取小值；反之，取大值以便于制造。削角销的结构尺寸可参考表 6.2 。削角销的截面形状见图 6.26。

表 6.2　削角销的结构尺寸

销子直径 d_2/mm	4 ~ 6	6 ~ 10	10 ~ 18	18 ~ 30	30 ~ 50	50
b/mm	2	3	5	8	12	14
B/mm	d_2-1	d_2-2	d_2-4	d_2-6	d_2-10	d_2-12

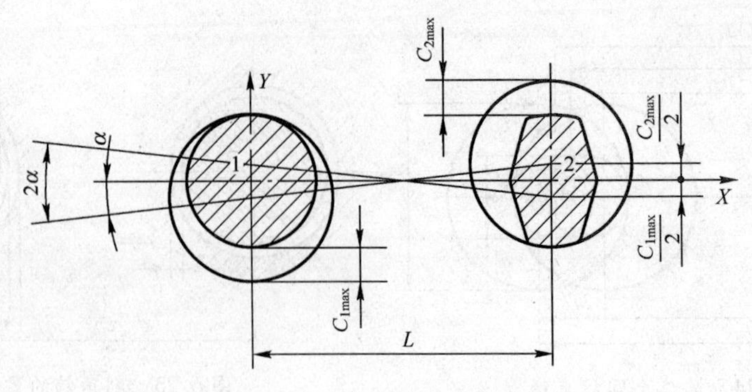

图 6.26　孔中心线的转角误差

6.2.4　定位误差计算实例

【例题 6.1】　在套筒零件上铣槽,如图 6.27(a)所示,要求保持尺寸 $10_{-0.08}$、$8_{-0.12}$,其他尺寸已在前工序完成。若采用图 6.27(b)的定位方案,孔与销子配合按 H7/g6,请问能否保持加工精度要求?否则应如何改进?按 H7/g6 的配合精度,则销子直径应为 $\phi 25^{-0.007}_{-0.020}$,因销子为水平放置,故由式(6.25)有

(1) 对于尺寸 $8^{\ 0}_{-0.12}$,$e_{基(8)} = \frac{1}{2}(T_D + T_d + C_{\min}) = \frac{1}{2}(0.021 + 0.02) \approx 0.021$

$$e_{不(8)} = \frac{1}{2}T_{d_1} = \frac{1}{2} \times 0.06 = 0.03$$

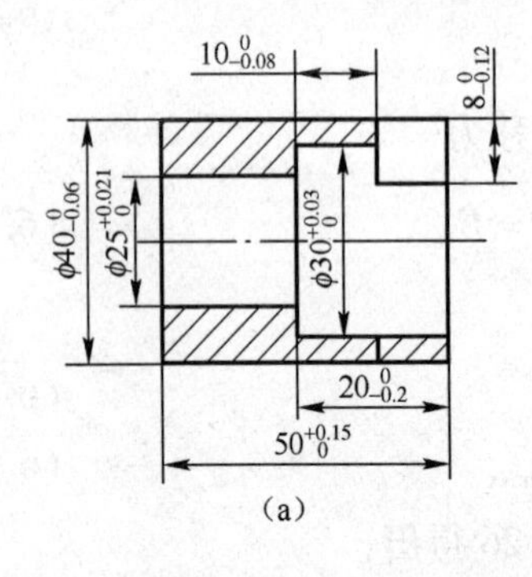

(a)

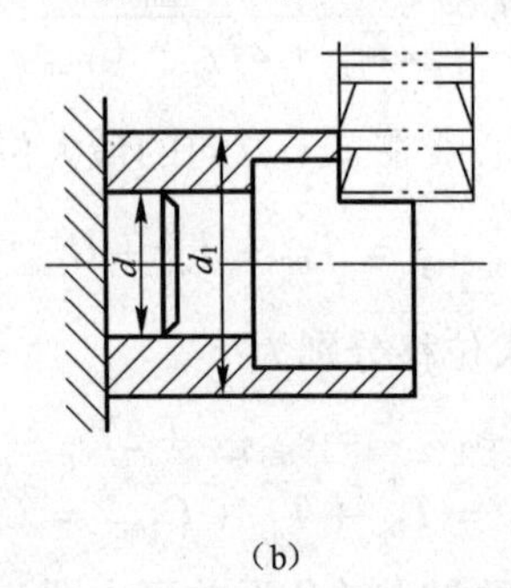

(b)

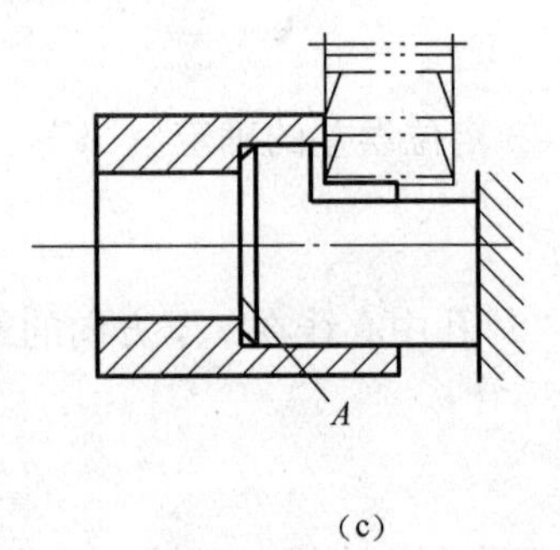

(c)

图 6.27　定位误差计算实例之一

得

$$e_{定(8)} = 0.021 + 0.03 = 0.051$$

在铣床上加工,其平均经济精度为 10 级,查表得 $\omega = 0.05$,所以

$$\omega + e_{定(8)} = 0.05 + 0.051 = 0.101 < T_{(8)} = 0.12$$

可满足尺寸 $8^{\ 0}_{-0.12}$的要求。

(2) 对于尺寸 $10^{\ 0}_{-0.08}$,又因

$$e_{基(10)} = 0$$

$$e_{不(10)} = 0.15 + 0.2 = 0.35$$

得

$$e_{定(10)} = 0.35$$

所以

$$\omega + e_{定(10)} = 0.5 + 0.35 = 0.4 > T_{(10)} = 0.08$$

不能满足尺寸 $10_{-0.08}^{0}$ 的要求。

（3）采用图 6.27(c)的改进方案，以端面 A 和右端孔为定位基准，销子与孔的配合仍然按 H7/g6，刚销子直径为 $\phi30_{-0.020}^{-0.007}$。

因

$$e_{基(8)} = \frac{1}{2}e_{\max} = 0.5 \times (0.03 + 0.02) = 0.025$$

$$e_{不(8)} = 0.03$$

得

$$e_{定(8)} = 0.025 + 0.03 = 0.055$$

所以

$$\omega + e_{定(8)} = 0.05 + 0.055 = 0.105 < T_{(8)} = 0.12$$

可满足尺寸 $8_{-0.12}^{0}$ 的要求。

又因

$$e_{定(10)} = 0$$

所以

$$\omega + e_{定(10)} = 0.05 < T_{(10)} = 0.08$$

可满足尺寸 $10_{-0.08}^{0}$ 的要求。

【例题 6.2】 如图 6.28 所示零件，在铣槽工序中，要保证 45° ±50′(其他尺寸已在前工序完成)。要求设计该工序的定位方案，并检查能否满足精度要求。

采用“一面两孔”的定位方案，此方案属于完全定位。$\phi30$ 孔用短圆销、$\phi10$ 孔用短削角销。

销子与孔的配合按 H7/g6，所以短圆柱销直径为 $\phi30_{-0.020}^{-0.007}$，短削角销圆弧部分直径为 $\phi10_{-0.014}^{-0.005}$。

削角销宽度 b 及 B 查表 6.2，得 $b=3$，$B=8$。夹具的制造公差，可取工件相应公差的 1/3 左右，即取两销中心距的制造公差为 $T_{L_d}=0.08$，夹具上 45°角的制造公差取 $T_\alpha=30'$(是定位误差的一部分)。

在铣床上加工，平均经济精度为 10 级，查表得 $\omega=4'$。

由式(6.34)及 T_α，45°角的定位误差为

$$e_{定(\alpha)} = T_\alpha + 2\arctan\frac{C_{1\max} + C_{2\max}}{2L} = 30' + 2\arctan\frac{0.041 + 0.314}{2 \times 25} = 79'$$

所以

$$\omega + e_{定(\alpha)} = 4' + 79' = 83' < 100'$$

这种定位方案可满足加工精度要求。若不能满足加工精度要求时，可采用下述方法解决：

（1）减小销子与孔的配合间隙，销子直径可选 g5 或 h6，同时要适当减小削角销的宽度 b。

（2）采用活动的锥形定位销，使孔与销子无间隙配合，如图 6.29 所示。

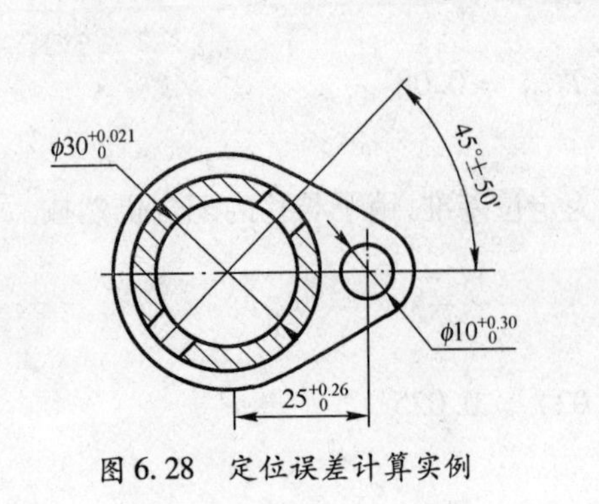

图 6.28 定位误差计算实例

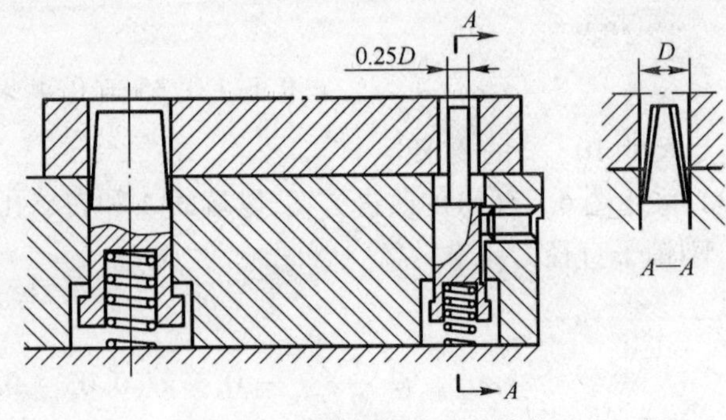

图 6.29 活动锥形定位销的应用

6.3 工件的夹紧

为了使工件加工时在切削力、惯性力、重力等外力作用下,仍然保持已定好的位置,在夹具上还须设有夹紧装置,对工件产生适当的夹紧力。

夹紧装置的设计和选择是否正确合理,将直接影响工件的加工质量和生产率。因此对夹紧装置提出以下要求:夹紧动作要准确迅速;操作方便省力;夹紧安全可靠;结构简单,易于制造。

夹紧力包括力的大小、方向和作用点,这三要素是夹紧装置设计和选择的核心问题。

6.3.1 夹紧力三要素设计原则

6.3.1.1 夹紧力的方向

夹紧力的方向与工件的装夹方式、工件受外力的方向以及工件的刚性等有关,可以从以下三方面考虑:

(1) 当工件用几个表面作为定位基准时,若工件是大型的,则为了保持工件的正确位置,朝向各定位元件都要有夹紧力;若工件尺寸较小,切削力不大,则往往只要垂直朝向主要定位面有夹紧力,保证主要定位面与定位元件有较大的接触面积,就可以使工件装夹稳定可靠。

(2) 紧力的方向应方便装夹和有利于减小夹紧力。图 6.30 为夹紧力 Q、重力 G、切削力 F 三者之间的方向组合关系。工件重力 G 的方向始终朝向地面,因此从装夹工件方便出发,以图 6.30(a)、(b) 最好,因为主要定位元件表面是水平朝上,使工件装夹稳定可靠。图 6.30(c)、(d)、(e)情况较差;图 6.30(f)情况最差,不便装夹。若从减小夹紧力出发,假定各图中 G 和 F 大小相同,则所需要的 Q 力以图 6.30(a)最小,图 6.30(b)次之,图 6.30(f)最大。由此可见,当 Q、F、G 方向相同时,所需的夹紧力最小,此时施加夹紧力的目的是防止工件在加工中的振动。

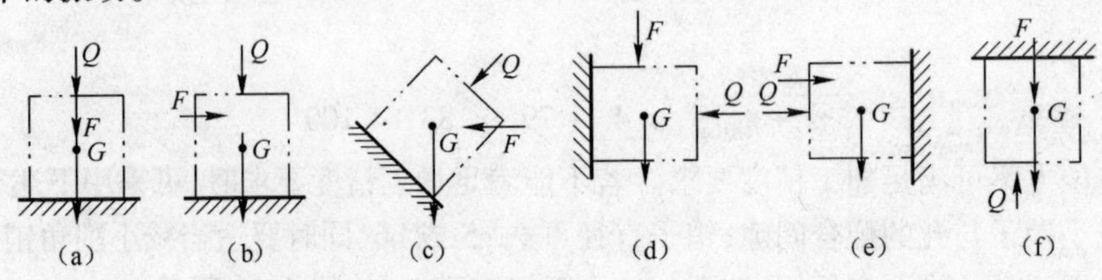

图 6.30 夹紧力、重力及切削力之间的关系

在钻削时三力方向相同的情况是经常碰到的,如图 6.31 所示。钻削所产生的轴向切削力 F 及工件重力 G 的方向,都是垂直于主要定位面,它们在工件与定位面间所产生的摩擦力可以抵消一部分钻削时产生的扭矩,因而可减少实际施加于工件的夹紧力。有时为了减少夹紧力或改变夹紧力的方向,对着切削力 F 方向放置一个只承受外力而不起定位作用的止动支承,如图 6.32 所示。止动支承受到切削力 F ,将原考虑的夹紧力方向 Q 改变为与切削力方向相同的 Q',这样一方面使夹紧力减小,另一方面还避免了夹紧力朝向主要定位元件而造成整个平面加工的困难。

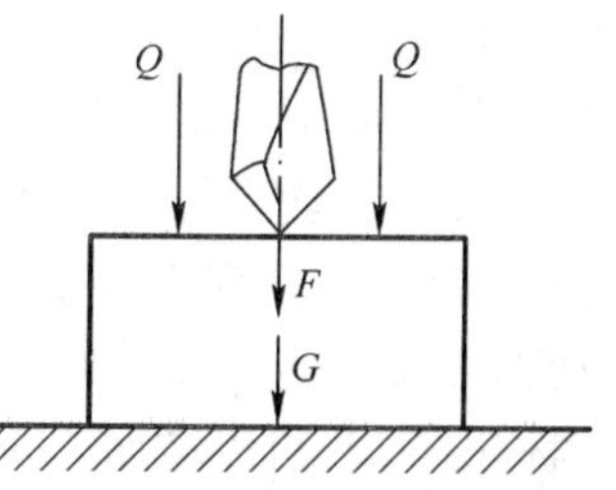

图 6.31　钻削时的三个力

(3) 夹紧力的方向应使工件夹紧后的变形小。由于工件在不同方向上刚性不同,因此对工件在不同方向上施加夹紧力时所产生的变形也不同。图 6.33(a)所示是用三爪卡盘将薄壁套筒零件用径向力夹紧,因刚性不足易引起工件变形。若改为图 6.33(b)所示用特制螺母通过轴向力夹紧工件,则工件不易变形。

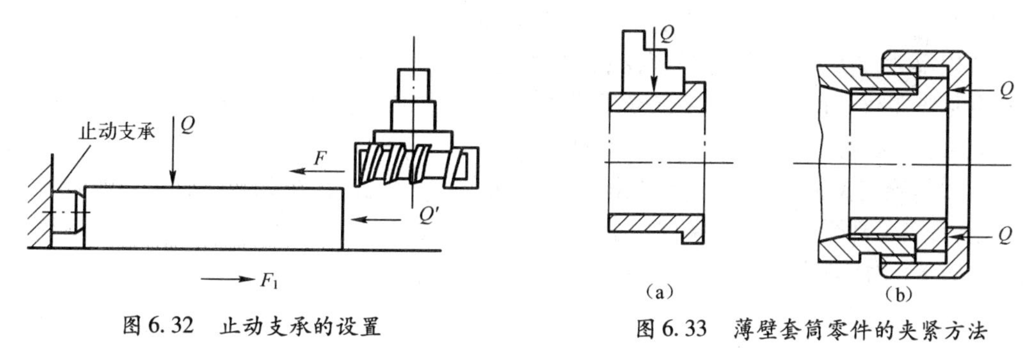

图 6.32　止动支承的设置

图 6.33　薄壁套筒零件的夹紧方法

6.3.1.2　夹紧力的作用点

当夹紧力方向确定后,夹紧力的作用点的位置和数目的选择将直接影响工件定位后的可靠性和夹紧后的变形。对作用点位置的选择和数目的确定应注意以下几个方面:

(1) 力的作用点的位置应能保持工件的正确定位而不发生位移或偏转。为此,作用点的位置应靠近支承面的几何中心,使夹紧力均匀分布在接触面上。如图 6.34(a)、(b)所示应将夹紧力 Q 改为 Q_1。

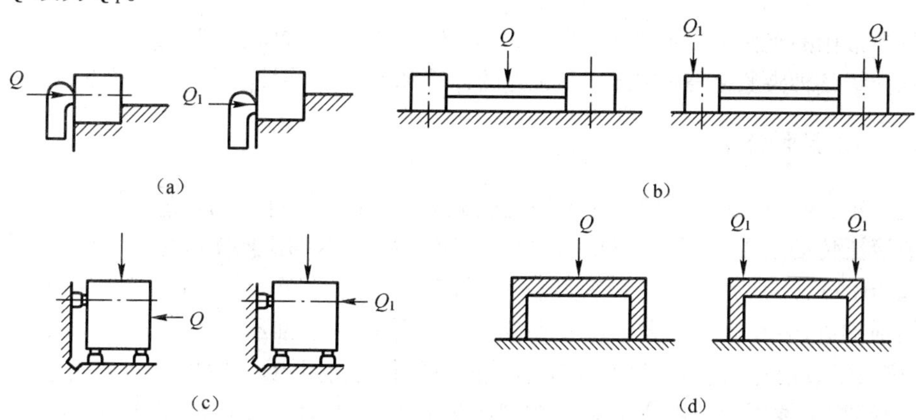

图 6.34　夹紧力作用点的布置

(2) 夹紧力的作用点应位于工件刚性较大处,而且作用点应有足够的数目,这样可使工件的变形量最小。如图 6.34(c)、(d)所示应将 Q 改为 Q_1。

(3) 夹紧力的作用点应尽量靠近工件被加工表面,这样可使切削力对该作用点的力矩减小,工件的振动也可以减小。当工件由于结构形状使加工面远离夹紧作用点时,可以增加辅助支承并附加夹紧力以防止工件在加工中产生位置变动、变形或振动。如图 6.35 所示,a 为辅助支承,Q_2 是朝向辅助支承的附加夹紧力。

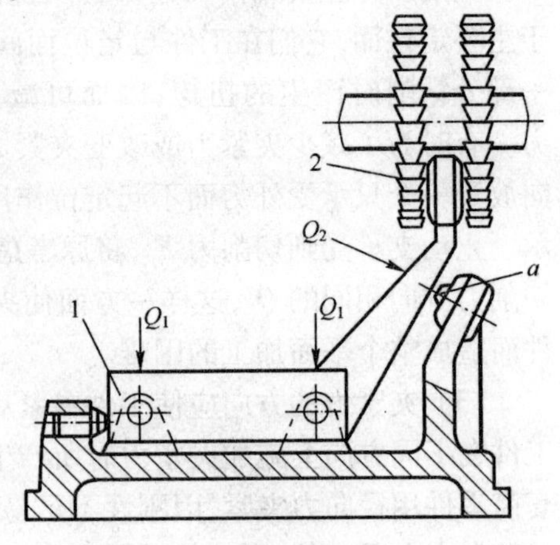

图 6.35 辅助支承及附加夹紧力

1—工件; 2—铣刀。

6.3.1.3 夹紧力的大小

为了使工件在加工过程中保持定位后的正确位置,对工件所施加的夹紧力不仅与其方向和作用点的位置、数目有关,更重要的是与其大小有关。夹紧力过大,会引起工件变形,达不到加工精度要求,而且使夹紧装置结构尺寸加大,造成结构不紧凑;夹紧力过小,会造成夹不牢工件,加工时易破坏定位,同样也保证不了加工精度要求,甚至还会引起安全事故。由此可见,必须对工件施加大小适当的夹紧力。

切削力是确定夹紧力的依据,可根据切削原理中的计算公式,按最不利的加工条件求出切削力 F,然后按工件受力的平衡条件再求出所需要的夹紧力 Q',为安全可靠起见,还要考虑一个安全系数 K, 因此实际的夹紧力应为

$$Q = K \cdot Q' \tag{6.35}$$

一般取 K 为 1.5 ~3。粗加工时取 2.5 ~3;精加工时取 1.5 ~2。

但实际生产中一般很少通过计算求得夹紧力,因为在加工中切削力随刀具的磨钝、工件材料性质和余量的不均匀等因素而变化,而且切削力的计算公式是在一定的条件下求得的,使用时虽然根据实际的加工情况给予修正,但是仍然很难计算准确。因此在实际设计工作中,多是采用类比的方法估计夹紧力的大小。对于关键性的重要夹具,则往往通过实验的方法来测定所需要的夹紧力。

6.3.2 常用的夹紧装置

夹具中常用的夹紧装置有楔块、螺旋、偏心轮等,它们都是根据斜面夹紧原理夹紧工件。下面分别介绍各种夹紧装置的结构、夹紧力的计算和它们的特性。

6.3.2.1 楔块夹紧装置

在生产中,很少单独使用楔块对工件直接夹紧,而是与杠杆、压板、螺旋等组合使用,或是与气压或液压传动装置联用,如图 6.36 所示。楔块夹紧主要用于增大夹紧力或改变夹紧力方向。图 6.36(a)、(b)为手动式,图 6.36(c)为机动式。图 6.36(c)中楔块 1 在气动(或液动)作用下向前推进,装在楔块上方的小柱塞 6 在弹簧的作用下推压板 4 向前。当压板与螺钉 7 靠紧时,楔块继续前进,此时柱塞 6 压缩小弹簧而压板停止不动。楔块再向前前进时,压板后端抬起,前端将工件压紧。楔块 1 只能在楔座 2 的槽内滑动。松开时,楔块 1 向后退,弹簧 5 将压板 4 抬起,楔块上的销子 3 将压板拉回。

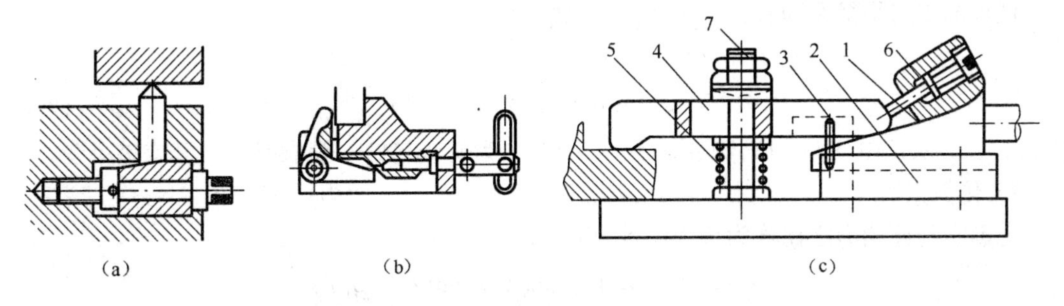

图 6.36 楔块夹紧装置

1—楔块；2—楔座；3—销；4—压板；5—弹簧；6—柱塞；7—螺钉。

1）楔块夹紧力的计算

楔块在夹紧过程中的受力分析如图 6.37(a)所示。当楔块在原始力 P 的作用下楔进工件与夹具体之间时，它所受到的力有：工件与夹具体给楔块的作用力分别为 Q 和 R；工件和夹具体与楔块的摩擦力分别为 F_2 和 F_1，相应的摩擦角分别为 φ_2 和 φ_1。R 与 F_1 的合力为 R_1。Q 与 F_2 的合力为 Q_1。当工件被夹紧时，P、Q_1、R_1 三力处于平衡状态。根据力的多边形定律，由图 6.37(b)计算出楔块对工件所产生的夹紧力 Q 为

$$Q = \frac{P}{\tan\varphi_2 + \tan(\alpha + \varphi_1)} \tag{6.36}$$

式中 α——楔块升角，通常取 6°～10°。

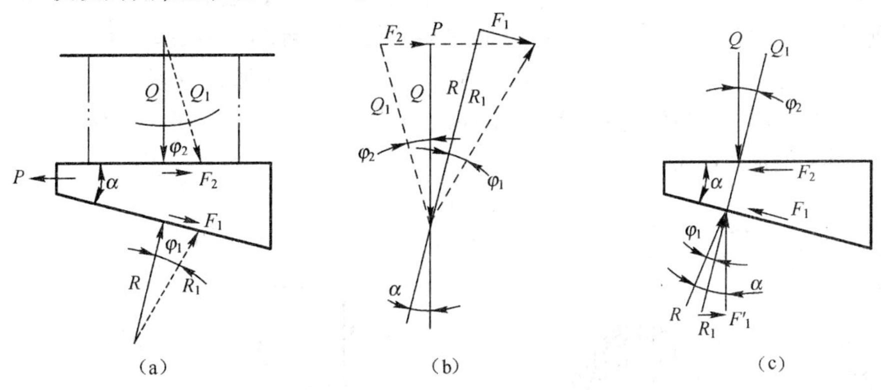

图 6.37 楔块夹紧受力分析

因工件、夹具体与楔块的摩擦系数一般取 $f = 0.1 \sim 0.15$，故相应的摩擦角 φ_1 和 φ_2 为 5°45′～8°30′。

2）楔块的自锁条件

当原始力 P 撤除后，楔块在摩擦力的作用下仍然不会松开工件的现象称为自锁。此时摩擦力的方向与楔块松开的趋势相反，而且 R 与 F_1 的合力 R_1 有一水平分力 F'_1，如图 6.37(c)所示。自锁的条件应该是

$$F_2 \geqslant F'_1 \tag{6.37}$$

因

$$F_2 = Q_1 \cdot \sin\varphi_2 \quad F'_1 = R_1 \cdot \sin(\alpha - \varphi_1) \tag{6.38}$$

且根据二力平衡原理有：$Q_1 = R_1$

故

$$\alpha \leqslant \varphi_1 + \varphi_2 \tag{6.39}$$

若 $\varphi_1 = \varphi_2 = \varphi, f = 0.1 \sim 0.15$，则 $\alpha \leqslant 11.5° \sim 17°$。为安全起见一般取 $10° \sim 15°$或更小些。

3）传力系数

夹紧力与原始力之比称为传力系数，以 i_p 表示，则有

$$i_p = Q/P = 1/[\tan\varphi_2 + \tan(\alpha + \varphi_1)] \tag{6.40}$$

从公式可以看出，楔块的升角 α 越小，i_p 就越大；当原始力 P 一定时，α 越小则夹紧力 Q 就越大，但同时楔面的工作长度加大致使结构不紧凑，夹紧速度变慢。因此楔块夹紧装置常用在工件尺寸公差较小的机动夹紧装置中。

4）楔块的尺寸及材料

升角 α 确定后，其工作长度应满足夹紧要求，其厚度应保证热处理时不变形，小头厚度应大于5mm为宜。

楔块材料一般用20钢或20Cr，渗碳厚度0.8～1.2mm，热处理硬度56～62HRC，工作表面粗糙度值 Ra 为1.6μm。

6.3.2.2 螺旋夹紧装置

螺旋夹紧装置是从楔块夹紧装置转化而来的，相当于把楔块绕在圆柱体上，转动螺旋时即可夹紧工件。图6.38为单螺旋夹紧机构。若采用图6.38(a)的装置，由于螺杆头部直接与工件接触，则一方面会压伤工件表面，另一方面转动螺杆时会带动工件偏转而破坏定位，因此在螺杆头部应装上浮动的压块，如图6.38(b)所示。压块的结构形式较多，图6.39为两种标准的形式，压块通过螺杆头部的螺纹，旋入压块的槽中而浮动。图6.39(a)用于已加工表面，图6.39(b)用于未加工表面。

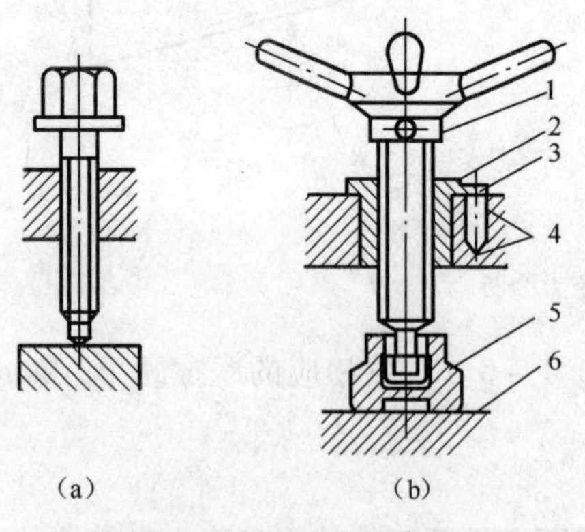

图6.38 螺旋夹紧装置

1—夹紧手柄；2—螺纹衬套；3—防转螺钉；4—夹具体；5—浮动压块；6—工件。

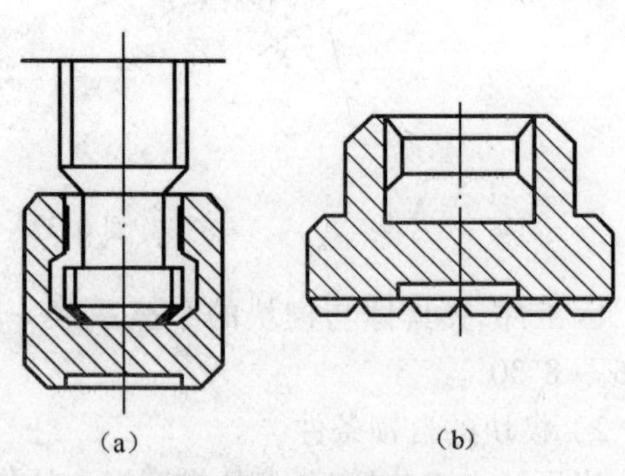

图6.39 标准浮动压块

压块的材料一般用45钢，淬硬至43～48HRC。螺杆的材料也常用45钢，淬硬至33～38HRC，螺纹精度为3级。有关压块、螺杆、手柄的结构及尺寸已有标准，设计可参考《机床夹具设计手册》。

1）螺杆夹紧力计算

如图6.40所示，工件处于夹紧状态时，根据力矩的平衡原理有

$$M = M_1 + M_2 \tag{6.41}$$

式中 M——作用于螺杆的原始力矩；

M_1——螺母给螺杆的反力矩；

M_2——工件给螺杆的反力矩。

$$M = P \cdot L \tag{6.42}$$

图6.40(b)为螺旋沿中径 $d_{中}$ 展开图，螺杆可视为楔块，由图可看出：

$$M_1 = R_{1x} \cdot r_{中} \tag{6.43}$$

式中 R_{1x}——表示螺母对螺杆的反作用力 R_1 的水平分力（R_1 为螺母对螺杆的摩擦力 F_1 和正压力 R 的合力）；

$r_{中}$——螺旋中径的一半。

$$M_2 = F_2 \cdot r_1 \tag{6.44}$$

式中 F_2——工件对螺杆的摩擦阻力；

r_1——摩擦力矩计算半径。

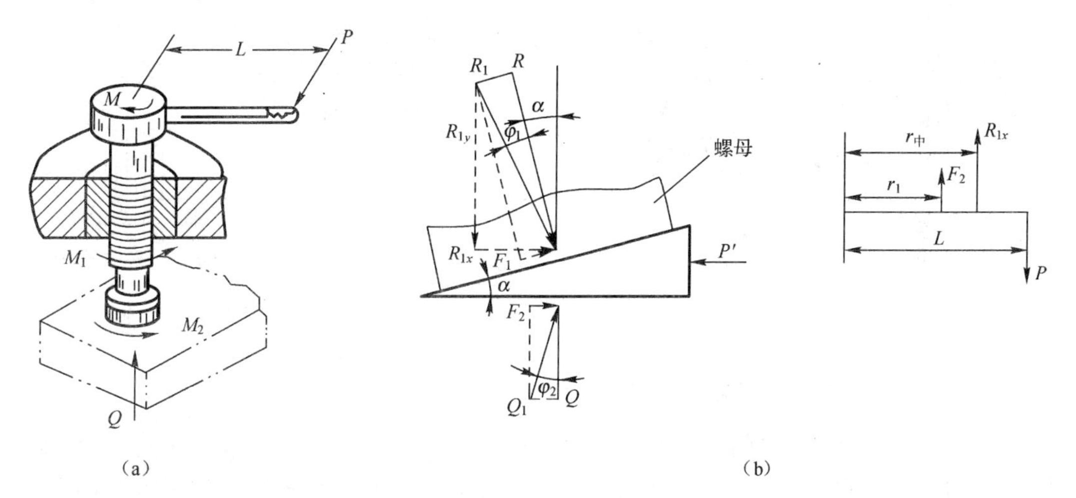

图6.40 螺旋夹紧力计算

夹紧工件后，根据力的平衡原理有

$$Q = R_{1y} \tag{6.45}$$

而

$$R_{1x} = R_{1y} \cdot \tan(\alpha + \varphi_1) = Q \cdot \tan(\alpha + \varphi_1) \tag{6.46}$$

$$F_2 = Q \cdot \tan\varphi_2 \tag{6.47}$$

故

$$Q = \frac{PL}{r_{中}\tan(\alpha + \varphi_1) + r_1 \tan\varphi_2} \tag{6.48}$$

式中 α——螺旋升角，一般 $\alpha = 2° \sim 4°$；

φ_1——螺母与螺杆间的摩擦角；

φ_2——工件与螺杆头部（或压块）间的摩擦角。

r_1 的数值与螺杆头部或压块的形状有关，如图 6.41 所示。

2）螺旋夹紧的自锁性能和传力系数

楔块夹紧装置的自锁条件为 $\alpha \leqslant 11.5° \sim 17°$，而螺旋夹紧装置的螺旋升角（$\alpha = 2° \sim 4°$）很小，故自锁性能好。

传力系数为

$$i_p = \frac{Q}{P} = \frac{PL}{r_{中}\tan(\alpha + \varphi_1) + r_1\tan\varphi_2} \quad (6.49)$$

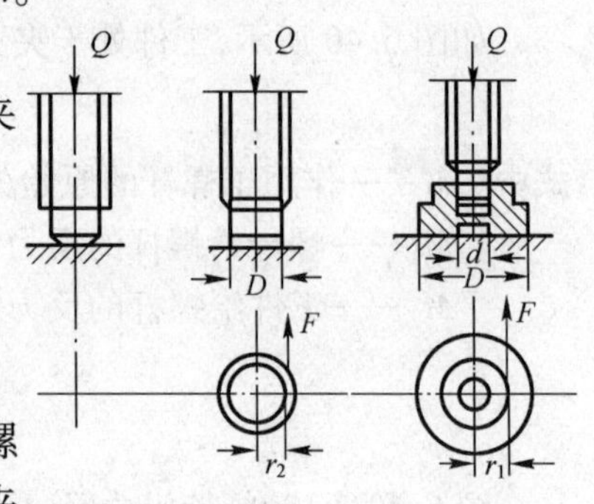

图 6.41 摩擦力矩计算半径

因为螺旋升角小于楔块升角，而 L 大于 $r_{中}$ 和 r_1，所以螺旋夹紧装置的传力系数远比楔块夹紧装置的大。由于螺旋夹紧装置结构简单，制造容易，夹紧行程大，传力系数大，自锁性能好，所以广泛用于手动夹紧。但夹紧缓慢，效率低。

3）螺旋与压板的组合夹紧装置

为了在工件最合适的位置和方向上进行夹紧，生产中经常采用图 6.42 所示的结构。在图 6.42（a）、（b）、（c）三种装置中，若要求对工件产生的夹紧力 Q 相同，那么所需要施加的原始力 P 的大小和方向是不同的。图 6.43（d）为钩形螺旋压板，它使夹具结构紧凑，且已规格化，选用时可查《夹具设计手册》。

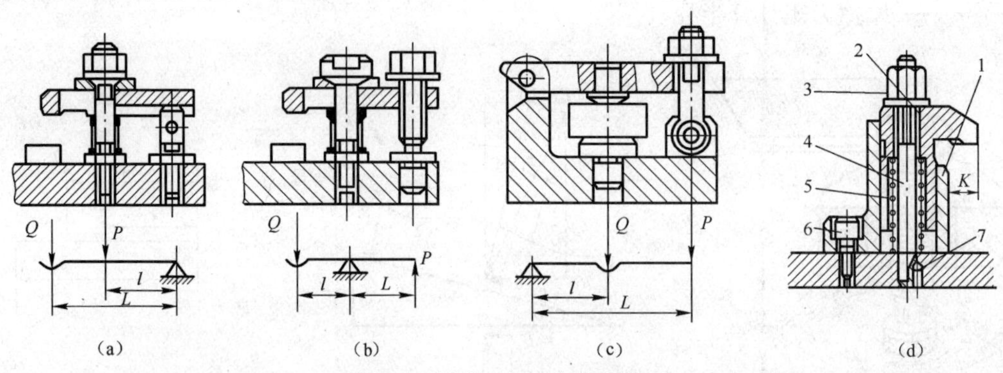

图 6.42 螺旋压板组合夹紧装置

1—基座；2—钩形压板；3—夹紧螺母；4—双头螺距；5—弹簧；6—固定螺钉；7—骑缝螺钉。

为了减少夹压的辅助时间和提高生产率，可采用多位或多件夹紧装置，如图 6.43 所示。图 6.43（a）为多位夹紧，图 6.43（b）为多件夹紧。夹紧的共同特点是：用一个原始力对数个点

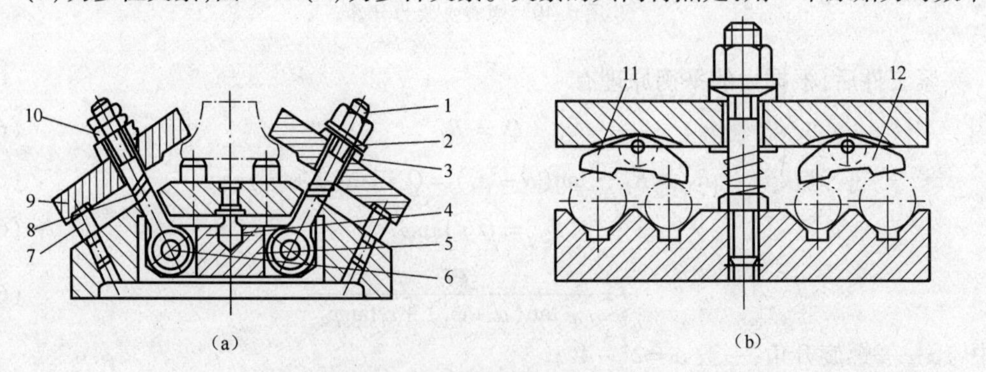

图 6.43 多位及多件夹紧装置

1—活节螺栓；2—球面带肩螺钉；3—锥形垫圈；4—球头支承；5—铰链板；6—圆柱销；7—球头支承钉；8—弹簧；9—转动压板；10—六角肩螺母；11、12—摆动压块。

或数个工件同时进行夹紧。为了避免工件因尺寸或形状误差而出现夹紧不牢或破坏夹紧机构的现象,在压块两边各连接摆动压板1、2,它们可以通过摆动来补偿各自夹压的两个工件的直径尺寸差。

6.3.2.3 偏心夹紧装置

偏心夹紧装置也是从楔块夹紧装置转化而来的,它是将楔块包在圆盘上,旋转圆盘使工件得以夹紧。偏心夹紧经常与压板联合使用,如图6.44所示。常用的偏心轮有圆偏心和曲线偏心。曲线偏心为阿基米德曲线或对数曲线,这两种曲线的优点是升角变化均匀或不变,可使工件夹紧稳定可靠,但制造困难,故使用较少;圆偏心由于制造容易,因而使用较广。下面介绍圆偏心夹紧装置。

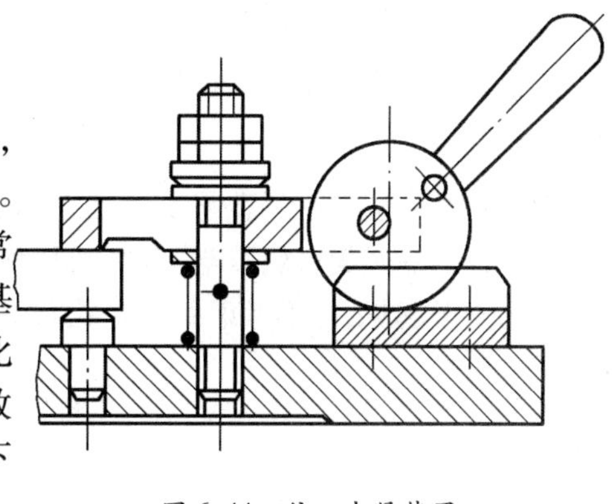

图6.44 偏心夹紧装置

1)圆偏心夹紧原理

图6.45(a)为圆偏心夹紧原理图,图中圆偏心轮直径为D,几何中心为O_1,回转中心为O,偏心距为e,虚线圆为基圆,其直径为$D-2e$,圆偏心就相当于绕在基圆盘上的楔块。偏心轮顺时针转动时,楔块楔进基圆盘和工件中间,使工件得以夹紧。

若将偏心轮的工作部分弧$\overset{\frown}{mPn}$展开,就可得到一个具有曲线斜边的楔块(见图6.45(b))。从图中看出,斜面上各点的斜率(即升角)是变化的,而在P点(展开图为90°的点)附近变化较小。为使偏心轮工作稳定可靠,常取P点左右夹角为30°~45°的一段圆弧为工作部分,也就是弧$\overset{\frown}{APB}$为60°~90°。

2)圆偏心的自锁条件

由图6.45(c),圆偏心弧$\overset{\frown}{mpn}$上任意一点X的升角为:过该点$\overline{O_1X}$的垂线$\overline{XA}$和O_1X的垂线$\overline{XB}$,两垂线的夹角为α_x就是X点的升角,该角等于$\overline{O_1X}$与$\overline{OX}$的夹角。角α_x可用下式计算:

$$\tan\alpha_x = \frac{\overline{OC}}{\overline{CX}} = \frac{e\cos\beta}{\frac{D}{2}+e\sin\beta} = \frac{2e\cos\beta}{D+2e\sin\beta} \tag{6.50}$$

式中,β是偏心距e从水平位置转过的角度。

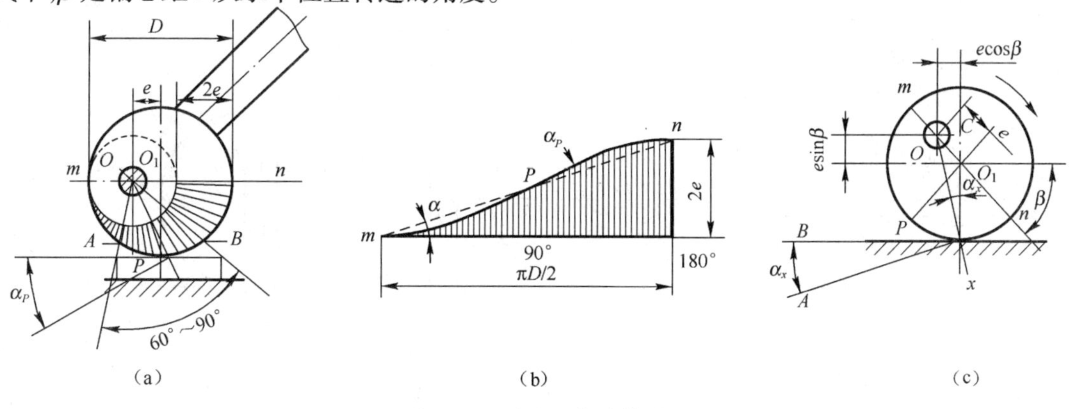

图6.45 圆偏心夹紧装置

从公式看出，α_x 是随 β 而变化的。若 β 从 $-90^\circ \to 0^\circ \to +90^\circ$，则 α_x 从 $0^\circ \to \arctan(2e/D) \to 0^\circ$。当 $\beta=0^\circ$ 时，即在 P 点的升角 α_P 外为最大，有

$$\alpha_P = \arctan\frac{2e}{D} \tag{6.51}$$

根据楔块自锁条件，有以下关系式：

$$\alpha_P \leqslant \varphi_1 + \varphi_2 \tag{6.52}$$

式中 φ_1——圆偏心轮孔与支承轴之间的摩擦角；

φ_2——圆偏心轮孔与工件（或压块）间的摩擦角。

为安全起见，可不考虑偏心轮孔与支承轴间的摩擦，于是有

$$\alpha_P \leqslant \varphi_2 \tag{6.53}$$

或

$$\tan\alpha_P \leqslant \tan\varphi_2 \tag{6.54}$$

故可得到圆偏心的夹紧特性为

$$2e/D \leqslant f_2 \tag{6.55}$$

或

$$D/e \geqslant \frac{2}{f_2} \tag{6.56}$$

式中 f_2—— 偏心轮与工件（或压板）间的摩擦系数。若 $f_2=0.1\sim0.15$，则

$$D \geqslant (20-14)e \tag{6.57}$$

或

$$D/e \geqslant 20-14 \tag{6.58}$$

满足上述条件时，圆偏心夹紧可以自锁。

3）圆偏心夹紧行程

由图 6.45(c)可知，当圆偏心转过一个角度 β 时，其行程为

$$S = \overline{CO_1} = e\sin\beta \tag{6.59}$$

因 e 为一定值，故 S 随 β 而变化。若取弧 $\overset{\frown}{mPn}$ 整个半圆为工作表面（见图 6.46(a)），β 变化范围为 $-90^\circ\sim+90^\circ$，则

$$S = h_2 - h_1 = 2e \tag{6.60}$$

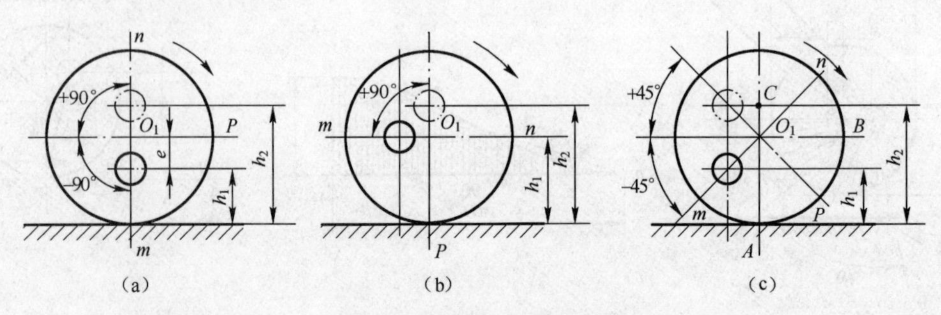

图 6.46 圆偏心夹紧行程

若取弧$\widehat{Pn}$为工件表面(见图6.46(b)),β变化范围为0～+90°,则

$$S = h_2 - h_1 = e \tag{6.61}$$

若取P点左右弧$\widehat{AB}$为工作表面(见图6.46(c)),β的变化范围取-45°～+45°,则

$$S = h_2 - h_1 = 2\,\overline{CO_1} \approx 1.4e \tag{6.62}$$

设计圆偏心轮时,首先要确定夹紧行程S。若工件夹紧尺寸的公差为T,装卸工件时必要的间隙为$C_{间}$,夹紧机构的弹性变形、偏心轮磨损等应考虑的行程储备量为$C_{贮}$,则

$$S = T + C_{间} + C_{贮} \tag{6.63}$$

式中$C_{间}$、$C_{贮}$分别取0.5mm左右。根据所选择角的变化范围确定行程S与偏心距e的关系,并求出e;再根据作图法决定D。图6.47为$\beta\pm45°$时的偏心轮,实际工作表面为弧A_1B_1,它可通过作图法决定,为夹紧安全,弧的两端可作少量延长。

4)圆偏心夹紧力计算

圆偏心夹紧实际上是斜楔夹紧的一种变形,由于当圆偏心轮以弧$\widehat{mPn}$的中点夹紧工件时,其夹紧点的升角$\alpha_P = \alpha_{\max}$,此时,夹紧力接近最小。一般只需校验该夹紧点的夹紧力,如图6.48所示。

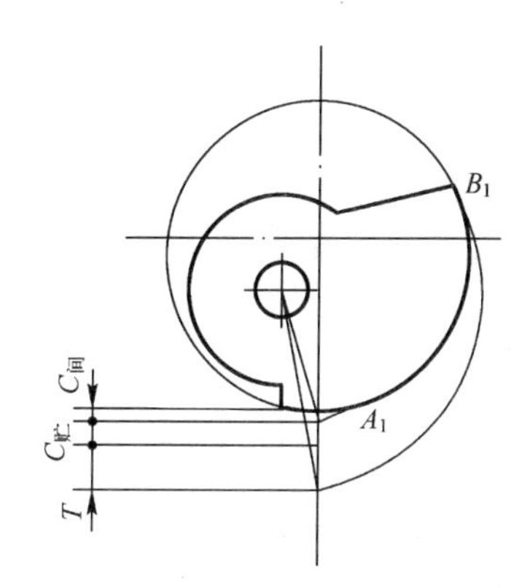

图6.47　圆偏心轮的设计

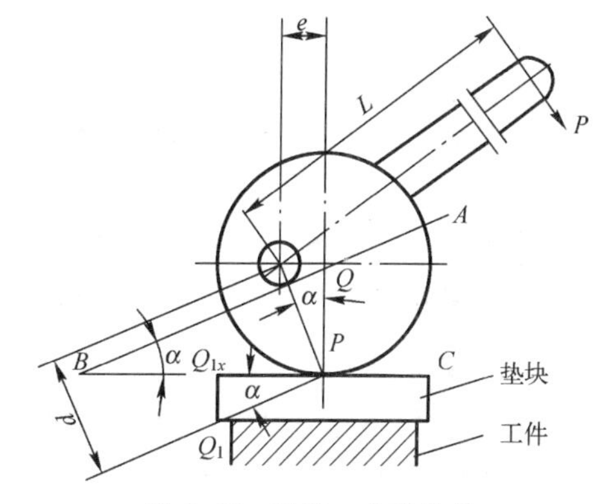

图6.48　圆偏心夹紧计算

为计算方便,假设一升角为α的楔块ABC(α为夹紧点的升角)作用于支承轴与垫块间,见图6.48。将作用于手柄的力P转化为作用于夹紧点的力Q_1,则Q_1为

$$Q_1 = P \cdot \frac{L}{\rho} \tag{6.64}$$

且

$$Q_{1x} = Q_1 \cdot \cos\alpha \tag{6.65}$$

根据楔块夹紧力计算式(6.36),有

$$Q = \frac{Q_{1x}}{\tan(\alpha + \varphi_1) + \tan\varphi_2} = \frac{Q_1\cos\alpha}{\tan(\alpha + \varphi_1) + \tan\varphi_2} \tag{6.66}$$

因α很小,可取$\cos\alpha = 1$,再将Q_1代入得

$$Q = \frac{PL}{\rho[\tan(\alpha + \varphi_1) + \tan\varphi_2]} \tag{6.67}$$

式中 L —— 手柄长度；

ρ——支承轴中心(回转中心)至夹紧点的距离；

φ_1、φ_2——偏心轮与支承轴及偏心轮与工件间的摩擦角。

如取转轴至夹紧点 P 的回转半径 $\rho=\dfrac{R}{\cos\alpha_\rho}$，$\varphi_1=\varphi_2=\varphi$，$\tan\varphi=0.15$，力臂 $L=(2\sim2.5)D$，$\tan\alpha_\rho\approx\dfrac{2e}{D}=\dfrac{2}{D}\times\dfrac{D}{14}=\dfrac{1}{7}$，则特定情况的夹紧力为

$$Q=(\rho-1)P \tag{6.68}$$

5）圆偏心夹紧的传力系数

$$i_P=\frac{L}{\rho[\tan(\alpha+\varphi_1)+\tan\varphi_2]} \tag{6.69}$$

因圆偏心最大升角 $\alpha_P=8.13°$，而螺旋升角为 $2°\sim4°$，又因在一般情况下 $\rho>r_{中}$，因此圆偏心夹紧的传力系数远小于螺旋夹紧的传力系数。

偏心轮的材料，一般可选用20钢或20Cr钢，工作表面渗碳淬火至55～60HRC，表面粗糙度值 Ra 为 $0.8\mu m$。

偏心夹紧与螺旋夹紧相比，夹紧行程小，夹紧力小，自锁性能差，但夹紧迅速，结构紧凑。因此常用于切削力不大、振动较小的场合。

6.3.2.4 定心夹紧装置

在切削加工中，若工件是以中心线或对称面为工序基准，为使定位间隙 $C_{定}=0$，可采用一种保证工件准确定心或对中的装置，使工件的定位和夹紧过程同时完成，而定位元件与夹紧元件合二为一。这种装置称为定心夹紧装置。

这里主要介绍定心夹紧装置的定心或对中原理、类型及结构。

1）定心夹紧装置的原理

在定心夹紧装置中，定位夹紧元件经调整后，利用它的等速移动或均匀的弹性变形，使定位夹紧元件或工件定位基准的尺寸制造误差均匀分布在工件定位面上，从而保证工件的中心或对称位置不变。在图6.49中，图6.49(a)为圆柱面在圆孔中定位的情况，由于定位元件和工件的制造误差所引起的 $C_{定}=\overline{O_1O_2}=T_D+T_d+C_{min}$，使圆柱面中心偏离圆孔中心。图6.49(b)是圆柱面在三爪卡盘中定心和夹紧的情况。圆柱面的制造误差 T_d 在三个爪上的分布是相同的，各为 $T_d/2$，使中心 O 位置不动。

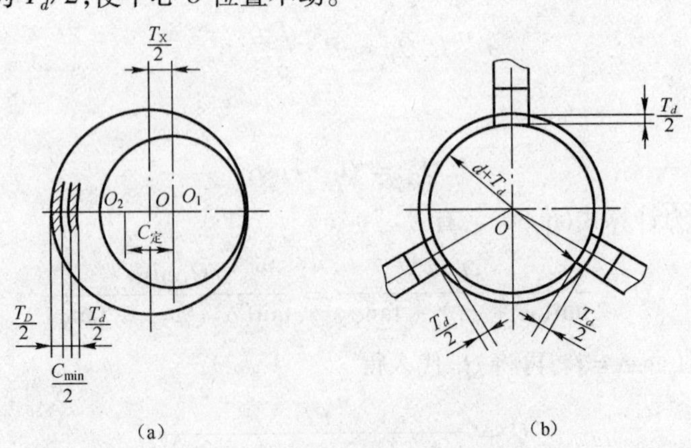

图6.49 圆柱面的定心与夹紧

2）定心夹紧装置的类型

定心夹紧装置种类很多，按其工作原理可分为两大类。

(1) 定位夹紧元件等速移动的装置。这类装置中常见的几种如图 6.50 所示。

图 6.50(a)为左右螺旋定心夹紧装置。旋转螺杆 3，通过左右螺旋带动两 V 形块 1 和 2 同时移向中心，起定位夹紧作用，叉座 7 对 3 起调整作用。

图 6.50(b)是斜楔定心夹紧装置。当拉杆左移时，三个滑块 2 同时向外张开，对圆孔起定心夹紧作用。

图 6.50(c)是杠杆定心夹紧装置。拉杆 1 带动滑块 2 左移，通过钩形杠杆 3，使三个卡爪 4 同时移向中心以完成定心夹紧作用，卡爪的张开是靠滑块上的斜面完成的。

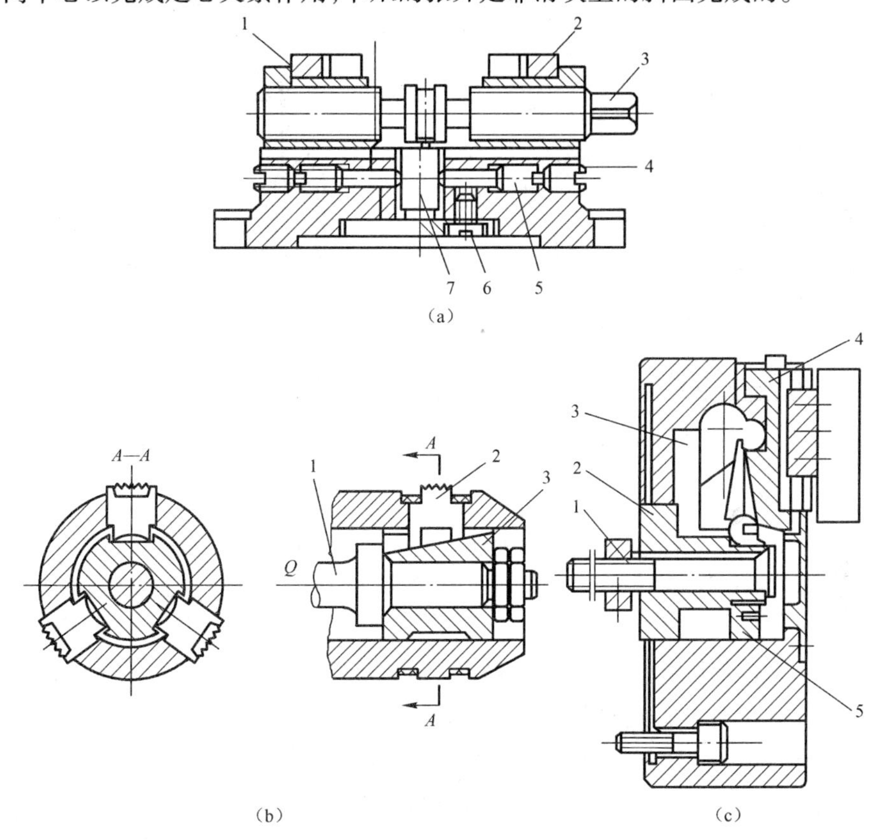

图 6.50　等速移动式定心夹紧装置

(a) 1、2—移动 V 形块；3—左右螺纹的螺杆；4—紧定螺钉；5—调节螺钉；6—固定螺钉；7—叉座；
(b) 1—拉杆；2—滑块；3—斜楔；(c) 1—拉杆；2—滑块；3—钩形杠杆；4—卡爪；5—滑块座。

以上这类定心夹紧装置，由于制造误差和组成元件间的间隙较大，故定心精度不高，约为 0.2～0.16mm，但夹紧力和夹紧行程较大，所以常用于粗加工和半精加工。

(2) 定位夹紧元件均匀弹性变形的装置。

当定心精度要求较高时，一般都利用这类定心夹紧装置，其中常见的装置如图 6.51 所示。图 6.51(a)为用于装夹工件以外圆柱面为定位基准的弹簧夹头，旋转螺母 4 时，锥套 3 迫使筒夹 2 收缩变形，从而使工件外圆定心并被夹紧。

图 6.51(b)为蝶型簧片式定心夹紧装置。4 和 6 是两列蝶状弹簧片，数目越多夹紧力越大。旋转螺钉 3 时，弹簧片由于受力变形，外径增大，因而将工件定心夹紧。

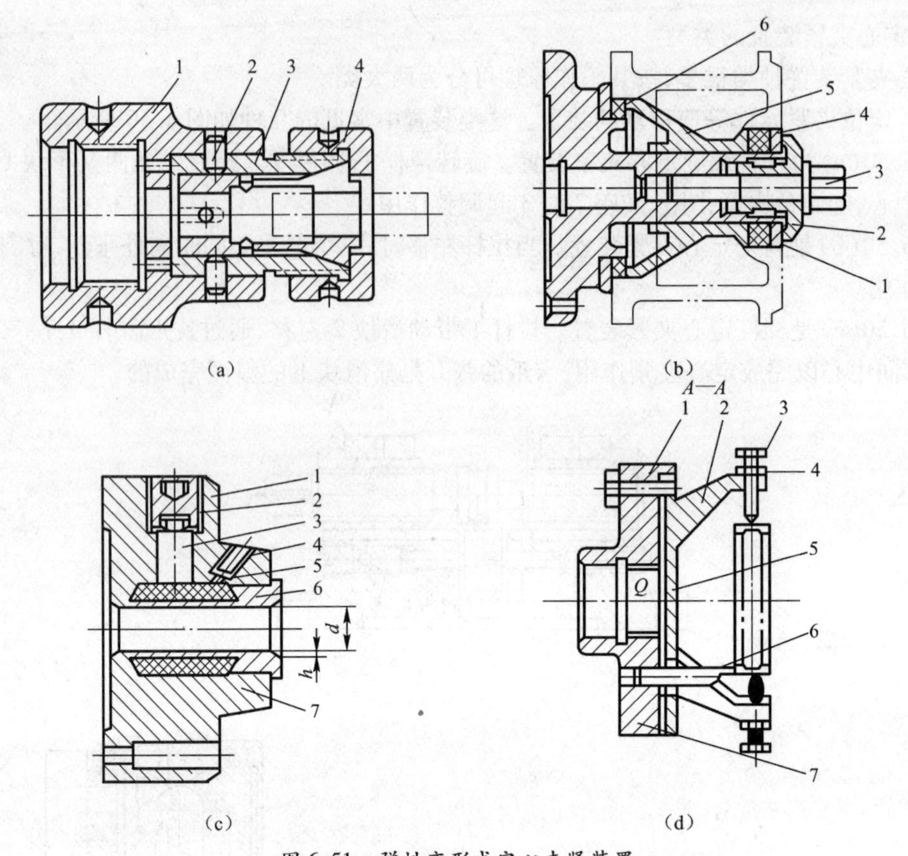

图 6.51　弹性变形式定心夹紧装置

(a) 1—夹具体；2—筒夹；3—锥套；4—螺母；

(b) 1—压环；2—压套；3—夹紧螺钉；4、6—右、左蝶形弹簧片；5—中间套；

(c) 1—心轴体；2—加压螺钉；3—柱塞；4—紧定螺钉；5—堵塞；6—薄壁套筒；7—液性塑料；

(d) 1—固定螺钉；2—卡爪；3—可调支承螺钉；4—锁紧螺母；5—膜片；6—端面定位支承；7—夹具体。

图 6.51(c)为液性塑料定心夹紧装置。这是一种以液性塑料为介质传递作用力的高精度夹具。薄壁套筒 6 压入心轴体 1，它们之间有环形槽并注满液性塑料。当旋紧螺钉 2 时，柱塞 3 挤压液性塑料 7，由于液性塑料的不可压缩性，迫使薄壁套筒 6 作径向均匀胀大，使工件得到定心夹紧。

图 6.51(d)为鼓膜式定心夹紧装置。弹性薄盘 5 带有 6 ~ 12 个卡爪，爪上装有可调螺钉 3，外力 Q 通过推杆作用于 5 上，而 5 产生弹性变形使卡爪张开，此时便可放入工件，去掉外力 Q 后，则 5 弹性恢复，就可将工件定心夹紧。

6.4　机床夹具的基本要求和设计步骤

6.4.1　对机床夹具的基本要求

对机床夹具的基本要求可总括为四个方面：

(1) 稳定地保证工件的加工精度；

(2) 提高机械加工的劳动生产率；

(3) 结构简单，有良好的结构工艺性和劳动条件；

(4) 应能降低工件的制造成本。

简而言之,设计夹具时必须使加工质量、生产率、劳动条件和经济性等几方面达到辨证的统一。其中保证加工质量是最基本的要求。为了提高生产率采用先进的结构和机械传动装置,往往会增加夹具的制造成本,但当工件的批量增加到一定的规模时,将因单件工时下降所获得的经济效率而得到补偿,从而降低工件的制造成本。因此所设计的夹具其复杂程度和工作效率必须与生产规模相适应,才能获得良好的经济效果。但是,任何技术措施都会遇到某些特殊的情况,设计夹具时,对质量、生产率、劳动条件和经济性几方面,有时也有侧重。如对于位置精度要求很高的加工,往往着眼于保证加工精度,对于位置精度要求不高而加工批量较大的情况,则着重于提高夹具的工作效率。总之,在考虑上述四方面要求时,应在满足加工要求的前提下,根据具体情况处理好生产率与劳动条件及经济性的关系,力图解决主要矛盾。在设计过程中必须深入生产实际进行调查研究,广泛征求操作者的意见,吸收国内外有关的先进经验,在此基础上拟出初步设计方案,经过讨论,然后定出合理的方案进行具体设计。

6.4.2 夹具设计的工具步骤

6.4.2.1 研究原始资料,明确设计任务

为明确设计任务,首先应分析研究工件的结构特点、材料、生产规模和本工序加工的技术要求以及前后工序的联系;然后了解加工所用设备、辅助工具中与设计夹具有关的技术性能和规格;了解工具车间的技术水平等。必要时还要了解同类工件的加工方法和所使用夹具的情况,作为设计的参考。

6.4.2.2 考虑和确定夹具的结构方案,绘制结构草图

确定夹具的结构方案时,主要解决如下问题:

(1) 根据六点定位原理确定工件的定位方式,并设计相应的定位装置;

(2) 确定刀具的引导方法,并设计引导元件或对刀装置;

(3) 确定工件的夹紧方式和设计夹紧装置;

(4) 确定其他元件或装置的结构型式,如定向键,分度装置等;

(5) 考虑各种装置、元件的布局,确定夹具体和总体结构。

对夹具的总体结构,最好考虑几个方案,画出草图,经过分析比较,从中选取较合理的方案。

6.4.2.3 绘制夹具总图

夹具总图应遵循国家标准绘制,图形大小的比例尽量取 1:1,使所绘的夹具总图有良好的直观性,如工件过大时可用 1:2 或 1:5 的比例,过小时可用 2:1 的比例。总图中的视图应尽量少,但必须能够清楚地表示出夹具的工作原理和构造,表示各种装置或元件之间的位置关系等。主视图应取操作者实际工作时的位置,以作为装配夹具时的依据并供使用时参考。

绘制总图的顺序是:先用双点划线绘出工件的轮廓外形,并显示出加工余量;然后把工件视为透明体,按照工件的形状及位置依次绘出定位、导向、夹紧及其他元件或装置的具体结构;最后绘制夹具体,形成一个夹具整体。

6.4.2.4 确定并标注有关尺寸和夹具技术要求

在夹具总图上应标注轮廓尺寸,必要的装配、检验尺寸及其公差,制定主要元件、装置之间

的相互位置精度要求等。

当加工的技术要求较高时,应进行工序精度分析。

6.4.2.5 绘制夹具零件图

夹具中的非标准零件都必须绘制零件图。在确定这些零件的尺寸、公差或技术条件时,应注意使其满足夹具总图的要求。

在夹具设计图纸全部绘制完毕后,设计工作并未就此结束。因为所设计的夹具还有待于实践的检验,在试用后有时可能要对原设计作必要的修改。因此设计人员应关心夹具的制造和装配过程,参与鉴定工作,并了解使用过程,以便发现问题及时加以改进,使之达到正确设计的要求。只有夹具制造出来了,使用合格后才能算完成设计任务。

在实际工作中,上述设计程序并非一成不变,但设计程序在一定程度上反映了设计夹具所要考虑的问题和设计经验,因此对于缺乏设计经验的人员来说,遵循一定的方法、步骤进行设计是有益的。

本章小结

(1) 机床夹具是由定位元件、夹紧装置、对刀元件、夹具体等部分组成的,机床夹具设计也就是针对夹具组成的各个部分进行设计,其中定位与夹紧两个环节是夹具设计的重点。

(2) 定位就是确定工件在夹具中的正确位置,是通过在夹具上设置正确的定位元件与工件定位面的接触来实现的。工件的定位有完全定位和不完全定位,要根据其具体加工要求而定,欠定位在夹具设计中是不容许的,而过定位则有条件地采用。

(3) 通常,由于定位副制造不准确或采用了基准不重合定位等原因,定位过程中会引入定位误差,定位误差的计算要根据具体情况分析计算。

(4) 夹紧是为了克服切削力等外力干扰而使工件在空间中保持正确的定位位置的一种手段。夹紧一般在定位步骤之后,有时定位与夹紧是同时进行的,如膨胀式定心夹紧机构。

(5) 车、铣、钻、磨等不同的机床其夹具设计具有各自典型特点,应根据具体设计任务,遵循夹具设计的基本要求和步骤进行设计。

教学讨论题与习题

6.1 什么是机床夹具?它包括哪几部分?各部分起什么作用?

6.2 什么是定位?简述工件定位的基本原理。

6.3 为什么说夹紧不等于定位?

6.4 限制工件自由度与加工要求的关系如何?

6.5 何谓定位误差?定位误差是由哪些因素引起的?定位误差的数值一般应控制在零件公差的什么范围内?

6.6 对夹紧装置的基本要求有哪些?

6.7 何谓联动夹紧机构?设计联动夹紧机构时应注意哪些问题?试举例说明。

6.8 试述一面两孔组合时，需要解决的主要问题，定位元件设计及定位误差的计算。

6.9 根据六点定位原理，分析图6.52中所示各定位方案中各定位元件所消除的自由度。

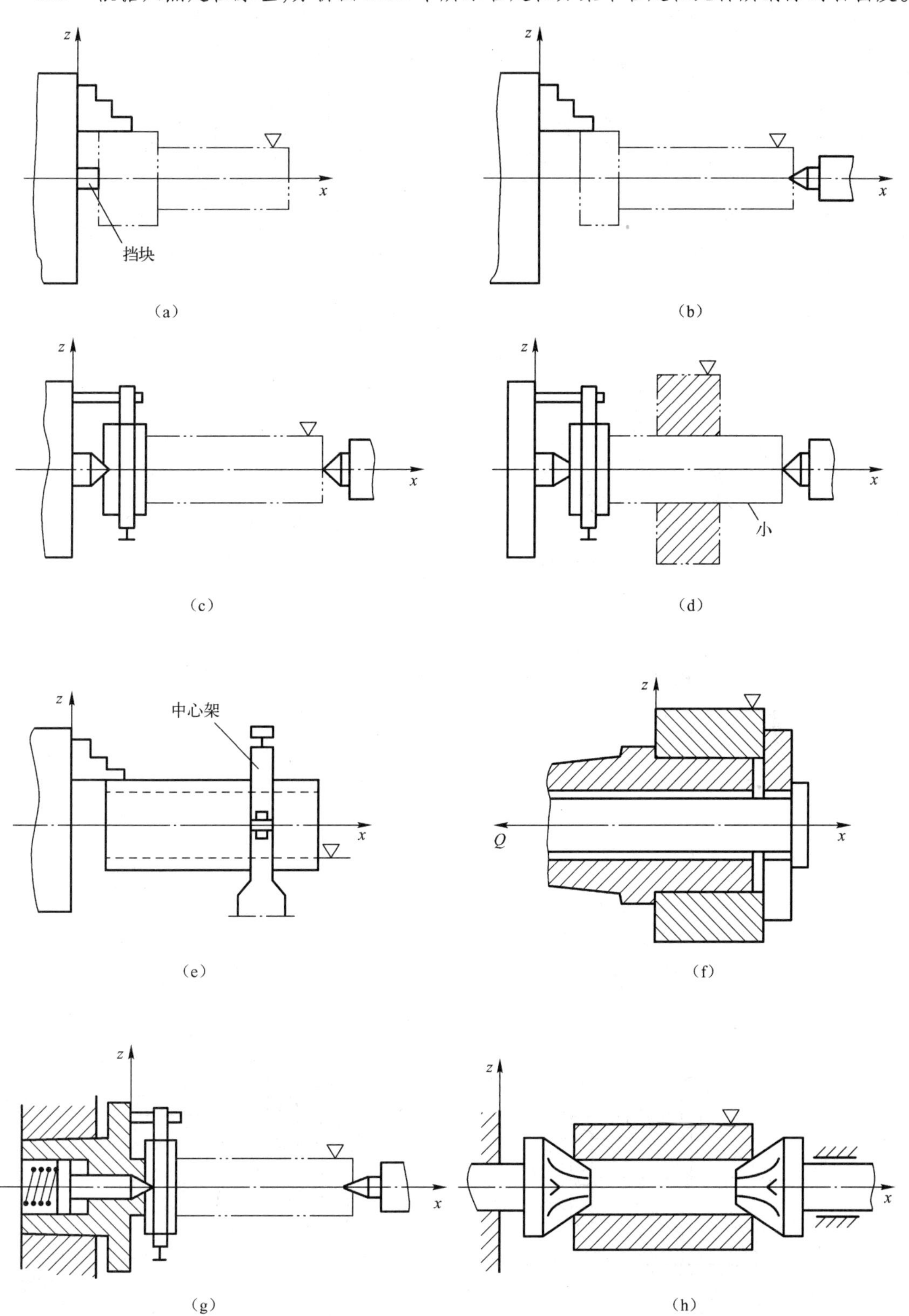

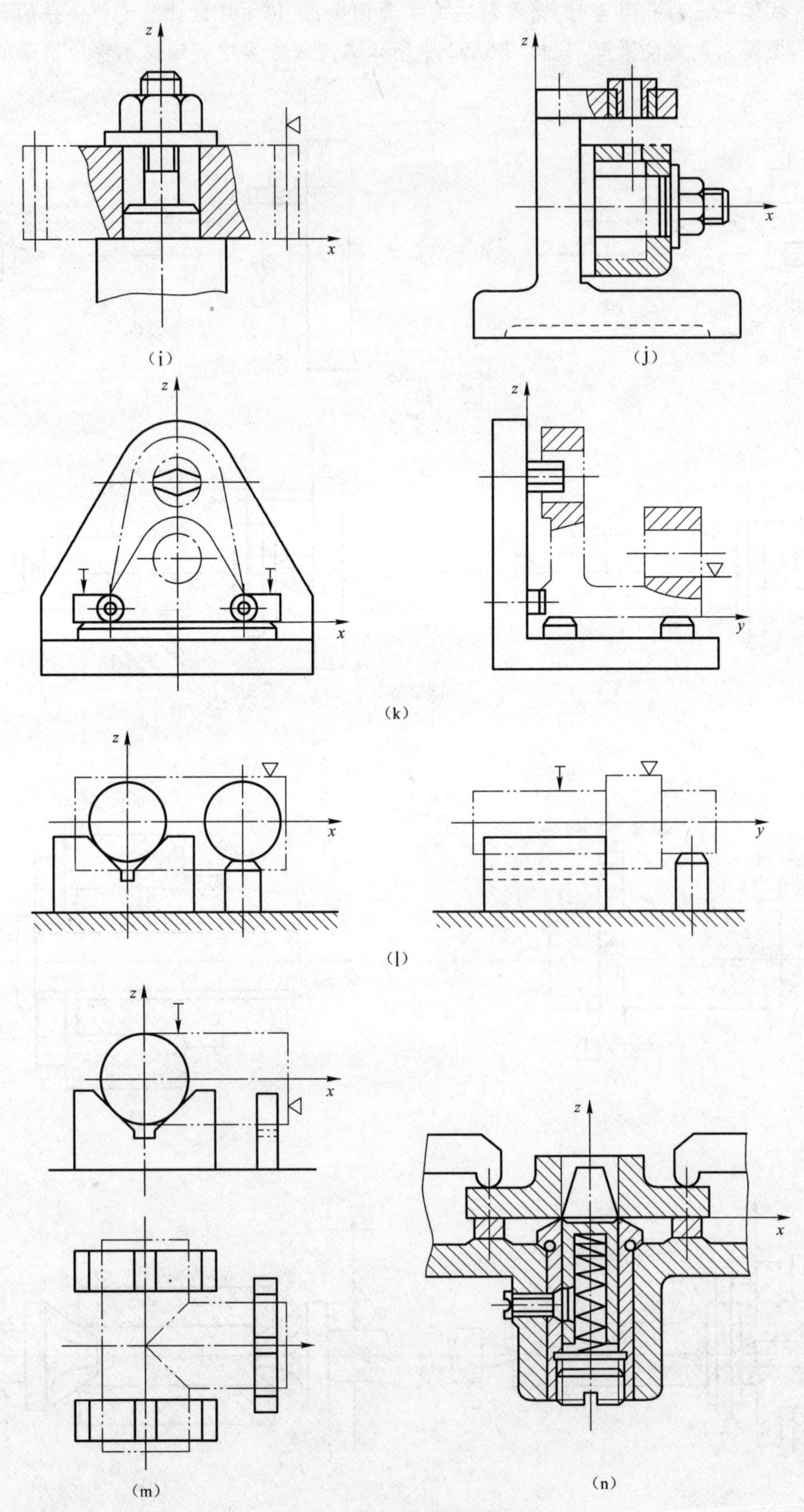

图 6.52　习题 6.9 图

6.10　有一批图 6.53 所示零件，圆孔和平面均已加工合格，今在铣床上铣削宽度为 $b^{0}_{-\Delta b}$ 的槽子。要求保证槽底到底面的距离为 $h^{0}_{-\Delta h}$；槽侧面到 A 面的距离为 $a+\Delta a$，且与 A 面平行，图示定位方案是否合理？有无改进之处？试分析之。

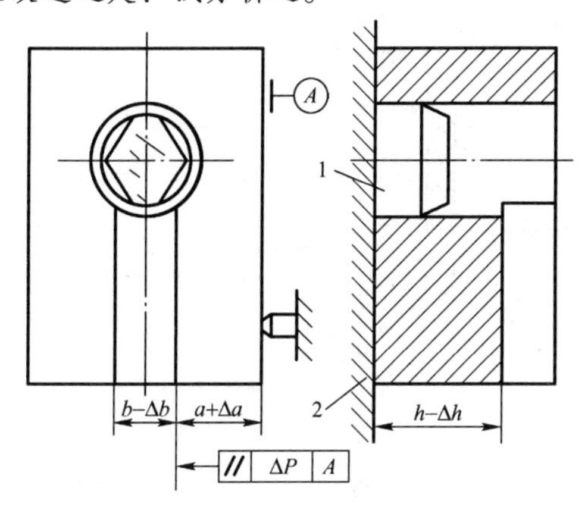

图 6.53　习题 6.10 图

6.11　有一批如图 6.54 所示工件，采用钻模夹具钻削工件上 ϕ5mm 和 ϕ8mm 两孔，除保证图纸尺寸要求外，还须保证两孔的连心线通过 $\phi 60^{\ 0}_{-0.1}$mm 的轴线，其偏移量公差为0.08mm。现可采用如图 6.54(b)、(c)、(d) 所示三种方案，若定位误差大于加工允许的 1/2，试问这三种定位方案是否可行($\alpha=90°$)？

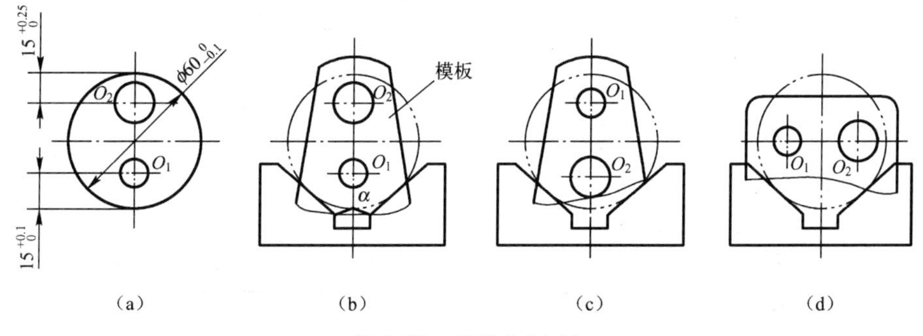

图 6.54　习题 6.11 图

6.12　有一批套类零件如图 6.55(a) 所示，欲在其上铣一键槽，试分析下述定位方案中，尺寸 H_1、H_2、H_3 的定位误差。

(1) 在可胀心轴上定位(图 6.55(b))；

(2) 在处于垂直位置的刚性心轴上具有间隙的定位(图 6.55(c))，定位心轴直径 d^{ESd}_{EId}。

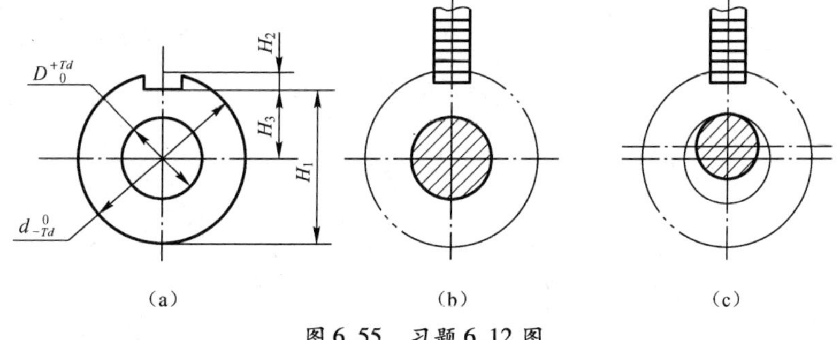

图 6.55　习题 6.12 图

6.13　夹紧装置如图 6.56 所示，若切削力 $F=800\text{N}$，液压系统压力 $p=2\times10^{6}\text{Pa}$（为简化计算，忽略加力杆与孔壁的摩擦，按效率 $\eta=0.95$ 计算），试求液压缸的直径应为多大，才能将工件压紧？夹紧安全系数 $K=2$；夹紧杆与工件间的摩擦系数 $\mu=0.1$。

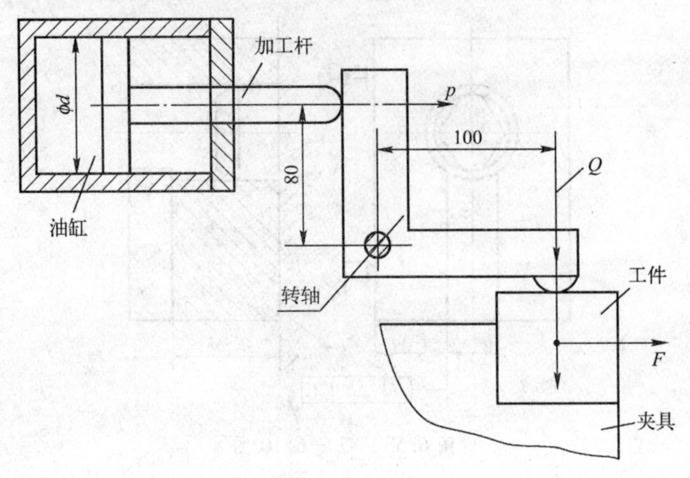

图 6.56　习题 6.13 图

6.14　图 6.57 所示的阶梯形工件，B 面和 C 面已加工合格。今采用图 6.57(a) 和图 6.57(b) 两种定位方案加工 A 面，要求 A 面对 B 面的平等度不大于 20′（用角度误差表示）。已知 $L=100\text{mm}$，B 面与 C 面之间的高度 $h=15_{0}^{+0.5}\text{mm}$。试分析这两种定位方案的定位误差，并比较它们的优劣。

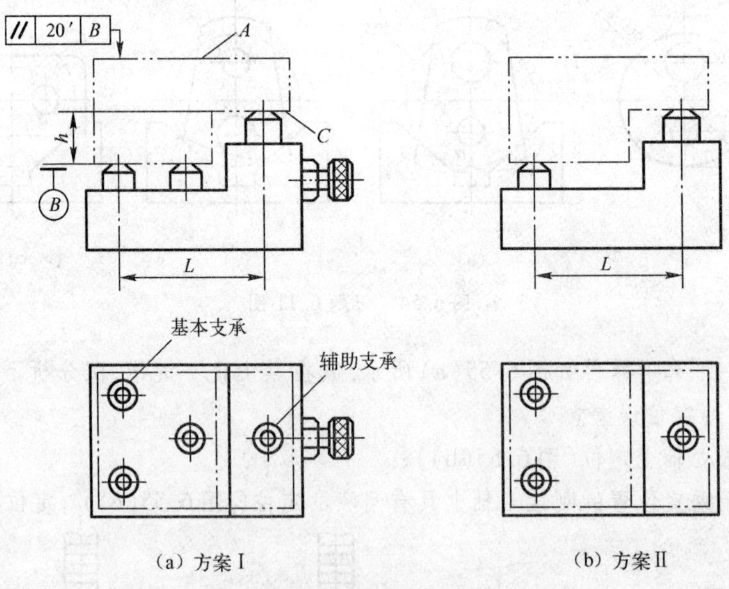

(a) 方案Ⅰ　　(b) 方案Ⅱ

图 6.57　习题 6.14 图

第七章　机械加工精度

本章提要

机器零件的加工质量是整台机器质量的基础。机器零件的加工质量一般用机械加工精度和加工表面质量两个重要指标表示，它的高低将直接影响整台机器的使用性能和寿命。本章研究机械加工精度的问题。随着机器速度、负载的增高以及自动化生产的需要，对机器性能的要求也不断提高。因此保证机器零件具有更高的加工精度也越发显得重要。我们在实际生产中经常遇到和需要解决的工艺问题，多数也是加工精度问题。研究机械加工精度的目的是研究加工系统中各种误差的物理实质，掌握其变化的基本规律，分析工艺系统中各种误差与加工精度之间的关系，寻求提高加工精度的途径，以保证零件的机械加工质量。机械加工精度是本课程的核心内容之一。

本章讨论的内容有机械加工精度的基本概念、影响加工精度的因素、加工误差的综合分析及提高加工精度的途径四个方面。

7.1　机械加工精度的基本概念

7.1.1　加工精度与加工误差

加工精度是零件加工后的实际几何参数(尺寸、形状和位置)与理想几何参数相符合的程度。符合程度越高，则加工精度就越高。从机器的使用性能来看，没有必要把零件做得绝对准确，只要与理想零件有一定程度的符合便能保证零件在机器中的功用。这一定程度的符合就是设计时所规定的零件公差精度等级，即零件的设计精度。而且在实际加工中也不可能把零件做得绝对准确，总会有一定的偏离。零件加工后的实际几何参数对理想几何参数的偏离程度称为加工误差。加工误差的大小表示了加工精度的高低，加工误差是加工精度的度量。

零件的加工精度包含三方面的内容：尺寸精度、形状精度和位置精度。这三者之间是有联系的。形状误差应限制在位置公差之内，而位置误差又应限制在尺寸公差之内。当尺寸精度要求高时，相应的位置精度、形状精度也要求高。但形状精度要求高时，相应的位置精度和尺寸精度有时不一定要求高，这要根据零件的功能要求来确定。

“加工精度”和“加工误差”是评定零件几何参数准确程度的两种不同概念。生产实际中用控制加工误差的方法或现代主动适应加工方法来保证加工精度。

7.1.2　研究加工精度的方法

研究加工精度的方法一般有两种：一是因素分析法，通过分析计算或实验、测试等方法，研究某一确定因素对加工精度的影响。一般不考虑其他因素的同时作用，主要是分析各项误差单独的变化规律。二是统计分析法，运用数理统计方法对生产中一批工件的实测结果进行数据处理，用以控制工艺过程的正常进行。主要是研究各项误差综合的变化规律，只适用于大批、大量的生产条件。

这两种方法在生产实际中往往结合起来应用。一般先用统计分析法找出误差的出现规律,判断产生加工误差的可能原因,然后运用因素分析法进行分析、实验,以便迅速有效地找出影响加工精度的关键因素。

7.2 影响加工精度的因素

零件的机械加工是在由机床、夹具、刀具和工件组成的工艺系统中进行的。工艺系统中凡是能直接引起加工误差的因素都称为原始误差。原始误差的存在,使工艺系统各组成部分之间的位置关系或速度关系偏离了理想状态,致使加工后的零件产生了加工误差。若原始误差是在加工前已存在,即在无切削负荷的情况下检验的,称为工艺系统静误差;若在有切削负荷情况下产生的则称为工艺系统动误差。原始误差的分类归纳如下:

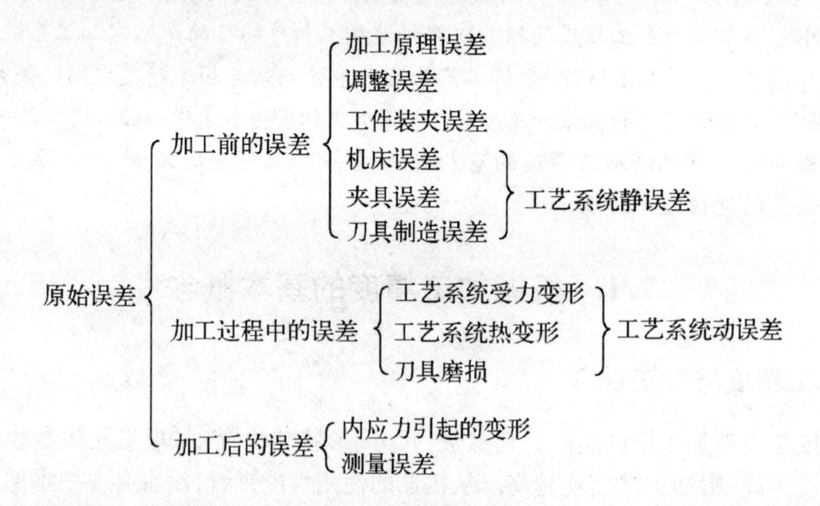

图 7.1 为活塞销孔精镗工序中的各种原始误差:由于定位基准不是设计基准而产生的定位误差和由于夹紧力过大而产生的夹紧误差属于工件装夹误差;机床制造或使用中磨损产生的导轨误差属于机床误差;调整刀具与工件之间位置而产生的对刀误差属于调整误差;由于受切削热、摩擦热等因素的影响而产生的机床热变形属于工艺系统热变形。此外还有加工过程中的刀具磨损,加工完毕测量工序尺寸时由于测量方法和量具本身的误差而产生的测量误差。

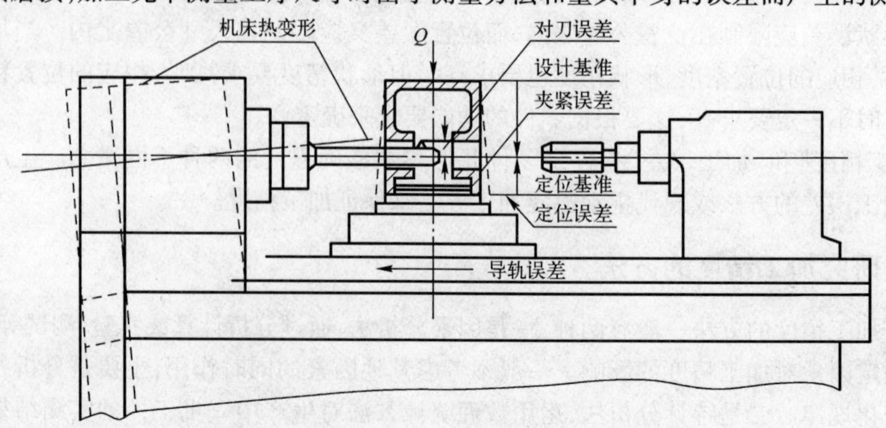

图 7.1 活塞销孔精镗工序中的原始误差

各种原始误差的大小和方向各不相同,而加工误差则必须在工序尺寸方向上测量,所以当原始误差的方向不同时对加工误差的影响也不同。图7.2以车削为例说明原始误差与加工误差的关系。图中实线为刀尖正确位置,虚线为误差位置。图7.2(a)为某一瞬时由于原始误差的影响使刀尖在加工表面有切向位移ΔZ,即有原始误差$E_{原}$的情况,由此引起零件加工后的半径R变为$R+\Delta R$,这时半径加工误差(省去高阶微小量ΔR^2)为

$$\Delta R = \frac{\Delta Z^2}{2R} \tag{7.1}$$

图7.2(b)为原始误差的影响使刀尖在加工表面法向位移ΔY是情况下,半径加工误差为

$$\Delta R' = \Delta Y \tag{7.2}$$

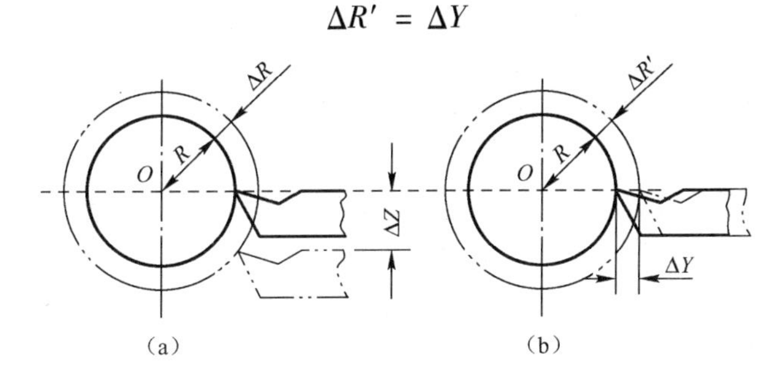

图7.2 原始误差与加工误差的关系

由此可见,当原始误差值相等即$\Delta Y = \Delta Z$时,法线方向的加工误差最大,切线方向加工误差极小,以致可以忽略不计,所以我们把对加工误差影响最大的那个方向(即通过刀刃的加工表面的法线方向)称为误差敏感方向。这是分析加工精度问题时的重要概念。

7.2.1 加工原理误差

加工原理是指加工表面的形成原理。加工原理误差是由于采用了近似的切削运动或近似的切削刃形状所产生的加工误差。为了获得规定的加工表面,要求切削刃完全符合理论曲线的形状,刀具和工件之间必须作相对准确的切削运动。但往往为了简化机床或刀具的设计与制造,降低生产成本,提高生产率和方便使用而采用了近似的加工原理,在允许的范围内存在一定的原理误差。例如齿轮滚刀,一有近似造形原理误差:为了便于制造采用阿基米德或法向直廓基本蜗杆代替渐开线基本蜗杆;二有包络造形原理误差:由于滚刀刀刃数有限,因而切削不连续,包络而成的实际齿形不是渐开线,而是一条折线。所以滚齿加工只作为齿形的粗加工方法,加工精度不太高。

7.2.2 机床误差

机床误差是指在无切削负荷下,来自机床本身的制造误差、安装误差和磨损。

7.2.2.1 主轴回转误差

1) 主轴回转误差的概念

理论上机床主轴回转时,回转轴线的空间位置是固定不变的,即它的瞬时速度为零。而实际主轴系统中存在着各种影响因素,使主轴回转轴线的位置发生变化。将主轴实际回转轴线对理想回转轴线漂移在误差敏感方向上的最大变动量称为主轴回转误差。由于每瞬时回转轴线的空间位置都在变化,一般把它的平均回转轴线作为理想回转轴线。主轴回转误差实际中

多表现为漂移,即回转轴线在每一转变动方位和变动量都是变化的一种现象。为了便于分析和掌握主轴回转误差对加工精度的影响,我们认为主轴实际回转轴线在某一方位上作简谐性质的变动。故主轴回转误差可分为如图7.3所示的三种基本类型。

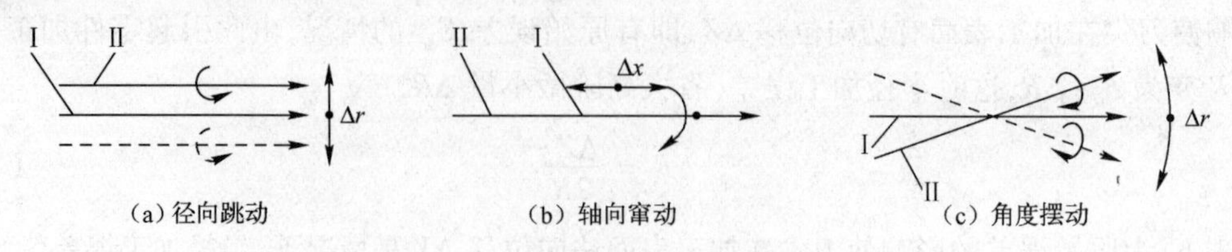

图7.3　机床主轴回转误差的类型

I —理想回转轴线; II —实际回转轴线。

(1) 径向跳动:实际回转轴线始终平行于理想回转轴线,在一个平面内作等幅的跳动。

(2) 轴向窜动:实际回转轴线始终沿理想回转轴线作等幅的窜动。

(3) 角度摆动:实际回转轴线与理想回转轴线始终成一倾角,在一个平面上作等幅摆动,且交点位置不变。

由于主轴回转误差总是上述三者的合成,所以主轴不同横截面内轴心的误差运动轨迹既不相同,又不相似。

造成主轴回转误差的主要因素与主轴部件的制造精度有关:一是主轴轴颈与支承座孔各自的圆度误差,坡度和同轴度、止推面或轴肩与回转轴线的垂直度误差。二是滑动轴承轴颈和轴承孔的圆度、坡度和同轴度、端面与回转轴线的垂直度或滚动轴承滚道的圆度、坡度、滚动体的圆度误差和尺寸误差,滚道与轴承内孔的同轴度误差(如图7.4),轴承间隙及止推滚动轴承的滚道与回转轴线的垂直度误差等。

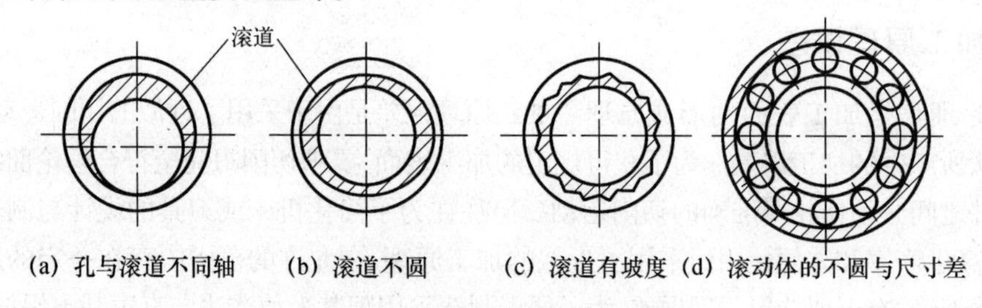

图7.4　滚动轴承的几何误差

2) 主轴回转误差对加工精度的影响

不同形式的主轴回转误差对加工精度的影响是不同的,而同一类型的回转误差在不同的加工方式中的影响也不相同。

(1) 径向跳动。主轴的径向跳动误差在用车床加工端面时不引起加工误差,在车削外圆时对加工误差的影响关系如图7.5所示,使工件产生圆柱度误差。

在用刀具回转类机床加工内圆表面,例如用镗床镗孔时,主轴轴承孔或滚动轴承外圆的圆度误差将直接复映到工件的圆柱面上,使工件产生圆柱度误差,如图7.6所示。

(2) 轴向窜动。在刀具为点刀刃的理想条件下,主轴轴向窜动会导致加工的端面如图7.7所示。端面上沿半径方向上的各点是等高的;工件端面由垂直于轴线的线段一方面绕轴线转动,另一方面沿轴线移动,形成如同端面凸轮一般的形状(端面中心附近有一凸台)。端面上点的轴向位置只与转角有关,与径向尺寸无关。

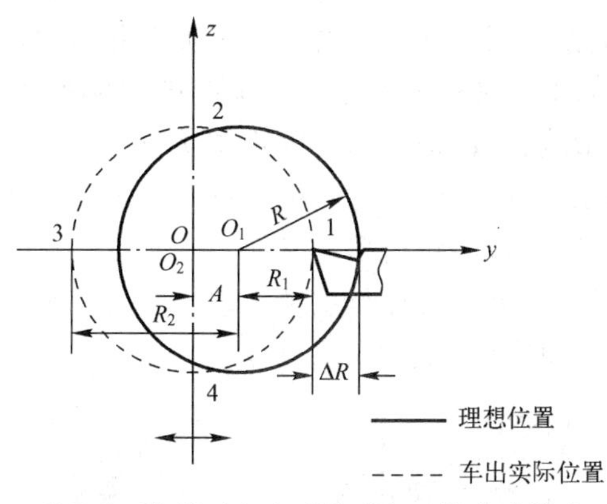

图 7.5　车削时径向跳动对加工精度的影响

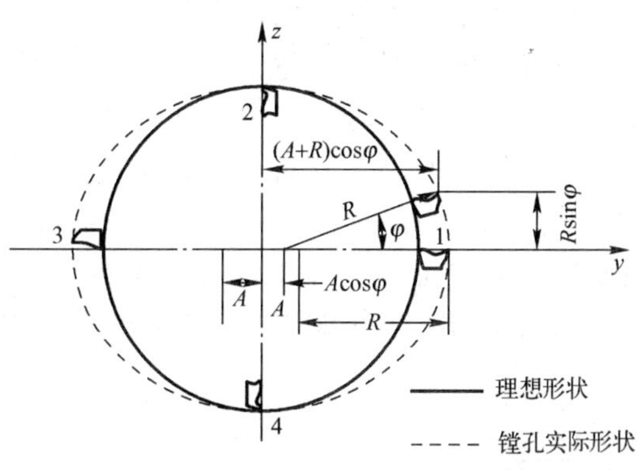

图 7.6　镗孔时径向跳动对加工精度的影响

加工螺纹时,主轴的轴向窜动将螺距产生周期误差。

(3) 倾角摆动。主轴轴线的倾角摆动,无论是在空间平面内运动或沿圆锥面运动,都可以按误差敏感方向投影为加工圆柱面时某一横截面内的径向跳动,或加工端面时某一半径处的轴向窜动。因此,其对加工误差的影响就是投影后的纯径向跳动和纯轴向窜动对加工误差的影响的综合。纯倾角摆动对镗孔精度的影响如图 7.8 所示。

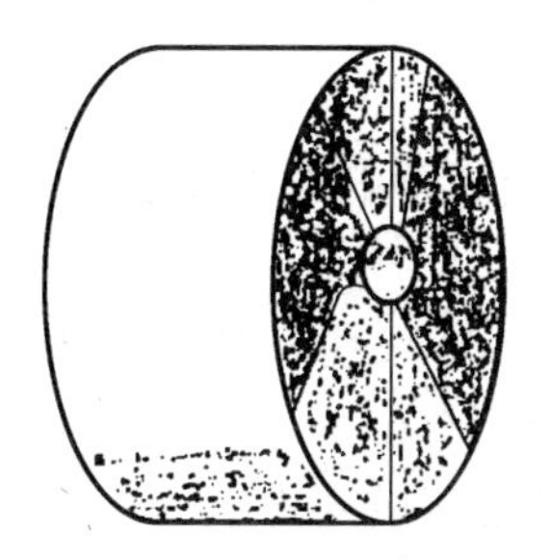
图 7.7　主轴轴向窜动对端面加工精度的影响

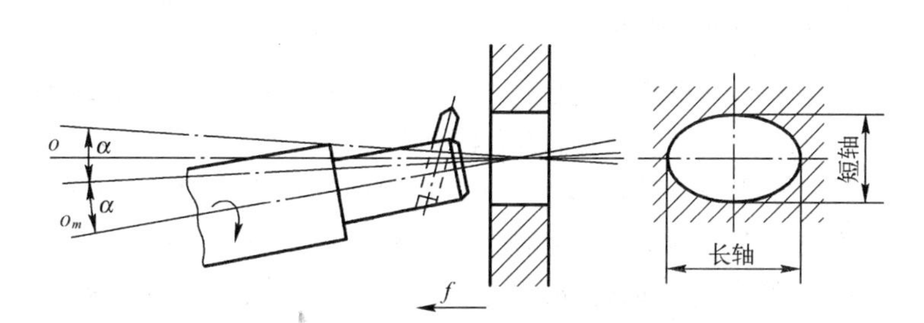

图 7.8　纯角度摆动对镗孔的影响

o—工件孔轴心线；o_m—主轴回转轴心线。

机床主轴回转误差产生的加工误差见表 7.1。

表 7.1　机床主轴回转误差产生的加工误差

主轴回转误差的基本形式	车床上车削			镗床上镗削	
	内、外面	端面	螺纹	孔	端面
纯径向跳动	影响极小	无影响		圆度误差	无影响
纯轴向窜动	无影响	平面度误差垂直度误差	螺距误差	无影响	平面度误差垂直度误差
纯角度摆动	圆柱度误差	影响极小	螺距误差	圆柱度误差	平面度误差

3）提高主轴回转精度的措施

(1) 提高主轴部件的制造精度。首先应提高轴承的回转精度,如选用高精度的滚动轴承,或采用高精度的多油楔动压轴承和静压轴承。其次是提高箱体支承孔、主轴轴颈和与轴承相配合零件有关表面的加工精度。此外,还可在装配时先测出滚动轴承及主轴锥孔的径向跳动,然后调节径向跳动的方位,使误差相互补偿或抵消,以减少轴承误差对主轴回转精度的影响。

(2) 对滚动轴承进行预紧。对滚动轴承适当预紧以消除间隙,甚至产生微量过盈。由于轴承内外圆和滚动体弹性变形的相互制约,既增加了轴承刚度,又对轴承内外圈滚道和滚动体的误差起到均化作用,因而可提高主轴的回转精度。

(3) 使主轴的回转误差不反映到工件上。直接保证工件在加工过程中的回转精度，而使回转精度不依赖于主轴，这是保证工件形状精度最简单而又有效的方法。例如，在外圆磨床上磨削外圆柱面时，为避免工件头架主轴回转误差的影响，工件采用两个固定顶尖支承，主轴只起传动作用(图 7.9)，工件的回转精度完全取决于顶尖和中心孔的形状误差和同轴度误差。提高顶尖和中心孔的精度要比提高主轴部件的精度容易且经济得多。又如，在镗床上加工箱体类零件上的孔时，可采用带前、后导向套的镗模(图 7.10)，刀杆与主轴浮动连接，所以刀杆的回转精度与机床主轴的回转精度也无关，仅由刀杆和导套的配合质量决定。

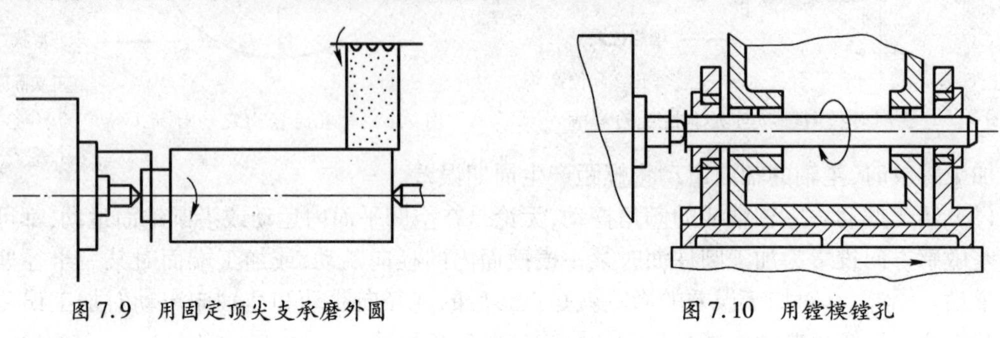

图 7.9　用固定顶尖支承磨外圆　　　图 7.10　用镗模镗孔

7.2.2.2　导轨误差

机床导轨是机床主要部件的相对位置及运动的基准，导轨误差将直接影响加工精度。

1) 导轨在垂直面内的直线度误差

卧式车床或外圆磨床的导轨垂直面内有直线度误差 ΔZ (图 7.11(a))，使刀尖运动轨迹产生直线度误差 ΔZ，由于是误差非敏感方向，零件的加工误差 $\Delta R \approx \Delta Z^2/2R$ 可忽略不计。平面磨床、龙门刨床这时是误差敏感方向，所以导轨误差将直接反映到被加工的零件上。

2) 导轨在水平面内的直线度误差

卧式车床或外圆磨床的导轨水平面内有直线度误差 ΔY (图 7.11(b))，将使刀尖的直线运动轨迹产生同样的直线度误差 ΔY，由于是误差敏感方向，零件的加工误差 $\Delta R = \Delta Y$，造成零件的圆柱度误差。平面磨床和龙门刨床的导轨水平方向为误差非敏感方向，加工误差可忽略。

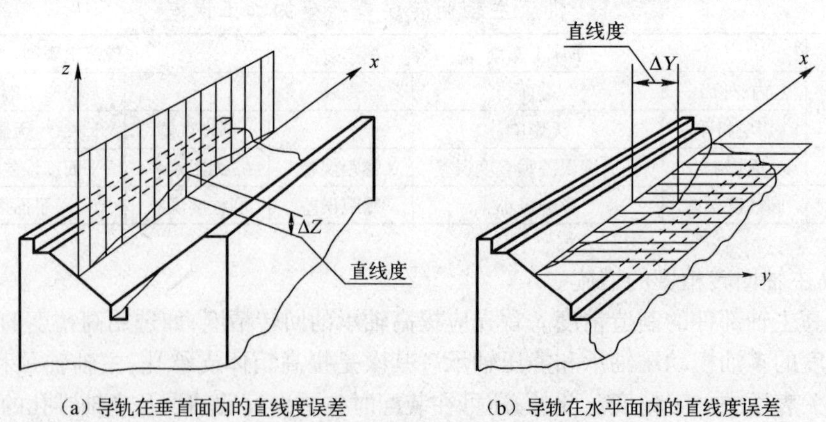

(a) 导轨在垂直面内的直线度误差　　(b) 导轨在水平面内的直线度误差

图 7.11　导轨的直线度误差

3) 前后导轨的平行度误差

当卧式车床或外圆磨床的前后导轨存在平行度误差(扭曲)时(图 7.12)，刀具和工件之间的相对位置发生了变化,结果引起了工件的形状误差。在垂直于纵向走刀的某一截面内,若前后导轨的平行度误差为 ΔZ,则零件的半径误差为

$$\Delta R \approx \Delta Y = \Delta Z \frac{H}{B} \tag{7.3}$$

一般车床 $H/B \approx 2/3$,外圆磨床 $H/B \approx 1$。因此这项原始误差对加工精度的影响不能忽略。

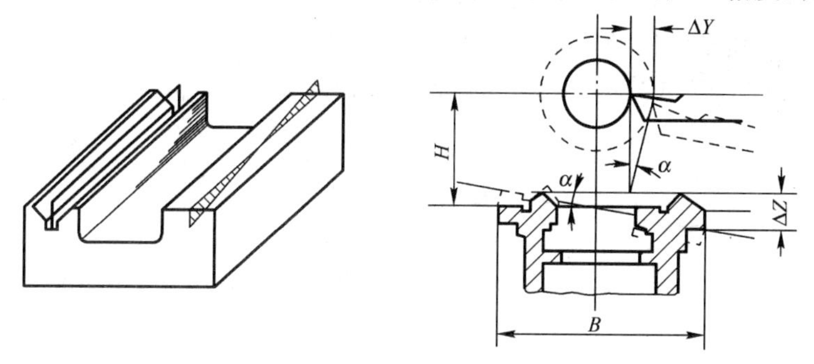

图 7.12 前后导轨平行度误差

4）导轨与主轴回转轴线的平行度误差

车床导轨与主轴回转轴线在水平面内有平行度误差,车出的内外圆柱面就产生锥度;若在垂直面内有平行度误差,则圆柱面成双曲线回转体(图 7.13),因是误差非敏感方向故可略。

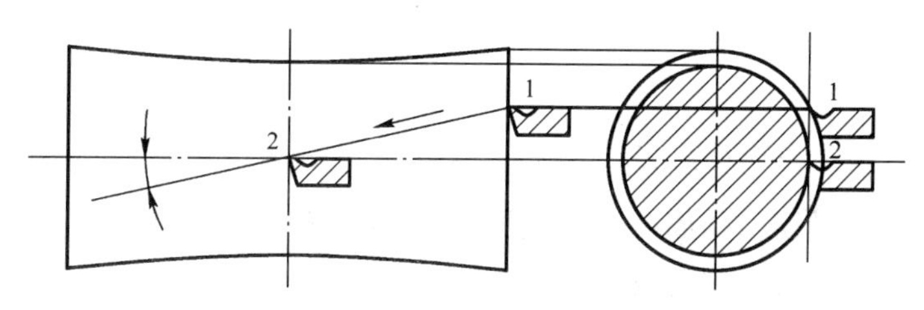

图 7.13 车床导轨与主轴回转轴线在垂直面内的平行度误差产生的加工误差

5）提高导轨精度的主要措施

(1) 选用合理的导轨形状和导轨组合形式,并在可能的条件下增加工作台与床身导轨的配合长度。

(2) 提高机床导轨的制造精度,主要是提高导轨的加工精度和配合接触精度。

(3) 选用适当的导轨类型。例如,在机床上采用液体或气体静压导轨结构,由于在工作台与床身导轨之间有一层压力油或压缩空气,既可对导轨面的直线度误差起均化作用,又可防止导轨面在使用过程中的磨损,故能提高工作台的直线运动精度及其精度保持性。又如,高速导轨磨床的主运动常采用贴塑导轨,其进给运动采用滚动导轨来提高直线运动精度。

7.2.2.3 传动链误差

1）传动链精度的分析

加工螺旋面、齿轮、蜗轮等成形表面时,刀具和零件之间精确的运动关系——回转运动速度与直线运动速度或回转运动速度与回转运动速度之间的恒定关系是由机床传动系统即传动链来保证的。传动链误差是指机床内联系传动链始末两端传动元件之间相对运动的误差。传动链误差一般用传动链末端元件的转角误差来衡量。各传动元件的转角误差是转角的正弦

(或余弦)函数:

$$\Delta\varphi_j = \Delta_j \sin(\omega_j t + \alpha_j) \tag{7.4}$$

式中 $\Delta\varphi_j$——第 j 个传动元件的转角误差(rad);

Δ_j——第 j 个传动元件转角误差的幅值(rad);

ω_j——第 j 个传动元件的角速度(rad/s);

α_j——第 j 个传动元件转角误差的初相角(rad)。

第 j 个传动元件的转角误差 $\Delta\varphi_j$ 使末端元件 n 产生误差 $\Delta\varphi_{jn}$:

$$\Delta\varphi_{jn} = k_j \Delta\varphi_j \tag{7.5}$$

式中 k_j——转角误差的传递系数,$k_j = \frac{\omega_n}{\omega_j} = \frac{1}{i_{jn}}$。

整个传动链的总转角误差 $\Delta\varphi_\Sigma$ 是各传动元件所引起末端元件转角误差 $\Delta\varphi_{jn}$ 的叠加:

$$\Delta\varphi_\Sigma = \sum_{j=1}^{n} \Delta\varphi_{jn}$$

$$\omega_j t = \frac{\omega_j}{\omega_n}\omega_n t = i_{jn}\omega_n t$$

因为

$$\sin(\omega_j t + \alpha_j) = \Delta_j \sin(i_{jn}\omega_n t + \alpha_j)$$

所以

$$\Delta\varphi_\Sigma = \sum_{j=1}^{n} \Delta\varphi_{jn} = \sum_{j=1}^{n} k_j \Delta_j \sin(i_{jn}\omega_n t + \alpha_j) \tag{7.6}$$

从式中可见,传动链误差是周期性变化的,且 k_j 越小传动链误差就越小。

2)减少传动链传动误差的措施

(1)缩短传动链,即减少传动环节。传动件个数越少,传动链越短,$\Delta\varphi_\Sigma$ 就越小,因而传动精度提高。

(2)降低传动比。即减小传动比,特别是传动链末端传动副的传动比小,则传动链中各传动元件误差对传动精度的影响就越小。因此,采用降速传动,是保证传动精度的重要原则。对于螺纹或丝杠加工机床,为保证降速传动,机床传动丝杠的导程应远大于工件螺纹导程;对于齿轮加工机床,分度蜗轮的齿数一般远比被加工齿轮的齿数多,其目的也是为了得到很大的降速传动比。同时,传动链中各传动副传动比应按越接近末端的传动副,其降速比越小的原则来分配,这样有利于减少传动误差。

(3)减小传动链中各传动件的加工、装配误差,可以直接提高传动精度。特别是最后的传动件(末端元件)的误差影响最大,故末端元件(如滚齿机的分度蜗轮、螺纹加工机床的最后一个齿轮及传动丝杠)应做得更精确些。

(4)采用校正装置。考虑到传动链误差是既有大小、又有方向的向量,可以采用误差校正装置,在原传动链中人为地加入一个补偿误差,其大小与传动链本身的误差相等而方向相反,从而使之相互抵消。

7.2.3 工艺系统受力变形

工艺系统受力变形不但影响工件的加工精度,而且还影响表面质量,限制切削用量和生产率的提高。

7.2.3.1 工艺系统刚度

机械加工过程中,工艺系统在切削力、夹紧力、传动力、重力和惯性力等外力作用下,会产生变形,破坏刀具和零件之间的正确位置关系,使零件产生加工误差。例如图7.14(a)车细长轴,在切削力作用下零件因弹性变形而产生"让刀"现象,在零件全长上吃刀深度先由多变少,再由少变多,零件产生圆柱度误差。图7.14(b)为车削粗短工件时,机床床头、尾架受力变形,零件产生加工误差。图7.14(c)所示在车床上加工薄壁零件的内孔,零件因三爪卡盘夹紧而弹性变形,加工后取下零件,变形得到恢复,内孔产生圆度误差。

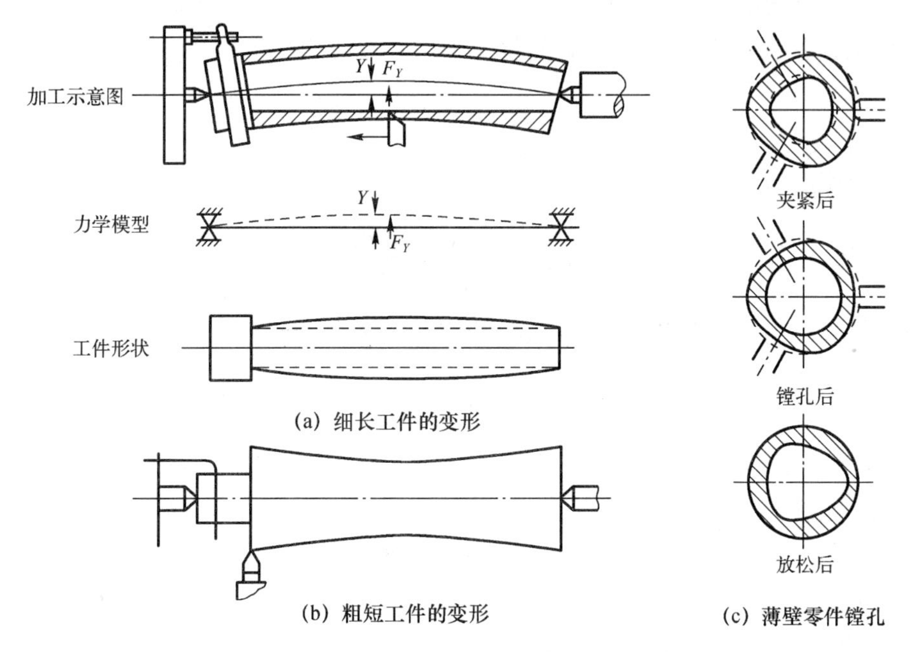

图7.14 工艺系统受力变形产生加工误差

工艺系统在切削力作用下将在各个受力方向产生相应变形,但影响最大的是误差敏感方向,所以工艺系统刚度是指切削力在加工表面法向的分力 F_Y 与 F_X、F_Y、F_Z 同时作用下产生的沿法向的变形 $Y_{系统}$ 之间的比值:

$$K_{系统} = \frac{F_Y}{Y_{系统}} \tag{7.7}$$

式中 $K_{系统}$——工艺系统刚度(N/mm);

F_Y——法向切削力(N);

$Y_{系统}$——工艺系统法向变形(mm)。

刚度的倒数称为柔度 C(mm/N):

$$C = \frac{1}{K_{系统}} = \frac{Y_{系统}}{F_Y} \tag{7.8}$$

由于力与变形一般都是在静态条件下进行考虑和测量的,故上述刚度、柔度分别称为静刚度和静柔度。静刚度是工艺系统本身的属性,在线性范围内可认为与外力无关。

为分析工艺系统各组成部分的变形规律及其特点,现介绍工艺系统各组成部分的刚度。

1）零件的刚度

形状规则、简单的零件的刚度可用有关力学公式推算，如图 7.14 所示细长回转体零件用两顶尖装夹，工件的变形 Y 可按简支梁计算：

$$Y = \frac{F_Y}{3EI} \cdot \frac{x^2(L-x)^2}{L} \tag{7.9}$$

式中 L——工件长度(mm)；

x——刀尖距右顶尖的距离(mm)；

E——工件材料的弹性模量($\mathrm{N/mm^2}$)；

I——工件截面的惯性矩($\mathrm{mm^4}$)。

当切削位置在中点时，工件变形最大为

$$Y_{\max} = \frac{F_Y L^3}{48EI}$$

工件最小刚度为

$$K_{\min} = \frac{F_Y}{Y_{\max}} = \frac{48EI}{L^3}$$

如果同样零件用三爪卡盘装夹，则按悬臂梁计算，最大变形为

$$Y_{\max} = \frac{F_Y L^3}{3EI} \tag{7.10}$$

式中 L——工件悬臂梁长度(mm)。

工件最小刚度为

$$K_{\min} = \frac{F_Y}{F_{\max}} = \frac{3EI}{L^3}$$

2）机床部件的刚度

机床的结构形状复杂，各部件受力影响变形各不相同，且变形后对工件加工精度的影响也不同。机床部件的受力变形过程首先是消除各有关零件之间的间隙，挤掉其间的油膜层的变形，接着是部件中薄弱零件变形(如图 7.15 刀架溜板中楔铁变形)，最后才是其他组成零件本身的弹性变形和相互接触面的接触变形。图 7.16 为刀架部件中力的传递情况：切削力从刀刃传到刀台、小刀架、大刀架、溜板、床身，最后在床身形成了封闭系统。刀刃相对机床主轴的总位移 Y 应是刀台对于小刀架的位移 Y_4、小刀架对大刀架的位移 Y_3、大刀架对溜板的位移 Y_2 和溜板对床身的位移 Y_1 的叠加。由于机床部件刚度的复杂性，很难用理论公式计算，一般用实验方法来测定。图 7.17 为单向测定车床静刚度的实验方法。图中 1 为刚性轴，装在车床顶尖间，2 为装在刀架上的螺旋加力器，3 为装在加力器与心轴之间的测力环，与心轴中点接触，4 为千分表，5 为转动加力器的加力螺钉。通过测力环使刀架与心轴之间产生作用力，力的大小由测力环中的千分表读出(测力环预先在材料试验机上用标准压力标定)。这时，床头、尾座和刀架在力的作用下产生变形的大小可分别从千分表中读出。

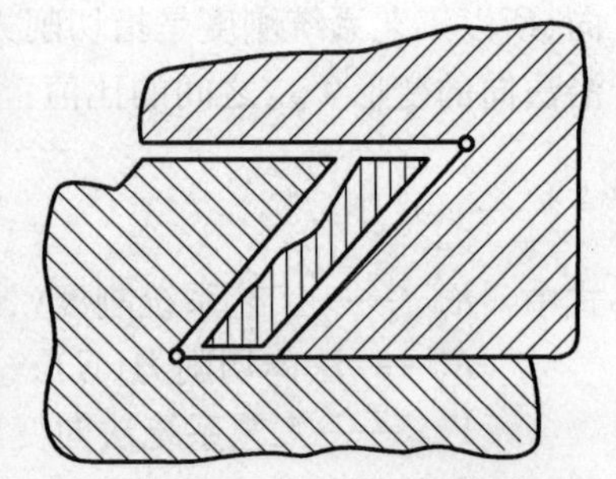
图 7.15　机床部件刚度的薄壁环节

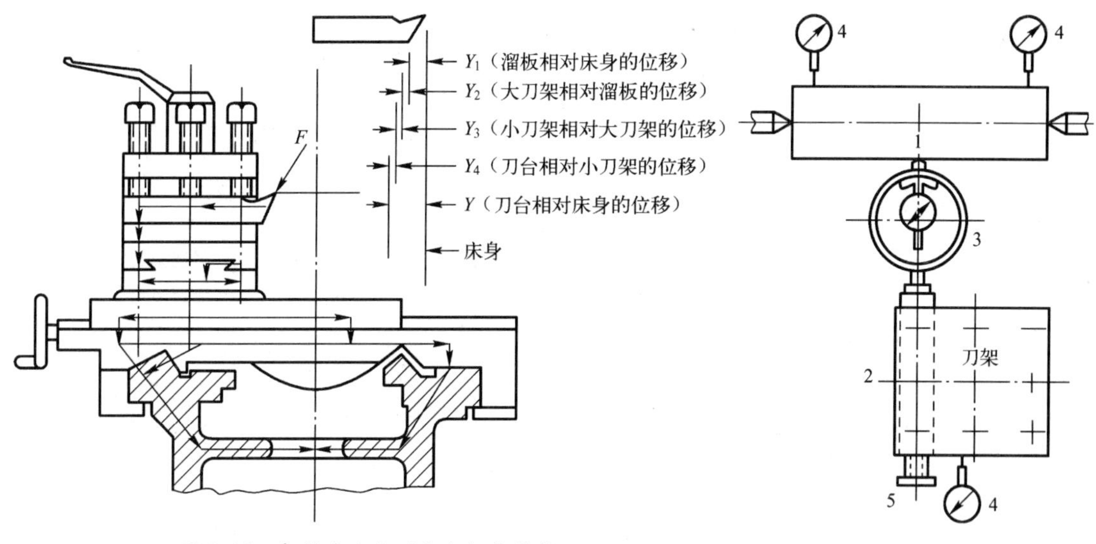

图 7.16　部件受力变形和各组成零件受力变形间的关系

图 7.17　车床刀架、头尾架单向静刚度测试

1—心轴；2—加力器；3—测力环；4—千分表；5—加力螺钉。

试验时可以进行几次加载和卸载，根据测得的 F_Y 和 Y 数据可分别画出刀架、床头和尾座等部件的静刚度曲线，图 7.18 为车床刀架静刚度的实测曲线。图中可见，刚度曲线不是直线，加载与卸载时的刚度曲线不重合，当载荷去除之后变形恢复不到起点。这反映了部件的变形不单纯是弹性变形，由于零件表面存在着几何形状误差和表面粗糙度，两个零件实际接触面积小于名义接触面积，只有一些高的凸峰（图 7.19）才相互接触，在外力的作用下，接触点产生了较大的接触应力，引起包括表面层弹性变形和局部塑性变形的接触变形。

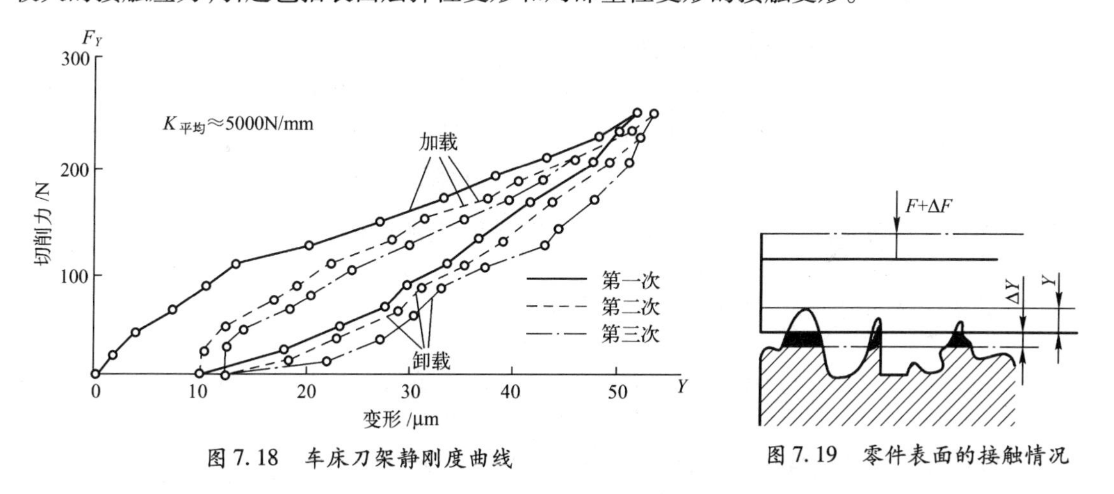

图 7.18　车床刀架静刚度曲线

图 7.19　零件表面的接触情况

3）工艺系统的刚度

工艺系统在切削力作用下都会产生不同程度的变形，导致刀刃和加工表面在作用力方向上的相对位置发生变化，于是产生加工误差。工艺系统受力总变形是各个组成部分变形的叠加，即

$$Y_{系统} = Y_{机床} + Y_{夹具} + Y_{刀具} + Y_{工件}$$

式中 $Y_{机床}$——机床变形量(mm)。

$Y_{夹具}$——夹具变形量(mm)。

$Y_{刀具}$——刀具变形量(mm)。

$Y_{工件}$——工件变形量(mm)。

而工艺系统各部件的刚度为

$$Y_{系统}=\frac{F_Y}{K_{系统}},Y_{机床}=\frac{F_Y}{K_{机床}},Y_{夹具}=\frac{F_Y}{K_{夹具}},Y_{刀具}=\frac{F_Y}{K_{刀具}},Y_{工件}=\frac{F_Y}{K_{工件}}$$

式中 $K_{机床}$——机床刚度(N/mm);

$K_{夹具}$——夹具刚度(N/mm);

$K_{刀具}$——刀具刚度(N/mm);

$K_{工件}$——工件刚度(N/mm)。

所以工艺系统刚度为

$$\frac{1}{K_{系统}}=\frac{1}{K_{机床}}+\frac{1}{K_{夹具}}+\frac{1}{K_{刀具}}+\frac{1}{K_{工件}}$$

即

$$K_{系统}=\frac{1}{\frac{1}{K_{机床}}+\frac{1}{K_{夹具}}+\frac{1}{K_{刀具}}+\frac{1}{K_{工件}}} \tag{7.11}$$

因此,知道工艺系统各组成部分的刚度后,就可以求出整个工艺系统的刚度。式(7.11)还表达了工艺系统刚度的一个特点:整个工艺系统的刚度比其中刚度最小的那个环节的刚度还小。

7.2.3.2 工艺系统受力对加工精度的影响

1)切削过程中力作用位置的变化对加工精度的影响

工艺系统刚度的另一个特点是工艺系统各环节的刚度和整个工艺系统的刚度,是随着受力点位置变化而变化的。如图7.20所示在车床两顶尖间加工光轴(由于顶尖装紧在机床主轴上,故将夹具顶尖与机床结合为一体来考虑变形),设这时切削力的大小保持不变,切削力作用点不断移动,当受力点在工件右端 x 处时,机床头架所受的力为 $\frac{x}{L}F_Y$,尾架所受的力为 $\frac{L-x}{L}F_Y$,刀架所受的力为 F_Y,机床各处的变形为

$$Y_{头架}=\frac{F_Y}{K_{头架}}\left(\frac{x}{L}\right),Y_{尾架}=\frac{F_Y}{K_{尾架}}\left(\frac{L-x}{L}\right),Y_{刀架}=\frac{F_Y}{K_{刀架}}$$

由图7.20的几何关系可得任意切削点 x 处机床、夹具的变形为 Y_X

$$Y_X=Y_{机床}+Y_{夹具}=Y_{刀架}+Y_{头架}+(Y_{尾架}-Y_{头架})\left(\frac{L-x}{L}\right)$$

$$=\frac{F_Y}{K_{刀架}}+\frac{F_Y}{K_{头架}}\left(\frac{x}{L}\right)^2+\frac{F_Y}{K_{尾架}}\left(\frac{L-x}{L}\right)^2$$

这时工件的变形按简支梁公式(7.9)计算。由于车刀粗短,其变形较小可忽略,则有

$$Y_{系统}=Y_{机床}+Y_{夹具}+Y_{刀具}+Y_{工件}$$

$$= \frac{F_Y}{K_{刀架}} + \frac{F_Y}{K_{头架}}\left(\frac{x}{L}\right)^2 + \frac{F_Y}{K_{尾架}}\left(\frac{L-x}{L}\right)^2 + \frac{F_Y}{3EI} \cdot \frac{x^2(L-x)^2}{L} \tag{7.12}$$

$$K_{系统} = \frac{F_Y}{Y_{系统}} = \frac{F_Y}{\dfrac{F_Y}{K_{刀架}} + \dfrac{F_Y}{K_{头架}}\left(\dfrac{x}{L}\right)^2 + \dfrac{F_Y}{K_{尾架}}\left(\dfrac{L-x}{L}\right)^2 + \dfrac{F_Y}{3EI} \cdot \dfrac{x^2(L-x)^2}{L}}$$

$$= \frac{1}{\dfrac{1}{K_{刀架}} + \dfrac{1}{K_{头架}}\left(\dfrac{x}{L}\right)^2 + \dfrac{1}{K_{尾架}}\left(\dfrac{L-x}{L}\right)^2 + \dfrac{1}{3EI} \cdot \dfrac{x^2(L-x)^2}{L}} \tag{7.13}$$

由此可见,工艺系统刚度在沿工件轴向的各个位置是不同的,所以加工后工件各个横截面上的直径尺寸也不相同,造成加工后的形状误差。零件细长时,刚度很低,工艺系统的变形几乎完全取决于零件的变形,产生如图 7.14(a)所示呈鼓形的加工误差。而工件粗短时,由于工件刚度较大,在切削力作用下的变形相对机床、夹具和刀具的变形要小得多,工艺系统的总变形完全取决于机床主轴箱、尾座、顶尖、刀架和刀具的变形,这时零件产生如图 7.14(b)呈鞍形的加工误差。图 7.21 表示在内圆磨床、卧式镗床上加工时工艺系统受力变形随受力点位置变化而变化的情况。

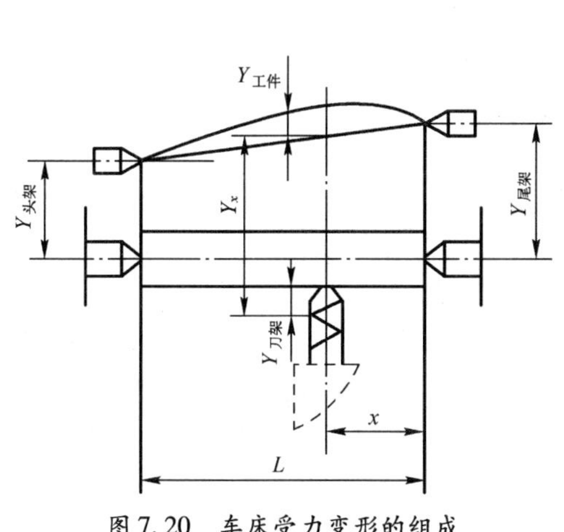

图 7.20 车床受力变形的组成

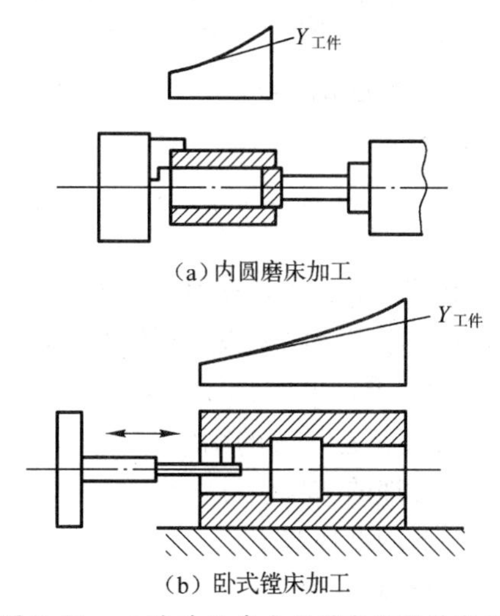

图 7.21 工艺系统受力位置变化时的变形

2) 切削过程中受力大小变化对加工精度的影响

在零件同一截面内切削,由于材料硬度不均或加工余量的变化将引起切削力大小的变化,而此时工艺系统的刚度 $K_{系统}$ 是常量,所以变形不一致,导致零件的加工误差。图 7.22 为车削有椭圆形圆度误差的短圆柱毛坯外圆,刀尖调整到要求的尺寸(图中虚线位置),在工件的每一转中切深由毛坯长半径的最大值 a_{p1},变化到短半径的最小值 a_{p2} 时,切削力也就由最大的 F_{Y1},变化到最小的 F_{Y2},由 $Y = \frac{F_Y}{K}$ 可知切削力变化引起对应的让刀变形 Y_1、Y_2。

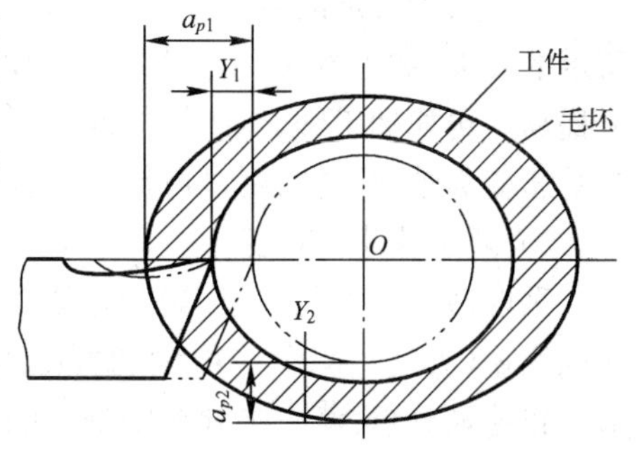

图 7.22 毛坯形状误差的复映

根据金属切削原理,在一定的切削条件下,切削力与实际切深成正比,即

$$F_{Y1} = C(a_{p1} - Y_1);\ F_{Y2} = C(a_{p2} - Y_2)$$

式中 C——径向切削力系数,$C = C_{FY} f^{Y_F Y} K_{FY}$为常数(N/mm);

a_{p1}、a_{p2}——背吃刀量(mm);

F_{Y1}、F_{Y2}——法向切削分力(N)。

则工件的变形量是

$$Y_1 - Y_2 = \frac{1}{K_{系统}}(F_{Y1} - F_{Y2}) = \frac{C}{K_{系统}}[(a_{p1} - a_{p2}) - (Y_1 - Y_2)]$$

$$Y_1 - Y_2 = \frac{C}{K_{系统} + C}(a_{p1} - a_{p2})$$

令$(a_{p1} - a_{p2})$为毛坯误差$\Delta_{毛坯}$,$(Y_1 - Y_2)$为一次进给后工件的误差$\Delta_{工件}$,$\varepsilon = \dfrac{C}{K_{系统} + C}$为误差复映系数,所以有

$$\Delta_{工件} = \frac{C}{K_{系统} + C}\Delta_{毛坯} = \varepsilon\Delta_{毛坯} \tag{7.14}$$

式(7.14)表示了加工误差与毛坯误差之间的比例关系,由于工件误差与毛坯误差是相对应的,可以把工件误差看成是毛坯误差的复映。若每次走刀的复映系数为$\varepsilon_1, \varepsilon_2, \cdots, \varepsilon_n$则总的误差复映系数$\varepsilon_{总} = \varepsilon_1 \cdot \varepsilon_2 \cdot \cdots \cdot \varepsilon_n$。误差复映规律:当毛坯有形状误差或位置误差时,加工后工件仍会有同类的加工误差,但每次走刀后工件的误差将逐步减少。

7.2.3.3 减小工艺系统受力变形对加工精度影响的措施

减小工艺系统受力变形是保证加工精度的有效途径之一。在生产实际中,常从两个主要方面采取措施来予以解决:一是提高系统刚度;二是减小载荷及其变化。从加工质量、生产效率、经济性等方面考虑,提高工艺系统中薄弱环节的刚度是最重要的措施。

1) 提高工艺系统的刚度

(1) 合理的结构设计。在设计工艺装备时,应尽量减少连接面数,并注意刚度的匹配,防止有局部低刚度环节出现。在设计基础件、支承件时,应合理选择零件结构和截面形状。一般地说,截面积相等时,空心截形比实心截形的刚度高,封闭的截形又比开口的截形好。在适当部位增添加强筋也有良好的效果。

(2) 提高连接表面的接触刚度。由于部件的接触刚度大大低于实体零件本身的刚度,所以提高接触刚度是提高工艺系统刚度的关键。特别是对在使用中的机床设备,提高其连接表面的接触刚度,往往是提高原机床刚度的最简便、最有效的方法。

(3) 采用合理的装夹和加工方式。例如,在卧式铣床上铣削角铁形零件,如按图7.23(a)所示的装夹、加工方式,工件的刚度较低;改用图7.23(b)所示的装夹、加工方式,则刚度可大大提高。再如加工细长轴时,如改为反向走刀(从床头向尾座方向进给),使工件从原来的轴向受压变为轴向受拉,则也可提高工件的刚度。

2) 减小载荷及其变化

采取适当的工艺措施,如合理选择刀具几何参数(例如加大前角,让主偏角接近90°)和切削用量(如适当减少进给量和背吃刀量),以减小切削力(特别是F_y),就可以减少受力变形。将毛坯分组,使一次调整中加工的毛坯余量比较均匀,就能减少切削力的变化,使复映误差减少。

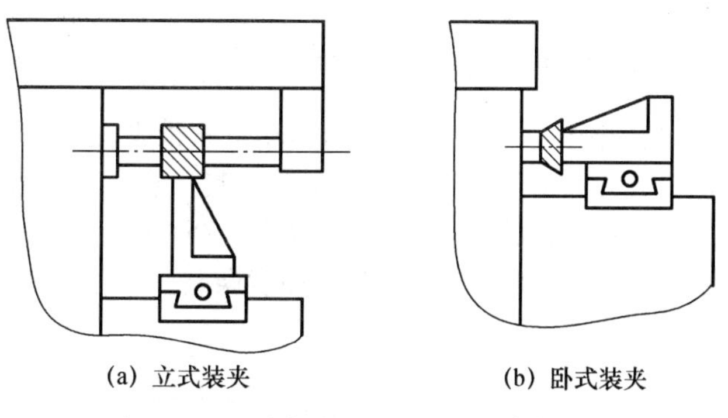

图 7.23　铣削角铁形零件的两种装夹方式

7.2.4　工艺系统的热变形

机械加工过程中，工艺系统在各种热源的影响下，产生复杂的变形，破坏了工件与刀具相对位置和相对运动的准确性，引起加工误差。在现代的高速度、高精度、自动化加工中，工艺系统热变形问题越来越突出。在精密加工和大件加工中，由于热变形引起的加工误差已占到加工总误差的40% ~70%。

工艺系统主要热源为系统内部的摩擦热、切削热和外部的环境温度、阳光辐射等。在各种热源作用下，工艺系统各部分的温度逐渐升高，热源不断导入热量，同时又向周围散发热量。在升温初期工艺系统各点的温度是时间的函数，温度分布是一种不稳定的温度场。当温升一定时间后（一般机床需要 4 ~6h），单位时间内输入与散发的热量相等，工艺系统处于热平衡状态，此时的温度场较稳定，其变形也相应稳定，引起的加工误差是有规律的。

7.2.4.1　机床热变形对加工精度的影响

机床工作时，由于内、外部热源的影响，温度会逐渐升高。由于机床结构复杂，热源不同，机床温度场一般都不均匀，使原有的机床精度遭到破坏，引起相应的加工误差。当热平衡后机床各部分热变形停止在某种程度上，相互之间的位置和运动相对稳定。

车床、铣床、钻床和镗床的主要热源是主轴箱。图 7.24(a)是车床的热变形趋势，车床主轴箱的温升导致主轴线抬高；主轴前轴承的温升高于后轴承又使主轴倾斜；主轴箱的热量经油池传到床身，导致床身中凸，更促使主轴线向上倾斜。最终导致主轴回转轴线与导轨的平行度误差，使加工后的零件产生圆柱度误差。图 7.24(b)万能铣床的热源也是主传动系统，由于左箱壁温度高也导致主轴线升高并倾斜。

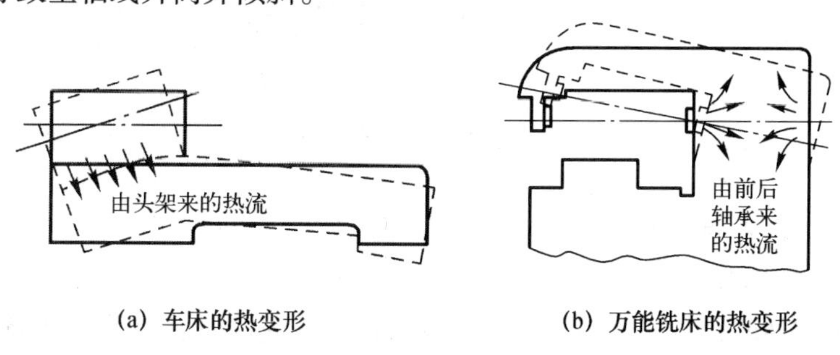

图 7.24　几种机床的热变形趋势

7.2.4.2 刀具的热变形对加工精度的影响

刀具热变形的热源是切削热。传给刀具的切削热虽然很少,但刀具质量小,热容量小,所以仍会有很高的温升,引起刀具的热伸长而产生加工误差。某些工件加工时刀具连续工作时间较长,随着切削时间的增加,刀具逐渐受热伸长如图 7.25 所示,车刀的热伸长中连续工作曲线 A,使加工后的工件产生圆柱度误差或端面的平面度误差。

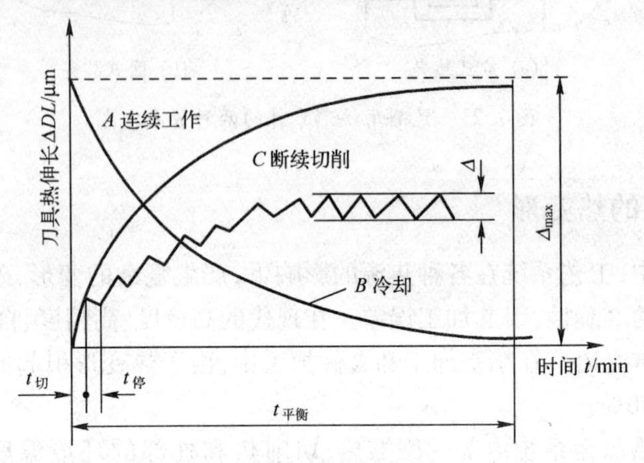

图 7.25 车床的热伸长

在成批生产小型工件时每个工件切削的时间较短,刀具断续工作,刀具受热和冷却是交替进行的,热变形情况如图 7.25 中断续切削曲线 C 所示。对每一个工件来说,产生的形状误差是较小的;对一批工件来说,在刀具未达到热平衡时,加工出的一批工件尺寸有一定的误差,造成一批工件尺寸的分散。

7.2.4.3 工件的热变形对加工精度的影响

工件热变形的热源主要是切削热,对有些大型件、精密件,环境温度也有很大的影响。传入工件的热量越多、工件的质量越小,则热变形越大。由于工件结构尺寸的差异,工件受热有两种情况:

(1) 工件均匀受热。对于一些形状简单、对称的盘类、轴类和套类零件的内、外圆加工时,切削热比较均匀地传入,温度在工件的全长或圆周上都比较一致,热变形也比较均匀,可根据其温升 ΔT 来估算工件的热变形量。

直径上的热膨胀为

$$\Delta D = \alpha D\Delta T \tag{7.15}$$

长度上的热伸长为

$$\Delta L = \alpha L\Delta T \tag{7.16}$$

式中 α——零件材料的热膨胀系数(1/℃);

D、L ——工件在热变形方向上的尺寸(mm);

ΔT ——工件温升(℃)。

当加工较短零件时,由于走刀行程短,可忽略轴向热变形引起的误差;当车削较长零件时,在沿零件轴向位置上切削时间有先后,开始切削时零件温升为零,随着切削的进行零件受热膨胀,到走刀终了时零件直径增量最大,因此车刀的切深随走刀而逐渐增大,零件冷却之后会出现圆柱度误差;加工丝杆时,零件受热后轴向伸长成为影响螺距误差的主要因素。

(2)工件不均匀受热。铣、刨、磨平面时,除在沿进给方向有温度差之外,更严重的是工件单面受切削热作用,上下表面间的温度差导致工件中凸,以致中间被多切去,加工完毕冷却后,加工表面就产生中凹的形状误差,一般上下表面间的温度差1℃,就会产生平面度误差0.01mm。

7.2.4.4 减少工艺系统热变形对加工精度影响的措施

1)减少热源的发热和隔离热源

为了减小机床的热变形,凡有可能从主机分离出去的热源,如电机、变速箱、液压装置的油箱等,应尽可能放置在机床外部。对于不能与主机分离的热源,如主轴轴承、丝杆螺母副、高速运动的导轨副等,则应从结构、润滑等方面采取措施改善其摩擦特性,以减少发热,如采用静压轴承、静压导轨、改用低黏度润滑油等。

如果热源不能从机床中分离出去,可在发热部件与机床大件之间用绝热材料隔离。对于发热量大的热源,若既不能从机内移出,又不便于隔热,则应采用有效的冷却措施,如增加散热面积或采用强制风冷、水冷、循环润滑等。

2)热补偿方法减小热变形

单纯减小温升往往不能收到满意的效果,此时应采用热补偿方法使机床的温度场比较均匀,从而使机床仅产生均匀变形,而不影响加工精度。

3)采用合理的机床部件结构

对变速箱、轴承、传动齿轮等采用热对称结构布置,可使箱壁温升均匀,箱体变形减小。

4)加速达到热平衡状态

对于精密机床特别是大型机床,达到热平衡的时间较长。为了缩短这个时间,可以在加工前使机床作高速空运转,或在机床的适当部位设置控制热源,人为地给机床加热,使机床较快地达到热平衡状态,然后进行加工。

5)控制环境温度

精加工机床应避免日光直接照射,布置采暖设备时也应避免机床受热不均匀。精密机床应安装在恒温车间中使用。

7.2.5 工件残余应力引起的变形

7.2.5.1 残余应力的概念及其特性

残余应力(又称内应力)是指当外部载荷去除以后,仍然残存在工件内部的应力。它是因为对工件进行热加工或冷加工,使金属内部宏观的或微观的组织发生不均匀的体积变化而产生的。具有残余应力的零件,其内部组织处于一种极不稳定的状态,有着强烈的恢复到无应力状态的倾向,因此不断地释放应力,直到其完全消失为止。在残余应力这一消失过程中,零件的形状逐渐变化,原有的加工精度逐渐丧失。

7.2.5.2 残余应力产生的原因

产生残余应力的一种情况是毛坯制造中的铸、锻、焊、热处理等加工过程中,由于零件各部分受热不均或均匀受热而冷却速度不同以及金相组织转变的体积变化,使毛坯内部产生了相当大的残余应力。初期内应力暂时处于相对平衡的状态，但在切削去某些表面部分后，就打破了这种平衡，残余应力重新分布，零件就明显地出现变形。图7.26(a)表示的是床身毛坯残余应力暂时平衡的状态，图7.26(b)为加工后残余应力重新分布并产生中凹的弯曲变形。

另一种情况是细长轴类零件加工后消除弯曲的方法带来的残余应力。图7.27(a)为冷校直，在原有变形的相反方向加力 F，使工件向相反方向弯曲而产生塑性变形，以达到校直的目的。在 F 力作用下，工件内部的应力分布如图7.27(b)所示，当外力去除后残余应力如图7.27(c)所示。弯曲是消除了，但工件处在一个不稳定状态。

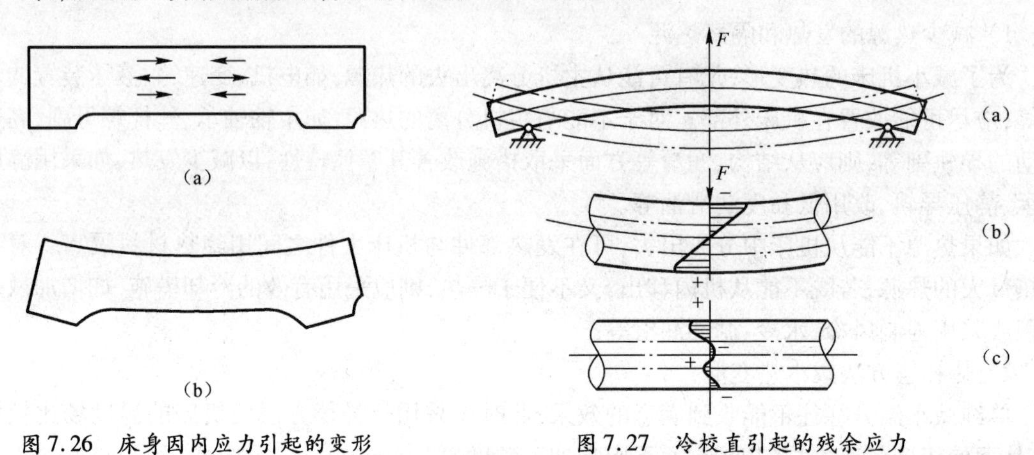

图7.26　床身因内应力引起的变形

图7.27　冷校直引起的残余应力

在切削加工时，零件表层在切削力和切削温度作用下，各部分不同程度地产生塑性变形和金相组织变化而引起残余应力。这在切削余量较大的粗加工阶段尤为明显，往往采取时效的方法去除残余应力。

7.2.5.3　减少或消除残余应力的措施

1) 增加消除内应力的热处理工序

对铸、锻、焊接件进行退火或回火；零件淬火后进行回火；对精度要求高的零件如车身、丝杆、箱体、精密主轴等在粗加工后进行时效处理。

2) 合理安排工艺过程

粗、精加工分开在不同工序中进行，使粗加工后有一定时间让残余应力重新分布，以减少对精加工的影响。在加工大型工件时，粗、精加工往往在一个工序中完成，这时应在粗加工后松开工件，让工件有自由变形的可能，然后再用较小的夹紧力夹紧工件进行精加工。对于精密零件(如精密丝杆)，在加工过程中不允许进行冷校直(可采用热校直)。

3) 其他措施

改善零件的结构，提高零件的刚性，使壁厚均匀等，均可减少残余应力的产生。

7.3　加工误差的统计分析

生产实际中影响加工精度的因素往往来自多种原始误差。当多种原始误差同时作用时，有的相互叠加，有的相互抵消，有的因素的出现具有随机性，还有一些认识不清的误差因素。因此，在许多情况下采用统计分析法可以有效地分析加工误差，找出误差分布与变化的规律，从而找出解决问题的途径。

7.3.1 加工误差的分类

加工误差按其性质的不同可分为系统误差和随机误差(也称偶然误差)。加工误差性质不同,其分布规律及解决的途径也不同。

7.3.1.1 系统误差

在连续加工一批零件时,加工误差的大小和方向基本上保持不变,称为常值系统误差;如果加工误差是按零件的加工次序作有规律变化的,则称为变值系统误差。

常值系统误差对于同批工件的影响是一致的,不会引起各工件之间的差异;变值系统误差虽然会引起同批工件之间的差异,但是按照一定的规律而依次变化的,不会造成忽大忽小的波动。

原理误差,机床、刀具、夹具、量具的制造误差及调整误差,工艺系统静力变形等原始误差都会引起常值系统误差。刀具的正常磨损是随着加工过程(或加工时间)而有规律地变化的,由此产生的加工误差属于变值系统误差。工艺系统的热变形,在温升过程中,一般将引起变值系统误差,在达到热平衡后,则又引起常值系统误差。

7.3.1.2 随机误差

在连续加工一批零件中,出现的误差如果大小和方向是不规则地变化着的,则称为随机误差。原始误差中的定位误差、夹紧误差、工件内应力等因素都是变化不定的,都是引起随机误差的原因。随机误差具有一定的分散性,是造成工件尺寸忽大忽小波动的原因,但由于它总是在某一确定的范围内变动,因此具有一定的统计规律性。随机误差有以下特点:在一定的加工条件下随机误差的数值总在一定范围内波动;绝对值相等的正误差和负误差出现的概率相等;误差绝对值越小出现的概率越大,误差绝对值越大出现的概率越小。

随机误差和系统误差的划分也不是绝对的,它们之间既有区别又有联系。有时,同一原始误差在某种情况下引起随机误差,而在另一种情况下又可能引起系统误差。例如加工一批零件时,如果是在机床一次调整中完成的,则机床的调整误差引起常值系统误差;如果是经过若干次调整完成的,则调整误差就引起随机误差了。

7.3.2 分布曲线法

采用调整法大批量加工的一批零件中,随机抽取足够数量的工件(称作样本),进行加工尺寸 X 的测量、记录。由于随机误差和变值系统误差的存在,这些零件加工尺寸的实际数值是各不相同的,这种现象称为尺寸分散。按尺寸大小把零件分成若干组 k,分组数要适当(参见表 7.2)。每一组中零件的尺寸处在一定的间隔范围内,每组的尺寸间隔 $\Delta X=(X_{max}-X_{min})/(k-1)$。同一尺寸间隔内(即同一组内)的零件数量称为频数 m。频数与样本总数 n 之比 m/n 称为频率。频率除以尺寸间隔值所得的商 $m/(n\cdot\Delta X)$ 称为频率密度。以零件尺寸为横坐标,频数或频率密度为纵坐标可绘出等宽直方图。再连接直方图中每一直方宽度的中点(组中值)得到一条折线,即实际分布曲线,如图 7.28(a)所示。

表 7.2　分组数的推荐值

样本总数 n	50 以下	50 ~ 100	100 ~ 250	250 以上
分组数 k	6 ~ 7	6 ~ 10	7 ~ 12	10 ~ 20

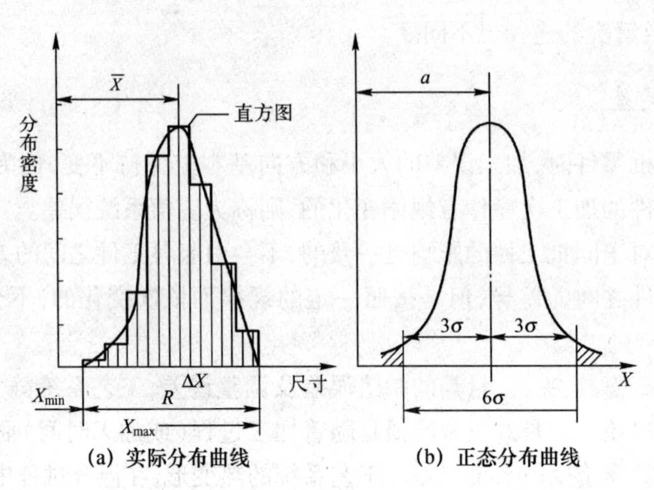

(a) 实际分布曲线　　(b) 正态分布曲线

图 7.28　分布曲线

7.3.2.1　正态分布曲线方程

实践和理论分析表明，当用调整法加工一批总数极多的而且这些误差因素中又都没有任何优势的倾向时，其分布是服从正态分布曲线（又称高斯曲线）的，如图 7.28（b）所示。正态分布曲线方程式为

$$Y = \frac{1}{\sigma\sqrt{2\pi}} e^{-\frac{(X-\alpha)^2}{2\sigma^2}} \tag{7.17}$$

式中　Y——正态分布的概率密度；

α——正态分布曲线的均值；

σ——正态分布曲线的标准偏差（均方根偏差）。

均值 α 和标准偏差 σ 实际上是反映生产过程的两个特征参数。

理论上的正态分布曲线是向两边无限延伸的，而在实际生产中产品的特征值（如尺寸值）却是有限的。因此用有限的样本平均值 $\overline{X}$ 和样本标准偏差 S 作为理论均值 α 和标准偏差 σ 的估计值。由数理统计原理得有限测定值的计算公式如下：

$$\overline{X} = \frac{1}{n}\sum_{i=1}^{n} X_i \tag{7.18}$$

$$S = \sqrt{\frac{1}{n-1}\sum_{i=1}^{n}(X_i - \overline{X})^2} \tag{7.19}$$

7.3.2.2　正态分布曲线的特征

下面我们借助于正态分布曲线的特征来讨论加工精度问题。

(1) 由图 7.27(b)可见正态分布曲线对称于直线 $X=\alpha$,在 $X=\alpha$ 处达到极大值 $Y_{max}=\frac{1}{\sigma\sqrt{2\pi}}$;在 $X=\alpha\pm\sigma$ 处有拐点且 $Y_X=\frac{1}{\sigma\sqrt{2\pi}}e^{\frac{1}{2}}=Y_{max}e^{\frac{1}{2}}\approx 0.6Y_{max}$;当 $X\to\pm\infty$ 时,曲线以 X 轴为其渐近线,曲线成钟形。正态曲线的这些特性表明被加工零件的尺寸靠近分散中心(均值 α)的工件占大部分,而尺寸远离分散中心的工件是极少数,而且工件尺寸大于 α 和小于 α 的频率是相等的。正态分布曲线下的面积 $A=\int_{-\infty}^{+\infty}Y\mathrm{d}x=1$ 代表了工件(样本)的总数,即 100%。

(2) 如果改变参数的值而保持 σ 不变,则分布曲线沿着 X 轴平移而不改变其形状,如图 7.29(a)所示,α 决定正态分布曲线的位置。反之,如果使 α 值固定不变,σ 值变化时,则曲线形状就变化了,如图 7.29(b)所示。若 σ 值减小,则 Y_{max}增大,此时曲线在中心部分升高,但因 $A=1$,故曲线在两侧要收缩,由此可见,当 σ 很小时,曲线下面的面积几乎全部集中在以 α 为中心的一个不大的区域内。若 σ 值增大,则 Y_{max}减小,曲线将渐趋平坦。所以正态分布曲线的形状是由标准偏差 σ 来决定的,σ 的大小完全由随机误差所决定。

联系到加工误差的两种表现特性,显而易见,随机误差引起尺寸分散,常值系统误差决定分散带中心位置,而变值系统误差则使中心位置随着时间按一定规律移动。

(3) 分布曲线下所包含的全部面积代表一批加工零件,即 100% 零件的实际尺寸都在这一分布范围内。如图 7.30 所示,C 点代表规定的最小极限尺寸 A_{min},CD 代表零件的公差带,在曲线下面 C、D 两点之间的面积代表加工零件的合格率。曲线下面其余部分的面积(图上无阴影线的部分)则为废品率。在加工外圆时,图上左边无阴影线部分相当于不可修复的废品,右边的无阴影线部分则为可修复的废品;在加工内孔时,则恰好相反。

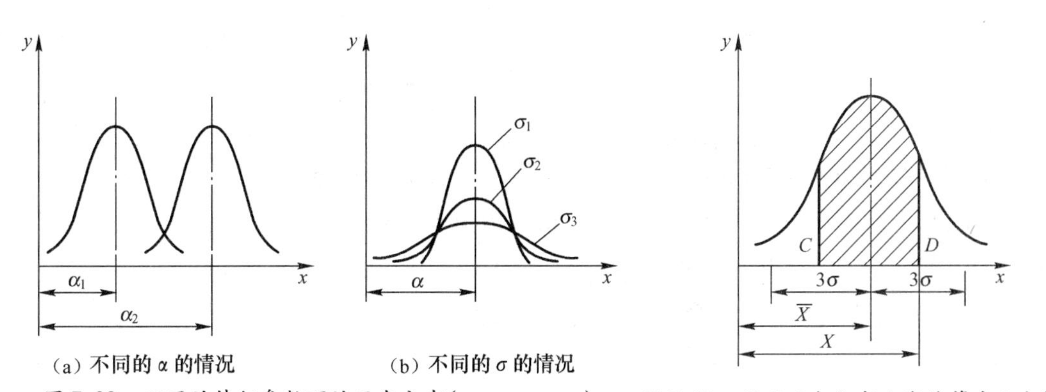

图 7.29　不同的特征参数下的正态分布($\sigma_1>\sigma_2>\sigma_3$)　　图 7.30　利用正态分布曲线计算产品合格率

对于正态分布曲线来说,由 α 到 X 曲线下的面积由下式决定:

$$A=\int_{\alpha}^{X}Y\mathrm{d}X=\frac{1}{\sigma\sqrt{2\pi}}\int e^{-\frac{(X-\alpha)^2}{\alpha^2}}\mathrm{d}X \tag{7.20}$$

计算式(7.20),采用表 7.3 的积分表。在实际应用时表中的 α 可用 $\overline{X}$ 代替。

表 7.3　正态分布曲线下的面积函数

$\frac{X-\alpha}{\sigma}$	A	$\frac{X-\alpha}{\sigma}$	A	$\frac{X-\alpha}{\sigma}$	A	$\frac{X-\alpha}{\sigma}$	A	$\frac{X-\alpha}{\sigma}$	A
0.00	0.0000	0.24	0.0948	0.48	0.1844	0.94	0.3264	2.10	0.4821
0.01	0.0040	0.25	0.0987	0.49	0.1879	0.96	0.3315	2.20	0.4861
0.02	0.0080	0.26	0.1023	0.50	0.1915	0.98	0.3365	2.30	0.4893
0.03	0.0120	0.27	0.1064	0.52	0.1985	1.00	0.3413	2.40	0.4918
0.04	0.0160	0.28	0.1103	0.54	0.2054	1.05	0.3531	2.50	0.4938
0.05	0.0199	0.29	0.1141	0.56	0.2123	1.10	0.3643	2.60	0.4953
0.06	0.0239	0.30	0.1179	0.58	0.2190	1.15	0.3749	2.70	0.4965
0.07	0.0279	0.31	0.1217	0.60	0.2257	1.20	0.3849	2.80	0.4974
0.08	0.0319	0.32	0.1255	0.62	0.2324	1.25	0.3944	2.90	0.4981
0.09	0.0359	0.33	0.1293	0.64	0.2389	1.30	0.4032	3.00	0.49865
0.10	0.0398	0.34	0.1331	0.66	0.2454	1.35	0.4115	3.20	0.49931
0.11	0.0438	0.35	0.1368	0.68	0.2517	1.40	0.4192	3.40	0.49966
0.12	0.0478	0.36	0.1406	0.70	0.2580	1.45	0.4265	3.60	0.499841
0.13	0.0517	0.37	0.1443	0.72	0.2642	1.50	0.4332	3.80	0.499928
0.14	0.0557	0.38	0.1480	0.74	0.2703	1.55	0.4394	4.00	0.499968
0.15	0.0596	0.39	0.1517	0.76	0.2764	1.60	0.4452	4.50	0.499997
0.16	0.0636	0.40	0.1554	0.78	0.2823	1.65	0.4495	5.00	0.49999997
0.17	0.0675	0.41	0.1591	0.80	0.2881	1.70	0.4554		
0.18	0.0714	0.42	0.1628	0.82	0.2939	1.75	0.4599		
0.19	0.0753	0.43	0.1664	0.84	0.2995	1.80	0.4641		
0.20	0.0793	0.44	0.1700	0.86	0.3051	1.85	0.4678		
0.21	0.0832	0.45	0.1736	0.88	0.3106	1.90	0.4713		
0.22	0.0871	0.46	0.1772	0.90	0.3159	1.95	0.4744		
0.23	0.0910	0.47	0.1808	0.92	0.3212	2.00	0.4772		

从表中可以查出 $x-\alpha=3\sigma$ 时，$A=49.865\%$，$2A=99.73\%$，即工件尺寸在 $\pm3\sigma$ 以外的频率只占 0.27%，可以忽略不计。因此，一般都取正态分布曲线的分散范围为 $\pm3\sigma$。所以，若工件公差为 δ 并在加工时调整分布中心与公差中心重合，则不产生废品的条件是 $\delta\geqslant6\sigma$；反之便有废品产生，尺寸过大的废品率或过小的废品率均由下式计算：

$$Q_{废品率}=0.5-A \tag{7.21}$$

若分布中心与公差中心不重合，此不重合部分即常值系统误差，以 $\Delta_{系统}$ 表示，如图 7.31 所示，这时即使加工公差 $\delta>6\sigma$，仍有产生废品的可能性，而这时不产生废品的条件就应该为

$$\delta\geqslant6\sigma+2\Delta_{系统}$$

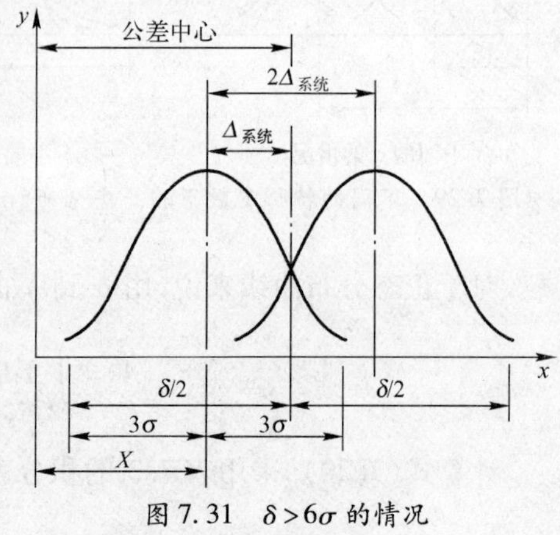

图 7.31　$\delta>6\sigma$ 的情况

（4）$\pm3\sigma$（或 6σ）在研究加工误差时是一个很重要的概念。6σ 的大小代表了某一种加工方法在规定的条件下所能达到的加工精度，即工艺能力。为此，在保证工件公差要求的前提下，可根据实际的工艺能

力来选择恰当加工方法。在实际生产中,常以工艺能力系数 C_p 来衡量工艺能力:

$$C_p = \frac{\delta}{6\sigma} \tag{7.22}$$

工艺能力系数说明了工艺能力满足公差要求的程度。根据工艺能力系数的大小,将工艺分五级:$C_p > 1.67$ 为特级,说明工艺能力过高,不一定经济;$1.67 \geqslant C_p > 1.33$ 为一级,说明工艺能力足够,可以允许一定的波动;$1.33 \geqslant C_p > 1.00$ 为二级,说明工艺能力勉强,必须密切注意;$1.00 \geqslant C_p > 0.67$ 为三级,说明工艺能力不足,可能出少量不合格品;$0.67 \geqslant C_p$ 为四级,说明工艺能力不行,必须加以改进。

【例题 7.1】 检查一批在卧式镗床上精镗后的活塞销孔直径。图纸规定尺寸与公差为 $\phi 28^{\ 0}_{-0.015}$,抽查件数 $n=100$,分组数 $k=6$。测量尺寸、分组间隔、频数和频率见表 7.4。求实际分布曲线图、工艺能力及合格率,分析出现废品的原因并提出改进意见。

表 7.4 活塞销孔直径测量结果

组别	尺寸范围	组中值 X_j	频数 m_j	频率 m_j/n
1	27.992 ~ 27.994	27.993	4	4/100
2	27.994 ~ 27.996	27.995	16	16/100
3	27.996 ~ 27.998	27.997	32	32/100
4	27.998 ~ 28.000	27.999	30	30/100
5	28.000 ~ 28.002	28.001	16	16/100
6	28.002 ~ 28.004	28.003	2	2/100

解:以组中值 X_j 代替组内零件实际值,绘制图 7.32 为实际分布曲线。

$$\text{分散范围} = \text{最大孔径} - \text{最小孔径} = 28.04 - 27.992 = 0.012\text{mm}$$

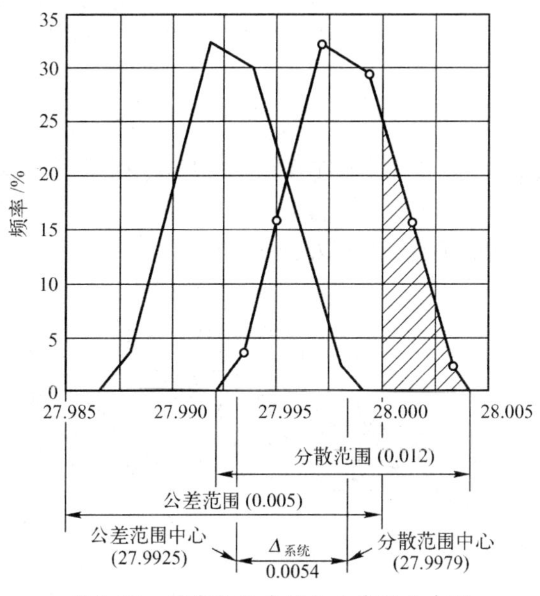

图 7.32 活塞销孔直径尺寸实际分布图

样本平均值(又称尺寸分散范围中心即平均孔径)为

$$\overline{X} = \frac{1}{n}\sum_{i=1}^{k} X_i m_i = 27.9979\text{mm}$$

公差范围中心 $$L_M = 28 - \frac{0.015}{2} = 27.9925\text{mm}$$

常值系统误差 $$\Delta_{系统} = |A - \overline{X}| = 0.0054\text{mm}$$

样本标准偏差 $$S = \sqrt{\frac{1}{n-1}\sum_{i=1}^{k}(X_i - \overline{X})^2 m_i} = 0.002244\text{mm}$$

工艺能力系数 $C_p = \dfrac{\delta}{6\sigma} = 1.11$,二级工艺能力;

废品率:由$\dfrac{X-\overline{X}}{\sigma} = \dfrac{28-27.9979}{0.002244} = 0.9358$,查表 7.3 可得 $A = 0.3253$。

所以 $$Q_{废品率} = 0.5 - A = 0.5 - 0.3253 = 0.1747 = 17.47\%$$

$$Q_{合格率} = 0.5 + A = 0.5 + 0.3253 = 0.8253 = 82.53\%$$

实测结果分析:部分工件的尺寸超出了公差范围,有 17.47% 的废品(实际分布曲线图中阴影部分)。但这批工件的分散范围 0.012mm 比公差带 0.015mm 小,也就是说实际加工能力比图纸要求的要高:$C_p = 1.11$,即 $\delta > 6\sigma$。只是由于有 $\Delta_{系统} = 0.0054$ 的存在而产生废品。如果能够设法将分散中心调整到公差范围中心,工件就完全合格。具体的调整方法是将镗刀的伸出量调短些,以减少镗刀受力变形产生的加工误差。

从以上论述和实例可知,分布曲线是一定生产条件下加工精度的客观标志。在大批量生产时对一些典型的加工方法经常进行这种统计研究,可以根据分布曲线看出影响加工精度的性质,便于分析原因,找出解决加工精度问题的方法。

但是分布曲线法不能反映出零件加工的先后顺序,因此不能把变值系统误差和随机误差区分出来;而且分布曲线只有在一批零件加工完后才能绘出来,因此不能在加工进行过程中为控制工艺过程提供资料,以便随时调整机床保证加工精度。采用点图法可以弥补上述缺点。

7.3.3 点图法

点图法的要点:以零件加工的先后顺序作出尺寸的变化图,揭示整个加工过程误差变化的全貌。以加工零件顺序号为横坐标,零件加工后测量所得的尺寸为纵坐标,画成点图。点图反映了加工尺寸的变化与时间的关系,如图 7.33 所示。

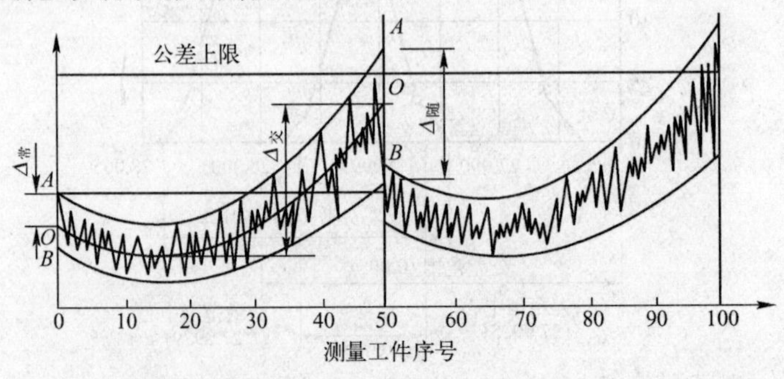

图 7.33 自动车床加工的点图

图 7.33 是按自动车床上加工的工件直径测量结果而画出的。用两根平滑的曲线 AA、BB 画出点子的上下限，再在二曲线中间画出其平均值曲线 OO，这条 OO 线就表示了变值系统误差的变化。AA 线和 BB 线之间的宽度代表了随机误差作用下加工过程的尺寸分散。从图中可以看出，在测量到第 50 号工件时，尺寸超出了公差上限。在进行了一次调整刀具以后，产生了常值系统误差 $\Delta_{常值}$，常值系统误差对点图上曲线的影响，也与它对分布曲线的影响相同，即只影响曲线上下的位置，而不影响其形状或分散范围。所以点图可以在加工过程中用来估计工件尺寸的变化趋势，并决定机床重新调整的时间。但是，如果直接用点图来控制加工过程，就必须逐个测量每个工件，这将耗费大量人力物力，因此在大量生产的工厂中，就采用另一种点图法——$\overline{X}-R$ 点图（平均值—极差点图）来进行工序的质量控制。

所谓工艺的稳定，从数理统计的原理来说，一个工艺过程的质量参数的总体分布，其平均值$\overline{X}$和标准偏差 σ 在整个工艺过程中若能保持不变，则工艺是稳定的。为了验证工艺的稳定性，需要应用$\overline{X}$和 R（当加工的工件数 $m<10$ 时，极差 R 具有足够的精度代替 σ）两张点图，见图 7.34。以顺序加工的 m（$m<10$）个工件为每一样组，求每组的$\overline{X}$和 R，一批工件共选 k 组。每组的平均值为

$$\overline{X}=\frac{1}{m}\sum_{i=1}^{m}X_i \tag{7.23}$$

每组极差为

$$R=X_{i\max}-X_{i\min} \tag{7.24}$$

$\overline{X}$和 R 的波动反映了工件平均值的变化趋势和随机误差的分散程度。

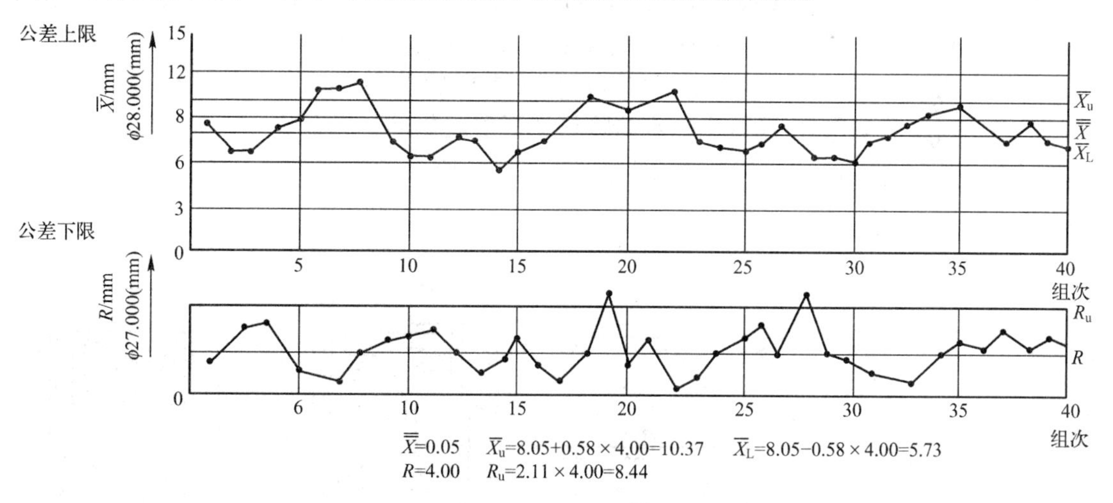

图 7.34　精镗活塞销孔$\overline{X}-R$ 图

在$\overline{X}-R$ 图上分别画上中心线和控制线，控制线就是用来判断工艺是否稳定的界限线。

$\overline{X}$图的平均线位置

$$\overline{\overline{X}}=\frac{1}{k}\sum_{i=1}^{k}\overline{X}_i$$

R 图的平均线位置

$$\overline{R}=\frac{1}{k}\sum_{i=1}^{k}R_i$$

$\overline{X}$ 图的上下控制线位置

$$\overline{X}_{\mathrm{u}}=\overline{\overline{X}}\pm A\overline{R}$$

R 图的上下控制线位置 $\overline{R_u} = D\overline{R}$

式中 A 和 D 的数值是根据数理统计的原理定出的，见表 7.5。

表 7.5 系数 A、D 的数值

每组工件数 m	2	3	4	5	6	7	8	9
A	1.88	1.02	0.73	0.58	0.48	0.42	0.37	0.34
D	3.27	2.57	2.28	2.11	2.00	1.92	1.86	1.82

图 7.34 是精镗活塞销孔的一个例子，图中有 6 个点超出控制线，R 图中有 2 个点超出控制线，这说明工艺过程不稳定。加工过程中包含有不稳定因素时，就要注意观察、控制，避免出现质量问题。

7.4 提高加工精度的途径

在机械加工中，由于工艺系统存在各种原始误差，这些误差不同程度地反映了工件的加工误差。因此，为保证和提高加工精度，必须设法直接控制原始误差的产生或控制原始误差对工件加工精度的影响。

7.4.1 减少误差法

减少误差是生产中应用较广的提高加工精度的一种基本方法，是在查明产生加工误差的主要因素之后，设法对其直接进行消除或减弱。例如细长轴的车削，如图 7.35(a) 利用中心架，缩短切削力作用点和支承点的距离可以提高工件的刚度近 8 倍。图 7.35(b) 采用跟刀架也可提高工件的刚度。图 7.35(c) 在卡盘加工中用后顶尖支承后工件，刚度显著提高。若后顶尖用弹簧活动顶尖，还可进一步消除热变形引起热伸长的危害。又如在铣床上加工角铁类零件时，采用图 7.36(b) 装夹法，整个工艺系统刚度显然比图 7.36(a) 的装夹法要高许多。

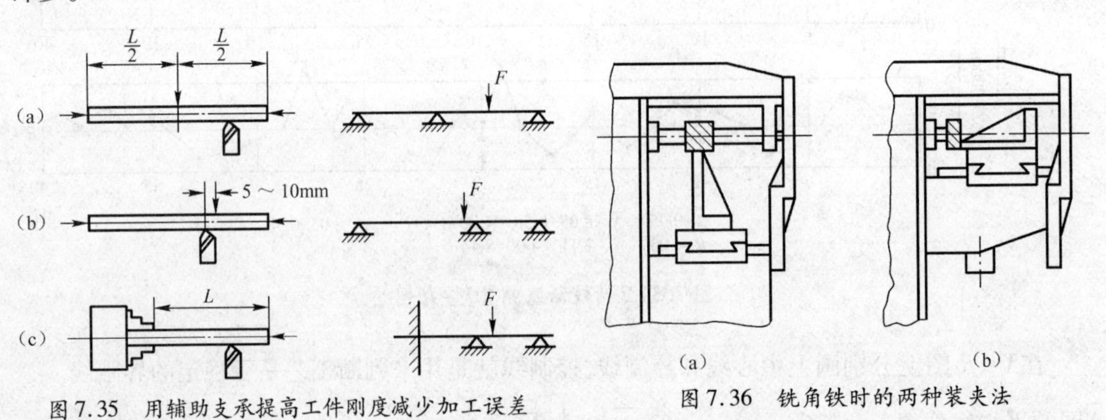

图 7.35 用辅助支承提高工件刚度减少加工误差

图 7.36 铣角铁时的两种装夹法

7.4.2 误差补偿法

误差补偿法是人为造出一种新的误差，去抵消工艺系统中原有的原始误差。或用一种原始误差去抵消另一种原始误差，尽量使两者大小相等，方向相反，从而达到减少加工误差、提高

加工精度的目的。图7.37为受机床部件和工件自重影响,龙门刨床横梁导轨弯曲变形引起的加工误差。采用误差补偿法,在横梁导轨制造时故意使导轨面产生向上的几何形状误差,以抵消横梁因自重面产生的向下垂的受力变形。

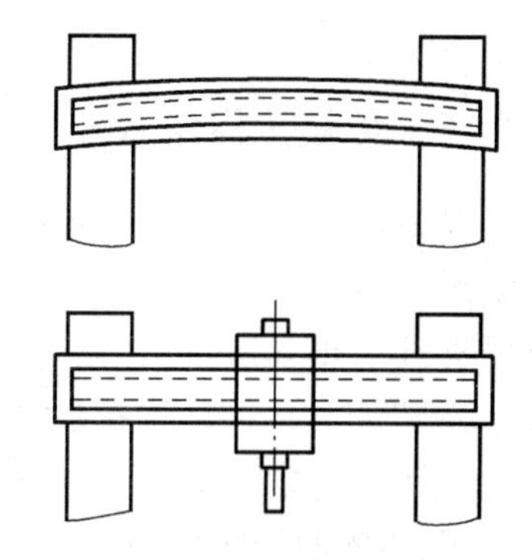

图7.37　龙门刨床横梁导轨变形

一个误差补偿系统一般包含三个主要功能装置:①误差补偿信号发生装置,发出与原始误差大小相等的误差补偿信号;②信号同步装置,保证附加的补偿误差与原始误差相位相反;③误差合成装置,实现补偿误差与原始误差的合成。根据误差补偿信号的设定方式,可分为:

(1) 静态补偿误差。静态补偿误差是指误差补偿信号是事先设定的。特别是补偿机床传动链长周期误差的方法已经比较成熟。随着计算机技术的发展,越来越多的使用柔性"电子校正尺"来取代传统的机械校正尺,即将原始误差数字化,作为误差补偿信号;利用光、电、磁等感应装置实现信号同步;利用数控机构实现误差合成。

(2) 动态补偿误差。生产中原始误差的规律并不确定,不能只用固定的补偿信号解决问题,需要采取动态补偿误差的方法。动态补偿误差亦称为积极控制,常见形式有:①在线检测。在加工中随时测量出工件的实际尺寸或形状、位置精度等所关心的参数,随时给刀具以附加的补偿量来控制刀具和工件间的相对位置,工件尺寸的变动范围始终在自动控制之中;②偶件自动配磨。以互配件中的一个零件为基准,控制另一个零件的加工精度。在加工过程中自动测量工件的实际尺寸,并和基准件的尺寸比较,直至达到规定的差值时机床就自动停止加工,从而保证精密偶件间要求很高的配合间隙。

7.4.3　误差分组法

在加工中,由于上工序"毛坯"误差的存在,造成了本工序的加工误差。毛坯误差对工序的影响主要有两种情况:一是误差复映,引起本工序误差的扩大;二是定位误差变化,引起本工序位置误差扩大。

解决这类问题最好是采用分组调整(又称均分误差)的办法。其实质就是把毛坯按误差的大小分为 n 组,每组毛坯的误差范围就缩小为原来的 $1/n$。然后按各组分别调整加工,使各组工件的分散中心基本上一致,整批工件尺寸的分散范围就小很多。

例如,某厂加工齿轮,产生了剃齿时心轴与工件定位孔的配合间隙问题。配合间隙大了,剃后的工件产生较大的几何偏心,反映在齿圈径向跳动超差。同时剃齿时也容易产生振动,引起齿面波度,使齿轮工作时噪声较大。因此,必须设法限制配合间隙,保证工件孔和心轴间的同轴度要求。由于工件的孔已是IT6级精度,不宜再提高。为此,夹具采用了多挡尺寸的心轴,对工件孔进行分组选配,减少由于间隙而产生的定位误差,从而提高了加工精度。其具体分组情况见表7.6。这样的配合,可提高配合精度,保证剃齿心轴和被剃齿轮间很高的同轴度,减少齿圈跳动。

表7.6　分组情况

工件(孔)$\phi^{+0.013}_{0}$mm	ϕ25.00~25.004mm	ϕ25.004~25.008mm	ϕ25.008~25.013mm
心轴尺寸	第一组 ϕ25.002mm	第二组 ϕ25.006mm	第三组 ϕ25.011mm
配合精度	±0.002mm	±0.002mm	$\pm^{0.002}_{0.003}$mm

7.4.4 误差转移法

误差转移法实质上是转移工艺系统的几何误差、受力变形和热变形等。误差转移法现场的实例很多。如当机床精度达不到零件加工要求时，常常不是一味提高机床精度，而是在工艺上或夹具上想办法，创造条件，使机床的几何误差转移到不影响加工精度的方面去。这种以"粗干精"的方法在箱体孔系加工时经常采用，当镗床主轴线与导轨有平行度误差时，镗杆与主轴之间采用浮动连接，镗杆的位置精度由镗夹具的前后支承确定，机床主轴的原始误差就转移掉了，它不再影响加工精度。

图7.38表示在大型龙门铣床的结构中采用转移变形的例子：在横梁上再安装一根附加的梁，使它承担铣头的重量，这样一来就将横梁承受的重量转移到附加的梁上，于是把原来使横梁下垂的受力变形也转移到了附加梁上。而图中可见附加梁的受力变形对加工精度不起任何影响。

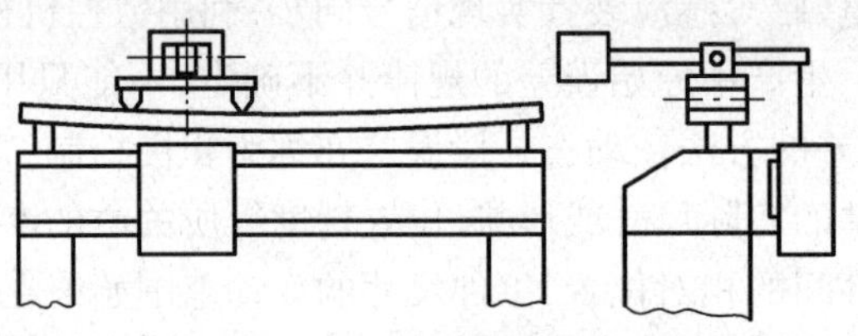

图7.38 横梁变形的转移

7.4.5 "就地加工"法

在加工和装配中有些精度问题，牵涉到零、部件间的相互关系，相当复杂，如果一味地提高零、部件的本身精度，有时不仅困难，甚至不可能。若采用"就地加工"的方法，就可能很快地解决看起来非常困难的精度问题。

例如，六角车床制造中，转塔上六个安装刀架的大孔，其轴心线必须保证和主轴回转中心线重合，而六个面又必须和主轴中心线垂直。如果把转塔作为单独零件，加工出这些表面后再装配，要想达到上述两项要求是很困难的。因而实际生产中采用了"就地加工"法：这些表面在装配前不进行精加工，等它装配到机床上以后，再在主轴上装上镗杆和能作自动径向进给的刀架，镗和车削六个大孔及端面（图7.39），这样精度便能保证。"就地加工"的要点，就是要求保证部件间什么样的位置关系，就在这样的位置关系上利用一个部件装上刀具去加工另一

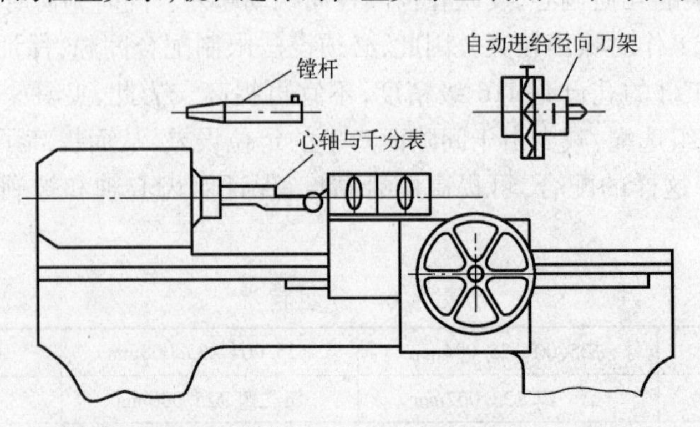

图7.39 六角车砖塔上六个大孔和平面的加工与检验

个部件。“就地加工”这个简捷的方法,不但应用于机床装配中,在零件的加工中也常常用来作为保证精度的有效措施。

7.4.6 误差平均法

对配合精度要求很高的轴和孔,常采用研磨方法来达到。研具本身并不要求具有高精度,但它却能在和工件作相对运动中对工件进行微量切削,最终达到很高的精度。这种表面间相对研擦和磨损的过程,也就是误差相互比较和相互消除的过程,此即称为“误差平均法”。

利用“误差平均法”制造精密零件,在机械行业中由来已久。在没有精密机床的时代,利用这种方法,已经制造出号称原始平面的精密平板,平面度达几个微米。这样高的精度,是用“三块平板合研”的“误差平均法”刮研出来的。像平板一类的“基准”工具(如直尺、角度规、多棱体、分度盘及标准丝杆等),今天还采用“误差平均法”来制造。

7.4.7 控制误差法

原始误差中的常值系统误差比较容易对付,只要测量出来,就可以用前面的误差补偿的方法来消除或减少。对于变值系统误差就不是用一种固定的补偿量所能解决的,于是就有了控制误差法。控制误差法的特点是在加工循环中,利用测量装置连续地测量出工件的实际尺寸,随时给刀具以附加的补偿,控制刀具和工件间的相对位置,直至实际值与调定值的差不超过预定的公差为止。现代机械加工中的自动测量和自动补偿就属于这种形式。控制误差法还可以利用精密配偶件中的一件为基准,控制另一件的加工精度。加工时自动测量工件的实际尺寸,并与基准件的尺寸比较,直至达到规定的差值时,机床自动停止,从而保证配合件的配合间隙。

本 章 小 结

本章主要以研究各种原始误差对加工精度的影响为主线,介绍了分析和控制加工误差、保证加工精度的理论与方法。影响加工精度的因素通常不是单一的,有时甚至相当复杂。在多种原始误差同时作用时,有的相互抵消、有的相互叠加,尤其是有不少因素的作用常常带有随机性,因此先采用统计分析法揭示误差的分布与变化规律,再用因素分析法分析原始误差和寻求解决途径,两者结合使用能迅速有效地解决加工精度问题。在实际工艺工作中,处理有关加工精度问题可归纳为三个方面:一是在制定零件机加工工艺规程时预计加工总误差;二是综合分析与解决加工中出现的加工质量问题;三是进一步探求并实施保证和提高加工精度的途径。学完本章后,通过做思考题、习题,应着重理解和掌握加工精度、加工误差(系统误差和随机误差)、原始误差、机床误差(主要是主轴回转误差和导轨误差)、工艺系统刚度等基本概念;学会具体分析各种原始误差对加工误差的影响,尤其是主轴回转误差和导轨误差、工艺系统受力、受热变形而产生的加工误差;结合实验学会采用加工误差的因素分析法和统计分析法分析实际加工精度问题,懂得寻求解决方法。有效提高机械加工精度途径的探索是机械制造工程技术人员的终生追求。

教学讨论题与习题

7.1 举例说明加工精度、加工误差的概念以及两者的区别与关系。

7.2 说明原始误差、工艺系统静误差、工艺系统动误差的概念以及加工误差与原始误差的关系和误差敏感方向的概念。

7.3 在车削前,工人有时会在刀架上装上镗刀修整自定心三爪卡盘三个卡爪的工作面或花盘的端面,其目的是什么?能否提高主轴的回转精度(径向跳动和轴向窜动)?

7.4 何谓工艺系统的刚度、柔度?它们有何特点?工艺系统刚度对加工精度有何影响?怎样提高工艺系统的刚度?

7.5 为什么机床部件的加载和卸载过程的静刚度曲线既不重合,又不封闭,且机床部件的刚度值远比其按实体估计的要小?

7.6 何谓误差复映规律?误差复映系数的含义是什么?它与哪些因素有关?减小误差复映有哪些工艺措施?

7.7 工艺系统受哪些热源作用?在各种热源的作用下,工艺系统各主要组成部分会产生何种热变形?有何规律性?对加工精度有何影响?采取何种措施可减小它们的影响?

7.8 分析工件产生残余应力的主要原因及经常出现的场合。

7.9 加工误差按其性质可分为哪几类?它们各有何特点或规律?各采用何种方法分析与计算?试举例说明。

7.10 试述分布曲线法和点图法的特点、应用及各自解决的主要问题是什么?

7.11 实际分布曲线符合正态分布时能说明什么问题?又 $6\sigma < \delta$ 出现废品,其原因何在?如何能消除这种废品?

7.12 举例说明下列保证和提高加工精度常用方法的原理及应用场合:误差补偿法;误差转移法;误差分组法;误差平均法。

7.13 在车床上加工圆盘件的端面时,有时会出现圆锥面(中凸或中凹)或端面凸轮似的形状(螺旋面),试从机床几何误差的影响分析造成图 7.40 所示的端面几何形状误差的原因是什么?

7.14 在卧式镗床上对箱体零件镗孔,试分析采用:(1)刚性主轴镗杆;(2)浮动镗杆(指与主轴连接的方式)和镗模夹具时,影响镗杆回转精度的主要因素有哪些?

7.15 磨削一批工件的外圆图纸要求保证尺寸 $60_{-0.05}^{\ 0}$ mm。加工中,车间温度 $T_0 = 20℃$,工件的温度 $T_{工} = 46℃$。工人不等工件冷却下来就直接在机床上测量,试问此时外径尺寸应控制在怎样的范围内,才能使其在冷却后仍保证达到图纸要求的尺寸而不出废品?

7.16 热的锻件(大型轴)放在较湿的地上,试推想在粗车外圆后可能产生怎样的加工误差?为什么?

7.17 加工外圆、内孔与平面时,机床传动链误差对加工精度是否有影响?在怎样的加工场合下,才须着重考虑机床传动链误差对加工精度的影响?传动元件的误差传递系数,其物理意义是什么?

7.18 在大型立车上加工盘形零件的端面及外圆时(图 7.41),因刀架较重,试推想由于刀架自重可能会产生怎样的加工误差?

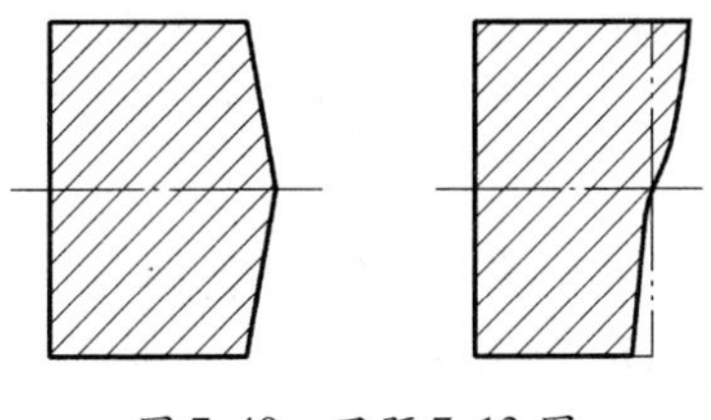

图 7.40　习题 7.13 图

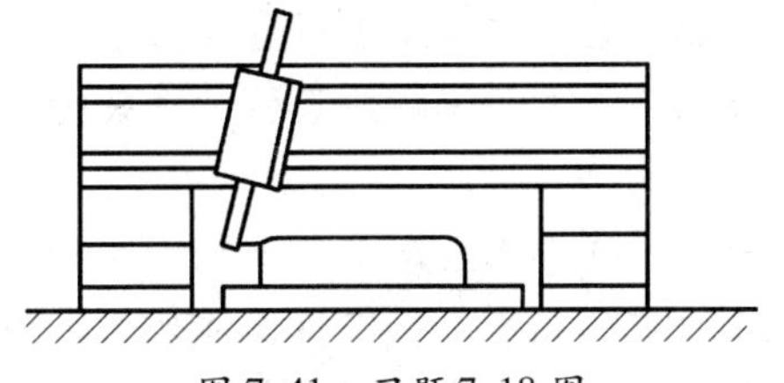

图 7.41　习题 7.18 图

7.19　如图 7.42 所示在外圆磨床上加工。当 $n_1 = 2n_2$ 时，若只考虑主轴回转误差的影响，试分析在图中给定的两种情况下，磨削后工件外圆应是什么形状？为什么？

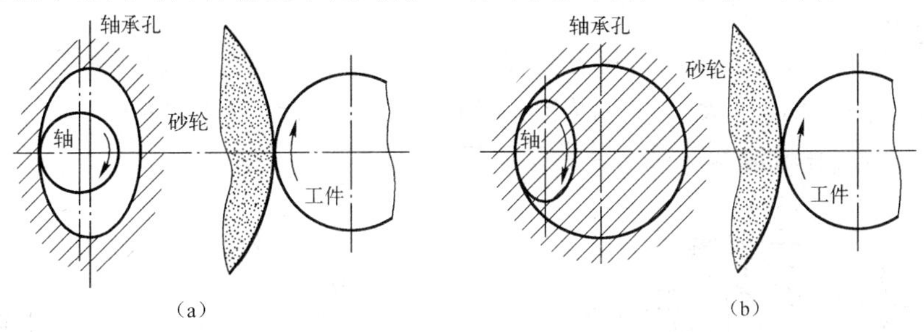

图 7.42　习题 7.19 图

7.20　在内圆磨床上磨削盲孔时（图 7.43），试分析只考虑内圆磨头受力变形的条件下，工件内孔将产生什么样的加工误差？

7.21　在卧式车床上加工一光轴，已知光轴长度 $L = 800\text{mm}$，加工直径 $D = 80_{-0.05}^{\ 0}\text{mm}$，该车床因使用年限较久，前后导轨磨损不均，前棱形导轨磨损较大，且中间最明显，形成导轨扭曲，见图 7.44，经测量，前后导轨在垂直面内的平行度（扭曲值）为 0.015/1000mm，试求所加工的工件几何形状的误差值，并绘出加工后光轴的形状。

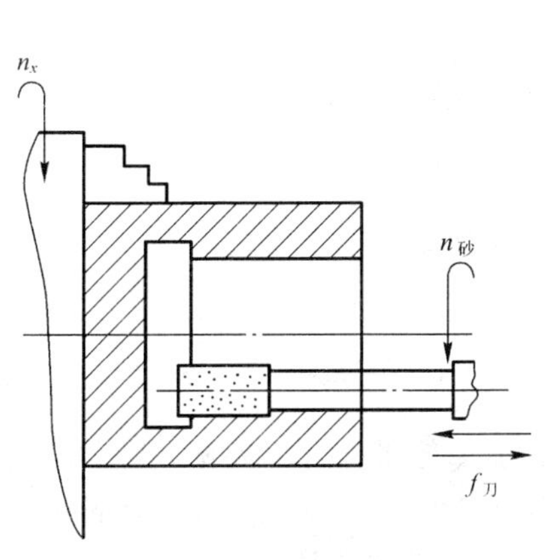

图 7.43　习题 7.20 图

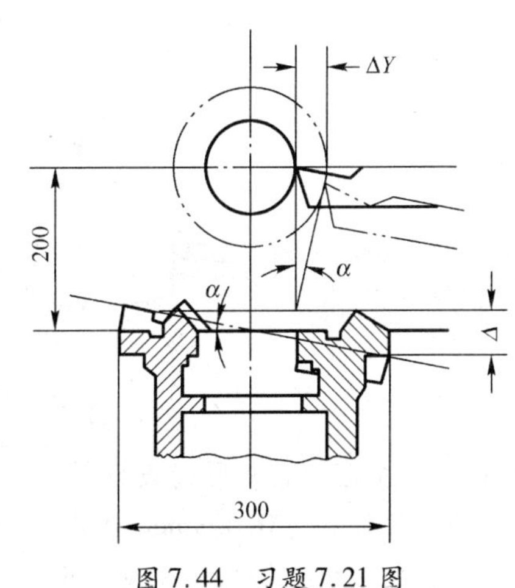

图 7.44　习题 7.21 图

7.22　在车床的两顶尖间加工短而粗的光轴外圆时（工件的刚度对于机床刚度大得多），若已知 $F_Y = 1000\text{N}$，$K_{床头} = 100000\text{N/mm}$，$K_{尾架} = 50000\text{N/mm}$，试求因机床刚度不均引起的加工表面的形状误差为多少？并画出光轴加工后的形状？提示：机床的变形量可由下式求得 $Y_{机床} = \dfrac{F_Y}{K_{刀架}} + \dfrac{F_Y}{K_{尾架}}\left(\dfrac{x}{L}\right)^2 + \dfrac{F_Y}{K_{床头}}\left(\dfrac{L-x}{L}\right)^2$。

7.23　在立式车床上高速车削盘形零件的内孔。如果工件毛坯的回转不平衡，质量较大，那么在只考虑此不平衡质量和工件夹持系统的刚度影响的条件下，试分析加工后工件内孔将产生怎样的加工误差。

7.24　在车床上车削一外径 $D=80$mm，内径 $d=70$mm，宽度 $b=20$mm 的圆环，试比较采用三爪盘或四爪盘直接夹持工件外圆车内孔时，在夹紧力 $Q=2940$N 作用下，工件因夹紧变形加工后内孔产生多大的圆度误差？

7.25　如图 7.45 所示铸件，若只考虑毛坯残余应力的影响，试分析当用端铣刀铣去上部连接部分后，此工作将产生怎样的变形？当采用宽度为 B 的三面刃铣刀将毛坯中部铣开时，试分析开口宽度尺寸的变化。

7.26　在卧式镗床上采用浮动镗刀精镗孔时，是否会出现误差复映现象？为什么？

7.27　在车床两顶尖间加工工件（图 7.46），若工件刚度极大，机床刚度不足且 $K_{头架}>K_{尾架}$，试分析图示两种情况加工后工件的形状误差。

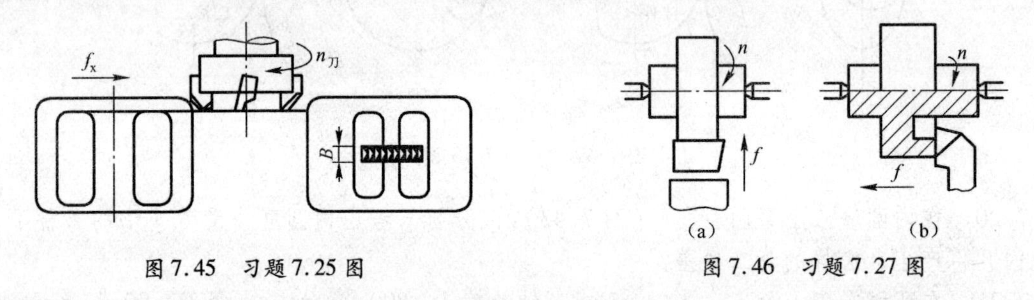

图 7.45　习题 7.25 图　　　　图 7.46　习题 7.27 图

7.28　在车床上加工一批光轴的外圆，加工后经度量若整批工件发现有如图 7.47 所示的几何形状误差，试分别说明可能产生上述误差的各种因素？

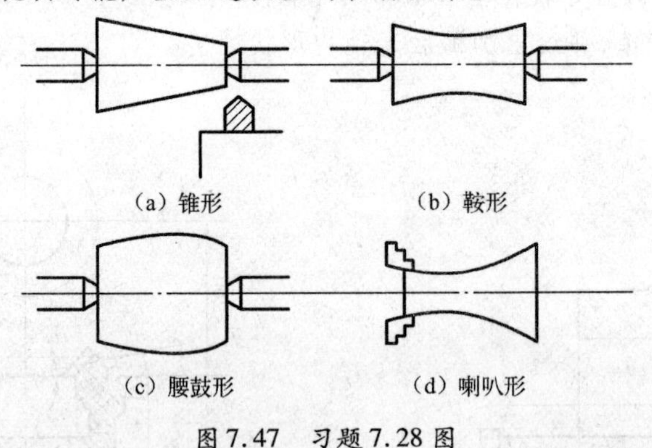

图 7.47　习题 7.28 图

7.29　一批圆柱销外圆的设计尺寸为 $\phi 50^{-0.02}_{-0.04}$mm，加工后测量发现外圆尺寸按正态规律分布，其均方根偏差为 0.003mm，曲线顶峰位置偏离公差带中心，向右偏移 0.005mm，试绘出分布曲线图，并求出合格品率和废品率，并分析废品能否修复及产生的原因。

第八章 机械加工表面质量

本章提要

为了保证机器的使用性能和延长使用寿命,就要提高机器零件的耐磨性、疲劳强度、抗蚀性、密封性、接触刚度等性能,而机器的性能主要取决于零件的表面质量。机械加工表面质量与机械加工精度一样,是机器零件加工质量的一个重要指标。机械加工表面质量是以机械零件的加工表面和表面层作为分析和研究对象的。经过机械加工的零件表面总是存在一定程度的微观不平、冷作硬化、残余应力及金相组织的变化,虽然只产生在很薄的表面层,但对零件的使用性能的影响是很大的。本章旨在研究零件表面层在加工中的变化和发生变化的机理,掌握机械加工中各种工艺因素对表面质量的影响规律,运用这些规律来控制加工中的各种影响因素,以满足表面质量的要求。

本章主要讨论机械加工表面质量的含义、表面质量对使用性能的影响、表面质量产生的机理等。对生产现场中发生的表面质量问题,如受力变形、磨削烧伤、裂纹和振纹等问题从理论上作出解释,提出提高机械加工表面质量的途径。

8.1 机械加工后的表面质量

8.1.1 表面质量的含义

生产实践中已证明,许多因零件破坏造成的事故往往起源于零件的表面缺陷,所以表面质量的研究初期,人们一直把表面微观几何特征如表面粗糙度和表面微裂纹等表面外部加工效应作为衡量表面加工质量的主要依据,并普遍认为表面粗糙度与零件的使用性能之间存在着直接关系。而实际上,许多重要零件结构的损坏多是从表面之下几十微米范围内开始的,表面之下的冶金物理和力学性能变化对零件使用性能的影响很大。因此表面粗糙度仅是评价和控制表面加工质量的一个指标。目前,学术界普遍认为,加工过程中应该使用表面完整性指标对零件表面加工质量进行综合性评价。

精密切削加工中的表面完整性是指描述、鉴定和控制零件加工过程中在加工表面层内可能产生的各种变化及其对该表面工作性能影响的技术指标。零件切削加工表面完整性可以包含两方面内容:一是与表面形貌或表面纹理组织有关的部分,研究零件最外层表面与周围环境间界面的几何形状,包括表面微观几何形状与表面缺陷等表面特征,属于外部加工效应,通常用表面粗糙度等来衡量;二是与加工表面层物理力学性能状态有关的部分,研究表面层内的特性,属于内部加工效应,包括表面内的残余应力、加工硬化、金相组织变化、裂纹等技术指标。

简而言之,表面质量的主要内容有下面两部分:

8.1.1.1 表面层的几何形状

表面粗糙度是指表面微观几何形状误差,其波高与波长的比值在 $L_1/H_1 < 40$ 的范围内。

表面波度是介于加工精度(宏观几何形状误差 $L_3/H_3 > 1000$)和表面粗糙度之间的一种带有周期性的几何形状误差,其波高与波长的比值在 $40 \leq L_2/H_2 \leq 1000$ 的范围,如图 8.1 所示。

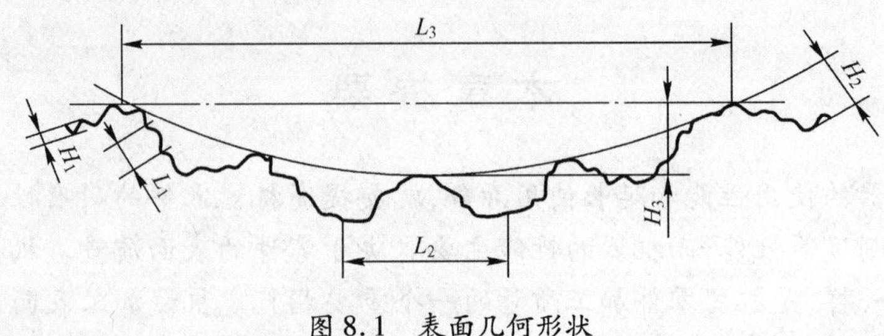

图 8.1 表面几何形状

8.1.1.2 表面层的物理力学性能

表面层冷作硬化(简称冷硬)是零件在机械加工中表面层金属产生强烈的冷态塑性变形后,引起的强度和硬度都有所提高的现象。

表面层金相组织的变化是由于切削热引起工件表面温升过高,表面层金属发生金相组织变化的现象。

表面层残余应力是由于加工过程中切削变形和切削热的影响,工件表面层产生残余应力。

裂纹是在加工过程中由于受到热态塑性变形和金相组织变化的影响,零件的表面层产生的残余拉应力超过材料的强度极限,从而使零件表面出现裂纹。

目前,国内外对表面完整性进行了大量的研究,基本认识了精密切屑过程中加工表面粗糙度、表面残余应力、表面硬化等的成形机理,但是研究还不够深入。例如,并未揭示切削工艺对表面完整性特征的影响规律;在超精密加工技术方面的研究也有待发展。

随着精密与超精密加工技术的快速发展,精密加工表面完整性研究的深入,该领域中研究工作的重点及发展趋势可概括为:实现表面完整性的理论模型及其评判体系;揭示精密加工表面的形成及产生的特殊现象;表面完整性技术应用领域的不断扩大。

8.1.2 表面质量对零件使用性能的影响

8.1.2.1 对零件耐磨性的影响

在摩擦副的材料、热处理情况和润滑条件已经确定的情况下,零件的表面质量对耐磨性能起决定性的作用。两个表面粗糙度值很大的零件相互接触,如图 7.17 所示,最初接触的只是一些凸峰顶部,实际接触面积比名义接触面积小得多(例如车或铣加工后的表面实际接触面积仅为名义接触面积 15% ~20%;精磨后可达到 30% ~50%;只有研磨后才能达到 90% ~97%),这样单位接触面积上的压力就很大,当压力超过材料的屈服极限时,凸峰部分产生塑性变形;当两个零件作相对运动时,就会产生剪切、凸峰断裂或塑性滑移,初期磨损速度很快。图 8.2 所示是实验所得的不同表面粗糙度对初期磨损量的影响曲线。图中可见,曲线存在着某个最佳点,这个点所对应的是零件最耐磨的粗糙度,具有这样粗糙度的零件的初期磨损量最小。如载荷加重或润滑条件恶化,磨损曲线将向上向右移动,最佳粗糙度值也随之右移。在表面粗糙度大于最佳值时,减小表面粗糙度值可减少初期磨损量。例如精磨的轴颈比粗磨的轴颈使用时的初期磨损量少1/6。但当表面粗糙度小于最佳值时,零件实际接触面积就增大,接触表面之间的润滑油被挤出,金属表面直接接触,因金属分子间的亲和力而发生粘结(称为冷焊),随着相对运动的进行,粘结处在剪切力的作用下发生撕裂破坏。有时还由于摩擦产生的高温,使摩擦面局部熔化(称为热焊)等原因,使接触表面遭到破坏,初期磨损量反而急剧增加。

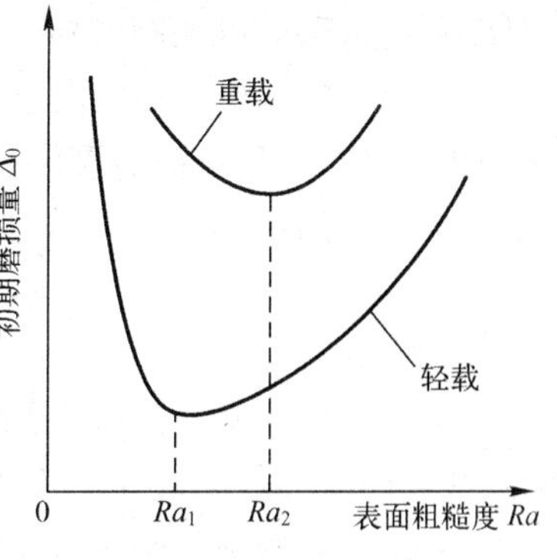

图 8.2　表面粗糙度与初期磨损量的关系

因此一对摩擦副在一定的工作条件下通常有一最佳粗糙度值,在确定机器零件的技术条件时应该根据零件工作的情况及有关经验,规定合理的粗糙度。

表面粗糙度对耐磨性能的影响,还与粗糙度的轮廓形状及纹路方向有关。图 8.3(a)和(b)表示两个不同零件的表面有相同的粗糙度值,但轮廓形状不同,其耐磨性相差可达 3 ~ 4 倍。实验表明,耐磨性取决于轮廓峰顶形状和凹谷形状。前者决定干摩擦时的实际接触面积,后者决定润滑摩擦时的容油情况。图 8.4 所示为两摩擦表面粗糙度纹路方向对零件耐磨性的影响。

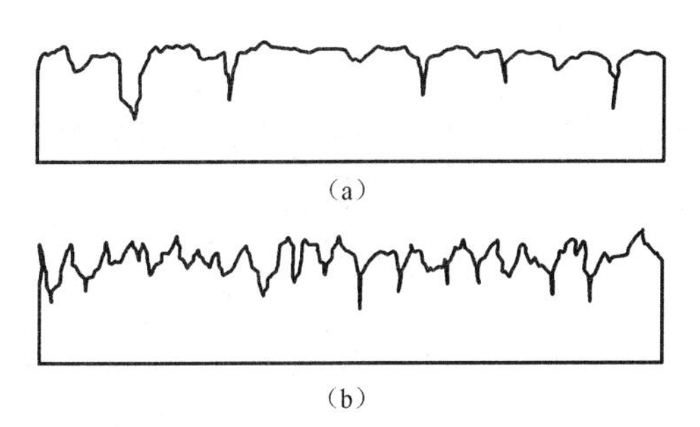

图 8.3　表面粗糙度轮廓形状对耐磨性的影响

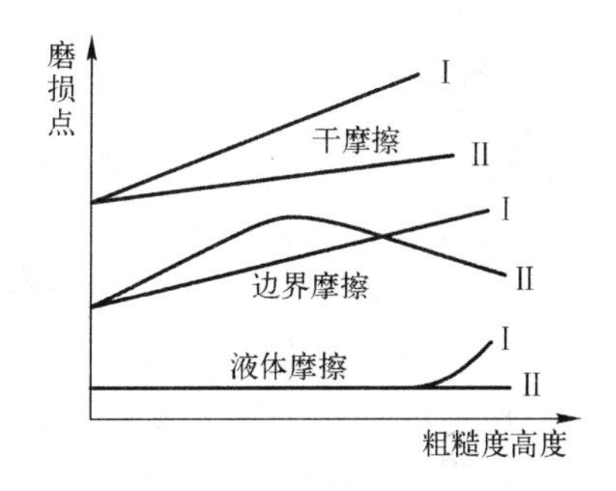

图 8.4　粗糙度纹路方向对零件耐磨性能的影响

Ⅰ—两摩擦表面粗糙度纹路方向相互垂直;

Ⅱ—两摩擦表面粗糙度纹路方向相互平行。

表面层的冷硬可显著地减少零件的磨损。其原因是:冷硬提高了表面接触点处的屈服强度,减少了进一步塑性变形的可能性,并减少了摩擦表面金属的冷焊现象。但如果表面硬化过度,零件心部和表面层硬度差过大,会发生表面层剥落现象,使磨损加剧。表面层产生金相组织变化时,由于改变了基体材料原来的硬度,因而也直接影响其耐磨性。

8.1.2.2　对零件疲劳强度的影响

在周期性的交变载荷作用下,零件表面微观不平与表面的缺陷一样都会产生应力集中现象,而且表面粗糙度值越大,即凹陷越深和越尖,应力集中越严重,越容易形成和扩展疲劳裂纹而造成零件的疲劳损坏。钢件对应力集中敏感,钢材的强度越高,表面粗糙度对疲劳强度的影响越大。含有石墨的铸铁件相当于存在许多微观裂纹,与有色金属件一样对应力集中不敏感,表面粗糙度对疲劳强度的影响就不明显。加工纹路方向对疲劳强度的影响更大,如果刀痕与受力方向垂直,则疲劳强度将显著降低。零件表面的冷硬层能够阻碍裂纹的扩大和新裂纹的出现,因为由摩擦学可知疲劳源的位置在冷硬层的中部,因此冷硬可以提高零件的疲劳强度。

但冷硬层过深或过硬则容易产生裂纹,反而会降低疲劳强度,所以冷硬要适当。

表面层的内应力对疲劳强度的影响很大。表面层残余的压应力能够部分地抵消工作载荷施加的拉应力,延缓疲劳裂纹扩展。而残余拉应力容易使已加工表面产生裂纹而降低疲劳强度。带有不同残余应力表面层的零件,其疲劳寿命可相差数倍至数十倍。

8.1.2.3 对零件抗腐蚀性能的影响

零件表面粗糙度值越大,潮湿空气和腐蚀介质越容易堆积在零件表面凹处而发生化学腐蚀,或在凸峰间产生电化学作用而引起电化学腐蚀,故抗腐蚀性能越差。

表面冷硬和金相组织变化都会产生内应力。零件在应力状态下工作时,会产生应力腐蚀,若有裂纹,则更增加了应力腐蚀的敏感性。因此表面内应力会降低零件的抗腐蚀性能。

8.1.2.4 对配合质量的影响

表面粗糙度值影响实际配合精度和配合质量。对于间隙配合,表面粗糙度值越大,初期磨损量越大,磨损量太大时,会使配合间隙增大,以致改变原定的配合性质;对于过盈配合,表面粗糙度值太大,则在装配时相当一部分表面凸峰会被挤平,使过盈量减小,影响配合的可靠性。因此,对于有配合要求的表面应采用较低的表面粗糙度值。

8.1.2.5 对零件的其他影响

表面质量对零件的密封性能及摩擦系数都有很大的影响。例如,较大的表面粗糙度值会影响液压油缸和活塞的密封性;恰当的表面粗糙度值能提高滑动零件的运动灵活性,减少发热和功率损失;残余应力会使零件因应力重新分布而逐渐变形,从而影响其尺寸和形状精度等。

零件表面层状态对其使用性能有如此大的影响是因为:承受载荷应力最大的表面层是金属的边界,机械加工后破坏了晶粒的完整性,从而降低了表面的某些力学性能。表面层有裂纹、加工痕迹等各种缺陷,在动载荷的作用下,可能引起应力集中而导致破坏。零件表面经过加工后,表面层的物理、力学、冶金和化学性能都变得和基体材料不同了。

8.2 机械加工后的表面粗糙度

8.2.1 切削加工后的表面粗糙度

切削加工时表面粗糙度的形成,大致可归纳为三方面的原因:几何因素、物理因素和工艺系统的振动。

8.2.1.1 几何因素

形成粗糙度的几何因素是由刀具相对于工件作进给运动时在加工表面上遗留下来的切削层残留面积(图 8.5)。其理论上的最大粗糙度 Ra_{max} 可由刀具形状、进给量 f,按几何关系求得。当不考虑刀尖圆弧半径时:

$$Ra_{max} = \frac{f}{\cot\kappa_r + \cot\kappa'_r} \tag{8.1}$$

式中 f——刀具的进给量(mm / r);

κ_r、κ'_r——刀具的主偏角和副偏角。

当背吃刀量和进给量很小时,粗糙度主要由刀尖圆弧构成:

$$Ra_{\max} \approx \frac{f^2}{8r_\varepsilon} \tag{8.2}$$

式中 r_ε——刀尖圆弧角半径(mm)。

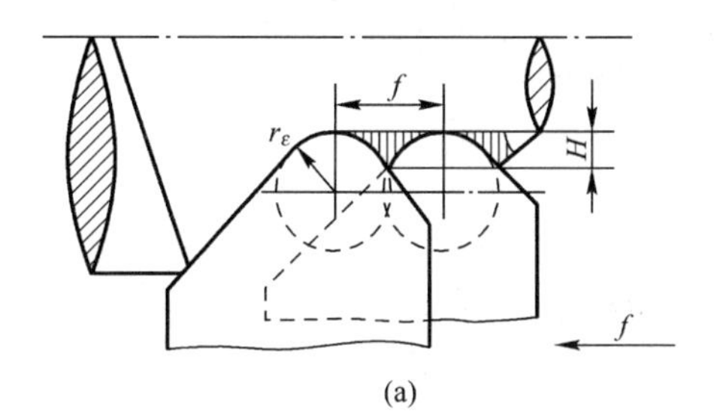

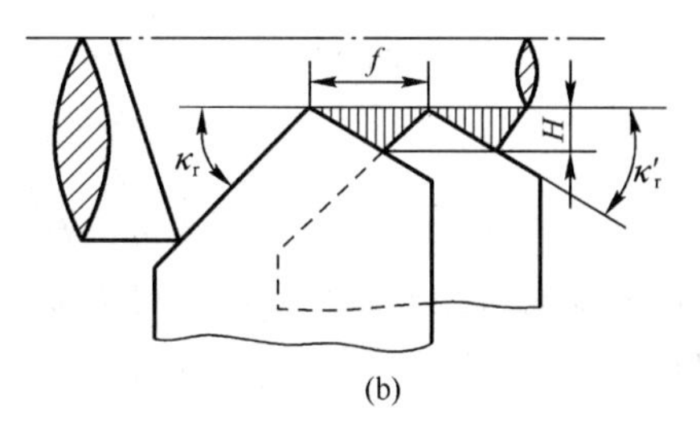

图 8.5 切削层残留面积

8.2.1.2 物理因素

由图 8.6 可知,切削加工后表面的实际粗糙度与理论粗糙度有比较大的差别。这主要是与被加工材料的性能及切削机理有关的物理因素的影响。切削过程中刀具的刃口圆角及后刀面对工件挤压与摩擦而产生塑性变形。韧性越好的材料塑性变形就越大,且容易出现积屑瘤与鳞刺,使粗糙度严重恶化。还有切削用量、冷却润滑液和刀具材料等因素的影响。

图 8.6 塑性材料加工后表面的实际轮廓和理论轮廓

8.2.2 磨削加工后的表面粗糙度

影响磨削后表面粗糙度的因素也可归纳为三方面:与磨削过程和砂轮结构有关的几何因素;与磨削过程和被加工材料塑性变形有关的物理因素;工艺系统的振动因素。

从几何因素看,砂轮上磨粒的微刃形状和分布对于磨削后的表面粗糙度是有影响的。磨削表面是由砂轮上大量的磨粒刻划出无数极细的沟槽形成的,单位面积上刻痕越多,即通过单位面积的磨粒数越多,以及刻痕的等高性越好,粗糙度也就越低。从物理因素看,大多数磨粒只有滑擦、耕犁作用。在滑擦作用下,被加工表面只有弹性变形,不产生切屑;在耕犁作用下,磨粒在工件表面上刻划出一条沟痕,工件材料被挤向两边产生隆起,此时产生塑性变形但仍不产生切屑。磨削量是经过很多后继磨粒的多次挤压因疲劳而断裂、脱落,所以加工表面的塑性变形很大,表面粗糙度值就大。

为了降低表面粗糙度值,应考虑以下主要影响因素:

(1) 砂轮的粒度。砂轮的粒度越细,则砂轮单位面积上的磨粒数越多,在工件上的刻痕也越密而细,所以粗糙度值越低。

(2) 砂轮的修整。砂轮的修整质量越高,砂轮工作表面上的等高微刃(图 8.7)就越多,因而磨出的工件表面粗糙度值也就越低。

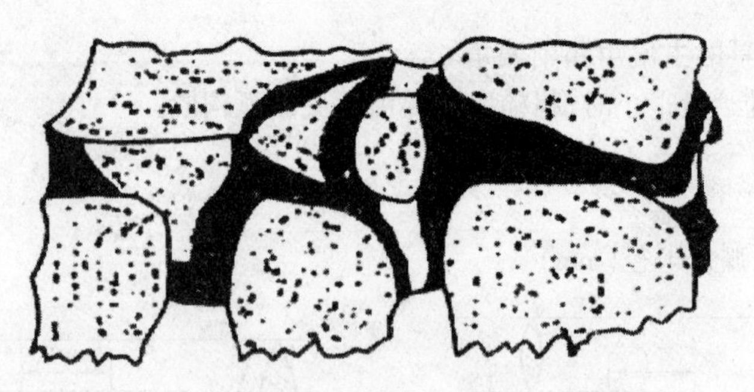

图 8.7　磨粒上的微刃

(3) 砂轮速度。提高砂轮速度可以增加单位时间内工件单位面积上的刻痕数,同时塑性变形造成的隆起量随着砂轮速度的增大而下降,原因是高速下塑性变形的传播速度小于磨削速度,材料来不及变形,因而粗糙度可以显著减低。

(4) 工件速度。工件速度越大,单个磨粒的磨削厚度就越大,单位时间内磨削工件表面的磨粒数减少,表面粗糙度值增大。

(5) 径向进给量。增大磨削径向进给量将增加塑性变形的程度,从而增大粗糙度。通常在磨削过程开始时采用较大的径向进给量,以提高生产率,而在最后采用小径向进给量或无径向进给量磨削,以减低粗糙度值。

(6) 轴向进给量。磨削时采用较小的轴向进给量,则磨削后表面粗糙度较低。

另外,引起磨削表面粗糙度增大的主要原因还往往是工艺系统的振动,增加工艺系统刚度和阻尼,做好砂轮的动平衡以及合理地修整砂轮可显著降低粗糙度。

8.3　机械加工后的表面层物理力学性能

8.3.1　机械加工后表面层的冷作硬化

8.3.1.1　冷作硬化产生的原因

切削或磨削加工时,表面层金属由于塑性变形使晶体间产生剪切滑移,晶格发生拉长、扭曲和破碎而得到强化。冷作硬化的特点是:变形抵抗力提高(屈服点提高),塑性降低(相对延伸率降低)。冷硬的指标通常用冷硬层的深度 h、表面层的显微硬度 H,以及硬化程度 N 来表示(图 8.8),其中 $N = H/H_0$,H_0 为原来的显微硬度。

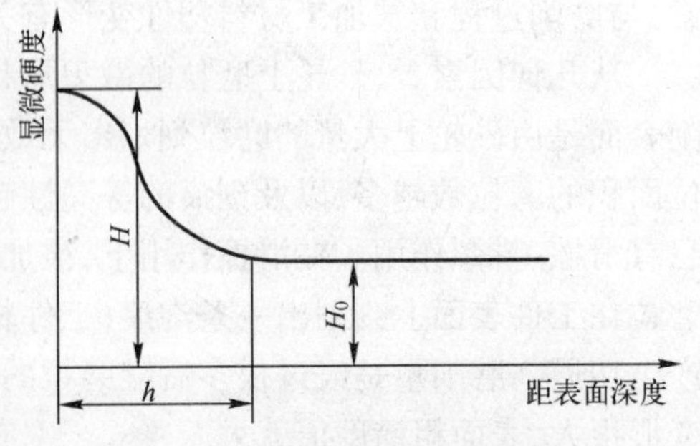

图 8.8　切削加工后表面层的冷硬

表面层冷作硬化的程度取决于产生塑性变形的力、变形速度及变形时的温度。力越大,塑性变形越大,则硬化程度越大;速度越大,塑性变形越不充分,则硬化程度越小;变形时的温度不仅影响塑性变形程度,还会影响变形后金相组织的恢复程度。所以切削加工时表面层的硬化可能有两种情况:

(1) 完全强化。此时出现晶格歪扭以及纤维结构和变形层物理力学性质的改变;

(2) 不完全强化。若温度超过(0.25 ~0.30)$T_{熔}$(熔化绝对温度),则除了强化现象外,同时还有回复现象,此时歪扭的晶格局部得到恢复,减低了冷硬作用;如果温度超过 0.4$T_{熔}$ 就会发生金属再结晶,此时由于强化而改变了的表面层物理力学性能几乎可以完全恢复。

机械加工时表面层的冷作硬化就是强化作用和回复作用的综合结果。切削温度越高、高温持续时间越长、强化程度越大,则回复作用也就越强。因此对高温下工作的零件,能保证疲劳强度的最佳表面层是没有冷硬层或者只有极小(10~20μm)冷作硬化的表面层。

8.3.1.2 影响冷作硬化的主要因素

(1) 刀具。刀具的切削刃口圆角和后刀面的磨损量对于冷硬层有很大的影响,此两值增大时,冷硬层深度和硬度也随之增大。前角减少时,冷硬也增大。

(2) 切削用量。切削速度增大时,刀具与工件接触时间短,塑性变形程度减少,同时会使温度增高,有助于冷硬的回复,所以硬化层深度和硬度都有所减少。进给量增大时,切削力增大,塑性变形程度也增大,因此硬化现象增大。但在进给量较小时,由于刀具的刃口圆角在加工表面单位长度上的挤压次数增多,因此硬化倾向也会增大。径向进给量增大时,冷硬层深度也有所增大,但其影响程度不显著。

(3) 被加工材料。被加工材料硬度越低、塑性越大,切削后的冷硬现象越严重。

8.3.2 机械加工后表面层金相组织的变化

8.3.2.1 金相组织变化的原因

磨削加工时切削力比其他加工方法大数十倍,切削速度也特别高,所以功率消耗远远大于其他切削方法。由于砂轮导热性差、切屑数量少,磨削过程中能量转化的热大部分都传给了工件。磨削时,在很短的时间内磨削区温度可上升到400~1000℃,甚至更高。这样大的加热速度,促使加工表面局部形成瞬时热聚集现象,有很高温升和很大的温度梯度,出现金相组织的变化,强度和硬度下降,产生残余应力,甚至引起裂纹,这就是磨削烧伤现象。

磨削淬火钢时,由于磨削烧伤,工件表面产生氧化膜并呈现出黄、褐、紫、青、灰等不同颜色,相当于钢的回火色。不同的烧伤色表示受到不同温度的作用与产生不同的烧伤深度。有时表面虽看不出变色,但并不等于表面未受热损伤。例如在磨削过程中由于采用过大的磨削用量,造成了很深的烧伤层,以后的无进给磨削中磨去了表面的烧伤色,而未能除去烧伤层,则留在工件上的烧伤层就会成为使用中的隐患。

磨削淬火钢时表面层产生的烧伤有以下三种:

(1) 回火烧伤。磨削区温度超过马氏体转变温度而未超过相变温度,则工件表面原来的马氏体组织将产生回火现象,转化成硬度降低的回火组织——索氏体或屈氏体。

(2) 淬火烧伤。磨削区温度超过相变温度,马氏体转变为奥氏体,由于冷却液的急冷作用,表层会出现二次淬火马氏体,硬度较原来的回火马氏体高,而它的下层则因为冷却缓慢成为硬度降低的回火组织。

(3) 退火烧伤。不用冷却液进行干磨削时,磨削区温度超过相变温度,马氏体转变为奥氏体,因工件冷却缓慢,则表层硬度急剧下降,这时工件表层被退火。

8.3.2.2 影响磨削加工时金相组织变化的因素

影响磨削加工时金相组织变化的因素有工件材料、磨削温度、温度梯度及冷却速度等。工件材料为低碳钢时不会发生相变。高合金钢如轴承钢、高速钢、镍铬钢等传热性特别差,在冷却不充分时易出现磨削烧伤。未淬火钢为扩散度低的珠光体,磨削时间短时不会发生金相组织的变化。淬火钢极易相变。

磨削温度、温度梯度及冷却速度等对金相组织变化的影响可以从图8.9得到说明。

图8.9所示为高碳淬火钢在不同磨削条件下出现的表面层硬度分布情况。当磨削深度小于10μm时,由于温度的影响使表面层的回火马氏体产生弱化,并与塑性变形产生的冷作硬化现象综合而产生了比基体硬度低的部分,而表面的里层由于磨削加工中的冷作硬化起了主导作用而又产生了比基体硬度高的部分。当磨削深度为20~30μm时,冷作硬化的影响减少,磨削温度起了主导作用。由于磨削区温度高于马氏体转变温度,低于相变温度而使表面层马氏体回火产生回火烧伤。当磨削深度增大至50μm时,磨削区最高温度超过了相变临界温度,急冷时产生淬火烧伤,而再往里层则硬度又逐渐升高直至未受热影响的基体组织。

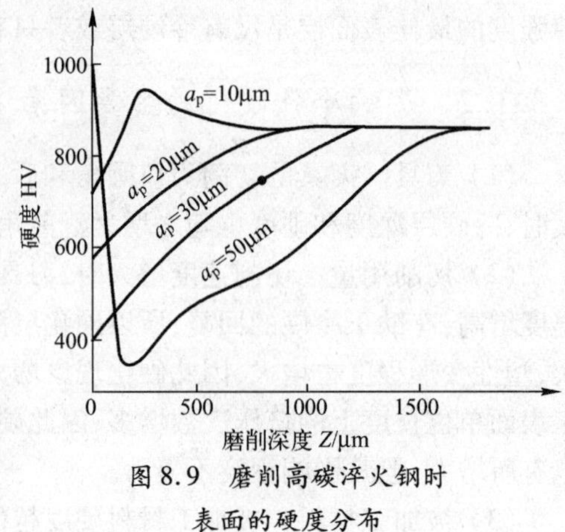

图8.9 磨削高碳淬火钢时表面的硬度分布

8.3.3 机械加工后表面层的残余应力

8.3.3.1 残余应力产生的原因

在机械加工中,工件表面层金属相对基体金属发生形状、体积的变化或金相组织变化时,工件表面层中将残留相互平衡的残余应力。产生表面层残余应力的原因如下:

(1) 冷态塑性变形。机械加工时,表层金属产生强烈的塑性变形。沿切削速度方向表面产生拉伸变形,晶粒被拉长,金属密度会下降,即比容增大,而里层材料则阻碍这种变形,因而在表面层产生残余压应力,在里层则产生残余拉应力。

(2) 热态塑性变形。机械加工时,切削或磨削热使工件表面局部温升过高,引起高温塑性变形,图8.10为因加工温度而引起残余应力的示意图。图8.10(a)为加工时工件表面到内部

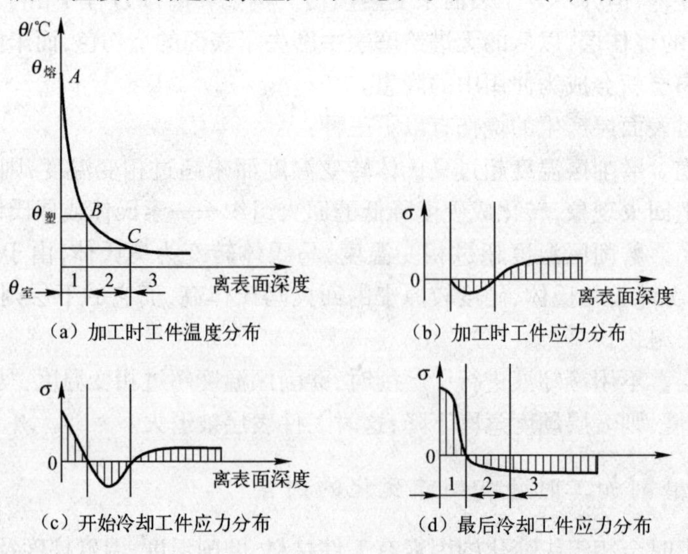

图8.10 因加工温度而引起残余应力的示意图

的温度与分布情况:第1层温度在塑性温度以上,这层金属产生热塑变形;第2层温度在塑性温度与室温之间,这层金属只产生弹性热膨胀;第3层是处在室温的冷态层不产生热变形。由于第1层处于塑性状态,故没有应力;第2层的膨胀受到第3层的阻碍,所以第2层产生压应力;第3层则产生拉应力(图8.10(b))。开始冷却时,当第1层冷到塑性温度以下时,体积收缩,但第2层阻碍其收缩,这时第1层中产生拉应力,第2层中的压应力增加。而由于第2层的冷却收缩,第3层中的拉应力有所减小(图8.10(c))。最后冷却时,第1层继续收缩,拉应力进一步增大,而第2层热膨胀全部消失,完全由第1层的收缩而形成一个不大的压应力,第3层拉应力消失,而与第2层一起受第1层的影响,也形成一个不大的压应力(图8.10(d))。

(3) 金相组织变化。切削时产生的高温会引起表面的相变。由于不同的金相组织有不同的比容,表面层金相变化的结果将造成体积的变化。表面层体积膨胀时,因为受到基体的限制,产生了压应力。反之,表面层体积缩小时,则产生拉应力。

实际机械加工后的表面层残余应力及其分布,是上述三方面因素综合作用的结果,在一定条件下,其中某一种或两种因素可能起主导作用。例如:切削时切削热不多则以冷态塑性变形为主,若切削热多则以热态塑性变形为主。磨削时表面层残余应力随磨削条件不同而不同,图8.11所示为三类磨削条件下产生的表面层残余应力。轻磨削条件产生浅而小的残余压应力,因为此时没有金相组织变化,温度影响也很小,主要是塑性变形的影响在起作用。中等磨削条件产生浅而大的拉应力。淬火钢重磨削条件则产生深而大的拉应力(最外表面可能出现小而浅的压应力),这里显然是由于热态塑性变形和金相组织变化的影响在起主要作用的缘故。

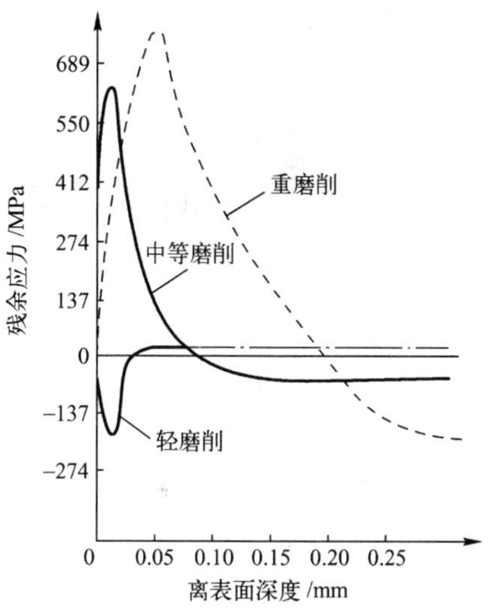

图8.11　三类磨削条件所得到的表面残余应力

影响残余应力的工艺因素主要是刀具的前角、切削速度以及工件材料的性质和冷却润滑液。具体的情况则看其对切削时的塑性变形、切削温度和金相组织变化的影响程度而定。

8.3.3.2　磨削裂纹的产生

总的来说,磨削加工中热态塑性变形和金相组织变化的影响较大,故大多数磨削零件的表面层往往有残余拉应力。当残余拉应力超过材料的强度极限时,零件表面就会出现裂纹。有的磨削裂纹也可能不在工件的外表面,而是在表面层下成为肉眼难以发现的缺陷。磨削裂纹一般很浅(0.25~0.50mm),大多垂直于磨削方向或成网状(有时也有平行于磨削方向的裂纹),如图8.12所示。裂纹总是由拉应力引起的,且常与烧伤同时出现。

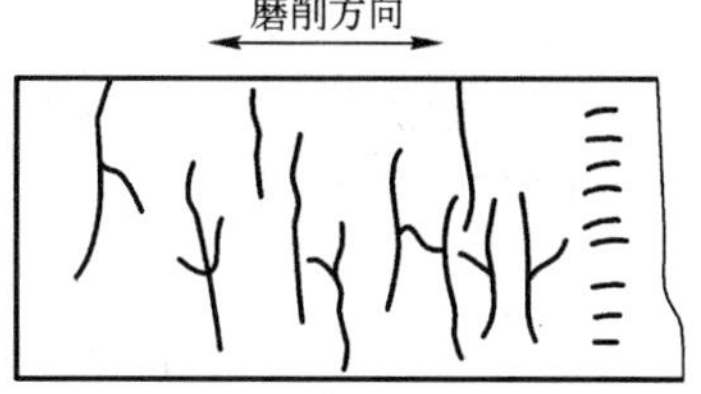

图8.12　磨削裂纹

磨削裂纹的产生与材料性质及热处理工序有很大关系。磨削硬质合金时,由于其脆性大,抗拉强度低以及导热性差,所以特别容易产生磨削裂纹。磨削含碳量高的淬火钢时,由于其晶界脆弱,也容易产生磨削裂纹。工件在淬火后如果存在残余应力,则即使在正常的磨削条件下也可能会出现裂纹,故在磨削前进行去除应力的工序能收到很好的效果。渗碳、渗氮时,如果工艺不当,就会在表面层晶界面上析出脆性的碳化物、氮化物,当磨削时在热应力作用下，就容易沿着这些组织发生脆性破坏，而出现网状裂纹。

【例题 8.1】 在外圆磨床上磨削一根淬火钢轴，其强度极限 $\sigma_b = 2000\text{MPa}$，工件表面温度升至 800℃，因使用冷却液而产生回火。表面层金属由马氏体转变为珠光体，其密度从 $7.75 \times 10^3\text{kg/m}^3$ 增至 $7.78 \times 10^3\text{kg/m}^3$。问工件表面层将产生多大的残余应力？是压应力还是拉应力？是否会产生磨削裂纹？

解：

(1) 由于表面层热作用引起高温塑性变形，冷却后表面层产生拉应力。

已知：$T_1 = 800℃$，$T_0 = 20℃$，$\alpha = 12 \times 10^{-6}/℃$，$E = 2 \times 10^{11}\text{N/mm}^2$，由式(7.16)得表面层的热伸长量：

$$\Delta L = \alpha L \Delta T = \alpha \Delta L (T_1 - T_0)$$

所以线膨胀系数

$$\frac{\Delta L}{L} = \alpha(T_1 - T_0) = 12 \times 10^{-6}(800 - 20) = 12 \times 10^{-6} \times 780$$

$$\sigma_{残1} = E\frac{\Delta L}{L} = 12 \times 10^{11} \times 12 \times 10^{-16} \times 780 = 1872 \times 10^6\text{Pa} = 1872\text{MPa}$$

(2) 由于表层金相组织的变化引起的应力：表面层回火，表层组织由马氏体转变为珠光体，其密度增加，由 $\rho_{马}$ 增大到 $\rho_{珠}$，比容积由 V 减小到 $V - \Delta V$，因此表面层产生的收缩受到基体组织的阻碍，就产生了残余拉应力。已知：$\rho_{马} = 7.75 \times 10^3\text{kg/m}^3$，$\rho_{珠} = 7.78 \times 10^3\text{kg/m}^3$，由容积与密度的关系得

$$\frac{V - \Delta V}{V} = \frac{\rho_{马}}{\rho_{珠}}$$

即

$$1 - \frac{\Delta V}{V} = \frac{\rho_{马}}{\rho_{珠}} = \frac{7.75}{7.78} = \frac{7.78 - 0.03}{7.78} = 1 - \frac{0.03}{7.78}$$

得体膨胀系数为

$$\frac{\Delta V}{V} = \frac{0.03}{7.78}$$

由于体膨胀系数是线膨胀系数的三倍，故

$$\sigma_{残2} = E\frac{\Delta L}{L} = E \times \frac{1}{3} \times \frac{\Delta V}{V} = 2 \times 10^{11} \times \frac{1}{3} \times \frac{0.03}{7.78} = 257 \times 10^6\text{Pa} = 257\text{MPa}$$

(3) 综合上面两个情况，工件表面总的残余拉应力为

$$\sigma_{残} = \sigma_{残1} + \sigma_{残2} = 1872 + 257 = 2129\text{MPa}$$

因为残余拉应力 $\sigma_{残} = 2129\text{MPa} >$ 工件强度极限 $\sigma_b = 2000\text{MPa}$，所以加工中产生磨削裂纹，裂纹方向与磨削方向垂直。

8.4 控制加工表面质量的工艺途径

8.4.1 减小残余拉应力、防止磨削烧伤和磨削裂纹的工艺途径

对零件使用性能危害甚大的残余拉应力、磨削烧伤和磨削裂纹均起因于磨削热，所以如何降低磨削热并减少其影响是生产上的一项重要问题。解决的原则：一是减少磨削热的发生，二

是加速磨削热的传出。

8.4.1.1 选择合理的磨削参数

为了直接减少磨削热的发生,降低磨削区的温度,应合理选择磨削参数:减少砂轮速度和背吃刀量;适当提高进给量和工件速度。但这会使粗糙度值增大而造成矛盾。生产中比较可行的办法是通过实验来确定磨削参数:先按初步选定的磨削参数试磨,检查工件表面热损伤情况,据此调整磨削参数直至最后确定下来。另一种方法是在磨削过程中连续测量磨削区温度,然后控制磨削参数。国外研究通过计算机进行过程控制磨削和自适应磨削等方法来减少磨削热。

8.4.1.2 选择有效的冷却方法

选择适宜的磨削液和有效的冷却方法。如采用高压大流量冷却、内冷却或为减轻高速旋转的砂轮表面的高压附着气流的作用,加装空气挡板(图8.13),以使切削液能顺利地喷注到磨削区。

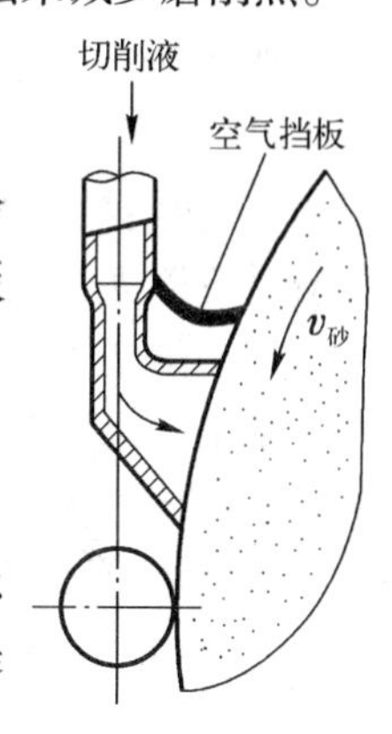

图8.13 带空气挡板的切削液喷嘴

8.4.2 采用冷压强化工艺

对于承受高应力、交变载荷的零件可以采用喷丸、滚压、挤压等表面强化工艺使表面层产生残余压应力和冷硬层,并降低表面粗糙度值,从而提高耐疲劳强度及抗应力腐蚀性能。但是采用强化工艺时应很好地控制工艺参数,不要造成过度硬化,否则会使表面完全失去塑性性质,甚至引起显微裂纹和材料剥落,带来不良的后果。

8.4.2.1 喷丸

喷丸是一种用压缩空气或离心力将大量直径细小(ϕ0.4~2mm)的丸粒(钢丸、玻璃丸)以35~50m/s的速度向零件表面喷射的方法。如图8.14(a)所示,可以用于任何复杂形状的零件。喷丸的结果是在表面层产生很大的塑性变形,造成表面的冷作硬化及残余压应力。硬化深度可达0.7mm,表面粗糙度可自3.2μm降至0.4μm。喷丸后零件的使用寿命可提高数倍至数十倍。例如,齿轮可提高4倍,螺旋弹簧可提高55倍以上。

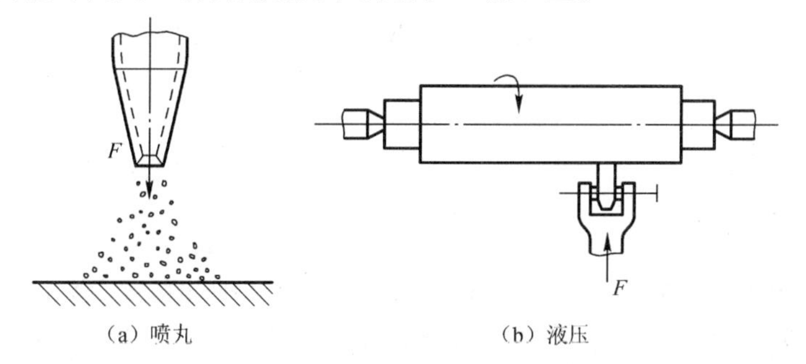

图8.14 常用的冷压强化工艺方法

8.4.2.2 滚压

滚压是用工具钢淬硬制成的钢滚轮或钢珠在零件上进行滚压,如图8.14(b)所示,使表层材料产生塑性流动,形成新的光洁表面。表面粗糙度可自1.6μm减小至0.1μm,表面硬化深度达0.2～1.5mm，硬化程度10%～40%。

8.4.3 采用精密和光整加工工艺

精密和光整加工工艺是指经济加工精度在IT5～IT7级以上，表面粗糙度小于0.16μm，表面物理力学性能也处于十分良好状态的各种加工工艺方法。采用精密加工工艺能全面地提高加工精度和表面质量，而光整加工工艺主要是为了获得较高的表面质量。

8.4.3.1 精密加工工艺

精密加工工艺的加工精度主要由高精度的机床保证。精密加工的切削深度和进给量一般极小，切削速度则很高或极低，加工时尽可能进行充分的冷却润滑，以有利于最大限度地排除切削力、切削热对加工质量的影响，并有利于降低表面粗糙度。精密加工切削效率不高，故加工余量不能太大，所以对前道工序有较高的要求。

精密加工工艺方法有高速精镗、高速精车、宽刃精刨和细密磨削等。下面介绍细密磨削。

使工件表面获得粗糙度小于0.16μm、圆度误差小于0.5μm、直线度误差小于1μm/300mm、同轴度误差小于1μm的磨削工艺，通常称为细密磨削。一般以能获得 $Ra=0.08\sim0.16\mu m$ 的称为精密磨削，能获得 $Ra=0.02\sim0.04\mu m$ 的称为超精密磨削，能获得 $Ra=0.01\mu m$ 的称为镜面磨削。细密磨削是依靠砂轮工作面上修整出大量等高微刃（修整用金刚石笔安装参数见图8.15）进行精密加工的，这些等高微刃能从尚具有微量缺陷和尺寸、形状误差的工件表面切除极微薄的余量，故可获得很高的加工精度。又由于大量等高微刃在加工表面留下极微细的切削痕迹，加上无火花磨削的滑擦、挤压、抛光作用，所以可以得到很低的表面粗糙度。

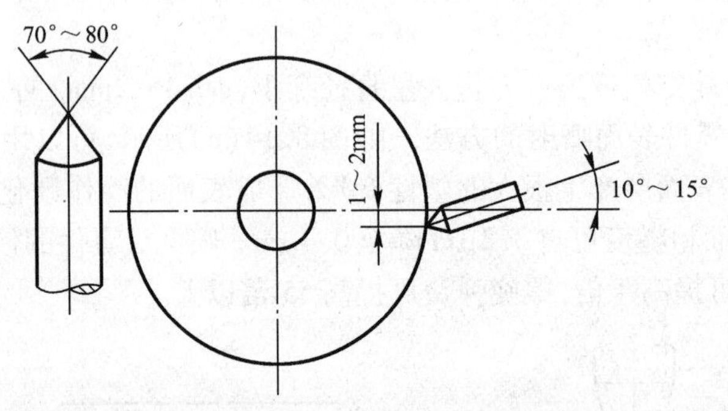

图8.15 金刚石笔的安装

8.4.3.2 光整加工工艺

光整加工是用粒度很细的磨料对工件表面进行微量切削和挤压、擦光的过程。光整加工是按照随机创制成形原理，加工中磨具与工件的相对运动尽可能复杂，尽可能使磨料不走重复的轨迹，让工件加工表面各点都受到具有很大随机性的接触条件，以突出它们间的高点，进行相互修整，使误差逐步均化而得到消除，从而获得极光的表面和高于磨具原始精度的加工精度。光整加工工艺的共同特点是：没有与磨削深度相对应的磨削用量参数，一般只规定加工时的很低的单位切削压力，因此加工过程中的切削力和切削热都很小，从而能获得很低的表面粗糙度值，表面层不会产生热损伤，并具有残余压应力。所使用的工具都是浮动连接，由加工面自身导向,而相对于工件的定位基准没有确定的位置,所使用的机床也不需要具有非常精确的成形运动。这些加工方法的主要作用是降低表面粗糙度,一般不能纠正形状和位置误差,加工精度主要由前面工序保证。对上道工序的表面粗糙度要求高,一般要求达到 $Ra \approx 0.32\mu m$,表面不得有较深的加工痕迹。加工余量都很小,一般不超过 0.02mm,以免使加工时间过长,产生切削热,降低生产效率,甚至破坏上一道工序已达到的精度。

1）珩磨

珩磨是利用珩磨头上的细粒度砂条对孔进行加工的方法,在大批量生产中应用很普遍。其工作原理如图 8.16 所示,珩磨头上装有 4 ~8 条砂条,砂条由张开机构作用沿径向张开在孔壁上产生一定的压力对工件进行微量切削、挤压和擦光。珩磨时,珩磨头作旋转运动和往复运动,由于珩磨头的转速与每分钟往复次数不能通约,故被加工表面上呈现交叉而互不重复的网状痕迹,造成了储存润滑油的良好条件。

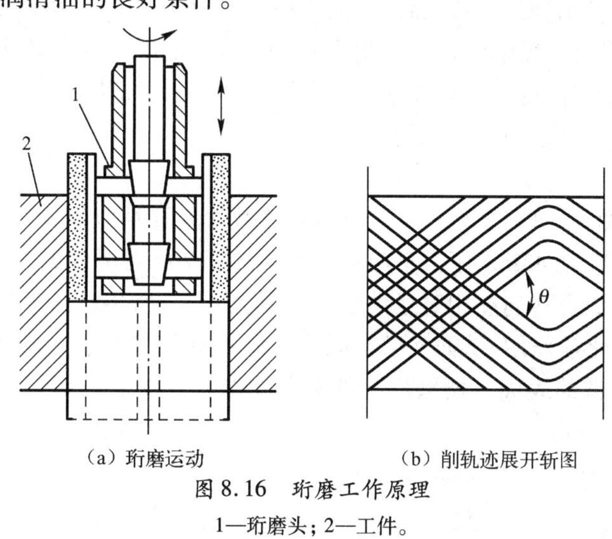

(a) 珩磨运动　　(b) 削轨迹展开斩图

图 8.16　珩磨工作原理

1—珩磨头; 2—工件。

珩磨压力低、切深小,故珩磨功率小,工件表面层的变形小,切削能力弱。而切削轨迹不重复,切削过程平稳,且使用大量的切削液冲走脱落的砂粒并对工件表面进行充分冷却,使珩磨的表面质量很高,表面粗糙度达 0.04 ~0.32μm。珩磨还能对前道工序遗留下来的几何形状误差进行一定程度的修正,因为表面的凸出部分总是先与砂条接触而被磨去,直至砂条与工件表面完全接触。为了补偿机床、珩磨头、夹具之间的同轴度误差,珩磨头与机床主轴之间的连接是浮动的,因此珩磨加工不能修正孔间的相对位置误差。

2）精密光整加工

精密光整加工是用细粒度的砂条以一定的压力压在作低速旋转运动的工件表面上,并在轴向作往复振动,工件或砂条还作轴向进给运动以进行微量切削(图 8.17(a))的加工方法。精密光整加工后的表面粗糙度低(0.012 ~0.08μm),留有网状的痕迹(图 8.17(b)),造成了良好的储油条件,故表面耐磨性好。精密光整加工常用于加工内外圆柱、圆锥面和滚动轴承套圈的沟道。

精密光整加工一般可划分为四个加工阶段:

(1) 强烈切削阶段:加工初期砂条主要起切削作用,砂条同比较粗糙的工件表面接触,实际的接触面积小,单位面积压力较大,工件与砂条之间不能形成完整的润滑油膜,且砂条作往复振动,切削力方向经常变化,磨粒破碎的机会多,自砺性好,故切削作用强烈。

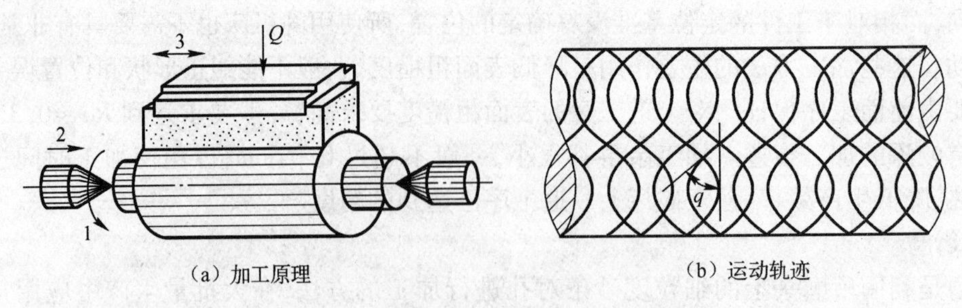

图 8.17 超精加工原理及其运动轨迹

(2) 正常切削阶段:工件表面逐渐被磨平后,接触面积逐渐增大,单位面积上的压力减少,切削作用减弱进入正常切削阶段。

(3) 微弱切削阶段:随着工件表面接触面积进一步增大,单位面积上的压力更小,切削作用微弱,砂条表面也因而有极细的切屑氧化物嵌入空隙而变得光滑,产生抛光作用。

(4) 自动停止切削阶段:工件表面被磨平,单位面积上的压力极低,工件和磨条间润滑油膜逐渐形成,不再接触,故自动停止切削。

3) 研磨

研磨是用研具(图 8.18)以一定的相对滑动速度(粗研时取 0.67 ~ 0.83m/s,精研时取 0.1 ~ 0.2m/s)在 0.12 ~ 0.4MPa 压力下与被加工面作复杂相对运动的一种光整加工方法。研具与工件之间的磨粒和研磨剂在相对运动中,分别起切削与挤压作用和使表面层形成极薄而容易脱落的氧化膜的化学作用,从而使磨粒能从工件表面上切去极微薄的一层材料,得到尺寸误差和表面粗糙度极低的表面。研磨后工件的尺寸误差可以在 0.001 ~ 0.003mm 内,表面粗糙度 Ra = 0.01 ~ 0.16μm。

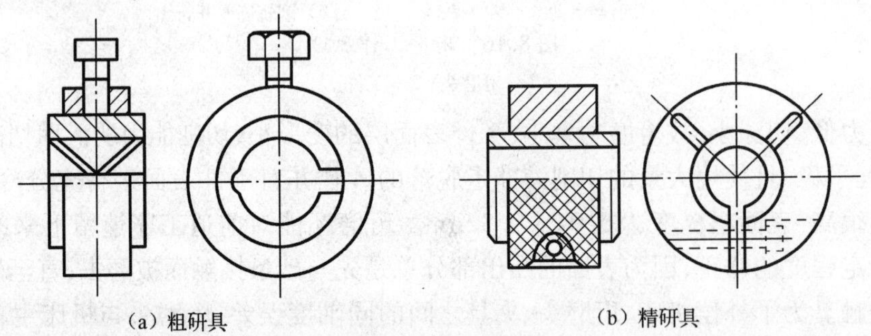

图 8.18 外圆研具

研磨的精度和粗糙度在很大程度上取决于前道工序的加工质量。研磨的加工余量一般在 0.01 ~ 0.02mm 以下,如果余量较大,则应分粗、精研。

研磨可用于各种钢、铸铁、铜、铝、硬质合金等金属,也可用于玻璃、半导体、陶瓷以及塑料等制品的加工。可加工的表面形状有平面、内外圆柱面、圆锥面、球面、螺纹、齿轮及其他型面。因此研磨是应用广泛的光整加工方法之一。

4) 抛光

抛光是在布轮、布盘或砂带等软的研具上涂以抛光膏来加工工件的。抛光器具高速旋转,由抛光膏的机械刮擦和化学作用将粗糙表面的峰顶去掉,从而使表面获得光泽镜面(Ra = 0.04 ~ 0.16μm)。抛光时一般不去掉余量,所以不能提高工件的精度甚至还会损坏原有精度,经抛光的表面能减小残余拉应力。

8.4.3.3 超精密加工技术

超精密加工技术始终采用当代最新科技成果来提高加工精度和完善自身,故“超精密”的概念是随科技的发展而不断更新的。目前超精密加工技术是指加工的尺寸、形状精度达到亚微米级,加工表面粗糙度 Ra 达到纳米级的加工技术的总称。目前超精密加工技术在某些应用领域已经延伸到纳米尺度范围,其加工精度已经接近纳米级,表面粗糙度 Ra 已经达到 Å 级(原子直径为 1 ~2Å,$1Å = 10^{-10}m$),并且正向终极目标——原子级加工精度(超精密加工的极限精度)逼近。目前的超精密加工,以不改变工件材料物理特性为前提,以获得极限的形状精度、尺寸精度、表面粗糙度、无或极少的表面损伤,包括微裂纹等缺陷、残余应力、组织变化等为目标。超精密加工目前包括 4 个领域:①超精密切削加工;②超精密磨削加工;③超精密抛光加工;④超精密特种加工(如电子束、离子束加工)。

超精密切削是特指采用金刚石等超硬材料作为刀具的切削加工技术,其加工表面粗糙度 Ra 可达到几十纳米,包括超精密车削、镗削、铣削及复合切削(超声波振动车削加工技术等)。

超精密磨削是指以利用细粒度或超细粒度的固结磨料砂轮以及高性能磨床实现材料高效率去除、加工精度达到或高于 0.1μm、加工表面粗糙度 Ra 小于 0.025μm 的加工方法,是超精密加工技术中能够兼顾加工精度、表面质量和加工效率的加工手段。

超精密抛光是利用微细磨粒的机械作用和化学作用,在软质抛光工具或化学液、电/磁场等辅助作用下,为获得光滑或超光滑表面,减少或完全消除加工变质层,从而获得高表面质量的加工方法,加工精度可达到数纳米,加工表面粗糙度 Ra 可达到 Å 级,超精密抛光是目前最主要的终加工手段。抛光过程的材料去除量十分微小,一般在几微米以下。

超精密加工应用范围广泛,从软金属到淬火钢、不锈钢、高速钢、硬质合金等难加工材料,到半导体、玻璃、陶瓷等硬脆非金属材料,几乎所有的材料都可利用超精密加工技术进行加工。现代机械工业之所以要致力于提高加工精度,其主要原因在于:可提高产品的性能和质量,提高其稳定性和可靠性;促进产品的小型化;增加零件的互换性,提高装配生产率,并促进自动化装配。随着现代工业技术和高性能科技产品对零件精度和表面完整性的要求越来越高,超精密加工的作用日益重要,它对国防、航空航天、核能等高新技术领域也有着重要的影响,超精密加工综合应用了机械技术发展的新成果以及现代电子、传感技术、光学和计算机等高新技术,是一个国家科学技术水平和综合国力的重要标志,因此受到各工业发达国家的高度重视。由宏观制造进入微观制造是未来制造业发展趋势之一,当代的超精密加工技术是现代制造技术的前沿,也是明天技术的基础。

8.5 机械加工过程中的振动问题

8.5.1 振动的概念与类型

金属切削过程中,工件和刀具之间常常发生强烈的振动,这是一种破坏正常切削过程的极其有害的现象。当切削振动发生时,工件表面质量严重恶化,粗糙度增大,产生明显的表面振痕,这时不得不降低切削用量,使生产效率的提高受到限制。振动严重时,会产生崩刃现象,使加工过程无法进行下去。此外,振动将加速刀具和机床的磨损,从而缩短刀具和机床的使用寿命；振动噪声也危害工人的健康。弄清机械加工过程中产生振动的原因，掌握它的发生、发展的规律，使机械加工过程既保持高的生产率，又保证零件表面的加工质量，是机械加工中应予以研究的一个重要内容。

机械加工过程中产生的振动，也和其他的机械振动一样，按其产生的原因可分为自由振动、强迫振动和自激振动三大类。其中自由振动往往是由于切削力的突然变化或其他外界力的冲击等原因引起的，一般可迅速衰减，对加工过程影响较小，这里不予讨论。

8.5.2 机械加工中的强迫振动

强迫振动是工艺系统在一个稳定的外界周期性干扰力（激振力）作用下引起的振动。除了力之外，凡是随时间变化的位移、速度及加速度，也可以激起系统的振动。

8.5.2.1 强迫振动产生的原因

强迫振动产生的原因分为工艺系统内部和外部两方面。

内部振源：各个电动机的振动，包括电动机转子旋转不平衡引起的振动；机床回转零件的不平衡，例如砂轮、皮带轮或旋转轴的不平衡引起的振动；运动传递过程中引起的振动，如齿轮啮合时的冲击、皮带轮圆度误差及皮带厚薄不均引起的张力变化，滚动轴承的套圈和滚子尺寸及形状误差，使运动在传递过程中产生了振动；往复部件的冲击；液压传动系统的压力脉动；切削时的冲击振动，切削负荷不均引起切削力的变化而导致的振动。

外部振源：其他机床、锻锤、火车、卡车等通过机床地基传给机床的振动。

8.5.2.2 强迫振动的运动方程式

工艺系统是一个多自由度的振动系统，其振动形态是很复杂的，但就某一特定情况而言，其振动特性与相应频率的单自由度系统有近似之处，因此可以简化为单自由度系统来分析。例如，内圆磨削时工件系统的刚度比磨头系统的刚度大得多，此时磨削系统可简化为磨杆和砂轮的单自由度振动系统：将磨杆简化为“无质量”的弹簧 K，砂轮简化为“无弹性”的质量 m，组成一个弹簧质量系统模型。

图 8.19 是一个振动的工艺系统简化成单自由度强迫振动系统的模型，图中 K 为等效弹簧刚度（N/mm）；m 为等效质量（kg），设质量块处于静平衡位置时为坐标原点；c 为等效黏性阻尼系数（N · s/mm）；作用在 m 上的简谐激振力 $F_d = F_0\sin\omega t$（N）使 m 偏离平衡位置，这时瞬时振动位移为 x（mm），取向下为正；振动速度为 $\dot{x}$（m/s）；振动加速度为 $\ddot{x}$（m/s^2）。因此质量

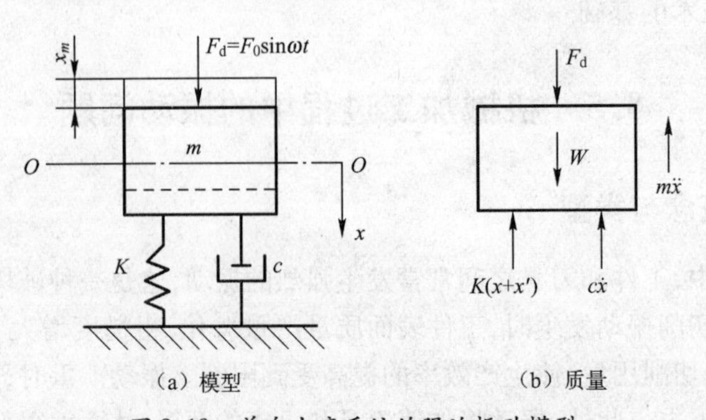

图 8.19 单自由度系统的强迫振动模型

块 m 任意瞬时的受力情况如图 8.19(b)所示,其中 W 为重力,x' 为重力作用下的静位移,$K(x+x')$ 为弹簧力,$c\dot{x}$ 为阻尼力,$m\ddot{x}$ 为惯性力。按牛顿运动定律可建立运动微分方程:

$$m\ddot{x} + c\dot{x} + K(x + x') = F_0\sin\omega t + W$$

因为 $Kx' = W$,于是上式可简化为

$$m\ddot{x} + c\dot{x} + Kx = F_0\sin\omega t \tag{8.3}$$

这是一个非齐次的线性微分方程,它的解由该式齐次方程的通解和非齐次方程的一个特解叠加而成。齐次方程的通解为有阻尼的自由振动过程,如图 8.20(a)所示,经一段时间后,这部分振动会衰减为零。特解如图 8.20(b)所示,是圆频率等于激振力圆频率的强迫振动,它纯粹由激振动力 F_d 所引起。图 8.20(c)为叠加后的振动过程。可以看到,经过渡过程以后,强迫振动起主要作用。只要交变激振力存在,强迫振动就不会被阻尼衰减掉。

根据以上所述,对于式(8.3)的求解,我们就不考虑很快衰减为零的自由阻尼振动部分,而只研究经历了过渡过程进入稳态后的谐振运动,即得其特解为

$$x = A\cos(\omega t - \varphi) \tag{8.4}$$

其中

$$A = \frac{F_0}{m}\frac{1}{\sqrt{(\omega_0^2 - \omega^2)^2 + 4\zeta^2\omega^2\omega_0^2}} = \frac{F_0}{K}\frac{1}{\sqrt{\left(1 - \frac{\omega^2}{\omega_0^2}\right)^2 + 4\zeta^2\frac{\omega^2}{\omega_0^2}}}$$

$$= x_{系统}\frac{1}{\sqrt{(1 - \lambda^2)^2 + 4\zeta^2\lambda^2}} = x_{系统}V \tag{8.5}$$

$$\varphi = \arctan\frac{2\zeta\lambda}{1 - \lambda^2} \tag{8.6}$$

式中 A——强迫振动的幅值(mm);

φ——振幅相对于力幅的相位角(rad);

K——系统静刚度(N/mm);

$x_{系统} = F_0/K$——系统在静力作用下产生的静位移(mm);

ω_0——振动系统无阻尼时的固有频率(rad/s),$\omega_0^2 = \dfrac{K}{m}$;

ω——振动频率(rad/s);

$\lambda = \omega/\omega_0$——频率比;

$\zeta = c/c_c$——阻尼比;

$c_c = 2m\omega_0$——临界阻尼系数(N·s/mm);

V——动态放大系数。

式(8.5)表示了单自由度强迫振动振幅与干扰频率的依从关系,称为单自由度强迫振动的幅频特性。

式(8.6)表示了强迫振动中位移与干扰力之间的相位与干扰频率的依从关系,称为单自由度强迫振动相频特性。

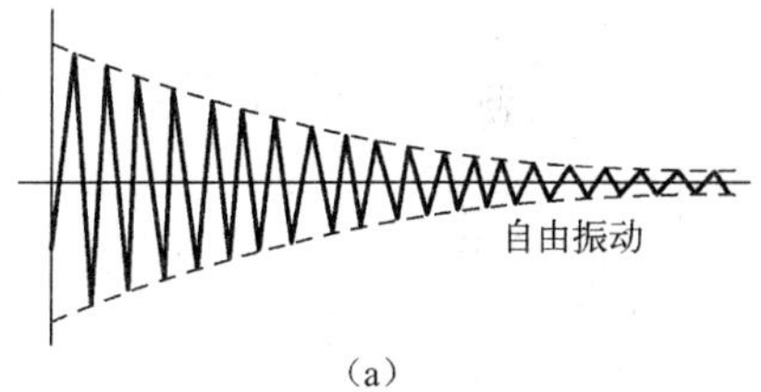

(a)

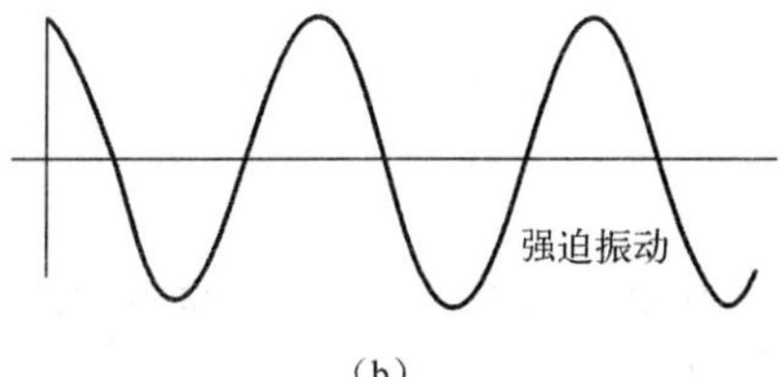

(b)

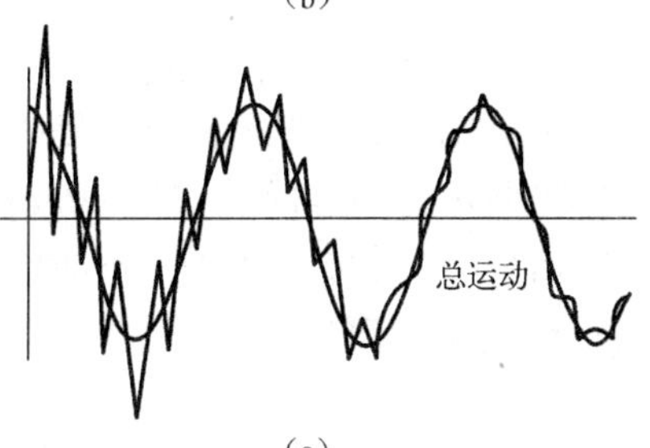

(c)

图 8.20 具有黏性阻尼的强迫振动

8.5.2.3 强迫振动的特性

1）幅频特性曲线和相频特性曲线

根据式(8.5)和式(8.6)并以阻尼比 ζ 为参数画成曲线图8.21，从图中可以看出，当 $\lambda = \omega/\omega_0 \ll 1$(即 $\omega \ll \omega_0$)时 $V \approx 1$，这时激振力的频率极低，近似于静载荷，振幅接近于 F_0 力所产生的静位移，这种现象发生在 $\lambda < 0.7$ 区域内，称此范围为准静态区。

当 $\lambda \approx 1(\omega \approx \omega_0)$ 且 ζ 比较小时，激振力使系统的振幅形成一个凸峰，其峰值比静态响应大许多倍，这种现象称为“共振”。共振时，令 $dV/d\lambda = 0$，得

$$\lambda = \sqrt{1 - 2\zeta^2} \tag{8.7}$$

这时

$$V_{\max} = \frac{1}{2\zeta\sqrt{1 - \zeta^2}} \approx \frac{1}{2\zeta}$$

工程上把系统的固有频率 ω_0 作为共振频率，把固有频率前后20%～30%(即 $0.7 \leqslant \lambda \leqslant 1.3$)区域作为共振区。为避免系统共振，应避免 ω/ω_0 进入这个区域。由图8.21(a)可看出，阻尼在共振区对降低振幅的作用很大，在其他区域作用较小。

当 $\lambda \gg 1$(即 $\omega \gg \omega_0$)时，$V \approx 0$，这是由于激振力的变化频率太高，而振动系统因本身的惯性来不及响应，故系统反而不振。这现象发生在 $\lambda > 1.3$ 时，称为惯性区。

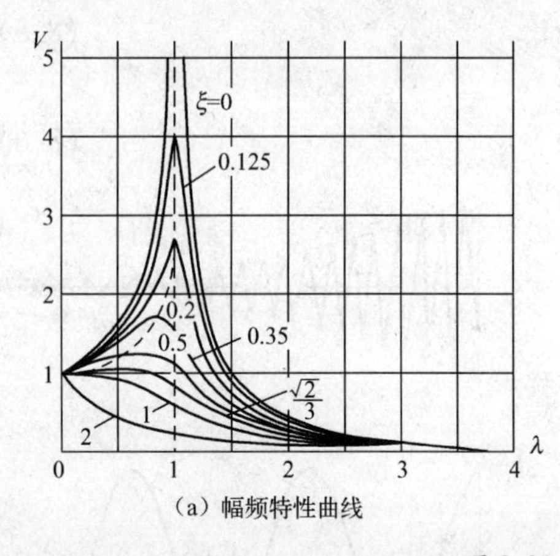

(a) 幅频特性曲线

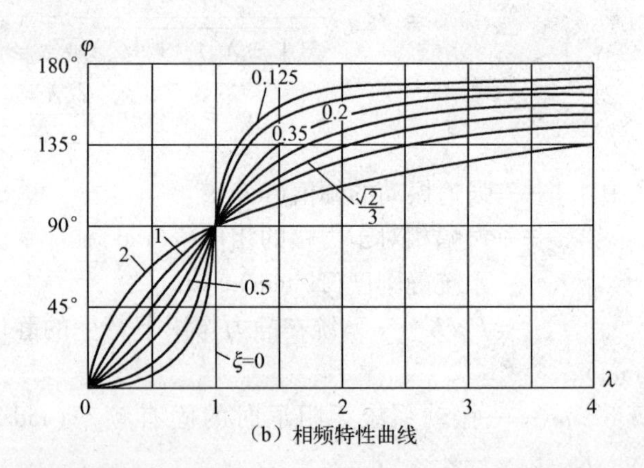

(b) 相频特性曲线

图8.21 幅频和相频特性曲线

由相频曲线可以看到，无论系统的阻尼比 ζ 为何值，当 $\lambda = 1$(即 $\omega = \omega_0$)时，相位滞后角 $\varphi = 90°$；当 $\lambda < 1$(即 $\omega < \omega_0$)时，$\varphi < 90°$；当 $\lambda > 1$(即 $\omega > \omega_0$)时，$\varphi > 90°$。当 $\zeta = 0$ 或很小时，在 $\lambda = 1$ 的前后，相位角 φ 会突然由0°跳到180°，这种现象称为“反相现象”。

2）振动系统的动态刚度和动态柔度

在讨论工艺系统受力变形时我们建立了静刚度和静柔度的概念。这里我们把系统在某一频率下产生的振幅与所需的激振力的力幅之比，定义为系统的动态刚度，简称动刚度。由式(8.5)可得动刚度 K_d：

$$K_d = \frac{F_0}{A} = K\sqrt{(1 - \lambda^2)^2 + 4\zeta^2\lambda^2} \tag{8.8}$$

动刚度的倒数即动柔度 C_d：

$$C_d = \frac{A}{F_0} = \frac{1}{K\sqrt{(1-\lambda^2)^2 + 4\zeta^2\lambda^2}} \tag{8.9}$$

图 8.22 为动刚度频率特性曲线。在不同的频率范围内，各参数对动刚度的影响是不同的。在准静态区（$\lambda < 0.7$），可忽略阻尼的影响，其动刚度值主要取决于静刚度而与频率比成抛物线关系：

$$K_d = K(1 - 2\lambda^2) = K\left(1 - \frac{\omega^2}{\omega_0^2}\right)$$

当$\frac{\omega}{\omega_0} \leqslant \frac{1}{3}$时，可取 $K_d = K$。

在惯性区（$\lambda > 1.3$），系统的动刚度主要取决于它的质量 m，这时 $K_d \approx K\frac{\omega^2}{\omega_0^2} = m\omega^2$。

在共振区（$0.7 < \lambda < 1.3$），动刚度受阻尼影响很大。阻尼比 $\zeta < 0.2$ 时，就用 $\lambda = 1$ 时 $K_d = 2\zeta$ 为其刚度值。

综上所述，强迫振动的主要特性如下：

强迫振动是在外界周期性干扰力的作用下产生的，但振动本身并不能引起干扰力的变化。不管振动系统本身的固有频率如何，强迫振动的固有频率总是与外界干扰力的频率相同。强迫振动的振幅大小在很大程度上取决于干扰力的频率与系统固有频率的比值。当这个频率比等于或接近 1 时，振幅达到最大值，出现“共振”现象。干扰力越大，系统刚度及阻尼系数越小，则强迫振动的振幅就越大。

【例题 8.2】 把一台质量 $M = 2000\text{kg}$ 的机床安装在无质量的弹性地板上（图 8.23），将一个总质量 $m_s = 50\text{kg}$，并带有两个偏心为 e 的不平衡质量 $m/2$ 的激振器放在机床上，以产生一个垂直的简谐激振力（$me\omega^2\sin\omega t$），测得共振时的频率 $\omega_r = 1500\text{r/s}$，求机床的固有频率。

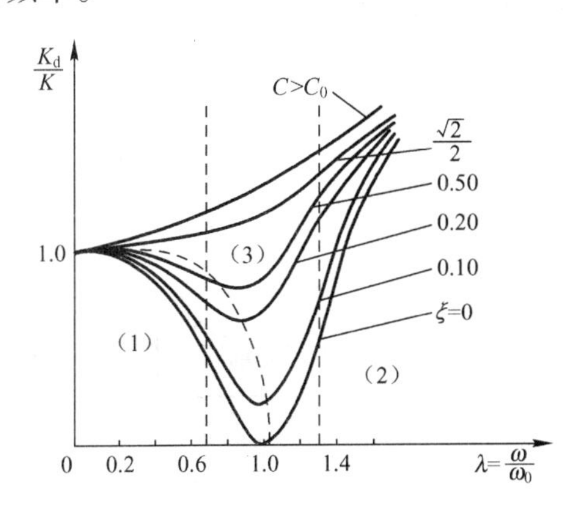

图 8.22 动静态刚度频率比的关系

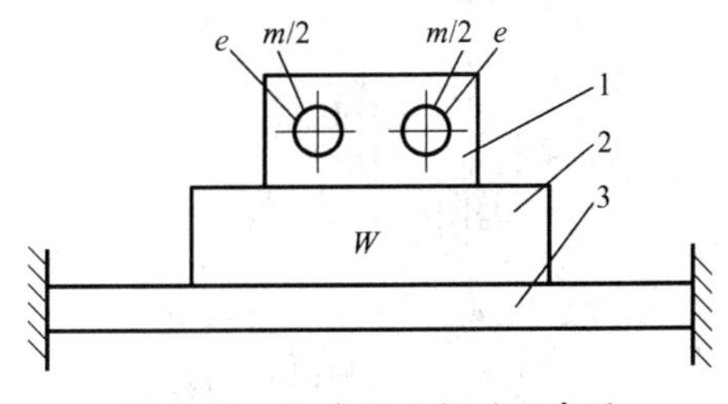

图 8.23 机床强迫振动示意图

1—激振器；2—机床；3—地板。

解：

由题意，激振时的共振频率 $\omega_r = \sqrt{\frac{K}{M + m_s}}$，则$\sqrt{K} = \omega_r\sqrt{M + m_s}$。

机床的固有圆频率为

$$\omega_0 = \sqrt{\frac{K}{m}} = \frac{\omega_r\ \sqrt{M + m_s}}{\sqrt{M}} = 1500 \times \sqrt{\frac{2000 + 50}{2000}} = 1518.6\mathrm{r/s}$$

机床固有频率为

$$f_0 = \frac{\omega_0}{2\pi} = \frac{1518.6}{2\pi} = 241.7\mathrm{Hz}$$

8.5.3 机械加工中的自激振动

自激振动是由振动过程本身引起切削力周期性变化,又由这个周期性变化的切削力反过来加强和维持振动,使振动系统补充了由阻尼作用消耗的能量,让振动维持下去。切削过程中产生的自激振动是频率较高的不衰减振动,通常又称颤振,约占振动的65%。它往往是影响加工表面质量和限制机床生产效率提高的主要障碍,故应对其十分重视。

切削过程中的自激振动可举日常生活中常见的电铃为例来说明。电铃(图8.24)以电池1为能源,当按下按钮2时,电流通过7—3—5及电池构成的通路,电磁铁5产生磁力吸引衔铁4,使弹簧片7带动小锤敲击铃6。但当弹簧片被吸引后,触点3处断电,电磁铁失去磁性,小锤靠弹簧片7弹回至原处,电路又被接通,接着又重复上述的过程。这个振动过程显然不是由外来的周期性干扰力引起的,所以不是强迫振动。在这一系统中,悬臂的弹簧片7和小锤组成振动元件,衔铁4、电磁铁5和电路组成调节元件并产生交变力(图8.25)。交变力使振动元件产生振动,这就是自激振动。振动元件又对调节元件产生反馈作用,以便产生持续的交变力。小锤敲击电铃的频率是由弹簧片、小锤、衔铁的本身参数(刚度、质量、阻尼)所决定的。阻尼及运动摩擦所损耗的能量由本身的电池供应。这个过程就是区别于强迫振动的自激振动。

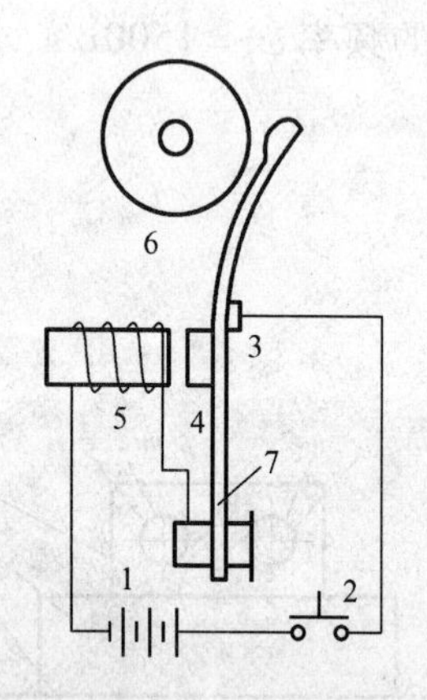

图8.24 电铃的自激振动

1—电源;2—按钮;3—触点;
4—衔铁;5—电磁铁;6—铃;7—弹簧片。

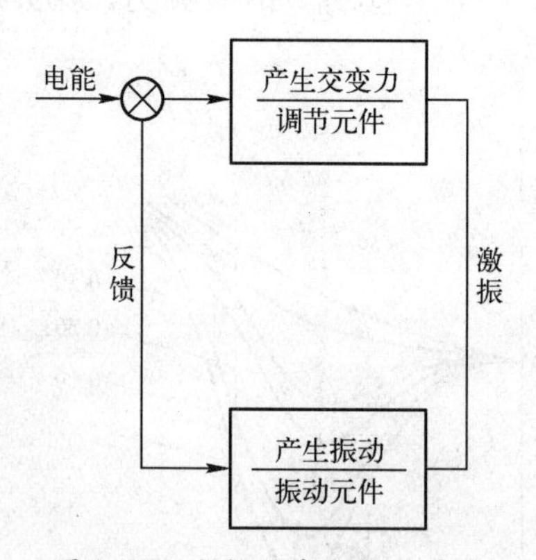

图8.25 电铃的自激振动系统

金属切削过程中自激振动的原理如图8.26所示。它也具有两个基本部分:切削过程产生交变力ΔF,激励工艺系统,工艺系统产生振动位移(ΔY),再反馈给切削过程。维持振动的能量来源于机床的能源。

自激振动与强迫振动相同,是一种不衰减的振动。维持振动的交变力是由振动本身所产生和控制的，当振动一停止，则此交变力也随之消失。自激振动的频率等于或接近系统的固有频率，是由振动系统本身的参数所决定的，这与强迫振动相比有着显著的差别。自激振动能否产生以及振幅大小，取决于每一振动周期内系统所获得的能量与所消耗的能量对比情况。如图 8.27 所示，E^+ 为获得的能量，E^- 为消耗的能量，当 E^+ 和 E^- 的值相等时，振幅就达到 A_0。当某瞬时振幅小于 A_0 而为 A_1 时，由于 $E^+ > E^-$，则多余的能量使振幅加大；当某瞬时振幅大于 A_0 而为 A_3 时，由于 $E^+ < E^-$，则振幅将衰减而回到 A_0，因此在图 8.27 的系统中振幅将稳定在 A_0。在有些系统中也可能出现振幅在任何数值时，系统获得的能量都小于消耗的能量，在这种系统中自激振动不会产生。

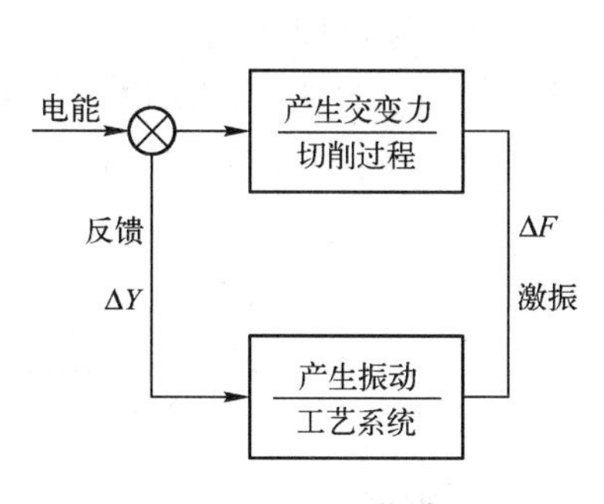

图 8.26　机床自激振动系统

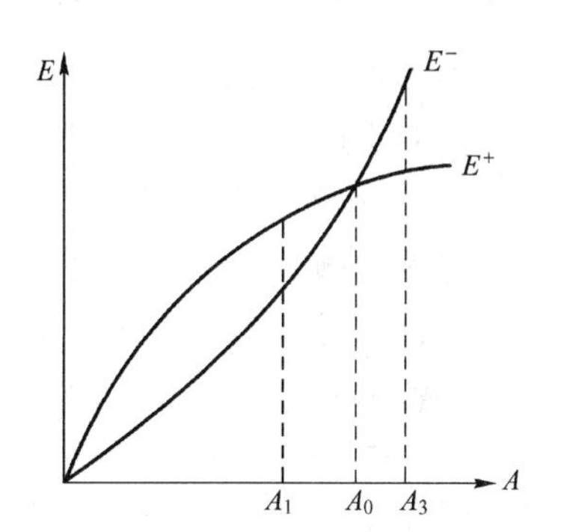

图 8.27　自激振动系统的能量关系

目前已知有两种产生自激振动的原因：再生自激振动和振型耦合自激振动。

8.5.3.1　再生自激振动原理

在切削或磨削加工中，一般进给量不大，刀具的副偏角较小，当工件转过一圈开始切削下一圈时，刀刃会与已切过的上一圈表面接触，即产生重叠切削。图 8.28 所示为外圆磨削示意图，设砂轮宽度为 B，工件每转进给量为 f，工件相邻两转磨削区之间重叠区的重叠系数为 $a=(B-f)/B$。

显然，切断时 $a=1$；车螺纹时 $a=0$；大多数情况下，$0<a<1$。

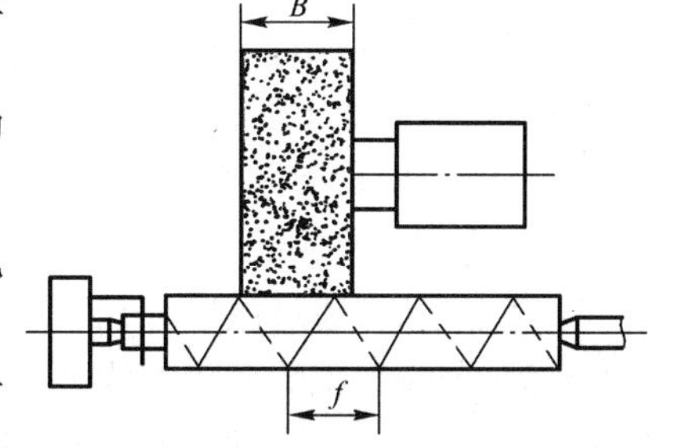

图 8.28　磨削时重叠磨削示意图

在本来是稳定的切削过程中，由于偶然的扰动，如材料上的硬点、外界偶然冲击等原因，刀具与工件间会发生自由振动，该振动会在工件表面上留下相应的振纹。这种有黏性阻尼的自由振动的频率为 ω_z。当工件转至下一圈，刀具开始切削到重叠部分的振纹，因为切削厚度会发生变化，从而引起切削力的周期性变化。当 ω_z 接近于系统的固有频率 ω_0 时，所产生的动态切削力频率接近于系统固有频率。它在一定条件下便会反过来对振动系统做功，补充系统因阻尼损耗的能量，促使系统进一步发展为持续的切削颤振状态。这种振纹和动态切削力的相互影响作用称为振纹的再生效应。由再生效应导致的切削颤振称做再生切削颤振。

8.5.3.2　振型耦合自激振动原理

在有些情况下，如车削方牙螺纹外表面时，在工件相继各转内不存在重叠切削现象，这样就不存在发生再生颤振的必要条件。但生产中经常发现,当切削深度增加到一定程度时,仍然可能发生切削颤振。可见,除了再生颤振外,还有其他的自激振动原因。实验证明,机械加工系统一般是具有不同刚度和阻尼的弹簧系统,具有不同方向性的各个弹簧复合在一起,满足一定的组合条件的就会产生自激振动,这种复合在一起的自激振动称为振型耦合自激振动。

由上述可知,只要停止切削过程,即使机床仍继续空运转,自激振动也就停止了。所以可通过切削实验来研究工艺系统的自激振动。同时,也可以通过改变对切削过程有影响的工艺参数来控制切削过程,从而限制自激振动的产生。

8.5.4 减少工艺系统振动的途径

当加工中出现振动影响加工质量时要根据振动产生的原因、运动规律和特性来寻求控制的途径。首先要判断振动的类型。振动频率与干扰作用频率相同,并随干扰作用的频率改变而改变,随干扰作用的去除而消失的为强迫振动;振动频率与系统的固有频率相等或相近,机床转速改变时振动频率不变或稍变,随切削过程停止而消失的是自激振动。

对于强迫振动可采取以下途径:减小回转元件不平衡来减小激振力;提高机床传动的制造精度来减少因传动而引起的振动;调节工艺系统的固有频率,避开共振区;提高工艺系统的刚度及采用阻尼消振装置;将振源与机床隔离等。

对于自激振动经过许多实验研究和生产实践有了一些相当有效的抑制措施,如合理选择切削用量,合理选择刀具的几何角度;提高机床、工件、刀具自身的抗振性及采用减振装置等。

一般提高工艺系统的刚度和安装减振装置对提高工艺系统的抗振性有显著效果。

本 章 小 结

本章主要阐述了机械加工表面质量和表面完整性的基本概念及其对机械零件、对整台机器的使用性能和使用寿命的影响;详细地分析了影响机械加工表面质量的各种因素,着重讨论了如何提高机械加工表面质量的途径,特别是对工艺系统的振动问题作了较详细的分析研究。机械加工表面质量问题产生的原因比较复杂,影响因素很多,而且不易观察和测量,因此在生产中通常是对一些关键性零件、关键部位的加工和关键的加工工序进行表面质量的研究、控制。学完本章后,通过做思考题、习题应着重理解和掌握表面质量的一些基本概念,重点掌握冷作硬化、金相组织的变化和残余应力产生的机理及磨削烧伤、磨削裂纹产生的机理。应对生产现场中发生的一些表面质量问题从理论上作出解释,学会分析表面质量的方法,能采取改善表面质量的工艺措施,解决生产实际问题。学会识别和区分机械加工中的强迫振动和自激振动,了解一些基本的消振方法。

教学讨论题与习题

8.1 表面质量的含义包括哪些主要内容?为什么机械零件的表面质量与加工精度具有同等重要的意义?

8.2 影响加工工件表面粗糙度的因素有哪些?车削一铸铁零件的外圆表面,若进给量 $f=0.5\text{mm/r}$,车刀刀尖的圆弧半径 $r=4\text{mm}$,问能达到的加工表面粗糙度的数值为多少?

8.3 磨削加工时,影响加工表面粗糙度的主要因素有哪些?

8.4 什么是冷作硬化现象?其产生的主要原因是什么?实验表明:切削速度增大,冷硬现象减小,进给量增大,冷硬现象增大;刀具刃口圆弧半径增大,后刀面磨损增大,冷硬现象增大;前角增大,冷硬现象减小。在同样切削条件下,切削 T10 钢硬化深度 h 与硬化程度 N 均较车削 T12A 为大,而铜件、铝件比钢件小。试讨论如何解释上述实验结果。

8.5 什么是磨削"烧伤"?为什么磨削加工常产生"烧伤"?为什么磨削高合金钢较普通碳钢更易产生"烧伤"?磨削"烧伤"对零件的使用性能有何影响?试举例说明减少磨削烧伤及裂纹的办法有哪些?

8.6 为什么在机械加工时,工件表面层会产生残余应力?磨削加工工件表面层中残余应力产生的原因与切削加工是否相同?

8.7 磨削淬火钢时,加工表面层的硬度可能升高或下降,试分析其可能的原因,并说明表面层的应力符号?

8.8 何谓强迫振动?何谓自激振动?如何区分两种振动?机械加工中引起两种振动的主要原因是什么?

8.9 超精加工、珩磨、研磨等光整加工方法与细密磨削相比较,其工作原理有何不同?为什么把它们作为最终加工工序?它们都应用在何种场合?

8.10 在平面磨床上磨削一块厚度为 10mm、宽度为 50mm 、长为 30mm 的 20 钢工件,磨削时表面温度高达 900℃ 。试估算加工表面层和非加工表面层残余应力数值,并画出零件近似的变形图及应力图。

8.11 刨削一块钢板,在切削力作用下,被加工表面层产生塑性变形,其密度从 $7.87\times10^3\mathrm{kg/m^3}$ 降至 $7.75\times10^3\mathrm{kg/m^3}$,试问表面层产生多大的残余应力?是压应力还是拉应力?

8.12 在外圆磨床上磨削一根淬火钢轴时,工件表面温度高达 950℃,因使用冷却液而产生回火。表面层金属由马氏体转变为珠光体,其密度从 $7.75\times10^3\mathrm{kg/m^3}$ 增至 $7.78\times10^3\mathrm{kg/m^3}$。试估算工件表面将产生多大的残余应力?是何种应力?

8.13 把一台质量 $m=500\mathrm{kg}$ 的旋转机械,用刚度 $K=10^6\mathrm{N/m}$ 的弹簧支承着,若此机械有 $me=0.2\mathrm{N\cdot m}$ 的不平衡时,当机械的转速 $n=1200\mathrm{r/min}$ 时,若该系统的阻尼比 $\zeta=0.1$,试求强迫振动的振幅为多少?

第九章　机器装配工艺

本 章 提 要

任何机械设备或产品都是由若干零件和部件组成的。根据规定的技术要求,将有关的零件接合成部件或将有关的零件和部件接合成机械设备或产品的过程,称为装配;前者称为部件装配,后者称为总装配。

制造一台机械设备或产品要经过设计—零件制造—装配三个制造过程。装配是机械设备(产品)制造过程中的最后一个阶段,在这一阶段中,要进行装配、调整、检验和实验等工作,落实设计的总体要求。装配工作的重要性在于机械设备(产品)的质量如工作性能、使用效果和使用寿命等,最终是由它来保证的;同时通过它也是对机械设备(产品)和零件加工质量的一次总检验,发现设计和加工中存在的问题从而加以不断改进。另外,装配工作占用较多的劳动量,因此它对产品的经济效益也有较大影响。随着机器装配在整个机器制造中所占的比重日益加大,装配工作的技术水平和劳动生产率必须大幅度提高,才能适应整个机械工业的发展形势,达到质量好、效率高、费用低的要求,为国民经济相关部门提供大量先进的成套设备和机械产品。本章重点介绍为达到装配精度而采取的四种装配方法、各自优缺点和使用场合、以及与装配精度相关的尺寸链求解算法。

9.1　机器装配基本问题概述

9.1.1　各种生产类型的装配特点

机器装配的生产类型按生产批量可分为大批大量生产、成批生产及单件小批生产三种。生产类型不同,其装配工作的特点,如在组织形式、装配方法、使用的工艺装备等方面都有所不同。例如在汽车、拖拉机或缝纫机等大量生产的工厂中,装配工艺主要是互换装配法,只允许少量简单的调整,工艺过程划分较细,即采用分散工序原则,要求有较高的均衡性和严格的节奏性。其组织形式是在高效工艺装备的物质条件基础上,建立起移动式流水线以至自动装配线。

在单件小批生产中,装配方法以修配法及调整法为主,互换件比例较小。工艺上灵活性较大,工艺文件不详细,多用通用装备,工序集中,组织形式以固定式为主,装配工作的效率一般较低。当前,提高单件小批生产的装配工作效率是重要课题。具体措施是吸收大批大量生产类型的一些装配方法,例如,采用固定式流水装配就是一种组织形式上的改进。这种装配组织形式,实际上是分工装配。装配对象放在工段中心的台架上,装配工人(或小组)在台架旁进行装配操作。一个工人做完一道工序后立即对下一装配对象进行同一工序操作,同时将已做完的转给第二个工人继续另一工序的装配。由于装配工序是由许多工人同时完成的,一个人只进行单一工序的重复操作,所以能缩短装配周期。又如,尽可能采用机械加工或机械化手持工具来代替繁重的手工修配操作,采用先进的调整及测试手段也可以提高调整工作的效率。

成批生产类型的装配工作特点则介于大批大量与单件小批两种生产类型之间。各种生产类型装配工作的特点详见表9.1。

表9.1 各种生产类型装配工作的特点

生产类型 / 装配工作特点 / 基本特征 / 比较项目	大批大量生产	成批生产	单件小批生产
基本特征	产品固定,生产过程长期重复,生产周期一般较短	产品在系列化范围内变化,分批交替投产或多品种同时投产,生产过程在一定时期内重复	产品经常变换,不定期重复生产,生产周期一般较长
组织形式	多采用流水装配线,有连续移动、间歇移动及可变节奏移动等方式,还可采用自动装配机或自动装配线	产品笨重,批量不大的产品多采用固定流水装配,批量较大时,采用流水装配,多品种平行投产时用多品种可变节奏流水装配	多采用固定装配或固定式流水装配进行总装
装配工艺方法	按互换装配,允许有少量的调整,精密偶件成对供应或分组供应装配,无任何修配工作	主要采用互换法,但灵活运用其他保证装配精度的装配方法,如调整法、修配法及合并法以节约加工费用	以修配法及调整法为主,互换件比例较少
工艺过程	工艺过程划分很细,力求达到高度的均衡性	工艺过程的划分须适合于批量的大小,尽量使生产均衡	一般不定详细工艺文件,工序可适当调度,工艺也可灵活掌握
手工操作要求	手工操作比重小,熟练程度容易提高,便于培养新工人	手工操作比重不小,技术水平要求较高	手工操作比重大,要求工人有高的技术水平和各方面的工艺知识
工艺装备	专业化程度高,宜采用专用高效工艺装备,易于实现机械化、自动化	多用通用装备,但也采用一定数量的专用工艺装备以保证装配质量和提高工效	一般用通用装备及通用工、夹、量具
应用实例	汽车、拖拉机、内燃机、滚动轴承、手表、缝纫机、电气开关	机床、机车车辆、中小型锅炉、矿山采掘机械	重型机床、重型机器、汽轮机、大型内燃机、大型锅炉、新产品试剂

9.1.2 零件精度与装配精度的关系

为了使机器具有正常工作性能,必须保证其装配精度。机器的装配精度通常包括三个方面含义:

(1) 尺寸精度:如一定的尺寸要求、一定的配合;

(2) 相互位置精度:如平行度、垂直度、同轴度等;

(3) 运动精度:如传动精度、回转精度等。

由于一般零件都有一定的加工误差,所以在装配时这种误差或这些误差的积累就会影响装配精度,如果其超出装配精度指标所规定的允许范围,则将产生不合格品。从装配工艺角度考虑,装配工作最好是只进行简单的连接过程,不必进行任何修配或调整就能满足精度要求。

因此一般装配精度要求高的,则要求零件精度也高,但零件的加工精度不但在工艺技术上受到加工条件的限制,而且受到经济性的制约。甚至有的机械设备的组成零件较多,而最终装配精度的要求又较高时,即使不考虑经济性,尽可能地提高零件的加工精度以降低积累误差,还是达不到装配精度要求。因此要求达到装配精度,就不能只靠提高零件的加工精度,在一定程度上还必须依赖于装配的工艺技术。在装配精度要求较高、批量较小时,尤其是这样。

9.1.3 装配中的连接方式

在装配中,零件的连接方式可分为固定连接和活动连接两类。固定连接能保证装配好后的相配零件间相互位置不变;活动连接能保证装配好后的相配零件间有一定的相对运动。在固定连接和活动连接中,又根据它们能否拆卸的情况不同,分为可拆卸连接和不可拆卸连接两种。所谓可拆卸连接是指这类连接不损坏任何零件,拆卸后还能重新装在一起。

固定不可拆卸的连接可用下述方法实现:焊接、铆接、过盈配合、金属镶嵌件铸造、粘接剂粘合、塑性材料的压制等。固定可拆卸的连接方法有:各种过渡配合,螺纹连接、圆锥连接等。活动可拆卸的连接可由圆柱面、圆锥面、球面和螺纹面等的间隙配合以及其他各种方法来达到。活动不可拆卸的连接用得较少,如滚珠和滚柱轴承、油封等。

9.2 保证装配精度的方法

保证装配精度的方法可归纳为互换法、选配法、修配法和调整法四大类。

9.2.1 互换法

零件按一定公差加工后,装配时不经任何修配和调整即能达到装配精度要求的装配方法称为互换法。按其互换程度,互换法可分为完全互换法和不完全互换法。

9.2.1.1 完全互换法

由6.6节可知,零件加工误差的规定应使各有关零件公差之和小于或等于装配公差,可用下式表示:

$$T_{\Sigma} \geqslant \sum_{i=1}^{n-1} T_i = T_1 + T_2 + T_3 + \cdots + T_{n-1} \tag{9.1}$$

式中 T_{Σ}——封闭环公差(装配公差);

T_i——各有关零件的制造公差;

n——包括封闭环在内的总环数。

按式(9.1)制定零件公差,在装配时零件是可以完全互换的,故称“完全互换法”,其优点是:

(1) 装配过程简单,生产率高;

(2) 对工人技术水平要求不高;

(3) 便于组织流水装配和自动化装配;

(4) 便于实现零部件专业化协作;

(5) 备件供应方便。

但是,在装配精度要求高,同时组成零件数目又较多时,就难以实现对零件的经济精度要求，有时零件加工非常困难，甚至无法加工。

由此可见，完全互换法只适用于大批大量生产中装配精度要求高而尺寸链环数很少的组合或装配精度要求不高的多环尺寸链的组合。

要做到完全互换装配，必须根据装配精度的要求把各装配零件有关尺寸的制造公差规定在一定范围内，这就需要进行装配尺寸链分析计算。根据零件加工误差的规定原则，从式(9.1)可以看出，完全互换法是用极大极小法(极值法)解尺寸链。

装配尺寸链的计算方法与工艺尺寸链相同(关于工艺尺寸链可参看第五章)。装配尺寸链中的“正计算法”常用在已有产品装配图和全部零件图的情况下，用以验证组成环公差、基本尺寸及其偏差的规定是否正确，是否满足装配精度指标。“反计算法”常用在产品设计阶段，即根据装配指标确定组成环公差，然后将这些已确定的基本尺寸及其偏差标注到零件图上。“相依尺寸公差法”(见5.6.3节的定义)在装配尺寸链中是经常用到的，而相依尺寸法的有关公式可推导如下：

$$T_{\Sigma} = T_j + \sum_{i=1}^{n-2} T_i \tag{9.2}$$

式中 T_i——组成环(相依尺寸除外)的公差；

T_j——相依尺寸的公差；

T_{Σ}——封闭环的公差。

同样理由，可得到计算相依基本尺寸及相依尺寸上下偏差公式：

$$A_{\Sigma} = \vec{A}_j + \sum_{i=1}^{m-1} \vec{A}_i - \sum_{i=m+1}^{n-1} \overleftarrow{A} \text{ 或 } A_{\Sigma} = \sum_{i=1}^{m} \vec{A}_i - \overleftarrow{A}_j - \sum_{j=m+1}^{n-2} \overleftarrow{A}_i \tag{9.3}$$

若相依尺寸是增环，则上、下偏差分别为

$$E_s \vec{A}_j = E_s A_{\Sigma} - \sum_{i=1}^{m-1} E_s \vec{A} + \sum_{i=m+1}^{n-1} E_s \overleftarrow{A}_i \tag{9.4}$$

$$E_x \vec{A} A_j = E_x A_{\Sigma} - \sum_{i=1}^{m-1} E_x \overrightarrow{A} + \sum_{i=m+1}^{n-1} E_s \overleftarrow{A}_i \tag{9.5}$$

若相依尺寸是减环，则上、下偏差分别为

$$E_s \overleftarrow{A}_j = -E_x A_{\Sigma} + \sum_{i=1}^{m} E_x \vec{A}_i + \sum_{i=m+1}^{n-2} E_s \overleftarrow{A} A_i \tag{9.6}$$

$$E_x \overleftarrow{A}_j = -E_s A_{\Sigma} + \sum_{i=1}^{m} E_x \vec{A}_i + \sum_{i=m+1}^{n-2} E_x \overleftarrow{A}_i \tag{9.7}$$

式中 E_s——尺寸的上偏差；

E_x——尺寸的下偏差；

$\vec{A}_i$——增环；

$\overleftarrow{A}_i$——减环；

$\vec{A}_j$,$\overleftarrow{A}_j$——相依尺寸增减环；

A_{Σ}——封闭环；

m——增环数；

n——包括相依尺寸和封闭环在内的总环数。

【例题9.1】 解组成环尺寸、公差及偏差。

图9.1为某双联转子(摆线齿轮)泵的轴向装配关系图。已知各基本尺寸为:$A_{\Sigma}=0$,$A_1=41\text{mm}$,$A_2=A_4=17\text{mm}$,$A_3=7\text{mm}$。根据要求,冷态下的轴向装配间隙 $A_{\Sigma}=0^{+0.15}_{+0.05}\text{mm}$,$T_{\Sigma}=0.1\text{mm}$。求各组成环尺寸的公差大小和分布位置。求解步骤和方法如下:

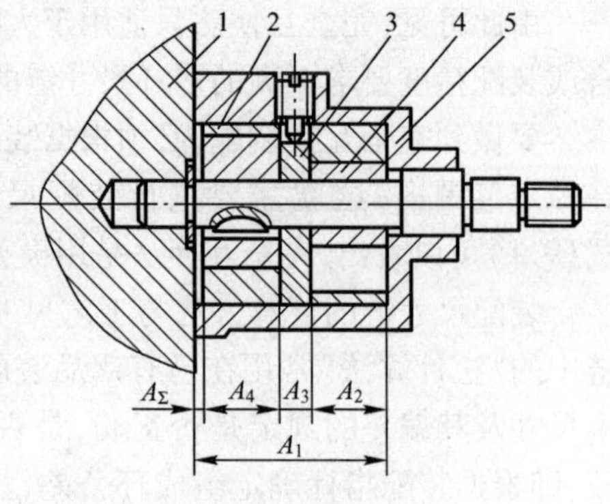

(1) 画出装配尺寸链图,校验各环基本尺寸。图9.1的下方是一个总环数 $n=5$ 的尺寸链图,其中:A_{Σ} 是封闭环,$\vec{A}_1$ 是增环,$\overleftarrow{A}_2$,$\overleftarrow{A}_3$ 及 $\overleftarrow{A}_4$ 是减环。

图9.1 双联转子的轴向装配关系图
1—机体;2—外转子;3—隔板;
4—内转子;5—壳体。

计算封闭环基本尺寸,得

$$\begin{aligned}A_{\Sigma}&=\vec{A}_1-(\overleftarrow{A}_2+\overleftarrow{A}_3+\overleftarrow{A}_4)\\&=41-(17\times 2+7)=0\end{aligned}$$

可见各环基本尺寸确定无误。

(2) 确定各组成环尺寸公差大小和分布位置。

为了满足封闭环公差 $T_{\Sigma}=0.1\text{mm}$ 的要求,各组成环公差 T_i 的总和 ΣT_i 不得超过0.1mm,即

$$\sum_{i=1}^{4}T_i=T_1+T_2+T_3+T_4\leqslant 0.1\text{mm}$$

在具体确定各 T_i 值的过程中,首先可按各环为"等公差"分配,看一下各环所能分配到的平均公差 T_{M} 的数值,即

$$T_{\text{M}}=\frac{T_0}{m-1}=\frac{0.1}{4}=0.025\text{mm}$$

由所得数值可以看出,零件制造加精度要求是不高的,能加工出来,因此用极值解法的完全互换法装配是可行的。但还需要进一步从加工难易程度和设计要求等方面考虑对各环的公差进行调整。

考虑到尺寸 A_2,A_3,A_4 可用平面磨床加工,其公差可规定得小些,而且其尺寸能用卡规来测量,其公差必须符合标准公差;尺寸 A_1 是由镗削加工保证的,公差应给得大些,且此尺寸属于高度尺寸,在成批生产中常用通用量具,不使用极限量规测量,故决定选 A_1 为相依的尺寸。为此确定:尺寸 A_2 和 A_4 各为 $19^{\ 0}_{-0.018}\text{mm}$($T_2=T_4=0.018\text{mm}$,属于7级精度基准轴的公差),尺寸 A_3 为 $7^{\ 0}_{-0.015}\text{mm}$($T_3=0.015\text{mm}$ 属于7级精度基准轴的公差)。

(3) 确定相依尺寸的公差和偏差。

很明显,相依尺寸环 A_1 的公差值 T_1 应根据式(9.2)求得:

$$T_1=T_0-(T_2+T_3+T_4)=0.1-(2\times 0.018+0.015)=0.049\text{mm}$$

而相依尺寸的上下偏差可根据式(9.4)和式(9.5)计算。由于 A_1 的公差 T_1 已确定为0.049mm,故上下偏差中只要求出一个即可得解。具体计算如下:

根据式(9.4),有

$$E_{\text{x}}\vec{A}_j=E_{\text{x}}A_{\Sigma}-\sum_{i=1}^{m-1}E_{\text{x}}\vec{A}_i+\sum_{m+1}^{n-1}E_{\text{s}}\overleftarrow{A}_i=0.050-0+0=0.050\text{mm}$$

求得

$$E_x \vec{A}_j = 0.05\text{mm}$$

$$E_s \vec{A}_j = 0.05 + 0.049 = 0.099\text{mm}$$

$$\therefore \quad A^{E_sAj}_{1E_xAj} = 41^{+0.099}_{+0.050}\text{mm}$$

【例题 9.2】 解组成环角度公差及偏差。

图 9.2 表示车床横向移动方向应垂直于主轴回转中心的装配简图。$O—O$ 为主轴回转中心线，Ⅰ—Ⅰ为棱形导轨中心线，Ⅱ—Ⅱ为横滑板移动轨迹。

在车床标准中规定：精车端面的平直度为 200mm 直径上只许中心凹 0.015mm，这一要求在图 9-2 中以 β_Σ 表示，可写成 $0 \geqslant T_\Sigma \geqslant -0.015\text{mm}/200\text{mm}$。由图看出，精车端面的平直度是由 β_1 和 β_2 决定的。β_1 是床头箱部件装配后主轴回转中心线对床身前棱形导轨在水平面内的平行度，β_2 是溜板上面的燕尾导轨对其下面的棱形导轨（溜板以此导轨装在床身上）的垂直度。当然还与横滑板和溜板燕尾导轨面间的配合接触质量有关，但为了简化起见，先不考虑这一因素。β_Σ、β_1、β_2 三者的关系就是一个简单的角度装配尺寸链。

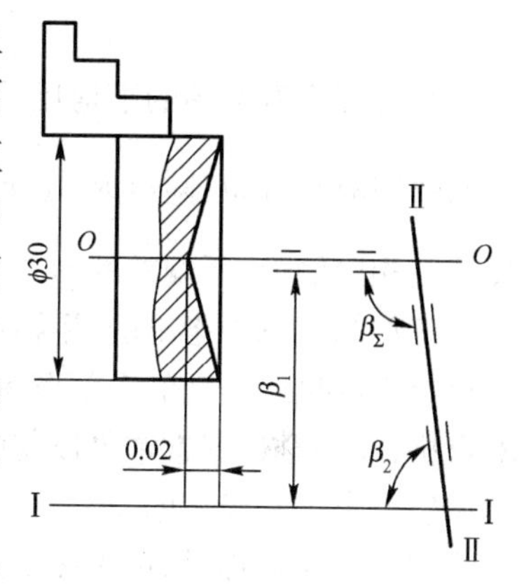

图 9.2 角度装配链举例

车床标准中规定 β_1 的精度要求为：溜板移动对主轴中心线的平行度当用测量长度 $L = 300\text{mm}$ 时，检验棒伸出端只许向前偏 0.015mm，且数值小于封闭环 β_Σ 所要求的精度值。因此要通过尺寸链的解算，求出总装时 β_2 应予保证的精度值（通过刮研或磨削来达到），即求图 9-2所示的总装时，β_2 应予控制的公差值 T_2 及其分布位置。

已知：精车端面平直度在试件直径为 300mm 时，其平直度应小于 0.02mm（只许凹），即

$$\beta_\Sigma = \pi/2 \sim (\pi/2 + 0.02/150), \qquad T_\Sigma = 0.02/150 = 0.04/300$$

由于床头箱在总装时对 β_1 的精度要求为 $T_1 = 0.015/300$，其分布位置为检验棒伸出端只许向前偏，此分布方向使 β_Σ 自理论的 90° 位置向着大于 90° 的方向增大。

解：根据尺寸链公式得

$$T_2 = T_\Sigma - T_1 = \frac{0.04}{300} - \frac{0.015}{300} = \frac{0.025}{300} = \frac{0.05}{600}$$

上式中将 T_2 改为以 600mm 长度计算量，是因为溜板燕尾导轨的全长接近于 600。

考虑到横滑板与溜板上燕尾导轨面间的配合质量也对 T_Σ 产生一定的影响，故最后确定 T_2 的数值为 0.04/600。

9.2.1.2 不完全互换法

不完全互换法又称部分互换法，其实质是将尺寸链中的各组成环公差适当放宽，以使加工容易，成本降低。根据第五章 5.6.3 节可知，当各组成环按正态分布时，用概率法求得的组成环平均公差比极值法扩大 $\sqrt{n-1}$ 倍，这仅适用于大批大量的生产类型。当各组成环和封闭环的尺寸按正态分布时，用概率法求解尺寸链的基本公式如下。

（1）装配公差（封闭环公差）T_Σ 与各有关零件公差 T_i 之间的关系式：

$$T_{\Sigma} \geqslant \sqrt{\sum_{i=1}^{n-1} T_i^2} = \sqrt{T_1^2 + T_2^2 + T_3^2 + \cdots T_{n-1}^2} \tag{9.8}$$

（2）各环算术平均值之间的关系式：

$$A_{\Sigma M} = \sum_{i=1}^{m} \vec{A}_{im} - \sum_{i=m+1}^{n-1} \overleftarrow{A}_{iM} \tag{9.9}$$

（3）各环中间偏差之间的关系式：

$$E_M A_{\Sigma} = \sum_{i=1}^{m} E_M \vec{A}_i - \sum_{i=m+1}^{n-1} E_M \overleftarrow{A}_i \tag{9.10}$$

在计算出有关环的平均尺寸 A_M（或 $A_{\Sigma M}$）及公差 T_i（或 T_{Σ}）后，各环的公差应对平均尺寸注成双向对称分布，即写成 $A_M \pm \frac{T}{2}\left(\text{或} A_{\Sigma} \pm \frac{T_{\Sigma}}{2}\right)$ 的形式，然后根据需要，可再改注为具有基本尺寸及相应的上、下偏差的形式。

正如第五章中指出的，用概率法之所以能扩大公差，是因为在正态分布中取 $d = 6\sigma$，并没有包括工件尺寸出现的全部概率，而是总体的99.73%。这样做，可能有0.27%的部件装配后不合格，其不合格率常常可以忽略，或者进行调配，故称“不完全互换法”或“部分互换法”，此法在生产上则是经济的。

用概率法计算时，可先按下式估算公差的平均值 T_M：

$$T_M = \frac{T_{\Sigma}}{\sqrt{n-1}} = \frac{\sqrt{n-1}}{n-1} T_{\Sigma} \tag{9.11}$$

式中　n——包括封闭环在内的总环数。

若 T_M 基本上满足经济精度要求，则就可按各组成环加工的难易程度合理分配公差。显然，在概率法中试凑各组成环的公差，比在极值法中要麻烦得多，为此更应该利用“相依尺寸公差法”。由式

$$T_{\Sigma} = \sqrt{T_i^2 + \sum_{i=1}^{n-1} T_i^2}$$

可得到

$$T_j = \sqrt{T_{\Sigma}^2 + \sum_{i=1}^{n-2} T_i^2} \tag{9.12}$$

【例题9.3】　在图9.1所示的尺寸链中，用不完全互换法来估算实际产生的间隙 A_{Σ} 的分布范围。实际上这是一个正计算问题。已知：

$$A_1 = 41^{+0.099}_{+0.050}\text{mm}\left(41.0745 \pm \frac{0.049}{2}\text{mm}\right)$$

$$A_2 = 17^{\ 0}_{-0.018}\text{mm}\left(16.991 \pm \frac{0.018}{2}\text{mm}\right)$$

$$A_1 = 7^{\ 0}_{-0.015}\text{mm}\left(6.9925 \pm \frac{0.015}{2}\text{mm}\right)$$

$$A_1 = 17^{\ 0}_{-0.018}\text{mm}\left(16.991 \pm \frac{0.018}{2}\text{mm}\right)$$

按式(9.8)可得

$$T_{\Sigma} = \sqrt{T_1^2 + T_2^2 + T_3^2 + T_4^2} = \sqrt{(0.049)^2 + 2 \times (0.018)^2 + (0.015)^2} \approx 0.058\text{mm}$$

按式(9.9)求封闭环平均尺寸和实际分布范围的上下偏差,得

$$A_{\Sigma M} = A_{1M} - (A_{2M} + A_{3M} + A_{4M})$$

$$= 41.0745 - (16.991 + 6.9925 + 16.991) = 0.1\text{mm} \text{ 及}$$

$$A_{\Sigma} = A_{\Sigma M} \pm \frac{\delta_{\Sigma}}{2} = 0.1 \pm 0.029 = 0_{+0.071}^{+0.129}\text{mm}$$

这证明,实际上尺寸 A_{Σ} 的波动范围要比按极值法计算的范围小一些,如图 9.3 所示。也就是说,若按概率法计算,尺寸 A_1、A_2、A_3、A_4 的公差可以放大些。

现在来看一下,尺寸 A_1、A_2、A_3、A_4 的公差可以放大多少呢?若与极值法相同,预先确定 $A_2 = A_4 = 17 - 0.018\text{mm}$,$A_3 = 7 - 0.015\text{mm}$,$T_{\Sigma} = 0.1\text{mm}$,则作为相依尺寸 A_1 的公差 T_1 可按式(9.12)求出:

$$T_1 = \sqrt{T_{\Sigma}^2 - (T_2^2 + T_3^2 + T_4^2)}$$

$$= \sqrt{(0.1)^2 - 2(0.018)^2 - (0.015)^2}$$

$$= 0.096\text{mm}$$

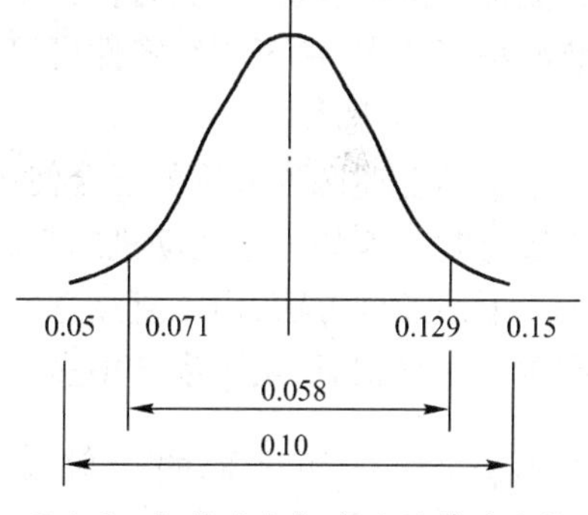

图 9.3 极值法与概率法计算的比较

即尺寸 A_1 的公差比按极值法计算扩大了近一倍。

$$A_1 = A_{1M} \pm \frac{T_1}{2} = 41.0745 \pm 0.048 = 41_{+0.027}^{+0.123}\text{mm}$$

而如前所述,用极值法计算出来的 A_1 为

$$A_1 = 41_{0.050}^{+0.099}\text{mm}$$

为了验算结果的正确性,可将上面的结果作正计算:

$$T_{\Sigma} = \sqrt{T_1^2 + T_2^2 + T_3^2 + T_4^2}$$

$$= \sqrt{(0.096)^2 + 2(0.018)^2 + (0.015)^2}$$

$$= 0.1\text{mm}$$

$$A_{\Sigma} = A_{\Sigma M} \pm \frac{T_{\Sigma}}{2} = 0.1 \pm 0.05\text{mm}(\text{计算过 } A_{\Sigma M} = 0.1\text{mm})$$

即

$$A_{\Sigma} = 0_{+0.05}^{+0.15}\text{mm}$$

说明上面的计算是正确的。

9.2.2 选配法

此法的实质是将相互配合的零件按经济精度加工,即把尺寸链中组成环的公差放大到经济可行的程度,然后选择合适的零件进行装配,以保证封闭环的精度达到规定的技术要求。这种装配方法称为选配法。采用这种装配方法,能达到很高的装配精度要求,而又不增加零件机械加工费用和困难。它适用于成批或大量生产时组成的零件不太多而装配精度要求很高的场

合，此时采用完全互换法或不完全互换法都使零件公差过严，甚至超过了现实加工方法的可能性。例如精密滚动轴承内外环与滚动体的配合，就不宜甚至不能只依靠零件的加工精度来保证装配精度要求。

9.2.2.1 选配法的种类

选配法有三种：直接选配、分组选配和复合选配。

1）直接选配法

就是由装配工人从许多待装配零件中，挑选合适的零件装在一起。这种方法与下述的分组选配法相比较，可以省去零件分组工作，但是要想选择合适的零件往往需要花费较长时间，并且装配质量在很大程度上取决于工人的技术水平。

2）分组选配法

就是将组成环的公差按完全互换法（极值解法）求得的值，加大倍数（一般为2~4倍），使其能按经济精度加工，然后将加工后零件按测量尺寸分组，再按对应组分别进行装配，以满足装配精度要求，由于同组零件可以互换，故又称为分组互换法。

3）复合选配法

就是上述两种方法的复合使用，即把加工后的零件进行测量分组，装配时再在各对应组中直接选配。例如汽车发动机的汽缸与活塞的装配就是采用这种方法。

上述三种方法，由于直接选配和复合选配方法，在生产节拍要求严格的大批大量流水线装配中使用有困难，实际生产中多采用分组选配法。下面着重讨论分组选配法。

9.2.2.2 分组选配的一般要求

（1）要保证分组后各组的配合精度性质与原来的要求相同。为此，要求配合件的公差范围应相等，公差的增加要向同一方向，增大的倍数相同，增大的倍数就是分组数。

以图9.4所示的轴孔间隙配合为例，设轴与孔的公差按完全互换法的要求为$T_{轴}$、$T_{孔}$，且令$T_{轴}=T_{孔}=T$。装配后得到最大间隙为$\Delta_{1\max}$，最小间隙为$\Delta_{1\min}$。图9.4为轴孔分组互换图。

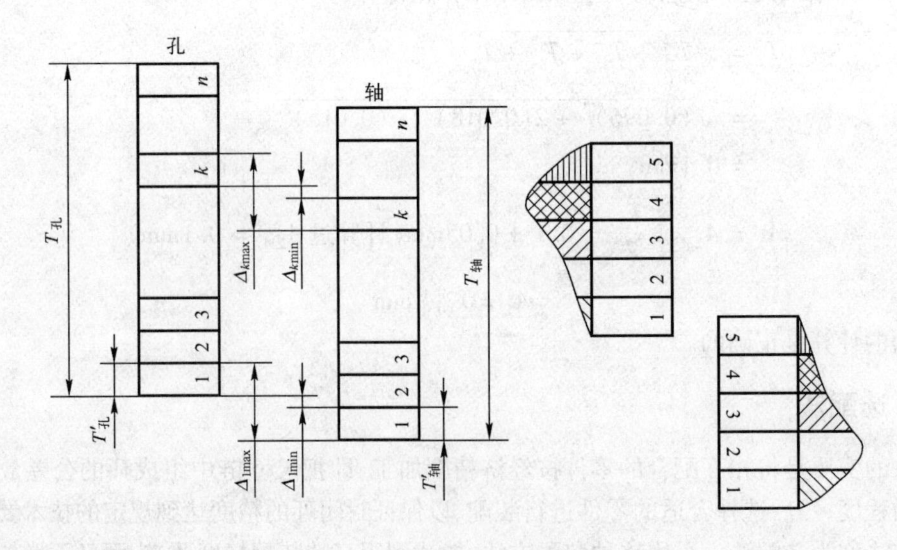

图9.4 轴孔分组的不配套情况

由于公差 T 太小,加工困难,故用分组装配法,将轴孔公差在同一方向放大到经济加工精度。假设放大了 n 倍,即 $T' = nT$。零件加工按 $T'_{孔} = T'_{轴}$ 公差加工后再把轴、孔按尺寸分为 n 组,每组公差仍为$\frac{T'_{轴}}{n}\left(或\frac{T'_{孔}}{n}\right) = T$,装配时按对应组装配。取第 k 组来分析,轴与孔相配合后得到的最大间隙和最小间隙为

$$\Delta_{k\max} = (\Delta_{1\max} + (k-1)T_{孔} - (k-1)T_{轴}) = \Delta_{1\max}$$

$$\Delta_{k\min} = (\Delta_{1\min} + (k-1)T_{孔} - (k-1)T_{轴}) = \Delta_{1\min}$$

可见无论是哪一组,其装配精度和配合性质不变。

(2) 要保证零件分组后在装配时能够配套。一般按正态分布规律,零件分组后是可以互相配套的,根据概率理论,不会产生相配零件各组数量不等的情况。但是,如果有某些因素(特别是系统性误差)的影响,则将造成各相配零件尺寸不是正态分布,如图 9.4 所示,因而造成各对应尺寸组中的零件数不等而出现零件不能配套现象,这在实际生产中是难以避免的。出现这种情况时,只能在积累相当数量不配套零件后,通过专门加工一批零件来配套,否则会造成零件的积压和浪费。

(3) 分组数不宜太多。尺寸公差放大到经济加工精度就行,否则由于零件的测量、分组、保管的工作复杂化容易造成生产紊乱。

(4) 配合件的表面粗糙度、形状和位置误差必须保持原设计要求,决不能随着公差的放大而降低粗糙度要求和放大形状及位置误差。

(5) 应严格组织对零件的测量、分组、标记、保管和运送工作。

9.2.2.3 分组选配应用举例

某种发动机的活塞销与活塞销孔的装配如图 9.5 所示,采用分组装配法。

假设活塞销与销孔的基本尺寸 d、D 均为 28mm,装配技术要求规定冷态装配时销与销孔间应有 0.0025 ~0.0075mm 过盈量,即

$$d_{\min} - D_{\max} = 0.0025\text{mm}$$
$$d_{\max} - D_{\min} = 0.0075\text{mm}$$

则可求得 $T_{\Sigma} = 0.0075 - 0.0025 = 0.005\text{mm}$。若销与销孔采用完全互换法装配,其公差按"等公差法"分配,则它们的公差为

$$T_D = T_d = 0.0025\text{mm}$$

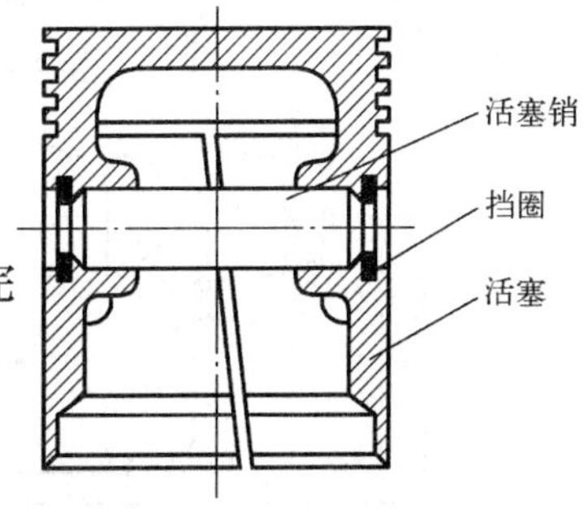

图 9.5 活塞与活塞销组件图

按基轴制原则标注偏差,则其尺寸为

$$d = 28_{-0.0025}^{0}\text{mm}$$

$$D = 28_{-0.0075}^{-0.0050}\text{mm}$$

很明显,这样精确的销子是难以加工的,制造很不经济,故生产上常采用分组装配法将它们的公差值均按同向(尺寸减小方向)放大四倍,则活塞销尺寸为 $\phi28_{-0.010}$mm,活塞销孔尺寸为 $\phi28_{-0.015}^{-0.0050}$mm。这样,销轴外圆可用无心磨削加工,销孔可用金刚镗加工,然后用精密量具测量,按尺寸大小分成四组,用不同颜色标记,以便进行分组装配。具体分组情况见表 9.2。

表 9.2　活塞销和活塞销孔的分组尺寸(mm)

组号	标志颜色	活塞销直径分组尺寸范围	活塞销孔直径分组尺寸范围	过盈量	
				最大值	最小值
1	浅蓝	28.0000 ~ 29.9975	29.9950 ~ 29.9925	0.0025	0.0075
2	红	29.9975 ~ 29.9950	29.9925 ~ 29.9900	0.0025	0.0075
3	白	29.9950 ~ 29.9925	29.9900 ~ 29.9875	0.0025	0.0075
4	黑	29.9925 ~ 29.9900	29.9875 ~ 29.9850	0.0025	0.0075

9.2.3 修配法

在单件小批生产中,当装配精度要求高而且组成环多时,完全互换法或不完全互换法、选配法均不能采用。此时可将零件按经济精度加工,而在装配时通过修配方法改变尺寸链中某一预先规定的组成环尺寸,使之能满足装配精度要求。这个被预先规定的组成环称为“修配环”,这种装配方法称为修配法。

生产中利用修配法来达到装配精度的方式很多,现介绍应用比较广泛的几种。

9.2.3.1　按件修配法

如图 9.6 所示普通车床,要求前后顶尖对床身导轨的不等高允差为 0.06mm(只许后顶尖高)。由这项精度组成的尺寸链中组成环有三个(影响较小的因素忽略不计),即:

床头箱主轴中心到底面高度 $A_1 = 202$mm

尾座底板厚度 $A_2 = 46$mm;

尾座顶尖中心到底板顶面距离 $A_3 = 156$mm

要求装配精度 $A_\Sigma = 0 \sim 0.06 = 0^{+0.06}$mm。

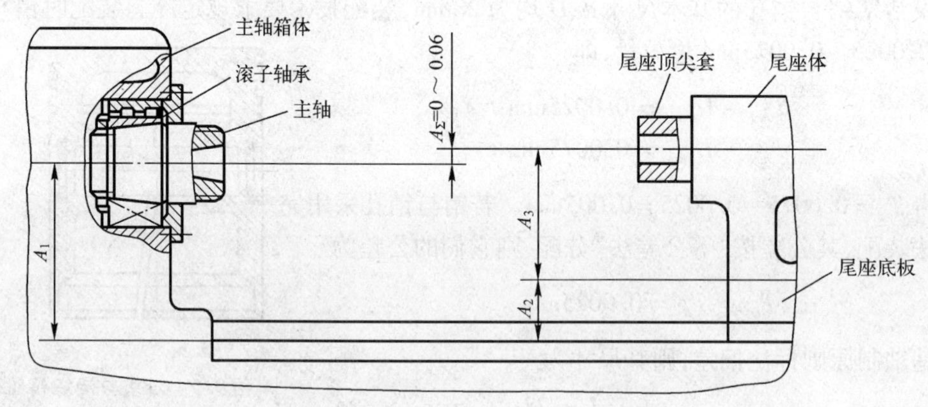

图 9.6　影响车床等高度要求的尺寸链联系简图

若用完全互换法装配,则组成环平均公差为

$$T_M = \frac{0.06}{4-1} = \frac{0.06}{3} = 0.02\text{mm}$$

这样的公差使加工困难,因此一般多采用修配法。选尾座底板为修配件,并且根据经济加工精度,订出各组成环的公差为:$T_1 = T_3 = 0.1$mm。A_1、A_3 尺寸标注为:$A_1 = 202 \pm 0.005$mm;

$A_3 = 156 \pm 0.005\text{mm}$。

尾座底板厚度尺寸 A_2 的公差大小，根据半精加工的经济精度规定为 0.15mm，至于 A_2 的公差带分布位置则需通过计算才能确定。具体计算如下：

画出简化尺寸链如图 9.7 所示，修配环 A_2 是增环，尺寸链的特点是修配环越被修配，封闭环尺寸就越小，即尾座顶尖套锥孔中心线相对于主轴锥孔中心线越修越低。

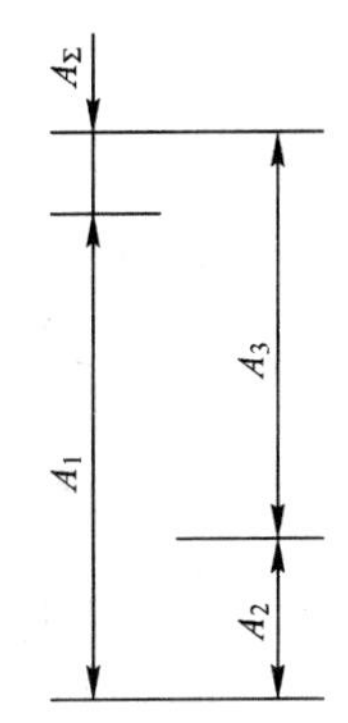

图 9.7 简化后的等高度尺寸链

这样，当装配后所得封闭环实际数值 T_Σ 大于规定的最大值 $T_{\Sigma\max}$（即实际所得的尾座顶尖锥孔中心线高于主轴锥孔中心线 0.06mm 以上）时，就可以通过修配底板面（即减小 A_2 尺寸）而使尾座顶尖套锥孔中心线逐步下降，直到满足 0 ~ 0.06mm 的装配要求为止。相反如果装配后所得的封闭环实际数值已经小于规定的 $A_{\Sigma\min}$ 等于零的封闭环最小值，就无法通过修配达到要求。

所以，为使装配时通过修配 A_2 环来满足装配要求，就必须使装配后所得封闭环的实际尺寸 $A'_\Sigma = A_\Sigma$，根据这一关系，就可以提出封闭环极限尺寸关系式为

$$A'_{\Sigma\min} = \sum_{i=1}^{m} \vec{A}_{i\min} - \sum_{i=m+1}^{n-1} \overleftarrow{A}_{i\max} = A_{\Sigma\min} \tag{9.13}$$

用偏差计算时的关系式为

$$E_x A'_\Sigma = \sum_{i=1}^{m} E_x \vec{A}_i - \sum_{i=m+1}^{n-1} E_s \overleftarrow{A}_i = E_x A_\Sigma \tag{9.14}$$

下面按式(9.13)或式(9.14)计算修配环的实际尺寸

(1) 按式(9.13)用极值法计算修配环的实际尺寸。

修配环是增环，把它作为未知数从增环组中分出，则可写成

$$A_{\Sigma\min} = \sum_{i=1}^{m-1} \vec{A}_{i\min} + \vec{A}_{2\min} - \sum_{i=m+1}^{n-1} \overleftarrow{A}_{i\max}$$

$$\vec{A}_{2\min} = A_{\Sigma\min} - \sum_{i=1}^{m-1} \vec{A}_{i\min} + \sum_{i=m+1}^{n-1} \overleftarrow{A}_{i\max}$$

根据本例实际环数，将数值代入，得

$$\vec{A}_{2\min} = A_{\Sigma\min} - \vec{A}_{3\min} + \overleftarrow{A}_{1\max} = 0 - 155.95 + 202.05 = 46.10\text{mm}$$

故
$$A_2 = 46^{+0.25}_{+0.10}\text{mm}$$

(2) 按式(9.14)用偏差法计算修配环的实际尺寸。

修配环是增环，把它作为未知数从增环组中分出，则可写成

$$E_x A_\Sigma = \sum_{i=1}^{m-1} E_x \vec{A}_i + E_x \vec{A}_2 - \sum_{i=m+1}^{n-1} E_s \overleftarrow{A}_i$$

$$E_x \vec{A}_2 = \sum_{i=m+1}^{n-1} E_s \overleftarrow{A}_i + E_x A_\Sigma - \sum_{i=1}^{m-1} E_s \vec{A}_i$$

根据本例的实际环数将数值代入，得

$$E_x \vec{A}_2 = E_x A_\Sigma - E_x A_3 + E_x \overleftarrow{A}_1 = 0 - (-0.05) + 0.05 = 0.10\text{mm}$$

故
$$A_2 = 46^{+0.25}_{+0.10}\text{mm}$$

为了保证有一定的接触刚度，底板底面在总装时必须修刮，所以还必须对尺寸 A_2 进行放大，留以必要的最小修刮量（假设定为 0.10mm），则修正后的实际尺寸 A_2 应为

$$A_2 = 46^{+0.35}_{+0.20}\text{mm}$$

当然不是所有的情况都要留修刮余量的，如键和键槽的修配就不必有这一要求。

如果修配环是减环，则需把它作为未知数从减环组中分出，移项求解，计算方法及顺序与上述相同，只是应令 $A'_{\Sigma\max} = A_{\Sigma\max}$。

下面介绍最大修刮余量 $Z_{刮}$ 的计算

显然当增环 A_2、A_3 做得最大，而减环 A_1 做得最小时，尾座顶尖套锥孔中心线高出主轴锥孔中心线为 0.06mm 时所刮去的余量就是最大的修刮余量，即

$$Z_{刮} = \vec{A}_{2\max} + \vec{A}_{3\max} - \overleftarrow{A}_{1\min} - 0.06 = 46.35 + 156.05 - 201.95 - 0.06 = 0.39\text{mm}$$

实际修刮时正好刮到高度差为 0.06 的情况是很少的，所以实际的最大修刮量要稍大于 0.39mm。

最大修刮余量也可按偏差的关系式来计算：

$$\begin{aligned} Z_{刮} &= T_s A'_{\Sigma} - T_s A_{\Sigma} = (T_s \vec{A}_2 + T_s \vec{A}_3 - T_s \overleftarrow{A}_1) - 0.06 \\ &= 0.35 + 0.05 - (-0.05) - 0.06 = 0.39\text{mm} \end{aligned}$$

看来上述最大修刮量 $Z_{刮}$ 有些过大，若将 A_2 和 A_3 作为一个整体尺寸 $A_{2.3}$ 来镗孔，则由于少了一个组成环，就可减少装配时的修刮劳动量。这种修配方法称为“合并加工修配法”。

9.2.3.2 合并加工修配法

合并加工修配法的实质就是减少组成环的环数，从而扩大组成环的公差，同时又满足了装配精度要求。

如上述普通车床的生产批量大时，为避免装配时加工和减少修刮量，一般先把尾座和底板的配合平面加工好，并且配刮横向小导轨，然后把两者装配在一起镗尾座孔，这样可大大减少修刮量，容易保证精度。

合并加工，就是原来的组成环 A_2、A_3 合并成一个环 $A_{2.3}$，尺寸链相应地由 4 环变成 3 环，如图 9.8 所示。

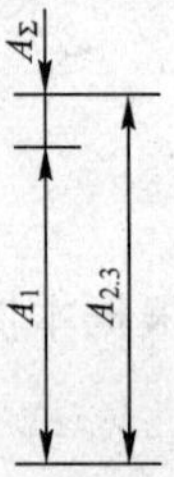

图 9.8 合并后的等高度尺寸链

根据经济加工精度确定：$A_1 = 202 \pm 0.05$mm

$$A_{2.3} = 156 + 46 = 202\text{mm}$$

$$T_{2,3} = 0.1\text{mm}$$

计算修配环尺寸。根据式(9.13)或式(9.14)得

$$\vec{A}_{2,3\min} = A_{\Sigma\min} - \sum_{i=1}^{m-1} \vec{A}_{i\min} + \sum_{i=m+1}^{n-i} \overleftarrow{A}_{i\max} = A_{\Sigma\min} + \overleftarrow{A}_{1\max} = 0 + 202.05 = 202.05\text{mm}$$

故

$$A_{2.3} = 202^{+0.15}_{+0.05}\text{mm}$$

若 $A_{2.3}$ 要留以必要的最小修刮量（假设定为 0.10mm），则修正后的实际尺寸 $A_{2.3}$ 应为

$$\vec{A}_{2.3} = 202^{+0.25}_{+0.15}\text{mm}$$

计算最大修刮量 $Z_{刮}$：

$$Z_{刮} = \vec{A}_{2.3\max} - \overleftarrow{A}_{1\min} - 0.06$$

$$= 202.25 - 201.95 - 0.06 = 0.24\text{mm}$$

可见,合并加工可使修刮余量大为减少。

9.2.3.3 自身加工修配法

在机床制造中,有一些装配精度很不容易保证,常用“自身加工修配法”来达到装配精度。

采用修配法时应注意以下事项:

(1) 应正确选择修配对象,首先应该选择那些只与本项装配精度有关而与其他装配精度项目无关的零件作为修配对象(在尺寸链关系中不是公共环)。然后再考虑其中易于拆装,且面积不大的零件作为修配件。

(2) 应该通过装配尺寸链计算,合理确定修配件的尺寸公差,既保证它具有足够的修配量,又不要使修配量过大。

9.2.4 调整法

调整法的实质与修配法相似,只是具体方法有所不同。在调整法中,一种是用一个可调整的零件来调整它在装备中的位置以达到装配精度,另一种是增加一个定尺寸零件(如垫片、垫圈、套筒)以达到装配精度。前者称为移动调整法,后者称为固定调整法。上述两种零件都起到补偿装配累积误差的作用,故称为补偿件。

9.2.4.1 移动调整法

所谓移动调整法,就是用改变补偿件的位置(移动、旋转或移动旋转二者兼用)以达到装配精度的,调整过程中不需拆卸零件,故比较方便。在机械制造中使用移动调整的方法来达到装配精度的例子很多,如图9.9所示的结构是靠转动螺钉来调整轴承外环相对于内环的位置以取得合适的间隙或过盈。又如图9.10中,为了保证装配间隙 A_{Σ},加工一个可移动的套筒(补偿件)来调整装配间隙。再如图9.11所示自行车车轮的轴承,就是用可调整零件(轴挡)以螺纹连接方式来调整轴承间隙的。还有在机床导轨结构中常用锲铁来调整得到合适的间隙;自动机械分配轴上的凸轮是用调整法装配并调整到合适位置后,再用销钉固定在已调好的位置上的。

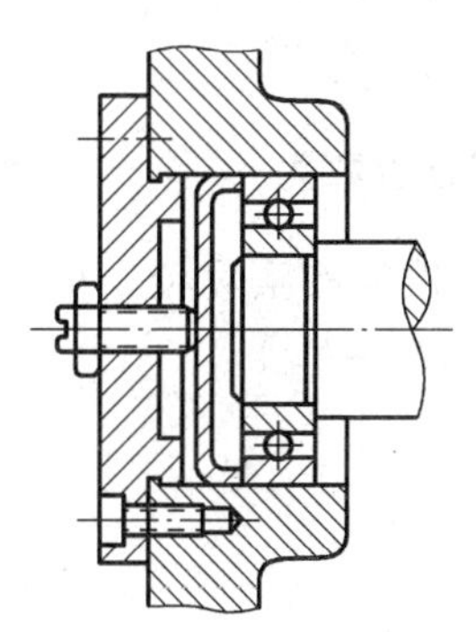

图9.9 轴向间隙的调整

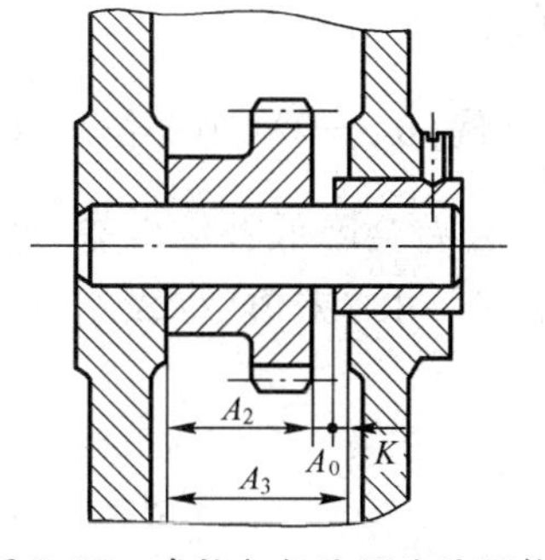

图9.10 齿轮与轴承间隙的调整

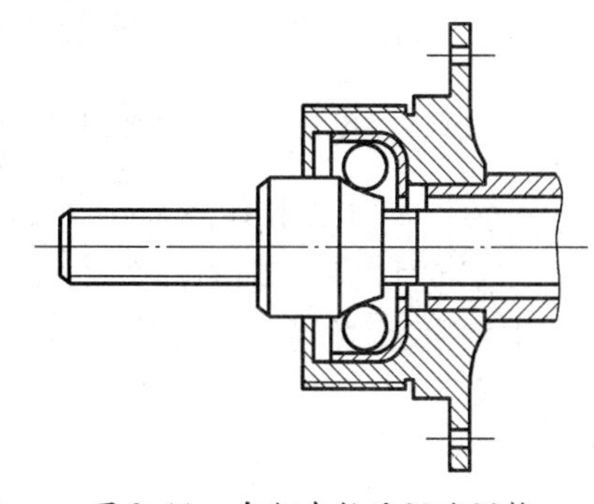

图9.11 自行车轴承间隙调整

9.2.4.2 固定调整法

这种装配方法,是在尺寸链中选定一个或加入一个零件作为调整环。作调整环的零件是按一定的尺寸间隔级别制成的一组专门零件,根据装配需要,选用其中某一级别的零件来作补偿从而保证所需要的装配精度。常用的补偿有垫圈、垫片、轴套等。采用固定调整法时，为了保证所需要的装配精度，最重要的问题是如何确定补偿件的尺寸的计算方法。

在图9.12所示的机构中，装配后的要求是保证间隙 $A_{\Sigma}=0.2\sim0.3=0_{+0.2}^{+0.3}\text{mm}$。若用完全互换法装配，则分配到四个组成环的平均公差为

$$\delta_{M}=\frac{0.1}{4}=0.025\text{mm}$$

轴向尺寸精度要求这样高的零件是难以加工的。又因为该机构的装配属于大批生产流水线作业，故决定用固定尺寸垫片调整。先按经济加工精度确定零件公差，并用 $A_{补}$ 表示固定补偿件的尺寸。各零件的制造公差按“入体”原则及经济加工精度确定如下：

$$A_1=23.2_{0}^{+0.12}\text{mm}\qquad A_2=10_{-0.1}^{0}\text{mm}$$

$$A_3=10_{0}^{+0.1}\text{mm}\qquad A_4=1_{-0.08}^{0}\text{mm}$$

$$A_{补}=2_{-0.02}^{0}\text{mm}\qquad \delta_{补}=0.02\text{mm}$$

如果上述尺寸按完全互换装配必然产生超差，其变动量（不考虑补偿件公差）为

$$A'_{\Sigma}=0.2_{-0.1}^{+0.3}\text{mm}\qquad \delta'_{\Sigma}=0.4\text{mm}$$

而实际要求

$$A_{\Sigma}=0_{+0.2}^{+0.3}=0.2_{0}^{+0.1}\text{mm}\qquad \delta_{\Sigma}=0.1\text{mm}$$

所以超差量是

$$\delta=\delta'_{\Sigma}-\delta_{\Sigma}=0.3\text{mm}$$

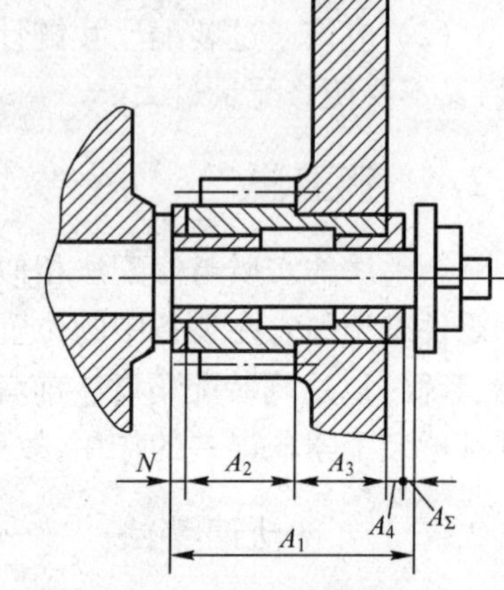

图9.12 保证装配的分组垫片调整法

此超差量应予以补偿，故 δ 即称为补偿量，因为在装配过程中 δ 是变化的，只能用变化尺寸的补偿环 $A_{补}$ 去补偿。为了简化装配工作，$A_{补}$ 尺寸变化要分级，可用图9.13来说明。

图中的 $A_{空}$ 表示装配尺寸中未放入补偿环 $A_{补}$ 之前的“空穴”尺寸，根据组成情况不同必然得到 $A_{空\min}$ 及 $A_{空\max}$ 两个极限空位尺寸，其变动范围为 $\delta_{空}$，此值为除补偿环 $A_{补}$ 以外 $(n-2)$ 个组成环公差之和。

$\delta_{空}$ 可以用所要求的装配精度 δ_{Σ}（间隙）范围 $(A_{\Sigma\max}-A_{\Sigma\min})$ 给予补偿，δ_{Σ} 即称为补偿能力。如果各级补偿环 $A_{补i}$ 尺寸能做到绝对准确 $(\delta_{补}=0)$，则补偿环 $A_{补}$ 的分级数为 $m'=\dfrac{\delta_{空}}{\delta_{\Sigma}}$。但实际上补偿件本身必定有公差 $\delta_{补}$。这一公差会降低补偿效果，此时补偿件的实际补偿能力为 $(\delta_{\Sigma}-\delta_{补})$，而相邻级别的补偿件，其基本尺寸之差值（称级差）应取为 $(\delta_{\Sigma}-\delta_{补})$。

本例中，由此得分级数为

$$m=\frac{\delta_{空}}{\delta_{\Sigma}-\delta_{补}}=\frac{\sum_{i=1}^{n-2}\delta_i}{\delta_{\Sigma}-\delta_{补}}$$

$$\delta_{空}=\sum_{i=1}^{n-2}\delta_i=0.12+0.1+0.1+0.08=0.4\text{mm}$$

因此
$$m=\frac{0.4}{0.08}=5$$

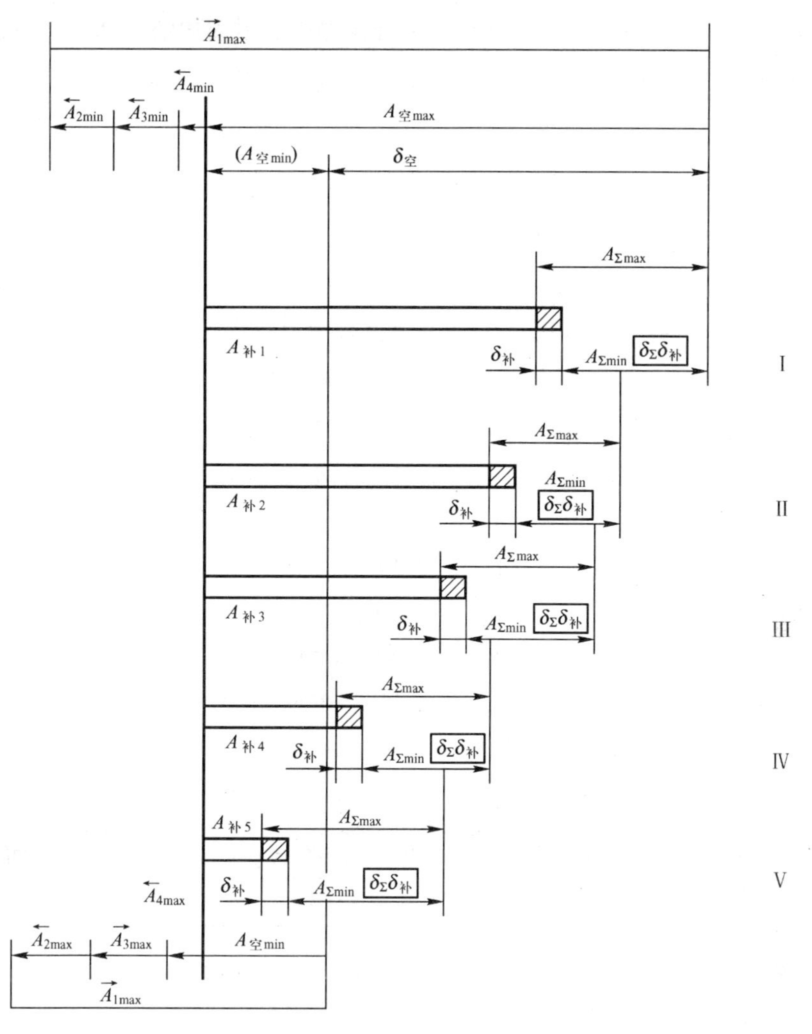

图 9.13　确定固定补偿件分级尺寸 $A_{补i}$ 的图解

分级数不能为小数,若计算所得为小数,则取相近的整数。

从分级数 m 式中可以看出,补偿环公差 $\delta_{补}$ 对 m 值影响很大。分级数不能太多,一般取 3 ~ 5 级为宜。虽然分级数可增加 $\sum_{i=1}^{n-2}\delta_i$ 值,对零件加工有利,但增加了生产组织工作的困难,因此零件加工精度不宜取得过低,尤其是补偿环的公差应尽量严格控制。

那么,如何实现补偿呢? 由图 9 - 13 中可以看出,在装配时,当 $\vec{A}_1$ 接近最大尺寸,$\overleftarrow{A}_2$、$\overleftarrow{A}_3$、$\overleftarrow{A}_4$ 接近最小尺寸,并使"空穴"尺寸 $A_{空}$ 实际测量值的变动范围处于图中第 I 个($\delta_{\Sigma}-\delta_{补}$)范围内时,可以用最大尺寸级别的 $A_{补1}$(其公差为 $\delta_{补}$)来进行补偿,使封闭环实际尺寸 A_{Σ} 处于 $A_{\Sigma\min}$ 至 $A_{\Sigma\max}$ 范围内,从而保证了装配精度要求。随着实测的"空穴"尺寸的不断缩小,选用的补偿件尺寸也应相应减小。例如,当"空位"尺寸的变动范围处于图中第 II 个($\delta_{\Sigma}-\delta_{补}$)范围内时,则可用 $A_{补2}$ 来进行补偿。依此类推,直至"空位"尺寸接近 $A_{空\min}$ 时,则需选用最小尺寸级别的补偿件(图中为 $A_{补5}$)来进行补偿。

最后讨论一下补偿件各尺寸 $A_{补i}$ 的确定。确定 $A_{补i}$ 有两种办法:一是首先确定最大尺寸级别的 $A_{补i}$,然后根据它依次推算出各较小级别的尺寸 $A_{补i}$;二是首先确定最小级别的尺寸,进而推算出各较大级别的补偿件尺寸。两种办法的道理相同。下面用第一种办法计算 $A_{补i}$。

由图9.13看出,$A_{补1}$尺寸可简便地由其最小尺寸 $A_{补1min}$ 和 $A_{\Sigma max}$ 按下列尺寸链关系式求出:

$$A_{\Sigma max} = \sum_{i=1}^{m} \vec{A}_{imax} - \left(\sum_{i=m+1}^{n-2} \overleftarrow{A}_{imin} + A_{补1min}\right)$$
$$= \vec{A}_{1max} - (\overleftarrow{A}_{2min} + \overleftarrow{A}_{3min} + \overleftarrow{A}_{4min}) - A_{补1min}$$
$$= A_{空min} - A_{补1min}$$
$$A_{补1min} = \vec{A}_{1max} - (\overleftarrow{A}_{2min} + \overleftarrow{A}_{3min} + \overleftarrow{A}_{4min}) - A_{\Sigma max}$$
$$= 23.32 - (9.9 + 10 + 0.92) - 0.3$$
$$= 2.2mm$$

由于已求得级差为0.08mm,故可确定补偿件分级尺寸如下:

$$A_{补1} = 2.22_{-0.02}mm$$
$$A_{补2} = 2.14_{-0.02}mm$$
$$A_{补3} = 2.06_{-0.02}mm$$
$$A_{补4} = 1.98_{-0.02}mm$$
$$A_{补5} = 1.90_{-0.02}mm$$

以上结果见表9.3。

表9.3 计算结果

分组号	“空位”尺寸范围/mm	调整尺寸及偏差/mm	装配后的间隙/mm
Ⅰ	2.42~2.50	$2.22_{-0.02}$	0.2~0.3
Ⅱ	2.34~2.42	$2.14_{-0.02}$	0.2~0.3
Ⅲ	2.26~2.34	$2.06_{-0.02}$	0.2~0.3
Ⅳ	2.18~2.26	$1.98_{-0.02}$	0.2~0.3
Ⅴ	2.10~2.18	$1.90_{-0.02}$	0.2~0.3

9.3 装配工艺规程的制定

9.3.1 装配工艺规程的内容

装配工艺规程包括以下内容:

(1) 制定出经济合理的装配顺序,并根据所设计的结构特点和要求,确定机械各部分的装配方法;

(2) 选择和设计装配中需用的工艺装备,并根据产品的生产批量确定其复杂程度;

(3) 规定部件装配技术要求,使之达到整机的技术要求和使用性能;

(4) 规定产品的部件装配和总装配的质量检验方法及使用工具;

(5) 确定装配中的工时定额;

(6) 其他需要提出的注意事项及要求。

9.3.2 装配工艺规程的制定步骤和方法

9.3.2.1 产品分析

(1) 研究产品图纸和装配时应满足的技术要求;

(2) 对产品结构进行分析,其中包括装配尺寸链分析、计算和结构装配工艺分析;

(3) 装配单元的划分。

对复杂的机械,为了组织装配工作的平行流水作业,在制定装配工艺中,划分装配单元是一项重要工作。装配单元一般分为五种等级,即零件、合件、组件、部件和机器。图9.14为单元系统图。

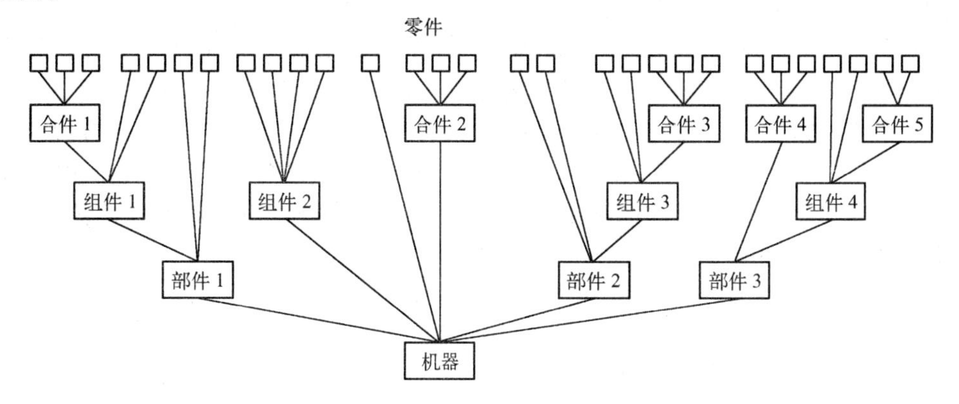

图 9.14 装配单元系统示意图

零件——组成机器的基本单元。一般零件都是预先装成合件、组件或部件才进入总装,直接装入机器的零件不太多。

合件——合件可以是若干零件永久连接(焊、铆接等)或者是连接在一个"基准零件"上的少数零件的组合。合件组合后,有可能还要加工,前面提到的"合并加工法"中,如果组成零件数较少就属于合件。图9.15(a)即属于合件,其中蜗轮属于"基准件"。

组件——组件是指一个或几个合件与几个零件的组合。图9.15(b)即属于组件,其中蜗轮与齿轮的组合是事先装好的一个合件,阶梯轴即为"基准件"。

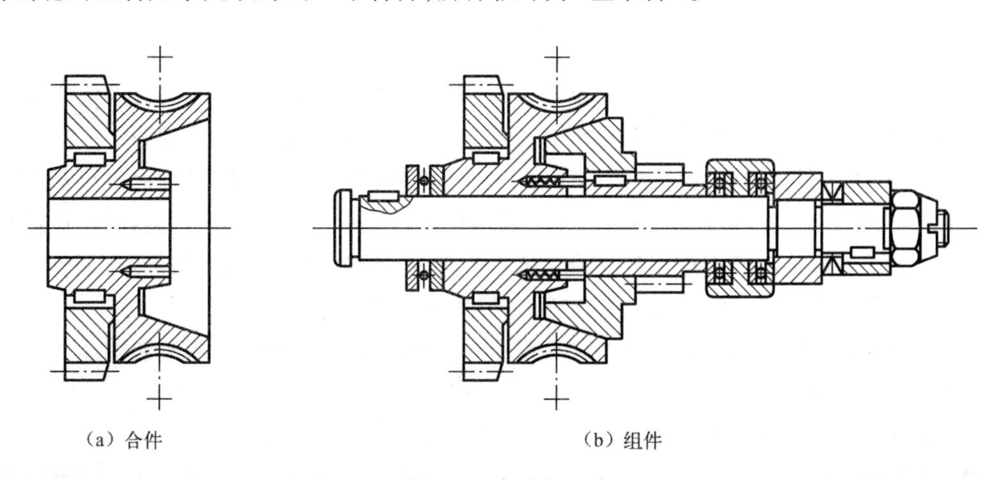

(a) 合件　　(b) 组件

图 9.15 合件与组件

部件——一个或几个组件、合件和零件的组合。

机器——也称产品,它是由上述全部装配单元结合而成的整体。

9.3.2.2 装配组织形式的确定

组织形式一般分为固定式和移动式两种。固定式装配可直接在地面上进行和在装配台架上分工进行。移动式装配又分为连续移动式和间歇移动式,可在小车上或输送带上进行。装配形式的选择,主要取决于产品结构特点(尺寸或重量大小)和生产批量。

9.3.2.3 装配工艺过程的确定

1) 装配顺序的确定

装配顺序主要根据装配单元的划分来确定。即根据单元系统图,画出装配工艺流程示意图,此项工作是制定装配工艺过程的重要内容之一。图 9.16(a)为一个部件装配工艺流程示意图。在绘制时,先画一条横线,左端绘出长方格,表示所装配产品基准零件或合件、组件、部件,右端也绘出长方格,表示部件或产品。然后,将能直接进入装配的零件,按照装配顺序画在横线上面,再把直接能进行装配的部件(或合件、组件),按照装配顺序画在横线的下面,使所装配的每一个零件和部件都能表示清楚,没有遗漏。

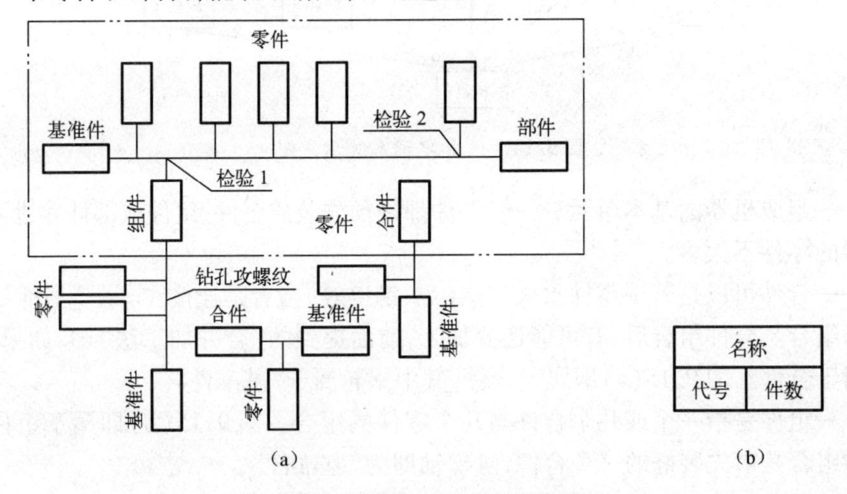

图 9.16 装配工艺流程示意图

由图 9.16 可以看出该部件的构成及其装配过程。装配是由基准开始的,沿水平线自左向右到装配成部件为止。进入部件装配的各级单元依次是:一个零件、一个组件、三个零件、一个合件、一个零件。在过程中有两次检验工序。其中组件的构成及其装配过程也可从图上看出,它是以基准件开始由一条向上的垂直线一直引到装成组件为止,然后由组件再引垂线向上与部件装配水平线衔接。进入该组件装配的有一个合件、两个零件,在装配过程中有钻孔和攻螺纹的工作。至于两个合件的组成及其装配过程也可从图上明显地看出。

图上每一个方框中都需填写零件或装配单元的名称、代号和件数。格式如图 9.16(b)所示,或按实际需要自定。

如果实际产品(或部件)包含的零件和装配单元较多,画一张总图庞大,则在实际应用时可分别绘制各级装配单元的流程图和一张总流程图。如图 9.16 中双点划线框内为部件装配总流程图,其中进入部装的一个组件和一个合件已另有它们各自的装配流程图,故在部装流程图上无需再画,只画上该组件及合件的方框即可。这样做,一方面可简化总流程图,同时便于组织平行、流水装配作业。

不论哪一等级的装配单元的装配,都要选定某一零件或比它低一级以下的装配单元作为基准件,首先进入装配工作;然后根据结构具体情况和装配技术要求考虑其他零件或装配单元装入的先后次序。总之,要有利于保证装配精度以及使装配连接、校正等工作能顺利进行。一般次序是:先下后上,先内后外,先难后易,先重大后轻小,先精密后一般。

2) 装配工作基本内容的确定

(1) 清洗。进入装配的零件必须进行清洗,清洗工作对保证和提高机器装配质量,延长产品使用寿命有着重要意义。特别是对于机器的关键部分,如轴承、密封、润滑系统、精密偶件等更为重要。清洗工艺的要点,主要是清洗液、清洗方法及其工艺参数等,在制定清洗工艺时可参考《机械工程手册》第50篇有关内容。

(2) 刮削。用刮削(刮研)方法可以提高工件的尺寸精度和形状精度,降低表面粗糙度值和提高接触刚度;装饰性刮削的刀花可美化外观。因刮削劳动量大,故多用于中小批量生产中,目前广泛采用机械加工来代替刮削。但是刮削具有工艺简单,不受工件形状、位置及设备条件限制等优点,便于灵活应用,所以在机器装配或修理中,仍是一种重要工艺方法。

(3) 平衡。旋转体的平衡是装配过程中一项重要工作;对于转速高且运转平稳性要求高的机械,尤其应该严格要求回转零件的平衡,并要求总装后在工作转速下进行整机平衡。

(4) 过盈连接。在机器中过盈连接采用较多,大多数都是轴与孔的过盈连接。

(5) 螺纹连接。这种连接在机械结构中应用也较广泛。螺纹连接的质量除与螺纹加工精度有关外,还与装配技术有很大关系。例如,拧紧螺母次序不对,施力不均匀,将使工件变形,降低装配精度。运动部件上的螺纹连接,要有足够的紧固力,必须规定预紧力大小。控制预紧力的方法有:对于中小型螺栓常用定扭矩扳手或扭角法控制;精确控制则采用千分尺或在螺栓光杆部位装应变片,以精确测量螺栓伸长量。

(6) 校正。校正是指各零部件间相互位置的找正、找平及相应的调整工作。在校正时常采用平尺、角尺、水平仪、拉钢丝、光学、激光等校正方法。

除上述装配工作外,部件或总装后的检验、试运转、油漆、包装等一般也属于装配工作。对于它们的工艺编制,可参考《机械工程手册》有关内容。

3) 装配工艺设备的确定

由以上所述可知,根据机械结构及其装配技术要求便可确定工作内容。为完成这些工作,需要选择合适的装配工艺及相应的设备及工、夹、量具。例如,对过盈连接采用压入装配还是热胀(或冷缩)装配法,采用哪种压入工具或哪种加热方法及设备都要根据结构特点、技术要求、工厂经验及具体条件来确定。

有必要使用专用工具或设备时,则需提出设计任务书。

本章小结

(1) 保证机器装配精度的工艺方法有四种,分别是互换法、选配法、修配法和调整法。选择何种装配方法应根据生产类型及装配精度而定。

(2) 装配尺寸链的建立和计算原理与零件加工工艺尺寸链相同;角度尺寸链在装配尺寸

链中更为常见,解决方法是先约定方向的正负,然后根据约定区分组成环的正负,再判别增减环。在弄清增减环后,就可按与直线尺寸链类似的方法进行计算。

(3) 装配工艺规程的制定必须符合高质量、高效率和低消耗的原则。

(4) 装配工艺规程制定内容包含装配方法确定、装配组织形式制定、装配顺序确定及装配工艺文件的整理与编写等内容。

教学讨论题与习题

9.1 什么叫装配? 装配的基本内容有哪些?

9.2 装配的组织形式有几种? 有何特点?

9.3 弄清装配精度的概念及其与加工精度的关系。

9.4 保证装配精度的工艺方法有哪些? 各有何特点?

9.5 装配尺寸链共有几种? 有何特点?

9.6 装配尺寸链的建立通常分为几步? 需注意哪些问题?

9.7 装配工艺规程的制定大致有哪几个步骤? 有何要求?

9.8 如图9.17所示键与键槽的装配,$A_1 = A_2 = 16\text{mm}$,$A_T = 0 \sim 0.05\text{mm}$,试确定其装配方法,并计算各组成环的偏差。

9.9 查明图9.18所示立式铣床总装时,保证主轴回转轴线与工作台台面之间垂直度精度的装配尺寸链。

9.10 如图9.19所示,溜板与床身装配前有关组成零件的尺寸分别为:$A_1 = 46_{-0.04}^{\ 0}\text{mm}$,$A_2 = 30_{\ 0}^{+0.03}\text{mm}$,$A_3 = 16_{+0.03}^{+0.06}\text{mm}$。试计算装配后,溜板压板与床身下平面之间的间隙 A_Σ。试分析当间隙在使用过程中因导轨磨损而增大后如何解决。

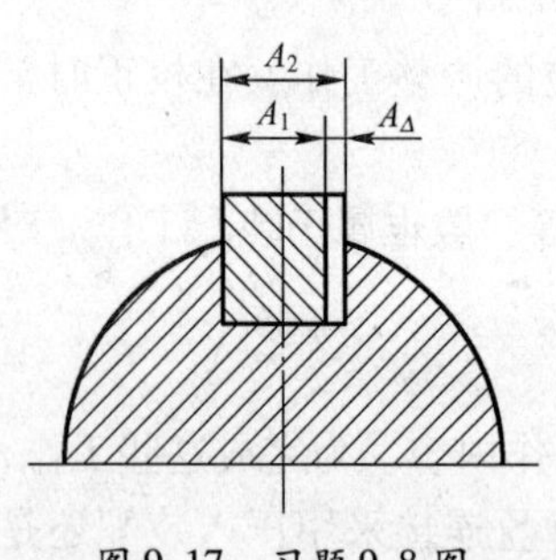

图9.17 习题9.8图

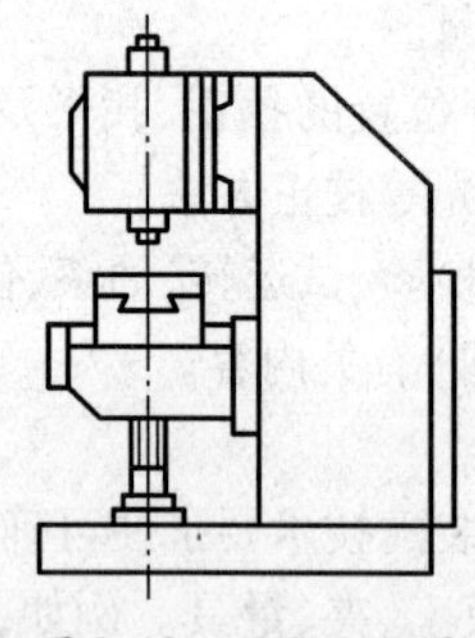
图9.18 习题9.9图

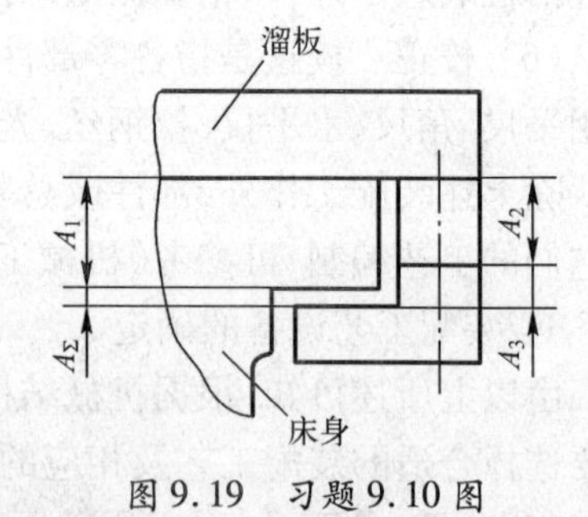

图9.19 习题9.10图

9.11 如图9.20所示的主轴部件,为保证弹性挡圈能顺利装入,要求保持轴向间隙为0.2~0.3mm。已知 $A_1 = 32.5\text{mm}$,$A_2 = 35\text{mm}$,$A_3 = 2.5\text{mm}$。试求各组成零件尺寸的上、下偏差。

9.12 如图9.21所示的蜗轮减速器,装配后要求蜗轮中心平面与蜗杆轴线偏移公差为±0.065mm。试按采用调整法标注有关组成零件的公差,并计算加入调整垫片的组数及各组垫片的极限尺寸。(提示:在轴承端盖和箱体端面间加入调整垫片,如图中 N 环。)

9.13 如图9.22所示齿轮箱部件,根据使用要求,齿轮轴肩与轴承端面间的轴向间隙应在 1 ~ 1.75mm 范围内。若已知各零件的基本尺寸为 $A_1=101\text{mm}$, $A_2=50\text{mm}$, $A_3=A_5=5\text{mm}$, $A_4=140\text{mm}$。试确定这些尺寸的公差及偏差。

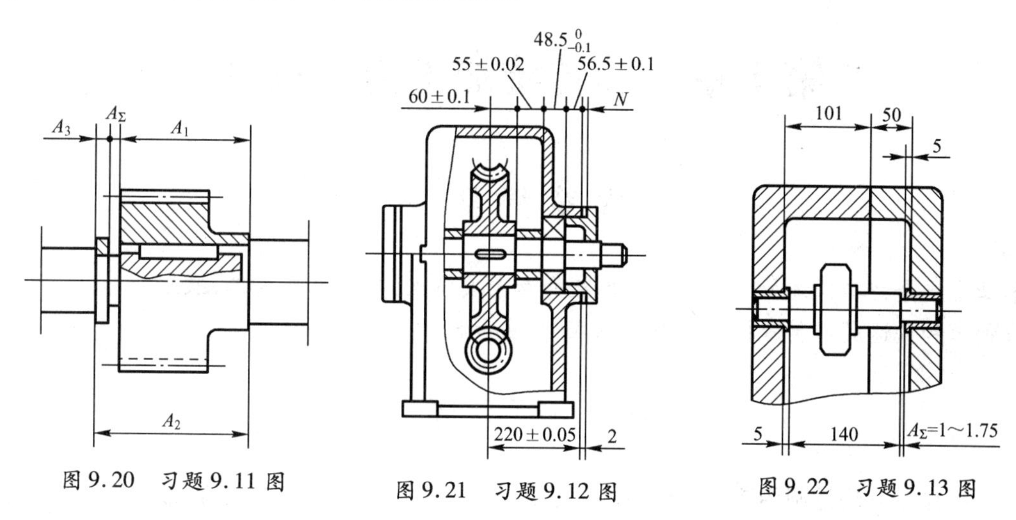

图 9.20 习题 9.11 图

图 9.21 习题 9.12 图

图 9.22 习题 9.13 图

* 第十章　非传统加工方法简介

本 章 提 要

本章主要介绍非传统加工方法的基本概念和主要特点，包括电解加工，激光加工，电子束、粒子束加工和快速成形制造技术的基本原理、方法和特点。

10.1　概　　述

非传统加工方法是利用诸如化学的、物理的（电、声、光、热、磁）、电化学的方法对材料进行加工。与传统的机械加工方法相比，它具有一系列的特点，能解决大量普通机械加工方法难以解决甚至不能解决的问题，因而自其产生以来，得到迅速的发展，并显示出极大的潜力和应用前景。

非传统加工的主要优点为：

(1) 加工范围不受材料物理力学性能的限制，具有“以柔克刚”的特点，可以加工任何硬的、脆的、耐热或高熔点的金属或非金属材料。

(2) 非传统加工可以很方便地完成常规切（磨）削加工很难，甚至无法完成的各种复杂型面、窄缝、小孔的加工，如汽轮机叶片曲面、各种模具的立体曲面型腔、喷丝头的小孔等。

(3) 用非传统加工方法获得的零件的精度及表面质量有其严格的、确定的规律性，充分利用这些规律性，可以有目的地解决一些工艺难题和满足零件表面质量方面的特殊要求。

(4) 许多非传统加工方法对工件无宏观作用力，因而适合于加工薄壁件、弹性件；某些特种加工方法则可以精确地控制能量，适于进行高精度和微细加工；还有一些非传统加工方法则可在可控制的气氛中工作，适于要求无污染的纯净材料加工。

(5) 不同的非传统加工方法各有所长，它们之间合理的复合工艺，能扬长避短，形成有效的新加工技术，从而为新产品结构设计、材料选择、性能指标拟定提供更为广阔的可能性。

非传统加工方法种类较多，主要的有：化学加工（CHM）、电化学加工（ECM）、电化学机械加工（ECMM）、电火花加工（EDM）、点接触加工（RHM）、超声破加工（USM）、激光束加工（LBM）、离子束加工（IBM）、电子束加工（EBM）、等离子加工（PAM）、电液加工（EHM）、磨料流加工（AFM）、磨料喷射加工（AJM）、液体喷射加工（HDM）及各类复合加工等。

10.2　电 解 加 工

电解加工是利用金属在电解液中的“阳极溶解”作用使工件成形的，其原理如图 10.1 所示。工件接直流电源的正极，工具接负极，两极间保持较小的间隙（约 0.1 ~ 1mm），电解液以一定的压力（0.5 ~ 2MPa）和速度（5 ~ 50m/s）从间隙流过。当接通直流电源时（电压约为 5 ~ 25V，电流密度为 10 ~ 100A/cm^2），工件与阴极接近的表面金属开始电解，工具以一定的速度

(0.5 ~ 3mm/min)向工件进给，逐渐使工具的形状复映到工件上，得到所需要的加工形状。

电解加工中电解液成分、浓度及温度对各项工艺指标有很大影响，生产中应用最广的是 NaCl 电解，此外还有 $NaNO_3$ 电解液、$NaClO_3$ 电解液等。

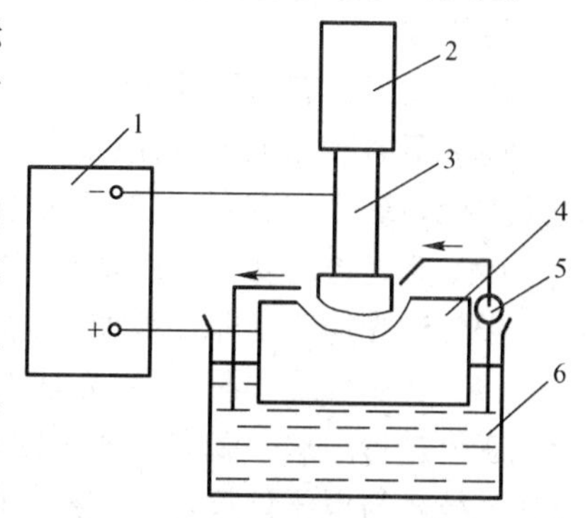

图 10.1 电解加工原理图

1—直流电源；2—进给机构；3—工具；4—工件；5—电解液泵；6—电解液。

电解加工不受材料的硬度、强度和韧性的限制，可加工硬质合金、淬硬钢、不锈钢、耐热合金等材料构成的零件，并可在一个工序中加工出复杂的型面来，效率比电火花成形加工高 5 ~ 10 倍。电解过程中，作为阴极的工具理论上没有损耗，故加工重复精度可达 0.1mm，加工中没有切削力，因此不会产生残余应力和飞边毛刺，可以加工薄壁、深孔零件，加工后的表面粗糙度值也较低。电解加工的主要缺点是：设备投资较大，耗电量大，此外电解液有腐蚀性，对设备及夹具需采取防护措施，对电解产物也需要妥善处理，避免污染环境。

电解加工在兵器、航空、航天、汽车、拖拉机、农机及模具等机械制造行业中已广泛应用，例如用于加工枪炮的膛线、喷气发动机叶片、汽轮机叶片、花键孔、深孔、内齿轮、拉丝模及各种金属模具的型腔等，此外还可用来进行电解抛光、电解倒棱、去毛刺等。

10.3 激光加工

激光与其他光源相比具有很好的相干性、单色性和方向性，通过光学系统可以使它聚焦成一个极小的光斑（直径仅几微米到几十微米），从而获得极高的能量密度。当能量密度极高的激光束照射在被加工表面上时，光能被加工面吸收，并转换成热能，使照射斑点的局部区域材料在千分之几秒甚至更短的时间内迅速被熔化甚至汽化，从而达到材料蚀除的目的。为了帮助蚀除物的排除，还需对加工区吹气或吸气，吹氧（加工金属时）或吹保护性气体（CON_2、N_2）等。

激光加工的基本设备包括激光器、电源、光学系统及机械系统等四部分，见图 10.2。其中激光器是最主要的器件。激光器按照所用的工作物质种类可分为固体激光器、气体激光器、液体激光器和半导体激光器。激光加工中广泛应用固体激光器（工作物质有红宝石、钕玻璃及钇铝石榴石 YAG）和气体激光器（工作物质为 CO_2 分子）。

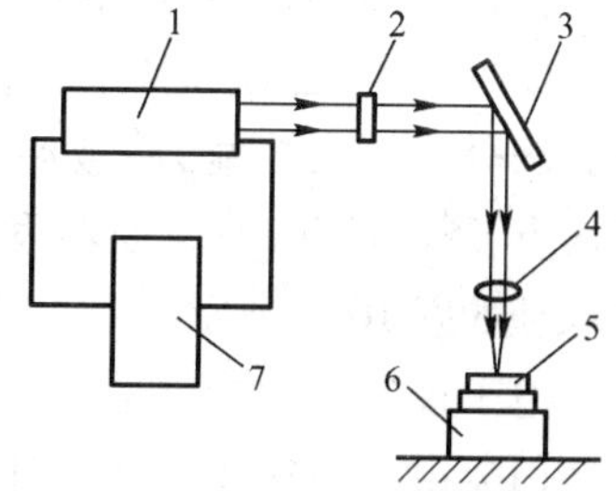

图 10.2 激光加工机示意图

1—激光器；2—光圈；3—反射镜；4—聚焦镜；5—工件；6—工作台；7—电源。

固体激光器具有输出能量较大，峰值功率高，结构紧凑，牢固耐用，噪声小等优点，因而应用较广，如切割、打孔、焊接、刻线等。随着激光技术的发展，固体激光器的输出能量逐步增大，目前单根 YAG 晶体棒的连续输出能量已达数百瓦，几根棒串联起来可达数千瓦。但固体激光器的能量效率都很低，红宝石激光器为 0.1% ~ 0.3%，钕玻璃激光器为 1%，YAG 激光器约为 1% ~ 3%。

CO_2 激光器具有能量效率高（可达 20% ~ 25%），其工作物质 CO_2 来源丰富，结构简单，造价低廉等优点，且输出功率大，从数瓦到数万瓦，既能连续工作又能脉冲工作。所输出的激光波长为 10.6μm 的红外光，对眼睛的危害比 YAG 激光小。其缺点是体积大，输出的瞬时功率不高,噪声较大。现已广泛用于金属热处理、钢板切割、焊接、金属表面合金化、难加工材料的加工等方面。

激光加工具有以下几个特点:

(1) 不需要加工工具,故不存在工具磨损问题,同时也不存在断屑、排屑问题,这对高度自动化生产系统非常有利,国外已在柔性制造系统中采用激光加工机床。

(2) 激光束的功率密度很高,几乎对任何难加工材料(金属和非金属)都可以加工。

(3) 激光加工是非接触加工,加工中的热变形、热影响区都很小,适用于微细加工。

(4) 通用性强,同一台激光加工装置可作多种加工用,如打孔、切割、焊接等就可以在同一台机床上进行。这一新兴的加工技术正在改变着过去的生产方式,使生产效率大大提高。随着激光技术与电子计算机数控技术的密切结合,激光加工技术的应用将会得到更快、更广泛的发展,将在生产加工技术中占有越来越重要的地位。

当前激光加工存在的问题是:设备价格高,一次性投资大,更大功率的激光器尚在实验研究阶段,不论是激光器本身的性能质量,还是使用者的操作技术水平都有待进一步的提高。

10.4 电子束与离子束加工

电子束加工和离子束加工是利用高能粒子束进行精密微细加工的先进技术,尤其在微电子学领域内已成为半导体(特别是超大规模集成电路制作)加工的重要工艺手段。电子束加工主要用于打孔、切槽、焊接及电子束光刻;离子束加工则主要用于离子刻蚀、离子镀膜、离子注入等。目前进行的纳米加工技术的研究,实现原子、分子为加工单位的超微细加工,就是采用这种高能粒子束加工技术。

10.4.1 电子束加工

10.4.1.1 电子束加工原理和特点

在真空条件下,将具有很高速度和能量的电子射线聚集(一次或二次聚焦)到被加工材料上,电子的动能大部分转变为热能,使被冲击部分材料的温度升高至熔点,瞬时熔化、汽化及蒸发而去除,达到加工目的,其原理如图 10.3 所示。

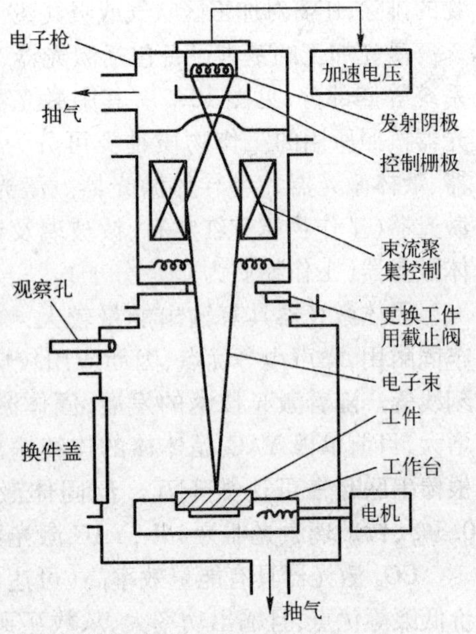

图 10.3 电子束加工原理示意图

电子束加工的特点是:

(1) 由于在极小的面积上具有高能量(能量密度可达 $10^6 \sim 10^9 W/cm^2$),故可加工微孔、窄缝等,其生产率比电火花加工高数十倍至数百倍。此外,还可利用电子束焊接高熔点金属和用其他方法难以焊接的金属以及用电子束炉生产高熔点、高质量的合金及金属。

(2) 加工中电子束的压力很微小,主要是靠瞬时蒸发,所以工件产生的应力及应变均甚小。

(3) 电子束加工是在真空度为 $1.13 \times 10^{-1} \sim 1.13 \times 10^{-3}$Pa 的真空加工室中进行的,加工表面无杂质渗入,不氧化，加工材料范围广泛，特别适宜加工易氧化的金属和合金材料以及纯度要求高的半导体材料。

(4) 电子束的强度和位置比较容易用电、磁的方法实现控制，加工过程易实现自动化，可进行程序控制和仿形加工。

电子束加工也有一定的局限性，一般只用于加工微孔、窄缝及微小的特形表面，而且因为它需要有真空设施及数万伏的高压系统，设备价格较贵。

10.4.1.2 电子束加工装置

电子束加工装置的基本结构由电子枪、真空系统、控制系统和电源等部分组成。

1) 电子枪

这是获得电子束的核心部件。由电子发射阴极、控制栅极和加速阳极等组成。发射阴极用钨或钽制成，在加热状态下可发射大量电子。控制栅极为一中间有孔的圆筒件，其上加以较阴极为负的偏压，其作用既能控制电子束的强度，又具有初步聚焦作用。加速阳极通常接地，为了使电子流得到更大的加速运动，常在阴极上施加很高的负电压。

2) 真空系统

只有在高真空室内才能实现电子的高速运动，防止发射阴极及工件表面被氧化，需要真空系统经常保证电子束加工系统的高真空度要求，一般其真空度为 $1.33\times10^{-2}\sim1.33\times10^{4}$Pa。

3) 控制系统

其主要作用是控制电子束聚焦直径、束流强度、束流位置和工作台位置。电子束经过聚焦而成为很细的束斑，它决定着加工点的孔径或缝宽大小。聚焦方法有利用高压静电场聚焦和“电磁透镜”聚焦两种方法。束流位置控制可采用磁偏转和静电偏转，但偏转距离只能在数毫米范围内，所以在加工大面积工件时，还需要控制工作台精密位移，与电子束偏转运动相配合来实现加工位置控制。

10.4.2 离子束加工

10.4.2.1 离子束加工原理

离子束加工原理与电子束加工类似，也是在真空条件下，把氩(Ar)、氪(Kr)、氙(Xr)等惰性气体，通过离子源产生离子束并经过加速、集束、聚焦后，投射到工件表面的加工部位，以实现去除加工。所不同的是离子的质量比电子的质量大千倍甚至万倍，例如最小的氢离子，其质量是电子质量的1840倍，氩离子的质量是电子质量的7.2万倍。由于离子的质量大，故离子束加速轰击工件表面，将比电子束具有更大的能量。

高速电子撞击工件材料时，因电子质量小、速度大，动能几乎全部转化为热能，使工件材料局部熔化、汽化，通过热效应进行加工。而离子本身质量较大，速度较低，撞击工件材料时，将引起变形、分离、破坏等机械作用。例如加速到几十电子伏到几千电子伏时，主要是用于离子溅射加工；如果加速到一万到几万电子伏时，且离子入射方向与被加工表面成25°～30°角，则离子可将工件表面的原子或分子撞击出去，以实现离子铣削、离子蚀刻或离子抛光等；当加速到几十万电子伏或更高时，离子可穿入被加工材料内部，称为离子注入。

产生离子束的方法是将要电离的气态元素注入电离室，利用电弧放电或电子轰击等方法，使气态原子电离为等离子体(即正离子数和负离子数相等的混合体)。用一个相对于等离子体为负电位的电极(吸极),从等离子体中吸出离子束流,再通过磁场作用或聚焦,形成密度很高的离子束去轰击工件表面。

10.4.2.2 离子束加工的特点

(1) 易于精确控制。由于离子束可以通过离子光学系统进行扫描,使微离子束可以聚焦到光斑直径 1μm 内进行加工,同时离子束流密度和离子的能量可以精确控制,因此能精确控制加工效果,如控制注入深度和浓度。抛光时可以一层层地把工件表面的原子清除,从而加工出没有缺陷的光整表面。此外,借助于掩膜技术可以在半导体上刻出 1μm 宽的沟槽。

(2) 加工所产生的污染少。因加工是在较高的真空中进行,离子的纯度比较高,因此特别适合于加工易氧化的金属、合金和半导体材料等。

(3) 加工应力变形小。离子束加工是靠离子撞击工件表面的原子而实现的。这是一种微观作用,宏观作用很小,所以对脆性、半导体、高分子等材料都可以加工。

10.5 快速成形制造技术

快速成形制造技术,是直接根据产品 CAD 的三维实体模型数据,经计算机数据处理后,将三维实体数据模型转化为许多平面模型的叠加,然后直接通过计算机进行控制制造这一系列的平面模型并加以联结,形成复杂的三维实体零件。这样,产品的研制周期可以显著缩短,研制费用也可以节省。

10.5.1 快速成形制造原理

零件的快速成形制造过程根据具体使用的方法不同而有所差别,但其基本原理都是相同的。下面以激光快速成形为例来说明快速成形制造的原理。首先在 CAD 系统上设计零件,然后运用 CAD 软件对零件进行切片分层离散化,分层厚度应根据零件的技术要求和加工设备分辨能力等因素综合考虑。分层后对切片进行网格化处理,所得数据通过计算机进一步处理生成相应格式文件,并驱动控制激光加工源在 *XY* 平面内进行扫描,使盛在容器中的液态光敏树脂有选择地被固化,从而得到第一层的平面切片形状。接着计算机控制 *Z* 方向的支撑向下运动一个分层切片厚度,然后,激光扫描头又在计算机控制下进行 *XY* 方向扫描,得到第二层的平面切片,激光束在固化第二层的同时,也使其与第一层粘连在一起。如此不断重复,便可生成三维实体零件。最后通过强紫外光源的照射,使扫描所得的塑胶零件充分固化,从而得到所需零件的塑胶件。如图 10.4 所示。

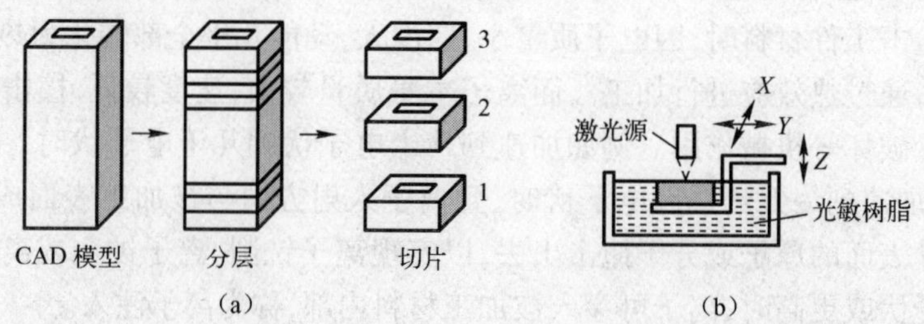

图 10.4 快速成形制造原理示意图

用这一塑胶件借助电铸、电弧喷涂等技术，进一步得到由塑胶件制成的金属模具，也可以将塑胶件当作易熔铸模或木模，进一步浇铸金属铸件或制造砂型，从而缩短制模周期，这在产品研制阶段，对于缩短研制周期和节约昂贵的制模费作用是非常有益的；同时，也可将获得的塑胶件作为实验模型，评价有限元分析等计算的正确性，为设计性能优越的产品提供可靠的基础。

10.5.2 快速成形制造的主要方法

目前已开发出许多快速成形制造方法，大致可分为三种类形，即激光快速成形制造法、成形焊接快速制造法和喷涂成形制造法等。

（1）激光快速成形制造法。其是用激光束扫描各层材料，生成零件的各层切片形状，并联结各层切片形成所要求的零件。其基本工作过程如前面原理中所述。

（2）成形焊接快速制造法。其基本思路是完全使用焊接材料来堆积形成复杂的三维零件。首先通过 CAD 软件包生成待加工零件的三维实体模形，并进行切片分层离散化，然后生成焊枪在每层切片上所走的空间轨迹和对应的焊枪开关状态，进行零件的成形焊接快速制造，加工出要求的零件。

（3）喷涂式快速成形制造法。其是用计算机控制喷嘴在 XY 平面内的运动轨迹，通过喷嘴中喷出的液体或微粒，来形成零件的各层切片形状，制造出三维零件。

本 章 小 结

本章介绍了非传统加工方法的基本概念和主要类型。着重介绍了电解加工，激光加工，电子束、离子束加工和快速成形制造技术的基本概念、基本原理、方法和特点。通过本章的学习，读者可对非传统加工方法有一个基本的了解，为以后的学习打下基础。

数学讨论题与练习题

10.1 非传统加工方法的特点是什么？其应用范围如何？种类有哪些？

10.2 电解加工的原理是什么？应用如何？

10.3 分析激光加工的特点和应用范围。

10.4 试比较电子束加工和离子束加工的原理、特点和应用范围。

10.5 简述快速成形技术的原理及这种制造技术的特点。

*第十一章　现代制造技术简介

本章提要

本章主要介绍现代制造技术的基本概念和主要特点，包括现代制造系统物流技术和现代制造生产管理技术的基本概念、组成和特点。

11.1 概　述

计算机技术、数控技术、控制论及系统制造技术的结合，形成了现代制造技术。曾一度被称为“夕阳”工业的制造业，由于高新技术引入、渗透及融合又获得生机和发展。现代制造技术已发展成为一个集机械、电子、信息、材料和管理技术于一体的新型交叉学科。

物质（材料）、能量（能源）和信息是人类赖以生存和发展不可缺少的三项基本资源，是当代文明的三大支柱。一个制造系统同样是由三个基本要素——物料流、能量流和信息流而构成的有机整体。在工业社会里，制造过程被视为对生产设备输入原料或毛坯，在能源驱动作用下，使原料或毛坯的几何形状或物理化学性能发生变化，最终成为满足各种用途的产品的过程，这是一种机械的制造观。新技术革命将使人类从工业社会进入信息社会，从而形成一种新的制造观——信息制造观。这种观点是将制造过程看成一个对制造系统注入生产信息，从而使产品信息获得增值的过程。将产品定义为：“在原始资源上赋予信息与知识的产物”，而将制造过程视为：“赋予信息与知识的过程”。现代制造系统离不开计算机及其网络的支持。如果说传统制造技术的重点在于提高和改进对原料和能源的处理能力，那么现代制造技术发展的重点则在于提高信息处理能力：

（1）数控机床与加工中心（NC/CNC）。美国1952年研制成功第一台数控铣床，使机械制造业发生了一次技术革命。如在NC机床上加工零件，除了与传统机床一样需要输入原料和能源外，还需要输入加工程序信息。数控机床的诞生是人类开始利用信息改造机械制造业的起点。

（2）计算机辅助设计与制造（CAD/CAM）。计算机技术发展为制造信息的存储、处理和传递提供了崭新的手段，产生了CAD/CAM。CAD/CAM技术提高了产品的质量，缩短了产品生产周期，改变了传统用手工绘图、依靠图纸组织整个生产过程的技术管理模式。与传统的零件蓝图和工艺卡相比，今天的CAD可把零件信息表现得更加丰富多彩。

（3）柔性制造系统（FMS）和计算机集成制造系统（CIMS）。利用计算机一体化地控制生产系统，使生产从概念设计到制造营销联成一体，做到直接面向市场进行生产，可以从事大小规模并存的多样化生产；扩大信息系统能力，不受距离限制，廉价处理大量数据，使企业迅速掌握外界信息，及时对市场作出反应，更加灵活地组织生产，创造出更多、更适应市场需要的新产品。

（4）智能制造（IM）与全球制造（GM）。交通运输技术和通迅技术发展，尤其是信息高速公路与互联网的普及和应用，使地球变成全球经济村，制造业全球化已成为重要的发展趋势。在发展的市场经济中，制造企业之间不再是只有竞争，而应在实力与信誉竞争的基础上，开展合作与协同（包括积极发展国际合作），以充分发挥社会各方面的优势。竞争的含义正在发生变化，通过竞争者之间的合作来创造满足用户各自需要的产品和服务，已成为当代先进的制造和服务业的明显特征。合作和竞争的共存与不断交互，将有利于形成复杂的、自组织的经济体制，适度的合作有助于经济系统的减熵和增效。智能制造系统所涉及的范围由最初的为实现一个企业内部的市场分析、产品设计、生产计划、制造加工、过程控制、材料处理、信息管理、设备维护等技术环节的自动化，发展到今天的面向世界范围的整个制造环境的集成化与动态重组，也即所谓的全球制造。

现代制造技术的主要特点如下：

（1）现代制造技术是多科学、多种技术交叉融合的产物，并且形成了科学体系。

（2）现代制造技术并不摒除传统制造技术，而是不断吸收现代高新技术，去改造、充实和完善传统的制造技术，因而是一个动态技术，具有鲜明的时代特征，在不同的历史发展时期，表现为不同的技术内涵和技术构成。

（3）现代制造技术发展的重点在于提高信息处理能力。

（4）现代制造技术研究范围更为广泛：传统的制造技术一般是指加工制造工艺，而现代制造技术则覆盖了从市场分析、产品设计、生产计划、制造加工、过程控制、材料处理、信息管理到产品销售、维修服务和回收再生等环节。

（5）现代制造技术是制造技术与管理的统一。技术和管理是现代制造系统的两个轮子，由生产模式结合在一起，推动制造系统向前发展。在 CIMS、IMS、FMS 中，管理是其中的重要组成部分；在敏捷制造、虚拟制造、全能制造和精良生产中，管理的策略和方法是这些生产模式的灵魂。

（6）现代制造技术向超精微细领域扩展。

（7）现代制造技术的目标是在制造全过程中实现优质、高效、低耗、灵活及清洁生产。

（8）现代制造技术的最终目的是在当今千变万化的市场发展中，取得理想的经济效果，提高企业的竞争力。

（9）现代制造技术特别强调人的主体作用，强调人、技术和管理三者的有机结合。

11.2 现代制造系统物流技术

制造系统是将原材料、半成品加工出成品，并和部分外购成品一起装配成最终产品的一个系统。制造系统的所有活动都围绕着物流过程而进行。一般由三个子系统组成。

（1）向物料供应商采购原材料和部分成品、半成品的物料供应子系统；

（2）制造企业内部的物料搬运子系统；

（3）将成品送往消费者手中的成品运送流通系统。

对于制造系统，在物流过程中常常更关心物料在制造企业内部的流动，即物料搬运系统（实际上还包括物料处理过程）。在物料搬运系统中，一般企业有三种库存过程：

（1）加工前的库存；

（2）加工过程的库存；

（3）加工后的库存。

伴随着这三种库存有如下物流过程:原材料及半成品的入库检验、毛坯的制造(铸、锻、冲、焊、切割、轧制及热处理)、零件的加工(各种切削和非切削加工过程)、零件加工的在线检测和成品检验、产品装配及产品检验等。

现代制造系统物流技术具有如下特点:

(1) 强调柔性化生产过程。为了适应多品种、小批量生产的需要,各种物流设备都应具有相应的柔性,能方便地适应零件形状和精度的改变。

(2) 生产过程的自动化和准自动化。为了减轻工人的劳动强度,提高机床的使用率,保证零件加工精度,应采用自动化技术。为了和柔性化相匹配,现代自动化设备主要是采用计算机控制 NC 技术。考虑到全盘自动化的难度、必要性及人在生产过程中的优势,当前阶段,采用适度自动化(准自动化)设备是必要的,也就是说一部分工作由机器自动完成,一部分工作由人工完成。

(3) 生产过程清洁化。要求加工制造过程消耗尽可能少的自然资源(包括能源),并尽量少产生或者不产生对环境有害的污染, 实在无法避免污染的产生时,应采取措施对污染物进行处理。

(4) 零件加工的高速化和精密化。现代加工技术要求实现零件高速加工和精度加工,以适应生产周期日益缩短、产品精度不断提高的要求。

(5) 毛坯制备的精密化。采用精铸、精锻、精冲等技术实现毛坯制备的精密化,不需要或只需极少的切削加工即可加工成为成品,这也是清洁化生产的一种措施。

(6) 在线检测及质量反馈控制。为了保证或提高加工质量,要采用在线检测和质量反馈控制技术,实现检测过程的自动化。利用各种数字化传感器采集数据,利用计算机对结果进行处理,自动确定产品是否合格,如果不合格,则自动查找原因并指出误差源差源所在。

(7) 装配过程的自动化。大力采用自动装配技术可提高劳动生产率。

(8) 库存管理的计算机化。为了减少各种库存,提高资金有效利用率,可在库存管理过程采用计算机技术,并可采用各种计算机控制的立体仓库和抓取物料机械手。

本节介绍与物流有关的一些技术。

11.2.1 加工自动化及设备

对机械制造业发展影响最大的是微电子技术的应用。自 20 世纪 60 年代以来,出现了一系列如 NC、CNC、DNC、FMC、CAD/CAM、CAPP 等新技术。这些技术的发展导致 20 世纪 70 年代末 80 年代初出现了柔性制造系统(Flexible Manufacturing System,FMS)。它是一个电子计算机控制的制造系统,在这种系统中可同时加工形状相近的一组或一类产品。随着科学技术的进一步发展,出现了所谓"计算机集成制造系统"(Computer Intergrated Manufacturing System,CIMS)、"自动化工厂"等新概念和新技术。随着 CIMS 技术迅速向纵深发展,提出很多概念,如精良生产(Lean Production)、敏捷制造(Agile Manufacturing)等,并强调人、技术与经营三者的集成,从而对 CIMS 以及相关管理体制、人的作用作了更深入的研究,又产生了智能制造(Intelligent Manufacturing System,IM)的思想。在 IM 概念下,FMS 被定义为在广义上的可编程的控制系统,它具有处理高层次分布数据的能力,具有自动的物流,它使 IM 的概念得以在车间实施,从而实现小批量、高效率的制造,以适应不同产品生产周期的动态变化。

11.2.1.1 数控机床

自第一台数控(Numerical Control,NC)铣床诞生以来,目前在多种不同的机床上实现了NC化。NC技术对于自动化加工极为重要。数控机床是与物流系统和装配单元相连接的。数控技术在各种金属加工方法(如铣、磨、镗、冲)中已成功地得到应用。

在计算机集成制造系统中常采用递阶控制体系结构,几何和制造工艺数据在设计及管理层产生,然后传送到相应控制器并转换成与机床相关的零件程序,NC机床的数据流如图11.1所示。NC机床的全部作业由程序精确地确定。它的最重要的功能主要有如下几点:

(1) 数控代码信息处理;

(2) 逻辑功能处理;

(3) 几何(运动学的)功能处理;

(4) 实际刀位和机床状态的采集;

(5) 刀具误差的修正和换刀。

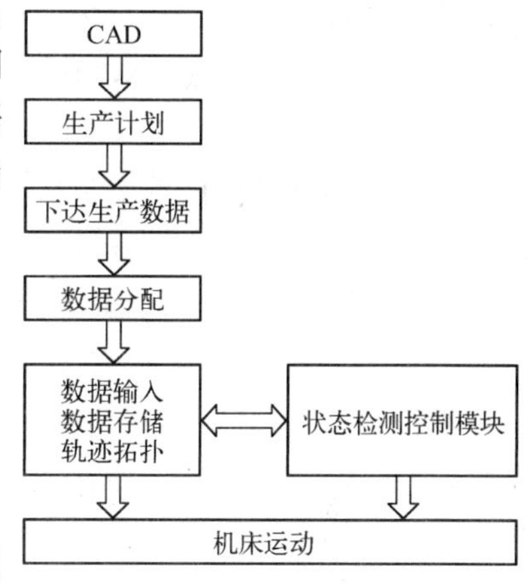

图11.1 NC机床数据流

在NC机床中,核心是程序控制器。程序控制器类似于逻辑控制器,顺序执行根据所加工的零件编写出的程序。控制事件或状态信号同步是由时间(时钟脉冲)或机床事件信号完成的,诸如阈值、切换信号或过程变量。程序控制器分为时间同步器的程序控制和事件同步器的程序控制。

11.2.1.2 计算机数控

计算机数控(Computerized Numerical Control,CNC)系统完成的控制功能与NC机床相同。现代CNC控制系统往往包含一台微型计算机或多处理机体系结构,它们都具有高度柔性。逻辑控制、几何数据处理以及程序的执行由CPU统一管理。也就是说,CNC为软件控制系统,它没有常规NC系统中的专用控制电路,CNC系统也可以集成到DNC中。CNC系统主要的特点有:

(1) 由于微型计算机应用,减少了硬件,增加设备的可靠性;

(2) 不依赖于硬件而独立使用,可用于不同种类的机床;

(3) 要改变控制功能比较容易;

(4) 后置处理以软件方式实施;

(5) 编码转换器允许采用不同编码的数控程序(EIA或ISO编码);

(6) 插补程序使零件编程变得简便;

(7) 可以监测和修正刀具磨损;

(8) CNC系统与用户界面友好。

11.2.1.3 直接数控

直接数控(Direct Numerical Control,DNC)系统的基本功能主要有:

(1) 零件程序管理;

(2) 零件程序分配。

DNC 系统通信结构有 3 种:

(1) 点对点型;

(2) 现场总线型;

(3) 局域网型。

直接数控也可称为分布式数控(Distribute Number Control),它是实现 CAD/CAM 和计算机辅助生产管理系统(简称 CAPMS)集成的纽带(或称“瓶颈”),是机械加工车间自动化的又一种方式,相对 FMS 来说,DNC 是投资小、见效快,可大量介入人机交互,并具有较好柔性的多数控加工设备的集成控制系统。

目前世界各国数控系统制造商正在积极寻找一条解决通信协议标准化问题的途径。在通信协议标准化之前,很多的机械加工车间数控机床集成控制问题都只能靠研制专门的 DNC 装置来实现,诸如 Fanuc 和 Siemens 等异构系统的通信。现阶段 DNC 装置的研制重点是开发硬件设备及接口标准,对配套软件的研制也越来越得到重视。

现在微型计算机硬件性能越来越高,接口扩展越来越方便,价格越来越低。对于异构数控系统,只需选用不同的接口标准(如 RS232C,RS-485,RS-422 等),以软插件技术为主,集中精力研究异构数控系统的集成软件。这种新型 DNC 软插件系统的应用必将大大推动我国 CAD/CAM 和 CAPP 的集成化发展,对机械加工车间的自动化及集成方面具有重要的理论意义和实用价值。

11.2.1.4 柔性制造系统

根据《中华人民共和国国家军用标准》的定义,柔性制造系统是由数控加工设备、物料运储装置和计算机控制系统等组成的自动化制造系统,它包括多个柔性制造单元,能根据制造任务或生产环境的变化迅速进行调整,适用于多品种、中小批量生产。

美国制造工程师协会给 FMS 下的定义为:“使用计算机控制柔性工作站和集成物料运储装置来控制并完或零件族某一工序或一系列工序的一种集成制造系统。”还有更直观的定义:“柔性制造系统是至少由两台机床、一套物料运输系统(从装载到卸载)组成的制造系统,它采用简单地改变控制指令的方法便能制造出形状不同的任何零件。”

各种定义的描述方法虽然不同,但它们都反映了 FMS 应具备下面一些特点:

从硬件的形式看,它由三部分组成:

(1) 两台以上的数控机床或加工中心以及其他的加工设备。包括测量机、清洗机、动平衡机、各种特种加工设备等。

(2) 一套能自动装卸的运储系统。包括刀具的运储和工件原材料的运储。具体结构可采用传送带、有轨小车、无轨小车、搬运机器人、上下料托盘交换工作站等。

(3) 一套计算机控制系统。包括主控计算机系统、监控系统、通信系统等。

从 FMS 的软件内容看,它主要包括:

(1) FMS 的运行控制;

(2) FMS 的质量保证;

(3) FMS 的数据管理和通信网络。

从 FMS 的功能看,它必须是:

(1) 能自动进行零件的批量生产;

(2) 简单地改变控制指令便能制造出某一零件族的任何零件；

(3) 物料的运输和储存必须是自动的(包括刀具、工装和工件]；

(4) 能解决多机条件下的零件混合加工,且无需额外增加费用。

11.2.2 精密、超精密及纳米加工技术

11.2.2.1 概述

精密、超精密及纳米加工是现代制造业的主要发展方向之一。与之相应的精密、超精密及纳米加工技术已成为现代制造技术的主要内容之一。这些技术在提高机电产品的性能、质量和发展高新技术方面都起着至关重要的作用。可以说,精密制造技术是产品在国际竞争中占领市场的最关键技术之一。

通常,工程技术中把能实现微米级(形状尺寸误差0.1~1μm,表面粗糙度 *Ra* 为0.03~0.3μm)的加工技术称为精密加工技术,将实现亚微米级(精度0.01~0.1μm,表面粗糙度 *Ra* 为0.005~0.03μm)的加工技术称为超精密加工技术,而将实现纳米级(精度小于0.001μm,表面粗糙度 *Ra* 小于0.005μm)的加工技术称为纳米加工技术。目前超精密加工的水平已达到纳米级,纳米加工技术可加工精度正在向原子级精度逼近(材料的原子晶格间距为0.2~0.4nm)。

由于精密加工还涉及到测量技术、环境保障、材料等相关学科,人们把这些技术统称为精密工程。

11.2.2.2 精密工程技术的应用

精密工程技术可应用于各个领域,例如:

(1) 仪器仪表工业。仪器仪表工业是精密工程技术应用的主要领域,由于担负着计量和检测的任务,就要求仪器仪表的精度高于一般设备的精度。

(2) 航空工业。航空工业对精密工程技术的要求也很迫切,采用精密工程技术可以有效提高飞机的可靠性和安全性。如减小到12μm,表面粗糙度从0.5μm 降到0.2μm 后,其发动机的效率可以从89%提高到94%。

(3) 电子工业。在大规模集成电路的制造过程中,如将大规模集成电路的线宽从7μm 减小到2μm 后,其单位面积的集成度将增加约64倍。

(4) 国防工业。导弹的命中率主要取决于惯性导航元件的制造精度,如1kg 重的陀螺仪转子,若其质量中心偏离其对称轴0.0005μm 时,则会产生100m 的射程误差和50m 的轨道误差。

(5) 计算机制造。计算机中的磁盘、磁鼓、磁头均属精密元件,要求很高的加工制造精度。

(6) 各种反射镜的加工。太空望远镜、激光核聚变系统中的反射镜要求的精度往往极高,只有采用各种超精加工技术才能实现。

(7) 微型机械。由于结构原因,微型机械要求的加工精度往往都很高。

11.2.2.3 精密技术的实现

精密技术可以从工艺方法、机床设备、测量方法和环境保障几个方面去实现。

1）工艺方法

(1) 超精密切削加工通常采用金刚石刀具来实现,因为目前只有金刚石刀具的刀尖半径可以做得极小(达到纳米级)。利用金刚石刀具实现精密切削加工的工艺已比较成熟。

(2) 超精密磨削和研磨可用于高密度硬磁盘涂层表面的加工和大规模集成电路基片的加工。

(3) 特种精密加工采用电子束或离子束刻蚀的方法进行加工,是一种精度极高的加工方法,用于大规模集成电路芯片的加工,线宽可细到0.1μm。

2）机床设备

(1) 精密轴承被加工零件的加工精度主要取决于主轴的回转精度,目前普遍利用空气轴承技术来提高主轴的回转精度(回转误差小于0.2μm)。

(2) 微量进给装置。微量进给是实现超精密加工的必需条件。在超精密加工条件下,一般的微量进给方式已远远不能满足要求,通常采用弹性变形、热变形或压电晶体变形等机构实现微量进给。

(3) 提高直线运动精度。通常采用空气静压或液体静压导轨,通过误差均化作用提高运动部件的移动精度。采用这种导轨还可以防止低速爬行现象。

(4) 采用反馈控制技术。采用在线检测、反馈控制技术来提高主轴的旋转精度和工作台的移动或转动精度是一种有效而经济的技术。

(5) 性能优越的支承件。支承件应具有良好的抗振性能和热稳定性(热膨胀系数小),可以采用花岗岩石作为机床的支承件。

(6) 测量方法。测量技术不仅用来检验零件的加工误差,也用于在线检测中实时测量零件的加工精度,给反馈控制提供数据。常用的精密检测技术一般都基于光电原理,例如:光电子纤维光学测头、扫描隧道显微镜、X射线干涉仪、激光干涉仪、莫尔条纹光学尺等。

(7) 环境保障。超精密加工对环境的要求极高。为了消除工件、设备、仪器由于温度的变化带来的热变形,工作环境应采取恒温技术(±0.01~±0.005℃)。对环境空气清洁度也有很高的要求。加工设备的隔振和防振也是环境保护的重要内容。隔振是隔绝外部振源对加工设备造成的影响,可以采用气垫弹簧组成的“防振床”来隔绝外部振源的振动,可以有效隔绝频率为6~9Hz、振幅为0.1~0.2μm的外来振动。防振是减少设备本身的振动对加工过程的影响,主要通过对旋转部件的动平衡来实现。

11.2.3 物流系统及辅助过程自动化

11.2.3.1 概述

制造过程的集成往往离不开物流系统的自动化,物流系统及其自动化是计算机集成制造系统(CIMS)的重要组成部分,它是实现待加工零件的自动运输、需使用的刀具自动配置和调度的关键设备和硬环境。自动物流系统中的运输设备一般有工业机器人、自动导向小车(AGV)、有轨小车、悬挂式机械手、自动传输链等;存储设备一般有中央立体仓库、中央刀具库、托盘交换站、公用托盘架(也称平面仓库)和刀具暂存架(或箱)。

11.2.3.2 物流系统的组成

物流系统主要包括以下三方面:

（1）原材料、半成品、成品所构成的工件流；

（2）刀具、夹具所构成的工具流；

（3）物料托盘、辅助材料、备件等所构成的配套流。

物料流系统主要完成两种不同的工作，一是零件毛坯、原材料、工具等由外界搬运进系统以及将加工好的成品从系统中搬走；二是零件毛坯、原材料、工具在系统内部的搬运。在一般情况下前者是需要人工干预的，而后者可以自动完成。

如果物料是杆状或其他型材，通常是将物料运至装卸站后，人工干预装进中央仓库或切断机床，或是直接将杆料和型材送到机床的自动进料装置。若是锻铸毛坯，则必须把毛坯装进夹具中，毛坯往夹具中的第一次装夹也多是人工完成的。对于重型零件，还应采用起重机或机器人搬运，但在装卸站也需要人工调整和由人操纵这些机器人和起重机。

11.2.3.3 搬运机构及自动物料搬运

物流系统中执行搬运的机构目前比较实用的有三种：传输带、运输小车（有轨和无轨）和搬运机器人。

1）传输带

传输带主要是从古典的机械式自动线发展而来的。

2）运输小车

运输小车的结构变化发展很快，形式也是多式多样的，大体上可以分为无轨和有轨两大类。有轨小车有的采用地轨，像火车的轨道一样。也有的采用天轨或称高架轨道，即把运输小车吊在两条高架轨道上移动。无轨小车又因它的导向方法的不同，分为有线导向、磁性导向、激光导向和无线电遥控等多种形式。自动物流系统的发展初期，多采用有轨小车，随着控制技术的成熟，采用自动导向的无轨小车越来越多。

3）搬运机器人

由于搬运机器人工作灵活性强，具有视觉和触觉能力，以及工作精度高等一系列优点，近年来在自动物流系统中的应用越来越广。

生产中的物料搬运（Materrial Handling）指有关物品位置及堆放位置变化（移动和贮存）的技术。自动物料搬运包含着在生产工序之间的自动搬运和自动装卸两个方面。贮存意味着物品在仓库中保管和生产过程中在制品的临时性停放。利用自动仓库的主要目的是实现对场地的立体使用、进出库作业的省力化、自动和迅速处理库存信息等，是为了解决场地不足、人手缺乏、库存管理复杂等难题。自动仓库的最终目标是实现一种无人系统。它是一种在作业和管理两方面均由计算机控制的仓库。在该系统中，升降装置根据计算机的控制指令动作，主计算机与各物料搬运装置计算机联机，并由中型计算机进行数据处理。

自动物料搬运设备是指在装卸物品的设备和在机床之间或仓库与机床之间或装配工序之间搬运零件或工具的设备。自动物料搬运设备的选择与生产系统的布局和运行直接相关，且应与生产流程和生产设备类型相适应，对生产系统的生产效率、复杂程度、投资大小和经济效益都有较大的影响。

自动物料搬运设备分类见表11.1。

表 11.1　自动物料搬运设备分类

<table>
<tr><td rowspan="13">自动物流系统</td><td rowspan="3">机器人及机械手</td><td>工业机器人</td></tr>
<tr><td>通用机械手</td></tr>
<tr><td>专用机械手</td></tr>
<tr><td rowspan="4">运输小车</td><td>自动导向小车</td></tr>
<tr><td>架空单轨小车</td></tr>
<tr><td>牵引小车</td></tr>
<tr><td>有轨小车</td></tr>
<tr><td rowspan="4">传送机</td><td>步伐式</td></tr>
<tr><td>链带式</td></tr>
<tr><td>辊轮式</td></tr>
<tr><td>履带式</td></tr>
<tr><td rowspan="2">自重运输</td><td>滚道式</td></tr>
<tr><td>滑道式</td></tr>
</table>

11.3　现代制造生产管理技术

11.3.1　现代制造系统管理技术的研究内容和技术特点

现代制造系统管理技术研究制造企业的组织模式与管理模式。它是以缩短产品的开发周期,提高制造企业对市场的快速反应能力为目标,使企业能尽快响应市场的变化,制造出质优价廉的能满足用户需求的产品,取得产品的市场独占性,从而获得高额的利润。它提供了从产品设计、制造、质量到售后服务和设备等的组织与管理技术。

现代化管理技术可以为我国企业提供如下的生产模式、管理技术、设计技术和制造技术:物料需求计划(MRP)、制造资源规划(MRPII)和企业资源规划(ERP),看板生产(适时生产JIT)和精良生产,支持产品开发的各种计算机辅助技术如CAD、CAPP、CAE、CAM等,并行工程和虚拟制造,系统集成、优化以及企业经营过程重组(BPR),敏捷制造,计算机集成制造系统(CIMS)等。

现代制造系统管理技术的特点:

(1) 以集成为核心。目前国内许多企业处于微利甚至亏本经营的状态。市场的瞬息万变和冷酷无情,导致企业在激烈的市场竞争中优胜劣汰,从而加重了现存企业的危机感。信息时代来临,现代管理技术的发展,都为企业寻求新的出路带来了机遇。现代管理技术是以现代制造技术为支柱,以集成为核心,为企业在激烈的市场竞争中寻求新的出路,开拓新的经济生长点。研究现代制造系统管理技术对传统产业的改造是我国制造业实现现代化不可逾越的发展阶段,是我国制造业和国际接轨,走向世界,赢得竞争的腾飞工程。

(2) 强调人的作用。首先是充分发挥人的主观能动性,其次是发挥人的战略管理作用。使战略研究向知识化、专业化、民主化、科学化方向发展,解决当前决策信息冗余、信息处理随意性大、资源共享度低、咨询性差的问题。

(3) 充分重视信息技术对未来的影响。现代制造系统管理技术主要是以信息技术为手段,集成各种先进的现代化管理方法和技术,把企业的技术、经营、人员集成起来,把机制的改革、机构的改组、技术的改造和科学管理集成起来,因此它是一个结合点,可能是解决当前企业困难的切入点。

(4) 结合国情。采用现代制造系统管理技术要走一条与国情紧密结合的道路。如 CIMS 的指导思想是"效益驱动,总体规划,分步实施,重点突破,推广应用"。这个指导思想充分结合国情,受到企业的赞同和欢迎。

(5) 强调市场和应用需求分析。国内许多大型企业,已具有相当规模的设备自动化能力,其市场目标是向着全球制造化和全球战略经营的市场方向发展。要实现全球制造化的市场目标,是传统的生产技术和制造能力无法实现的。能否在国内市场乃至世界独树一帜,完全取决于产品设计周期、质量及售后服务等,而设备自动化是其关键因素。开发现代制造系统管理技术,是提高企业的竞争能力和应变能力,确保企业进行国际合作,求得生存和发展,走向世界的必要条件。以市场为导向,以产品开发为重点,参照国外跨国公司的科研开发机制模式,为振兴民族工业面拼搏,创出中华民族响当当的国际名牌。

11.3.2 CIMS 管理技术

11.3.2.1 CIMS 的基本概念和构成

1973 年提出计算机集成制造的概念时,其核心内涵是提高企业竞争力的系统观点和信息观点。CIMS 强调企业生产经营的各个环节,从市场、产品开发、加工制造、管理、销售及服务都是一个整体,要统一起来考虑,这便是系统观点。其次,企业生产经营过程实质上是信息的采集、传递和加工处理的过程,这一观点为企业大量采用信息技术奠定了认识上的基础。CIMS 便是这种哲理指导下,通过生产、经营各个环节的信息集成,支持了技术集成,进而由技术的集成进入技术、经营管理和人、组织的集成,使物流、信息流、资金流集成并优化运行,以此提高企业的市场竞争能力与应变能力。一个制造企业从功能看,可以简单地分为设计、制造和经营管理三个主要方面。由于产品质量对一个制造企业的竞争和生存越来越重要,因此,常常也将质量保证系统作为企业功能主要方面之一。为了实现上述企业功能的集成,还需要有一个支撑环境,包括网络、数据库和集成方法一系统技术。CIMS 的功能构成如图 11.2 所示。

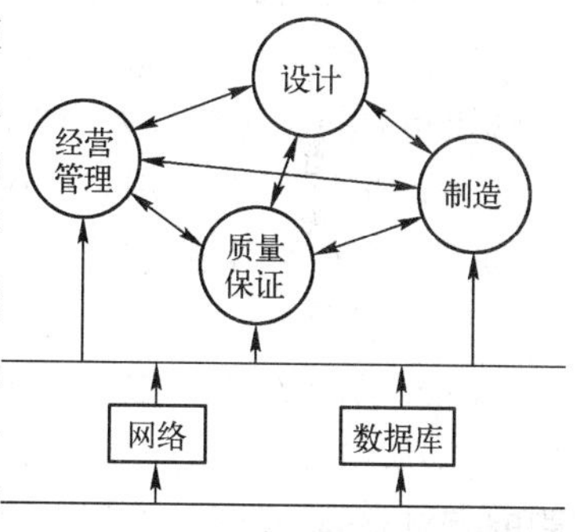

图 11.2 CIMS 的功能构成

根据 CIMS 的功能组成,CIMS 通常应有管理信息系统、产品设计与工程设计自动化系统、制造自动化(柔性自动化)系统、质量保证系统以及计算机网络和数据库系统等 6 个部分有机地集成起来,所以一般说 CIMS 都必须实现这 6 个分系统,还应根据具体需求、条件,在 CIMS 思想指导和总体规划下确定组成模块。

11.3.2.2 CIMS 的基本哲理

制造业中的各类企业千差万别,即使是生产同类产品的企业也有不同的管理体制和生产流程。对于实现 CIM 对象的每一个具体的制造系统而言,它们在空间上千变万化,各不相同,因此可以说不存在两个完全相同的 CIMS。另一方面,从时间上看,CIMS 思想总是处于不断的发展之中,并且由此而实施。CIMS 是一个不断持续的过程,随着企业变化和需求的改变要不断修正的过程。但是,这种在时间上和空间上的变化并没有影响 CIM 和 CIMS 的不断发展和普及,其关键就在于 CIM 和 CIMS 的内涵中存在某些相对稳定的部分,这里将其称为 CIMS 的基本哲理。

CIMS 的基本哲理是正确理解 CIM 思想,正确考察和分析 CIMS 开发与实施中各种问题的立足点和出发点。根据国内外对 CIM 和 CIMS 的各种研究观点,并从不同的角度对不同类型的 CIMS 进行考察和分析,从 CIM 和 CIMS 内涵机理出发,可以抽象和总结出 CIMS 基本哲理的四个方面:集成性、整体性、信息观和最优性。

1) 集成性

毫无疑问,CIM 和 CIMS 的核心在于"集成"。这里的"集成"具有十分丰富的内涵,概括起来可以从以下几个方面来理解:

(1) 集成的目的是有效地协调各 CIMS 子系统的目标和行为,以保证 CIMS 的整体优化,使企业的产品质量好、成本低、上市快,从而使企业赢得竞争。

(2) 集成有不同层次的含义,包括了信息的集成、功能的集成、组织的集成、过程的集成、物流的集成和资源的集成等。集成的层次不同、范围不同、深度不同,集成的效果也不一样。

(3) 集成必须以信息的沟通和理解为前提,以基于完善的系统模型对信息的实时处理与反馈操作为技术特征,计算机是集成的工具。

(4) CIMS 的集成不以全盘自动化为先决条件和固有特征。从本质上看,这种集成更应该属于企业组织和生产管理的范畴。因此,在 CIMS 的实施中,要注意将自动化程度不同的各种设备有效地集成起来,去提高企业的竞争力。

(5) CIMS 是一个人机一体的复杂系统,因而集成并不是单纯的技术问题,而是与人的因素密切相关的。必须以人为中心,充分调动人的积极性和主动性,处理好人与物的集成。

(6) CIMS 综合运用多学科的技术和知识来研究和处理制造系统的设计、制造、管理、运行、更新、发展等问题,它的集成是多学科技术的高度协调和综合。

2) 整体性

CIMS 用系统工程观点和系统分析的方法来观察工厂的生产经营问题,把企业生产的各个环节,即从市场分析、产品设计、加工制造、经营管理到售后服务的全部活动看成是一个不可分割的有机整体,总是从全局和全过程的角度来分析和处理制造过程中的有关问题。这种整体性还表现在以下三个方面:

(1) 目标的整体性:CIMS 的各个分系统是协调存在整体之中的,各分系统和要素的功能及其相互联系,服从于系统整体的目标和功能。这就要求各分系统和要素的目标出现矛盾时要以整体的目标为中心做好协调,寻求平衡或折中。

(2) 功能的整体性:CIMS 的各个分系统及其之间相互关联活动的总和形成了系统整体的有机行为。对于每一个要素而言,并不是要求它们的功能都十分完善,而是在整体功能的要求下,将各部分的功能有机地集成起来,形成整体功能良好的新颖整体。

(3) 环境的整体性:CIMS 是一个开放系统,从本质上看它在物质、能量、信息这三个方面都是开放的,所以,CIMS 与其所处的环境密切相关,对环境这个高一层的整体而言,不同国家有不同的社会制度、价值观念、企业文化和技术发展水平,CIMS 的成功实施和发展有赖于技术的进步,也有赖于社会的参与配合与支持,即 CIMS 必须与其所在环境这一大的整体相适应。

3）信息观

随着技术的发展和社会的进步，信息在制造系统中起着越来越重要的作用。CIMS 就是将现代先进的计算机、自动化及通讯技术等信息技术应用于整个制造系统的生产经营活动，并在系统思想指导下进行资源综合控制和管理的现代制造系统。CIMS 的信息观有以下四方面的特征：

（1）CIMS 是人机集成的复杂系统，信息就是这一复杂系统中连接各系统要素，从而集成为一定生产组织体系的纽带，因此，信息集成和信息资源共享是保证制造系统内部各环节、各部门在系统整体目标指导下达到高度协调的基础。

（2）信息资源的共享除了信息的沟通之外，还必须以对信息正确理解为前提，因此要求 CIMS 的系统性强、开放性好、规范化程度高，具备自身的完整性等特点。

（3）CIMS 的信息处理系统结构具有分布性和并行性。这种高效、通畅的信息交流和实时的信息处理方式，使企业的组织结构和运行方式发生了根本性的变化：以线性结构、顺序决策、精细分工、集中领导与分级管理为特征的传统制造模式为平等状结构、并行决策、多功能小组、分布式管理的新模式所取代。

（4）从信息角度看，制造过程实质上是一个使原材料的价格降低，使产品信息含量增高的过程。最终形成的产品可看作是信息的物质表现。

4）最优性

整体的最优性是 CIMS 追求和活动的准则。事实上，在 CIMS 的规划、设计、实施、运行的各个阶段我们是在自觉或不自觉地对这一系统或过程进行优化。

（1）由于 CIMS 的复杂性以及人们对 CIMS 的要求、理解和价值观念等的不一致性，这种最优性的实现往往不存在最优解而只有满意解。

（2）CIMS 本身并不是企业的目标，而只是其用于应付环境变化、优化企业整体效益的一种手段，所以，CIMS 并不片面追求系统各个局部的完全最优，而是在强调经济、实用和有效的前提下，达到整个系统的整体最优。

（3）CIMS 中的最优性是多目标、全性能、全生命周期的优化，是结构优化和性能优化的结合，它的整体优化通过分层、分步、分级与并行优化来实现，并且由于问题的复杂性，这种实现通常是一种正确处理耦合与解耦的“逼近”。

11.3.2.3 CIMS 应用的软件研究

CIMS 应用的软件研究主要集中在集成平台和管理软件的开发方面。企业实施 CIMS 的实践给 CIMS 应用集成平台提出了明确的需求，这些需求可以归纳为：缩短应用开发和集成周期；提高企业的运行效率；降低系统维护费用；提供通用的通信和信息访问服务，使应用软件功能不依赖于特定的硬件系统、操作系统、网络协议和数据库管理系统（因此具有良好的可移植性）；提供通用的应用编程系统和图示化界面，方便用户使用；能够集成企业已有的系统和信息源，充分发挥企业过去在信息技术上的投资的效益；保证所开发的软件具有高度的可重用性。能够满足这些需求的 CIMS 应用集成平台就是比较理想的软件支持工具。

1）应用集成平台的功能

CIMS 应用集成平台的功能主要有以下几点：

（1）通信服务提供分布环境透明的通信服务功能，使用户和应用程序无需关心具体的操作系统和应用程序所处的网络线，而以透明的函数调用或对象服务方式完成它们所需的通信要求。

(2) 信息服务为应用提供透明的信息访问服务,使应用以一种一致的语义和接口实现对数据(数据库、数据文件、应用信息)的访问与控制。

(3) 应用编程(集成)接口。一组高层接口,以函数或对象服务的方式为用户提供更为专业化的服务,使用户可以方便集成现有应用和开发新的应用。应用编程接口按照它们的通用程度又分为独立于应用的编程接口和依赖于应用的编程接口。

(4) 应用开发工具。一组帮用户开发特定应用程序的支持工具,以简化用户应用程序的开发工作。

(5) 管理应用程序。它是 CIMS 应用集成平台的运行管理和控制模块,负责 CIMS 应用集成平台的系统静态和动态配置、集成平台应用运行管理和维护、事件管理和出错处理等。

2) 应用集成平台的基本特性

(1) 为企业的经营、管理、生产和设计领域提供良好的应用编程接口和应用集成接口。

(2) 提供支持 CIMS 应用开发、应用集成的应用开发工具、应用编程接口、应用原型系统。

(3) 支持不同的企业规模和多种多样的企业信息环境。集成平台可为不同的企业规模和应用范围提供最佳的结构和功能配置,具有良好的可伸缩性。

(4) 支持异构分布环境,提供一致透明的数据访问。支持现有应用、已有信息资源的集成和重用。

(5) 根据企业对 Internet 服务的需求,提供相应的 Internet 服务功能。

11.3.3 精良生产的管理技术

精良生产(Lean Production)又译为精益生产、精简生产,它是人们在生产实践活动中不断总结、改进、完善而形成的一种先进生产模式。

11.3.3.1 福特生产模式与丰田生产模式

第二次世界大战后百废待兴,各种商品奇缺,面对庞大的卖方市场,美国福特汽车公司创造出了大批、大量生产方式。汽车由上万具零部件组成,结构十分复杂,只有组织一批不同专业的人员共同工作,才能完成其设计。为了保证整机的设计质量,福特方式将整机分解成一些组件,某个设计人员只需将其精力集中在某组件的设计上,借助标准化和互换性等技术措施,他可以将自己的设计做得尽善尽美而不必关注别人的工作。福特方式注重工序分散、高节奏、等节拍的工艺原则,推崇高效专用机床,并以刚性自动线或生产流水线作为自己的特征。在劳动组织上,该方式采用了专门化分工原则,工人们分散在生产线的各个环节成为生产线的附庸,不停地做着某一简单重复的工作;高级管理人员负责生产线管理,制造质量由检验部门和专职人员把关,设备维修、清洁等都由专门人员承担。组装汽车需要不少外购零部件,为了保证组装作业不受外购件的影响,福特生产模式采取了大库存缓冲的办法。

质量、产量、效益目前都位居世界前列的日本丰田汽车公司,当初其年产量还不足福特的日产量。在考察福特公司的过程中,丰田公司并没有盲目崇拜其辉煌成就,面对福特模式中存在的大量人力和物力浪费,如:产品积压,外购件库存量大,制造过程中废品得不到及时处理,分工过细使人的作用不能充分发挥,等等,他们结合本国的社会和文化背景以及已形成的企业精神,提出了一套新的生产管理体制,经过 20 多年的完善,该体制已成为行之有效的丰田生产模式。

为了消除生产过程中的浪费现象，丰田模式采取了如下对策：

（1）按订单组织生产。丰田模式将零售商和用户也看成生产过程的一个环节，与他们建立起长期、稳定的合作关系。公司不仅按零售商的预售订单在预约期限内生产出用户订购的汽车，还主动派出销售人员上门与顾客直接联系，建立起用户数据库，通过对顾客的跟踪和需求预测，确定新产品的开发方向。

（2）按新产品开发组织工作组。该工作组打破部门界限，变串行方式为并行方式开展工作，在产品设计到投产的全过程中都承担着领导责任。工作组长被授予了很大权力，一系列举措激励着每个成员协调、努力地工作。

（3）成立生产班组并强化其职能。为了按订单组织生产，丰田模式推广应用了成组技术，生产中尽量采用柔性加工设备。该模式按一定工序段将工人分成一个个班组，要求工人们互相协作搞好本段区域内的全部工作。工人不仅是生产者，还是质检员、设备维修员、清洁员，每个工人都负有控制产品质量的责任，发现重大质量问题有权让生产停顿下来，召集全组商讨解决办法。组长是生产人员，也是生产班组的管理人员，他定期组织讨论会，收集改进生产的合理化建议。

（4）组建准时供货的协作体系。丰田模式以参股、人员相互渗透等方式，组建成了唇齿相依的协作体系，该体系支撑着以日为单位的外购计划，使外购件库存量几乎降到零。

（5）激发职工的主动性。丰田生产模式能否实施，完全取决于具有高度责任心和相当业务水平的人。为了使职工产生主人翁的意识，发挥出最大的主动性，丰田公司采用了终生雇用制，推行工资与工种脱钩而与工龄同步增长的措施，并不断对职工进行培训提高其业务水平。

11.3.3.2 精良生产及其特征

丰田生产模式不仅使丰田公司一跃成为举世瞩目的汽车王国，还推动了日本经济飞速发展。为了剖析日本经济腾飞的奥秘，1985 年，美国麻省理工学院负责实施了一项关于国际汽车工业的研究计划，上百人走访了世界近百家汽车厂，用了 5 年时间收集到大量第一手资料，资料分析结果证实了丰田模式对日本经济的推动作用。1990 年，由 3 位主要负责人 Womack、Jones、Roos 撰写出版了《The Mschine That Changed The World》（《改造世界的机器》），该书对丰田生产模式进行了全面总结，详尽地论述了这种被他们称为“精良生产”的生产模式。按照作者们的观点，一个采用了精良生产模式的企业具有如下特征：

（1）以用户为“上帝”。其表现为：主动与用户保持密切联系，面向用户、通过分析用户的消费需求来开发新产品。产品适销，价格合理，质量优良，供货及时，售后服务到位等，是面向用户的基本措施。

（2）以职工为中心。其表现为：大力推行以班组为单位的生产组织形式，班组具有独立自主的工作能力，能发挥出职工在企业一切活动中的主体作用。在职工中展开主人翁精神的教育，培养奋发向上的企业精神，建立制度确保职工与企业的利益同步，赋予职工在自己工作范围内解决生产问题的权利，这些都是确立“以职工为中心”的措施。

（3）以“精简”为手段。其表现为：精简组织机构，减去一切多余环节和人员；采用先进的柔性加工设备，降低加工设备的投入总量；减少不直接参加生产活动的工人数量；用准时（Just in Time）和广告牌（日文“看板”、英文“kanban”）等方法管理物料，减少物料的库存量及其管理人员和场地。

（4）综合工作组和并行设计。综合工作组（Team Work）是由不同部门的专业人员组成，以并行设计方式开展工作的小组。该小组全面负责同一个型号的开发和生产,其中包括产品设计、工艺设计、编写预算、材料购置、生产准备及投产等,还负有根据实际情况调整原有设计和计划的责任。

(5) 准时(JIT)供货方式。其表现为:某道工序在其认为必要时刻才向上道工序提出供货要求。准时供货使外购件的库存量和在制品数达到最小。与供货企业建立稳定的协作关系是保证准时供货能够实施的重要举措。

(6)"零缺陷"工作目标。其表现为:最低成本,最好质量,无废品,零库存,产品多样性。显然,精良生产的工作目标指引着人们永无止境地向生产深度和广度前进。

11.3.4 敏捷制造

11.3.4.1 概述

100多年前,福特汽车公司为了确保汽车各零件之间的互换性和严格的交货周期,建立了纵向一体化的大而全的企业,利用严格管理,实现大批量、低成本、高效率的生产目标。现在社会进步了,福特等公司也随之变成了只掌握设计及总装的企业,汽车的大多数配件都是协作厂生产的(福特还生产发动机)。经验证明,大而全的企业王国,纵向一层又一层的结构,容易产生官僚主义,对市场的响应也慢。因此,国外许多企业都采用扁平式(而不是多层递阶式)的企业结构。企业集成的发展道路就是充分利用企业之间的各种资源,结成针对某种产品开发的企业动态联盟(Virtual Enterprise),并以最快最省的方式开发产品,推向市场。美国把敏捷制造看成21世界的制造战略,是重振美国制造业雄风的关键。我国一直提倡的"专业化协作生产"就是朴素的敏捷制造的思想,但技术手段则是十分原始的。

进入新世纪,全球市场竞争日益激烈,商务环境持续多变,消费者需求日趋多元化,这些都对各国制造企业提出了严峻的挑战。于是,一场先进制造技术的"战争"在世界范围内兴起。1991年,以美国Lehigh大学的Dr. Roger和Dr. Rick Dove为首的百余名专家在美国国防部及13家著名企业的支持下,向国会提交了报告——《21世界制造企业战略(21st Century Manufacturing Enterprise Strategy)》,首次提出了敏捷制造(Agile Manufacturing)一概念。

21世纪制造企业战略的研究有着深刻的社会背景:1987年美国国防部的一份报告提出,为了重振美国经济雄风,保持美国经济霸主地位,必须大力发展制造业,在这样的前提下,Dove等研究者对美国企业的现状和未来市场的趋势进行了详尽的调研,认为目前工业界存在着一个普遍而重要的问题,那就是商务环境的变化速度大大超过我们企业的跟踪、调整的能力,而且还将日趋严重。由此提出"敏捷制造"这种被认为是2006年的制造模式,其目标即是使企业在"持续变化、快速响应、质量、响应环境变化的能力"等方面赢得竞争。

目前敏捷制造的思想已在各国学术界和工业界受到高度重视。日本、欧共体国家都成立类似美国的敏捷化协会的组织进行研究。1995年10月在北京召开的我国836/CIMS发展战略研究会上,已将敏捷制造列为今后CIMS主题的重要研究内容之一。对于我国敏捷制造企业模式的研究,已得到人们的普遍关注。

11.3.4.2 敏捷制造的内涵

敏捷制造作为一个新概念,其基本思想是通过将高素质的员工、动态灵活的组织机构、企业内及企业间的灵活管理以及柔性的先进生产技术进行全面集成,使企业能对连续变化、不可预测的市场需求做出快速反应，由此而获得长期的经济效益。由此可见，它强调人、组织、管理、技术的高度集成，强调企业面向市场的敏捷性（Agility）。

敏捷制造包含如下丰富的内涵：

（1）敏捷制造的出发点是多样化、个性化的市场需求和瞬息万变的经营机遇，是一种"订单式"的制造方式。敏捷性反映的是制造企业驾驭变化、把握机遇和发动创新的能力。

（2）敏捷制造重视充分调动人的积极因素，强调要有知识、精技能、善合作、能应变的高素质员工，弘扬人机系统中人的主观能动性。

（3）敏捷制造不采用以职能部门为基础的静态结构，而是推行面向产品过程的小组工作（Team Work）方式，企业间由机遇驱动而形成动态联盟（Virtual Organization），也称虚拟公司（Virtual Corporation）。它是敏捷制造的基本的动态组织形态，是指为了赢得某一机遇性市场竞争，围绕某种新产品开发，通过选用不同组织/公司的优势资源，综合成单一的靠网络通讯联系的阶段性经营实体。动态联盟具有集成性和时效性两大特点。它实质上是不同组织企业间的动态集成，随市场机遇的存亡而聚散。在具体表现上，结盟的可以是同一个大公司的不同组织部门（以互利和信任为基础，而非上级意志），也可以是不同国家的不同公司。动态联盟的思想基础是共同赢利，联盟体中的各个组织/公司互补结盟，以整体优势来应付多变的市场，从而共同获利。

（4）虚拟制造（Virtual Manufacturing，亦称拟实制造），是敏捷制造的一种实现手段。它借助计算机建模和仿真技术，模拟制造和装配的全过程，包括工艺设计、作业计划、生产调度、物料管理、成本核算等，以便全面确定产品设计和生产过程的合理性。它是制造企业增强产品开发敏捷性、快速满足市场多元化需求的有效途径。

由上可知，敏捷制造作为一种新的制造哲理，有许多新的制造思想，值得一提的是，敏捷制造并不意味着需要高额投资作为前提，也不需要抛弃过去所有的生产过程，而关键是对制造企业进行敏捷化改造或重组（动态联盟便是利用已有的社会技术基础，通过重组来实现敏捷制造的有效方式）。DOVE 认为："敏捷实践可能存在于现有的系统之中，也可以方便地进入到现有系统中而不造成任何的混乱，并在适当的时机和条件下升级到更完善的境界。"所以，问题的关键是实现企业的敏捷性。敏捷性是指可重构（Reconfigurable）、可重用（Reusable）、可扩充（Scalable），即 RRS 特性。从企业的组织管理角度可以用几个主要变量或要素来表示企业的敏捷性，即通讯连通性（Communication Connectedness）、跨组织参与性（Interorganization Participation）、生产灵活性（Production Flexibility）、雇员使能性（Employee Empowerment）。对企业敏捷性的综合度量，可以用成本（Cost）、时间（Time）、健壮性（Robustness）、范围（Scope）四个度量指标衡量。

技术和管理是制造系统的两个轮子，通过组织结合在一起，由人推动制造系统向前运动。

11.3.4.3 敏捷制造的原理及动态联盟

（1）以竞争能力和信誉度为依据，选择合作伙伴，组成动态联盟（Virtual Enteerprise）；

（2）知识、技艺和信息是敏捷制造组织最重要的财富，把人与信息投入底层生产线；

（3）基于需要的伙伴间的信任、分工协作和为同一目标的全员努力，以增强企业整体的竞争能力；

（4）以满足用户要求的程度作为产品和服务质量的评定标准和获取报酬的依据。

敏捷制造是以动态结构为特征的公司，简称动态联盟。动态联盟是充分利用现代通信技术把地理位置上分开的两个或两个以上的成员公司(盟员)(Partner)组成在一起的一种有时限(非固定化)的、相互依赖、信任、合作的组织,通过竞争被核心公司(盟主)吸收加入。为了共同的利益,每个成员只做自己特长的工作。把各成员的专长、知识和信息集成起来,有效地用于以最短响应时间和最少的投资为目标满足用户需求的共同努力中去。

通过以上敏捷制造和动态联盟的定义可知,关于制造过程的信息和信息的传输是其关键。制造资源的表达、产品数据信息表达是实现敏捷制造的基础。

11.3.5 MRPⅡ的管理模式

11.3.5.1 MRPⅡ的基本概念

MRPⅡ是对一个现代化企业的所有资源进行计划、监视和控制的一种管理方法。MRPⅡ的管理模式就是在周密的销售计划和生产计划下,有效地利用各种制造资源,通过控制原材料合理库存,减少材料资金占用,缩短生产周期,降低成本,实现企业管理整体优化的一种管理模式。

物料需求计划(MRP)是西方制造业管理技术的精华,它借助产品和部件的构成数据(即物料单BOM)、工艺数据和设备状况数据,把市场对产品的需求转变为对加工过程和外购原材料、零部件的需求,从而在一定意义上实现了优化的科学管理。用计算机完成物料需求计划、能力平衡计划、采购库存和控制、生产成本核算、供应链计划控制等,使原来需要大量人力、大量时间也难以做到的计划优化和调整成为可能,从管理角度提高了企业对市场的应变能力。

11.3.5.2 MRP解决的问题

MRP的主要特点有两点:一是将物料需求分为独立需求和非独立需求并分别加以处理;二是对库存状态数据引入与时间分段的概念,即按具体的日期生成计划时区记录和存储库存状态数据。

对于独立性需求一般是在主生产计划阶段依据传统的库存管理方式来处理,MRP系统则是根据主生产计划确定的需求来下达订货单。由于MRP大部分处理的是非独立性需求,因而,其前提和假设中要求有明确的物料清单,以及假设消耗是间断的。

MRP系统由于有实时准确的库存状态信息和由上属项目下达的需求,就能更好地回答:订什么货和订多少货的问题以及何时订货这一关键问题。

由于计算机的广泛应用,使许多重复而又必需的工作交由计算机处理,使MRP系统对需求的计划能精确至每周甚至每一日,从而使MRP系统应用价值不断提高。

MRP系统是一种普遍适用于产品结构复杂,具有多级制造装配过程的企业的生产作业计划系统。应用MRP的逻辑和方法规范制造装配企业的生产作业计划工作和生产与作业管理工作,并在此基础上实现生产作业计划的计算机管理是这类企业生产与作业管理改进的方向。

11.3.5.3 MRP系统的结构

MRP是一种基本的生产作业计划系统。它根据现有存货(On hand)、已下达订单(Released order)和物料清单的确切信息,将主生产计划中的产品或最终项目(Enditem)的需求,转换成各时期的零件和材料的净需求,然后制定出逐日的或逐周的详细的作业计划来满足这种净需求。闭环MRP系统开始于编制主生产计划,然后根据主生产计划的要求、库存状态和产品的物料清单信息,将主生产计划转换成零部件和材料的制造和采购作业计划,也就是明确规定每种所需零部件和材料的制造或采购订单下达日期和数量。订单下达日期是根据提前期标准确定的;订单的数量是由零部件的净需求量和期量标准(或方法)确定的,这个计划过程称为物料需求计划。这是整个闭环 MRP 系统的核心。通常所说的物料需求计划 MRP,从狭义的角度看就是指这一步计划过程;而从广义的角度看,物料需求计划是包括主生产计划、能力计划、物料需求计划和能力需求计划、采购计划以及车间控制在内的整个系统。

在 MRP 中的主生产计划的编制中,用物料需求计划代替了提前期法、在制品定额法等传统作业计划方法。它们之间的根本区别就在于作业计划的编制逻辑,这是理解和应用物料需求计划的关键。

11.3.6 并行工程

11.3.6.1 概述

市场竞争日趋激烈,而唯有提高产品质量、缩短产品开发周期、降低成本才能使企业在竞争中取胜。因此,并行工程(Concurrent Engineering,CE)应运而生。并行工程自提出以来,引起了各国政府部门、学术界和工业界的高度重视,并迅速由研究走向应用开发。我国对此也非常重视,国家科委从战略的高度出发,将并行工程设立为 CIMS 关键技术攻关项目,作为进一步发展的方向。并行工程中的主要问题包括:

(1) 并行工程——系统化、集成化产品开发方法与技术。

(2) 产品开发过程——并行工程实施的引擎。

(3) 产品数据管理系统功能与应用分析和 PDM 的功能。

(4) 产品数据集成——并行工程的核心思想是在 CIMS 信息集成的基础上实现产品开发过程的集成,其基本支持条件之一是各种计算机辅助工具之间必须实现产品信息的数字化定义及信息集成。

(5) 并行工程集成框架——并行工程重要的支撑系统之一是集成框架。

从 20 世纪 90 年代到本世纪,制造业将以使满足用户需求的新产品尽快上市而赢得市场竞争为第一要旨。由于传统的产品开发模式不能在设计的早期就对产品生命周期中的各种因素考虑周全,致使设计频繁更改,因而延长了开发周期,增加了产品成本,并且用户需求还得不到满足。并行工程的出现解决了这一难题, 它是一种集成、并行地设计产品及相关过程的系统化方法,通过组织多学科产品开发队伍、改进产品开发流程、利用各种计算机辅助工具等手段,使产品开发在初期阶段就能及早考虑下游的各种因素,以达到缩短产品开发周期、提高产品质量、降低产品成本,从而增强企业竞争能力的目标。在国外,并行工程已成功地应用于航空、航天、电子、汽车等领域,这对我国的制造业既是挑战,也是机遇。

并行工程是一种新的产品设计和开发的哲理。将不同的专业人员(包括设计、工艺、制造、销售、市场、维修等)组成的开发小组,在同一个计算机的环境支持下协同工作(甚至可以做到异地设计);将原来的串行过程尽可能并行进行,以保证在产品设计阶段尽量消除各种不必要的返工,使产品开发一次成功,从而进一步缩短产品开发时间,降低开发成本,以优良的性能价格比参与竞争。早在 20 世纪 50 年代我国曾经提出过的“两参一改三结合”的管理模式,可以说是并行工程最初的朴素哲理。可惜后来未能从理论上和方法上加以充实、完善,以致逐步失去了它昔日的光彩。如果产品的设计和生产过程能够更多地采用计算机技术,并用三维和可视化的交互设计环境支持产品的开发，就是当前国际研究和应用的一个热点——虚拟制造(Virtual Manufacturing)。

11.3.6.2 并行工程的核心内容

并行工程是集成、并行地设计产品及其相关过程的系统化方法。它要求产品开发人员从设计的早期即考虑产品生命周期中的各种因素，其核心内容包括以下四个方面：

(1) 产品开发队伍重构。将传统的部门制或专业组变成以产品(型号)为主线的多功能集成产品开发团队(IPT)。IPT被赋予相应的责任权利，对所开发的产品对象负责。这样可以打破功能部门制所造成的信息流动不畅的障碍。

(2) 过程重构。从传统的串行产品开发流程转变成集成的、并行的产品开发过程。并行过程不仅是活动的并发，更主要的是下流过程在产品开发的早期即参与过程；另一方面则是过程的精简，以使信息流动与共享的效率更高。

(3) 数字化产品定义。包括两方面内容，即：数字化产品模式和产品生命周期数据管理(PDM)；数字化工具定义和信息集成，如DFM、CAD/CAE/CAM等。

(4) 协同工作环境。用于支持IPT协同工作的网络与计算机平台。

要想让企业自身有发展能力，就必须利用并行工程方法和技术加强产品的开发能力。这一点对我国的企业更加重要。因为我国很多企业没有产品开发能力，即使有能力开发产品，也大都是延用传统的模式，加上管理和体制上的问题，要想自主开发出具有国际竞争能力的新产品，其难度可想而知。并行工程是摆在我们面前的唯一出路！正如DEC公司一位高级经理在1995年出版的《What Every Engineer Should Know About Concurrent Engineering》一书中所说的那样："并行工程作为企业的基本战略，对提高企业的竞争能力已变得绝对重要，企业高层领导的重视程度对并行工程是否能够应用成功起着至关重要的作用"。

11.3.6.3 应用实例简介

并行工程自提出以来，引起了各国政府部门、学术界和工业界的高度重视，并迅速由研究走向应用开发，如航空领域的波音777和737-X、麦道NORTHRO P8-2轰炸机及航天领域的Lockead/Thaad导弹开发，汽车领域的Ford2000C3/P、Chrysler Viper、Renault等的研制，许多著名公司如电子领域的IMENS、DEC、HP、IBM、GE，机械领域的ABB、GM等都已成功应用了并行工程。大量实践表明，实施并行工程能使应用项目取得明显的效益，从而赢得竞争。以下是两个典型应用实例。

1) 洛克希德公司新型号导弹的开发

美国《BYTE》杂志1994年第7期报道了洛克希德导弹与空间企业LMSC采用并行工程的方法缩短新型号导弹开发周期的消息，题为"加速工程设计"。LMSC于1992年10月接受了美国国防部用于"战区高空领域防御"(Thaad)的新型号导弹开发计划，开发经费为6.88亿美元，要求在24个月内完成任务，而过去一般需要5年。面对这一挑战，LMSC采用并行工程的方法，最终得以将产品开发周期缩短了60%，完成了预定的目标。洛克希德实施并行工程的主要方法和技术有：

(1) 改进产品开发流程；

(2) 实现信息集成与共享；

(3) 组织综合的产品开发队伍；

（4）利用产品数据管理系统辅助并行设计。

2）波音公司的应用

在激烈的市场竞争中，波音企业于1991年开始开发新型的777双发动机大型客机。过去的飞机开发大都延用传统的设计方法，按专业划分设计团队，采用串行开发流程。因此，大型客机从设计到原型制造多则十几年，少则七八年。波音企业在777的开发过程中采用了全新的“并行产品定义”的概念，实现了五年内从设计到一次试飞成功的目标。波音实施并行工程的主要方法和技术有：

（1）按飞机的部件组成了200多个集成产品开发团队；

（2）通过并行产品定义（CPD）技术，实施改进的产品开发流程；

（3）大量应用CAD/CAM技术，做到无图纸生产；

（4）应用仿真技术与虚拟现实技术。

本章小结

本章主要介绍现代制造技术的基本概念、主要特点及现代制造技术主要涉及的技术内容。现代制造技术随着现代科技的发展而发展和变化，读者可参考有关文献和资料，进一步了解现代制造技术的最新发展动态。

教学讨论题与习题

11.1 现代制造技术有哪些特点？简述现代制造技术涉及的主要范围。

11.2 试论述现代制造技术的内容和发展方向。

11.3 简述现代制造系统物流技术的组成和特点。

11.4 简述柔性制造系统（FMS）产生的背景及适用范围。

11.5 简述FMS的基本组成部分、基本功能及分类。

11.6 试论述精密、超精密及纳米加工技术的概念、特点及其重要性。

11.7 简述现代制造生产管理技术的组成和特点。

11.8 简述计算机集成制造系统（CIMS）的基本概念和构成。

11.9 简述精良生产（LP）产生的时代背景和精良生产的特征。

11.10 简述敏捷制造（AM）产生的时代背景。制造的敏捷性意味着什么？如何判断企业的敏捷性？

11.11 简述MRPⅡ的基本概念和系统的组成。

11.12 简述并行工程的基本概念和核心内容。

附录　中英文专业术语对照

第一章　金属切削中的基础知识

切削运动——cutting motion
工件——workpiece
待加工表面——workpiece surface to be cut (machined)
加工表面——cutting surface
已加工表面——machined surface
主运动——main motion
进给运动——feeding motion
合成切削运动——resultant cutting motion
合成切削速度——resultant cutting speed
切削参数——cutting parameters
切削速度——cutting speed
进给——feed
进给速度——feeding speed
背吃刀量——back engagement of the cutting edge
前刀面——rake face
后刀面——flank
切削刃——tool cutting edge
刀尖——tool nose (tip)
参考系——reference system
基面——tool reference plane
工作基面——working reference plane
切削平面——tool cutting edge plane
工作切削平面——working cutting edge plane
正交平面——main section plane
工作正交平面——working orthogonal plane
法平面——normal section plane
横向进给平面——transverse feed section plane
纵向进给平面(背平面)——longitudinal section plane
切深平面——tool back plane
工作切深平面——working tool back plane

前角——rake angle
后角——clearance angle (relief angle)
工作后角——working orthogonal clearance
主偏角——tool cutting edge angle
工作主偏角——working cutting edge angle
副偏角——minor cutting edge angle
工作副偏角——working minor cutting edge angle
刃倾角——tool cutting edge inclination angle (inclined angle)
工作刃倾角——working cutting edge inclination angle
楔角——wedge angle
刀尖角——tool included edge angle
主切削刃——major cutting edge
工作主切削刃——working major cutting edge
切削刃法平面——cutting edge normal plane
切削刃工作法平面——working cutting edge normal plane
副切削刃——tool minor cutting edge
工作副切削刃——working minor cutting edge
副切削刃的正交平面——tool orthogonal plane of the minor cutting edge
副切削刃的切削平面——tool cutting edge plane of the minor cutting edge
副切削刃的基面——tool reference plane of the minor cutting edge
切削层——cutting layer
切削厚度——undeformed chip thickness(cutting layer thickness)
切削宽度——width of uncut chip(cutting layer width)
切削面积——cross - sectional area of uncut chip
刀尖钝圆半径——corner radius
正切削——orthogonal cutting
斜切削——oblique cutting
自由切削——free cutting
非自由切削——constrained cutting
刀具材料——tool cutting material
硬度——hardness
强度——strength
韧性——toughness
耐热性——heat resistance
工艺性——forming property (特指成形性)
经济性——economy property
高速钢——high - speed steel
硬质合金——carbide alloy

涂层刀具——coated tool
陶瓷——ceramics
金刚石——diamond
立方氮化硼——cubic boron nitride
砂轮——grinding wheel, abrasive wheel, emery wheel
磨料——abrasive material
粒度——grain size
油酸 ——oleic acid
松脂——turpentine
酚醛树脂——phenolic resin
虫胶——shellac
树脂 ——resinoid
粘结剂——bond material
气孔——porosity

第二章 金属切削过程中的基本规律及应用

切削变形——cutting deformation
带状切屑——ribbon chip
挤裂切屑——cracked chip
单元切屑——unit chip
崩碎切屑——splintering chip
相对滑移—— relative slide
变形系数——deformation coefficient
剪切屈服点——shear yielding point
剪切角——angle of the shear plane
积屑瘤——built - up edge
切削合力——resultant tool force
轴向进给抗力——axial thrust force
径向切深抗力——radial thrust force
主切削力——main cutting force
水平分力——thrust component of the result tool force
切削扭矩——cutting torque
单位切削力——specific cutting force
切削功率——power required to perform the machining operation
单位切削功率——specific cutting power
切削热——heat in metal cutting
导热系数——thermal conductivity
切削温度——machining temperature
刀具磨损——tool wear

正常磨损——normal wear
磨粒磨损——abrasive wear
粘结磨损——adhesive wear
扩散磨损——diffusion wear
相变磨损——phrase change wear
氧化磨损——oxidized wear
刀具耐用度——tool life
月牙洼磨损深度——crate depth
经济耐用度——tool life for the minimum production cost
最大生产率耐用度——tool life for the maximum production efficient
换刀时间——tool - changing time
切削时间——machining time
工序工时——operation time
单位时间内的金属切除量——metal - removal rate
一定耐用度下的切削速度——cutting speed giving a tool life of *T*
辅助工时——nonproductive time
加工性——machinability
相对加工性——relative machinability
切削液——cutting fluid

第三章　机械加工工艺基础知识

技术条件——specification
生产过程——manufacturing process
零件加工工艺——process of a part
工序——operation
走刀——cutting pass
安装——set up
工位——operation position
定位——location
定位元件——location element
圆柱支承钉——cylindrical support post
支承板——support plate
圆柱形定位销——cylindrical location pin
削角销——rhombic pin
定位心轴——location centering
V 形块——V - shaped block
楔块——wedge
定位误差——location error
公差——tolerance

夹紧力——clamping force
夹紧力方向——clamping direction
夹紧力作用点——clamping position
轨迹法——track machining method
成形法——form machining method
相切法——tangential machining method
展成法——generating process method
工艺规程——process route
工艺过程卡——process sheet
生产纲领——production expectation
基准重合原则——principle of coincident locating surfaces
夹具——fixture/jig
千分尺——micrometer
基准面——reference surface
自由度——degree of freedom
加工余量——allowance（material removal）
表面粗糙度——surface roughness
调质处理——quality treatment
废品率——reject rates
尺寸链——dimensional chain
封闭环——resultant dimension
组成环——component dimension
增环——plus dimension
减环——minus dimension
极值法——extremum method
上偏差——upper deviation
下偏差——lower deviation
概率法——probability method
算术平均值——average arithmetic value
相对分布系数——relative distribution coefficient
时间定额——time ration
临界产量——critical output
投资回收期——invest reclaim period

第四章　回转体零件加工工艺与装备

机床——machine tool
车床——lathe
铣床——milling machine
刨床——planer

牛头刨床——shaping machine
龙门刨床——planing machine
镗床——boring machine
钻床——drilling machine
螺纹机床——screw thread machine
拉床——broaching machine
锯床——saw machine
磨床——grinding machine
普通车床——engine lathe
落地车床——ground lathe
立式车床——vertical lathe
转塔(六角)车床——turret lathe
半自动车床——Semi - automatic lathe
仿形车床——profiling lathe
单轴自动车床——single - axis automatic lathe
多轴自动车床——multi - axis automatic lathe
多轴半自动车床——multi - axis semi automatic lathe
专门化车床——special - purpose lathe
数控车床——CNC lathe
立式——vertical
摇臂——radial
深孔——deep hole drills
主轴箱——headstock
刀架——tool post
进给箱——feed - box
溜板箱——apron
尾座——tailstock
床身——bed
卡盘——chuck
立柱——column
工作台——worktable
滑鞍——saddle
光杆——feed rod
丝杆——lead screw
刀杆——tool arbor
砂带磨削——belt grinding
缓进磨削——creep - feed grinding
横向进给磨削——plunge feed
每齿进给量——feed per tooth

扩孔 core drilling
钻台阶孔——step drilling
锪孔——counter boring
铰孔——reaming
钻中心孔——center drilling
深孔钻——gun drilling
鞍形支座——saddle support
镗杆端部支撑轴承——end support bearing for boring bar
坐标镗床——jig boring machine
金刚镗床——diamond boring machine
麻花钻——twist drill
直刃钻——straight - flute drill
阶梯钻——step drill
扁钻——spade drill
枪钻——gun drill
铰刀——reamer
镗刀——boring tool
平面——plane
槽——groove
螺旋面——spiral surface
曲面——curved surfaces
主轴——spindle
刀轴——arbor
横梁——transverse column
吊架——cantilever
纵向工作台——longitudinal table
横向工作台——transverse table
升降台——lift table
工艺——process
烧结——agglomeration
注塑——infusing
气动夹具——pneumatic fixture
液压夹具——hydraulic fixture
电动夹具——electric fixture
电磁夹具——electromagnetic fixture
真空夹具——vacuum fixture
自紧夹具——self - clamping fixture
螺纹——screw thread
齿轮——gear

差分传动链——difference chain
蜗杆——worm
小齿轮——pinion
刨齿——gear shaping
花键孔——splined hole

第五章　非回转体加工工艺与装备

铣削——milling
周铣(周边铣削,圆柱铣削)——peripheral milling
端铣(端面铣削)——face milling
立铣——end milling
平面铣削——slab milling
顺铣——down milling, climb milling
逆铣——up milling, conventional milling
铣刀——milling cutter, milling tool
圆柱铣刀——peripheral cutter, cylindrical cutter
端面铣刀——face mill, face cutter
立铣刀,指铣刀——end mill
组合铣刀(三面刃铣刀)——face and side cutter
尖齿铣刀——pointed tool, pointed cutter
铲齿铣刀——relieving tool, relieving cutter
成形铣刀——formed cutter
万能卧式升降台铣床—— horizontal knee - and - column type milling machine
立式单轴铣床——vertical single spindle milling machine
落地铣床——floor type milling machine
龙门铣床——planer - type milling machine
工具铣床——tool milling machine
仿形铣床——profile milling machine, duplicating milling machine
牛头刨上刨削——shaping
龙门刨上刨削——planing
插削——slotting
刨刀——planer tool
插刀——slotting tool
插床——slotting machine, slotter
拉削——broaching
拉刀——broach
磨削——grinding
油石——abrasive stick
周边磨削——peripheral grinding

平面磨削——face grinding
成形磨削——form grinding
光学曲线磨床——optical contour grinder, optical curve grinding machine
偏心轮——eccentric wheel
电磁吸盘——electro magnetic chuck
虎钳——vice
连杆——link rod, connecting rod
机架——chassis, frame
台阶轴——stepped shaft
曲轴——crank shaft
花键轴——spline shaft
摩擦轮——friction pulley, friction wheel
键槽——key slot, key seat, key way, key groove
燕尾槽——dovetail groove
链轮——chain wheel, sprocket
棘轮——ratchet wheel

第六章　机械加工精度

加工精度——machining accuracy
加工误差——machining error
工艺系统——processing system
原始误差——original error
静态加工误差——static processing error
动态加工误差——dynamic processing error
加工原理误差——principle error
调整误差——adjustment error
主轴回转误差——spindle rotational error
导轨误差——guideway error
传动链误差——transmission error
静态刚度——static stiffness
工艺系统的热变形——thermal deformation of the processing system
系统误差——system error
随机误差——random error
分布曲线法——method of error distribution curve
正态分布曲线——normal distribution graph
误差补偿法——error compensation
误差分组法——error grouping
误差转移法——error transforming
“就地加工”法——machining on spot

误差平均法——error average method
控制误差法——error controlling method

第七章 机械加工表面质量

表面波纹度——surface waviness
金相组织变化——metallurgical structure change
残余应力——residual stress
疲劳强度——fatigue strength
应力集中——stress concentration
冷作硬化——work - hardening
抗腐蚀——anti - erosion
砂轮的修整——dressing of grinding wheel
金相组织——metallurgical structure
回火烧伤——tempering burn
淬火烧伤——quenching burn
退火烧伤——annealing burn
热态塑性变形——hot plastic deformation
冷态塑性变形——cold plastic deformation
金相组织的变化——variation of metallurgical structure
磨削裂纹——grinding crack
冷作硬化——work cold hardening
喷丸——shot peening
滚压——press rolling
强迫振动——forced vibration
自激振动——self - excited vibration

第八章 机械装配工艺

装配——assemble
装配工艺——assemble process
互换法——interchangeable method
完全互换法——complete interchangeable method
不完全互换法(部分互换法)——incomplete interchangeable method
选配法——selective assemble method
直接选配法——direct selective assemble method
分组选配法——selective assemble method by grouping
复合选配——composite selective assemble method
修配法——fitting method
调整法——adjustment method
移动(动态)调整法——dynamic adjustment method

固定(静态)调整法——static adjustment method
装配精度——assemble accuracy
固定连接——fixed connection
活动连接——moveable connection
装配尺寸链——assemble dimensional chain
装配单元——assemble unit
零件——part
合件——joined part
组件——seed part
部件——component
装配组织形式——assemble organization

参考文献

[1] 周泽华. 金属切削原理. 第二版. 上海:上海科学技术出版社, 1993.
[2] 于启勋. 金属切削发展史. 北京:机械工业出版社, 1983.
[3] 马福昌. 金属切削原理及应用. 济南:山东科技出版社, 1983.
[4] 卢秉恒. 机械制造技术基础. 北京:机械工业出版社, 1999.
[5] 曾志新,吕明. 机械制造技术基础. 武汉:武汉理工大学出版社, 2001.
[6] 饶华球. 机械制造技术基础. 北京:电子工业出版社, 2007.
[7] 吉卫喜. 机械制造技术基础. 北京:高等教育出版社, 2008.
[8] 张世昌, 李旦, 高航. 机械制造技术基础. 北京:高等教育出版社, 2007.
[9] 李凯岭. 机械制造技术基础. 北京:科学出版社, 2007.
[10] PN Rao. 制造技术. 北京:机械工业出版社, 2003.
[11] Michael Fitzpatrick. 机械加工技术. 北京:科学出版社, 2008.
[12] 陆名彰, 胡忠举, 厉春元,等. 机械制造技术基础. 长沙:中南大学出版社, 2004.
[13] Serope Kalpakjian, Steven R. Schmid. Manufacturing Engineering and Technology—Machining[M]. 北京:机械工业出版社,2004.
[14] 龚定安,蔡建国. 机床夹具设计原理[M]. 西安:陕西科学技术出版社.
[15] 尹成湖. 机械制造基础基础. 北京:高等教育出版社,2008.
[16] 冯之敬. 机械制造工程原理. 北京:清华大学出版社,1999.
[17] 袁哲俊. 金属切削刀具. 上海:上海科学技术出版社,1993.
[18] 现代机械制造工艺装备标准应用手册编委会. 现代机械制造工艺装备标准应用手册. 北京:机械工业出版社,1997.
[19] 邓文英. 金属工艺学(下册). 北京:高等教育出版社,1990.
[20] 赵中华,徐正好,贾慈力. 制造技术基础. 上海:华东理工大学出版社,2008.
[21] 全燕鸣. 金工实训. 北京:机械工业出版社,2002.
[22] 崔明铎. 机械制造基础. 北京:清华大学出版社,2008.
[23] 顾崇衔,等. 机械制造工艺学. 西安:陕西科学技术出版社,1994.
[24] [日]臼井英治. 切削磨削加工学. 北京:机械工业出版社,1982.
[25] 池震宇. 磨削加工与磨具选择. 北京:兵器工业出版社,1990.
[26] 陈剑飞. 磨削加工学,郑州:河南科学技术出版社,1994.
[27] 李伯民,赵波. 现代磨削技术. 北京:机械工业出版社,2003.
[28] 杨櫂,陈国香. 机械与模具制造工艺学. 北京:清华大学出版社,2006.
[29] 洪泉,王贵成. 精密加工表面完整性的研究及其进展. 现代制造工程,2004(8).
[30] 王贵成,洪泉,朱云明,等. 精密加工中表面完整性的综合评价. 兵工学报,2005,26(6).
[31] 张世昌,李旦,高航. 机械制造技术基础. 北京:高等教育出版社,2007.
[32] 熊良山,严晓光,张福润. 机械制造技术基础. 武汉:华中科技大学出版社,2007.
[33] 袁巨龙,王志伟,文东辉,等. 超精密加工现状综述. 机械工程学报,2007.
[34] 袁哲俊,王先逵,等. 精密和超精密加工技术. 2 版. 北京:机械工业出版社,2007.
[35] 袁巨龙. 功能陶瓷的超精密加工技术. 哈尔滨:哈尔滨工业大学出版社,2000.
[36] 曾志新,刘旺玉. 机械制造技术基础. 北京:高等教育出版社,2011.

参考文献